纺织科学与工程高新科技译丛

绿色化学对纺织技术的影响及应用前景

[印] 沙希德-乌尔-斯兰（Shahid-ul-lslam）　编著
[印] B. S. 布托拉（B. S. Butola）

刘振东，孙志敏，王晓宁，马涛　译

中国纺织出版社有限公司

内 容 提 要

本书从绿色化学的视角，对整个纺织印染湿加工工艺中所涉及的各种化学品的绿色替代以及生产工艺的可持续性改进进行了系统的回顾和介绍，其主要内容包括各种印染化学品（染料、媒染剂等）及其生产加工问题、可再生资源的应用（天然色素、生物酶、壳聚糖、环糊精、天然抗菌剂、生物大分子等）、新兴技术（声化学、等离子体等）的应用及其优势、各种功能整理（阻燃、抗菌、驱虫、抗紫外等）以及使用壳聚糖及生物吸附剂去除染整废水中的染料及各种重金属离子等。该书对于纺织行业的可持续发展具有非常积极和深远的指导意义，对相关领域的教学及科研人员、研究生等多有裨益。

本书中文简体版经 Elsevier Ltd. 授权，由中国纺织出版社有限公司独家出版发行。本书内容未经出版者书面许可，不得以任何方式或任何手段复制、转载或刊登。

著作权合同登记号：01-2021-2195

图书在版编目（CIP）数据

绿色化学对纺织技术的影响及应用前景／（印）沙希德-乌尔-斯兰，（印）B.S. 布托拉编著；刘振东等译 . -- 北京：中国纺织出版社有限公司，2021.10
（纺织科学与工程高新科技译丛）
书名原文：The Impact and Prospects of Green Chemistry for Textile Technology
ISBN 978-7-5180-8688-7

Ⅰ. ①绿… Ⅱ. ①沙… ②B… ③刘… Ⅲ. ①化学工业—无污染技术—影响—纺织工业—工业技术 Ⅳ. ①TS101.3

中国版本图书馆 CIP 数据核字（2021）第 136676 号

责任编辑：朱利锋　　责任校对：王蕙莹　　责任印制：何 建

中国纺织出版社有限公司出版发行
地址：北京市朝阳区百子湾东里 A407 号楼　邮政编码：100124
销售电话：010—67004322　传真：010—87155801
http://www.c-textilep.com
中国纺织出版社天猫旗舰店
官方微博 http://weibo.com/2119887771
天津千鹤文化传播有限公司印刷　各地新华书店经销
2021 年 10 月第 1 版第 1 次印刷
开本：710×1000　1/16　印张：34.25
字数：641 千字　定价：188.00 元

凡购本书，如有缺页、倒页、脱页，由本社图书营销中心调换原书名：The Impact and Prospects of Green Chemistry for Textile Technology
原作者：Shahid-ul-lslam and B. S. Butola
原ISBN：978-0-08-102491-1
Copyright © 2019 by Elsevier Ltd. All rights reserved.
Authorized Chinese translation published by China Textile & Apparel Press.

绿色化学对纺织技术的影响及应用前景（刘振东等，译）
ISBN：978-7-5180-8688-7

Copyright © Elsevier Ltd. and China Textile & Apparel Press. All rights reserved.

No part of this publication may be reproduced or transmitted in any form or by any means, electronic or mechanical, including photocopying, recording, or any information storage and retrieval system, without permission in writing from Elsevier (Singapore) Pte Ltd. Details on how to seek permission, further information about the Elsevier's permissions policies and arrangements with organizations such as the Copyright Clearance Center and the Copyright Licensing Agency, can be found at our website：www. elsevier. com/permissions.

This book and the individual contributions contained in it are protected under copyright by Elsevier Ltd. and China Textile & Apparel Press (other than as may be noted herein).

This edition of The Impact and Prospects of Green Chemistry for Textile Technology is published by China Textile & Apparel Pre under arrangement with ELSEVIER LTD.

This edition is authorized for sale in China only, excluding Hong Kong, Macau and Taiwan. Unauthorized export of this edition is a violation of the Copyright Act. Violation of this Law is subject to Civil and Criminal Penalties.

本版由 ELSEVIER LTD. 授权中国纺织出版社有限公司在中国大陆地区（不包括香港、澳门以及台湾地区）出版发行。

本版仅限在中国大陆地区（不包括香港、澳门以及台湾地区）出版及标价销售。未经许可之出口，视为违反著作权法，将受民事及刑事法律之制裁。

本书封底贴有 Elsevier 的防伪标签，无标签者不得销售。

注意

本书涉及领域的知识和实践标准在不断变化。新的研究和经验拓展我们的理解，因此须对研究方法、专业实践或医疗方法做出调整。从业者和研究人员必须始终依靠自身经验和知识来评估和使用本书中提到的所有信息、方法、化合物或本书中描述的实验。在使用这些信息或方法时，他们应注意自身和他人的安全，包括注意他们负有专业责任的当事人的安全。在法律允许的最大范围内，爱思唯尔、译文的原文作者、原文编辑及原文内容提供者均不对因产品责任、疏忽或其他人身或财产伤害及/或损失承担责任，亦不对由于使用或操作文中提到的方法、产品、说明或思想而导致的人身或财产伤害及/或损失承担责任。

译者序

21世纪的化学、化工及相关产业面临着巨大的挑战，同时又存在巨大的机遇。化学同以往最大的不同是，它已经不再局限于化学学科本身，其绿色化学的目标和理念已经融入各行各业，并在其12原则基础上，成为相关学科基础研究和行业创新的终极目标和源动力。

近些年，绿色化学相关主题的书籍层出不穷，而专门针对纺织品湿加工这一领域的尚不多见，纺织品湿加工对环境的影响却不容忽视。我国在世界纺织领域占有举足轻重的地位，为了加快我国纺织行业的升级换代，改变质次价廉的现状，促使行业健康、可持续地发展，就不得不从绿色化学的视角重新审视。作为纺织领域的教育和科研工作者，我们深感责任和压力重大，期望通过此书的引进、翻译，能够给国内纺织领域的广大科技工作者以有益的启发。

经过大家近一年的辛苦努力，本书的译稿基本完成，在这段艰难的岁月里，这可能是做的最有意义的事情。

本书各章节的翻译工作由刘振东（第1章、第10~第13章）、王晓宁（第2章、第3章、第6章、第15章）、孙志敏（第4章、第5章、第14章、第16章）和马涛（第7~9章）共同完成，最后由刘振东负责统稿校对。整个翻译过程中，还得到了很多老师的大力支持，在此，向所有为本书翻译工作的顺利完成给予无私帮助的老师致以最衷心的感谢。

鉴于译者水平有限，难免出现错误和疏漏之处，欢迎大家批评指正。

刘振东，等
2020年11月

作者序

功能纺织品在当今纺织工业中的应用非常广泛，纺织科技在这些领域的进步与其他高科技领域不相上下。在许多的防护性服装产品中，具有防紫外线功能的纺织材料非常受欢迎。此外，消费者对具有自清洁、抗菌、防虫蛀、防水、防毡缩、阻燃、防污等性能的纺织品的需求也越来越多，这极大地促进了新型化学试剂用于纺织品整理的科学研究。在生产各种医疗和卫生应用的功能性纺织品方面，各种合成试剂的使用已引起学术界和工业界的极大关注。由于日益严峻的环境问题，科学家们正在全球范围内努力减轻纺织业中使用的传统化学试剂所造成的污染。

近来，绿色化学的概念也被引入纺织领域，并引起了政府当局、科学家和工业企业越来越大的兴趣，绿色化学被誉为纺织工业可持续发展的关键技术之一。从根本上说，绿色化学是化学的一个分支，它以 12 原则为基础，旨在寻求减少化学加工过程和化学产品对环境的不利影响，促进可持续发展。本书首先概述了绿色化学在纺织品湿加工中的应用，然后系统地介绍了环境友好型着色剂、甲壳素、壳聚糖、环糊精、生物媒染剂、抗菌剂、防紫外剂、阻燃剂、驱虫整理剂等的发展历史及前景。提高可持续性、环境友好性、可再生性、固有的生物活性和减少污染是这些助剂适合作为纺织材料功能整理替代品的基本属性。此外，本书还介绍了各种最新的可持续的预处理技术，主要是超声化学和等离子体对纺织品表面改性的技术，并特别提到了它们对抗菌性的影响。它们有望替代传统的湿加工方式，并具有能耗低、易于处理和生产效率高的优势。它们可活化纺织品表面，提高官能团的可及性，却不会影响基体的其他性能。最后，本书关注了新型、可持续、廉价的吸附剂的应用，以处理纺织行业废水。

本书的读者主要是纺织科学与工程领域的学者（教授、研究人员、教学人员及相关专业学生）和行业从业人员，也可供染料和颜料、纺织品的可持续化学加工、天然聚合物、纤维化学、抗菌涂料、天然染色和材料科学等领域的研究人员和行业从业者参考。

最后,我们要感谢所有撰稿人投入宝贵的时间,为本书撰写了精彩的、具有指导意义的章节。我们特别感谢来自 Elsevier 的 Lindsay Lawrence 女士,她与我们进行了非常友好的和启发性的合作。我们欢迎大家提出建议和意见,并希望本书能够启发从事纺织技术工作的研究人员、学生以及计划进入这一领域的人员。

Shahid-ul-lslam,B. S. Butola
印度德里理工学院,印度新德里

目 录

1 纺织品湿加工中的绿色化学 ································· 1
1.1 纺织品对环境可持续发展的威胁 ····················· 1
1.1.1 纺织品湿加工过程中化学物质对环境的污染 ············ 1
1.1.2 纺织品湿加工的可持续性问题 ························ 3
1.2 纺织行业的可持续性及绿色化学品 ····················· 4
1.2.1 可持续性 ·· 4
1.2.2 绿色化学品的最新进展 ······························ 5
1.2.3 作为绿色可持续湿加工溶剂的离子液体 ················ 9
1.2.4 纺织湿加工的可持续改进 ···························· 9
1.2.5 纺织湿加工中的绿色化学 ··························· 10
1.2.6 纺织加工中的生物材料 ····························· 10
1.2.7 纺织加工中的生物酶材料 ··························· 11
1.2.8 印染用生物材料 ··································· 11
1.2.9 后整理用生物材料 ································· 12
1.2.10 纺织加工中的绿色等离子体技术 ···················· 12
1.2.11 纺织加工中的绿色超临界流体技术 ·················· 13
1.2.12 合成纤维的替代品——绿色纤维 ···················· 14
1.3 结论和建议 ·· 15
参考文献 ··· 16

2 可持续性染料 ··· 21
2.1 引言 ··· 21
2.2 天然染料的分类 ·· 23
2.2.1 按来源分类 ·· 23
2.2.2 按化学结构分类 ···································· 28
2.2.3 按应用方法分类 ···································· 33
2.3 天然染料的化学组成 ··································· 34

1

2.4 天色染料的提取 36
2.5 天然染料的功能性应用 38
　2.5.1 传统的染色技术 38
　2.5.2 先进的染色技术 40
2.6 发展趋势 42
参考文献 44
信息来源 59
进阶阅读 59

3 金属媒染剂和生物媒染剂 61
3.1 引言 61
3.2 媒染剂分类 64
3.3 传统金属媒染剂及其对环境的影响 67
3.4 生物媒染剂及其应用 69
3.5 发展趋势 77
参考文献 78
进阶阅读 86

4 可持续的环糊精在纺织品中的应用 88
4.1 引言 88
4.2 环糊精 89
　4.2.1 环糊精化学 89
　4.2.2 环糊精的性质 90
　4.2.3 环糊精的溶解度及其衍生物 91
4.3 环糊精的包合物及其分类 92
4.4 毒理学方面的考虑 93
4.5 环糊精的应用 93
　4.5.1 在医药行业的应用 93
　4.5.2 在食品和调味品行业的应用 93
　4.5.3 在农业的应用 94
　4.5.4 在化工行业的应用 94
　4.5.5 在化妆品和洗漱用品行业的应用 94
　4.5.6 在纺织服装行业的应用 94

- 4.6 β-环糊精在纺织品上的结合机理 ······ 95
- 4.7 β-环糊精在纺织加工中的应用 ······ 97
  - 4.7.1 纺织助剂 ······ 97
  - 4.7.2 纺织品染色 ······ 97
  - 4.7.3 纺织后整理 ······ 98
  - 4.7.4 纺织废水处理 ······ 99
- 4.8 β-环糊精的化学释放特性 ······ 99
- 4.9 β-环糊精对纺织业的可持续影响 ······ 100
- 4.10 纺织品改性与发展 ······ 100
- 4.11 发展趋势 ······ 102
- 参考文献 ······ 103
- 进阶阅读 ······ 110

5 壳聚糖及其衍生物在纺织品功能整理中的应用 ······ 112
- 5.1 引言 ······ 112
  - 5.1.1 甲壳素和壳聚糖的来源 ······ 113
  - 5.1.2 化学性质和脱乙酰化方法 ······ 115
  - 5.1.3 壳聚糖的理化特征 ······ 116
  - 5.1.4 衍生物 ······ 117
- 5.2 甲壳素和壳聚糖的应用 ······ 119
  - 5.2.1 抗菌整理 ······ 121
  - 5.2.2 防臭整理 ······ 122
  - 5.2.3 凝血作用 ······ 123
  - 5.2.4 抗凝血作用 ······ 124
  - 5.2.5 抗静电整理 ······ 125
  - 5.2.6 耐久压烫/抗皱整理 ······ 125
  - 5.2.7 抗紫外线整理 ······ 126
- 5.3 甲壳素和壳聚糖在纺织工业中的应用 ······ 127
  - 5.3.1 医用纺织品 ······ 127
  - 5.3.2 纺织品的染色 ······ 129
  - 5.3.3 纺织品印花性能的改善 ······ 130
  - 5.3.4 运动服装的抗菌和防臭 ······ 131
- 5.4 发展趋势 ······ 131

参考文献 ·· 132

6 酶在棉的绿色化学加工中的应用 ·· 140
6.1 引言 ·· 140
6.2 酶 ·· 141
6.2.1 酶的命名与分类 ·· 141
6.2.2 酶的生物催化作用 ·· 142
6.3 酶的应用 ·· 145
6.3.1 酶退浆 ·· 146
6.3.2 生物精练 ·· 148
6.3.3 生物漂白 ·· 149
6.3.4 残留过氧化物清除 ·· 151
6.3.5 牛仔布的生物洗涤 ·· 151
6.3.6 生物光洁整理 ·· 152
6.3.7 棉织物组合工艺用酶 ·· 153
6.3.8 棉织物功能整理用酶 ·· 155
6.4 提高酶法工艺效率的先进技术 ·· 155
6.5 发展趋势 ·· 156
参考文献 ·· 157

7 声化学技术在纺织品中的应用 ·· 166
7.1 引言 ·· 166
7.2 纳米颗粒在纺织品上的声化学沉积机理 ·· 168
7.3 超声辅助纳米金属氧化物在纺织品上的沉积及其抗菌性能 ·················· 169
7.3.1 ZnO 纳米颗粒的合成及沉积 ·· 169
7.3.2 CuO 纳米颗粒的合成与沉积 ·· 175
7.3.3 MgO 和 Al_2O_3 纳米颗粒的合成与沉积 ·································· 177
7.3.4 多重耐药（MDR）性细菌抑制剂——声化学合成的 Zn 掺杂 CuO 纳米复合材料 ·················· 180
7.3.5 声化学涂层技术在棉的抗菌整理中的应用 ································ 182
7.3.6 抗菌纳米颗粒与染料在纺织品上的声化学共沉积 ······················ 187
7.4 发展趋势 ·· 193
参考文献 ·· 193

8 改善纺织工业环境效能的绿色非热等离子体技术 ... 201
8.1 引言 ... 201
8.2 纺织品湿加工对环境的影响 ... 202
8.3 等离子体技术简介 ... 205
8.4 等离子体技术在纺织加工中的应用 ... 207
8.5 非热等离子体处理棉纺织品 ... 210
8.6 非热等离子体处理聚酯纺织品 ... 221
8.7 结论与发展趋势 ... 231
参考文献 ... 232

9 用生物大分子进行纺织品整理：一种低环境影响的阻燃方法 ... 247
9.1 引言 ... 247
9.2 纺织品阻燃机理 ... 251
9.3 阻燃生物大分子的结构与防火性能 ... 253
9.3.1 乳清蛋白 ... 253
9.3.2 酪蛋白 ... 255
9.3.3 疏水蛋白 ... 259
9.3.4 脱氧核糖核酸 ... 260
9.4 结论与发展趋势 ... 264
参考文献 ... 265
进阶阅读 ... 271

10 抗菌纺织品 ... 273
10.1 引言 ... 273
10.2 关于抗菌纺织品的重要定义 ... 274
10.2.1 抗菌剂 ... 274
10.2.2 杀菌剂 ... 274
10.2.3 抑菌剂 ... 274
10.2.4 最低抑制浓度 ... 274
10.2.5 最低杀菌浓度 ... 274
10.3 微生物与抗菌剂的作用模式 ... 274
10.4 用于纺织品的抗菌剂 ... 276
10.4.1 植物源抗菌剂 ... 276

10.4.2 动物源抗菌剂（壳聚糖及其衍生物）·················· 282
10.5 天然抗菌剂用于纺织品上的处理方法·················· 284
　10.5.1 浸轧—干燥—固化法·················· 284
　10.5.2 竭染法·················· 285
10.6 与植物源抗菌剂有关的关键问题·················· 290
　10.6.1 提取物浓度·················· 290
　10.6.2 萃取工艺方法·················· 291
　10.6.3 提取物的来源·················· 291
　10.6.4 纺织品的其他性能·················· 291
10.7 结论·················· 292
参考文献·················· 292
进阶阅读·················· 297

11 采用绿色和可持续方法的驱虫纺织品·················· 299
11.1 引言·················· 299
11.2 各种类型的生物驱虫剂·················· 300
　11.2.1 精油及其提取物·················· 300
　11.2.2 天然油·················· 304
11.3 驱虫剂对昆虫的作用机理·················· 305
11.4 天然驱虫剂在纺织基材上的应用·················· 305
　11.4.1 通过浸轧—干燥—固化法施加微胶囊化驱避剂·················· 305
　11.4.2 通过浸轧—烘干—固化法直接施加天然驱避剂·················· 306
11.5 活性成分与纺织基质的整合·················· 307
11.6 生物基天然驱虫剂的安全问题·················· 307
11.7 评价方法·················· 309
　11.7.1 锥体测试·················· 309
　11.7.2 笼子试验·················· 310
　11.7.3 改良的激子室法·················· 310
　11.7.4 现场试验·················· 311
11.8 驱虫纺织品的应用·················· 311
11.9 结论与发展趋势·················· 312
参考文献·················· 312

12 防紫外线纺织品 · · · · · · 317

- 12.1 引言 · · · · · · 317
- 12.2 紫外线对人体的影响 · · · · · · 318
- 12.3 紫外线指数（UVI） · · · · · · 319
- 12.4 UV 防护系数（UPF） · · · · · · 320
- 12.5 防紫外纺织品的标准 · · · · · · 321
  - 12.5.1 澳大利亚/新西兰 · · · · · · 321
  - 12.5.2 美国 · · · · · · 322
  - 12.5.3 欧洲 · · · · · · 322
- 12.6 影响 UPF 的面料因素 · · · · · · 322
  - 12.6.1 纤维化学对 UPF 的影响 · · · · · · 322
  - 12.6.2 纱线结构对 UPF 的影响 · · · · · · 323
  - 12.6.3 组织类型、孔隙度和覆盖系数对 UPF 的影响 · · · · · · 323
  - 12.6.4 织物克重和厚度对 UPF 的影响 · · · · · · 324
  - 12.6.5 染色对 UPF 的影响 · · · · · · 324
  - 12.6.6 拉伸对 UPF 的影响 · · · · · · 324
  - 12.6.7 湿处理对 UPF 的影响 · · · · · · 325
  - 12.6.8 漂白处理对 UPF 的影响 · · · · · · 325
  - 12.6.9 UV 吸收材料对 UPF 的影响 · · · · · · 326
- 12.7 防 UV 整理剂的作用机理 · · · · · · 326
- 12.8 防 UV 整理剂 · · · · · · 327
  - 12.8.1 染料和颜料 · · · · · · 327
  - 12.8.2 无机 UV 吸收剂 · · · · · · 330
  - 12.8.3 UV 纳米吸收剂 · · · · · · 331
  - 12.8.4 TiO_2 作为 UV 屏蔽剂 · · · · · · 332
  - 12.8.5 ZnO 作为 UV 屏蔽剂 · · · · · · 332
  - 12.8.6 石墨烯作为 UV 屏蔽剂 · · · · · · 335
- 12.9 合成 UV 整理剂的环境问题 · · · · · · 338
- 12.10 用于防 UV 纺织品整理的环境友好材料 · · · · · · 339
- 12.11 结论与发展趋势 · · · · · · 345
- 参考文献 · · · · · · 346
- 进阶阅读 · · · · · · 353

13 生物吸附工艺在纺织工业废水处理中的应用 354
13.1 引言 354
13.2 纺织工业废水 355
13.2.1 水污染源 355
13.2.2 纺织工业的污水处理 357
13.2.3 纺织工业废水对环境的影响 360
13.2.4 环境立法 361
13.3 纺织工业中的吸附技术 361
13.3.1 理论 361
13.3.2 吸附剂（活性炭）的制备方法 361
13.3.3 吸附机理 361
13.3.4 物理吸附 362
13.3.5 化学吸附 362
13.3.6 吸附等温线模型 363
13.3.7 Langmuir 等温线模型 363
13.3.8 Freundlich 等温线模型 364
13.3.9 吸附动力学 364
13.3.10 纺织工业废水吸附剂的分类 364
13.4 商用吸附剂 365
13.4.1 活性炭 365
13.4.2 硅胶 366
13.4.3 沸石 366
13.5 非商用低成本吸附剂 366
13.5.1 真菌 366
13.5.2 细菌 369
13.5.3 壳聚糖 370
13.5.4 藻类 371
13.5.5 泥炭 372
13.6 来源物的性质（副产品） 374
13.6.1 农业废弃物 374
13.6.2 工业废弃物 378
13.7 影响吸附过程的因素 380
13.7.1 比表面积的影响 380

13.7.2 初始染料浓度的影响 381
  13.7.3 吸附剂用量的影响 381
  13.7.4 pH 的影响 382
  13.7.5 温度的影响 382
  13.7.6 接触时间的影响 382
  13.7.7 多种吸附质的相互影响 382
 13.8 运行模式 383
  13.8.1 间歇式 383
  13.8.2 连续式 383
  13.8.3 吸附过程中的替代方案 384
  13.8.4 解吸/再生法 384
  13.8.5 吸附剂的处置 384
 13.9 结论与发展趋势 385
 参考文献 385
 进阶阅读 406

14 壳聚糖衍生物在纺织废水处理中的应用 407
 14.1 引言 407
 14.2 纺织废水处理 409
  14.2.1 染料和其他有机污染物的去除 409
  14.2.2 重金属的去除 420
 14.3 结论 443
 参考文献 443
 进阶阅读 453

15 用可持续和低成本的吸附剂处理废水中合成染料的最新研究进展 454
 15.1 引言 454
 15.2 染料治理 457
  15.2.1 工业废弃物 460
  15.2.2 黏土矿物 460
  15.2.3 硅质材料 461
  15.2.4 沸石 462
  15.2.5 农业固体废弃物和生物质 463

15.3 利用植物材料进行生物吸附……464
15.4 用吸附剂处理废水的缺点和最新研究进展……470
15.5 合成染料吸附机理……478
15.6 结论与发展趋势……481
参考文献……481

16 使用负载壳聚糖的纳米复合吸附剂处理工业废水中的染料……495
16.1 引言……495
16.2 染料废水处理技术的现状……498
16.3 纳米材料控制水污染物……499
16.4 染料的吸附……503
16.5 吸附—解吸机理……505
16.6 壳聚糖负载的纳米复合材料……507
16.7 结论……514
参考文献……514

1 纺织品湿加工中的绿色化学

Tahsin Gulzar[1], *Tahir Farooq*[1], *Shumaila Kiran*[1],
Ikram Ahmad[1], *Arruje Hameed*[2]

[1] 政府学院大学应用化学系，巴基斯坦费萨拉巴德
[2] 政府学院大学生物化学系，巴基斯坦费萨拉巴德

1.1 纺织品对环境可持续发展的威胁

　　一般来说，纺织工业主要涉及上浆、退浆和纱线的加工以及布匹和服装的生产。在过去的几十年里，纺织业在全球范围内呈现蓬勃发展的态势，尽管该行业是主要的税收来源之一，但对环境造成了严重威胁。在纺织湿加工过程中，纺织材料要经过一些化学品处理，如染料、整理剂和其他相关助剂，未固着的染料和其他化学品通过污水排放，会污染环境并对人类健康造成严重威胁（Babu et al.，1995）。不少纺织企业也采用了污水处理技术，以减少有害物质向环境排放。目前，纺织企业正在利用绿色化学实现可持续发展，为此设计出绿色纺织品生产工艺和方法，尽量不产生或少产生废物。作为绿色方法的一部分，避免产生废物比后期处理废物更好。纺织企业正常的生产步骤和过程会涉及各种反应物、试剂、催化剂和危险性溶剂，这些对生态系统甚至对人类健康都会构成严重威胁（Vandevivere et al.，1998）。传统的合成纤维对环境的影响已经被有机纤维或生态纤维（如有机丝、有机羊毛、有机棉、大麻、黄麻、竹子和菠萝纤维等）削弱。作为一种替代性的绿色方法，绿色纤维、绿色试剂、绿色溶剂和绿色整理剂的使用正在增加，特别是在技术发达国家（Kumar and Gunasundari，2018）。在纺织生产中，具有优化印染参数的有序加工、生物加工，涉及重复利用和循环利用等方面的最新进展有可喜的进步，可使纺织生产更绿色和可持续（Saxena et al.，2017）。

1.1.1 纺织品湿加工过程中化学物质对环境的污染

　　传统和常规的纺织品的湿加工包括预处理、染色、印花和后整理工序。在预处理过程中，未处理的灰色坯布首先要经过退浆，即用退浆剂去除浆料。浆料主要是天然的淀粉，它在染色过程中会妨碍染料分子的固着。在酸性或氧化性退浆

剂的作用下，淀粉通过水解或氧化反应移除。降解淀粉的水溶性产物会增加废水的生物需氧量（BOD），通常，高 BOD 是造成近 50% 的水污染的主要原因，使其不能用于农业和人类的生活用水（Vigo，2013）。

在高温和碱性条件下退浆，润滑剂、污垢、胶质和蜡质等杂质从纺织品中去除，这也是精练的一部分。精练过程将这些杂质转化为水溶性化合物，通常，通过在洗涤槽中加入乳化剂、螯合剂、表面活性剂、润湿剂、还原剂等来提高精练效率。因此，精练产生的废水中含有总溶解固体（TDS）、BOD 和化学需氧量（COD）值较高的碱性物质（Shenai，1987）。

此外，通过漂白工艺去除有色物质，提高了精练后纺织品的白度。不同的漂白剂可通过还原、氧化或酶法降解发色团（Rott and Minke，1999）。较常用的氧化剂如亚氯酸钠、次氯酸钠、过氧化氢等，在碱性介质中，分解发色物质的其实是它们分解产生的活性氧。这些漂白剂的过度使用，会增加漂白后排放废水的污染负荷（Kumar and Gunasundari，2018）。

漂白后的棉织物，用强碱进行丝光处理，以增加尺寸稳定性、光滑度和光泽度，获得更好的染料吸收特性。需要使用水去除过量的强碱，因而使污水的 pH 变高，危害水生生物。

纺织材料通过预处理，为染色工艺做好准备。染色是在酸性或碱性条件下，利用染料溶液在水中进行染色。染色剂可以是水溶性的染料或水不溶性的颜料。染料溶液是在水介质中配制，并使用化学助剂作为添加剂，防止起泡，达到匀染效果。水不溶性颜料是通过各种黏合剂来应用的（Lacasse and Baumann，2012）。纺织品的染色通常是由有毒的化学品生产的各种合成染料。第一类反应性染料包括媒介、直接、酸性、碱性和活性染料，与织物官能团进行共价键结合。硫化和还原染料属于第二类需要化学反应的染料。分散染料被认为是特殊的染料，归类为第三类染料（Reife et al.，1996；Zollinger，2003）。为了提高染色工艺的效率，使用了一些还原剂、增溶剂和碱。水不溶性颜料在纺织品上的应用，有放电法、抗蚀剂法和直接印花法。甲醛等致癌化学物质被广泛用于使用颜料的放电印花法，印染单位排出的污水中含有大量的盐类、碱、未固定的染料和一些有毒的化学物质，这种不环保的废水使染色不可持续（Chequer et al.，2013）。

织物染色后，通过机械或化学方法进行后整理加工，使整理后的纺织成品具有柔软性和耐久性，广泛使用的后整理剂如交联剂、固色剂和柔软剂都是以甲醛为基础的产品生产出来的。不同的有毒抗菌剂被用来赋予纺织品杀菌特性。同样地，不同的卤素化合物也被用于防污、防油和防水整理。因此，废水排放物中过量的和未被利用的整理剂，会对人类健康和生态系统造成危害（Uddin，2005）。

1.1.2 纺织品湿加工的可持续性问题

纺织品的湿加工严重依赖于过量使用各种有毒有害化学品，如增溶剂、清洁剂、润滑剂、消泡剂和表面活性剂等。经常使用的基于甲醛的产品具有致突变、致癌和毒性，给消费者和纺织行业从业人员带来严重的安全威胁。纺织工业排放的废水中含有上述未被利用的化学物质，会污染生态系统。

纺织工业消耗的能源为液化石油气（LPG）、天然气、煤炭和石油。能源主要用于加热和冷却、锅炉蒸汽的产生、照明和机械操作。在染色过程中，大部分的热能是用于加热染液（表1.1）。通过采用新技术、机械改造和可持续的化学开发，可实现能源转换（Ozturk et al.，2016）。

表1.1 每1kg纺织材料大约消耗的能量（Kocabas et al.，2008；Saxena et al.，2017）

过程	能耗/（MJ/kg）
后整理	6~12
染色、后整理和干燥	8~18
漂白、染色和干燥	10~35
漂白和干燥	8~33
无干燥精练	5~18

从预处理到最终成品，纺织品湿加工的每个工序都需要大量的水。通常，水被用作洗涤和清洁、蒸汽的产生、化学品溶液的介质。湿加工1kg织物需消耗50~100L水（Kumar and Gunasundari，2018）。纺织品湿加工结束后，含有未固着的染料、洗涤剂、整理剂及其他有机或无机辅助盐类的废水排放物，使植物、人类健康和生态系统受到威胁（表1.2）。这些不可避免的污染物会降低溶解氧（DO）含量并增加pH、总悬浮固体（TSS）、总溶解固体（TDS）、化学需氧量（COD）和生物需氧量（BOD）（Kant，2012）。因此，它们会被生物累积，毒害环境。一些纺织企业在排放前进行了基本的水处理，如膜过滤、曝气、澄清、絮凝和过滤，以缓解水质污染问题（Vandevivivere et al.，1998）。

表1.2 湿加工中未固着染料的耗损量

纤维类型	染料类型	未固着染料/%
丙烯腈纤维	改性的碱性染料	2~3
聚酯纤维	分散染料	8~20

续表

纤维类型	染料类型	未固着染料/%
棉和黏胶纤维	硫化染料	30~40
	还原染料	5~20
	颜料	1
	直接染料	5~20
	活性染料	20~50
	偶氮染料	5~10
毛和尼龙	后媒染	1~2
	金属络合染料	2~7
	毛用酸性/活性染料	7~20

1.2　纺织行业的可持续性及绿色化学品

1.2.1　可持续性

"可持续性"是指各种过程或产品有助于保护环境的程度，可持续发展是既满足当代人的需求，又不损害子孙后代所需的资源，即确保为子孙后代保留经济、社会和环境资源的长期战略（Yeld，1997）。

纺织业的不可持续性表现在以下几个方面（Arputharaj et al.，2016）：

（1）大量使用水进行洗涤和化学溶解，纺织污水中含有过量的未固着染料、颜料和其他相关助剂。

（2）在农业和纺织品的湿加工中使用了有毒和不可生物降解的化学品，如除草剂和杀虫剂。

（3）纺织企业在生产过程中使用不可再生能源。

（4）生产过程中产生危险废物。

近来，人们对于环境问题、人类健康风险以及采取适当的立法措施的意识不断增强，促使纺织企业生产可持续的纺织材料，在湿加工过程中进行创新和可持续发展，以使其成为可持续发展的企业。湿加工的主要环节，如前处理、染色和后整理的可持续发展，可大幅提高成品的质量并节约能源，产生更好的经济和环境效益。在纺织品加工过程中，迫切需要实践可持续发展工艺，使用绿色纤维、绿色化学品和助剂，并采用绿色的污水处理策略（Saxena et al.，2017）。

与不可持续的、不可再生的基于化石燃料的传统化学工艺相反，绿色工艺是可持续、高效（更少的步骤、资源、废物）、易于实施（在环境温度条件下稳定）和环境友好（无害的溶剂和绿色试剂）。

以下的绿色化学原则有助于纺织工业成为可持续的产业（简称"12原则"）（Clark，2006；Anastas and Warner，2000）。

（1）化学品设计应防止废物产生。

（2）使用可再生原料，而不是不可再生的化石燃料。

（3）使用无毒和更安全的化学品。

（4）化学合成应采用安全方法。

（5）优选催化反应，因为与单次反应中消耗化学计量的试剂相比，少量的催化剂可以进行多次反应。

（6）通过开发高能效工艺，使反应在室温条件下进行。

（7）应使用更安全的溶剂和相关助剂。

（8）应采用单步或直接反应，避免多步反应，因为多步反应需要更多的危险化学品。

（9）在设计化学工艺时，应遵循原子经济的概念，使产品中包含尽可能多数目的起始原子，避免产生废物。

（10）应使用可生物降解的产品，以避免其积累和污染环境。

（11）通过实时监控消除/最大限度地减少副产物的形成，防止污染。

（12）确保安全，避免化学事故（火灾、爆炸和危险品泄漏）。

采用更高效的工艺，绿色化学能减少物理步骤，减少能源和化学品的消耗，减少废弃物的产生和处理要求。这些减少带来了成本的节约，并在低污染和更少的原材料消耗方面，带来了环境效益，从而导致社会进步、环境改善和经济发展。鉴于以上绿色化学的原则，在纺织湿加工中使用可再生资源使其成为可持续的制造业（Roy Choudhury，2013）。

1.2.2　绿色化学品的最新进展

近年来，化工行业将注意力集中到可持续和环境友好的纺织化学品及相关助剂的开发，应用绿色化学改进合成工艺和开发新产品日益成为一种趋势。最近，引进的染料由于具有更好的竭染性，在低温下应用，可降低能耗。同样，随着新型双官能团和多官能团活性染料的引入，能源和水的消耗至少节省了50%（图1.1和图1.2）（Saxena et al.，2017；Obydullah and Sadique，2018）。

采用多功能染料进行染色，还可以使添加到染浴中的盐类添加剂的添加量减少至少20%（Obydullah and Sadique，2018；Morris et al.，2008）。然而，传统上使用的单官能团染料固着性差，在碱性条件下易水解，结果，30%以上未被利用的染料随废水排出（图1.3）（Gottlieb et al.，2003）。

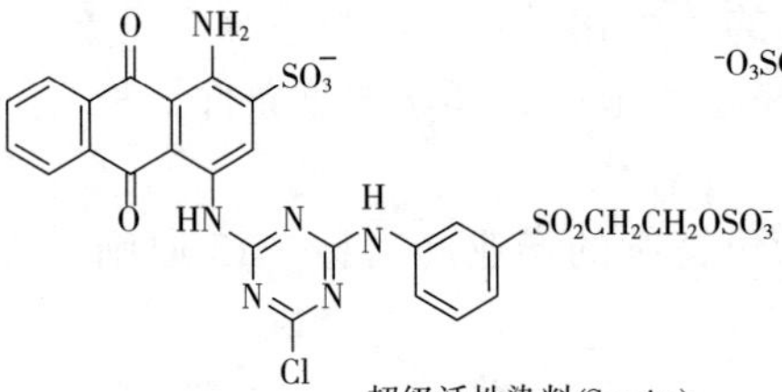

图1.1 双官能团染料

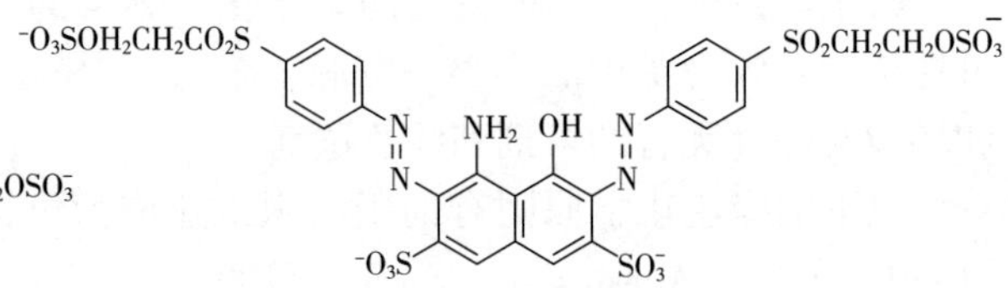

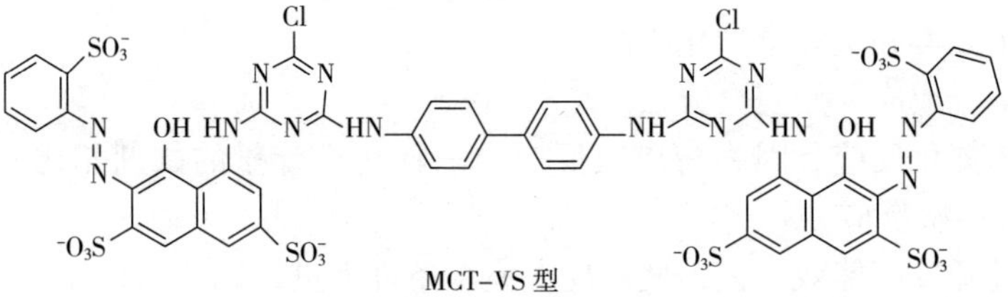

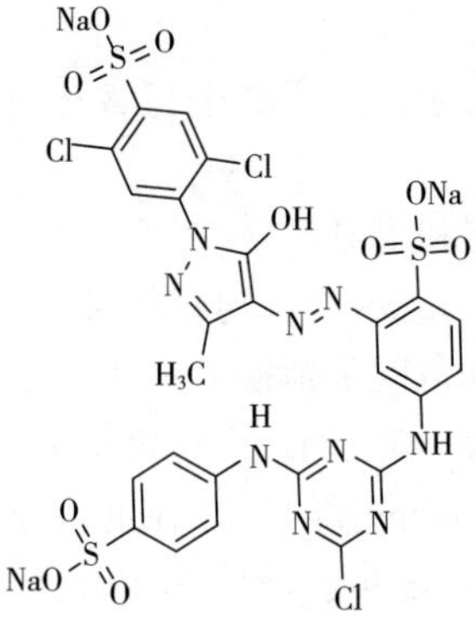

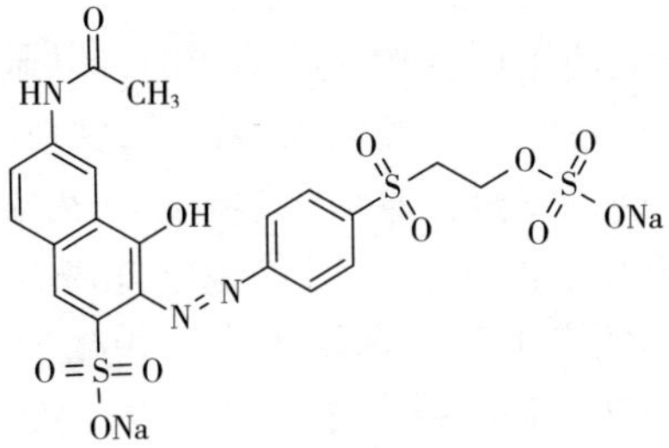

图1.2 多官能团染料

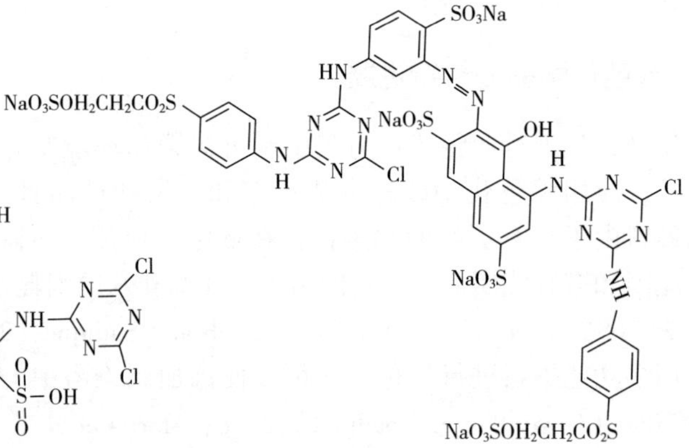

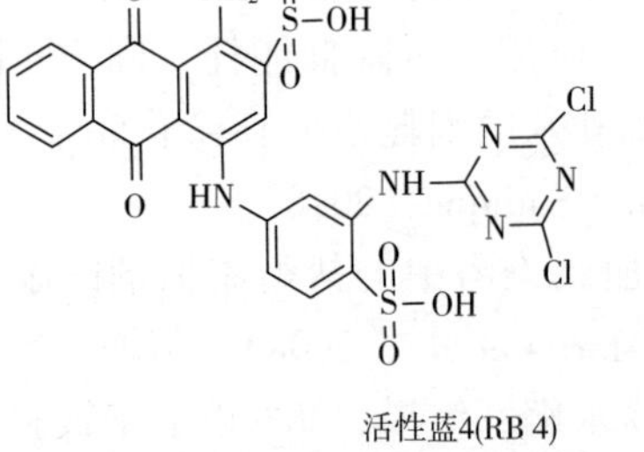

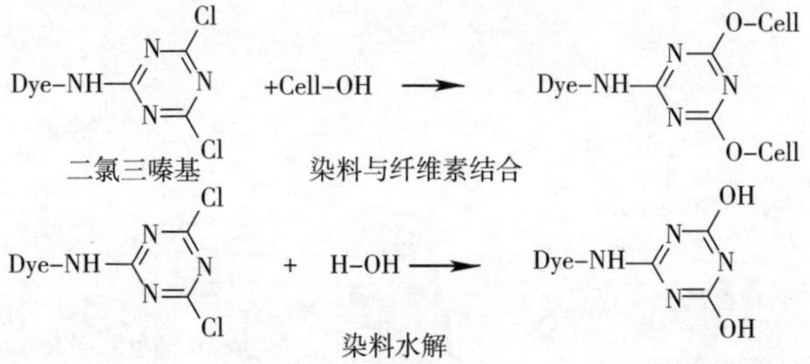

图 1.3 染色过程中的染料水解（Sayed，2018）

为了使染色过程环保并可持续，纺织企业也可以使用具有更好固着性能的新型可生物降解的染料（图 1.4）（Franciscon et al.，2012）。近年来，由于部分染料的致癌性，此前知名的分散染料已被禁止使用（图 1.5）。

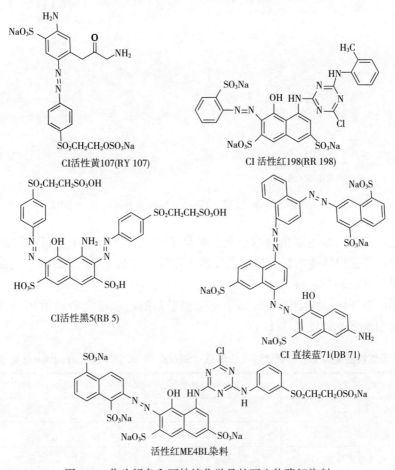

图 1.4 作为绿色和可持续化学品的可生物降解染料

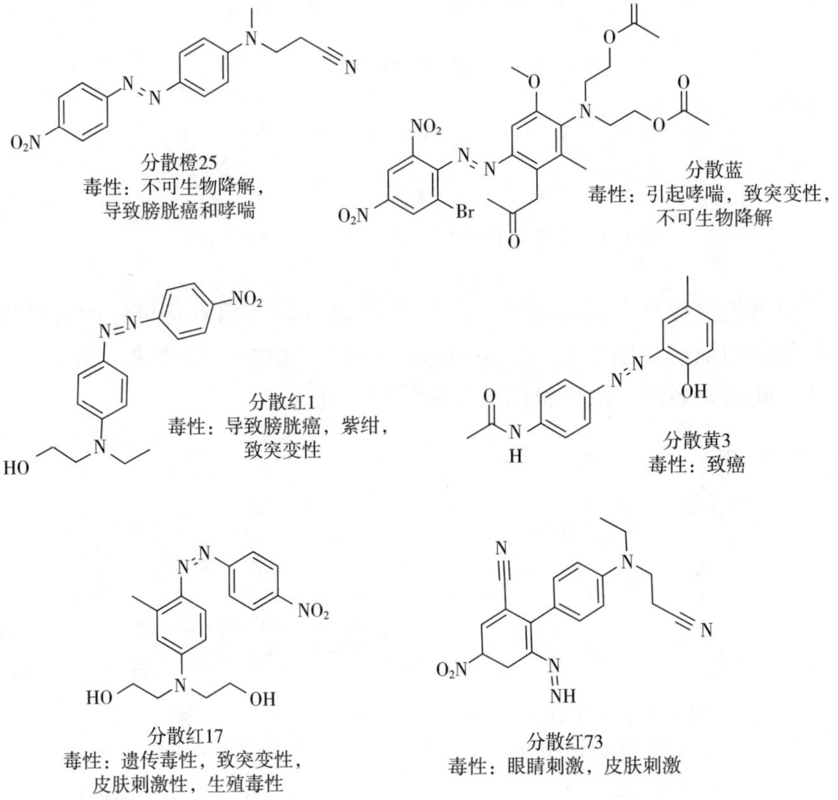

分散橙25
毒性：不可生物降解，
导致膀胱癌和哮喘

分散蓝
毒性：引起哮喘，致突变性，
不可生物降解

分散红1
毒性：导致膀胱癌，紫绀，
致突变性

分散黄3
毒性：致癌

分散红17
毒性：遗传毒性，致突变性，
皮肤刺激性，生殖毒性

分散红73
毒性：眼睛刺激，皮肤刺激

图1.5 具有已知毒性的禁用染料（Markandeya et al.，2018）

预还原型硫化和还原染料的出现，简化了染色工艺。由于不需要更多的还原剂，染色过程变得环境友好，糖基还原剂也是常用的非环保型 $NaHSO_3$ 还原剂的绿色替代品（Markandeya et al.，2018）。

常用的非环境友好型洗涤剂如辛基酚和壬基酚乙氧基化合物可用新引入的可生物降解型洗涤剂替代（表1.3）。

表1.3 用于纺织品湿加工的可替代环保化学品（Saxena et al.，2017；Arputharaj et al.，2016）

绿色替代	非环保经典化学品	湿加工中的应用
等离子体处理	含氯化学品	防缩
无机盐和磷酸酯的组合	溴化二苯醚	阻燃
预还原染料	硫化染料的粉末形式	染色
葡萄糖、乙酰丙酮、二氧化硫脲	硫化钠	还原剂

续表

绿色替代	非环保经典化学品	湿加工中的应用
液氨	氢氧化钠	丝光
过氧化氢酶	硫代硫酸钠	过氧化物清除剂
甲酸	乙酸	中和剂
脂肪醇苯酚乙氧基化合物	烷基酚乙氧基化合物	润湿剂和清洁剂
多元羧酸	甲醛基树脂	褶皱回复化学品
C6氟碳化合物	C8氟碳化合物	拒水剂
双氰胺（部分）	脲	助溶剂
水基聚丙烯酸酯共聚物	煤油	增稠剂
过氧化氢、过硼酸钠	重铬酸钾	还原和硫化染料的氧化
过氧化氢	次氯酸盐	漂白
果胶酶	氢氧化钠	棉的精练
淀粉酶	盐酸	退浆
水溶性聚乙烯醇	淀粉	上浆

1.2.3 作为绿色可持续湿加工溶剂的离子液体

减少湿加工中的用水对环境有积极的影响。研究表明，非水溶剂可以替代湿加工中的水耗，减少水的用量，间接节约了能源，有助于实现湿加工工艺的可持续性。

离子液体由于独特的性能已被证明是染色过程中水的潜在替代品（Zhang et al.，2008；Pagni，2003）。高溶解力、不挥发和低蒸汽压使其成为可回收的绿色溶剂，零排放，无生态毒性（Earl and Seddon，2000；Brennecke and Maginn，2001）。当离子液体用于棉、羊毛和聚酯纤维的分散红13染料染色时，染色工艺的可持续性得到了改善（Bianchini et al.，2015）。

1.2.4 纺织湿加工的可持续改进

通过湿加工各工序的融合可减少能源、化学品和水的消耗。为实现环境效益，可将退浆和精练工艺结合起来；就所需的碱性条件而言，可将精练和漂白结合起来，在漂白中使用过乙酸，可实现退浆、精练和漂白在一个湿加工步骤中进行。减少湿加工步骤，可确保使用的资源更少，使其环境友好和可持续（Roy Choudhury，2013）。

通常，棉织物用活性染料染色，使用大量硫酸钠或氯化钠，从而增加了废水的 TDS。最近的研究表明，在低盐或无盐条件下，用活性染料染色成为可能。阳电荷附着于棉纤维表面，在不添加盐分的情况下，可以提高活性染料的固着性，许多阳离子表面活性剂可用于此（Wang and Lewis，2002；Wu and Chen，1992）。

在应用直接和活性染料时，使用可生物降解的替代盐类，废水的 TDS 负荷显著降低。实践证明，可使用柠檬酸钠和氮三乙酸三钠代替氯化钠，其他可生物降解的盐类包括多羧酸钠盐、草酸钠和依地酸钠，是可用于活性染料染色的低污染盐类。

纺织品的湿加工可以通过适当的方法实现可持续。在活性染色的竭染工艺中需要高料液比，化学品、能源和水的消耗量更高，是一种不可持续的工艺。冷轧堆工艺是在常温下进行的，不使用辅助化学品，这种低能耗、环境友好的工艺提高了纺织品湿加工的可持续性（Kumar and Gunasundari，2018）。

1.2.5 纺织湿加工中的绿色化学

纺织业是化学品的最大使用者，每年有 600 万吨、8000 种不同的化学品被纺织品加工企业使用（Kant，2012）。例如，精练涉及碱，漂白需要次氯酸盐，交联剂涉及甲醛衍生的助剂，染色需要使用含偶氮基或重金属等不可生物降解的合成染料，后整理中使用含锑和溴的化学品，这些危险化学品会对加工企业的从业人员造成严重的健康威胁（Parisi et al.，2015）。此外，废水中这些化学品的残留物会造成环境污染。过去几十年来，为了降低加工企业从业人员的健康风险，避免环境危害，无毒、环境友好、低危害化学品的使用受到重视。近几年，作为替代性绿色化学品，可生物降解和低毒化学品在纺织湿加工中的使用呈上升趋势，它们被改造成具有更好的生物降解性，并降低加工企业排放污水的毒性（Holkar et al.，2016）。

作为环境友好和绿色的化学品，聚乙烯醇用于上浆，淀粉酶和果胶酶等酶类用于退浆和精练，过氧化氢而不是次氯酸盐用于漂白，液氨钠用于丝光。纺织品的染色，通过使用危害性较小和可生物降解的非偶氮染料或无毒的天然染料来实现更绿色的工艺（Moore and Ausley，2004）。

1.2.6 纺织加工中的生物材料

生物材料的可生物降解性和安全性，使其成为降低健康风险和环境污染负荷的合适的替代品（Anand et al.，2005）。最近，酶在预处理和后整理中的使用以及天然染料在染色过程及后整理中的应用，使纺织加工发生了革命性的变革（Yachmenev et al.，2002）。

1.2.7 纺织加工中的生物酶材料

在纺织加工中，酶作为生物材料，在理想的生态友好条件下，可以生产出质量更好的产品。其在纺织湿加工每个步骤中的应用，避免有毒化学品的使用，从而确保了纺织品生产的生态友好。酶工艺所需的能源较少，实施条件温和，使其成为适合在无毒环境下生产可持续纺织材料的替代品（Cavaco-Paulo and Gubitz，2003）。在湿加工中，酶还能最大限度地减少每个步骤中水和化学品的使用，从而大大降低污染负荷。酶的专一性有助于最大限度地减少副产品的形成，因此，有助于避免高昂的废水处理成本（Saravananan et al.，2012）。

纺织加工中，纤维素纤维的退浆通常会使用酸，而酸会损坏纤维并使废水酸化。近几年，α-淀粉酶作为酸的替代品用于退浆，将淀粉降解为葡萄糖（Saravananan et al.，2012）。它们专一性地降解淀粉，避免了对织物的损伤，同时也减少了能源、化学试剂和水的消耗。纺织加工中的精练是在碱性条件下或较高温度和压力下进行的。为了节约能源，也可以采用生物精练法（Niaz et al.，2011）。使用碱性果胶酶的生物精练所需温度温和，是一种最佳的替代选项（Etters，1999）。基于果胶酶的精练可以降低织物的损伤、起球，并提高染色的均匀性，纺织加工中可通过使用酶退浆和精练来减少纤维的损失（Dalvi and Anthappan，2007）。

过氧化氢通常被用作漂白剂，用于去除纤维素材料中的色素，其降解作用不产生有害化学物质，因此被认为是生态友好的。但是，它需要在较高温度的碱性条件下应用，这会造成显著的织物损伤。另外，还开发了只针对色素的基于漆酶的专有工艺（Basto et al.，2007），漆酶用于棉的漂白，有助于去除生色的黄酮类化合物。通过使用过氧化氢酶来实现过氧化氢的去除，否则，需要使用大量硫代硫酸盐进行化学处理来去除它。而过氧化氢酶去除过氧化氢需要的水较少，因此是可替代的绿色方法（Amorim et al.，2002）。

1.2.8 印染用生物材料

传统合成染料的使用，已经对全球环境造成了严重威胁。在过去的几十年里，纺织废水中存在的合成染料已在很大程度上污染了环境，它们的毒性和不可生物降解性对土壤肥力、作物生产和人类健康构成了严峻的威胁。现在的关注点是生物染料或天然染料，植物、动物和微生物确实可以生产出成本效益高、无毒和生态友好的染色剂，可作为纺织染料（Carvalho and Santos，2015）。

与动物或植物性染料相比，基于微生物的染料显示出快速增长的优势，酶或真菌已被用作生物染料生产的生物催化剂。在生物反应器中，担子菌门真菌（*Basidiomycota*）已被用于无色前体生物染料的生物处理。这种生物催化剂的生产，节省能源和材料，具有成本效益并且环境友好。生物基染料一般为液态，可以此形式作为染色用，而合成染料一般为干粉，染色时需要大量的水。因此，采用生物基染色工艺，可大幅减少有毒废水的产生（Sójka – Ledakowicz et al.，2015）。

通过在废物上培育适合商业用途的染料植物，可以提高天然染料的可用性，具有成本效益的天然染料的可用性将使染色过程更加绿色，避免昂贵的废水处理工艺（Křížová，2015）。

1.2.9 后整理用生物材料

许多有毒有害的化学品赋予纺织面料不同的功能特性。基于甲醛的柔软剂、染料固色剂、树脂和其他纺织助剂被广泛用作后整理剂，使用甲醛类后整理剂的纺织材料，会产生游离甲醛，引起过敏、刺激眼睛和皮疹。这类未被固定下来的化学品会增加废水负荷，如果不进行处理，会对健康造成危害（Shenai，2001）。

最近，脂肪酶和酯酶已被用于提高 PET 基纺织品的表面柔软性和吸湿性，从而提供了替代性的绿色加工方法（Liu et al.，2008）。通过使用被称为生物抛光剂的纤维素酶，可以去除棉织物中的松散纤维。通常情况下，PET 纺织品的处理是使用氢氧化钠，这会导致织物的损伤。通过植物性木瓜蛋白酶的酶解反应制成了防缩羊毛（Araujo et al.，2008）。

纺织材料，特别是棉、羊毛和丝绸，为许多细菌和真菌的生长提供了非常适宜的环境，抗菌整理剂的使用可以抑制这些微生物的生长。姜黄和诃子由于其抗菌特性，已被用作纺织品的天然整理剂，这类生物材料的抗菌性被认为是由于单宁的存在（Joshi et al.，2009）。壳聚糖作为一种生物聚合物，因其抗菌性而被用作纺织品的生物整理剂，三氯生则是传统湿加工中一种有效且广泛使用的抗菌剂，但由于三氯生在阳光下会降解为一种高毒性的多氯化合物，目前其使用受到限制（Aranami and Readman，2007）。

由于天然分子可吸收紫外线，因此用含有单宁的天然染料染色的织物，具有紫外防护作用。据报道，用石榴提取物处理的织物具有紫外防护作用（Sarkar，2004）。

目前，作为绿色化学品，精油也被用作纺织品的整理剂，赋予织物清新和柔软的感觉，以取代甲醛类整理剂（Nelson，2002），精油配方还被用于驱蚊和阻燃。而传统方法是使用有毒的多氯联苯和二苯醚赋予纺织品阻燃特性（Wang and Chen，2005）。

1.2.10 纺织加工中的绿色等离子体技术

纺织湿加工的所有步骤都需要大量的水和能源消耗来维持高温，过去已经采取了一些措施来大幅降低湿加工各步骤水和能源的消耗。减少用水量，也减少了化学品的消耗，最终降低了污水负荷，节约了污水处理成本。为此，无水处理技术正在成为替代传统纺织湿加工的绿色技术。

纺织湿加工中，等离子体处理技术已成为一种有吸引力的无水处理工艺，因为它需要的能量和化学品更少，可在生态友好条件下生产、整理纺织品（Nidhi and Abha，2016）。等离子体在吸收能量时，会产生电子、负离子和正离子、自由基和原子，在这些作用下，织物表面会因气态物质的性质、织物的类型、电流、压力和温度的不同而发生物理化学变化，从而使织物表面得到修饰。事实上，表面属性确实可影响纺织品的可染性、润湿性、起球性和耐水性（Shishoo，2007）。等离子体处理技术可在纺织品表面产生所需的功能，使其达到特定的增值要求，适用于所有类型的织物材料，纺织品的等离子体处理工艺采用了放电技术。

退浆工艺不使用水和化学品，因此降低了废水处理成本。等离子体技术在常温下进行，因此节省了能源，该技术提高了染料的固着性和匀染性，而且是无水处理，不需要干燥过程（Poll et al.，2001）。

等离子体处理技术成为去除织物上有毒的上浆剂、整理剂及其他污染物的合适的绿色方法。聚乙烯醇（PVA）与淀粉一起被用作合成纱线的上浆剂。后来，由于PVA在热水中的溶解性，去除有害的PVA成为一项艰巨的任务。当等离子体处理使PVA可溶于冷水中，节约了能耗。等离子体处理可以减少棉的精练时间，因为它有助于去除淀粉上浆剂（Bhat et al.，2011）。

使用等离子体处理提高了PP和PET等合成纤维的亲水性，从而提高在水介质中的可染性和喷墨打印性能。等离子体处理后，羊毛上染料耗尽率增加，却不需要消耗水和能源。等离子体处理还有助于丝绸在低温下、短时间内完全耗尽酸性染料，从而成为一种简便的绿色方法（Ahmed and El-Shishtawy，2010）。

纤维的鳞片状疏水性表面会导致羊毛的毡缩，通过等离子体处理的表面改性，可以提高防毡缩性。在后整理步骤中，用含氟分子的等离子体处理，可使纺织品产生防污、拒油和拒水性，而且这种处理不会改变纺织品的舒适性，如透气性。因此，等离子体处理是一种适用于传统纺织品湿加工所有步骤的无水处理方法，并通过减少化学品、水和能源的消耗，成为一种绿色的方法（Buyle，2009）。

1.2.11 纺织加工中的绿色超临界流体技术

纺织品的湿加工步骤，利用超临界流体技术这种无水绿色工艺，用气体代替水作为溶解介质。超临界流体由于其高扩散率和低黏度，可在高温高压下溶解染料（Montero et al.，2000）。由于超临界流体（如CO_2）的表面张力低，所以染料能有效地扩散到织物上。在高压和高温下，既具有液体又具有气体特性的二氧化碳溶解染料并扩散进纺织材料中（Banchero，2013）。工艺结束后，过量的染料和二氧化碳被回收。超临界流体的使用具有某些优势，如经济、无毒、易操作、不易燃和环境友好（Perrut，2000）。这种无水的方法是环境友好的，因为在工业规模的生产过程中不会产生任何废物。该技术已被用于聚酰胺和聚酯的染色，超临界流体的非极性特性有助于溶解不溶于水的分散染料。超临界流体技术可以很容易地处理聚乳酸和聚丙烯，但在水介质中却很难处理。优点是，染色后不需要干燥，因此可以节省能源（Ramsey et al.，2009）。

1.2.12 合成纤维的替代品——绿色纤维

为促进纺织加工的生态友好和可持续发展，使用绿色纤维已是一种日益增长的趋势。绿色纤维是指天然的大豆纤维、黄麻纤维、有机羊毛、丝绸和棉，有机棉是在植物不使用任何杀虫剂、化肥和任何其他农用化学品的情况下收获的（Kalia et al.，2011）。

一些合成的绿色纤维也是从天然来源开发的。Lyocell 是绿色合成纤维的一个例子，与棉花和其他石油来源的合成纤维相比，它的可持续性更好，它是在可回收、可生物降解和无毒的 N-甲基吗啉-N-氧化物（NMMO）的水合物溶剂中由纤维素再生而成的（Jiasen，2004）。

由天然玉米开发的聚乳酸（PLA）被转化为可生物降解的纤维，比其他天然和合成纤维更受欢迎（Kulkarni et al.，1971）。因此，PLA 基纤维的应用可能带动绿色纺织品的发展，其他从淀粉、玉米和糖中开发的生物聚合物也可用于生产绿色纤维（图1.6）（Kaplan，1998）。

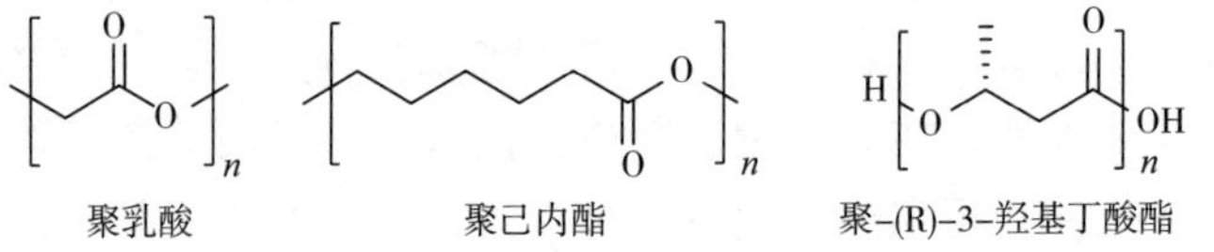

聚乳酸　　　　　聚己内酯　　　　　聚-(R)-3-羟基丁酸酯

图1.6　用生产绿色纤维的生物高分子

许多纺织材料，包括增塑剂、润滑剂、聚氨酯和尼龙等都是由己二酸合成的，大量消耗的己二酸由致癌的苯合成，被认为是非环境友好的合成途径。最近，有探索发现，天然来源的葡萄糖可通过特定的酶反应转化为己二酸（Niu et al.，2002）。而基因修饰的细菌可以提供这些酶，使得己二酸的绿色合成得以实现（图1.7）（Draths and Frost，1994）。

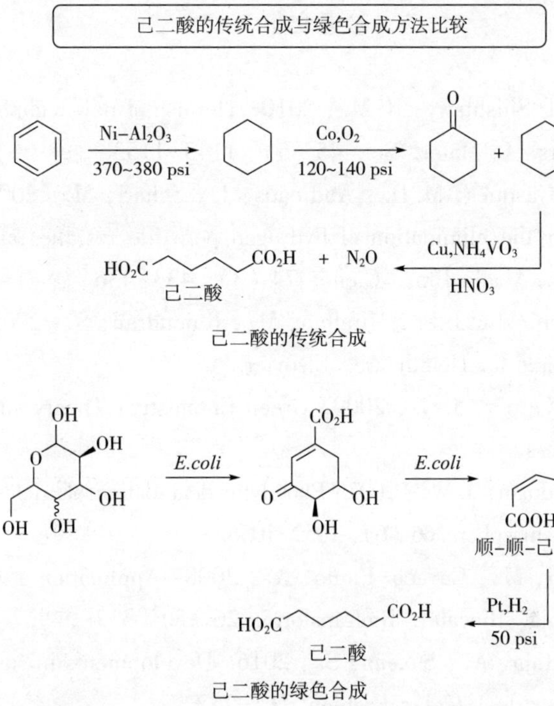

己二酸的传统合成与绿色合成方法比较

己二酸的传统合成

己二酸的绿色合成

图 1.7 用于尼龙的己二酸合成（Roy Choudhury，2013；La Merrill et al.，2003）

1.3 结论和建议

本章是绿色化学对纺织技术影响的综合性回顾。可生物降解染料、绿色溶剂、绿色化学品和助剂的开发，以及用于各种湿加工步骤的生物材料的开发强化了可持续纺织品的概念，使湿加工步骤通过减少对环境的危害而变得可持续。可以看到，绿色化学专家已经发挥了他们的潜在作用，通过为纺织业生产绿色化学品，帮助纺织业向可持续发展产业转变。然而，由于缺乏自主意识和资金问题，尤其是在发展中国家，纺织企业还没有准备好采用这些可持续做法。有关政府和环保机构需要制定严格的法律，约束纺织业使用绿色化学品，并采用创新的加工工艺，以实现零废物或最少废物的可持续材料。此外，绿色化学家应引入更多经济的绿色替代品，让纺织企业自愿采用，在不久的将来建立起可持续发展的纺织产业。

参考文献

[1] Ahmed, N. S., El-Shishtawy, R. M., 2010. The use of new technologies in coloration of textile fibers. J. Mater. Sci. 45 (5), 1143-1153.

[2] Amorim, A. M., Gasques, M. D., Andreaus, J., Scharf, M., 2002. The application of catalase for the elimination of hydrogen peroxide residues after bleaching of cotton fabrics. An. Acad. Bras. Cienc. 74 (3), 433-436.

[3] Anand, S. C., Kennedy, J. F., Miraftab, M., Rajendran, S., 2005. Medical Textiles and Biomaterials for Healthcare. Elsevier.

[4] Anastas, P. T., Warner, J. C., 2000. Green Chemistry: Theory and Practice. Oxford University Press.

[5] Aranami, K., Readman, J. W., 2007. Photolytic degradation of triclosan in freshwater and sea-water. Chemosphere. 66 (6), 1052-1056.

[6] Araujo, R., Casal, M., Cavaco-Paulo, A., 2008. Application of enzymes for textile fibres processing. Biocatal. Biotransform. 26 (5), 332-349.

[7] Arputharaj, A., Raja, A., Saxena, S., 2016. Developments in sustainable chemical processing of textiles. Green Fashion. 217-252.

[8] Babu, B. R., Parande, A., Raghu, S., Kumar, T. P., 1995. Textile technology. Technology.

[9] Banchero, M., 2013. Supercritical fluid dyeing of synthetic and natural textiles: a review. Color. Technol. 129 (1), 2-17.

[10] Basto, C., Tzanov, T., Cavaco-Paulo, A., 2007. Combined ultrasound-laccase assisted bleaching of cotton. Ultrason. Sonochem. 14 (3), 350-354.

[11] Bhat, N., Netravali, A., Gore, A., Sathianarayanan, M., Arolkar, G., Deshmukh, R., 2011. Surface modification of cotton fabrics using plasma technology. Text. Res. J. 81 (10), 1014-1026.

[12] Bianchini, R., Cevasco, G., Chiappe, C., Pomelli, C. S., Douton, M. J. R., 2015. Ionic liquids can significantly improve textile dyeing: an innovative application assuring economic and environmental benefits. ACS Sustain. Chem. Eng. 3 (9), 2303-2308.

[13] Brennecke, J. F., Maginn, E. J., 2001. Ionic liquids: innovative fluids for chemical processing. AICHE J. 47 (11), 2384-2389.

[14] Buyle, G., 2009. Nanoscale finishing of textiles via plasma treatment. Mater. Technol. 24 (1), 46-51.

[15] Carvalho, C., Santos, G., 2015. Global communities, biotechnology and sustain-

able design-natural/bio dyes in textiles. Proc. Manuf. 3, 6557-6564.

[16] Cavaco-Paulo, A., Gubitz, G., 2003. Textile Processing with Enzymes. Elsevier.

[17] Chequer, F. M. D., Oliveira, G. A. R. d., Ferraz, E. R. A. c., Cardoso, J. C., Zanoni, M. V. B., Oliveira, D. P. d., 2013. Textile dyes: dyeing process and environmental impact. In: Günay, M., Rijeka (Eds.), Eco-Friendly Textile Dyeing and Finishing. InTech. (Ch. 06).

[18] Clark, J. H., 2006. Green chemistry and environmentally friendly technologies. In: Green Separation Processes: Fundamentals and Applications. pp. 1-18.

[19] Contributors, W., 2018. Textile Industry in China. Available from: https://en.wikipedia.org/w/index.php?title=Textile_industry_in_China&oldid=825136823 (retrieved 20.02.18).

[20] Dalvi, P., Anthappan, P., 2007. Amylase and pectinase from single source for simultaneous desizing and scouring. Indian J. Fibre Text. Res. 32 (4), 459-465.

[21] Draths, K. M., Frost, J. W., 1994. Environmentally compatible synthesis of adipic acid from D-glucose. J. Am. Chem. Soc. 116 (1), 399-400.

[22] Earle, M. J., Seddon, K. R., 2000. Ionic liquids. Green solvents for the future. Pure Appl. Chem. 72 (7), 1391-1398.

[23] Etters, J., 1999. Cotton preparation with alkaline pectinase: an environmental advance. Text. Chem. Color. Am. Dyestuff Rep. 1 (3), 33-36.

[24] Franciscon, E., Grossman, M. J., Paschoal, J. A. R., Reyes, F. G. R., Durrant, L. R., 2012. Decolorization and biodegradation of reactive sulfonated azo dyes by a newly isolated *Brevibacterium* sp. strain VN-15. SpringerPlus 1 (1), 37.

[25] Gottlieb, A., Shaw, C., Smith, A., Wheatley, A., Forsythe, S., 2003. The toxicity of textile reactive azo dyes after hydrolysis and decolourisation. J. Biotechnol. 101 (1), 49-56.

[26] Holkar, C. R., Jadhav, A. J., Pinjari, D. V., Mahamuni, N. M., Pandit, A. B., 2016. A critical review on textile wastewater treatments: possible approaches. J. Environ. Manag. 182, 351-366.

[27] Jiasen, Z., 2004. A green cellulose fiber-lyocell. J. Text. Res. 25 (5), 124-125.

[28] Joshi, M., Ali, S. W., Purwar, R., Rajendran, S., 2009. Ecofriendly antimicrobial finishing of textiles using bioactive agents based on natural products. Indian J. Fibre Text. Res. 34, 295-304.

[29] Kalia, S., Kaith, B., Kaur, I., 2011. Cellulose Fibers: Bio-and Nano-Polymer

[30] Kant, R., 2012. Textile dyeing industry an environmental hazard. Nat. Sci. 4 (1), 22-26.

[31] Kaplan, D. L., 1998. Introduction to biopolymers from renewable resources. In: Biopolymers From Renewable Resources. Springer, pp. 1-29.

[32] Kocabas, A. M., 2008. Improvements in Energy and Water Consumption Performances of a Textile Mill After BAT Applications. CiteSeer^{X}.

[33] Křížová, H., 2015. Natural dyes: their past, present, future and sustainability. In: Křemenáková, D., Militký, J., Mishra, R. (Eds.), Recent Developments in Fibrous Material Science. Ops Kanina, pp. 59-71.

[34] Kulkarni, R. K., Moore, E., Hegyeli, A., Leonard, F., 1971. Biodegradable poly (lactic acid) polymers. J. Biomed. Mater. Res. A 5 (3), 169-181.

[35] Kumar, P. S., Gunasundari, E., 2018. Sustainable wet processing—an alternative source for detoxifying supply chain in textiles. Detox Fashion. 37-60.

[36] La Merrill, M., Parent, K., Kirchhoff, M., 2003. Green chemistry—stopping pollution before it starts. ChemMatters. 7-10.

[37] Lacasse, K., Baumann, W., 2012. Textile Chemicals: Environmental Data and Facts. Springer, Berlin Heidelberg.

[38] Liu, Y., Wu, G., Gu, L., 2008. Enzymatic treatment of PET fabrics for improved hydrophilicity. AATCC Rev. 8 (2).

[39] Markandeya, S., Shukla, P., Mohan, D., 2018. Toxicity of Disperse Dyes and its Removal from Wastewater Using Various Adsorbents: A Review. Available from: https://scialert.net/full-text/? doi=rjet.2017.72.89. (retrieved 20.02.18).

[40] Montero, G. A., Smith, C. B., Hendrix, W. A., Butcher, D. L., 2000. Supercritical fluid technology in textile processing: an overview. Ind. Eng. Chem. Res. 39 (12), 4806-4812.

[41] Moore, S. B., Ausley, L. W., 2004. Systems thinking and green chemistry in the textile industry: concepts, technologies and benefits. J. Clean. Prod. 12 (6), 585-601.

[42] Morris, K., Lewis, D., Broadbent, P., 2008. Design and application of a multifunctional reactive dye capable of high fixation efficiency on cellulose. Color. Technol. 124 (3), 186-194.

[43] Nelson, G., 2002. Application of microencapsulation in textiles. Int. J. Pharm. 242 (1-2), 55-62.

[44] Niaz, A., Malik, Q. J., Muhammad, S., Shamim, T., Asghar, S., 2011. Bio-

scouring of cellulosic textiles. Color. Technol. 127 (4), 211-216.

[45] Nidhi, S., Abha, B., 2016. Plasma technology in textiles. Asian J. Home Sci. 11 (1), 261-269.

[46] Niu, W., Draths, K., Frost, J., 2002. Benzene-free synthesis of adipic acid. Biotechnol. Prog. 18 (2), 201-211.

[47] Obydullah, M., Sadique, M. S., 2018. Cationization of Cotton by Using Chitosan for Reactive Dyeing to Avoid Electrolyte (Part-2). Available from: https://textilelearner.blogspot.com/2016/02/cationization-of-cotton-by-using2.html. (20.02.18).

[48] Ozturk, E., Koseoglu, H., Karaboyacı, M., Yigit, N. O., Yetis, U., Kitis, M., 2016. Minimization of water and chemical use in a cotton/polyester fabric dyeing textile mill. J. Clean. Prod. 130, 92-102.

[49] Pagni, R. M., 2003. Ionic liquids as alternatives to traditional organic and inorganic solvents. In: Green Industrial Applications of Ionic Liquids. Springer, pp. 105-127.

[50] Parisi, M. L., Fatarella, E., Spinelli, D., Pogni, R., Basosi, R., 2015. Environmental impact assessment of an eco-efficient production for coloured textiles. J. Clean. Prod. 108, 514-524.

[51] Perrut, M., 2000. Supercritical fluid applications: Industrial developments and economic issues. Ind. Eng. Chem. Res. 39 (12), 4531-4535.

[52] Poll, H., Schladitz, U., Schreiter, S., 2001. Penetration of plasma effects into textile structures. Surf. Coat. Technol. 142, 489-493.

[53] Ramsey, E., Qiubai, S., Zhang, Z., Zhang, C., Wei, G., 2009. Mini-review: green sustainable processes using supercritical fluid carbon dioxide. J. Environ. Sci. 21 (6), 720-726.

[54] Reife, A., Reife, A., Freeman, H. S., 1996. Environmental Chemistry of Dyes and Pigments. John Wiley & Sons.

[55] Rott, U., Minke, R., 1999. Overview of wastewater treatment and recycling in the textile processing industry. Water Sci. Technol. 40 (1), 137-144.

[56] Roy Choudhury, A. K., 2013. Green chemistry and the textile industry. Text. Prog. 45 (1), 3-143.

[57] Saravanan, D., Sivasaravanan, S., Sudharshan Prabhu, M., Vasanthi, N., Senthil Raja, K., Das, A., Ramachandran, T., 2012. One-step process for desizing and bleaching of cotton fabrics using the combination of amylase and glucose oxidase enzymes. J. Appl. Polym. Sci. 123(4), 2445-2450.

[58] Sarkar, A. K., 2004. An evaluation of UV protection imparted by cotton fabrics dyed with natural colorants. BMC Dermatol. 4 (1), 15.

[59] Saxena, S., Raja, A., Arputharaj, A., 2017. Challenges in sustainable wet processing of textiles. In: Textiles and Clothing Sustainability. Springer, pp. 43–79.

[60] Sayed, A., 2018. Hydrolysis of Reactive Dye. Available from: https://textileapex.blogspot.com/2014/08/hydrolysis-of-reactive-dye_87.html. (retrieved 20.02.18).

[61] Shenai, V., 1987. Technology of Textile Processing Vol-II Chemistry of Dyes. Sevak Publications.

[62] Shenai, V., 2001. Non-ecofriendly textile chemicals and their probable substitutes: an overview. Indian J. Fibre Text. Res. 26, 50–54.

[63] Shishoo, R., 2007. Plasma Technologies for Textiles. Elsevier.

[64] Sójka-Ledakowicz, J., Olczyk, J., Polak, J., Graz, M., Jarosz-Wilkołazka, A., 2015. Dyeing of Textile Fabrics with Bio-Dyes. Fibres & Textiles in Eastern Europe.

[65] Uddin, D.S.M., 2005. Chemistry in Textile Processing.

[66] Vandevivere, P.C., Bianchi, R., Verstraete, W., 1998. Treatment and reuse of wastewater from the textile wet-processing industry: review of emerging technologies. J. Chem. Technol. Biotechnol. 72 (4), 289–302.

[67] Vigo, T.L., 2013. Textile Processing and Properties: Preparation, Dyeing, Finishing and Performance. Elsevier.

[68] Wang, C., Chen, S.L., 2005. Aromachology and its application in the textile field. Fibres Text. East. Eur. 13 (6), 41–44.

[69] Wang, H., Lewis, D., 2002. Chemical modification of cotton to improve fibre dyeability. Color. Technol. 118 (4), 159–168.

[70] Wu, T., Chen, K., 1992. New cationic agents for improving the dyeability of cellulose fibres. Part 1: pretreating cotton with polyepichlorohydrinamine polymers for improving dye-ability with direct dyes. Color. Technol. 108 (9), 388–394.

[71] Yachmenev, V.G., Bertoniere, N.R., Blanchard, E.J., 2002. Intensification of the bio-processing of cotton textiles by combined enzyme/ultrasound treatment. J. Chem. Technol. Biotechnol. 77 (5), 559–567.

[72] Yeld, J., 1997. Caring for the Earth, South Africa: A guide to sustainable living, WWF South Africa in partnership with the World Conservation Union, United Nations Environment Programme and the Gold Fields Foundation.

[73] Zhang, Y., Bakshi, B.R., Demessie, E.S., 2008. Life cycle assessment of an ionic liquid versus molecular solvents and their applications. Environ. Sci. Technol. 42 (5), 1724–1730.

[74] Zollinger, H., 2003. Color Chemistry: Syntheses, Properties, and Applications of Organic Dyes and Pigments. John Wiley & Sons.

2 可持续性染料

Ahmet Gürses
阿塔图尔克大学化学教育系，土耳其埃尔祖鲁姆

2.1 引言

　　世界各地考古发掘的染色残留物表明，染色艺术与人类的文明一样古老（Zakaria et al.，2017）。生活在世界不同地区的人们，利用当地天然的植物、动物、矿物和微生物染料创造了独有的染色传统。在远古时代，人们已利用有色矿物质来染头发和身体。天然染料和颜料的广泛使用一直持续到19世纪中叶（Kirby et al.，2007）。史前时期的第一批纤维染料被认为是直接染料的早期实例，不需要对天然纤维进行特殊的预处理即可着色，它们来自植物的浆果、花朵、树皮和根部的逸散性汁液（Sequin-Frey，1981；Vankar，2007；Das，2011；Sharif，2007）。采用的是极简单的染色工艺，色牢度有限，耐洗性和耐光性差。因此，偶然发现的例子都是在特殊的条件下保存下来的，如永冻土层、沙漠和沼泽（Mussak and Bechtold，2009）。后来出现了更复杂的染料和更先进的染色工艺，使颜色具有更好的牢度。

　　靛蓝染料是一种典型的还原染料，来自植物的靛蓝（*Indigofera tinctoria*），应该是最古老的染料。用尿液处理后，靛蓝植物发酵，把无色纤维浸入染浴中染色，然后在阳光下晾晒干，在纤维表面形成一种蓝色的不溶性染料。在欧洲，蓝色染料的另一种重要来源是欧洲菘蓝（*Isatis tinctoria*），从青铜器时代就开始使用了，但由于副产物的存在，它产生的蓝色染料不像靛蓝植物那么纯净（Cortat et al.，2007；Schaefer，2014；Sequin-frey，1981；Nash，2010）。

　　从 *Purpura* 和 *Murex* 中提取的"泰尔紫"（Tyrian purple）是非常著名的一种还原染料，茜草（*Rubia tinctorum*）是生长在地中海和亚洲的一种植物，许多红色染料都是从茜草的根中提取的。茜素（Alizarin）和骨螺紫（Murex）也是从茜草根中提取的，最早出现在1291年的意大利（Melo，2009；Rondão，2012；Rogers，2005）。腓尼基人被许多古代作家认为是紫色染色的先驱，腓尼基人的著名城市"提尔城"被定义为染色艺术中心。古埃及人也有关于类似着色剂的记载（Bhattacharjee and Reid，2011）。有些着色剂与纺织纤维之间有很强的化学亲和力，也有

些着色剂与纺织纤维之间没有这样的亲和力。染色的第一阶段是将纤维浸渍在铝、镉、锡、铬和铜盐（或单宁）等被称为媒染剂的化合物溶液中，在金属离子上形成具有适合纺织品结构的官能团的络合物（Ferreira et al., 2004; Holme, 2006）。在古代，媒染是通过在铜或锡容器中染色或在染色溶液中加入铁钉的方式完成的。大多数天然染料也是媒染类染料，包括已知最古老的昆虫染料，源于介壳虫（*Kermes ilicis*）的胭脂虫色素和来自球菌虫胶（*Coccus lacca*）的虫漆（Pozzi, 2011; Kapoor et al., 2008; Phipps and Shibayama, 2010）。古代染料和染色过程主要是由公元1世纪的两位著名历史学家记录下来的。古罗马博物学家老普林尼在他的著作中提到靛蓝和菘蓝是高卢部落的常用染料。希腊医生迪奥斯科里季斯（Dioscorides）描述了用茜草作为红色染料，用藏红花作为黄色染料，用黄木犀草作为黄色染料，用菘蓝作为蓝色染料，用染匠牛舌草（*Alkanna tinctoria*）作为红色染料。橡树的树皮、核桃壳和橡树瘿含有丰富的单宁类物质，既是染料也是媒染剂，可以产生从棕色到黑色的颜色（nicDhuinnshleibhe, 2000）。直到12世纪50年代，成熟的染色工艺才被中世纪的僧侣们记录下来。在那之前，人们对特定染料的偏爱很大程度上取决于当地相应植物的可利用性（Nejad and Nejad, 2013）。1930年，美洲印第安人开始恢复古老的纤维工艺，但到目前为止，只有霍皮人和纳瓦霍印第安人保留着用天然产物染色的传统（Collier and Strong, 1936）。所有天然和合成着色剂的性质都在一定程度上取决于植物、动物、微生物和矿物的种类，它们存在于特定的生态系统中，也受环境的影响。此外，在一个完全依赖天然着色剂的世界里，植物的可利用性受限于所收获的天然色素的数量和质量以及地点和季节条件。19世纪下半叶，合成染料被发现后，天然染料的使用量开始逐渐减少。合成染料的生产迅速发展，天然染料几乎完全被合成染料所取代，合成染料具有即用即得、使用工艺简单、色调一致以及更好的色牢度等特点。1856年，化学家William Perkin偶然间发明了第一个合成染料苯胺（Nagendrappa, 2010），它是从煤焦油中提取出来的，可以产生一种深的紫色，许多其他合成染料也是从石油生产出来的。由于化石资源正在逐渐减少，合成着色剂的生产量将逐渐下降。天然染色文化的消失和化石资源枯竭的风险导致天然和合成色素未来的不确定性。因此，严格来讲，色彩的未来完取决于天然色素资源的可持续性。如今，用天然染料染色的传统仅在世界个别地区被延续下来。近来，环境意识再次唤起人们对天然染料的兴趣。几乎可用于任何一种天然纤维染色的天然染料是生态友好、可再生和可生物降解的，并且是对皮肤友好的（Kashyap et al., 2016）。新近研究表明，天然染料也可用于对一些合成纤维的染色。除了在纺织品中的常见应用外，天然染料还可用于皮革加工，以及食品、医药、手工艺品和玩具的着色，大多数能生产染料的植物也是各种不同的传统医学的药物。目前行业对染料的需求量约为1000万吨，考虑到这样的事实，在主流的纺织加工中使用天然染料需要很大的勇气。事实上，植物首先必须用来养活不断增长的世界人口，并支持牲畜和生物多样性的需求。这可能意味着它们在提取染料方面的应用受到严重限制（Saxena and Raja, 2014）。

如图 2.1 所示，本章将从天然色素的潜在来源、化学分类、提取、功能应用和可持续性方面进行讨论。

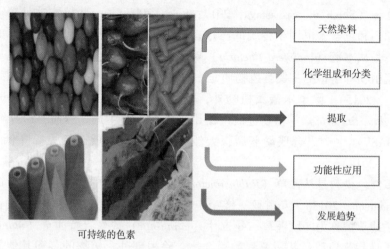

图 2.1　本章主要内容的层次安排

2.2　天然染料的分类

2.2.1　按来源分类

天然染料按来源可分为植物染料或草本染料、动物染料、微生物和真菌染料、矿物染料四类（Samanta and Konar, 2011）（图 2.2）。随着人们对天然染料关注度的增加，极大地扩展了有关染料和传统染色方法的信息获取范围，也极大提升了相关的研究力度（Shanmathi and Soundri, 2016；FthAlrhman et al., 2016；Adrosko, 1971；Chadramouli, 1993；Mohanty et al., 1984；Grierson et al., 1985；Buchanan, 1987, 1995）。

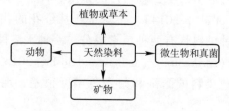

图 2.2　天然染料来源示意图

2.2.1.1 植物染料或草本染料

许多天然染料都是从植物中提取出来的，它们有红、黄、蓝、黑、棕或这些颜色的组合，这些植物构成了天然染料的来源。染料几乎可以从植物的所有部分（根、叶、细枝、茎、树皮、木屑、花、果实、果皮、果壳、谷壳、种子等）中提取。然而，尽管可以从植物的不同部分提取大约2000种染料，但可以商品化的只有约150种（Singh and Srivastava, 2017; Siva, 2007）。一些植物性染料可用作食品的添加剂和色素，也用于传统的医疗。靛蓝是自古以来就使用的重要的天然蓝色染料，是从木蓝（*indiofera tinctoria*）叶子中提取的，至今仍用作蓝色染料。存在于靛蓝植物叶子中的主要着色物质是一种淡黄色的物质，称为靛青（Comlekcioglu et al., 2015）。除了木蓝属植物外，菘蓝、蓼蓝（*Polygonum tinctorium*）和靛木（*Wrightia tinctoria*）等植物也被广泛用于靛蓝染料生产。然而，1987年巴斯夫公司（BASF）生产出合成靛蓝后，天然靛蓝的使用量就开始大幅降低（Saxena and Raja, 2014）。

许多红色染料是从茜草（*Rubia tinctorum*）根中提取的，其主要颜色成分是茜素（Henderson, 2013）。与靛蓝一样，在合成茜草素生产后，天然茜草的使用量开始减少。茜草被称为印度茜草、曼吉什（*manjishth*）或曼吉特茜草（*manjeet*），其着色物质是茜草酸和羟基茜草素的混合物。除根部外，植物的茎和其他部分也含有染料。茜草素是一种媒染染料，它能与媒染织物上的金属离子产生颜色鲜艳的不溶性络合物（Barani and Boroumand, 2016）。此外，明矾可以作为一种主要的金属盐与其他媒染剂结合，以获得一系列的红色色调，已广泛用于获得粉红色和大红色色调。用明矾与铁混合物作媒染剂可以得到具有优异色牢度的紫色。一种红色染料是从苏木（*Caesalpina sappan*）和巴西木（*Brazil wood*）［也叫巴西红木（*Caesalpinia echinata*）］中提取的（Singh, 2002）。虽然染料可以通过水萃取法提取，但用碱萃取法提取的染料可以得到更深的红色。而且，不论是否使用明矾都可以染出红色织物。这种染料与姜黄和儿茶素组合使用，分别可得到橙色和深栗色。生长在印度和斯里兰卡的巴戟天树（*Morinda citrifolia*）的树根和树皮也可用以获得红色色调（Shanmathi and Soundri, 2016）。使用媒染剂，可以获得包括紫色和巧克力色在内的各种色调（Kanchana et al., 2013）。

红花是一种一年生草本植物，栽培目的是从其种子提取油脂，这种油脂富含不饱和脂肪酸（Katar et al., 2014）。传统上，从红花的花部中可提取一种明亮的樱桃红色染料，这种染料具有两种色素成分，一种水溶性的黄色素和一种猩红色不溶于水的红花素（*carthamin*）（Jadhav and Joshi, 2015），直接染到丝绸和棉上获得樱桃红色，黄色染料的耐洗和耐光色牢度很差，现在也被用于棉的媒染染色。

姜黄（turmeric）是一种天然直接染料，可以直接染丝绸、羊毛和棉，其化学成分姜黄素属于二芳酰甲烷类，是从新鲜或干燥的姜黄根茎中提取的（Kapoor and Pushpangadan，2002）。所染织物耐洗色牢度好，但耐光色牢度差。使用从橄仁果中提取的天然媒染剂单宁，可以提高色牢度（Jain and Vasantha，2016）。姜黄染料可与靛蓝一起产生色牢度很好的绿色。

藏红花是古老的黄色染料，属于鸢尾科（*Iridaceae*），染料是从晒干的藏红花柱头提取出来的，除染色外，还被用作食品色素和医药（Gohari et al.，2013）。从花朵的柱头提取的染料使织物呈现出明亮的黄色，可以直接染羊毛、丝绸和棉。染料与媒染剂明矾一起使用，可染成橙黄色，也称为藏红花黄。

红木（*Annatto Bixa orellana*）是红木科属（*Bixaceae*）的一种小乔木，因从其种子中提取的橙黄色染料而闻名（Shahid-ul-Islam et al.，2016）。被广泛用于棉、羊毛和丝绸上获得橘红色的色调，以及用于着色食品如黄油、奶酪等，而且还富含单宁，多采用碱法提取。

还可用小檗属（*Berberis aristata*）植物黄芦木（barberry）的根、树皮和茎提取染料，其中的主要成分是一种生物碱即小檗碱（Khan et al.，2016）。用于丝绸和羊毛的直接染色，可产生鲜艳的黄色，具有良好的耐洗色牢度，但耐光性中等。此外，经媒染剂处理后，也可用于棉的染色。

石榴（*Punica granatum*）的果皮富含大量的单宁和一种黄色染料，可用于媒染用途，以及用于羊毛、丝绸和棉的染色，具有良好的色牢度（Kulkarni et al.，2011）。此外，它与姜黄一起使用，可以提高染色材料的耐光色牢度。

橄仁果（*Terminalia chebula*）中单宁含量很高，而且还含有一种产生亮黄色调的天然染料，可用作天然的媒染剂，在纺织品上固定不同的天然染料。用这种染料染色的纺织品还可能获得重要的医疗功能，如抗菌和抗真菌。

万寿菊（*Tagetus spp.*）是一种亮黄色花卉植物，也有不同的颜色，包括有金黄色和橙色，其中的主要着色成分是黄酮醇和槲皮酚，用于在羊毛和丝绸上获得深黄色。当它与媒染剂组合使用时，能使棉着色牢固。在染色前，用金属媒染剂与含单宁酸/单宁的媒染剂预处理棉织物，以获得各种深浅不同的颜色（Gümrükçü and Üstün Özgür，2011）。

从火焰木（*Butea monosperma*）树中提取的染料具有明亮的橙色，能用于所有天然纤维的染色，还可以使用适当的媒染剂，用于产生亮黄到棕色和橙色的不同颜色（Brockman，2016）。

从大戟胶树脂树（*Mallotus phillipensis*）的干果壳中提取的橘红色粉末，能用于羊毛和丝绸染色，颜色为鲜艳的橙黄色和金黄色（Subhash et al.，2014）。但是，在染棉织物时，不论是颜色品质还是色牢度都不理想。

从洋葱（*Allium cepa*）外皮中提取的一种黄色染料，其化学成分是一种类黄酮，可以在羊毛和丝绸上产生鲜艳的颜色（Silvae al.，2013）。此外，使用适当的媒染剂，也可用于棉的染色，所产生色泽的耐洗和耐光色牢度一般。

黄木犀草（*Reseda luteola*）是一种非常重要的黄色植物染料，尤其是在欧洲。其含有一种类黄酮的色素成分，能在天然纤维织物上产生具有很好色牢度的黄色（Moiteiro et al.，2008）。从喜玛拉雅大黄（*Rheum emodi*）的根和茎中提取的一种黄色染料，经媒染剂作用后可用作羊毛、丝绸和棉的染色，而且色牢度很好。

栎木树虫瘿（Oak galls）富含单宁，既可用于媒染，也可用于获得褐色。从儿茶树（*Acacia catechu*）芯材提取的儿茶（*Catechu or cutch*）同样富含单宁类，可直接把棉、毛、丝绸染成棕色，也可在铁媒染剂作用下染成黑色。此外，通过使用铁媒染剂，从洋苏木（*Haematoxylon campechianum*）芯材提取的原木提取物可以得到色牢度很好的黑色（Hammeke，2004）。

除了这些来源外，勘察当地植物作为纺织品用染料潜在来源的研究工作仍在继续。每年，可作为染料来源的植物物种名单都有新的补充（Gulrajani et al.，2003；Nazand Bhatti，2011；Samanta et al.，2007；Gogoi and Gogoi，2017；Amani，2016；Badami et al.，2004；Shekhawat and Manokari，2016；Singh and Nimbkar，2007；Abdeldaiem，2014；Kala et al.，2015；Chander et al.，2017；Shahin and El-Khatib，2016；Priyanka et al.，2013）。

2.2.1.2　动物染料

自古以来，昆虫就是动物源天然染料的主要来源（Shanmathi and Soundri，2016）。大多数动物源红色染料来自昆虫［胭脂虫（*Cochineal*）、雌胭脂虫（*Kermes*）、胶蚧属虫胶（*Laccifer lacca*）、中国棣棠属虫胶（*Kerria lacca*）］和软体动物［胭脂红酸（*kokineal*）、胭脂酮酸（*Kermes*）、漆酸（*Lac dye*）］。最古老的动物染料是从海洋软体动物骨螺（*Murex*）分泌物中提取的泰尔紫染料，它能在织物上产生非常牢固的深紫色（Cooksey，2013）。

"胭脂虫"既可以指深红色或洋红色染料的名称，也可以指胭脂虫（*Dactylopius coccus*）的名称（Nejad and Nejad，2013）。这种染料是从生活在仙人掌（*Opuntia species*）上的雌性昆虫体内提取的，其主要的色素成分是胭脂红酸，现在仍用于纺织品的染色（Irwin and Kampmeier，2002）。它可以将动物纤维染成深红色，且具有良好的耐洗和耐光色牢度。其鲜红色的铝钙螯合物被称为胭脂虫红，可用作食品着色剂。

从胭脂虫属雌胭脂虫（*Kermes licis*）中提取的胭脂虫粉洋红染料（*Kermes*）也是一种动物源的深红色染料，自古以来被用于动物纤维的染色，但与胭脂红相比，其染色牢度较差（Zagorski，2007）。

从昆虫紫胶（*Kerria lacca*）的硬化分泌物（棒状紫胶）中提取的虫漆，自古以来就被用作动物纤维染色，现在也被用于棉等纤维素纤维的染色。

2.2.1.3 矿物来源染料

从无机金属盐和金属氧化物中所得的、通常按照其颜色分类的主要矿物颜料有朱砂、红赭石、黄赭石、红丹、雄黄、黄赭、孔雀石、群青、蓝铜矿、石膏、滑石粉和炭黑（Orna，2016）。朱砂（HgS）又称丹砂或辰砂，可直接用作颜料（Strahan and Tsukada，2016）。红赭石是一种非常稳定的化合物，不受光、酸和碱的影响，是一种无水和水合氧化铁（$Fe_2O_3 \cdot nH_2O$）的天然土颜料。红赭石的颜色不像朱砂那样鲜艳，但它能呈现出多种色调，其范围从黄色到深橙或棕色。

红铅（Pb_3O_4 或 $2[PbO][PbO_2]$），是一种亮红色或橙色的结晶或无定形颜料。雄黄（$a-As_4S_4$）是一种硫化砷矿物，俗称红宝石硫或砷红宝石，与雌黄（As_2S_3）共生。

黄赭石（*Ram Raj*）、生锡石、雌黄和铅黄（*Massicot*）通常因其颜色称为黄色颜料。黄赭石的颜色是由于其中有褐铁石（$Fe_2O_3 \cdot H_2O$）和各种形式的水合氧化铁的存在，特别是矿物褐铁矿。

生锡石，像赭色和深褐色一样是古代洞穴绘画中最早使用的颜料，是一种褐土类透明颜料，来自含有氧化铁和氧化锰的土颜料（Orna，2016）。

雌黄，是一种深橙黄色的硫化砷矿物（As_2S_3），具有丰富的柠檬黄色（Singh and Gupta，2015）。除了用作颜料外，它还可以将纸张染成黄色，并使纸张防虫蛀。铅黄（*Massicot*）是氧化铅（方铅矿）的天然次生矿物形式（Worthing and Sutherland，1996）。白铅矿的化学成分为碳酸铅 $[2PbCO_3Pb(OH)_2]$，在300℃左右加热，会因脱羧和脱水，转化为浅黄色的一氧化铅（PbO）粉末。

海绿石（绿土）、孔雀石和绿铜矿石是绿色颜料的典型实例，尤其是海绿石，自古以来就被广泛使用（Newman，1979）。绿土主要是由Fe、Mg、Al和K的氢硅酸盐（菱镁矿和钙长石）的混合物组成。因其来源不同，可以呈现出从黄绿色到青灰色等不同色调，并且不受光照、化学品的影响。孔雀石是一种不透明的绿色带状矿物质 $[碱式碳酸铜，Cu_2(OH)_2CO_3]$，为单斜晶体结构。绿铜矿石 $[醋酸铜 Cu(CH_3COO)_2]$，是非常明亮的深绿色。

群青蓝和石青是蓝色颜料。群青蓝是一种深蓝色的颜料，是从半宝石青金石中获得的（Frison and Brun，2016）。石青 $[Cu_3(CO_3)_2(OH)_2]$ 是铜矿床沉积物风化后产生的一种软质深蓝色颜料。

白垩（白石灰）、铅白和锌白都是白色颜料。在绘画中被广泛使用的白垩存在于石灰石沉积物中，以碳酸钙（$CaCO_3$）形式存在，它从很早以前就被用作颜料（Mathur et al.，2016）。

铅白（$PbCO_3$），是一种含有碳酸盐和氢氧化物的复合盐，曾经被用作铅漆的原料。在自然界中，除了以白铅矿存在外，锌白（ZnO）还可以人工制备。其他典型的白色颜料还有滑石粉、钡白和钛白（TiO$_2$）。

炭黑、灯黑、象牙黑、骨黑、石墨、黑垩和黑土都可列为主要的黑色颜料。象牙黑是将象牙切片放在一个封闭的陶罐中炭化，然后磨碎、清洗和干燥，最终得到黑色残留物，从而得到一种非常浓郁的黑色。骨黑是把动物骨头在封闭的陶罐中炭化制成的，但不如象牙黑浓烈。粉状石墨是一种暗灰色颜料，主要用于素描而不是绘画。黑垩和黑土是绘画中使用的黑色黏土的名称，是钙、铁和锰的碳酸盐与黏土的混合物（Yusuf et al.，2017）。

2.2.1.4 微生物和真菌染料

一些细菌如芽孢杆菌（*Bacillus*）、短杆菌（*Brevibacterium*）、黄杆菌（*Flavobacterium*）、无色杆菌（*Achromobacter*）、假单胞菌（*Pseudomonas*）和红球菌（*Rhodococcus spp.*）等能产生色素，是次级代谢物（Joshi et al.，2003；Malik et al.，2012）。据报道，有些细菌在接触石油产品后会生产靛蓝。作为染料的来源，微生物具有在受控条件下在廉价基质上很容易快速生长的优势。从真菌红曲（*Monascus purpureus*）中所得的颜料，被用于某些传统的东方食品和织物的着色。木霉菌（*Trichoderma sp.*）已被用于丝绸和羊毛的着色，并获得了优良的耐洗色牢度。此外，从黏质沙雷氏菌（*Serratia marcescens*）中提取的灵杆菌色素已被用于尼龙的染色（Shahitha and Poornima，2012）。在世界许多地方，还把地衣（*Lichens*）和蕈类（*mushrooms*）作为着色剂的来源。地衣中提取的苔色素（*Orchil*）已被用来产生紫色色调，作为昂贵的软体动物紫色染料的廉价替代品。它们还被用于把羊毛染色成黄色、棕色和红褐色等不同色调。从地衣中获得的苔色素（*Orchil*）和石蕊色素（*litmus*）并没有在高等植物中发现。

从蕈类中提取的染料越来越受欢迎，特别是20世纪70年代以后。在最好的蕈类染料中，有些丝膜菌属（*Cortinarius*）具有浓烈的果香。血红丝膜菌（*Cortinarius sanguineus*）中含有蒽醌色素，以及以葡萄糖苷形式存在的大黄素和真皮素（Hynninen et al.，2000）。这些颜料已被用于天然和合成纤维的染色，并且得到了从低到优异的色牢度性能（Räisänen et al.，2001a，2001b）。

2.2.2 按化学结构分类

根据来源、在纺织品上的应用方法以及化学结构，天然染料有多种分类形式（Vankar，2000）。基于化学结构的天然染料分类是最合适且被广泛接受的分类方法。

根据主要化学结构，天然染料分类示意如图 2.3 所示，每一类代表性实例及其分子结构见表 2.1。

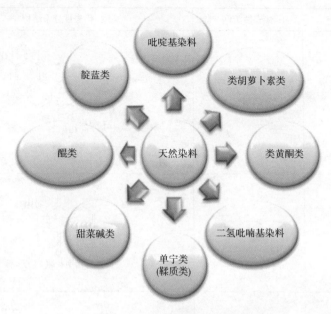

图 2.3 根据化学结构分类的天然染料类型图解

表 2.1 根据化学结构分类的代表性实例及其分子结构

类型	代表性实例	代表性分子结构
靛蓝类	靛蓝	靛蓝素
类胡萝卜素类	胭脂树红	胭脂素
类黄酮类	黄木樨草	毛地黄黄酮

29

续表

类型	代表性实例	代表性分子结构
吡啶基	小檗	小檗碱
醌类	指甲花	指甲花醌
二氢吡喃基	洋苏木	苏木因
单宁	儿茶	儿茶素
甜菜碱类	甜菜	甜菜苷

靛蓝类是天然染料中的主要类型，是蓝色的主要来源。靛蓝的化学成分为靛蓝素（C. I. 天然蓝 1，C. I. 75，780），是从印度木兰（*Indigofera tinctoria*）、紫菀科植物（*polygonam tinctorium*）、蓼蓝（*perisicaria tinctoria*）和菘蓝（*Isatis tinctoria*）中提取的，但是，现在几乎所有的靛蓝（每年数千吨）都是人工合成的（Sharma and Chandraprabha，2016）。它通常不溶于水，其水溶性隐色体形式是经还原工艺得到的，主要用于纺织品的染色。经空气氧化染色后，隐色体形式转化为其原来的蓝色靛蓝素结构，染色织物具有优异的色牢度（Garcia-Macias and John，2004）。泰尔紫化学结构为 6，6'-二溴靛蓝衍生物，是另一个具有优异色牢度的靛蓝染料的例子（Daniels，2006）。

小檗碱（天然黄 18；C. I. 75，160）是亮黄色的异喹啉生物碱，是唯一属于吡啶类的天然染料。能提取小檗碱的植物有具芒小檗（*Berberis aristata*）、刺檗（*Berberis vulgaris*）、黄柏（*Phellodendron amurense*）和黄连（*Rhizoma coptidis*）（Leona and Lombardi，2007；Ahn et al.，2012）。

类胡萝卜素，也称为四萜类化合物，是从红木（*Bixa rellana*）、番红花（*Crocus sativus*）、姜黄（*Curcuma longa*）、夜花（*Nyctanthes arbor-tristis*）和香椿属植物红椿（*Cedrela toona*）中提取的，是存在于几乎所有植物的叶绿体和染色体中的颜色鲜艳的天然有机颜料。然而，只有植物、真菌和原核生物才能合成类胡萝卜素，并且它们的颜色是由分子结构中长的共轭双键所致（Barredo et al.，2017）。红木种子中的红木素和胭脂素以及藏红花柱头中的藏红花素（CI 天然橙 4）是该类的主要染料。从夜花（*Nyctanthes arbor-tristis*）或 *nictanthin* 花冠中提取的橙色染料也具有类似的类胡萝卜素结构（Naik et al.，2016）。它们能吸收 400~500nm 光谱范围内的可见光，呈现黄色、橙色和红色。

醌类化合物，根据化学结构一般分为苯醌、萘醌和蒽醌类，颜色范围从黄色到红色，而且天然存在的醌类化学结构比其他任何结构类型的植物颜料更多样化（Lattanzio et al.，2006）。醌类化合物（蒽醌类和萘醌类）的主要天然来源为红花（*Carthamus tinctorius*）、虎耳草（*Choloraphora tinctoria*）、指甲花（*Lawsonia alba*）、核桃（*Juglans regia*）、白花丹（*Plumbago capencis*）、茅膏菜（*Drosera whittakeri*）、黄钟木（*Tabebuia avellanedae*）、紫朱牛舌草（*Alkanna tinctoria*）、紫草（*Lithospermum erythrorhizon*）、胭脂虫（*Dactylopius coccus*）、冬青虫（*Kermes vermilio* or *Coccus ilicis*）、紫胶虫（*Laccifer lacca*）、中国棣棠属紫胶（*Kerria lacca*）、欧茜草（*Rubia tinctorum*）、印度茜草（*Rubia cordifolia*）、大黄（*Rheum emodi*）、耳草（*Oldenlandia umbellata*）和橄榄树（*Morinda citrifolia*）（Yusuf et al.，2012；Yusuf et al.，2015；Yusuf et al.，2016；Yusuf et al.，2017）。从红花（*Carthamus tinctorius*）的花部提取的红色素是一种古老的传统红色染料，具有苯醌结构，可以把丝绸和棉染成樱桃红和粉红色，但其色牢度较差。大量红色天然染料属于蒽醌类，最典型的实例

有茜草素、虫漆、胭脂虫、巴戟天和印度茜草。指甲花中含有指甲花醌（2-羟基萘醌），核桃壳里含有胡桃醌（5-羟基萘醌），它们都属于萘醌类的天然染料。像蒽醌染料一样，这些染料可以产生橙色、红色或红棕色的色调。

类黄酮类染料是植物染料中非常大的一类，颜色从浅黄色（异黄酮）到深黄色（查尔酮、黄酮、黄酮醇、橙酮），从橙色（橙酮）到红色和蓝色（花青素）（Zhao and Tao, 2015）。大多数黄色天然染料具有羟基或甲氧基取代的黄酮结构，具有这种化学组成的染料存在于各种各样的天然资源中。黄酮类染料的主要来源有黄木犀草（*Resedaluteola*）、洋葱（*Allium cepa*）、树菠萝（*Artocarpus heterophyllus*）或木萝（*Artocarpus integrifolia*）、杨梅（*Myrica esculenta*）、大麻（*Datisca cannabina*）、飞燕草（*Delphinium zalil*）、草本棉（*Gossypium herbaceum*）、槐树（*Sophora japonica*）或国槐（*Styphnolobium japonicum*）、紫柳（*Butea monosper or Butea frondosa*）、大戟胶树脂（*Mallotus philippinensis*）、紫薇（*Bignonia chica*）或中国二叶藤（*Arrabidaea china*）、鸭跖草（*Commelina communis*）和小叶紫檀（*Pterocarpus santalinus*）（Yusuf et al., 2017）。黄木犀草中的色素是黄酮木犀草素（CI 天然黄 2），作为着色物质被广泛应用于羊毛和丝绸的染色，产生牢固而亮丽的颜色。万寿菊的花也含有黄酮醇染料槲皮素（Gupta and Vasudeva, 2012），二氢吡喃类的化学结构也与黄酮类密切相关。

洋苏木（洋苏木芯材，CI 天然黑 1）含有血红素（*haematin*）及其隐色体形式的苏木素（*hematoxylin*），是其主要着色物质。从巴西红木（*Caesalpinia echinata*）和石莲子（*Caesalpinia sappan*）木材中提取的着色物质是巴西木素，它会氧化成红色化合物（Edwards et al., 2003）。

从紫铆（*Butea monosperma*）花中提取的橙黄色紫铆花素，从粗糠柴（*Mallotus phillipensis*）成熟蒴果中提取的会产生黄色的橙红色粉末状物质，其主要着色物质粗糠柴苦素（rottlerin）（CI 天然橙 2），都具有查尔酮结构，被认为是开链的类黄酮类。

单宁被定义为摩尔质量在 500~3000 的水溶性酚类化合物，可从植物的各个部分获得，如果实、豆荚、植物瘿、叶、树皮、木材和根部（Prabhu and Teli, 2014）。它们通常被分为可水解单宁（连苯三酚）和缩合单宁（原花青素）两类。可水解单宁是糖和有机酸的多元酯，分为没食子单宁和鞣花单宁，它们通过水解产生没食子酸和鞣花酸。单宁主要用于皮革的防腐和去除地表水中的重金属，以及用在胶黏剂、油墨、着色剂和媒染剂中。单宁在天然染料染色中发挥非常重要的作用，它能提高纤维对不同染料的亲和力。通过与不同的天然染料混合，可以得到黄、棕、灰和黑等色调。单宁的主要植物来源为儿茶（*Acacia catechu*）、诃子（*Terminalia chebula*）、石榴（*Punica granatum*）和五倍子（*Quercus infectoria*）（Shahid et al., 2012）。

2.2.3 按应用方法分类

根据应用方法，天然染料的分类如图 2.4 所示，表 2.2 列出每类的代表性实例及其典型应用。

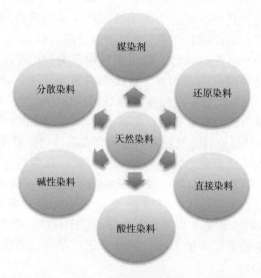

图 2.4　根据应用方法分类的天然染料类型图解

表 2.2　根据应用方法分类的每类代表性实例及其典型应用

分类	代表性实例	典型应用
酸性染料（酸性铬媒染）	藏红花	羊毛、尼龙以及其他材料（如纸张、油墨、皮革）
碱性染料（阳离子）	小檗碱	腈纶、部分聚酯纤维、聚丙烯腈纤维、改性尼龙、PET 及其他材料（如纸张、油墨）
直接染料	姜黄	棉、人造丝、其他纤维素纤维、尼龙及其他材料（如纸张、皮革）
媒染染料	诃子	羊毛、皮革
还原染料	泰尔紫	棉、其他纤维素纤维、人造丝、羊毛、
分散染料	指甲花	聚酯纤维、醋酸纤维素纤维、PET 纤维、聚酰胺纤维、丙烯酸纤维（塑料）等
硫化染料	硫化黑	棉、其他纤维素纤维、人造丝
偶氮染料	锥虫蓝	棉、人造丝、醋酸纤维素纤维、PET 纤维

媒染染料是指通过添加媒染剂才可以结合到材料上的染料，媒染剂是一种可

以增加染料和纤维之间相互作用的化学物质（Degano et al., 2009）。媒染染料与不同的媒染剂配合可以产生不同的色调和颜色，其范围已经扩展到所有能够与金属媒染剂形成络合物的染料。

还原染料显色时是不溶解的，但可以将其还原成可溶解的无色的形式（隐色体），该隐色体对纤维或纺织品有亲和性（Kyzas et al., 2013）。还原染料隐色体上染纤维后经过氧化将其再次转化为不溶性形式，从而保持原有的颜色。只有三种天然染料，即靛蓝、菘蓝和泰尔紫，可以纳入还原染料。

直接染料是一种水溶性有机物，可用于对棉及类似的纤维素纤维的染色，因为它们对这类纤维具有很高的亲和力。直接染料易于使用，染出的颜色鲜艳，但由于化学相互作用，其耐洗色牢度较差，但通过特殊的处理，可以提高其色牢度。天然染料中属于直接染料的典型实例有姜黄、红木、石榴和红花（Samanta and Konar, 2011）。被称为直接染料的偶氮染料也包含在其他的染料类型中，用于包括棉在内的纤维素基纺织品的染色。比天然染料更经济、高度均匀也更容易应用于纺织纤维的是各种合成偶氮染料（Ding and Freeman, 2017）。偶氮染料作为颜料也非常重要，根据分子的确切结构，可以形成黄色、红色、橙色、蓝色甚至绿色（Dardeer et al., 2017）。近来，因其具有优异的电子性能，作为有机染料的偶氮化合物在某些应用中得到了更多的关注，如分子记忆存储、非线性光学元件和有机光导体（Otutu, 2013）。

酸性染料是在酸性介质中使用的，并且染料分子中具有磺酸基或羧酸基团，可用于羊毛、丝绸和尼龙等的染色（Hunger, 2003）。在天然染料中，藏红花属于酸性染料。

碱性染料也称为阳离子染料，通过电离产生有色的阳离子，并能键合到羊毛和丝绸的羧基上（Salleh et al., 2011），这些染料可在中性条件到温和的酸性条件下使用。小檗碱是碱性染料的典型实例，带有结构上非定域的正电荷，导致分子结构的共振，从而导致耐光性差。

分散染料是不溶于水的染料，用于聚酯和醋酯纤维这样的疏水性基材的染色（Koh, 2011）。某些天然染料如指甲花醌（*lawsone*）、胡桃醌（*juglone*）、黄钟花醌（*lapachol*）和紫草素（*shikonin*）也属于分散染料。此外，硫化染料也可列于这一类，其颜色主要是黑、棕和深蓝色，通常用于棉和涤棉混纺织物的染色，并具有良好的耐洗性（Madhu et al., 2012）。硫化染料是复杂的有机化合物，是在硫的存在下，通过简单的加热胺类或酚类化合物合成制备的（Chakraborty and Jaruhar, 2014）。

2.3 天然染料的化学组成

分子对紫外和可见光区的电磁辐射的吸收会引起电子激发，使电子从较低的能级跃迁到较高能级。紫外和可见光区的共价不饱和基团称为发色团（例如 C═C、C≡C、C═O、C≡N、N═N 和 NO_2 等）（Gürses et al,, 2016）。只有一种化合物在可见光区域（400~800nm）有吸收，它才会显现出颜色。因此，发色团可能会也可能不会赋予化合物颜色，这取决于发色团是否吸收可见光或紫外区域的辐射（Gangani，2006）。有机染料分子包含色原、发色团和助色团三个主要部分。色原是一种化学意义上的化合物，它可以是有色的，或者可以通过连接合适的取代基而使其有颜色。发色团和助色团也是色原的一部分（Carmen and Daniela，2012）。发色团是一个化学基团，决定着其所在化合物（色原）所呈现的颜色。有时，色素也会根据其所含的主要发色团进行分类（例如，偶氮染料含发色团—N═N—）（Iqbal, 2008）。助色团是色原上的一个取代基，能影响色原的颜色。发色团或发色基团决定色原的颜色。发色团本身不能决定特定的颜色和色调（Marsden, 1982）。

与大多数的有机化合物不同，色素化合物具有一定的颜色，因为它们吸收可见光谱（400~700nm）的光，至少具有一个发色团（带颜色的基团），并具有共轭体系和共振电子等特点（Hossain, 2014）。

染料化学是在 19 世纪与有机化学共同发展起来的。最初，染料的发展较快，这种发展也对有机化学结构的发展做出了重要贡献。结构理论的发展，不仅是为了理解染料的化学结构，也是为了理解染料中颜色的起源（Griffiths, 1990）。19 世纪末 20 世纪初，随着分子结构的电子理论的发展，这种情况尤为突出。

由于染料具有复杂的化学结构，染料的化学名称难以理解和记忆，俗名是采用当地的语言并具有特定地域特征。为了有效识别染料，制定了染料索引（Rane and Patil, 2016）。"染料索引"可以作为染料的化学和技术性能的查阅，"染料索引"早期由英国染色师和色彩师学会（SDC）出版，现在由 SDC 和美国纺织化学家与染色师协会（AATCC）联合出版（Ratnapandian, 2013）。在染料索引中，染料是按主要应用类别进行分类的。在应用类别中，将染料按色调排列，化学结构已知的染料也被赋予一个表示其化学组成的编号。因此，染料就有了一个按照它的化学结构分配的 CI 结构代码和一个表示染料应用类属的染料索引名称。例如，天然靛蓝染料的 CI 码为 75780，名称为 CI 天然蓝 1，其中 CI 表示颜色索引，天然表示染料类型，蓝表示色调，1 是识别号。在染料索引中，天然染料被归为一类。在染料索引的第三卷中，列出了 32 种天然红染料、6 种天然橙染料、3 种天然蓝染料、5 种天然绿染料、29 种天然黄染料、12 种天然棕染料、6 种天然黑染料和 1 种天然白染料。

天然染料的化学组成非常复杂，与合成染料不同，它们通常不是单一物质，而是由多种密切相关的化合物组成的混合物（Cardon, 2010）。

2.4 天色染料的提取

与由化学前体合成的合成染料不同，天然染料多来自含染料植物的某些部分，含量通常在 0.5%~5%，因此不能直接用于纺织品的染色（Rane and Patil，2016）。此外，许多植物原材料如花和果实是季节性的，且含有大量的水分。因此，为了使其适用于纺织品染色用途，首先要将收集的植物在 40~50℃ 的温度下干燥，以使其含水量降至 10%~15% 或更低，然后进行粉碎，以提高染料提取率。提取是回收和纯化植物性材料中所含的亲油成分的关键加工步骤之一（Kate et al.，2016）。最主要的是根据要提取化合物的性质，选择合适的溶剂。

任何常规提取方法的效率主要取决于溶剂的选择（Selvamuthukumaran and Shi，2017）。极性溶剂如甲醇、乙醇或乙酸乙酯可用于提取亲水性化合物，而二氯甲烷或二氯甲烷/甲醇混合物是更适合提取亲油性化合物的溶剂（Sasidharan et al.，2011）。

通常使用的各种提取方法如超声法、加热回流法和索氏提取法，要根据所提取化合物的极性和热稳定性来选择（Nwonye and Ezema，2017）。索氏提取技术常用于鉴定着色剂，在提取过程中，温度始终保持在所用溶剂的沸点附近。通过溶剂提取周期性的重复，从植物中提取所有的染料化合物（Nwonye and Ezema，2017）。此外，一些现代的提取方法如固相微萃取、超临界流体萃取、加压液体萃取、微波辅助萃取、固相萃取和表面活性剂介导技术，由于提取率高、操作简便等优点，也被用于提取天然染料（Sasidharan et al.，2011）。

由于天然原料仅含一小部分的着色物质或染料，其他绝大部分动植物成分包括如不溶于水的纤维、碳水化合物、蛋白质、叶绿素和单宁等，因此，无论是纯染料的制备还是含染料原材料的使用来说，提取都是必不可少的步骤。由于植物基质中还含有多种非染料植物成分，天然染料的提取是一个复杂的过程。因此，在确定提取工艺之前，需要明确着色剂的性质和溶解特征。水萃取、碱或酸萃取、微波和超声波辅助萃取、发酵、酶法萃取、溶剂萃取和超临界流体萃取是用于着色剂提取的主要方法（Miah et al.，2016）。

为了生产纯的染料粉末，必须首先从含染料的原材料中提取染料，然后将所得到的提取物浓缩或干燥，得到液体浓缩物或即用即得的粉末，染料提取的效率较低（Saxena and Raja，2014）。

对于传统上用于从植物和其他材料中提取染料的水溶液提取法，首先将含染料的原材料分割成小块或粉状并过筛，以提高提取效率。然后，将其在水溶液中浸泡过夜，通常是在陶制、木制或金属的容器内，以使其细胞结构松散，并煮沸以获得染料溶液，再过滤去除不含染料的植物残渣。重复进行煮沸和过滤操作，以提取尽可能多的染料（Miah et al.，2016）。一般来说，残余物的分离会使用离心机。为了去除细小的植物原料颗粒，使纯化天然染料的溶解性更好，还会使用滴滤器。

由于大多数染色操作是在水介质中进行的，因此，得到的提取物很容易应用到纺织材料中（Zaharia and Suteu，2012）。但是，这种提取方法也存在一些缺点，如提取时间长、耗水量大、温度高、染料得率低以及对水溶性成分的特异性。

许多染料是以糖苷的形式存在的，因此可以在稀酸或碱性条件下提取，也就是说，酸和碱提取对这类染料更适合。因为酸或碱的加入，促进了糖苷的水解，可以获得更好的提取效果和更高的染料产率（Rane and Patil，2016）。从紫铆（*Butea monosperma*）花中提取的染料是采用酸提取工艺，酸化的水也用来提取一些类黄酮，因为它可以防止氧化降解。碱性提取法适用于含有酚类基团的染料，该类染料易溶于碱，可提高染料产率。该过程还应用于从紫胶昆虫分泌物中提取紫胶染料、从红花花瓣中提取红色染料以及从红木种子中提取染料（Giridhar et al.，2014；Chowdhury et al.，2006）。该过程的主要缺点是，由于某些天然染料对pH敏感，着色材料可能会受碱性条件的影响。

在微波和超声辅助的提取过程中，超声或微波的使用有利于提高提取效率、减少溶剂消耗、缩短提取时间以及降低提取温度（Liu et al.，2015）。当含天然染料的原料在超声波存在下用水或其他任何溶剂处理时，在液体内会形成很小的气泡或空穴，它们的体积不断增大，但是，当达到一定程度后，无法保持其形状，空穴就会塌陷或气泡破裂，这将导致高温高压。每秒钟数以百万气泡的形成和破裂，会导致在萃取过程中产生极高的温度和压力，从而在短时间内提高萃取效率。此外，由于该方法可以在较低的温度下进行，因此，使用该方法提取热敏性染料时，可以获得较高的收率（Liu et al.，2009；Mishra et al.，2012；Rahman et al.，2013）。

在微波萃取中，使用较少的溶剂即可实现，由于提高了微波处理的速率，萃取可以在较短的时间以更高的效率完成。因此，微波和超声萃取可以被认为是一种绿色的提取工艺，降低了萃取温度、溶剂用量和提取时间，从而降低了能耗（Sinha et al.，2013）。

基于发酵的提取是利用自然资源中微生物产生的酶来辅助提取过程。这类提取最常见的例子是靛蓝的提取，将新鲜的靛蓝叶子和嫩枝浸泡在温水（约32℃）中，通过发酵，在靛蓝酶的作用下，叶子中所含的无色靛蓝葡萄糖苷被分解成葡萄糖和吲哚氧基（Chanayath et al.，2002）。发酵在10~15h内完成，然后将含有吲哚氧基的黄色液体放到大缸中，在此吲哚氧基被空气氧化成蓝色的不溶性靛蓝，沉淀在底部。将沉淀收集、清洗、压成饼状，以去除多余的水分。从其他含靛蓝植物菘蓝（woad）中提取靛蓝以及从红木中提取着色剂都是通过发酵进行的。发酵法类似于水提取，但不需要高温。该方法的缺点是提取时间长，采收后必须快速处理，由于微生物发酵会产生的难闻气味。

酶提取法可用于从树皮和根等坚硬植物材料中提取染料。由于植物组织中含有纤维素、淀粉和果胶等黏性物质，使用纤维素酶、淀粉酶和果胶酶可以松弛周围物质，有利于在较温和的条件下提取染料分子。

溶剂萃取是一种常用的萃取方法，通过适当的有机溶剂，如丙酮、石油醚、氯仿、乙醇、甲醇，或溶剂的混合物，如乙醇和甲醇的混合物、水和醇的混合物来提取天然染料（Joana Gil-Chávez et al.，2013）。水/醇萃取法既能提取植物资源中的水溶性物质，也能提取水不溶性物质。因此，与水提取法相比，提取率更高。向醇溶剂中添加酸或碱，可以促进糖苷水解和色素物质的释放。在这一过程中，色素的纯化更容易，因为溶剂可以很容易地通过蒸馏去除和重复使用。由于萃取可以在较低温度下进行，染料降解的可能性降低。该方法的缺点是有毒残留溶剂和由此产生的温室效应。与其他方法相比，溶剂萃取法更具优势，因为工艺成本低、操作简便。然而，该方法中使用了有毒溶剂，需要在蒸馏步骤进行回收，并且所需溶剂量大，处理时间长（Joana Gil-Chávez et al.，2013）。该方法的另一个缺点是，提取材料不易溶于水，而随后的染色过程必须在水介质中进行。

超临界流体萃取是一种常用的天然产物提取和纯化方法。众所周知，气体在其临界温度和压力之上时，会表现得像超临界流体，表现出介于液体和气体之间的物理性质（Azwanida，2015）。因为它们的表面张力比液体低得多，所以可以比真正的液体更容易沿表面扩散。由于它们的黏度也很低，可以很好地扩散，从而能更好地与基质相互作用。而且，超临界流体能够像液体一样溶解许多物质，因为在较高的压力和温度下，物质在任何溶剂中的溶解度都很高。超临界流体萃取具有许多优势，同时也为克服常规萃取方法存在的一些局限提供了途径（Khaw et al.，2017）。例如，用二氧化碳（CO_2）的超临界流体萃取是溶剂萃取的一个很好的替代方法，因为二氧化碳无毒、廉价、易得且没有残余物（Sapkale et al.，2010）。由于二氧化碳是一种非极性分子，在超临界条件下，它的行为与非极性有机溶剂相同。但是，可以加入不同的极性溶剂或改性剂来提高微极性溶质的溶解度。该工艺的优点是提取物不含残留的痕量溶剂和重金属，并且由于不含极性聚合物，颜色较浅，因此非常适合食品和医药应用中纯化天然产物的提取。该方法的主要缺点是设备成本高，对极性物质的提取效率较低。

2.5 天然染料的功能性应用

2.5.1 传统的染色技术

用于天然纤维织物染色的天然染料通常以环保特性著称（Nwonye and Ezema，

2017）。然而，除靛蓝以外的天然染料一般不用于直接印花，织物印花通常采用媒染。像合成染料一样，天然染料也可用于纤维、纱线或织物等的染色（Agrawal，2015）。羊毛多以纱线形式进行染色，传统上，纱线染色是所有材料的首选，因为它为织造过程提供了多维设计的可能性。染料和含染料资源的选择是基于颜色的要求，例如，含有单宁的树皮通常用于产生棕色和灰色。为了产生黄色调，使用含有黄酮类化合物的花和叶。从动植物资源中提取的蒽醌染料用于产生红色，而靛蓝则常用来产生蓝色调。通过适当的选择染料和媒染剂，或混合两种相容的染料，可以得到如橙色的次色（间色）。在使用蓝色获得绿色或二次色时，首先将材料用靛蓝染色，然后再用其他不同染料（如黄色）进行套染。

世界各国对天然染料的开发和研究逐渐深入，天然染料提取后，最重要的一步，是在有或无媒染的条件下在纺织品上的应用。除了用传统方法对纺织品染色外，最近开发的方法拓宽了天然染料在纺织品染色上的应用范围，并赋予其不同功能。特别是，纤维素纤维对大多数天然染料没有足够强的亲和力，因此，纤维素纤维和大多数纤维需要媒染（Udeani，2015）。媒染剂对被用于媒染的纺织纤维和染料均表现出很强的亲和力，在纤维和染料之间起着桥梁作用。对纤维有足够强的亲和力的媒染剂和染料在纤维内形成不溶性络合物，提高了色泽和色牢度性能（Ahamed et al.，2017）。与动物纤维不同，亚麻和棉花等植物纤维的媒染能力较弱，因此上染的颜色比羊毛和丝绸要暗淡，棉因为不具有可用于结合到其表面的氨基和羧基官能团，与羊毛或丝绸相比，媒染更为重要。媒染剂可分为三类，金属类（如铝、铬、铁、铜和锡的盐类），油类（如土耳其红油），单宁类（如 *meibalon* 和漆树）（Singh and Srivastava，2017）。

通常使用的媒染剂，如金属盐、油类和单宁类等，可以增加天然染料对纺织品的亲和力。根据工艺时间安排，可把媒染分为三种，预媒染、同媒染和后媒染（Janani et al.，2014）。

预媒染法是指在染色前用媒染剂对纺织品进行处理，在纺织品表面和染料之间形成金属络合物，增强被染色物质的耐光、耐洗和耐摩擦色牢度（Zheng et al.，2011）。就资源最佳利用，从而使环境和动植物更加可持续发展的角度来看，预媒染法是一个非常重要的过程。

同媒染法是指在染浴中同时溶解媒染剂和染料进行染色（Managooli，2009）。这个过程中，由于染料和媒染剂之间存在络合作用，可能会造成资源的较大浪费。由于纺织材料上的某些活性中心被媒染剂占据，其余的可能直接与染料化合物作用，从而造成染色粗糙。可能发生三种类型的络合：纺织品与媒染剂之间、纺织品与染料之间以及染料与媒染剂之间的络合，会导致染料废水超标排放到生态系统中，对可持续性造成威胁（Joshi et al.，2013）。

后媒染法是指在染料或色素首先应用到裸露的纺织材料后再进行媒染剂处理

的染色方法（Banupriya and Maheshwari，2017）。由于媒染剂与纺织材料表面上染料分子的络合作用，该工艺主要是为了拓展色域范围，但可能无法获得良好的色牢度。金属媒染剂可分为从早期就开始使用的经典媒染剂和后来广泛使用的新的或新发明的媒染剂。

染色可在纺织纤维、纱线、织物或包括服装和服饰在内的最终纺织产品生产的任何阶段进行，但可能需要进行增白预处理（Khan and Islam，2015）。产品色牢度取决于两个因素，如根据要染色的纤维种类选择合适的染料，根据染色纤维、纱线或织物选择染色的方法（Daberao et al.，2016）。染色理论涉及广泛，主要是物理化学领域，有许多定性层面，有助于阐释实际的染色过程。但是，与染色过程相关的物理化学测量提供的定量数据，与真实的染色实践并不完全相同（Gürses et al.，2016）。染色理论中包含的内容有：

（1）染色后和染色过程中，留在溶液中和纤维上的染料的状态。

（2）染色过程的速率，以及它们是如何受到染料从染浴到染料/纤维界面的传质以及染料从界面扩散到纤维内部的过程的影响。

（3）在染料/纤维界面发生的现象，取决于染料分子的吸附和表面电位。

（4）染料和纤维分子之间相互作用的本质。

（5）染色的热力学。

（6）纤维结构及其对染色速率和平衡的影响。

就发展染色技术而言，染色理论是极其重要的工具。纺织品染色是发生在非均相体系中的复杂过程，其中还有染料酶、柔软剂或氧化剂等助剂的作用（Tzanov et al.，2003）。此外，染色是一个受热力学和动力学基本定律支配的可逆过程。染料吸附过程通常由四个主要步骤组成：染料向纤维表面的迁移，跨纤维/本体界面的传质，染料分子向纺织材料内的扩散，染料与结合位点的相互作用（Saint-Cyr，1999）。

在传统的染色中，纺织品是直接在高温下用染浴处理。然而，在过去的十年里，在高效的媒染剂和改进的印染技术方面已经取得了长足的发展（Yusuf et al.，2015；Alam et al.，2007）。

有关用靛蓝染料对纺织品进行染色的专利有很多，首先用环保媒染剂对纺织材料进行预处理，然后在惰性氛围中还原靛蓝染料，最后通过在表面喷洒冷水进行氧化。用超临界CO_2和一种促进染料吸收的助剂，通常为聚乙二醇，处理纺织材料，可以用分散染料对纤维素纺织品染色（Schlenker et al.，1994）。近年来，通过对染色参数的优化，包括等离子体和酶法加工等先进技术，开发了与染色相关的新技术。

2.5.2 先进的染色技术

与传统染色相比，采用先进的染色技术或方法，染色效果更好，例如，等离子体和超声染色技术是纺织行业所采用的可持续的先进染色技术（Kılınç et al.，2015）。等离子体和超声波具有足够高的能量，可以改变染浴成分的能量。超声辅助染色的改善一般归因于空化现象并产生其他的机械效应，如分散（具有高相对摩尔质量的聚集体的破碎）、脱气（溶解或困住的气体从纤维毛细管中排出）、扩散（加速染料在纤维内的扩散速率）和液体的强烈搅拌（Chequer et al.，2013）。染色速率的提高被认为是这些因素的累积效应（Vajnhandl and Le Marechal，2005）。

研究发现，辐射处理（UV、γ射线及等离子体）和超声波对色素的提取非常有效。与传统的加热相比，超声功率可显著提高紫胶在纺织材料上的色彩强度（Kamel et al.，2005；Bhatti et al.，2010）。已经确定通过使用超声法获得的旱莲草染料在棉织物上的色牢度远高于常规法（Vankar et al.，2007a，b）。经γ射线处理的棉织物用从植物红叶中提取的染料染色，表现出很高的色深和色牢度（Khan et al.，2014）。

以桉树（*Eucalyptus camaldulensis*）皮粉末（未辐照和辐照）为天然着色剂，对未辐照和辐照的棉织物进行染色，发现γ射线有可能改善染色棉的色牢度（Naz and Bhatti，2011）。

酶处理也是一种可持续的和生态友好的纺织品染色和功能化的方法（Adeel et al.，2017；Rehmana et al.，2017；Vankar et al.，2007a，b）。将三种蛋白酶（淀粉酶、有丝分裂酶、脂肪酶）与作为棉和丝预处理剂的单宁络合，然后用天然染料染色，以确定酶对颜色性能的影响。结果发现，与未经处理的样品相比，酶处理的样品吸附速率更快，吸附量也更高（Hill，1997）。

天然纤维如棉和羊毛是微生物生长的良好介质。过去，天然染料既用于纺织品的抗菌整理，也用于纺织品的染色。已经研究了大黄（*Rheum emodi* L.）（作为染料并用来染毛纱线）对两种细菌（大肠杆菌和金黄色葡萄球菌）和两种真菌（白色念珠菌和热带念珠菌）的抗菌性能，并取得了良好的结果（Khan et al.，2012）。常见的具有抗菌活性的天然染料有：姜黄中的姜黄素（*Curcumin*），萘醌类物质如指甲花（*Lawsonia inermis*）中的指甲花醌（*lawsone*）、核桃中的胡桃醌（*juglone*）、黄钟花（*taigu*）中的黄钟花醌（*lapachol*）、儿茶（*Acacia catechu*）中的儿茶素（*catechin*），欧茜草（*Rubiatinctorum*）、茜草（*Rubia cordifolia*）、大黄（*Rheum emodi*）中的蒽醌类物质都是常见的具有抗菌活性的天然染料。天然染料如石榴皮（*Punica granatum*）和没食子（*Quercus infectoria*）含有大量的生物活性化学物质，也被认为是有效的抗菌材料（Yusuf et al.，2015；Giri Dev et al.，2009）。

三种天然黄色染料，如大黄（*Rheum emodi*）、栀子黄（*Gardenia yellow*）和姜黄素（*curcumin*），成功用于对蚕丝的同时染色和功能化，使纺织品获得抗紫外线能力（Rungruangkitkrai et al.，2012）。此外，天然植物着色剂茜草（Rubia tinctorum）和靛蓝（Indigofera tinctoria），以及昆虫来源的天然着色剂胭脂虫（Dactylopius coccus）也用于棉织物，以研究其抗紫外线能力（Hwang et al.，2008）。

对用天然染料染色织物的除臭性能进行了比较研究，发现石榴的除臭功效高于栀子（gardenia）、肉桂（Cassia tora L.）、咖啡渣和石榴皮（Lee et al.，2015）。与未染色织物相比，五倍子（Gallnut）染色织物对氨水、三甲胺和乙醛的除臭功效更好。此外，染色织物对金黄色葡萄球菌（Staphylococcus aureus）和肺炎克雷伯菌（Klebsiella pneumonia）也有很好的抗菌活性（Lee et al.，2013）。用石榴染色的棉、丝、毛织物，除臭功能优异（Kobayashi et al.，2006）。

DDT（二氯二苯基三氯乙烷）、氯菊酯、氯菊酯/六氢嘧啶衍生物、氯氟氰菊酯等是一些用于防蛀整理的化学品。还利用纳米 TiO_2 颗粒作为羊毛织物上的一种防虫咬化合物，用于对付以蛋白质纤维为食的地毯甲虫（Anthrenus verbasci）幼虫（Shakyawar et al.，2015）。

将胭脂虫、茜草、胡桃（奎宁）、栗子、黄颜木、靛蓝和洋苏木（类黄酮）提取的天然染料用于染羊毛，并测试其对黑地毯甲虫的防蛀性能。除靛蓝外，所有染料均能提高羊毛织物的抗虫蛀性，但黄酮类染料对提高羊毛织物的抗虫蛀性效果不明显。研究还发现，金属媒染剂对所用的所有天然染料的抗虫蛀性没有显著影响；包括胭脂虫、大麻和核桃等在内的蒽醌类染料对保护羊毛织物免受黑地毯甲虫侵害非常有效（Mapari et al.，2005）。

由于在土壤中非常容易获得真菌、细菌和微藻类微生物着色剂，近年来食品级色素的生物技术生产有了明显增加。主要色素包括类胡萝卜素、黑色素、黄色素、醌类以及更特别的单胞菌素、紫罗兰素、藻青蛋白或靛蓝。生物色素在食品加工中的使用已经得到食品生产商和消费者的欢迎。此外，合成食品染料不断地更新换代，用于食品工业的新的天然色素也变得具有重要的战略意义（Kong et al.，2014；Delia and Rodriguez，2016；Sekar and Chandramohan，2008）。

2.6 发展趋势

目前，天然染料并没有用于主流的纺织品加工，使用天然染料染色的纺织品仅占生产总量的1%左右。天然染料的主要使用者是传统染坊和一些小型企业。可持续性是指在满足当代人需求的同时，又不损害后代人满足其需要的能力，是一个复杂的多维度概念，涉及环境、经济、人类健康和社会影响。

与用于生产合成染料的石油资源不同，天然染料是从可再生的自然资源中获得的。包括姜黄、红花、万寿菊和靛蓝在内的一些染料是从一年生植物中获得的，因此，每年都会更新。树叶也是一种可持续、可再生资源，前提是以科学的方式进行采摘，而且从每棵树上摘取的数量和频次不超过树叶的再生潜力。由于天然染料是可生物降解的，而且在染色过程中不需要使用复杂的化学助剂和极端的pH条件，使用天然染料所形成的废水很容易处理，因此，不需要合成染料所需的高成本的废水处理厂（Raja and Thilagavathi，2008）。

由于天然染料主要来自植物的某些部分，天然染料的大量使用会促使含染料植物的大量种植，而这些植物只有很小一部分（约5%）被用于染色。因此，当生产天然染料或分离只含某些染料成分的纯化染料时，也可以得到其他一些有用的副产品（Venil et al.，2013）。

就可持续性发展而言，天然染料的可获得性和供应量是关注的主要问题。纵观当今世界纺织业的生产水平，可以理解，天然染料的潜力仅能满足纺织品印染消耗总量的很小一部分。复杂的染料提取工艺和天然染料来源的季节性是限制其在纺织品染色应用的主要原因。为减轻这些问题，确保天然染料的随时供应，必须像合成染料一样，将其转化成随时可用的可溶性粉末或液体浓缩物，同时，天然染料的保质期也可延长（Chequer et al.，2013）。

在天然染色中使用的金属媒染剂是天然染料生态兼容性的一个严重问题，因为所使用的金属盐只有很小一部分被固定在纺织品上，其余则作为废水排放（Telli et al.，2014）。在传统用于天然染料染色的五种金属媒染剂中，明矾和铁被认为是环境安全的，因此没有受到任何生态限制。剩下的三种媒染剂，铬和锡是有毒的，因此不应使用。铜可以谨慎使用，因为在各种生态法规中，铜有较高的容忍度限值（Schrader，2010）。

目前，天然染料与许多工业染色机不兼容，因此，染色过程属于劳动密集型。此外，许多天然染料可用性还远远不够，并且具有良好色牢度的色域有限（Samanta and Konar，2011）。

目前，基于许多原因，例如加工时间长、过程复杂，可以估计，用天然染料染色纺织品的成本相对于用合成染料染色的成本要高很多。天然染料染色大多是手工完成的劳动密集型工艺，着色剂的得色率不高，要获得好的色牢度，则需要更大的量，而合成染料的色泽很深，很少量的染料就足以达到很好的染色效果。

合成染料的生产涉及许多种有毒有害化学品的使用以及苛刻的条件，并需要对工人采取适当的保护措施，以及适当的废水处理和废物处置。另外，许多天然染料在传统医学体系中被用作药物，因此，用这些染料染色的纺织品很可能对健康产生有益影响（Saxena and Raja，2014）。

然而，天然染料只是小规模应用的可持续选择，可以作为合成染料的补充，成为具有环保意识的消费者的生态友好选项（Bechtold et al.，2003）。

研究了古文明时期应用于纺织材料上的染料，以揭示不同考古时期纺织染色的发展和技术进步（Wisniak，2004）。在过去的几十年中，色素的分析是使用微量化学测试技术,如 TLC、HPLC、反相 HPLC、FTIR、紫外可见光谱、X 射线荧光分析和能量色散 X 射线(EDX)光谱技术(Ahn and Obendorf,2004)。此外,一些影响较大的表面微观分析技术,如 X 射线光电子能谱(XPS)、质谱(MS)、高性能质谱(HPMS)、飞行时间二次离子质谱(ToF-SIMS)和原子发射光谱(AES)等也被用于研究古代染色艺术和考古材料(Lee et al.,2008;Yusuf et al.,2017)。

参考文献

[1] Abdeldaiem, M. H., 2014. Use of yellow pigment extracted from turmeric (Curcuma Longa) rhizomes powder as natural food preservative. Am. J. Food Sci. Technol. 2 (1), 36-47.

[2] Adeel, S., Gulzar, T., Azeem, M., Rehman, F., Saeed, M., Hanif, I., Iqbal, N., 2017. Appraisal of marigold flower based lutein as natural colourant for textile dyeing under the influence of gamma radiations. Radiat. Phys. Chem. 130, 35-39.

[3] Adrosko, R. J., 1971. Natural Dyes and Home Dyeing. Dover Publications, New York, USA.

[4] Agrawal, B. J., 2015. Supercritical carbon-dioxide assisted dyeing of textiles: an environmental benign waterless dyeing process. Int. J. Innov. Res. Creat. Technol. 1 (2), 201-206.

[5] Ahamed, M. K., Miah, M. R., Khatun, M. M., Mamun, M. H., Li, C., 2017. Cationisation of alginate fiber to improve the dyeing properties using natural dyes from rhubarb: a new approach. Preprints, 2017.

[6] Ahn, C., Obendorf, S. K., 2004. Dyes on archaeological textiles: analyzing alizarin and its degradation products. Text. Res. J. 74 (11), 949-954.

[7] Ahn, C., Zeng, X., Obendorf, S. K., 2012. Analysis of dye extracted from Phellodendron bark and its identification in archaeological textiles. Text. Res. J. 82 (16), 1645-1658.

[8] Alam, M. M., Rahman, M. L., Haque, M. Z., 2007. Extraction of henna leaf dye and its dyeing effects on textile fibre. Bangladesh J. Sci. Ind. Res. 42 (2), 217-222.

[9] Amani, M. A., 2016. Chemical analysis of major chemical dyes: a review. Int. J. Inform. Move. I (Ⅲ), 14-17.

[10] Azwanida, N. N., 2015. A review on the extraction methods use in medicinal plants, principle, strength and limitation. Med. Aromat. Plants 4 (3), 1-6.

[11] Badami, S., Moorkoth, S., Suresh, B., 2004. *Caesalpinia sappan*—a medicinal and dye yielding plant. Nat. Prod. Radiance 3, 75-82.

[12] Banupriya, J., Maheshwari, V., 2017. Application of eco-friendly natural dye on bamboo/cotton fabric using natural mordant. Shanlax Int. J. Arts Sci. Human. 4 (1), 77-81.

[13] Barani, H., Boroumand, M.N., 2016. Application of Silver Nanoparticles as Metal Mordant and Antibacterial Agent in Wool Natural Dyeing Process. Czech Republic, International Federation of Associations of textile Chemists and colourists XXIV International Congress.

[14] Barredo, J.L., García-Estrada, C., Kosalkova, K., Barreiro, C., 2017. Biosynthesis of astaxanthin as a main carotenoid in the heterobasidiomycetous yeast *Xanthophyllomyces dendrorhous*. J. Fungi 3 (3), 1-17.

[15] Bechtold, T., Mussak, R.A.M., 2009. Natural colorants–quinoid, naphthoquinoid and anthraquinoid dyes. In: Mussak, R.A.M., Bechtold, T. (Eds.), Handbook of Natural Colorants. John Wiley & Sons, Chichester, UK, pp. 151-182.

[16] Bechtold, T., Turcanu, A., Ganglberger, E., Geissler, S., 2003. Natural dyes in modern textile dyehouses—how to combine experiences of two centuries to meet the demands of the future? J. Clean. Prod. 11, 499-509.

[17] Bhattacharjee, J., Reid, L.M., 2011. Revolution of colors: impact on our fragile environment. In: Mitra, S.A., Mondal, A. (Eds.), National Workshop and Seminar on "Vegetable dye and its application on textiles", 2nd-4th December. Santiniketan, India, Visva-Bharati.

[18] Bhatti, I.A., Adeel, S., Asghar Jamal, M., Safdar, M., Abbas, M., 2010. Influence of gamma radiation on the colour strength and fastness properties of fabric using turmeric (*Curcuma longa* L.) as natural dye. Radiat. Phys. Chem. 79, 622-625.

[19] Brockman, H., 2016. Renewable chemicals and bioproducts: a potential for agricultural diversification and economic development. In: Bulletin 4875. Department of Agriculture and Food, Western Australia, Perth.

[20] Buchanan, R., 1987. A Weaver's Garden: Growing Plants for Natural Dyes and Fibers. Dover Publications, New York, USA.

[21] Buchanan, R., 1995. A Dyer's Garden: From Plant to Pot, Growing Dyes for Natural Fibers. Interweave, USA.

[22] Cardon, D., 2010. In: Natural dyes, our global heritage of colors. Proceedings of

the Textile Society of America Symposium, Paper 12.

[23] Carmen, Z., Daniela, S., 2012. Textile organic dyes—characteristics, polluting effects and sep-aration/elimination procedures from industrial effluents—a critical overview. In: Puzyn, T. (Ed.), Organic Pollutants Ten Years After the Stockholm Convention—Environmental and Analytical Update. InTech Press, Crotia, pp. 55-86.

[24] Chadramouli, K. V., 1993. The Color of Our Lives. PPST Foundation, Chennai, India.

[25] Chakraborty, J. N., Jaruhar, P., 2014. Dyeing of cotton with sulphur dyes using alkaline catalase as reduction catalyst. Indian J. Fibre Textile Res. 39 (3), 303-309.

[26] Chanayath, N., Lhieochaiphant, S., Phutrakul, S., 2002. Pigment extraction techniques from the leaves of *Indigofera tinctoria* Linn. and *Baphicacanthus cusia* Brem. and chemical structure analysis of their major components. Chiang Mai Univ. J. 1 (2), 149-160.

[27] Chander, V., Aswal, J. S., Dobhal, R., Uniyal, D. P., 2017. A review on pharmacological potential of Berberine; an active component of Himalayan *Berberis aristata*. J. Phytopharmacol. 6 (1), 53-58.

[28] Chequer, F. M. D., de Oliveira, G. A. R., Ferraz, E. R. A., Cardoso, J. C., Zanoni, M. V. B., de Oliveira, D. P., 2013. Textile dyes: dyeing process and environmental impact. In: Günay, M. (Ed.), Eco-Friendly Textile Dyeing and Finishing. InTech Press, Crotia, pp. 151-176.

[29] Chowdhury, A. I., Molla, A. I., Sarker, M., Rana, A. A., Ray, S. K., Nur, H. P., Karim, M. M., 2006. Preparation of edible grade dye and pigments from natural source *Bixa orellenae* Linn. Int. J. Basic Appl. Sci. 10 (4), 7-22.

[30] Collier, J., Strong, D., 1936. Indians at Work: A News Sheet for Indians and the Indian Service. vol. 4(4). Office of Indian Affairs, Washington, DC.

[31] Comlekcioglu, N., Efe, L., Karaman, S., 2015. Extraction of indigo from some *Isatis* species and dyeing standardization using low-technology methods. Braz. Arch. Biol. Technol. 58 (1), 96-102.

[32] Cooksey, C., 2013. Tyrian purple: the first four thousand years. Sci. Prog. 96 (2), 171-186.

[33] Cortat, G., Hinz, H. L., Gerber, E., Cristofaro, M., Tronci, C., Korotyaev, B. A., Gültekin, L., 2007. Giving dyer's woad the blues: encouraging first results for biological control. XII International Symposium on Biological Control of

Weeds, France.

[34] Daberao, A. M., Kolte, P. P., Turukmane, R. N., 2016. Cotton dying with natural dye. Int. J. Res. Sci. Innov. 3 (3), 157-161.

[35] Daniels, V., 2006. The light-fastness of textiles dyed with 6,6′-dibromoindigotin (Tyrian purple). J. Photochem. Photobiol. A Chem. 184 (1), 73-77.

[36] Dardeer, H. M., El-sisi, A. A., Emam, A. A., Hilal, N. M., 2017. Synthesis, application of a novel Azo dye and its inclusion complex with Beta-cyclodextrin onto polyester fabric. Int. J. Textile Sci. 6 (3), 79-87.

[37] Das, P., 2011. In: Mitra, S. A., Mondal, A. (Eds.), Application of vegetable dyes in carpet industry. National Workshop and Seminar on "Vegetable dye and Its Application on Textiles", 2nd-4th December. Visva-Bharati, Santiniketan, India, pp. 84-90.

[38] Degano, I., Ribechini, E., Modugno, F., Colombini, M. P., 2009. Analytical methods for the characterization of organic dyes in artworks and in historical textiles. Appl. Spectrosc. Rev. 44 (5), 363-410.

[39] Delia, B., Rodriguez, A., 2016. Natural food pigments and colorants. Curr. Opin. Food Sci. 7, 20-26.

[40] Ding, Y., Freeman, H. S., 2017. Mordant dye application on cotton: optimisation and combination with natural dyes. Color. Technol. 133, 369-375.

[41] Edwards, H. G., de Oliveira, L. F., Nesbitt, M., 2003. Fourier-transform Raman characterization of brazilwood trees and substitutes. Analyst 128 (1), 82-87.

[42] Ferreira, E. S., Hulme, A. N., McNab, H., Quye, A., 2004. The natural constituents of historical textile dyes. Chem. Soc. Rev. 33 (6), 329-336.

[43] Frison, G., Brun, G., 2016. Lapis lazuli, lazurite, ultramarine 'blue', and the colour term 'azure' up to the 13th century. J. Int. Colour Assoc. 16, 41-55.

[44] Fth alrhman, A., Mortada, D., Ebrahim, S. A., 2016. Determination the Effective of Hair Dyes, Search Bachelor. Sudan University of Science and Technology, Khartoum, Sudan.

[45] Gangani, B. J., 2006. Synthesis and Physico-Chemical Studies of 1,1′-Substituted Phenyl Cyclohexane. (Unpublished doctoral dissertation). Saurashtra University, India.

[46] Garcia-Macias, P., John, P., 2004. Formation of natural indigo derived from woad (*Isatis tinctoria* L.) in relation to product purity. J. Agric. Food Chem. 52 (26), 7891-7896.

[47] Giri Dev, V. R., Venugopal, J., Sudha, S., Deepika, G., Ramakrishna, S.,

2009. Dyeing and antimicrobial characteristics of chitosan treated wool fabrics with henna dye. Carbohydr. Polym. 75, 646-650.

[48] Giridhar, P., Venugopalan, A., Parimalan, R., 2014. A review on annatto dye extraction, analysis and processing—a food technology perspective. J. Sci. Res. Rep. 3 (2), 1-22.

[49] Gogoi, M., Gogoi, A., 2017. Traditional natural colour of Assam. Int. J. Sci. Res. Manag. 5 (1), 5026-5035.

[50] Gohari, A. R., Saeidnia, S., Mahmoodabadi, M. K., 2013. An overview on saffron, phytochemicals, and medicinal properties. Pharmacogn. Rev. 7 (13), 61-66.

[51] Grierson, S., Duff, D. G., Sinclair, R. S., 1985. Natural dyes of the Scottish highlands. Text. History 16 (1), 23-43.

[52] Griffiths, J., 1990. Introduction: the evolution of present-day dye technology. In: Waring, D. R., Hallas, G. (Eds.), The Chemistry and Application of Dyes. Boston, MA, Springer, pp. 1-16.

[53] Gulrajani, M. L., Bhaumik, S., Oppermann, W., Hardtmann, G., 2003. Dyeing of red sandal wood on wool and nylon. Indian J. Fibre Text. Res. 28 (2), 221-226.

[54] Gümrükçü, G., Üstün Özgür, M., 2011. Effect of tannic acid and metal salts on dyeing of woolen fabrics with red onion (*Alliumcepa* L.). Asian J. Chem. 23 (4), 1459-1466.

[55] Gupta, P., Vasudeva, N., 2012. A potential ornamental plant drug. Hamdard Medicus 55 (1), 45-59.

[56] Gürses, A., Açıkyıldız, M., Güneş, K., Gürses, M. S., 2016. Dyes and Pigments. Springer, Germany.

[57] Hammeke, E., 2004. Logwood Dye on Paper. University of Texas, Austin, The Cochineal Archiving Group.

[58] Henderson, R. L., 2013. The Chemical Profile of *Rubia tinctorum* in Wool Dyeing and a Novel Fibre Extraction Method for Compositional Analysis. (Unpublished doctoral dissertation). The University of Leeds, England.

[59] Hill, D. J., 1997. Is there a future for natural dyes? Rev. Prog. Color 27, 18-25.

[60] Holme, I., 2006. Sir William Henry Perkin: a review of his life, work and legacy. Color. Technol. 122 (5), 235-251.

[61] Hossain, I., 2014. Investigation into Cotton Knit Dyeing with Reactive Dyes to

Achieve Right First Time (RFT) Shade. (Unpublished master dissertation) Daffodil International University, Bangladesh.

[62] Hunger, K., 2003. Industrial Dyes: Chemistry, Properties, Applications. Wiley-VCH, Weinheim, Germany.

[63] Hwang, E. K., Lee, Y. H., Kim, H. D., 2008. Dyeing, fastness, and deodorizing properties of cotton, silk, and wool fabrics dyed with gardenia, coffee sludge, *Cassia tora* L., and pomegranate extracts. Fibers Polym. 9 (3), 334–340.

[64] Hynninen, P. H., Raisanen, R., Elovaara, P., Nokelainen, E., 2000. Preparative isolation of an-thraquinones from the fungus using enzymatic hydrolysis by the endogenous b glucosidase. Z. Natureforsch 55c, 600–610.

[65] Iqbal, M., 2008. Textile Dyes. Rahber Publishers, Pakistan.

[66] Irwin, M. E., Kampmeier, G. E., 2002. Commercial products, from insects. In: Resh, V. H., Carde, R. (Eds.), Encyclopedia of Insects. Academic Press, San Diego, USA, pp. 1–14.

[67] Jadhav, B. A., Joshi, A. A., 2015. Extraction and quantitative estimation of bio active component (yellow and red carthamin) from dried safflower petals. Indian J. Sci. Technol. 8 (16), 1–5.

[68] Jain, H., Vasantha, M., 2016. Eco friendly dyeing with natural dye—areca nut: enhancing colour fastness with natural mordants (Myrobalan, Lodhra and Pomegranate) and increasing the antibacterial activity. Arch. Appl. Sci. Res. 8 (8), 1–7.

[69] Janani, L., Hillary, L., Phillips, K., 2014. Mordanting methods for dyeing cotton fabrics with dye from *Albizia coriaria* plant species. Int. J. Sci. Res. Publ. 4 (10), 1–6.

[70] Joana Gil-Chávez, G., Villa, J. A., Fernando Ayala-Zavala, J., Basilio Heredia, J., Sepulveda, D., Yahia, E. M., González-Aguilar, G. A., 2013. Technologies for extraction and production of bioactive compounds to be used as nutraceuticals and food ingredients: an overview. Compr. Rev. Food Sci. Food Saf. 12 (1), 5–23.

[71] Joshi, V. K., Attri, D., Bala, A., Bhushan, S., 2003. Microbial pigments. Indian J. Biotechnol. 2, 362–369.

[72] Joshi, R. K., Purohit, M. C., Joshi, S. P., 2013. Improvement of the traditional system of dyeing on wool fiber using eco-friendly natural dye. J. Appl. Chem. 2 (4), 841–849.

[73] Kala, S., Kumaran, K., Meena, H. R., Singh, R. K., 2015. Edible dye for the

future: Annatto (*Bixa orellana* L.). Popular Kheti 3 (3), 214-218.

[74] Kamel, M. M., El-Shishtawy, R. M., Yussef, B. M., Mashaly, H., 2005. Ultrasonic assisted dyeing Ⅲ. Dyeing of wool with lac as a natural dye. Dyes Pigments 65, 103-110.

[75] Kanchana, R., Fernandes, A., Bhat, B., Budkule, S., Dessai, S., Mohan, R., 2013. Dyeing of textiles with natural dyes: an eco-friendly approach. Int. J. Chem. Tech. Res. 5 (5), 2102-2109.

[76] Kapoor, V. P., Pushpangadan, P., 2002. Natural dye-based: herbal Gulal. Nat. Prod. Rad. 1 (2), 8-14.

[77] Kapoor, V. P., Katiyar, K., Pushpangadan, P., Singh, N., 2008. Development of natural dye based sindoor. Nat. Prod. Rad. 7 (1), 22-29.

[78] Kashyap, R., Sharma, N., Divya, L. S., 2016. Dyeing of cotton with natural dye extract from coconut husk. Int. J. Sci. Technol. Eng. 3 (4), 92-95.

[79] Katar, D., Subaşi, i., Arslan, Y., 2014. Effect of different maturity stages in safflower (*Carthamus tinctorius* L.) on oil content and fatty acid composition. SDU J. Faculty Agric. 9 (2), 83-92.

[80] Kate, A. E., Singh, A., Shahi, N. C., Pandey, J. P., Prakash, O., Singh, T. P., 2016. Novel eco-friendly techniques for extraction of food based lipophilic compounds from biological materials. Nat. Prod. Chem. Res. 4 (5), 231-237.

[81] Khan, M. R., Islam, M., 2015. Materials and manufacturing environmental sustainability evaluation of apparel product: knitted T-shirt case study. Text. Cloth. Sustain. 1 (1), 1-12.

[82] Khan, S. A., Ahmad, A., Khan, M. I., Yusuf, M., Shahid, M., Manzoor, N., Mohammada, F., 2012. Antimicrobial activity of wool yarn dyed with *Rheum emodi* L. (Indian Rhubarb). Dyes Pigments 95, 206-214.

[83] Khan, A. A., Iqbal, N., Adeel, S., Azeem, M., Batool, F., Bhatti, I. A., 2014. Extraction of natural dye from red calico leaves: gamma ray assisted improvements in colour strength and fastness properties. Dyes Pigments 103, 50-54.

[84] Khan, I., Najeebullah, S., Ali, M., Shinwari, Z. K., 2016. Phytopharmacological and ethnomedicinal uses of the genus *Berberis* (Berberidaceae): a review. Trop. J. Pharm. Res. 15 (9), 2047-2057.

[85] Khaw, K. Y., Parat, M. O., Shaw, P. N., Falconer, J. R., 2017. Solvent supercritical fluid technologies to extract bioactive compounds from natural sources: a review. Molecules 22 (7), 1186-1208.

[86] Kılınç, M., Koçak, D., Canbolat, Ş., Dayıoğlu, H., Merdan, N., Akın, F.,

2015. Investigation of the effect of the dyeing method on the dyeing properties of wool fabrics dyed with natural dyes extracted from *Vaccinium corymbosum* L. Marmara J. Pure Appl. Sci. 27, 78-82.

[87] Kirby, J., Spring, M., Higgitt, C., 2007. The technology of eighteenth-and nineteenth-century red lake pigments. Nat. Gallery Techn. Bull. 28, 69-95.

[88] Kobayashi,Y., Kamimaru, M., Tsuboyama, K., Nakanishi, T., Komiyama, J., 2006. Deodorization of ethyl mercaptan by cotton fabrics mordant dyed with a direct dye and copper sulfate. Text. Res. J. 76 (9), 695-701.

[89] Koh, J., 2011. Textile dyeing. In: Hauser, P. (Ed.), Dyeing with Disperse Dyes. InTech Press, Crotia, pp. 195-220.

[90] Kong, W., Liu, N., Zhang, J., Yang, Q., Hua, S., Song, H., Xia, C., 2014. Optimization of ultrasound-assisted extraction parameters of chlorophyll from *Chlorella vulgaris* residue after lipid separation using response surface methodology. J. Food Sci. Technol. 51 (9), 2006-2013.

[91] Kuhad, R.C., Gupta, R., Singh, A., 2011. Microbial cellulases and their industrial applications. Enzyme Res. 2011, 1-10.

[92] Kulkarni, S.S., Gokhale, A.V., Bodake, U.M., Pathade, G.R., 2011. Cotton dyeing with natural dye extracted from pomegranate (*Punica granatum*) peel. Univers. J. Environ. Res. Technol. 1 (2), 135-139.

[93] Kyzas, G.Z., Kostoglou, M., Lazaridis, N.K., Bikiaris, D.N., 2013. Decolorization of dyeing wastewater using polymeric absorbents—an overview. In: Günay, M. (Ed.), Eco-Friendly Textile Dyeing and Finishing. InTech Press, Crotia, pp. 176-206.

[94] Lattanzio, V., Lattanzio, V.M., Cardinali, A., 2006. Role of phenolics in the resistance mechanisms of plants against fungal pathogens and insects. Phytochem.: Adv. Res. 661, 23-67.

[95] Lee, Y., Lee, J., Kim, Y., Choi, S., Hamc, S.W., Kim, K.J., 2008. Investigation of natural dyes and ancient textiles from Korea using TOF-SIMS. Appl. Surf. Sci. 255, 1033-1036.

[96] Lee, Y.H., Hwang, E.K., Baek, Y.M., Lee, M.S., Lee, D.J., Jung, Y.J., Kim, H.D., 2013. Deodorizing and antibacterial performance of cotton, silk and wool fabrics dyed with *Punica granatum* l. extracts. Fibers Polym. 14 (9), 1445-1453.

[97] Lee, Y.H., Hwang, E.K., Baek, Y.M., Kim, H.D., 2015. Deodorizing function and antibacterial activity of fabrics dyed with gallnut (*Galla chinensis*) extract.

Text. Res. J. 85 (10), 1045-1054.

[98] Leona, M., Lombardi, J. R., 2007. Identification of berberine in ancient and historical textiles by surface-enhanced Raman scattering. J. Raman Spectrosc. 38 (7), 853-858.

[99] Liu, W. J., Cui, Y. Z., Zhang, L., Ren, S. F., 2009. Study on extracting natural plant dyestuff by enzyme-ultrasonic method and its dyeing ability. J. Fiber Bioeng. Inform. 2 (1), 25-30.

[100] Liu, L., Shen, B. J., Xie, D. H., Cai, B. C., Qin, K. M., Cai, H., 2015. Optimization of ultrasound-assisted extraction of phenolic compounds from *Cimicifugae rhizoma* with response surface methodology. Pharmacogn. Mag. 11 (44), 682-689.

[101] Madhu, A., Singh, G., Sodhi, A., Malik, S., Madotra, Y., 2012. Sulfur dyeing with nonsulfide reducing agents. J. Text. Apparel Technol. Manag. 7 (4), 1-12.

[102] Malik, K., Tokkas, J., Goyal, S., 2012. Microbial pigments: a review. Int. J. Microb. Resour. Technol. 1 (4), 361-365.

[103] Managooli, V. A., 2009. Dyeing Mesta (*Hibiscus sabdariffa*) Fibre with Natural Colourant. (Unpublished doctoral dissertation) University of Agricultural Sciences, Dharwad, India.

[104] Mapari, S. A. S., Nielsen, K. F., Larsen, T. O., Frisvad, J. C., Meyer, A. S., Thrane, U., 2005. Exploring fungal biodiversity for the production of water-soluble pigments as potential natural food colorants. Curr. Opin. Biotechnol. 16, 231-238.

[105] Marsden, R., 1982. The Synthesis and Examination of Azo Dyes Derived from Novel Coupler. (Unpublished doctoral dissertation) University of Leeds, UK.

[106] Mathur, N. K., Jakhar, S. R., Mathur, R., 2016. Calcium carbonate and derived products. Int. J. Sci. Res. 5 (4), 2128-2133.

[107] Melo, M. J., 2009. Natural Colorants in Textile Dyeing. In: Mussak, R. A. M., Bechtold, T. (Eds.), Handbook of Natural Colorants. John Wiley & Sons, Chichester, UK, pp. 3-20.

[108] Miah, M. R., Telegin, F. Y., Rahman, M. S., 2016. Eco-friendly dyeing of wool fabric using natural dye extracted from onion's outer shell by using water and organic solvents. Int. Res. J. Eng. Technol. 3 (9), 450-467.

[109] Mishra, P. K., Singh, P., Gupta, K. K., Tiwari, H., Srivastava, H., 2012. Extraction of natural dye from *Dahlia variabilis* using ultrasound. Int. J. Microb.

Resour. Technol. 37 (1), 83-86.

[110] Mohanty, B. C., Chandranouli, K. V., Nayak, N. D., 1984. Natural Dyeing Processes of India. Calico Museum of Textiles, Ahmedabad, India.

[111] Moiteiro, C., Gaspar, H., Rodrigues, A. I., Lopes, J. F., Carnide, V., 2008. HPLC quantification of dye flavonoids in *Reseda luteola* L. from Portugal. J. Sep. Sci. 31 (21), 3683-3687.

[112] Mussak, R. A. M., Bechtold, T., 2009. Natural colorants in textile dyeing. In: Mussak, R. A. M., Bechtold, T. (Eds.), Handbook of Natural Colorants. John Wiley & Sons, Chichester, UK, pp. 315-338.

[113] Nagendrappa, G., 2010. Sir William Henry Perkin: the man and his 'mauve'. Resonance 15 (9), 779-793.

[114] Naik, A., Varadkar, M., Gadgoli, C., 2016. Identification of safranal in volatile oil extracted from tubular calyx of *Nyctanthes arbor-tristis*: a substitute to saffron aroma. J. PharmaSciTech 5 (2), 102-104.

[115] Nash, R. C., 2010. South Carolina indigo, European textiles, and the British Atlantic economy in the eighteenth century. Econ. Hist. Rev. 63 (2), 362-392.

[116] Naz, S., Bhatti, I. A., 2011. Dyeing properties of cotton fabric using unirradiated and gamma irradiated extracts of *Eucalyptus camaldulensis* bark powder. Indian J. Fibre Text. Res. 36 (2), 132-136.

[117] Nejad, H. E., Nejad, A. E., 2013. Cochineal (*Dactylopius coccus*) as one of the most important insects in industrial dyeing. Int. J. Adv. Biol. Biomed. Res. 1 (11), 1302-1308.

[118] Newman, R., 1979. Some applications of infrared spectroscopy in the examination of painting materials. J. Am. Inst. Conserv. 19 (1), 42-62.

[119] nicDhuinnshleibhe, L. S., 2000. In: A brief history of dyestuffs & dyeing. Presented at Runestone Collegium. pp. 19. http://kws.atlantia.sca.org/dyeing.html.

[120] Nwonye, N. U., Ezema, P. N., 2017. Extraction and utilization of natural dye extract from guinea corn leaf. Int. J. Dev. Strateg. Human. Manag. Soc. Sci. 7 (1), 40-51.

[121] Orna, M. V., 2016. Historic mineral pigments: colorful benchmarks of ancient civilizations. In: Rasmussen, S. (Ed.), Chemical Technology in Antiquity. ACS Symposium Seriesvol. 1211. American Chemical Society, Washington, DC, pp. 1-64.

[122] Otutu, J. O., 2013. Synthesis and application of azo dyes derived from 2-amino-

1,3,4-thiadiazole-2-thiol on polyester fibre. Int. J. Recent Res. Appl. Stud. 15 (2), 292-296.

[123] Phipps, E., Shibayama, N., 2010. In: Tracing cochineal through the collection of the metropolitan museum. Textile Society of America Symposium Proceedings 44, October 6-9. University of Nebraska, Lincoln, Nebraska.

[124] Pozzi, F., 2011. Development of Innovative Analytical Procedures for the Identification of Organic Colorants of Interest in Art and Archaeology. (Unpublished doctoral dissertation) University of Milan, Milano, Italy.

[125] Prabhu, K. H., Teli, M. D., 2014. Eco-dyeing using *Tamarindus indica* L. seed coat tannin as a natural mordant for textiles with antibacterial activity. J. Saudi Chem. Soc. 18 (6), 864-872.

[126] Priyanka, D., Shalini, T., Navneet, V. K., 2013. A brief study on marigold (*Tagetes* species): a review. Int. Res. J. Pharm. 4 (1), 43-48.

[127] Rahman, N. A. A., Tumin, S. M., Tajuddin, R., 2013. Optimization of ultrasonic extraction method of natural dyes from *Xylocarpus moluccensis*. Int. J. Biosci. Biochem. Bioinform. 3 (1), 53-55.

[128] Räisänen, R., Nousiainen, P., Hynninen, P. H., 2001a. Emodin and dermocybin natural anthraquinones as a high temperature disperse dye for polyester and polyamide. Text. Res. J. 71, 922-927.

[129] Räisänen, R., Nousiainen, P., Hynninen, P. H., 2001b. Emodin and dermocybin natural anthraquinones as mordant dye for wool and polyamide. Text. Res. J. 71, 1016-1022.

[130] Raja, A. S. M., Thilagavathi, G., 2008. Dyes from the leaves of deciduous plants with a high tannin content for wool. Color. Technol. 124, 285-289.

[131] Rajkumar, A. S., Nagan, S., 2011. Study on Tiruppur CETPs discharge and their impact on Noyyal river and Orathupalayam dam, Tamil Nadu (India). J. Environ. Res. Dev. 5 (3), 558-565.

[132] Rane, N., Patil, K., 2016. Isolation and characterization by infrared spectroscopy of extracted dye from the petals of *Magnolia champaka*. Univers. J. Environ. Res. Technol. 6 (3), 134-139.

[133] Ratnapandian, S., 2013. Application of Natural Dyes by Padding Technique on Textiles. (Unpublished doctoral dissertation) RMIT University, Melbourne, Australia.

[134] Rehmana, F., Adeel, S., Hanifa, R., Muneera, M., Ziaa, K. M., Zubera, M., Jamalb, M. A., Khosab, M. K., 2017. Modulation of marigold based lutein

dye and its dyeing behaviour using UV radiation. J. Nat. Fibers 14 (1), 63-70.

[135] Rogers, R. N., 2005. Studies on the radiocarbon sample from the shroud of Turin. Thermochim. Acta 425 (1-2), 189-194.

[136] Rondão, R. J. B. L., 2012. Unveiling the Excited States of Indigo, Maya Blue, Brazil Wood and Dragon's Blood. (Unpublished doctoral dissertation) University of Coimbra, Coimbra, Portugal.

[137] Rungruangkitkrai, N., Tubtimthai, N., Cholachatpinyo, A., Mongkholrattanasit, R., 2012. In: UV protection properties of wool fabric dyed with eucalyptus leaf extract by the padding techniques. RMUTP International Conference: Textiles & Fashion, July 3-4, 2012, Bangkok, Thailand.

[138] Saint-Cyr, E., 1999. Adsorption Kinetics of Dyes and Yellowing Inhibitors on Pulp Fibers. (Master thesis) McGill University, Montreal, Canada.

[139] Salleh, M. A. M., Mahmoud, D. K., Karim, W. A. W. A., Idris, A., 2011. Cationic and anionic dye adsorption by agricultural solid wastes: a comprehensive review. Desalination 280 (1), 1-13.

[140] Samanta, A. K., Konar, A., 2011. Dyeing of textiles with natural dyes. In: Kumbasar, E. A. (Ed.), Natural Dyes. InTech Press, Crotia, pp. 29-56.

[141] Samanta, A. K., Agarwal, P., Datta, S., 2007. Dyeing of jute and cotton fabrics, using Jackfruit wood extract: Part-I: effects of mordanting and dyeing process variables on colour yield and colour fastness properties. Indian J. Fibre Text. Res. 32, 466-477.

[142] Sapkale, G. N., Patil, S. M., Surwase, U. S., Bhatbhage, P. K., 2010. Supercritical fluid extraction: a review. Int. J. Chem. Sci. 8 (2), 729-743.

[143] Sasidharan, S., Chen, Y., Saravanan, D., Sundram, K. M., Latha, L. Y., 2011. Extraction, isolation and characterization of bioactive compounds from plants' extracts. Afr. J. Tradit. Complement. Altern. Med. 8 (1), 1-10.

[144] Saxena, S., Raja, A. S. M., 2014. Natural dyes: sources, chemistry, application and sustainability issues. In: Muthu, S. S. (Ed.), Roadmap to Sustainable Textiles and Clothing. Springer, Singapore, pp. 37-80.

[145] Schaefer, B., 2014. Colourants. In: Schaefer, B. (Ed.), Natural Products in the Chemical Industry. Springer-Verlag, Berlin, Germany, pp. 13-44.

[146] Schlenker, W., Liechti, P., Werthemann, D., Casa, A. D., 1994. Process for dyeing cellulosic textile material with disperse dyes. U. S.: Patent No. US5,298,032 A.

[147] Schrader, E., 2010. Comparison of Aluminum Mordants on Colorfastness of Natu-

ral Dyes on Cotton and Bamboo Fabrics. (Master thesis) Kansas State University, Manhattan, Kansas.

[148] Sekar, S., Chandramohan, M., 2008. Phycobiliproteins as a commodity: trends in applied research, patents and commercialization. J. Appl. Phycol. 20, 113-116.

[149] Selvamuthukumaran, M., Shi, J., 2017. Recent advances in extraction of antioxidants from plant by-products processing industries. Food Qual. Saf. 1 (1), 61-81.

[150] Sequin-Frey, M., 1981. The chemistry of plant and animal dyes. J. Chem. Educ. 58 (4), 301-305.

[151] Shahid, M., Ahmad, A., Yusuf, M., Khan, M. I., Khan, S. A., Manzoor, N., Mohammad, F., 2012. Dyeing, fastness and antimicrobial properties of woolen yarns dyed with gallnut (*Quercus infectoria* Oliv.) extract. Dyes Pigments 95 (1), 53-61.

[152] Shahid-ul-Islam, Rather, L. J., Mohammad, F., 2016. Phytochemistry, biological activities and potential of annatto in natural colorant production for industrial applications—a review. J. Adv. Res. 7 (3), 499-514.

[153] Shahin, M. F., El-Khatib, H. S., 2016. Enhancing dyeing of wool fabrics with natural kamala dye via bio-treatment with safflower extract. Int. J. Innov. Appl. Stud. 15 (2), 443-456.

[154] Shahitha, S., Poornima, K., 2012. Enhanced production of prodigiosin production in *Serratia marcescens*. J. Appl. Pharmaceut. Sci. 2 (8), 138-140.

[155] Shakyawar, D. B., Raja, A. S. M., Kumar, A., Pareek, P. K., 2015. Antimoth finishing treatment for woollens using tannin containing natural dyes. Indian J. Fibre Text. Res. 40, 200-202.

[156] Shanmathi, S. S., Soundri, S. G. M., 2016. In: Scope of natural dyes in present scenario. 2nd International conference on Recent Innovations in Science, Technology, Management and environment, 20 November. pp. 16-24.

[157] Sharif, S., 2007. Preparation of Fixing Agents for Anionic Dyes. (Unpublished doctoral dissertation) University of Education, Lahore, Pakistan.

[158] Sharma, S., Chandraprabha, M. N., 2016. Present status of plant derived indigo dye—a review. Int. J. Res. Eng. Technol. 5 (17), 42-47.

[159] Shekhawat, M. S., Manokari, M., 2016. In vitro propagation, micromorphological studies and ex vitro rooting of cannon ball tree (*Couroupita guianensis* Aubl.): a multipurpose threatened species. Physiol. Mol. Biol. Plants 22 (1), 131-142.

[160] Silva, A. B., Silva, M. G., Arroyo, P. A., Barros, M. A. S. D., 2013. Dyeing mechanism of wool and silk with extract of *Allium cepa*. Chem. Eng. Trans. 32, 715-720.

[161] Singh, O. P., 2002. Effect of Natural Mordants on Dyeing Wool with Natural Dyes. (Unpublished doctoral dissertation) Punjab Agricultural University, Ludhiana.

[162] Singh, A., Gupta, S., 2015. Geo-medical problems vis-a-vis role of multi-level elemental anomalies through geo-genic sources emergence health disorder: a review. Adv. Appl. Sci. Res. 6 (6), 129-152.

[163] Singh, V., Nimbkar, N., 2007. Safflower (*Carthamus tinctorius* L.). In: Singh, R. J. (Ed.), Genetic Resources, Chromosome Engineering, and Crop Improvement. CRC Press, New York, pp. 167-194.

[164] Singh, R., Srivastava, S., 2017. A critical review on extraction of natural dyes from leaves. Int. J. Home Sci. 3 (2), 100-103.

[165] Sinha, K., Chowdhury, S., Saha, P. D., Datta, S., 2013. Modelling of microwave-assisted extraction of natural dye from seeds of *Bixa orellana* (Annatto) using response surface methodology (RSM) and artificial neural network (ANN). Ind. Crop. Prod. 41, 165-171.

[166] Siva, R., 2007. Status of natural dyes and dye-yielding plants in India. Curr. Sci. 92 (7), 916-924.

[167] Strahan, D., Tsukada, M., 2016. Measuring mercury emissions from cinnabar lacquer objects. Stud. Conserv. 61 (3), 166-172.

[168] Subhash, P. B., Sarkar, T., Raju, T., Mohite, S. K., 2014. Fruit extract of *Mallotus philippinensis* used as a natural indicator in acidimetry titration. Int. J. 2 (9), 747-754.

[169] Telli, M. D., Sheikh, J., Shastrakar, P., 2014. Eco-friendly antibacterial printing of wool using natural dyes. Text. Sci. Eng. 2014, 2-4.

[170] Tzanov, T., Andreaus, J., Guebitz, G., Cavaco-Paulo, A., 2003. Protein interactions in enzymatic processes in textiles. Electron. J. Biotechnol. 6 (3), 146-154.

[171] Udeani, N. A., 2015. Potential of henna leaves as dye and its fastness properties on fabric. World Acad. Sci. Eng. Technol. Int. J. Chem. Mol. Eng. 9 (12), 1459-1466.

[172] Vajnhandl, S., Le Marechal, A. M., 2005. Ultrasound in textile dyeing and the decolouration/ mineralization of textile dyes. Dyes Pigments 65, 89-101.

[173] Vankar, P. S., 2000. Chemistry of natural dyes. Resonance 5 (10), 73–80.

[174] Vankar, P. S., 2007. Handbook on Natural Dyes for Industrial Applications. National Institute of Industrial Research, Delhi, India.

[175] Vankar, P. S., Shanker, R., Srivastava, J., 2007a. Ultrasonic dyeing of cotton fabric with aqueous extract of *Eclipta alba*. Dyes Pigments 72, 33–37.

[176] Vankar, P. S., Shanker, R., Verma, A., 2007b. Enzymatic natural dyeing of cotton and silk fabrics without metal mordants. J. Clean. Prod. 15, 1441–1450.

[177] Venil, C. K., Zakaria, Z. A., Ahmad, W. A., 2013. Bacterial pigments and their applications. Process Biochem. 48 (7), 1065–1079.

[178] Wisniak, J., 2004. Dyes from antiquity to synthesis. Indian J. Hist. Sci. 39, 75–100.

[179] Worthing, M. A., Sutherland, H. H., 1996. The composition and origin of massicot, litharge (PbO) and a mixed oxide of lead used as a traditional medicine in the Arabian Gulf. Mineral. Mag. 60 (3), 509–513.

[180] Yusuf, M., Ahmad, A., Shahid, M., Khan, M. I., Khan, S. A., Manzoor, N., Mohammad, F., 2012. Assessment of colorimetric, antibacterial and antifungal properties of woollen yarn dyed with the extract of the leaves of henna (*Lawsonia inermis*). J. Clean. Prod. 27, 42–50.

[181] Yusuf, M., Shahid, M., Khan, M. I., Khan, S. A., Khan, M. A., Mohammad, F., 2015. Dyeing studies with henna and madder: a research on effect of tin (II) chloride mordant. J. Saudi Chem. Soc. 19 (1), 64–72.

[182] Yusuf, M., Mohammad, F., Shabbir, M., Khan, M. A., 2016. Eco-dyeing of wool with *Rubia cordifolia* root extract: assessment of the effect of Acacia catechu as biomordant on color and fastness properties. Text. Cloth. Sustain. 2 (10), 1–9.

[183] Yusuf, M., Shabbir, M., Mohammad, F., 2017. Natural colorants: historical, processing and sustainable prospects. Nat. Prod. Bioprospect. 7, 123–145.

[184] Zagorski, M., 2007. The Geography of Significant Colorants: Antiquity to the Twentieth Century. (Unpublished doctoral dissertation) George Mason University, Virginia, USA.

[185] Zaharia, C., Suteu, D., 2012. Textile organic dyes—characteristics, polluting effects, and separation/elimination procedures from industrial effluents. A critical overview. In: Puzyn, T., Mostrag-Szlichtyng, A. (Eds.), Organic Pollutants Ten Years after the Stockholm Convention—Environmental and Analytical Update. InTech Press, Crotia, pp. 55–86.

［186］Zakaria, Nizam, M. E. H. , Al Mamun, M. H. , Yousuf, M. A. , Ali, R. , Rahman, L. , Miah, M. R. , 2017. Dyeing of S/J cotton knit fabric with natural dye extracts from green walnut shells: assessment of mordanting effect on fastness properties. J. Text. Sci. Technol. 3, 17-30.

［187］Zhao, D. , Tao, J. , 2015. Recent advances on the development and regulation of flower color in ornamental plants. Front. Plant Sci. 6, 1-13.

［188］Zheng, G. H. , Fu, H. B. , Liu, G. P. , 2011. Application of rare earth as mordant for the dyeing of ramie fabrics with natural dyes. Korean J. Chem. Eng. 28 (11), 2148-2155.

信息来源

［1］Raisanen, R. , 2009. Dyes from lichens and mushrooms. In: Bechtold, B. , Mussak, R. (Eds.), Handbook of Natural Colorants. John Wiley & Sons, UK, pp. 183-200.

［2］Cardon, D. , 2007. Natural Dyes: Sources, Tradition, Technology and Science. Archetype Publications, London, UK.

［3］Bechtold, T. , Mussak, R. A. M. , 2009. In: Mussak, R. A. M. , Bechtold, T. (Eds.), Handbook of Natural Colorants. John Wiley & Sons, Chichester, UK.

进阶阅读

［1］Ali, H. J. , Zain, A. , Osman, R. , Mbae, Z. A. , 2015. Extraction and Characterization of Curcuminoids Pigment from Turmeric. (Unpublished doctoral dissertation), Sudan University of Science and Technology, Sudan.

［2］Arora, J. , Agarwal, P. , Gupta, G. , 2017. Rainbow of natural dyes on textiles using plants extracts: sustainable and eco-friendly processes. Green Sustain. Chem. 7 (1), 35-47.

［3］Calogero, G. , Di Marco, G. , Caramori, S. , Cazzanti, S. , Argazzi, R. , Bignozzi, C. A. , 2009. Natural dye senstizers for photoelectrochemical cells. Energy Environ. Sci. 2 (11), 1162-1172.

［4］Khan, F. D. , 2011. Preserving the Heritage: A Case Study of Handicrafts of Sindh (Pakistan). (Unpublished doctoral dissertation). Ca' Foscari University of Venice, Venice, Italy.

［5］Nayak, L. , 2014. A study on coloring properties of *Rheum emodi* on jute union fabrics. J. Text. 593782. 7 p. .

[6] Ojha, D. K. , 2011. Dye Removal Using Grass Ash Adsorbent: A Project Report. Birla Institute of Technology & Sciences, Pilani, Goa.

[7] Räisänen, R. , 2009. Anthraquinones from the fungus *Dermocybe sanguinea* as textile dyes. (Unpublished academic dissertation). University of Helsinki, Finland.

[8] Shabbir, M. , Rather, L. J. , Bukhari, M. N. , Shahid, M. , Khan, M. A. , Mohammad, F. , 2016. An eco-friendly dyeing of woolen yarn by *Terminalia chebula* extract with evaluations of kinetic and adsorption characteristics. J. Adv. Res. 7 (3), 473-482.

3 金属媒染剂和生物媒染剂

Özlenen Erdem İşmal, Leyla Yıldırım
多库兹爱吕尔大学艺术学院纺织与服装设计系，土耳其伊兹密尔

3.1 引言

  纺织后整理行业一直承受着减少有害物质使用的巨大压力，特别是致突变、致癌和致敏作用的纺织化学品和纺织染料（Pereira and Alves，2012）。在这种情况下，研究人员将重点聚焦在可持续、绿色清洁和具有成本效益的生产方法和原则上。

  大部分纺织品都是使用合成染料进行染色和印花，然而，合成染料的化学结构和含量以及对环境的影响等问题却屡遭质疑。因此，对环境无害的替代性天然染料和加工方法引起了研究人员、设计师、艺术家和从业人员的关注。所有的天然纤维和大部分合成纤维都可以用天然染料染色，使用天然色素、材料、基材和方法，可以体现不同的色彩和设计特色（İşmal，2016）。

  天然染料通常来源于植物、动物和矿物。从可持续性和生态学的角度来看，合理利用各种工业和农业的生物废弃物和副产品越来越重要。也有关于在染色中使用真菌（Oyervides et al.，2017；Adeel et al.，2018）和藻类（Adeel et al.，2018）的研究。

  从可持续发展的角度来看，比较传统的技术都是基于不可再生资源生产的合成染料，而天然染料则是从可再生资源提取的。从可再生天然资源提取的天然染料是一类有吸引力的着色剂（Bechtold et al.，2003）。

  纺织纤维，特别是纤维素纤维，与大多数天然染料的亲和力不强，因此要经过媒染。与动物纤维不同，亚麻和棉等植物纤维不易保持住媒染剂，因此相比于羊毛和丝绸鲜艳的色彩，它们的颜色更暗淡。媒染对棉来说非常重要，因为棉比羊毛或丝绸更难染色，它没有可为染料分子提供附着位点的氨基和羧基（Saxena and Raja，2014）。

  尼龙通常用分散染料和酸性染料染色。近年来，人们对使用天然染料对尼龙和其他合成纤维进行染色产生了浓厚的兴趣（Lokhande and Dorugade，1999）。

  大多数天然染料都是非直接性的，导致染料的利用率低，色牢度差。因此，过渡金属盐，即所谓的媒染剂，被用于天然染料染色。媒染剂含有重金属离子如

铜、铁、铬、钴、镍或铝，其在染色废水中的残留给废水的处理带来严重问题（Kasiri and Safapour，2013）。

媒染剂是一种将染料"固定"在材料中或材料上的物质，通过与染料结合形成不溶性的化合物，用于固定或增强组织或细胞制剂中的着色剂（Gold Book, 2014）。

媒染剂是金属盐、含金属离子的天然化合物或其他形成络合物的试剂，用于提高染料的上染率和固色，改变色泽和色牢度性能。根据三种媒染方法和媒染剂类型的不同，色彩强度和色彩坐标变化显著，每种媒染剂都会产生不同的染料络合物，从而导致完全不同的颜色和色牢度性能。

染色织物的色度特性，如明度值（L^*）、红/黄值（a^*）、蓝/绿值（b^*）、饱和度（c^*）、色调（$h°$）和色强值（K/S），在很大程度上取决于媒染剂和纤维的化学性质以及媒染剂与染料和纤维形成金属离子络合物的能力（Tang et al.，2010）。

天然染料染色可以按照预媒染、同浴/中间媒染和后媒染的方法染色，媒染剂和媒染方法的选择直接影响色泽和色牢度。由于植物和媒染剂的种类不同，结果也不尽相同，因此不可能对媒染方法提出严格的规则和说明。预媒染和后媒染方法可能会因植物和媒染剂种类的不同而产生较深的色调，媒染剂浓度也是颜色深度的一个重要因素（İşmal，2016）。对不同类型的媒染剂、媒染方法及其对天然染料染色的影响进行了综合评述（Samanta and Agarwal，2009）。

除了提取和染色方法外，温度、染色时间和pH等参数也会影响天然染料的染色效果。媒染剂可使染料与纤维结合，并改变介质的pH，以提高染色性能。

研究人员对pH的影响有不同的看法。用酸性和碱性介质处理染过的羊毛纱线样品后，观察到颜色参数和色牢度性能有明显的变化。酸性处理会使色泽变浅，这可能是由于在酸性介质中络合物的水解以及羊毛染料的相互作用所致（Shabbir et al.，2016）。染浴pH影响染料分子及羊毛纤维的吸收波长。由于茜草染料含有端羟基，在酸性条件下通过离子交换反应与羊毛纤维端氨基发生离子相互作用。在酸性介质中，存在于染料的弱羟基阴离子因其较高的亲和力取代了酸的阴离子。当染料阴离子与纤维结合时，产生另一种离子间相互作用（Ali and El-Khatib, 2016）。研究发现，提取介质的pH对染料的提取具有统计学上的显著影响，而在本研究所使用的范围内，时间和M:L的影响并不显著。在提取介质为碱性、浴比较低的情况下，可获得最佳的染料提取效果。用优化的染料提取液染色的棉织物表现出非常好的耐洗和耐光色牢度性能，但耐湿摩擦色牢度稍差（Shaukat et al.，2016）。染色温度对染料的竭染有显著影响，而pH的影响不明显。最佳的温度、时间和媒染剂浓度条件分别为60℃、90min和28.18%（owf）。织物的耐洗色牢度、耐汗渍色牢度和耐摩擦色牢度较好，范围分别为2~5（一般到非常好）、1~4（轻微到明显）和4~5级（非常好至优秀）。因此，葱属植物（*Allium burdickii*）提取物和芒果皮媒染剂可用于染色棉质基材,该研究为利用当地产葱属植物在纺织品的染色应用提供了启示(Agulei et al.,2017)。

染色时间越长,色强值越高,直到染料竭染达到平衡,随着时间的进一步增加,超过24h后,色强反而降低。用红色染料染的衣服和纱线,颜色更明亮(Kannanmarikani et al.,2015)。

对于一些染料来说,较长的染色时间会降低纤维和颜色强度,特别是丝绸(Abdul Rahman et al.,2013)。

天然染色无法给出确定的条件和严格的规则,所有参数都随植物的种类而变化。

以明矾(硫酸铝钾)、硫酸铜和重铬酸钾为媒染剂,将从小檗(*Berberis vulgaris*)根中提取的小檗碱色素应用于羊毛纤维,考查了媒染剂用量、时间、温度等处理变量对染色纤维的颜色强度的影响,并对染色羊毛的耐洗、耐光和耐湿摩擦色牢度进行了评价。金属媒染剂的使用增加了染色产品的颜色强度,延长染色时间和提高染色温度会使色泽更深。所有媒染剂均提高了染色样品的耐摩擦色牢度和耐洗色牢度,但除明矾外,耐光色牢度均有所提高(Haji,2012)。图3.1给出了各种研究得出的常见的媒染条件。

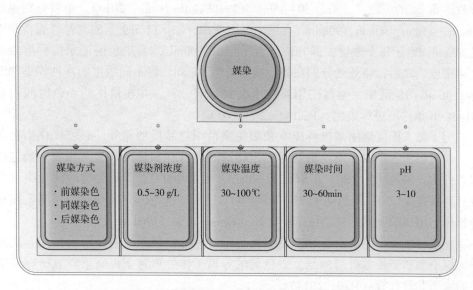

图 3.1　从各种研究中汇编的常见的媒染条件

观察结果表明,从色彩吸引力来看,较低的温度和较短的染色时间可以获得更好的染色效果。然而,对经过长时间间隔后的染色样品进行色卡分析表明,高温和延长染色时间产生的色调更持久(Vashishtha and Jahan,2017)。

生物媒染剂与金属媒染剂的使用相似。在80℃和L∶G = 30∶1条件下,使用不同含量的生物媒染剂溶液(5%、10%、15%、20%、25%、30%,owf)对脱脂羊毛媒染45min。每5g羊毛［40%（owf），L∶G=20∶1］用10mL染料母液，加入90mL蒸馏水，用醋酸或碳酸钠调节染浴的pH（pH=4、5、6、7、8、9）。在40℃开始染色，并以2℃/min的速度升温至最终温度（60℃、70℃、80℃、90℃、96℃）。样品在该条件下保持适当的时间（30min、45min、60min、75min、90min），然后漂洗并晾干（Haji，2010）。

有研究报告指出，由 *Talaromyces spp.* 生产的色素产量高，且热稳定性高，意味着其会应用在食品和纺织行业，因为它们都涉及色素要承受高温这一情况。两种不同的媒染剂（明矾，A；氯化铁，F）在不同的浓度下（A：5%、10%、15%；F：10%、20%、30%，owf）进行了测试。媒染工艺对染色织物的最终颜色有显著影响（Oyervides et al.，2017）。

样品在60℃的水浴中，分别进行30min、45min和60min的媒染。为了优化媒染剂的浓度，每种媒染剂用胭脂树种子尝试了6个浓度。对于明矾，配置了5%、10%、15%、20%、25%和30%的溶液，对于硫酸亚铁和氯化亚锡，分别制备了1%、2%、3%、4%、5%和6%的溶液，采用预媒法优化媒染剂的浓度。为了优化染料浓度，在每个容器中加100mL水和1~10g染色剂，并在95℃下煮沸。在染液中放入重2g的织物，并染色30~45min（Prabhavathi et al.，2014）。染料分别提取30min、45min、60min、90min。在每个提取液中，加入已知重量的真丝纱线，并染色30min。对于每个浓度，即分别配置1~10g/100mL水，染色前记录每种溶液的光学密度。之后，将丝纱分别在各染液中染色30min。将不同浓度的每种媒染剂溶解于50mL的染液中，通过使用最佳浓度制备的染料，并在最优的染色时间内在pH=4~6条件下进行染色（Paul et al.，2005）。

为了最大限度地缩减投资成本和避免染色织物品质的差异，必须优化染色条件。研究表明，提取和染色参数对棉织物的颜色特性和品质有显著影响。最佳提取条件为，料液比1∶20，提取时间90min，温度100℃；而最合适的优化染色参数，料液比1∶30，染色时间1h，温度90℃，Na_2SO_4浓度60g/L。与用明矾预媒染相比，用硫酸亚铁后媒染色牢度更好（Farooq et al.，2013）。

要想解决染料竭染率低和染色织物色牢度差的问题，应主要解决使用金属盐作为媒染剂和新技术处理问题，染色前的等离子体处理对于提高染料分子在纤维中的渗透非常有效（Haji，2014）。

3.2 媒染剂分类

根据使用方法，天然染料可分为两类，即直接染料和非直接染料（即间接染料）。直接染料不需要对织物进行预处理（例如靛蓝、苔色素、姜黄）。有三种预处理方式：直接处理（适用于棉，例如姜黄或红花）、酸性处理（适用于丝和毛，例如藏红花或虫胶）和碱性处理（适用于丝和毛，例如小檗碱）。相比之下，非直接染料只能对已经媒染处理过的材料进行染色，或者在染浴（例如洋苏木、茜草/茜素、胭脂虫或黄颜木）中添加媒染剂后才能染色。天然媒染染料有单色和多色，单色媒染染料不论采用什么媒染剂，只产生一种颜色，而多色染料则根据所用媒染剂会产生不同的颜色，例如洋苏木、茜素、黄颜木和胭脂虫（Samanta and Choudhury，2013）。

一些天然染料可以与铁、铝、铜、锡和铬等金属盐形成金属络合物。媒染剂可以赋予牢度特性并拓宽色域，这取决于媒染剂的类型。使用相同的天然染料，仅通过改变媒染剂类型，就可以使颜色发生巨大的变化。根据天然染料和媒染剂的种类和浓度以及媒染的方法，可以得到不同色调、深度和牢度值差异巨大的各种颜色（İşmal，2016）。

媒染剂有三种类型，即金属盐或金属媒染剂、油媒染剂和单宁类媒染剂（Saxena and Raja，2014）。

早期的法国染工认为媒染剂有打开纤维细孔的作用，这样染料就能更容易进入；但是根据 Hummel 和后来染工的说法，媒染剂的作用是纯粹的化学作用，他给媒染剂下的定义是"那种固定在纤维上，能与任何给定的色素结合的物质，不管它是哪一类物质"。明矾在欧洲已有几个世纪的历史了，铁和锡屑也被使用过，明矾和绿矾在高原地区也有很久的历史。在苏格兰和爱尔兰，陈化尿液也被大量使用，也许是作为清洗剂，而不是真正意义的媒染剂（Mairet，1916）。

如今，天然染色已经超越了传统的应用范围，特别是，天然媒染剂的范围扩大了，各种有机废弃物已经开始取代一些直接从自然界提供的媒染剂，还引用了新发现的金属媒染剂。因此，媒染剂分类呈现出新的维度和概念。

有的文献中提到了媒染剂的一般类型，碱性媒染剂（化学媒染剂）和酸性媒染剂（生物媒染剂）以及新发现的媒染剂（Adeel et al.，2017）。

按照目前的发展和现状，媒染剂可用图 3.2 所示进行分类。

明矾、铬（重铬酸钾）和锡（氯化亚锡）属于增亮媒染剂，而铜（硫酸铜，也称为蓝矾）和铁（硫酸亚铁，也称为绿矾）属于暗化媒染剂（Samanta and Konar，2011）。单宁主要用作纤维素纤维天然染色的媒染剂。

植物油或土耳其红油（TRO）是油类媒染剂。TRO 主要用于从茜草提取的染液的深红色染色，主要功能是与明矾形成络合物。磺化油比天然油具有更好的结合能力。油媒染色表现出优异的色牢度和色调。

油媒染剂的主要功能是与主媒染剂明矾形成络合物（Siva，2007）。

生物媒染剂是单宁、单宁酸、酒石酸、含金属的植物生物废料和副产品。据报道，它们是金属媒染剂的生物和生态友好的替代品，染色效果和色牢度好。

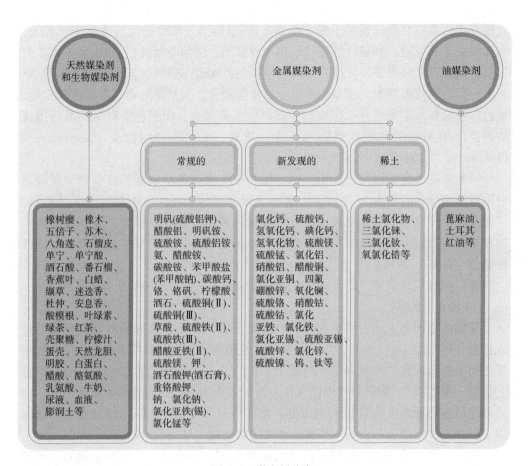

图 3.2 媒染剂分类

纤维、金属媒染剂和染料之间的键合如图 3.3 所示。

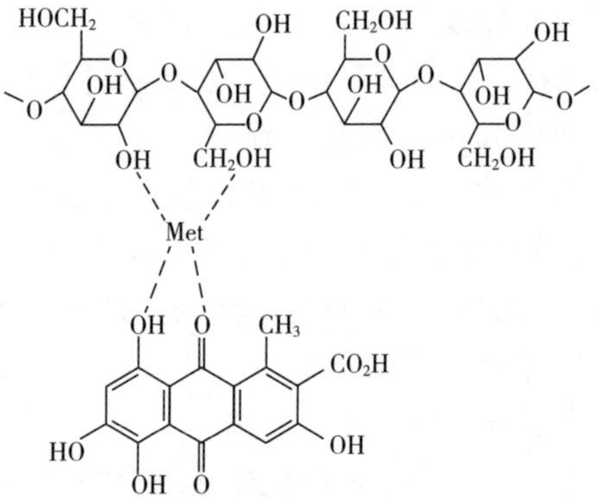

图 3.3 媒染剂、染料与棉的结合（Bhuyan et al., 2016）

(Met：一种金属离子，如 Al^{3+}、Fe^{2+})

3.3 传统金属媒染剂及其对环境的影响

通常认为,"天然"意味着完全的安全和环保。与这种观点相反,天然染料有时既不安全,也不比合成染料更生态友好。生命周期评估(LCA)是一种研究产品整个生命周期(即"从摇篮到坟墓")的环境因素和潜在影响的方法,在对任何产品或工艺的生态友好性做出具体评论之前,生命周期评估是必不可少的(Mitra,2011)。

金属媒染剂对生态环境有害,媒染剂的浓度是关键,必须根据生态标准的上限来考虑固定在纺织品上和残留在废水中的媒染剂的量。表3.1所示为Oeko-tex标准中的重金属限值。

表3.1 Oeko-Tex 标准中重金属限值

产品类型	Ⅰ类 婴幼儿/(mg/kg)	Ⅱ类 直接接触皮肤/(mg/kg)	Ⅲ类 不直接接触皮肤/(mg/kg)	Ⅳ类 装饰材料/(mg/kg)
可萃取重金属(<0.5mg/kg)				
Cr(铬)	1.0	2.0	2.0	2.0
Cr(Ⅵ)	低于检出限(<0.5mg/kg)[a]			
Cu(铜)	25.0[b]	50.0[b]	50.0[b]	50.0[b]
Ni(镍)	1.0[c]	4.0[d]	4.0[d]	4.0[d]
Pb(铅)	0.2	1.0[e]	1.0[d]	1.0[e]
Zn(锌)	750	750	750	750
Mn(锰)	90.0	90.0	90.0	90.0

a 定量限制:对于Cr(Ⅵ)为0.5mg/kg。
b 对无机材料的配件和纱线没有要求,要符合生物活性产品的要求。
c 对于金属配件和金属化表面为0.5mg/kg。
d 对于金属配件和金属化表面为1mg/kg。
e 对玻璃配件无要求。

对于纤维素纤维,当使用天然染料染色时,废水中的化学品负荷明显降低;使用活性染料时,废水的碱度和含盐量都相当高;使用直接染料时,不需要碱,但盐的含量仍然是媒染时释放浓度的两倍。虽然硫酸钠在染色工艺结束时会损失,但添加的硫酸铁或硫酸铝与后续的废水处理是相容的,其中所添加的此类盐是为了消除磷酸盐(Bechtold et al., 2003)。

纺织工业排放的废水中金属离子的含量严禁超过某一规定的限值。在金属盐媒染剂中，明矾和硫酸亚铁被认为是最安全的，锡可以在一定限量内使用，而铬和铜由于它们的毒性几乎被禁用（Savvidis et al.，2013；Zarkogianni et al.，2011）。

硫酸铁（绿矾）被广泛应用于纺织品的天然染色和印花，使用铁盐会使织物呈现黑色或灰色，并使色泽变暗。

将天然染料染色工艺与传统的羊毛染色方法进行比较，可以得出两种不同的结果：使用金属络合染料往往需要添加硫酸钠作为匀染剂，这导致废水中硫酸盐负荷。更大的问题可能来自金属络合染料中金属的含量，主要是 Cr 的含量（Bechtold et al.，2003）。

Cr^{3+} 或 Cr^{6+} 对人体皮肤有害，根据生态标准的规范，其使用受到限制（Samanta and Konar，2011）。

硫酸铜（蓝矾）的使用也受到限制，但其允许的浓度限值高于其他有害金属。这就是为什么在仔细考虑染色纺织材料和废水中金属离子情况下，可以允许在天然染色中使用少量的铜。

虽然很多生态标准不限制锡的使用，但从环境污染的角度来看，不建议使用它（Saxena and Raja，2014）。

油媒染剂主要用于茜草染色，以获得土耳其红色，明矾作为主要媒染剂，通过与油媒染剂形成络合物固定在棉材料上，然后与茜草结合产生土耳其红色。过去，蓖麻油和胡麻（芝麻）油被用作媒染剂，但后来被土耳其红油（TRO）也就是磺化蓖麻油取代（Saxena and Raja，2014）。

如果使用条件不当，可能会妨碍染色效果。为确保最大限度的浴液耗尽和废水中最低的残留金属量，对传统的天然染色配方和工艺的优化是至关重要的。此外，这种方法也有利于获得很好的色牢度性能。

为尽可能减少金属媒染剂对环境的影响，建议采用以下策略：
①通过使用一些助剂提高染浴的上染率，减少废水中金属媒染剂的含量；
②通过预处理提高纺织材料对金属离子的吸收；
③通过等离子体、超声波、UV、酶法预处理、微波等生态的现代技术对纤维表面进行改性，以改善染色性能；
④用环保的媒染剂和生物媒染剂代替金属媒染剂。

在天然染料的染色中，媒染剂浓度是影响深度和颜色坐标的关键因素。但是，媒染剂浓度与色强之间的关系并没有严格的规则。所使用的植物和媒染剂之间可能存在正比或反比的关系，媒染剂不同，色值差异较大（İşmal，2017）。

在使用硬水（由 $NaHCO_3$、$MgSO_4$、$CaSO_4$ 和 KCl 制备）情况下，以天然植物提取物作为染料来源，代替合成色素，进行了实验室规模的研究，以推进生态友好的染色方法，分析了用桉树和姜黄提取物对棉织物染色的效果。用明矾和硫酸亚铁作为媒染剂，以减轻硬水对染色性能的影响，研究了染色棉的色强度和色牢度。结果表明，使用螯合剂可以减轻硬水对染色性能的不利影响（Sana et al.，2017）。

该研究提出了一种新的媒染技术对染色棉色强度的影响，分析了六种不同的天然染料使用新型环保媒染技术对棉的染色行为。实验数据强调了溶质，特别是钙、镁离子的作用。结果表明，当加工溶液中含有钙、镁离子时，色强度显著提高。相对于传统酶染工艺，在媒染技术中引入明矾和亚铁盐改性，色强度提高了140%~300%，且色牢度性能优异。实验数据也证明了媒染溶液的pH对染料—媒染剂络合物大小有影响。因此，在改性媒染条件下得到的媒染剂—染料络合物的大小，可能是染色过程中颜色强度显著提高的原因。总体研究表明，在改性媒染剂条件下可以形成超小尺寸的染料—媒染剂络合物。超小尺寸染料—媒染剂络合物的形成，可能是新工艺下观察到的染色强度提高的原因。新的媒染技术在环境和经济相协调的情况下为用天然染料染棉开辟了新的途径（Mahangade et al.，2011）。

除传统的金属媒染剂外，最近还研究出一些新的媒染剂，用于天然染色中的新发现的金属媒染剂如硫酸镁（$MgSO_4·7H_2O$）、硫酸铝[$Al_2(SO_4)_3$]、硫酸锌（$ZnSO_4·7H_2O$）、硫酸锰（$MnSO_4·5H_2O$）、硫酸镍（$NiSO_4·6H_2O$）、硫酸钴（$CoSO_4·6H_2O$）、硫酸亚锡（$SnSO_4$）、氯化锡（$SnCl_4·5H_2O$）、氯化铁（$FeCl_3$）、氯化亚铁（$FeCl_2$）、氯化铜（$CuCl_2·2H_2O$）、醋酸铜[$(CH_3COO)_2Cu$]、氯化锌（$ZnCl_2$）、氯化铝（$AlCl_3·6H_2O$）、硝酸铝[$Al(NO_3)_3·9H_2O$]、氢氧化钙[$Ca(OH)_2$]、氯化钙（$CaCl_2$）、硫酸钙（$CaSO_4$）、硫酸铬（$CrSO_4$）、硝酸钴[$Co(NO_3)_2$]、四氟硼酸锌[$Zn(BF_4)_2$]、氧化镧（La_2O_3）、稀土氯化物如三氯化铼（$ReCl_3·6H_2O$）、三氯化钕（$NdCl_3·6H_2O$）、氧氯化锆（$ZrOCl_2·8H_2O$）（Shahid，2013；Yusuf et al.，2017a，b）。

3.4　生物媒染剂及其应用

目前，在合理利用食品、饮料、木材、农业和其他行业的生物废料、生物材料以及副产物进行天然染色方面，已经开展了大量的研究工作，以便以有益和生态友好的方式利用这些废物（İşmal，2016）。

由于废水中残留有毒的金属离子和废水的处置问题，传统的金属盐在纺织品天然染色中的应用受到了生态方面的限制。用生物媒染剂替代金属媒染剂是许多研究人员关注的领域，许多植物和生物材料被认为是潜在的媒染剂，可以将染料固定在纺织材料中，扩大色域，它们的媒染效果和固色能力会因其化学结构、单宁和金属离子含量的不同而不同。

生物媒染剂的覆盖范围很广，从单宁、单宁酸、酒石酸、含金属的植物到生物废料和副产物，富含单宁和金属离子的植物、生物废弃物和副产物在天然染色中起着媒染剂的作用，单宁类是天然染色和印花中常用的生物媒染剂类别，占有重要地位。

与金属媒染剂一样，生物媒染剂也会因其种类和浓度的不同而导致得色量和色牢度的增加/减少或对深度和色牢度值无效。天然染色和生物媒染剂染色的颜色/色牢度性能和成本/消耗由很多因素决定，如天然染料的来源（植物/废弃物/副产物等），媒染剂的种类、来源和浓度，提取条件，媒染方法，染色条件（温度、时间、浴比）等（İşmal，2017）。

芒果提取物除了作为媒染剂外，还起到了染料的作用，从而提高了织物的着色效果，这与硫酸铜（Ⅱ）不同，硫酸铜没有增色效果（Wangatia et al.，2015）。

在纺织工业中，重金属离子或天然或合成的单宁用作辅助化学品或助剂，可以永久地附着在纤维上（所谓的媒染染料）（Tiitto and Häggman，2009）。

单宁是多酚类化合物，在某些条件下具有胶化能力。①它可以是可水解的焦性没食子酸单宁类（pyrogallol tannins），例如"单宁酸"，产自中国和土耳其，称为"没食子鞣质"（gallotannins）；②可水解的鞣花单宁类，在水解时产生鞣花酸或类似的酸，例如橡椀和栗子；③缩合单宁或儿茶酚单宁类，它们只含有很少或没有碳水化合物，转化为酸成为不溶性的无定形聚合物（Samanta and Konar，2011）。单宁类形成以下三种类型的键，即与蛋白质（如羊毛和丝绸）和纤维素纤维之间的氢键、离子键和共价键（Prabhu and Bhute，2012）。

术语"单宁"最早由 Seguin 在 1796 年使用，用于描述利用来自不同种类的植物的不同部分的提取物，将动物毛皮制成皮革的过程。单宁是一种收敛性植物产品，存在于多种植物中。包括植物的树皮、木材、果实、果荚、叶子、根和植物瘿。单宁是指天然存在的高分子量（500~3000）水溶性多酚类化合物，含有酚羟基，使其能在蛋白质和其他大分子之间形成有效交联（Prabhu and Bhute，2012）。

图 3.4 和图 3.5 显示了单宁和单宁酸的结构（Ding，2013）。染料、金属和羊毛之间的相互作用如图 3.6 所示。

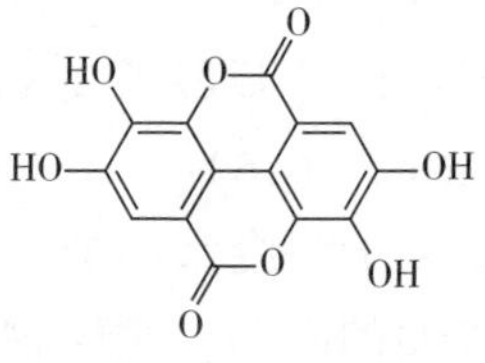

图 3.4 单宁的分子结构

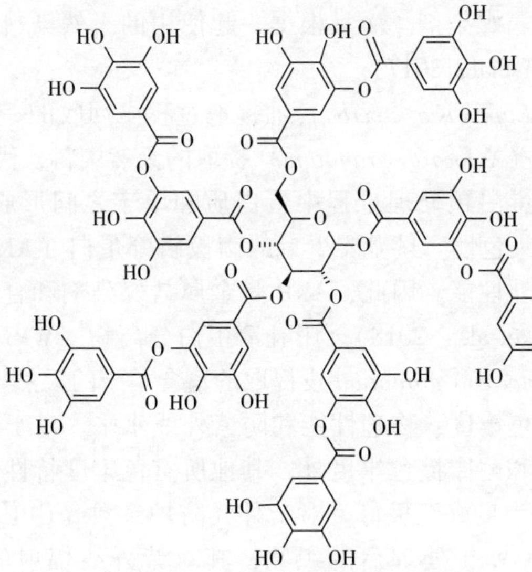

图 3.5　单宁酸的分子结构

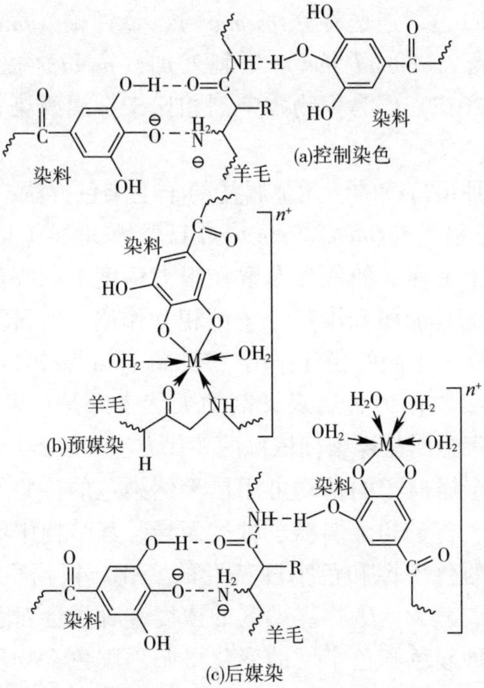

图 3.6　染料、金属和羊毛之间相互作用示意图（Shabbir et al.，2017）

依据媒染剂的种类和媒染方法，一浴法生物媒染的得色率可与金属媒染剂相媲美，有时甚至超过金属媒染剂。而且根据一起使用的天然染料不同，生物媒染剂会产生不同的效果（İşmal，2017）。

利用从南极磷虾（*Euphausia superba*）油提取过程中回收的一种蛋白质副产品和用富含单宁的木果楝（*Xylocarps granatum*）提取的天然染料，代替传统媒染剂对棉进行染色。南极磷虾蛋白预处理过程中蛋白质和单宁之间形成不溶性络合物，成功地改善了织物的可染色性。只需要少量的南极磷虾蛋白（AKP）（1%溶液），就可显著改善棉的抗紫外性能。因此，AKP是金属盐媒染剂和合成阳离子固色剂的潜在替代物（Pisitsak et al.，2018）。用乳清蛋白分离物（WPI）对棉织物进行预处理，可以提高从 *Xylocarps granatum* 皮提取的富含单宁的天然染料的染色性能，研究了它们的染色性、色牢度、物理性能和防紫外线水平。对于蛋白质处理的棉织物，除耐日晒色牢度和耐摩擦色牢度外，其他所有色牢度特性（洗涤、水、海水、汗渍和热压烫）均为良好至极好。对紫外线防护系数（UPF）的测量结果表明，使用天然染料染色 WPI 处理后的织物，其对紫外线辐射的屏蔽性能更好（Pisitsak et al.，2016）。天然媒染剂，如诃子（*Terminalia chebula*）、石榴皮（*Punica granatum*）、单宁、单宁酸、酒石酸、番石榴和香蕉叶灰，正在被研究用于媒染目的（Samanta et al.，2007）。

评价了缬草（*valex,*）、迷迭香（*rosemary*）、金钟柏（*thuja*）、石榴皮（*pomegranate rind*）、杏仁壳（*almond shel*）与刺五加（*prina*）提取物（İşmal et al.，2014，2015；İşmal，2017）作为生物媒染剂相比于金属媒染剂的染色效果，并提出了可行的替代方案。

该研究提出了一种可持续的、无金属盐的羊毛染色方法，使用从石榴皮（*Punica granatum* L.）、五倍子（*Quercus infectoria* L.）和儿茶（*Acacia catechu*）中提取的天然媒染剂。染色羊毛样品的颜色参数在很大程度上取决于各生物媒染剂中存在的化合物及其与羊毛官能团和染料分子的相互作用。所研究的生物媒染剂与紫铆中的着色化合物呈现出不同的相互作用（Salam et al.，2017）。

利用金属超富集植物作为金属媒染剂的天然来源是一种非常有前途的理念，应作为一种降低对有毒金属盐媒染剂依赖的替代方法加以推广（Shahid，2013）。

一些含有单宁和金属离子的植物可用作天然染色的生物媒染剂，生物媒染剂的效果因其化学结构、含量和金属离子种类而异。其结构中固有的发色团和金属离子会引起染色材料的色坐标和色牢度特性的变化。根据生物媒染剂的色强度，可实现得色量的增加或减少。生物媒染剂的浓度和种类会对色牢度性能产生正面的或负面的影响，各种颜色和色牢度的变化可归因于色素物质与生物媒染剂的金属离子、天然染料分子、纤维之间不同的相互作用（İşmal，2017）。

将天然和化学媒染剂组合如柠檬汁—硫酸铜、柠檬汁—重铬酸钾、柠檬汁—

硫酸亚铁、柠檬汁—氯化亚锡应用于 *Symptocos racemosa* （Lodh）（Singh and Purohit，2014）和 *Erythrina suberosa* （Singh and Purohit，2012）的花提取的天然染料的染色中，以及榄仁果（myrobalan）-硫酸镍、myrobalan-硫酸铝、myrobalan-重铬酸钾、myrobalan-硫酸亚铁、myrobalan-氯化亚锡以1∶3、1∶1、3∶1的比例配制的媒染剂组合应用于与仙枝花树（*Cordia sebestena*）的花提取的天然染料的染色中（Kumaresan et al.，2011）。

采用微波辐射技术，从洋葱皮（*Allium cepa*）中提取的天然染料，以芦荟（*Aloe vera*）和壳聚糖为生物媒染剂，对羊毛/棉混纺织物进行染色。芦荟属于百合科（Liliaceae）植物，其主要的化学成分是蒽醌类［芦荟素（aloin,）、芦荟大黄素（aloe-emodin）］、树脂类、单宁类和多糖类，芦荟凝胶主要由水和多糖（果胶类、半纤维素类、葡甘聚糖、乙酰甘聚糖和甘露糖衍生物）组成，还含有氨基酸类、脂质类、甾体类［羽扇豆醇（lupeol）、樟脑甾醇（campesterol）］、矿物质（镁、钙、锌等）和酶类（（El-Zairy，2016）。

许多研究人员对芦荟的天然媒染剂功效进行了评价（Kumari et al.，2016；Nilani et al.，2008）。将芦荟和海藻酸钠作为媒染剂，用于姜黄粉对棉和丝织物的天然染色，获得了令人满意的结果。

评估了芦荟和柠檬作为天然媒染剂与重铬酸钾、硫酸铁、硫酸铜和明矾结合在洋葱皮染色中的效果对比，得到了满意的染色结果（Zubairu and Mshelia，2015）。

研究中评价了甲壳素和壳聚糖（Allan et al.，1978）作为媒染剂的效果，将不同浓度的壳聚糖应用于儿茶、姜黄和万寿菊天然染料对棉的印花（Teli et al.，2013）。

据报告，小虾、对虾和蟹的废料是甲壳素和壳聚糖的主要来源，短期内仍将如此。但是，预计南极磷虾和培养的真菌将成为这些原料的主要来源（Roberts，2008）。壳聚糖的化学结构见图3.7。

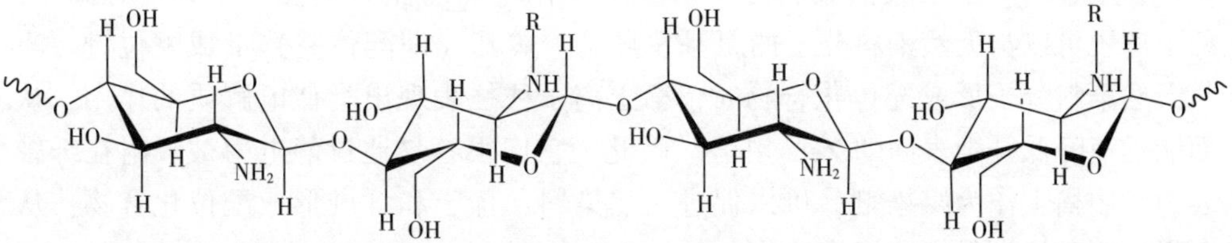

图3.7 壳聚糖结构重复单元的示意图，其中 R = Ac 或 H，取决于乙酰化程度
（Morris et al.，2009）

五倍子（*Quercus infectioria*）提取物与茜草根结合的生物媒染，产生了基本上

可以接受的色深、耐光、耐洗及耐摩擦色牢度。就色强度和色牢度结果而言，用没食子提取物进行前处理比后处理占优势（Yusuf et al.，2017a，2017b）。在印度尼西亚，lodhra、石榴树和山矾树树皮被用作天然红色染料染色工艺的媒染剂（Jain and Vasantha，2016）。

根据天然染料、纤维和媒染剂的种类，金属媒染剂可以被一些替代的媒染剂和现代技术所取代。一般来说，金属媒染剂如明矾、氯化亚锡、氯化锡、硫酸铁、硫酸铜、重铬酸钾的浓度为 0.5%~40%，这是影响染色效果和危害环境的关键因素之一。

目前，在染色、整理、印花工艺中，有许多合成染料、添加剂、盐类、酸、碱性物质、助剂、洗涤剂、上浆/漂白/络合/润湿/洗涤/软化/特殊的整理剂，这些物质具有毒性、致敏和危害性。一些被诟病的物质（金属、甲醛、臭氧、UV等）也存在于自然界的土壤、水、空气、植物、水果、蔬菜等，它们的浓度是至关重要的。传统的方法应该被更加生态的方法所取代，并且/或者应该将染料/化学品/助剂浓度降至最低。

将浓缩香蕉花瓣水提取物所得天然媒染剂，用于姜黄对羊毛的天然染色。在媒染剂的一系列浓度中，3.5%的天然媒染剂和1.5%的铬（按纱线重量计算）表现出相似的色牢度、反射率、色泽和 K/S 值（Mathur and Gupta，2003）。毛纱可用生物媒染剂如柠檬酸、单宁酸和乙酸进行染色（Bulut et al.，2014）。

从 *Emblica officinalis* G. 的干果中提取单宁，并单独用作天然媒染剂，以及与金属媒染剂硫酸铜组合使用染棉和丝织物（Prabhu et al.，2011）。

首次应用叶绿素-a 作为生物媒染剂，用甜菜苷染料对羊毛进行超声染色（Guesmi et al.，2013）。

与有害的金属媒染剂相比，稀土金属可视作天然染色中的环保媒染剂。已成功地将稀土氯化物作为媒染剂应用于苎麻织物的天然染色中（Zheng et al.，2011）。

稀土金属离子与天然染料分子形成配位化合物的能力很强。作为中心离子，稀土离子可以与天然染料分子的氨基、羟基、羧基（即配位基）形成配位键。当与天然染料分子形成配位化合物时，稀土离子往往表现出类似电解质的作用，从而能迅速降低纤维表面的 Zeta 电势。因此，它们很容易通过静电力被吸附在纤维表面。用稀土作为媒染剂，可以促进天然染料、稀土和纤维形成配位化合物，从而提高用天然染料染色织物的色牢度（Zheng et al.，2011）。

植物单宁是一种水溶性多酚化合物，广泛存在于植物的各个部位，如树皮、木材、果实、果荚、叶子、根和植物瘿中。单宁中的酚羟基可以与不同类型的纤维和染料形成有效的交联，有助于固色。研究发现，单宁基媒染剂对棉纤维最为有效，因为棉纤维对大多数天然染料的亲和力很低（Prabhu et al.，2011）。

利用金属超富集植物作为金属媒染剂的天然来源是一个非常有前途的理念，应作为一种有助于减少对有毒金属盐媒染剂依赖的替代方法加以推广（Shahid，2013）。

植物媒染剂为天然染色工作提供思路，可以不使用工业生产的媒染剂，从植物中获得100%可靠的颜色。用 Symplocos 树叶的粉末可以取代传统天然染料配方中的明矾，并产生了一些意想不到的新颜色。

壳聚糖是甲壳素的脱乙酰化衍生物，具有多种有用特性，如可生物降解性、无毒性和抗菌活性。作为一种可持续的生物聚合物，壳聚糖被认为是纺织品改性的理想材料。由于其结构中含有多氨基，它被广泛用于提高纺织品的阳离子性。经过壳聚糖处理，可提高纺织品的染色性、抗菌性和防缩性（Yang et al.，2010）。

过去人们采用很多方法来获得纺织品的抗菌、防紫外线、抗氧化和其他卫生性等功能。目前，利用化学染料、等离子体处理、使用纳米材料对纺织品进行功能化是很常见的，以实现纺织品的功能特性，如着色、抗菌、抗真菌、防紫外线、除臭等，增强织物的舒适度，使其多功能化，并深受大众欢迎（Mohd et al.，2017）。

本研究采用从 *Tectona grandis* 叶中提取的天然染料对羊毛染色进行研究，并重点考察了硫酸亚铁、硫酸铝钾和氯化亚锡盐等金属媒染剂对染色羊毛的比色性、色牢度、抗氧化性和抗菌性的影响。实验结果表明，染色羊毛展现出很好的自由基清除活性，并对大肠杆菌和金黄色葡萄球菌具有抗菌性；使用硫酸亚铁媒染剂可大大改善染料吸收、抗菌整理的耐久性。由此可以得出结论，柚木提取物可以开发为多功能的天然整理剂，赋予羊毛织物抗氧化和抗菌性（Adeel et al.，2017）。

本研究提到了指甲花叶提取物对人类常见病原体如大肠杆菌、金黄色葡萄球菌、白色念珠菌的抗菌和抗真菌潜力。在非致死浓度的铜（Ⅱ）离子的存在下，儿茶素对革兰氏阴性大肠杆菌比对革兰氏阳性金黄色葡萄球菌的杀菌性能更有效（Bhuyan et al.，2016）。

Koh 和 Hong 发现，用五倍子提取物染色的棉和羊毛具有良好的抗氧化和抗菌性能，且采用等离子体预处理可以改善织物的后整理性能。据报道，其他几种富含萘醌的植物染料来源，如指甲花的指甲花醌、核桃的核桃醌、紫草的黄钟花醌，都显示出抗菌和抗真菌活性。由于其提取物中存在大量结构多样的活性化合物，如单宁类、黄酮类、类姜黄素、生物碱类和奎宁类，天然色素为开发用于美容、卫生和医疗的抗菌纺织品带来了希望（Bhuyan et al.，2016）。

许多植物分子对革兰氏阳性菌和革兰氏阴性菌表现出大于90%的抗菌活性（Samanta et al.，2014）。

绿茶提取物中的儿茶素可以诱导5,6-羧基荧光素从细菌的磷脂酰胆碱脂质体中渗漏出来，表明细菌的死亡是细菌的细胞膜破裂所致。他们发现，与革兰氏阴性菌相比,革兰氏阳性菌对儿茶素更敏感(Bhuyan et al.,2016)。

石榴皮和核桃壳提取物在5%浓度时,显示出显著的抗菌性能。此外,当与金属盐一起使用时,可以大幅提高其抗菌性能。用天然染料染色时,如果不使用任何一种媒染剂,染色织物的抗菌性能不好,而用铜盐、铝盐或锡盐作媒染剂时,染色织物不但具有良好的耐光和耐洗性能,而且具有非常强的抗菌性能。石榴皮和核桃壳提取物可以替代用于医用纺织品的人工抗菌剂,也可以作为运动和家用纺织品的有效防臭剂(Shahmoradi et al.,2012)。具有同样功能的天然色素还有石榴、姜黄、儿茶、红洋葱皮、红洋葱皮/姜黄的提取物。提取温度80℃(红洋葱煮沸),提取溶剂为水。棉、毛、丝和尼龙织物的染色条件是:$pH = 4$(棉$pH = 8$)、料液比1∶40和染料浓度25g/L,采用$FeSO_4$为媒染剂的同媒染色法。染色织物都具有很强的防紫外线性能和抗菌性能,可用作医用织物(Gawish et al.,2017)。

研究表明,用葡萄叶对经氧等离子体预处理的羊毛纤维进行染色,等离子体处理已部分去除了羊毛的表面鳞片,提高了天然染料对纤维的渗透力。等离子体处理功率对纤维改性的影响最大,并提出了等离子体处理的最佳条件(Haji et al.,2016)。

孜然(*Cuminum ciminum* L.)种子的水提物作为一种新型的天然染料应用于羊毛染色。使用氧气、氩气及其混合物的低压等离子体处理,以改善羊毛纤维的可染性。使用衰减全反射—傅里叶变换红外光谱法和场分析技术,研究了不同等离子体处理对羊毛纤维表面化学和形态的影响(Haji and Qavamnia,2015)。

以野生芸香籽水提取物为新型天然着色剂,研究了在羊毛的天然染色中等离子体工艺的效果以及用等离子体处理代替金属媒染剂的可能性。为了提高纤维的可染性,降低染色温度,采用了环境友好的低温等离子体预处理(Haji,2014)。

小檗碱是一种天然阳离子染料,是从小檗(Berberis vulgaris)的根和木材中提取出来的,被用于低温等离子体预处理的羊毛纤维的染色中,以改善纤维的上染性并降低染色温度。由于其季铵结构,可作为抗菌剂,用小檗碱染色的羊毛具有很高的抗菌性能(Haji,2012)。与未经处理的样品相比,等离子体处理的羊毛具有更好的染色性,而且具有良好的耐洗涤、耐摩擦和耐日晒色牢度。同时,用明矾预媒染也改善了染色样品的色牢度,染色后的羊毛还具有高的抗菌性能(Haji and Shoushtari,2011)。

将从小檗木中提取的"小檗碱"作为功能性着色剂,从 *Rumex hymenosepolus* 根部提取的单宁作为生物媒染剂,应用于羊毛纤维,提高了染色样品的色强度。染色时间、温度和pH的增加导致更深的色调。生物媒染法提高了染色样品的耐光色牢度、耐摩擦色牢度和耐洗色牢度。染色后的羊毛具有较高的抗菌活性。小檗的提取物是一种天然染料,具有可接受的色牢度特性,同时对羊毛具有很好的抗菌活性(Haji,2010)。

与线性聚合物不同，树状聚合物是单分散的高分子。经典的聚合过程产生的是线性聚合物，通常是随机的，产生大小不同的分子，而树状聚合物的大小和分子量可以在合成过程中通过特定方式进行控制。由于树状聚合物的分子结构，与通常的线性聚合物相比，树状聚合物的物理和化学性质有很显著的改善（Klajnert and Bryszewska，2001）。

树状聚合物是高度支化、球状、多价、单分散的分子，具有合成的灵活性，从催化到电子器件和药物释放，有许多可能的应用（Baig et al，2015）。

研究人员对树状聚合物及其衍生物在改善荧光染料的染色和色牢度性能（Kiakhani and Safapour，2015a）、生产抗菌羊毛（Kiakhani et al.，2013b；Kiakhani and Safapour，2016）、去除染料（Kiakhani et al.，2013a）、棉的染色（Kiakhani and Safapour，2015c）和羊毛染色（Kiakhani and Safapour，2015b）等方面进行了研究。

在研究中，评估了壳聚糖—聚丙烯亚胺树状聚合物的混合物作为新型生物媒染剂的染色及色牢度性能，以取代用胭脂红无酸染色羊毛时金属媒染剂的影响（Mehrparvar et al.，2016）。酸、明矾、氨水、柠檬汁、氯化钙用于织物染色的固色剂（Prabhavathi et al.，2014）。

用壳聚糖作为生物媒染剂处理后，用天然的叶绿素衍生物（chlorophyllin，Chlin）对棉织物进行染色（Park and Park，2010）。

研究了七种金属媒染剂［明矾（$KAl(SO_4)_2 \cdot 12H_2O$）、酒石酸钾（$KC_4H_5O_6$）、重铬酸钾（$K_2Cr_2O_7$）、氯化钙（$CaCl_2$）、硫酸铜（$CuSO_4 \cdot 5H_2O$）、氯化亚锡（$SnCl_2 \cdot 2H_2O$）和硫酸亚铁］和五种天然媒染剂（橡木灰、绿茶、黑茶、漆树和五倍子），以茜草（*Rubia tinctorum*）为天然染料对聚酯纤维进行染色（Gedik et al.，2014）。

评估了使用膨润土类型的黏土替代茜草天然染色羊毛中所用的媒染剂的可能性，结论是，从经济和环境角度来看，纳米黏土可以作为天然染色中的媒染剂（Gashti et al.，2013）。

膨润土是一种吸水性的层状硅酸铝，属于2∶1的层状硅酸盐，其表面带有负电荷。层状蒙脱土的表面电荷分别来自晶体的晶格中，以及八面体和四面体边缘的Al—OH（铝醇）和Si—OH（硅醇）基团的同构替换。用膨润土对羊毛织物进行预处理，并用茜草染色（Barani，2017）。

3.5 发展趋势

目前，天然染料和天然染色方法越来越受到关注，并成为一种趋势。天然染料的提取物也有生产、销售和使用。但是，天然染色还不能说是纺织工业的主流生产工艺。天然染料在增值和小众纺织市场具有很大的潜力。研究人员、工程师、纺织设计师、纺织印染从业人员、纺织艺术家和业余爱好者是天然染料应用领域的主要使用者。

对于使用金属媒染剂的天然染料的成本和环境影响问题，存在许多消极的看法。然而，考虑到生态标准所建议的限定值，需要大量的科学研究揭示纺织材料和废水中重金属含量的具体数据。此外，有必要通过研究明确展示天然染料染色与合成染料染色的经济前景和技术概况（工艺条件和消耗）。从环境影响和可持续发展的角度来看，天然染料可能会越来越多地应用于纺织品染色工艺。人们对独特的纺织品设计和高附加值产品的需求不断增长，将会促进天然染料的发展。同时，用天然的和可持续的媒染剂（如生物媒染剂、生物废料）和对环境影响小的媒染剂替代金属媒染剂将进一步促进天然染料的发展。金属媒染剂也存在于一些介绍现代方法（等离子体、超声、微波、酶等）的文献中。一般来说，这些现代方法可以降低金属媒染剂的浓度，提高得色率和色牢度性能。超声/酶/等离子体/紫外线与金属媒染剂的配合使用，对提高色牢度和染料吸收有协同作用。

为了提供一个成功和可持续的工艺，对传统媒染剂、媒染和染色配方的优化是不可避免的。此外，可以预见，现代生态技术，如微波、超声波、等离子体、酶及其工业应用，可能会导致非生态友好型金属媒染剂的替代、减少或消除。

未来将继续致力于研究从副产品及农业与工业废物中提取生物媒染剂和天然染料，以作为成本低和对环境友好的替代品。需要开发系统的研究方法，以便将实验室规模的研究用于中试和大批量生产。此外，这些天然生物材料的功能整理效果（防臭、抗菌、驱虫等）也值得在可持续纺织品中进行研究。

参考文献

[1] Abdul Rahman, N. A., Tajuddin, R., Tumin, S. M., 2013. Optimization of natural dyeing using ultrasonic method and biomordant. Int. J. Chem. Eng. Appl. 4 (3), 161–164.

[2] Adeel, S., Shumaila, K., Sana, R., Tayyaba, A., 2017. In：Ul-Islam, S. (Ed.), Radiation Pretreatment：A Potential Novel Technology to Improve Fastness Properties of Plant-Based Natural Products：Derivatives and Applications. Wiley, Scrivener Publishing LLC, pp. 1–25.

[3] Adeel, S., Rafi, S., Salman, M., Azeem, M., Naeem, I., Zuber, M., 2018. Resurgence of natural dyes：ideas and technologies for textile dyeing. In：Shahid, M., Chen, G., Tang, R.-C. (Eds.), Handbook of Textile Coloration and Finish-

ing. Studium Press LLC, Houston, USA, pp. 1-28.

[4] Agulei, K. D., Mwasiagi, J. I., Githaiga, J. T., Nzilac, 2017. Use of plants as dyes: a case study of the use of pre-mordanting method to dye cotton fabric with extracts from *Allium burdickii*. Afr. J. Rural Dev. 2 (2), 313-318.

[5] Ali, N. F., El-Khatib, E. M., 2016. Green strategy for dyeing wool fibers by madder natural dye. J. Chem. Pharm. Res. 8 (4), 635-642.

[6] Allan, G. G., Fox, J. R., Kong, N., 1978. A critical evaluation of the potential sources of chitin and chitosan. In: Muzzarelli, R. A. A., Pariser, E. R. (Eds.), Proceedings of the First International Conference on Chitin and Chitosan. pp. 64-78.

[7] Barani, H., 2017. Modified Bentonite With Different Surfactant and Used as a Mordant in Wool Natural Dyeing. https://aeett.files.wordpress.com/2017/01/p08_barani_modified.pdf.

[8] Bechtold, T., Turcanu, A., Ganglberger, E., Geissler, S., 2003. Natural dyes in modern textile dyehouses—how to combine experiences of two centuries to meet the demands of the future? J. Clean. Prod. 11 (5), 499-509.

[9] Bhardwaj, H. C., Jain, K. K., 1982. Indian dyes and dyeing industry during 18-19th century. Indian J. Hist. Sci. 17 (1), 70-81.

[10] Bhuyan, S., Gogoi, N., Kalita, B. B., 2016. Natural dyes and its antimicrobial effect. Int. J. Eng. Trends Technol. 42 (3), 102-105.

[11] Bulut, M. O., Baydar, H., Akar, E., 2014. Ecofriendly natural dyeing of woollen yarn using mordants with enzymatic pretreatments. J. Text. Inst. 105 (5), 559-568.

[12] Cunningham, A. B., Maduarta, I. M., Howe, J., Ingram, W., Jansen, S., 2011. Hanging by a thread: natural metallic mordant processes in traditional Indonesian textiles. Econ. Bot. 65 (3), 241-259.

[13] Ding, Y., 2013. A Comparison of Mordant and Natural Dyes in Dyeing Cotton Fabrics a Thesis Submitted to the Graduate Faculty of North Carolina State University in Partial Fulfillment of the Requirements for the Degree of Master of Science Textile Chemistry Raleigh. Carolina, North.

[14] El-Zairy, W., 2016. A novel eco-friendly pre-mordnating technique for dyeing cellulose/wool fabrics using Allium Cena natural dye. Nat. Sci. 14 (12), 58-63.

[15] Farooq, A., Ali, S., Abbas, N., Zahoor, N., Ashraf, M. A., 2013. Optimization of extraction and dyeing parameters for natural dyeing of cotton fabric using marigold (tagetes erecta). Asian J. Chem. 25 (11), 5955-5959.

[16] Gashti, M. P., Katozian, B., Shaver, M., Kiumarsi, A., 2013. Clay nanoadsorbent as an environmentally friendly substitute for mordants in the natural dyeing of carpet piles. Color. Technol. 130, 54–61.

[17] Gawish, S. M., Mashaly, H. M., Helmy, H. M., Ramadan, A. M., Farouk, R., 2017. Effect of mordant on UV protection and antimicrobial activity of cotton, wool, silk and nylon fabrics dyed with some natural dyes. J. Nanomed. Nanotechnol. 8 (1), 1–9.

[18] Gedik, G., Avinç, O., Yavaş, A., Khoddami, A., 2014. A novel eco-friendly colorant and dyeing method for poly(ethylene terephthalate) substrate. Fibers Polym. 15 (2), 261–272.

[19] Geelani, S. M., Ara, S., Mishra, P. K., Bhat, S. J. A., Hanifa, S., Haq, S., Jeelani, I., Qazi, G., Sofi, A. H., Mir, S. A., Khan, P. A., Wani, S. A., Raja, A. S. M., 2015. Eco-friendly dyeing of wool and pashmina fabric using *Quercus robur* L. (fruit cups) dye and *Salix alba* L. (wood ex-tract) mordant. J. Appl. Nat. Sci. 7 (1), 138–143.

[20] Geelani, S. M., Ara, S., Mir, N. A., Bhat, S. J. A., Mishra, P. K., 2016. Dyeing and fastness properties of *Quercus robur* with natural mordants on natural fibre. Text. Cloth. Sustain. 2 (8), 1–10.

[21] Gold Book, 2014. International Union of Pure and Applied Chemistry Compendium of Chemical Terminology Gold Book, Version 2.3.3, 2014-02-24, 965. http://goldbook.iupac.org/pdf/goldbook.pdf.

[22] Guesmi, A., Ladhari, N., Hamadi, N. B., Msaddek, M., Sakli, F., 2013. Firstapplicationofchlorophylla as biomordant: sonicator dyeing of wool with betanin dye. J. Clean. Prod. 39, 97–104.

[23] Haji, A., 2010. Functional dyeing of wool with natural dye extracted from *Berberis vulgaris* wood and *Rumex hymenosepolus* root as biomordant, Iran. J. Chem. Chem. Eng. 29 (3), 55–60.

[24] Haji, A., 2012. Antibacterial dyeing of wool with natural cationic dye using metal mordants. Mater. Sci. (Medziagotyra) 18 (3), 267–270.

[25] Haji, A., 2014. In: Effect of metal mordants and plasma treatment on dyeing of wool with wild rue seeds extract. 1st International Conference on Applied Chemical, Biological and Agricultural Sciences, Faisalabad, Pakistan.

[26] Haji, A., Qavamnia, S. S., 2015. Response surface methodology optimized dyeing of wool with cumin seeds extract improved with plasma treatment. Fibers Polym. 16 (1), 46–53.

[27] Haji, A., Shoushtari, A. M., 2011. Natural antibacterial finishing of wool fiber using plasma technology. Ind. Text. 62 (5), 244-247.

[28] Haji, A., Qavamnia, S. S., Bizhaem, F. K., 2016. Optimization of oxygen plasma treatment to improve the dyeing of wool with grape leaves. Ind. Text. 67 (4), 244-249.

[29] işmal, Ö. E., Yıldırım, L., Özdoğan, E., 2014. Use of almond shell extracts plus biomordants as effective textile dye. J. Clean. Prod. 70 (1), 61-67.

[30] işmal, Ö. E., Yıldırım, L., Özdoğan, E., 2015. Valorisation of almond shell waste in ultrasonic biomordanted dyeing: alternatives to metallic mordants. J. Text. Inst. 106 (4), 343-353.

[31] işmal, O. E., 2016. Patterns from nature: contact printing. J. Text. Assoc. 77 (2), 81-91.

[32] işmal, Ö. E., 2017. Greener natural dyeing pathway using a by-product of olive oil: prina and biomordants. Fibers Polym. 18 (4), 773-785.

[33] Jain, H., Vasantha, M., 2016. Eco friendly dyeing with natural dye—areca nut: enhancing colour fastness with natural mordants (myrobalan, lodhra and pomegranate) and increasing the antibacterial activity. Arch. Appl. Sci. Res. 8 (8), 1-7.

[34] Kannanmarikani, Kannan, U. S., Kanniappan, R., 2015. Assessment of dyeing properties and quality parameters of natural dye extracted from *Lawsonia inermis*. Eur. J. Exp. Biol. 5 (7), 62-70.

[35] Kasiri, M. B., Safapour, S., 2013. Natural dyes and antimicrobials for textiles. In: Lichtfouse, E., Schwarzbauer, J., Robert, D. (Eds.), Green Materials for Energy, Products and Depollution. Springer, pp. 229-286. (6th chapter).

[36] Kiakhani, S. M., Safapour, S., 2015a. Improvement of the dyeing and fastness properties of a naphthalimide fluorescent dye using poly(amidoamine) dendrimer. Color. Technol. 131, 142-148.

[37] Kiakhani, S. M., Safapour, S., 2015b. Eco-friendly dyeing of treated wool fabrics with reactive dyes using chitosanpoly(propylene imine) dendrimer hybrid. Clean Tech. Environ. Policy17, 1019-1027.

[38] Kiakhani, S. M., Safapour, S., 2015c. Salt-free reactive dyeing of the cotton fabric modified with chitosan-poly(propylene imine) dendrimer hybrid. Fibers Polym. 16 (5), 1078-1081.

[39] Kiakhani, S. M., Safapour, S., 2016. Functionalization of polyamidoamine dendrimers-based nano-architectures using a naphthalimide derivative and their fluorescent, dyeing and anti-microbial properties on wool fibers. Luminescence ht-

tps://doi.org/10.1002/bio.3065.

[40] Kiakhani, S. M., Arami, M., Gharanjig, K., 2013a. Dye removal from colored textile wastewater using chitosan-PPI dendrimer composite as a biopolymer: optimization, kinetic and iso-therm studies. J. Appl. Polym. Sci. 127, 2019-2607.

[41] Kiakhani, S. M., Arami, M., Gharanjig, K., 2013b. Application of a biopolymer chitosan-poly(propylene) imines dendrimer hybrid as an antimicrobial agent on the wool. Iran. Polym. J. 22, 931-940.

[42] Klajnert, B., Bryszewska, M., 2001. Dendrimers: properties and applications. Acta Biochim. Polon. 48 (1), 199-208.

[43] Kumaresan, M., Palanisamy, P. N., Kumar, P. E., 2011. Application of eco-friendly natural dye on silk using combination of mordants. Int. J. Chem. Res. 2 (1), 11-14.

[44] Kumari, S., Kumari, K., Singh, P., Nainwal, P., 2016. Dyeing effect of colour obtain from bark of Morus Alba on selected fibers. Int. J. Pharma Chem. Res. 2 (3), 164-166.

[45] Lokhande, H. T., Dorugade, V. A., 1999. Dyeing Nylon With Natural Dyes, American Dyestuff Reporter, February 29-34.

[46] Mahangade, R. R., Varadarajan, P. V., Hadge, G. B., 2011. World Cotton Research Conference on Technologies for Prosperity, New Eco-Friendly Processing Technique to Modify Dye-Mordant Complex to Enhance The Colour Strength of Cotton Dyed with Natural Dyes, Abstract No. Poster-165.

[47] Mairet, E. M., 1916. A Book on Vegetable Dyes. Douglas Pepler24.

[48] Mathur, J. P., Gupta, N. P., 2003. Use of natural mordant in dyeing of wool. Indian J. Fibre Text. Res. 28, 90-93.

[49] Mehrparvar, L., Safapour, S., Kiakhani, M. S., Gharanjig, K., 2016. Chitosan-polypropylene imine dendrimer hybrid: a new ecological biomordant for cochineal dyeing of wool. Environ. Chem. Lett. 14 (4), 533-539.

[50] Mitra, A., 2011. In: Mitra, A., Mondal, A. (Eds.), Mordants and their hazards. National Workshop and Seminar on "Vegetable dye and its application on textiles", Silpa Sadana, Visva Bharati, 2nd-4th December. pp. 164-169.

[51] Mohd, S., Mohd, Y., Faqeer, M., 2017. Insights into functional finishing agents for textile applications. In: Handbook of Textile Coloration and Finishing. pp. 267-278.

[52] Morris, G. A., Castile, J., Smith, A., Adams, G. G., Harding, S. E., 2009. Macromolecular conformation of chitosan in dilute solution: a new global hydrody-

namic approach. Carbohydr. Polym. 76 (4), 616-621.

[53] Nilani, P., Duraisamy, B., Dhamodaran, P., Kasthuribai, N., Alok, S., Suresh, B., 2008. A study on the effect of marigold flower dye with natural mordant on selected fibers. J. Pharm. Res. 1 (2), 175-181.

[54] Oyervides, L. M., et al., 2017. Assessment of the dyeing properties of the pigments produced by *Talaromyces* spp. J. Fungi 3, 38.

[55] Park, S. J., Park, Y. M., 2010. Eco-dyeing and antimicrobial properties of chlorophyllin copper complex extracted from *Sasa veitchii*. Fibers Polym. 11 (3), 357-362.

[56] Paul, S., Grover, E., Sharma, A., 2005. Natural dyeing of silk with hamelia leaves. Asian J. Dairy Foods Res. 24 (1), 36-41.

[57] Pereira, L., Alves, M., 2012. Chapter 4: Dyes, environmental impact and remediation. In: Malik, A., Elisabeth, G. (Eds.), Environmental Protection Strategies for Sustainable Development. Springer, pp. 111-162.

[58] Pisitsak, P., Hutakamol, J., Thongcharoen, R., Phokaew, P., Kanjanawan, K., Saksaeng, N., 2016. Improving the dyeability of cotton with tannin-rich natural dyethrough pretreatment with whey protein isolate. Ind. Crop. Prod. 79, 47-56.

[59] Pisitsak, P., Tungsombatvisit, N., Singhanu, K., 2018. Utilization of waste protein from Antarctic krill oil production and natural dye to impart durable UV-properties to cotton textiles. J. Clener Prod. 174, 1215-1223.

[60] Prabhavathi, R., Sharada Devi, A., Anitha, D., 2014. Improving the colour fastness of the selected natural dyes on cotton. J. Polym. Text. Eng. 1 (4), 21-26.

[61] Prabhu, K. H., Bhute, A. S., 2012. Plant based natural dyes and mordnats: a review scholars research library. J. Nat. Prod. Plant Resour. 2 (6), 649-664.

[62] Prabhu, K. H., Teli, M. D., Waghmare, N. G., 2011. Eco-friendly dyeing using natural mordant extracted from *Emblica officinalis* G. Fruit on cotton and silk fabrics with antibacterial activity. Fibers Polym. 12 (6), 753-759.

[63] Roberts, G. A. F., 2008. Thirty Years of Progress in Chitin and Chitosan. vol. 13. 1-15. file:///C:/ Users/ASUS/Downloads/Thirty_Years_of_Progress_in_Chitin_and_Chitosan_(PTChit_ XIII_2008). pdf.

[64] Salam, S., Jameel, L., Shabbir, M., Sheikh, N. J., Bukhari, M., Khan, M., Faqeer, M., 2017. Exploiting the potential of biomordants in environmentally friendly coloration of wool with natural dye from *Butea monosperma* flower extract. J. Nat. Fibers.

[65] Samanta, A. K., Agarwal, P., 2009. Application of natural dyes on textiles. Indian J. Fibre Text. Res. 34, 384-399.

[66] Samanta, A. K., Choudhury, R., 2013. Green chemistry and the textile industry. Textile Prog. 45 (1), 3-143.

[67] Samanta, A. K., Konar, A., 2011. In: Akcakoca Kumbasar, E. P. (Ed.), Dyeing of Textiles With Natural Dyes, Natural Dyes. InTech, pp. 40-41. Available from: http://www.intechopen.com/books/natural-dyes/dyeing-of-textiles-with-natural-dyes.

[68] Samanta, A. K., Agarwal, P., Datta, S., 2007. Dyeing of jute and cotton fabrics using Jackfruit wood extract: Part I—effects of mordanting and dyeing process variables on colour yield and colour fastness properties. Indian J. Fibre Text. Res. 32, 466-476.

[69] Samanta, K. K., Basak, S., Chattopadhyay, S. K., 2014. Functionalization of textiles using plant extracts. In: Muthu, S. S. (Ed.), Roadmap to Sustainable Textiles and Clothing: Environmental and Social Aspect of Textiles and Clothing Supply Chain. Springer, pp. 262-286.

[70] Sana, M., Shaukat, A., Afzal Qamar, M., Rizwan Ashraf, M., Atif, M., Iqbal, M., Hussain, T., 2017. Hard water and dyeing properties: effect of pre- and post-mordanting on dyeing using *Eucalyptus globulus* and *Curcuma longa* extracts. Pol. J. Environ. Stud. 26 (2), 747-753.

[71] Savvidis, G., Zarkogianni, M., Karanikas, E., Lazaridis, N., Nikolaidis, N., Tsatsaroni, E., 2013. Digital and conventional printing and dyeing with the natural dye annatto: optimisation and standardisation processes to meet future demands. Color. Technol. 129 (1), 55-63.

[72] Saxena, S., Raja, A. S. M., 2014. Natural dyes: sources, chemistry, application and sustainability issues. In: Muthu, S. S. (Ed.), Roadmap to Sustainable Textiles and Clothing Eco-Friendly Raw Materials, Technologies, and Processing Methods. Springer, pp. 37-80.

[73] Shabbir, M., Shahid, M., Bukhari, M. N., Rather, L. J., Khan, M. A., Mohammad, F., 2016. Application of Terminalia chebula natural dye on wool fiber—evaluation of color and fast-ness properties. Text. Cloth. Sustain. 2 (1), 1-9.

[74] Shabbir, M., Rather, L. J., Mohd, N. B., Shahid, I., Shahid, M., Khan, M. A., Faqeer, M., 2017. Light fastness and shade variability of tannin colorant dyed wool with the effect of mordanting methods. J. Natural Fiber. https://doi.org/10.1080/15440478.2017.1408521.

[75] Shahid, M., 2013. Recent advancements in natural dye applications: a review. J. Clean. Prod. 53, 310-331.

[76] Shahmoradi, F., Nateria, A. S., Mortazavi, S. M., Mokhtari, J., 2012. The effect of mordant salts on antibacterial activity of wool fabric dyed with pomegranate and walnut shell extracts. Color. Technol. 128 (6), 473-478.

[77] Shaukat, A., Sobia, J., Tanveer, H., Sadia, N., Umme, H. S., 2016. Optimization of extraction condition of natural dye from pomegranate peels using response surface methodology. Int. J. Eng. Sci. Res. Technol. 5 (7), 542-548.

[78] Sheila, S., Jakub, W., Mahmood, G., 2013. Chapter 2: Surface modification methods for improving the dyeability of textile fabrics. In: Günay, M. (Ed.), Eco-Friendly Textile Dyeing and Finishing. http://cdn.intechopen.com/pdfs/41409/InTech-Surface_modification_methods_for_improving_the_dyeability_of_textile_fabrics.pdf.

[79] Singh, S. V., Purohit, M. C., 2012. Applications of eco-friendly natural dye on wool fibers using combination of natural and chemical mordants. Univers. J. Environ. Res. Technol. 2 (2), 48-55.

[80] Singh, S. V., Purohit, M. C., 2014. Evaluation of colour fastness proporties of natural dye extracted from *Symptocos racemosa* (Lodh) on wool fibres using combination of natural and synthetic mordant. Indian J. Fibre Text. Res. 39, 97-101.

[81] Siva, R., 2007. Status of natural dyes and dye-yielding plants in India. Curr. Sci. 92 (7), 916-925.

[82] Şöhretoğlu, D., Sakar, M. K., 2004. Quercus türlerinin polifenolik bileşikleri ve biyolojik aktiviteleri, polyphenolic constituents and biological activities of *Quercus* species. J. Fac. Pharm. Ankara 33 (3), 183-215.

[83] Tang, R. C., Tang, H., Yang, C., 2010. Adsorption isotherms and mordant dyeing properties of tea polyphenols on wool, silk and nylon. Ind. Eng. Chem. Res. 49, 8894-8901.

[84] Teli, M. D., Sheikh, J., Shastrakar, P., 2013. Exploratory investigation of chitosan as mordant for eco-friendly antibacterial printing of cotton with natural dyes. J. Text. 1-6.

[85] Tiitto, R. J., Häggman, H., 2009. Tannins and tannin agents. In: Bechtold, T., Mussak, R. (Eds.), Handbook of Natural Colorants. John Wiley & Sons Ltd., pp. 201-214.

[86] Vashishtha, M., Jahan, S., 2017. Optimization of procedure for dyeing with pure natural dye, obtained from turmeric. Int. J. Text. Fashion Technol. 2250-2378.

[87] Wangatia, L. M., Tadesse, K., Moyo, S., 2015. Mango bark mordant for dyeing cotton with natural dye: Fully eco-friendly natural dyeing. Int. J. Text. Sci. 4 (2), 36-41.

[88] Yang, H. C., Wang, W. H., Huang, K. S., Hon, M. H., 2010. Preparation and application of nano-chitosan to finishing treatment with antimicrobial and anti-shrinking properties. Carbohydr. Polym. 79, 176-179.

[89] Yusuf, M., Khan, S. A., Shabbir, M., Mohammad, F., 2017a. Developing a shade range on wool by madder, (*Rubia cordifolia*) root extract with gallnut (*Quercus infectoria*) as biomordant. J. Nat. Fibers 14 (4), 597-607.

[90] Yusuf, M., Shabbir, M., Mohammad, F., 2017b. Natural colorants: historical, processing and sustainable prospects. Nat. Prod. Bioprospect.

[91] Zarkogianni, M., Mikropoulou, E., Varella, E., Tsatsaroni, E., 2011. Colour and fastness of natural dyes: revival of traditional dyeing techniques. Color. Technol. 127, 18-27.

[92] Zheng, G. H., Fu, H. B., Liu, G. P., 2011. Application of rare earth as mordant for the dyeing of ramie fabrics with natural dyes. Korean J. Chem. Eng. 28, 2148-2155.

[93] Zubairu, A., Mshelia, Y. M., 2015. Effects of selected mordants on the application of natural dye from onion skin (*Allium cepa*). Sci. Technol. 5 (2), 26-32.

进阶阅读

[1] Anon, n. d. Chapter-Ⅱ Review of Literature, 10-60, 22. http://shodhganga.inflibnet. ac. in/ bitstream/10603/79475/12/12_chapter2. pdf.

[2] Calabrett, M. K., Kumar, A., McDermott, A. M., Cai, C., 2007. Antibacterial activities of poly(amidoamine) dendrimers terminated with amino and poly(ethylene glycol) groups. Biomacromolecules 8, 1807-1811.

[3] Chhipa, M. K., Srivastav, S., Mehta, N., 2017. Study of dyeing of cotton fabric using peanut pod natural dyes using Al_2SO_4, $CuSO_4$ and $FeSO_4$ mordanting agent. Int. J. Environ. Agric. Res. 3 (2). ISSN:2454-1850.

[4] Kampeerapappun, P., Phattararittigul, T., Jittrong, S., Kullachod, D., 2010. Effect of chitosan and mordants on dyeability of cotton fabrics with *Ruellia tuberosa* Linn. Chiang Mai J. Sci. 38 (1), 95-104.

[5] Prabhu, K. H., Teli, M. D., 2014. Eco-dyeing using Tamarindus indica L. seed coat tannin as a natural mordant for textiles with antibacterial activity. J. Saudi

Chem. Soc. 18 (6), 864-872.

[6] Shahid-ul-Islam, Wani, S. A., Mohammad, F., 2017. Imparting functionality viz color, anti-oxidant and antibacterial properties to develop multifunctional wool with *Tectona grandis* leaves extract using reflectance spectroscopy. Int. J. Biol. Macromol. https://doi.org/10.1016/j.ijbiomac.2017.11.068.

[7] Srivastava, A., Singht, T. G., 2011. Utilization of aloe vera for dyeing natural fabrics. Asian J. Home Sci. 6 (1), 1-4.

4 可持续的环糊精在纺织品中的应用

Nagender Singh[1]，*Omprakash Sahu*[2]
[1] 印度理工学院纺织工程系，印度新德里
[2] 梅克尔大学，埃塞俄比亚梅克尔

4.1 引言

当今，可持续发展正日益成为突出的问题。继石油工业之后，纺织和服装业成为世界上污染最严重的行业之一。如今，基于绿色环保的要求，对可持续纺织品的需求已经超出预期，纺织服装工业正从不可持续的生产方式向可持续的生产方式转变（Wagner et al.，2017）。可持续性是一个系统性概念，它涵盖了环境、社会和经济的各个方面。针对可持续纺织品，研究者们提出了一些方法，其中，使纺织品可持续的最佳方法之一是使用可持续的化学物质对纺织品进行染色、印花和整理，因为纺织湿加工是纺织工业中污染最严重的部分（Wagner et al.，2017；Savitz，2013）。在此背景下，研究人员正在加强对环糊精（CD）的研究，并推荐将其应用在纺织生产中。环糊精是一种可持续的化合物，在医药、化妆品、食品和纺织工业中已经使用了几个世纪（Bilensoy，2011；Crini，2014）。如今，在传统的食品以及大量的化妆品、纺织品、洗漱用品和不同种类的医疗产品中都有环糊精的使用（Kurkov and Loftsson，2013）。1891年，Villiers在实验中用混合细菌培养淀粉糊的化学组成。Schardinger是研究环糊精化学的另一个著名科学家。20世纪初，Schardinger分离并命名了Bacillus macerans，并将Bacillus macerans纳入能进行环糊精合成的细菌菌株中。Schardinger用环糊精进行了多次实验，成为环糊精化学的创始人（Kurkov and Loftsson，2013；Szejtli，1998）。

在纺织应用中，环糊精可赋予纺织品抗菌、抗紫外线、抗真菌、芳香传递、抗菌活性、杀虫剂传递和染色等功能（Singh et al.，2017）。环糊精最显著的特性是能够与多种固体、液体和气体化合物形成包合物（主客体络合物）（Voncina and Vivod，2013），正如食物和药物管理局所推荐的，环糊精具有高度的生物相容性、生物可降解性和皮肤友好性（Pinho et al.，2014）。

本章将对环糊精的衍生物、络合物的形成、环糊精在纺织后整理中的应用及其对纺织工业可持续发展的影响进行探讨。此外，还对环糊精在纺织加工中的可

持续发展进行讨论。

4.2 环糊精

环糊精发现于19世纪末，其从淀粉杆菌（*Bacillus amylobacter*）的淀粉消化物中可观察到化学组成表示为（$C_6H_{10}O_3$）·$3H_2O$ 的漂亮晶体（Del Valle，2004），芽孢杆菌（*Bacillus macerans*）污染产生了带有细菌培养物的不纯的环糊精。1903年，Schardinger分离出了糊精A和糊精B的结晶产物，并报告它们缺乏最小化能力（Del Valle，2004；French，1957）。

1904年，Schardinger从淀粉和含糖的植物材料中分离出一种能产生乙醇衍生物的新的微生物。1911年，他将该菌株命名为芽孢杆菌，该菌株能从淀粉中生成大量的结晶糊精。Schardinger将该结晶命名为 α-环糊精和 β-环糊精（Szejtli，1998；Del Valle，2004；Eastburn and Tao，1994）。1935年，在分离出 γ-糊精之前，Schardinger开发了不同的分馏方案来生产环糊精。在此期间，环糊精的结构仍是未知的，直到1942年，使用X射线晶体学方法揭示了 α-环糊精和 β-环糊精的结构（Buschmann and Schollmeyer，2002）。1948年，人们发现 γ-环糊精具有独特的结构，可以形成主—客体包合物（Eastburn and Tao，1994）。

环糊精（CD）由伯羟基（C6）和仲羟基（C2和C3）组成，这些羟基可用X射线衍射进行表征。伯羟基位于CD环的边缘，仲羟基位于CD环的边缘外侧，CD环内是类似于醚键的氧和极性的C3、C5氢。这种结构使环糊精内部形成极性空腔，极性空腔内部具有亲脂性基质，外部具有亲水性，可以溶解在水中，形成一个"微观异质环境"（Amiri and Amiri，2017）。

4.2.1 环糊精化学

环糊精是通过糖和淀粉酶促进降解产生的，是葡萄糖单元通过 α-1，4-糖苷键连接形成的环状低聚糖。环糊精有三种形式，即：α-环糊精、β-环糊精和 γ-环糊精，分别由6个、7个和8个 α-1，4-糖苷键组成（图4.1和图4.2）。它们的内部是亲脂的，可以容纳客体分子，如油、蜡和脂肪。它们形成主—客体包合物的能力对于稳定和溶解溶剂中的疏水性化合物至关重要（Singh et al.，2002）。

与其他环糊精相比，β-环糊精及其衍生物用量最大、最有吸引力，因为其生产简单、价格更低廉、对皮肤无致敏性和刺激性、无致突变作用。β-CD的结构框架非常好，其分子量为1135g/mol，高度为750~800pm，外径为1540pm，内径为600~680pm（图4.3）。β-CD 的空腔体积为260~265$Å^3$，在水中溶解度为1.85g/100mL。由于其疏水腔和外部的亲水性，β-CD 对酸敏感，而在碱溶液中稳定（Seel and Vögtle，1992；Loftsson et al.，2005）。

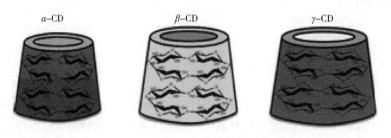

图 4.1 环糊精示意图（Harada et al., 2013）

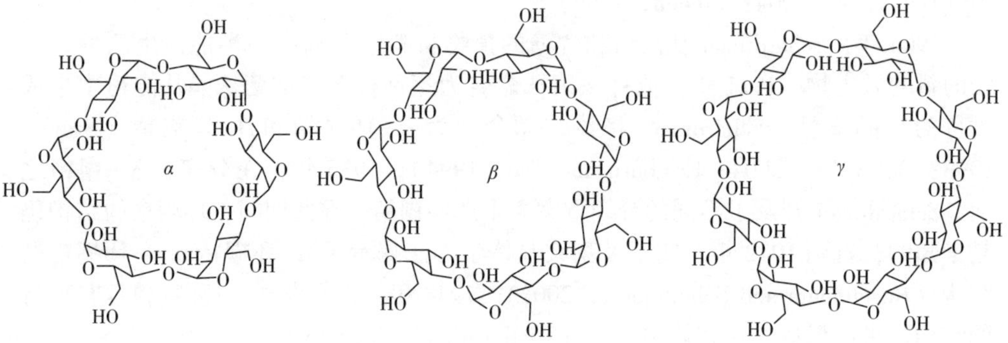

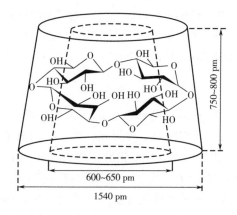

图 4.2 环糊精的化学结构（Myric et al., 2014）

图 4.3 环糊精的结构框架（Tonelli, 2003）

4.2.2 环糊精的性质

环糊精（CD）的空腔是由亚甲基氢和葡萄糖苷氧组成，因而使其结构具有极性（β-和 γ-环糊精的结构是不灵活的，刚性的）。表 4.1 列出了环糊精的物理性质。

表 4.1　环糊精的物理性质（Connors，1997）

性质	α-环糊精	β-环糊精	γ-环糊精
分子量/（g/mol）	972	1135	1297
葡萄糖单元数	6	7	8
外径/Å	13.7~14.6	15.3	16.9~17.5
空腔直径/Å	4.7~5.7	6.0~7.8	8.3~9.5
水溶性（25℃，质量体积分数）/%	14.5	1.85	23.2

注　1Å=0.1nm。

4.2.3　环糊精的溶解度及其衍生物

亲水性羟基在环糊精环上外侧的位置，决定了环糊精的溶解性。环糊精空腔是疏水的，因为糖苷氧桥和氢原子排列在环糊精环的内侧，糖苷氧桥的非键电子对指向环糊精的内部（图4.4）。2-羟基和3-羟基之间建立的分子内氢键是环糊精结构呈现刚性的原因。此外，由于环糊精结构中D-葡萄糖单元具有五个手性碳原子，因此环糊精大环是手性的，这些性质对环糊精化学性质具有重要意义（Dodziuk et al.，2004）。

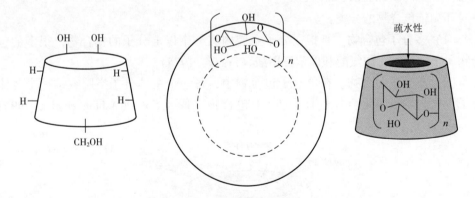

图 4.4　环糊精的俯视和侧视示意图（Dodziuk，2004）

现在，市面上有100多种环糊精，可以作为天然和精细化学试剂使用，已经合成和报道的环糊精衍生物约有1500种（表4.2）（Szejtli，2004）。

表 4.2　天然存在的环糊精及其衍生物

环糊精	取代度/s	分子量	溶解度/（mg/mL）	应用
α-环糊精	—	972	145	外用，口服，肠胃外

续表

环糊精	取代度/s	分子量	溶解度/（mg/mL）	应用
β-环糊精	—	1135	18.5	外用，口服
HP-β-环糊精	0.65	1400	>600	外用，口服，肠胃外
无规甲基化β-环糊精	1.8	1312	>500	用药，口服
β-环糊精 SBE 钠盐	0.9	2163	>500	外用，口服，肠胃外
γ-环糊精	—	1297	232	外用，口服，肠胃外
HP-γ-环糊精	0.6	1576	>500	外用，口服，肠胃外

4.3 环糊精的包合物及其分类

环糊精包合物的形成过程很复杂，许多因素参与其中并在形成过程中起重要作用。环糊精的主体空腔和客体分子均应在大小和形状上相互匹配，环糊精的疏水腔为大小适当的疏水分子提供了合适的微环境，疏水分子可以进入环糊精的空腔并形成包合物。在此过程中，没有共价键的断裂或形成（Voncina and Vivod，2013；Bhaskara-Amrit et al.，2011）。

环糊精包合物的分类：

（1）多分子包合物。是指在分子空腔内有一个以上分子的化合物，很多的包合物属于这一类，如氢醌和偏苯三甲酸（Frank，1975）。

（2）单分子包合物。在单分子包合物中，每一个主体分子空腔容纳一个客体分子。这些类型的化合物也称为 1∶1 包合物（图 4.5）（Ashton et al.，1995；Loftsson et al.，2004）。

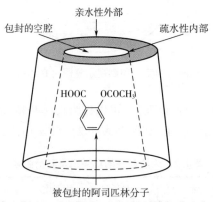

图 4.5 环糊精单分子包合物（Frank，1975）

(3) 蓝碘反应的产物。碘可与许多分子形成长线性分子化合物,很多主体可以形成这类包合物,如直链淀粉、支链淀粉、菊粉和胆酸(Rundle and Baldwin,1943)。

(4) 大分子包合物。主体分子是大分子,它们能形成三维网络,其中形成空腔,这类包合物的例子是沸石和葡聚糖(Flanigen et al.,1971;Grosse-Kunstleve et al.,1999)。

4.4 毒理学方面的考虑

人体的皮肤与服装直接接触,有关环糊精对人体安全的毒理学方面的研究和描述已有报道。由于缺乏环糊精在消化道、消化管和胃肠道吸收的数据,因而可以推断,在口服用药时,环糊精几乎没有皮肤刺激性和毒性。对于α-环糊精,肌肉注射观察到刺激性,并可能引起一定程度的眼部刺激(Del Valle,2004;Astray et al.,2009)。

4.5 环糊精的应用

4.5.1 在医药行业的应用

在药物制剂中,环糊精被广泛接受,因为它能提高药物组分的生物利用度、溶解度和稳定性。尽管如此,天然环糊精在有机溶剂和水中的溶解度相对较低,影响了其在药物中的应用。因此设计和开发了不同种类的环糊精衍生物,以增强其理化性能。这些衍生物被用作药物载体,以增强或控制药物的释放速率(Uekama and Otagiri,1987)。羟烷基化-β-环糊精衍生物可用于提高水溶性不足药物的结晶速率,并对储存过程中的多晶型转变加以抑制(Uekama et al.,1998)。

4.5.2 在食品和调味品行业的应用

环糊精主要用于食品配方中,以提供风味和保护风味。在食品工业中,主要使用的是人造香料和天然香料,这些香料具有挥发性,并且蒸发得很快。环糊精为风味的传递和保护以及传统封装技术提供了另一种可能性(Anal and Tuladhar,2013)。环糊精可以在整个食品加工过程中(例如冷冻、解冻、加热和微波),起到包封化合物和保护风味的作用(Astray et al.,2010)。

4.5.3 在农业的应用

环糊精能与多种农用化学品，包括驱虫剂、除草剂、杀真菌剂、生长调节剂、杀虫剂和信息素等形成包合物，非常适合用于农业生产，环糊精可以用来延缓植物从种子开始的发育（Martin et al.，2004）。

4.5.4 在化工行业的应用

环糊精可用于分离对映异构体和异构体、去除废料、催化反应，并在化学工业的各种过程中起辅助作用。在化学工业中，它还广泛地应用于气相色谱（GC）和高效液相色谱（HPLC）（Singh et al.，2002）。

环糊精还可用于掩蔽电化学中的污染性化合物，以进行更精确的测定。环糊精的新用途是在催化反应中充当酶的模拟物（人工酶）（Martin et al.，2004）。

4.5.5 在化妆品和洗漱用品行业的应用

在化妆品领域，环糊精被用于稳定和溶解香气，抑制其挥发性，使香料产品以微粉的形式喷洒。环糊精在欧洲广泛使用，400吨产品中约有75%用作除臭剂，还可用于长效香水、乳霜、含神经酰胺的化妆品、护肤产品和除臭喷雾剂中（Hashimoto，2006）。

4.5.6 在纺织服装行业的应用

环糊精应用于纺织品后整理，功能整理是环糊精研究的新兴领域之一。通过环糊精可以对纺织基材进行改性，赋予新的性能。世界上最大的 γ-环糊精生产商Wacker-Chemie公司将环糊精衍生物与一氯三嗪基共价接枝到纺织纤维上，这种改性的环糊精可赋予棉、棉混纺及其他织物优异的整理效果。环糊精在纺织加工中的一个重要应用是捕获汗液和香烟烟雾中的气味，对织物进行染色，以增强染料的亲和力，并提高 β-环糊精和疏水甲苯磺酰基衍生物的收率；使染料在聚酯纤维上的附着力提高了三倍（Hedges，1998）。

Dardeer 与同事研究了一种新型偶氮染料及其与 β-环糊精形成包合物，并应用于聚酯纤维上。他们发现，使用染料1（偶氮染料），聚酯纤维的染料吸收率很高，但使用染料2（偶氮染料与 β-环糊精的包合物），其染色效果并不理想（Dardeer et al.，2017）。这是因为，随着分子量的增加，β-环糊精/染料包合物（偶氮染料2）不会在纤维内迅速扩散，导致染料和纤维之间的吸引力降低。其原因是 β-环糊精与偶氮染料包合物的形成（图4.6）。

在染色过程中，纤维对染料的快速吸收会被这种包合物减缓，与染料相比，包合物的移动速度慢（Savarino et al.，1999，2000）。

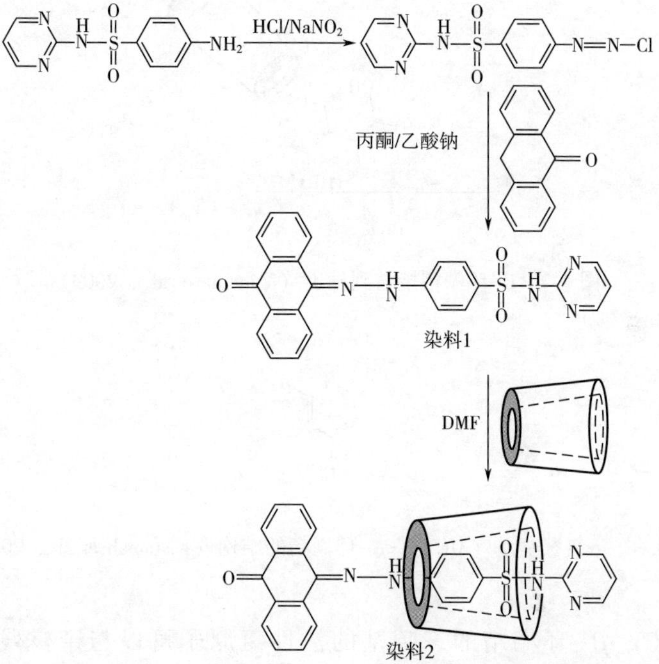

图4.6 染料1（偶氮染料）和染料2（偶氮染料与β-环糊精的包合物）的示意图
（Dardeer et al.，2017）

4.6 β-环糊精在纺织品上的结合机理

β-环糊精与纤维的结合机理多种多样。例如，β-环糊精与交联剂（多羧酸）共价接枝到羊毛、棉、聚酯、聚丙烯腈和聚酰胺纤维上，交联剂如1，2，3，4-丁烷四羧酸（BTCA）等的交联是通过生成五元环的酸酐来完成的，这些交联剂通过酯化作用与β-环糊精和纤维素的羟基反应（图4.7）。因此，BTCA可以使纤维素和β-环糊精交联，并赋予棉抗皱性（Voncina and Le Marechal，2005；Martel et al.，2002a，b）。

β-环糊精可以通过使用类树脂的环氧氯丙烷结合到纤维素上（Szejtli，2003）。丙烯酸丁酯也可用于将MCT-β-环糊精接枝到纤维素纤维上（图4.8）。已有研究表明，将甲基丙烯酸缩水甘油酯与β-环糊精或MCT-β-环糊精接枝到聚酰胺和聚丙烯纤维上（Szejtli et al.，1982）。

MCT-β-环糊精可采用传统的活性染料染色法将β-环糊精结合到棉上。为了形

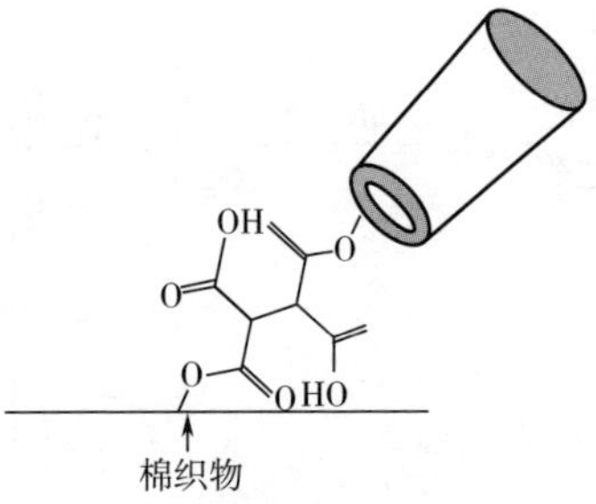

图 4.7 β-环糊精接枝到棉上（Voncina et al., 2009）

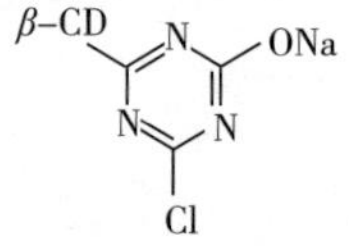

图 4.8 一氯三嗪基（MCT）-β-环糊精的结构（Kistamah et al., 2006）

成共价键，MCT-β-环糊精的三嗪基的活性氯原子可以与亲核残基如—NHR、—OH 和—SH 反应（图 4.9）（Denter and Schollmeyer, 1996）。通过疏水和静电相互作用，可以从 MCT-β-环糊精中获得不同取代基形成聚乙二醇、烷基胺和硅氧烷对 β-环糊精的吸收性能。据报道，β-环糊精可以与含有乙烯基砜和一氯三嗪基团的异双功能基活性染料共价连接（Chao-Xia and Shui-Lin, 2004）。

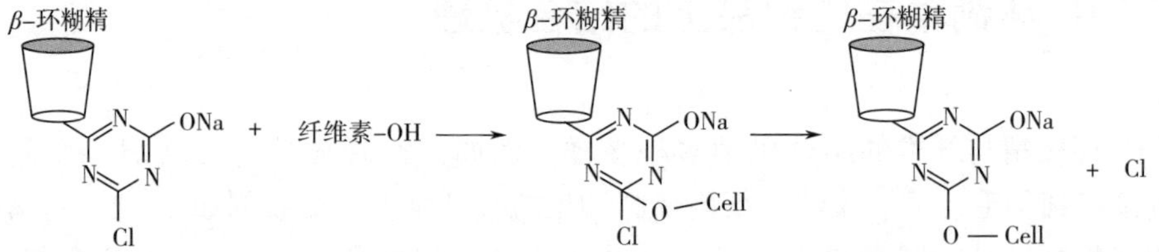

图 4.9 MCT-β-环糊精与棉的结合（Denter et al., 1997）

采用分散染色法，通过疏水相互作用，β-环糊精的非离子衍生物可以与疏水性纺织品结合，在最佳染色条件下，β-环糊精的阳离子衍生物可以与聚丙烯腈结合。此外，通过溶胶—凝胶法，使四乙氧基硅烷和 3-缩水甘油氧丙基-三甲氧基硅烷与 β-环糊精结合（Wang and Chen, 2006）。

4.7 β-环糊精在纺织加工中的应用

可以通过染色、印花、填充、喷涂、涂布、喷墨印花、浸渍和接枝等方法将β-环糊精结合到纺织品上（Martel et al., 2002a）。环糊精用于提供功能特性，如药物释放、紫外防护、杀虫剂输送、香味和抗菌活性。β-环糊精与纺织纤维之间可能存在的相互作用见表4.3。

表4.3 β-环糊精与各种纺织纤维之间的相互作用 （Andreaus et al., 2010）

参数	棉	毛	聚酯纤维	聚酰胺纤维	聚丙烯腈纤维	聚丙烯纤维
离子相互作用	无	有	无	有	有	无
共价键	有	有	无	有	无	无
范德瓦耳斯力	无	无	有	有	有	无
交联剂	有	有	无	无	无	无
接枝聚合	有	有	有	有	有	有

4.7.1 纺织助剂

环糊精可以包合灰棉纤维中的蜡，在润湿剂的辅助下，在环糊精空腔内形成包合物并溶解，从而去除棉的所有杂质。测定并比较了新方法和常规方法的化学需氧量（COD）、精练性能、总溶解固体（TDS）以及使用环糊精和湿润剂进行棉织物精练时排出的废水的含量，比较结果表明，新方法能更有效地减少棉和涤/棉织物在传统煮漂过程中的降解（Hashem et al., 2002；Ammayappan and Moses, 2009）。

在染色过程中，环糊精与染料分子形成包合物，使染料分子的最大吸收峰发生轻微红移。它还用于纤维素织物的直接染色，有时也用于染色织物的漂洗工艺。与市售产品相比，它既有缓染作用，又有匀染作用，可改善染料的竭染（Cireli and Yurdakul, 2006）。环糊精或其衍生物在纺织品洗涤过程中有重要作用，它们可以与水溶液中的表面活性剂形成包合物，并去除大部分吸附的表面活性剂，从而进一步改善后续工艺的效果（Liveri et al., 1992；Buschmann et al., 1995）。

4.7.2 纺织品染色

Ibrahim及其合作者报道，β-环糊精可以吸附染料，从而提高染料的均匀性，可以防止洗涤过程中染料的流动，从而降低了废水中染料的流失（Ibrahim et al., 2010；Bhaskara-Amrit et al., 2011）。例如，用分散染料和β-环糊精对P/C（涤/

棉) 混纺物进行染色可获得更深的色泽并提高染色强度 (Ibrahim et al., 2010)。同样，用 β-环糊精处理的醋酯纤维用分散染料进行染色，与传统方法相比，β-环糊精处理的醋酯纤维的染色深度有所提高，并且可以在较低的温度下进行染色。β-环糊精改善了分散染料对尼龙和棉的染色质量和耐洗色牢度，可以在染色中替代表面活性剂 (Parlati et al., 2007; Kut et al., 2007)。β-环糊精可以在染色过程中起到缓染剂的作用，据报道，可用于聚酰胺 66 纤维 (Shibusawa et al., 1975) 和疏水性纤维 (Shibusawa et al., 1996) 的染色。在聚酯纤维的高温染色中，它也可作为匀染剂 (Buschmann et al., 1998)。染料分子较大时，如果 β-环糊精与染料分子形成的络合物不稳定，则会影响匀染性。因此，环糊精作为匀染剂的应用受到了限制。在直接染料对棉的三原色染色中，环糊精有显著影响 (Denter et al., 1991)。除了提高染料的匀染性外，环糊精还可以用于染料的包封，环糊精对磺化偶氮染料的成功包封已有报道 (Zhang et al., 2006)。

4.7.3 纺织后整理

4.7.3.1 芳香和抗菌整理

有关 β-环糊精的香水释放特性的许多研究表明，β-环糊精与香料分子的络合降低了香料分子的蒸气压和分解速率。使用专门的连接剂连结环糊精和纤维可以使纺织面料长时间保留香味 (Martel et al., 2002a)。在纺织品中，抗菌整理的作用是激活抗菌成分，在接触时杀死微生物。N. Singh 等 (Singh et al., 2017) 通过 β-环糊精接枝的壳聚糖与薰衣草精油相结合，将薰衣草香精与抗菌剂整理到棉上。结果表明，通过 β-环糊精整合到棉上的香气与抗菌剂，显示出缓慢的香精释放速度和显著的抗菌性能。

棉纤维经铈离子活化，然后接枝丙烯酰胺甲基环糊精 (环糊精—NMA) 单体，该棉纤维比对照样品显示出更好的抗菌活性，可保持高达 10 个洗涤周期，并同时保留香味。因此，环糊精有可能成为功能性纺织品整理的重要成分 (Lee et al., 2000, 2001)。将环糊精—香料复合物与熔融的合成纤维聚合物的混合物混合 (Ammayappan and Moses, 2009; Fujimura, 1985)，可制得耐洗的香味整理织物。用 β-环糊精、硫氰基乙酸异冰片酯和硅氧烷处理纤维，可制得耐洗和防虫蛀的腈纶，耐久性>20 次洗涤 (Akasaka et al., 1991)。

4.7.3.2 医用纺织品

将棉织物浸在含有邻甲氧基肉桂醛和 β-环糊精的乙醇—水溶液中，得到了每平方米 10 g 活性成分的织物，用作药用纺织品 (Sato et al., 1987)。将硫酸新霉素与环糊精的包合物植入两种用于制造缝合线的聚合物薄膜中，聚合物是聚 (L-乳酸-PCCA) 和聚己内酯。包合物可以使抗生素缓慢释放，这对于防止术后感染和防止抗生素在缝合线生产过程中降解具有重要意义 (Szejtli, 2003)。

4.7.3.3 美容用纺织品

由于环糊精复合物的形成，客体分子的物理化学性质会发生变化。环糊精及其复合物可用于生产化妆品（Buschmann and Schollmeyer, 2002），美容纺织品可以控制活性分子的运动。为了制造具有自清洁、疏油性的织物，可以用环糊精来改变其表面特性。为了表征各种功能化织物，Ripoll 及其同事讨论了各种功能化技术和方法（Ripoll et al., 2010），介绍了一种新型的美容纺织品，其中电纺功能性聚苯乙烯（PS）纤维含有环糊精—薄荷醇包合物。Uyar 和同事利用这一高级产品开发出具有耐久性和稳定性的功能性电纺香味纤维。他们报道，薄荷醇（芳香分子）的稳定性是由于它与环糊精的络合作用，耐受温度高达350℃。如果没有环糊精络合物，PS 纤维就不能保存挥发性薄荷醇分子。该研究认为，含环糊精的电纺纤维有利于改善香料的温度稳定性，因此，可用于功能纤维材料的开发（Uyar et al., 2009）。

4.7.3.4 防紫外线整理

以多元羧酸和20g/L 的 β-环糊精为反应性添加剂，对棉织物进行处理，然后用5g/L 的醋酸铜溶液进行后处理，显示 β-环糊精作为一种添加剂，改善了织物的回弹性和抗紫外线性能，后处理还显著提高了防紫外系数（Ibrahim et al., 2005; Szejtli, 2003）。

据报道，新的尝试是通过掺入某些反应性—氯三嗪基-β-环糊精，然后用醋酸铜处理，再进一步用不同种类的染料进行染色，可以改善棉/羊毛和羊毛/黏胶织物的抗紫外系数。结果表明，对预处理的混纺织物进行后染，可提高平纹织物的 UPF（紫外防护因子）（Ibrahim et al., 2007）。

4.7.4 纺织废水处理

环境问题正在成为有行业关注的重要因素。在纺织工业中，全球每年的染料产量大于1万吨，处理含有这些染料的废水已成为非常具有挑战性的过程。β-环糊精-环氧氯丙烷交联凝胶可以将阴离子染料物理吸附在聚合物网络中，并形成主—客体包合物（Morin-Crini et al., 2017）。该包合物用于吸收废水中的阴离子染料。例如，由羧甲基纤维素（CMC）和环糊精—六羟甲基三聚氰胺组成的吸附剂可以吸附非离子表面活性剂，但不能同时吸附阴离子染料。因此，可用这种吸附剂进行废水处理，并将处理后的水重新用于染色（Kimura et al., 1986）。此外，环糊精改性纺织品还可以减少印染废水中芳香族苯胺、酚类及甲醛等有机污染物的含量（Mamba et al., 2007; Mhlanga et al., 2007）。

4.8 β-环糊精的化学释放特性

包合物一旦形成并干燥后，就会变得很稳定，并且在通常环境条件下的储存时间会延长。通过加热可以将一种包合物的客体换成另一种客体，通常，水可以取代客体（Del Valle，2004）。包合物在水中释放客体分两个步骤，首先，包合物溶解；其次，当包合物客体被水分子置换时，客体就会释放出来。最终，会在游离环糊精、客体以及溶解和未溶解的包合物之间建立平衡。如果包合物包含多种客体成分或环糊精类型，则客体分子的释放方式不一定与原始客体混合物相同。每个客体复合物的释放速率可能不同，可以通过改变客体配方的方式获得预期的释放方式（Del Valle，2004；Yang et al.，2013）。

4.9　β-环糊精对纺织业的可持续影响

纺织业是复杂的制造业之一（Gereffi，1999）。环境问题已成为纺织服装行业中最具挑战性和最突出的部分，该行业并不具生态友好性。在生产过程中，纺织品排放的有毒物质，对气候和人类有害，因此，不被列入生态友好型产业。所以，可持续性对这个行业就非常重要。

可持续性是指用于生产任何产品的资源和过程对人类和环境是安全和健康的，产品生命周期中的各种投入应该来自可再生资源和天然来源（Muthu，2014）。β-环糊精是改善纺织材料加工和功能化的关键参与者，因此，在开发新的环保创新产品时，谨慎地使用β-环糊精可以照顾到纺织业的可持续性（Bhaskara-Amrit et al.，2011）。

通过简单的酶转化，可以从天然淀粉生产环糊精。全世界环糊精的年产量为数千吨，而且是通过环保技术生产的（Voncina，2011）。由于天然来源和可生物降解性，环糊精可称为纺织业具有吸引力且生态友好的物质（Voncina，2011）。另据报道，废水中环糊精的化学需氧量为1060mg/g，低于聚酯的2020mg/g和脂肪醇聚乙二醇醚的1930mg/g（Szejtli，2003）。

通过使用β-环糊精与不同的多元羧酸（柠檬酸、丁烷四羧酸、聚丙烯酸）共聚物上浆的非织造聚酯材料，可以处理含有大量重金属（铅、镉、锌和镍的二价阳离子）的水。由于羧基不与环糊精发生反应，而得到了具有阳离子交换性质的纺织材料。环糊精的疏水性笼状结构，可以将芳香分子或其他有机污染物纳入其中。

环糊精已成为纺织工业和纺织研究领域的重要组成部分。它们可用于制备各种含有分子胶囊的纺织材料，这些分子胶囊可固定香水、阻燃剂、抗菌剂，并捕获难闻的气味（Shahidi et al.，2013）。

4.10　纺织品改性与发展

在不影响舒适性和力学性能的前提下，对纺织品进行表面改性，使其具有吸引力和多样化的特性。目前，功能性表面整理在纺织面料的多功能特性方面发挥着至关重要的作用（Fouda，2012）。

纺织品整理可分为美观性和功能性两类。美学整理可以增强织物的手感和外观，改进纺织品基材的表面、光泽、质地和悬垂性。可以用机械和化学方法进行这种整理，机械加工更着重于这种整理（Bajaj，2002）。功能整理主要用来改进耐久性、护理性和舒适性，可用化学和湿加工方法进行整理。最常用的功能整理包括抗菌、耐久压烫、抗静电、防紫外、阻燃、自清洁、拒水、防污和折皱回复（Tomasino，1992）。

近年来，研究人员正逐步致力于利用 β-环糊精对纺织品表面进行改性和开发。多项专利和研究论文表明，β-环糊精可赋予纺织基材必要性能，并有助于根据最终用途对纺织基材进行改性，见表4.4。

表4.4 使用 β-环糊精进行的纺织品表面改性和开发

作者	研究成果	参考文献
Bendak A.，Allam O.G.，El Gabry L.K.	用环糊精处理聚酰胺织物，提高抗菌性和热稳定性能	Bendak et al.，2010
Wen J.，Liu B.，Yuan E.，Ma Y.，Zhu Y.	柚皮素与羟丙基-β-环糊精复合物的制备及理化性质	Wen et al.，2010
Abdel–Halim E.S.，Abdel–Mohdy F.A.，Fouda M.M.，El–Sawy S.M.，Hamdy I.A.，Al-Deyab S.S.	一氯三嗪基-β-环糊精/氯己啶二乙酸酯处理棉织物的抗菌性	Abdel-Halim et al.，2011
Cravotto G.，Beltramo L.，Sapino S.，Binello A.，Carlotti M.E.	一种新的负载七叶素配方的环糊精接枝黏胶纤维，用于治疗慢性静脉功能不全的美容纺织品	Cravotto et al.，2011
Peila R.，Migliavacca G.，Aimone F.，Ferri A.，Sicardi S.	固定在棉纱上的反应性 β-环糊精的定量分析方法比较	Peila et al.，2012
Medronho B.，Andrade R.，Vivod V.，Ostlund A.，Miguel M.G.，Lindman B.，Voncina B.，Valente A.J.M.	环糊精接枝纤维素：理化特性表征	Medronho et al.，2013
Issazadeh-Baltorki H.，Khoddami，A.	环糊精涂层牛仔布作为成分输送到皮肤的新型载体	Issazadeh-Baltorki，Khoddami，2014

续表

作者	研究成果	参考文献
Ramanujam K., Sundrarajan M.	一氯三嗪-β-环糊精与MgO改性纤维素织物的生物灭杀活性	Ramanujam, Sundrarajan, 2015
Alzate-Sánchez D. M., Smith B. J., Alsbaiee A., Hinestroza J. P., Dichtel W. R.	β-环糊精聚合物功能化的棉织物捕获空气和水中的有机污染物	Alzate-Sánchez et al., 2016
El-Naggar M. E., Shaarawy S., Shafie A. E., Hebeish A.	利用合成的反应性环糊精包合椰子油,包合物纳米乳液开发抗菌医用棉织物	El-Naggar et al., 2017
Scacchetti F. A. P., Pinto E., Soares G. M. B.	用β-环糊精包封相变材料和百里香油对棉花的功能化及表征	Scacchetti et al., 2017

4.11 发展趋势

目前,纺织业正在经历一场革命,旨在满足现代消费者的独特需求和环境问题。纺织行业对可持续纺织品的需求正在大幅增加,这一点受到了广泛关注,许多纺织助剂公司正瞄准当今世界的这一特殊要求。纺织品研究人员对于使用β-环糊精的兴趣日益浓厚,这是因为它在创新纺织品加工和纺织品功能化方面做出了重大贡献,β-环糊精的应用为开发新的生态友好型纺织工艺和新型可持续产品提供了有吸引力的机会。

短期内,无论是化纤纺织技术还是智能纺织产品中,将会出现新的应用领域,例如医学领域。功能化的工业环糊精在纺织品上的永久固定,以及与各种物质形成不同包合物的能力,为未来提供了良好的发展空间。

具有高级功能化特性的环糊精的新型纺织产品的开发很有前景。未来,在医用纺织品上会不断创新实践,可以将基于环糊精的化疗细胞毒性抗癌药物和护肤活性物质的输送载体附着在纺织品基材上。

近年来,环糊精在纺织工业中的应用比例不断提高。环糊精为纺织品提供了独特的功能特性,如吸附性。它们形成复合物,通过释放化学物质或护肤物质(如咖啡因、薄荷醇、维生素)以及生物活性物质(如杀菌剂、杀虫剂和药物)来赋予各种特性。此外,在废水处理过程中,经环糊精处理的纺织品可用于吸附和分离废水中的二次污染物。

未来，基于环糊精的可持续产品在重新优化药物输送方面将有显著增长。由于其独特的结构和形成包合物的能力，作为酶的替代物，环糊精现正成为科学家们在可持续的纺织加工、功能整理、药物开发等方面的重要选项。现有环糊精及其衍生物的设计和使用，无疑是未来研究的触发点。

参考文献

［1］Abdel-Halim, E. S., Abdel-Mohdy, F. A., Fouda, M. M., El-Sawy, S. M., Hamdy, I. A., Al-Deyab, S. S., 2011. Antimicrobial activity of monochlorotriazinyl-β-cyclodextrin/chlorohexidin diacetate finished cotton fabrics. Carbohydr. Polym. 86 (3), 1389–1394.

［2］Akasaka, M., Shibata, T., Ochia, H., 1991. Japan Kokai Tokkyo Koho. 03059178.

［3］Alzate-Sánchez, D. M., Smith, B. J., Alsbaiee, A., Hinestroza, J. P., Dichtel, W. R., 2016. Cotton fabric functionalized with a β-cyclodextrin polymer captures organic pollutants from contaminated air and water. Chem. Mater. 28 (22), 8340–8346.

［4］Amiri, S., Amiri, S., 2017. Cyclodextrins: properties and Industrial Applications. John Wiley & Sons.

［5］Ammayappan, L., Moses, J. J., 2009. An overview on application of cyclodextrins in textile product enhancement. J. Text. Assoc. 70 (1), 9–18.

［6］Anal, A. K., Tuladhar, A., 2013. Biopolymeric micro-and nanoparticles: preparation, characterization and industrial applications. In: Multifaceted Development and Application of Biopolymers for Biology, Biomedicine and Nanotechnology. Springer, Berlin, Heidelberg, pp. 269–295.

［7］Andreaus, J., Dalmolin, M. C., Junior, O., Barcellos, I. O., 2010. Application of cyclodextrins in textile processes. Quím. Nova 33 (4), 929–937.

［8］Ashton, P. R., Campbell, P. J., Glink, P. T., Philp, D., Spencer, N., Stoddart, J. F., Chrystal, E. J., Menzer, S., Williams, D. J., Tasker, P. A., 1995. Dialkylammonium ion/crown ether complexes: the forerunners of a new family of interlocked molecules. Angew. Chem. Int. Ed. 34 (17), 1865–1869.

［9］Astray, G., Gonzalez-Barreiro, C., Mejuto, J. C., Rial-Otero, R., Simal-Gándara, J., 2009. A review on the use of cyclodextrins in foods. Food Hydrocoll. 23 (7), 1631–1640.

[10] Astray, G., Mejuto, J. C., Morales, J., Rial-Otero, R., Simal-Gándara, J., 2010. Factors controlling flavors binding constants to cyclodextrins and their applications in foods. Food Res. Int. 43 (4), 1212-1218.

[11] Bajaj, P., 2002. Finishing of textile materials. J. Appl. Polym. Sci. 83 (3), 631-659.

[12] Bendak, A., Allam, O. G., El Gabry, L. K., 2010. Treatment of polyamides fabrics with cyclodextrins to improve antimicrobial and thermal stability properties. Open Text. J. 3, 6-13.

[13] Bhaskara-Amrit, U. R., Agrawal, P. B., Warmoeskerken, M. M. C. G., 2011. Applications of β-cyclodextrins in textiles. AUTEX Res. J. 11 (4), 94-101.

[14] Bilensoy, E. e., 2011. Cyclodextrins in Pharmaceutics, Cosmetics, and Biomedicine: Current and Future Industrial Applications. John Wiley & Sons.

[15] Buschmann, H. J., Schollmeyer, E., 2002. Applications of cyclodextrins in cosmetic products: a review. J. Cosmet. Sci. 53 (3), 185-192.

[16] Buschmann, H. J., Benken, R., Knittel, D., Schollmeyer, E., 1995. Removal of residual surfactant deposits form textile materials with the aid of cyclodextrins. In: Melliand Textilberichte International Textile Reports. vol. 76. pp. E-215.

[17] Buschmann, H. J., Denter, U., Knittel, D., Schollmeyer, E., 1998. The use of cyclodextrins in textile processes: an overview. J. Text. Inst. 89 (3), 554-561.

[18] Chao-Xia, W., Shui-Lin, C., 2004. Anchoring β-cyclodextrin to retain fragrances on cotton by means of heterobifunctional reactive dyes. Color. Technol. 120 (1), 14-18.

[19] Cireli, A., Yurdakul, B., 2006. Application of cyclodextrin to the textile dyeing and washing processes. J. Appl. Polym. Sci. 100 (1), 208-218.

[20] Connors, K. A., 1997. The stability of cyclodextrin complexes in solution. Chem. Rev. 97 (5), 1325-1358.

[21] Cravotto, G., Beltramo, L., Sapino, S., Binello, A., Carlotti, M. E., 2011. A new cyclodextrin-grafted viscose loaded with aescin formulations for a cosmeto-textile approach to chronic venous insufficiency. J. Mater. Sci. Mater. Med. 22 (10), 2387.

[22] Crini, G., 2014. A history of cyclodextrins. Chem. Rev. 114 (21), 10940-10975.

[23] Dardeer, H. M., AA, E. S., Emam, A. A., Hilal, N. M., 2017. Synthesis, application of a novel azo dye and its inclusion complex with beta-cyclodextrin onto polyester fabric. Int. J. Text. Sci. 6 (3), 79-87.

[24] Del Valle, E. M., 2004. Cyclodextrins and their uses: a review. Process Biochem. 39 (9), 1033–1046.

[25] Denter, U., Schollmeyer, E., 1996. In: Surface modification of synthetic and natural fibres by fixation of cyclodextrin derivatives. Proceedings of the Eighth International Symposium on Cyclodextrins. Springer, Dordrecht, pp. 559–564.

[26] Denter, U., Buschmann, H. J., Schollmeyer, E., 1991. Trichromatic dyeing of cotton: interactions between dyes and auxiliaries. Textilveredlung 26, 113–114.

[27] Dodziuk, H., Kożmiński, W., Ejchart, A., 2004. NMR studies of chiral recognition by cyclodextrins. Chirality 16 (2), 90–105.

[28] Eastburn, S. D., Tao, B. Y., 1994. Applications of modified cyclodextrins. Biotechnol. Adv. 12 (2), 325–339.

[29] El-Naggar, M. E., Shaarawy, S., Shafie, A. E., Hebeish, A., 2017. Development of antimicrobial medical cotton fabrics using synthesized nanoemulsion of reactive cyclodextrin hosted coconut oil inclusion complex. Fibers Polym. 18 (8), 1486–1495.

[30] Fenyvesi, É., Otta, K., Kolbe, I., Novák, C., Szejtli, J., 2004. Cyclodextrin complexes of UV filters. J. Incl. Phenom. Macrocycl. Chem. 48 (3–4), 117–123.

[31] Flanigen, E. M., Khatami, H., Seymenski, H. A., Flanigen, E. M., Sand, L. B., 1971. Adv. Chemistry Series 101. American Chemical Society, Washington, DC201–228.

[32] Fletcher, K., 2013. Sustainable fashion and textiles: design journeys. Routledge.

[33] Fouda, M. M., 2012. Antibacterial modification of textiles using nanotechnology. In: A Search for Antibacterial Agents. InTech.

[34] Frank, S. G., 1975. Inclusion compounds. J. Pharm. Sci. 64 (10), 1585–1604.

[35] French, D., 1957. The schardinger dextrins. In: Advances in Carbohydrate Chemistry. vol. 12. Academic Press, pp. 189–260.

[36] Frömming, K. H., Szejtli, J., 1993. Cyclodextrins in Pharmacy. vol. 5. Springer Science & Business Media.

[37] Fujimura, T., 1985. Japan Kokai Tokkyo Koho. 60259648.

[38] Gereffi, G., 1999. International trade and industrial upgrading in the apparel commodity chain. J. Int. Econ. 48 (1), 37–70.

[39] Grosse-Kunstleve, R. W., McCusker, L. B., Baerlocher, C., 1999. Zeolite structure determination from powder diffraction data: applications of the FOCUS

method. J. Appl. Crystallogr. 32 (3), 536–542.

[40] Hashem, M., El-Bisi, M., Hebeish, A., 2002. Innovative scouring for cotton-based textiles. Eng. Life Sci. 2 (1), 23–28.

[41] Hashimoto, H., 2006. CyD applications in food, cosmetic, toiletry, textile and wrapping material fields. In: Cyclodextrins and Their Complexes: Chemistry, Analytical Methods, Applications. pp. 452–459.

[42] Hedges, A. R., 1998. Industrial applications of cyclodextrins. Chem. Rev. 98 (5), 2035–2044.

[43] Ibrahim, N. A., Refai, R., Youssef, M. A., Ahmed, A. F., 2005. Proper finishing treatments for sun-protective cotton-containing fabrics. J. Appl. Polym. Sci. 97 (3), 1024–1032.

[44] Ibrahim, N. A., Allam, E. A., El-Hossamy, M. B., El-Zairy, W. M., 2007. UV-protective finishing of cellulose/wool blended fabrics. Polym.-Plast. Technol. Eng. 46 (9), 905–911.

[45] Ibrahim, N. A., E-Zairy, W. R., Eid, B. M., 2010. Novel approach for improving disperse dyeing and UV-protective function of cotton-containing fabrics using MCT-β-CD. Carbohydr. Polym. 79 (4), 839–846.

[46] Issazadeh-Baltorki, H., Khoddami, A., 2014. Cyclodextrin-coated denim fabrics as novel carriers for ingredient deliveries to the skin. Carbohydr. Polym. 110, 513–517.

[47] Kimura, M., Wakai, M., Shimizu, Y., 1986. Selective adsorption of components in dyeing waste-water by a cellulosic adsorbent and reuse of the treated wastewater. Mizu Shori Gijutsu 27 (7), 485–490.

[48] Kistamah, N., Carr, C. M., Rosunee, S., 2006. Surface chemical analysis of tencel and cotton treated with a monochlorotriazinyl (MCT) β-cyclodextrin derivative. J. Mater. Sci. 41 (8), 2195–2200.

[49] Kurkov, S. V., Loftsson, T., 2013. Cyclodextrins. Int. J. Pharm. 453 (1), 167–180.

[50] Kut, D., Gunesoglu, C., Orhan, M., 2007. An investigation into the possibility of using cyclodextrin increase resistant finish. Fibres Text. East. Eur. 2 (61), 93–96.

[51] Lee, M. H., Yoon, K. J., Ko, S. W., 2000. Grafting onto cotton fiber with acrylamidomethylated β-cyclodextrin and its application. J. Appl. Polym. Sci. 78 (11), 1986–1991.

[52] Lee, M. H., Yoon, K. J., Ko, S. W., 2001. Synthesis of a vinyl monomer contai-

ning β-cyclodextrin and grafting onto cotton fiber. J. Appl. Polym. Sci. 80 (3), 438-446.

[53] Liveri, V. T. , Cavallaro, G. , Giammona, G. , Pitarresi, G. , Puglisi, G. , Ventura, C. , 1992. Calorimetric investigation of the complex formation between surfactants and α-, β-and γ-cyclodextrins. Thermochim. Acta 199, 125-132.

[54] Loftsson, T. , Brewster, M. E. , 1996. Pharmaceutical applications of cyclodextrins. 1. Drug solubilization and stabilization. J. Pharm. Sci. 85 (10), 1017-1025.

[55] Loftsson, T. , Duchêne, D. , 2007. Cyclodextrins and their pharmaceutical applications. Int. J. Pharm. 329 (1-2), 1-11.

[56] Loftsson, T. , Masson, M. , Brewster, M. E. , 2004. Self-association of cyclodextrins and cyclodextrin complexes. J. Pharm. Sci. 93 (5), 1091-1099.

[57] Loftsson, T. , Jarho, P. , Masson, M. , Järvinen, T. , 2005. Cyclodextrins in drug delivery. Expert Opin. Drug Deliv. 2 (2), 335-351.

[58] Mamba, B. B. , Krause, R. W. , Malefetse, T. J. , Nxumalo, E. N. , 2007. Monofunctionalized cyclodextrin polymers for the removal of organic pollutants from water. Environ. Chem. Lett. 5 (2), 79-84.

[59] Martel, B. , Morcellet, M. , Ruffin, D. , Vinet, F. , Weltrowski, L. , 2002a. Capture and controlled release of fragrances by CD finished textiles. J. Incl. Phenom. Macrocycl. Chem. 44 (1-4), 439-442.

[60] Martel, B. , Weltrowski, M. , Ruffin, D. , Morcellet, M. , 2002b. Polycarboxylic acids as cross-linking agents for grafting cyclodextrins onto cotton and wool fabrics: study of the process parameters. J. Appl. Polym. Sci. 83 (7), 1449-1456.

[61] Martın, M. T. , Cruces, M. A. , Alcalde, M. , Plou, F. J. , Bernabé, M. , Ballesteros, A. , 2004. Synthesis of maltooligosyl fructofuranosides catalyzed by immobilized cyclodextrin glucosy ltransferase using starch as donor. Tetrahedron 60 (3), 529-534.

[62] Medronho, B. , Andrade, R. , Vivod, V. , Ostlund, A. , Miguel, M. G. , Lindman, B. , Voncina, B. , Valente, A. J. M. , 2013. Cyclodextrin-grafted cellulose: physico-chemical characterization. Carbohydr. Polym. 93 (1), 324-330.

[63] Mhlanga, S. D. , Mamba, B. B. , Krause, R. W. , Malefetse, T. J. , 2007. Removal of organic contaminants from water using nanosponge cyclodextrin polyurethanes. J. Chem. Technol. Biotechnol. 82 (4), 382-388.

[64] Morin-Crini, N. , Winterton, P. , Fourmentin, S. , Wilson, L. D. , Fenyvesi, É. , Crini, G. , 2017. Water-insoluble β-cyclodextrin-epichlorohydrin polymers

[65] Muthu, S. S. (Ed.), 2014. Roadmap to Sustainable Textiles and Clothing: Eco-Friendly Raw Materials, Technologies, and Processing Methods. Springer.

for removal of pollutants from aqueous solutions by sorption processes using batch studies: a review of inclusion mechanisms. Prog. Polym. Sci..

[66] Parlati, S., Gobetto, R., Barolo, C., Arrais, A., Buscaino, R., Medana, C., Savarino, P., 2007. Preparation and application of a β-cyclodextrin-disperse/reactive dye complex. J. Incl. Phenom. Macrocycl. Chem. 57 (1-4), 463-470.

[67] Peila, R., Migliavacca, G., Aimone, F., Ferri, A., Sicardi, S., 2012. A comparison of analytical methods for the quantification of a reactive β-cyclodextrin fixed onto cotton yarns. Cellulose 19 (4), 1097-1105.

[68] Pinho, E., Grootveld, M., Soares, G., Henriques, M., 2014. Cyclodextrins as encapsulation agents for plant bioactive compounds. Carbohydr. Polym. 101, 121-135.

[69] Pitha, J., Rao, C. T., Lindberg, B., Seffers, P., 1990. Distribution of substituents in 2-hydroxypropyl ethers of cyclomaltoheptaose. Carbohydr. Res. 200, 429-435.

[70] Ramanujam, K., Sundrarajan, M., 2015. Biocidal activities of monochlorotriazine-β-cyclodextrine with MgO modified cellulosic fabrics. J. Text. Inst. 106 (11), 1147-1153.

[71] Ripoll, L., Bordes, C., Etheve, S., Elaissari, A., Fessi, H., 2010. Cosmetotextile from formulation to characterization: an overview. E-Polymers 10 (1).

[72] Rundle, R. E., Baldwin, R. R., 1943. The configuration of starch and the starch—iodine complex. The dichroism of flow of starch-iodine solutions 1. J. Am. Chem. Soc. 65 (4), 554-558.

[73] Sato, M., Nagane, S., Kawasaki, T., 1987. Japan Kokai.. 8749065.

[74] Savarino, P., Viscardi, G., Quagliotto, P., Montoneri, E., Barni, E., 1999. Reactivity and effects of cyclodextrins in textile dyeing. Dyes Pigments 42 (2), 143-147.

[75] Savarino, P., Piccinini, P., Montoneri, E., Viscardi, G., Quagliotto, P., Barni, E., 2000. Effects of additives on the dyeing of nylon-6 with dyes containing hydrophobic and hydrophilic moieties. Dyes Pigments 47 (1-2), 177-188.

[76] Savitz, A., 2013. The Triple Bottom Line: How Today's Best-Run Companies are Achieving Economic, Social and Environmental Successand How You Can Too. John Wiley & Sons.

[77] Scacchetti, F. A. P., Pinto, E., Soares, G. M. B., 2017. Functionalization and

characterization of cotton with phase change materials and thyme oil encapsulated in beta-cyclodextrins. Prog. Organic Coat. 107, 64-74.

[78] Seel, C., Vögtle, F., 1992. Molecules with large cavities in supramolecular chemistry. Angew. Chem. Int. Ed. 31 (5), 528-549.

[79] Shahidi, S., Wiener, J., Ghoranneviss, M., 2013. Surface modification methods for improving the dyeability of textile fabrics. In: Eco-Friendly Textile Dyeing and Finishing. InTech.

[80] Shibusawa, T., Hamoyose, T., Sasaki, M., 1975. Nippon Kagaku Kaishi, t2, 2171.

[81] Shibusawa, T., Okamoto, J., Abe, K., and Sakata, K., 1996. In Proceedings of the 17th IFVTCC Congress f Vienna, pp. 307.

[82] Singh, M., Sharma, R., Banerjee, U. C., 2002. Biotechnological applications of cyclodextrins. Biotechnol. Adv. 20 (5), 341-359.

[83] Singh, N., Yadav, M., Khanna, S., Sahu, O., 2017. Sustainable fragrance cum antimicrobial finishing on cotton: indigenous essential oil. Sustain. Chem. Pharm. 5, 22-29.

[84] Szejtli, J., 1998. Introduction and general overview of cyclodextrin chemistry. Chem. Rev. 98 (5), 1743-1754.

[85] Szejtli, J., 2003. Cyclodextrins in the textile industry. Starch 55 (5), 191-196.

[86] Szejtli, J., 2004. Past, present and futute of cyclodextrin research. Pure Appl. Chem. 76 (10), 1825-1845.

[87] Szejtli, J., Zsadon, B., Fenyvesi, E. and Tudos, F., Chinoin Gyogyszer-es Vegyeszeti, 1982. Sorbents of cellulose basis capable of forming inclusion complexes and a process for the preparation thereof. U.S. Patent 4,357,468.

[88] Tomasino, C., 1992. Chemistry & Technology of Fabric Preparation & Finishing. North Carolina State University, NC13-30.

[89] Uekama, K., Otagiri, M., 1987. Cyclodextrins in drug carrier systems. Crit. Rev. Ther. Drug Carrier Syst. 3 (1), 1-40.

[90] Uekama, K., Hirayama, F., Irie, T., 1998. Cyclodextrin drug carrier systems. Chem. Rev. 98 (5), 2045-2076.

[91] Uyar, T., Hacaloglu, J., Besenbacher, F., 2009. Electrospun polystyrene fibers containing high temperature stable volatile fragrance/flavor facilitated by cyclodextrin inclusion complexes. React. Funct. Polym. 69 (3), 145-150.

[92] Villiers, A., 1891. Sur la fermentation de la fécule par l'action du ferment butyrique. C. R. Acad. Sci. 112, 536-538.

[93] Voncina, B., 2011. Application of cyclodextrins in textile dyeing. In: Text. Dye. InTech.

[94] Voncina, B., Le Marechal, A. M., 2005. Grafting of cotton with β-cyclodextrin via poly (carboxylic acid). J. Appl. Polym. Sci. 96 (4), 1323-1328.

[95] Voncina, B., Vivod, V., 2013. Cyclodextrins in textile finishing. In: Eco-Friendly Textile Dyeing and Finishing. InTech.

[96] Wagner, M., Chen, Y., Curteza, A., Thomassey, S., Perwuelz, A., Zeng, X., 2017. Fashion product solutions and challenges for environmental and trend conscious consumers. J. Fashion Technol. Text. Eng. S3, https://doi.org/10.4172/2329-9568.S3-010. 010.

[97] Wang, C. X., Chen, S. L., 2006. Surface treatment of cotton using β-cyclodextrins sol-gel method. Appl. Surf. Sci. 252 (18), 6348-6352.

[98] Wen, J., Liu, B., Yuan, E., Ma, Y., Zhu, Y., 2010. Preparation and physicochemical properties of the complex of naringenin with hydroxypropyl-β-cyclodextrin. Molecules 15 (6), 4401-4407.

[99] Yang, X., Zhao, Y., Chen, Y., Liao, X., Gao, C., Xiao, D., Qin, Q., Yi, D., Yang, B., 2013. Hostguest inclusion system of mangiferin with β-cyclodextrin and its derivatives. Mater. Sci. Eng. C 33 (4), 2386-2391.

[100] Zhang, H., Chen, G., Wang, L., Ding, L., Tian, Y., Jin, W., Zhang, H., 2006. Study on the inclusion complexes of cyclodextrin and sulphonated azo dyes by electrospray ionization mass spectrometry. Int. J. Mass Spectrom. 252 (1), 1-10.

进阶阅读

[1] Denter, U., Buschmann, H. J., Knittel, D., Schollmeyer, E., 1997. Modification of fiber surfaces by the permanent fixation of supramolecular components, part 2: cyclodextrins. Macromol. Mater. Eng. 248 (1), 165-188.

[2] Harada, A., Takashima, Y., 2013. Macromolecular recognition and macroscopic interactions by cyclodextrins. Chem. Rec. 13 (5), 420-431.

[3] Myrick, J. M., Vendra, V. K., Krishnan, S., 2014. Self-assembled polysaccharide nanostructures for controlled-release applications. Nanotechnol. Rev. 3 (4), 319-346.

[4] Subrahmanyam, C. V. S., 2000. Textbook of Physical Pharmaceutics. Vallabh prakashan.

［5］Tonelli, A. E., 2003. The potential for improving medical textiles with cyclodextrin inclusion compounds. J. Text. App. Technol. Manag. 3 (2), 1233.

［6］Voncina, B., Vivod, V., Chen, W. T., 2009. Surface modification of PET fibers with the use of β-cyclodextrin. J. Appl. Polym. Sci. 113 (6), 3891-3895.

5 壳聚糖及其衍生物在纺织品功能整理中的应用

Anahita Rouhani Shirvan[1], *Mina Shakeri*[1,2], *AzadehBashari*[1]
[1] 阿米尔卡比尔理工大学纺织工程系，伊朗德黑兰
[2] 塔比亚特莫达雷斯大学材料工程系，伊朗德黑兰

5.1 引言

甲壳素和壳聚糖是具有众多用途的生物材料，由于其独特的性能，如无毒、生物相容性、生物降解性、低过敏性、生物活性、低成本等，而备受关注（Younes and Rinaudo，2015）。甲壳素是地球上仅次于纤维素的天然环保材料之一，由 β-(1→4)-2-乙酰氨基-2-脱氧-β-D-葡萄糖（N-乙酰氨基葡萄糖）组成（Dutta et al.，2004）。事实上，甲壳素是每个单体上 C2 位的羟基被乙酰胺基取代的纤维素。甲壳素是一种白色、坚硬、非弹性、含氮的多糖（Elieh-Ali-Komi and Hamblin，2016），化学反应性低，在大多数有机溶剂中的溶解度低（Barikani et al.，2014）。它来自甲壳动物、螃蟹、虾的外骨骼和真菌的细胞壁（Cheung et al.，2015），以颗粒、片状和粉末的形式存在（Barikani et al.，2014）。

壳聚糖是由甲壳素衍生而来的一种改性的生物聚合物，广泛存在于天然资源中。它由随机分布在聚合物中的 β-(1→4)-D-葡萄糖胺和 N-乙酰-D-葡萄糖胺组成。术语"壳聚糖"一词通常指甲壳素经过不同程度脱乙酰化后获得的一系列聚合物（Cheung et al.，2015；Younes and Rinaudo，2015；Majekodunmi，2016）。脱乙酰化的过程包括去除甲壳素的乙酰基，留下一个完整的氨基（NH_2）。因此，甲壳素和壳聚糖的区别实际上在于聚合物的乙酰基含量，这对其化学和生物性能有很大影响（Majekodunmi，2016）。表 5.1 列出了壳聚糖的一些化学和生物特性（Dutta et al.，2004），甲壳素和壳聚糖的化学结构如图 5.1 所示。

表 5.1 壳聚糖的化学和生物特性（Dutta et al.，2004）

生物特性	化学特性
生物降解性、生物相容性和无毒性	线性多胺
抑制细菌生长	活性氨基

续表

生物特性	化学特性
结缔性牙龈组织的再生作用	可用的活性羟基
止血、杀菌、杀精、抗肿瘤	螯合多种过渡金属离子

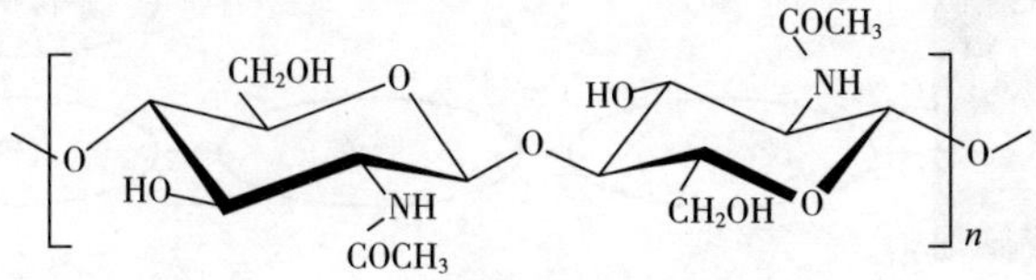

图 5.1　甲壳素和壳聚糖的化学结构
（Younes and Rinaudo，2015）

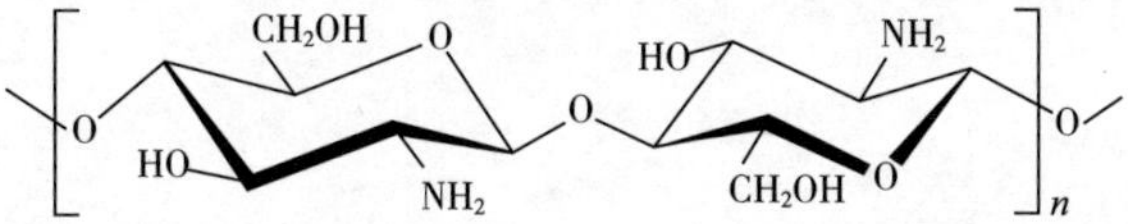

5.1.1　甲壳素和壳聚糖的来源

一般来说，甲壳素和壳聚糖的制备主要有三个来源，水生生物、陆地生物和微生物（Kim，2010），但甲壳素和壳聚糖主要的商业来源是虾和蟹壳等海洋生物的废弃物。

例如，按干质量计算，甲壳动物的壳废料含有 30%～50% 的碳酸钙、30%～40% 的蛋白质和 20%～30% 的甲壳素（Johnson and Peniston，1979）。图 5.2 是从海洋生物来源制备甲壳素的化学提取步骤示意图。

采用化学处理方法提取有很多缺点，如改变甲壳素的物理化学性质、降低了分子量、甲壳素提纯工艺成本高、环境问题严重等。为了克服化学提取方法的局限性，开发了一种利用酶和微生物提取甲壳素的新方法（Younes and Rinaudo，2015）。生物法可以利用蛋白水解微生物、真菌或纯化酶来完成，该方法制得的甲壳素具有较高的分子量。此外，利用微生物和酶回收甲壳素的主要优点是重现性好、能耗较低、操作更简单、环境危害小（Pal et al.，2013；Younes and Rinaudo，2015）。图 5.3 是生物法回收甲壳素的示意图，表 5.2 对化学法和生物法回收甲壳素进行了比较（Arbia et al.，2013）。

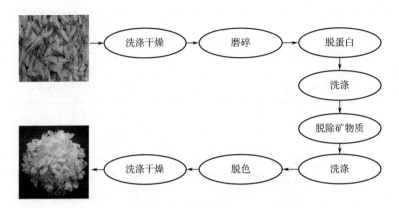

图 5.2 甲壳素化学提取步骤示意图

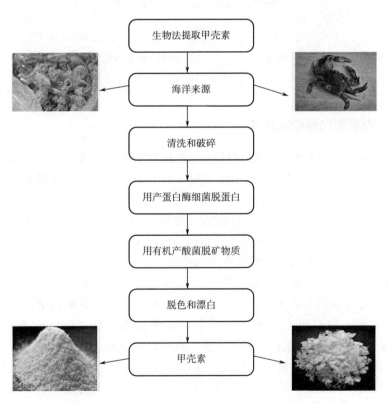

图 5.3 甲壳素生物提取步骤示意图

表5.2　海洋来源的甲壳素化学提取和生物提取方法比较（Arbia et al.，2013）

化学提取方法	生物提取方法
处理时间长	处理时间短
环境问题	环境问题小
非均质的最终产品	均质的最终产品
最终产品质量低	最终产品质量高
能耗高	能耗低

蘑菇和昆虫是提取甲壳素最常用的陆地来源。与昆虫相比，用蘑菇作为甲壳素潜在来源的可能性更大。从蘑菇的细胞壁中提取甲壳素可分为两个阶段：第一阶段，用氢氧化钠溶解、水解，除去蛋白质和碱溶性葡聚糖；第二阶段，加入盐酸除去矿物质，同时，分离出部分中性糖和酸溶性蛋白质化合物（Kim，2013）。甲壳素和壳聚糖制备的第三个潜在来源是微生物，如真菌和酵母。与提及的其他来源相比，这些来源更为有利。使用海洋和陆地来源的甲壳素/壳聚糖的主要关注点是其物理化学特性范围的不可预测性，而从微生物中生产甲壳素/壳聚糖是可控的，所得产品是纯净的。此外，甲壳素和壳聚糖的同时提取使微生物过程更加吸引人（Kim，2010）。

5.1.2　化学性质和脱乙酰化方法

脱乙酰化是指去除甲壳素中乙酰基并代之以活性氨基（NH_2）的过程，脱乙酰化程度（DDA）决定了结构中游离氨基的含量。因此，可用于区分甲壳素与壳聚糖。DDA被认为是壳聚糖的一个重要性质，因为它影响壳聚糖的物理化学和生物特性（Nessa et al.，2010），如酸碱和静电特性、生物降解性、自聚集性、吸附特性和螯合金属离子的能力（Hussain et al.，2013）。在许多化学反应中，壳聚糖比甲壳素具有两大优势：一是在稀醋酸等温和溶剂中溶解；二是具有一些游离的氨基可作为活性位点。壳聚糖的DDA从56%到99%不等，这取决于来源、种类和制备方法，DDA≥75%以上的甲壳素称为壳聚糖（No and Meyers，1995）。虽然难以实现完全脱乙酰化的壳聚糖，但Mima等用凝胶代替粉末形式的壳聚糖进行碱处理，制备出高达100%脱乙酰度的壳聚糖（Mima et al.，1983）。一般来说，化学水解和酶处理是两种最重要的脱乙酰化方法。在化学水解中，用酸或碱进行甲壳素的脱乙酰化，而碱法脱乙酰更常用（Hastuti and Siswanta，2013）。但是，碱处理过程中存在一些严重问题，如能耗、浓碱液浪费、环境污染、可溶性和不溶性产物种类繁多等。为了克服甲壳素脱乙酰化的这些缺点，开发了一种使用甲壳素脱乙酰酶的替代酶法。与碱性处理过程相比，用酶法将甲壳素转化为壳聚糖的过程是一种可控的、不可降解的过程，没有任何环境污染。

酶法过程的机理，是基于甲壳素中的 N-乙酰氨基键被甲壳素脱乙酰酶（如几种真菌或昆虫）催化的水解。最常用的甲壳素脱乙酰酶是鲁西（氏）毛霉菌（*Mucor rouxii*）、蓝色犁头霉（*Absidia coerulea*）、构巢曲霉菌（*Aspergillus nidulans*）和两种菜豆炭疽病菌（*Colletotrichum lindemuthianum*）（Younes and Rinaudo, 2015）。Hirano 利用甲壳素脱乙酰酶实现了甲壳素向壳聚糖的酶解转化，并通过酶解制备了甲壳素和壳聚糖的低聚物。如图 5.4 所示，甲壳素酶和溶菌酶催化甲壳素水解，而壳聚糖酶催化甲壳素生成甲壳素和壳聚糖的低聚糖（Hirano，1996）。

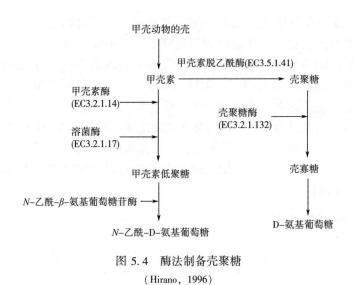

图 5.4　酶法制备壳聚糖
(Hirano，1996)

5.1.3　壳聚糖的理化特征

5.1.3.1　脱乙酰度（DDA）

如前所述，脱乙酰化过程涉及从甲壳素分子中去除乙酰基。脱乙酰度是以百分数表示的，即每 100 个单体中 D-氨基葡萄糖单元的平均数，其是壳聚糖生产中的一个重要性质。因此，它影响了壳聚糖的物理化学和生物性能，并决定了壳聚糖的适用情况（Li et al.，1992；Hirano，1996）。测定壳聚糖脱乙酰度的方法已有报道，如红外光谱法、近红外光谱法、茚三酮法、线性电位滴定法、核磁共振光谱法、溴化氢滴定法和紫外分光光度法（Hussain et al.，2013；Cheung et al.，2015）。

5.1.3.2　分子量（M_W）

另一个决定壳聚糖是否适用于某一特定用途的重要特性是分子量。甲壳素和壳聚糖的来源和制备方法是影响其 M_W 的主要因素，评价壳聚糖分子量的常用方法有凝胶渗透色谱法（GPC）、黏度法和光散射分光光度法。原生甲壳素的分子量大于100万Da，而商品化壳聚糖产品的分子量为10万～120万Da，视工艺而定（Van Duin and Hermans，1959；Domard and Rinaudo，1983；Li et al.，1992）。

5.1.3.3 溶解性

由于有很强的分子间和分子内氢键，甲壳素在绝大多数的溶剂中不溶，如水和稀酸，这种很差的溶解性限制了甲壳素在各领域的应用。另外，能溶解甲壳素的溶剂大部分是有毒和腐蚀性的。由于这些问题，在商业应用中，壳聚糖比甲壳素更受欢迎。壳聚糖可溶于pH低于6.0的稀酸溶液，如乙酸、甲酸和乳酸。甲壳素和壳聚糖都不溶于中性的水，但是，可以通过甲壳素均匀的脱乙酰化或壳聚糖均匀的N-乙酰化来制备水溶性的甲壳素。此外，溶解度受脱乙酰化程度和分子量影响（Kurita et al.，1989；Kurita et al.，1991；No and Meyers，1995）。

5.1.3.4 黏度

另一个重要的性能是壳聚糖溶液的黏度，它受DDA、M_W、pH和温度的影响。此外，壳聚糖的抗菌活性也受其黏度的影响，例如，Cho等报道，壳聚糖对大肠杆菌和芽孢杆菌的抗菌活性随着黏度的降低而增加，从1000到10cP（Cho et al.，1998）。

5.1.4 衍生物

壳聚糖在pH大于6.5时溶解度较差，因为它失去了阳离子的性质。因此，它的抗菌活性和其他应用都局限于酸性条件。为了解决这一问题，制备了各种壳聚糖衍生物，目的是使其在整个pH范围内溶于水，扩大其应用范围。事实上，甲壳素和壳聚糖的衍生物具有高溶解度和低黏度，是这些多糖的理想替代品（Park and Kim，2010）。一般来说，甲壳素衍生物是通过两个步骤制备的，这些反应是在原生甲壳素或不完全脱乙酰化的甲壳素上进行的：①去除N-乙酰基，引入氨基，与酰氯或酸酐反应得到NHCOR基团；②去除N-乙酰基，引入氨基，并还原为NHCH$_2$COOH（Dutta et al.，2004）。

5.1.4.1 羧酸壳聚糖衍生物

使用羧基功能是制备壳聚糖衍生物最常用的方法之一。羧甲基壳聚糖在有机溶剂中具有良好的溶解性，具有独特的化学、物理和生物特性（Muzzarelli，1988；Chen et al.，2005）。羧甲基壳聚糖是通过羧甲基化工艺制备的，其中壳聚糖的一些—OH被—CH$_2$COOH取代（Farag and Mohamed，2012）。图5.5为羧甲基壳聚糖的制备工艺（Kannan et al.，2014）。

5.1.4.2 含硫壳聚糖衍生物

具有含硫官能团的壳聚糖衍生物，如巯基和硫代羰基衍生物，可通过酰化、加成和取代反应合成（Pestov and Bratskaya，2016）。图5.6是含硫壳聚糖衍生物的结构示意图。

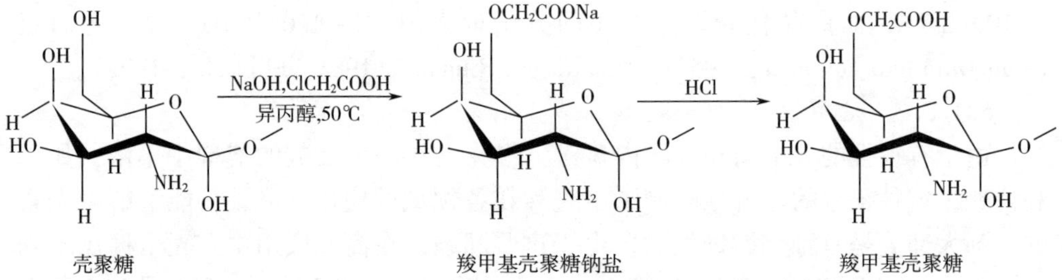

图 5.5 羧甲基壳聚糖的制备工艺
(Zheng et al., 2011)

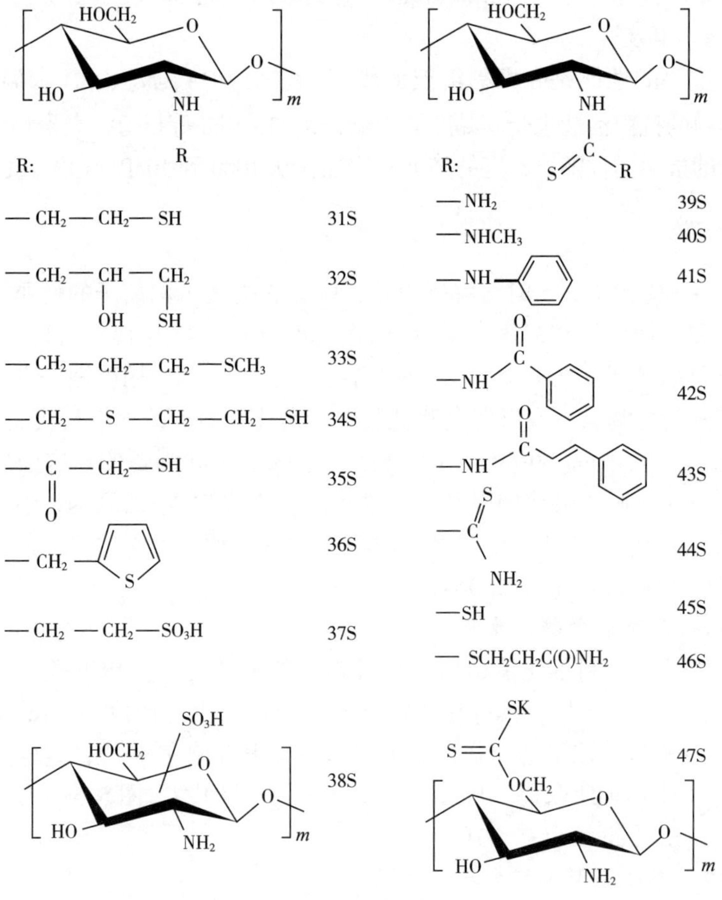

图 5.6 含硫壳聚糖衍生物的结构
(Pestov and Bratskaya, 2016)

5.1.4.3 含磷壳聚糖衍生物

在壳聚糖中引入磷酸基团,为制备具有金属螯合能力的各种可溶性和不溶性聚合物提供了可能,文献报道了合成壳聚糖磷衍生物的各种方法(Lebouc et al.,2009)。

如图 5.7 所示,可以通过在 N,N-二甲基甲酰胺(DMF)中加热甲壳素或壳聚糖与正磷酸和尿素来制备磷酸化甲壳素和壳聚糖。

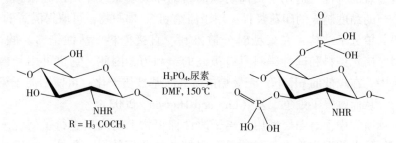

图 5.7 用 H_3PO_4/尿素/DMF 合成含磷甲壳素和壳聚糖

(Jayakumar et al.,2008)

5.1.4.4 含氮壳聚糖衍生物

含氮壳聚糖衍生物,是通过含氮官能团的加成或取代反应引入脂肪胺、芳香胺或杂环片段制备而成的。胺的烷基化过程是通过标准的亲核取代反应或利用连接基修饰进行的,氨基芳基化是通过芳香族氨基酸的衍生物进行的。在壳聚糖中插入脂肪族氨基酸基团是通过酰化反应来进行的,从而得到端氨基超支化的聚酰胺(Pestov and Bratskaya,2016)。

5.2 甲壳素和壳聚糖的应用

纺织品改性是为了改善纺织品的特性或赋予纺织品新的功能,如染色性、润湿性、透气性、导电性和抗静电性、防紫外性和抗菌性而进行的一种工艺。近年来,研究者们关注通过多功能、多用途材料对纺织品进行表面改性,以提高纺织品的性能,扩展纺织品在不同领域的应用。

壳聚糖作为一种有效的天然阳离子聚合物,是一种经常被用到的材料,由于其独特的生物和化学性能、低毒性、可生物降解性和生物相容性,已经对其抗缩性、改善染料吸收性以及作为助剂或抗静电剂等的作用进行了广泛研究。壳聚糖在纺织品中的应用,包括化学纤维的生产、纺织品染色、耐久性整理(如抗菌整理、防静电整理、除臭整理)、上浆、纺织品(喷墨)印花(Enescu,2008)。甲壳素衍生物在纺织工业中的应用越来越广泛，已经被生产并用于纺织面料，以赋予纺织品抗静电和防污特性。甲壳素的另一种表面改性应用是改善印花和整理工艺，而壳聚糖可以去除染色加工废水中的染料。此外，甲壳素和壳聚糖在医用纺织品中都有着非凡的应用（Le et al.，1997）。下面将阐述甲壳素和壳聚糖在各种工艺的纺织品表面改性中的一些应用。

在颜料印花中，壳聚糖可作为复合增稠剂和黏结剂使用。含有壳聚糖的印花浆料具有显著的特性，适用于提高纺织面料的印染质量。使用由壳聚糖、醋酸和颜料以适当的黏度制成的印花浆料，用于涤纶和涤/棉织物，可取得满意的效果。

由于其单分子结构，壳聚糖对分散染料、直接染料、活性染料、酸性染料、还原染料、硫化染料和碱性染料具有极高的亲和力，因此，它也可用于染纺织面料的染浴中。在较低的pH下，壳聚糖的游离胺基被质子化，可使阴离子染料附着在织物上，从而改善了染色工艺（Lim and Hudson，2003）。

在一项研究中，对壳聚糖用于离子改性棉织物上的应用进行了研究。结果表明，在棉织物上使用壳聚糖可以使其获得持久的整理效果。此外，还进行了一项研究，以检查离子改性棉对各种染料的染色效果（Sharma and Sayed，2016）。结果表明，壳聚糖比其他所有使用的试剂具有更高的染料吸收率，碱性染料在壳聚糖存在的情况下，在棉织物上也具有更高的染料吸收率。

在纺织工业中，壳聚糖最常用的用途之一是作为抗菌剂使用。壳聚糖应用于纺织业，作为抗菌整理剂非常受欢迎，因其具有防止过敏和感染性疾病的能力，以及保湿和伤口愈合能力。

棉一直是壳聚糖抗菌性能研究的重点之一。最初的研究表明，棉织物的抗菌整理耐久性不足（Lim and Hudson，2003）。为了提高这种整理的耐久性，可以使用某些交联剂，如二羟甲基二羟基亚乙基脲（DMDHEU）、柠檬酸、1，2，3，4-丁烷四羧酸（BTCA）或戊二醛等（Chung et al.，1998；Lee et al.，1999；Zhang et al.，2003；El-Tahlawy et al.，2005），这些化学品可以通过羟基将壳聚糖与棉交联，使棉织物获得抗菌性能。

未成熟的棉织物的染色上染率很弱，据报道，壳聚糖可以提高棉的染色上染率，壳聚糖作为棉的颜料印花增稠剂和黏合剂很成功（Bahmani et al.，2000）。

提高纤维素纤维织物活性染料染色性能的另一种方法涉及氧化剂对织物进行预处理。通过将壳聚糖低聚物应用到织物上，并被还原剂溶液稳定下来，用活性染料对所得产品染色更有效（Weltrowski and Masri，1996）。

甲壳素还可通过吸附作用去除纺织废水中的染料，这种方法的有效性可以使其作为其他昂贵处理方法的理想替代途径。在一项研究中，用Langmuir等温线模型研究了甲壳素的吸附能力（Rahman and Akter，2016）。

壳聚糖还可赋予涤纶织物抗静电作用。这种方法是通过用壳聚糖碱溶液对织物表面进行水解，以结合—COOH官能团。在这种方法中，壳聚糖处理，可以保持涤纶织物的抗静电效果，但同时也会降低聚酯织物的强度（Matsukawa et al.，1995）。

用壳聚糖改性的棉织物，也因其成为杀灭细菌感染的性能而成为新一代伤口敷料（Jayakumar et al.，2011）。

壳聚糖还可以用一些有机化合物进行改性，以获得具有某些物理和化学性能的壳聚糖衍生物，这些壳聚糖衍生物已在不同的研究中被用于分离金属离子和吸收水（Sobahi et al.，2014）。在其中的一项研究中，考察了甲壳素与金属溶液接触时间的影响。据推断，金属颗粒的分离会缓慢增加，直至达到平衡状态（Sofiane，2015）。

近年来，为了制备功能性纺织品，通过化学方法向纺织材料中添加活性成分，其需求日益增长。通过整理或涂层的方法对纺织材料进行改性，主要是用于提高性能或增加新功能，如抗皱性、拒水或拒油性、染色性、阻燃性和抗菌性（Rouhani et al.，2014）。在利用聚合物体系对纺织品进行功能性整理方面，已经进行了许多不同类型的研究。

在过去的20年里，壳聚糖作为一种独特的生物聚合物，已经在许多纺织品应用中被评价过。在纺织后整理中，壳聚糖最重要的应用包括抗菌、防臭、凝血、抗静电、抗皱和抗紫外线整理。

5.2.1 抗菌整理

天然纤维因其比表面积大、保湿性强，为微生物的生长提供了良好的介质。因此，为了防止细菌的滋生，对纺织品进行抗菌整理，是用途广泛的纺织商品的一项功能，例如运动纺织品、医用纺织品等。有很多化学物质可用于制造抗菌纺织品。生物降解性、生物相容性和无毒是理想抗菌剂最重要的特性，壳聚糖作为一种新的纺织品抗菌材料，具有上述特性（Kong et al.，2010）。壳聚糖抗菌特性的普遍认可的机理是带正电荷的壳聚糖与带负电荷的细菌和真菌细胞表面之间的静电作用（Goy et al.，2009），图5.8说明了壳聚糖的抗菌机理。

图5.8 壳聚糖的杀菌机理

壳聚糖的抗菌性能扩展了它的应用领域，这包括纺织品、食品科学、农业、医药和制药。近来,在纺织工业中,壳聚糖正被用于生产抗菌纺织品的诸多应用,如运动纺织品、过滤器、医用纺织品等。已有几项研究报告显示,壳聚糖对纺织品上的各种细菌和真菌有效,壳聚糖作为抗菌剂的首要关注点一直是棉织物。El-Tahlawy 等研究了在壳聚糖存在下,用两种不同交联剂处理棉织物,通过壳聚糖与纤维素结构的化学交联,使棉织物具有抗菌性能。处理后的棉织物对革兰氏阳性菌、革兰氏阴性菌和真菌表现出广谱的抗菌活性(El-Tahlawy et al., 2005)。Rouhani 等介绍了一种简单且经济有效的方法,通过逐层法将壳聚糖和三聚磷酸五钠(TPP)整理棉织物制成抗菌棉织物。结果表明,壳聚糖/TPP 涂布的棉织物对革兰氏阳性菌和革兰氏阴性菌有显著的抗菌活性(Rouhani et al., 2014)。此外,Huh 等制备了壳聚糖接枝聚(对苯二甲酸乙二醇酯)(PET)(C-PET)和季铵化壳聚糖接枝 PET(QC-PET),制造了一种抗金黄色葡萄球菌的抗菌纺织品。根据他们的研究结果,C-PET 和 QC-PET 样品对金黄色葡萄球菌的生长抑制率很高,范围在 75%~86%(Huh et al., 2001)。在另一项研究中,Ye 等合成了聚丙烯酸正丁酯核和壳聚糖壳的核壳结构纳米颗粒,并将其应用于棉织物的浸轧—干燥—焙烘处理工艺中。据报道,经 50 次洗涤后,抗菌活性约为 90%(Ye et al., 2006)。Lee 等用壳聚糖和含氟聚合物对 100%棉和 55%/45%的木纤维/聚酯纤维纱线水刺非织造布进行浸轧—干燥—焙烘工艺处理,以抑制微生物的生长(Lee et al., 1999)。Gupta 等将水溶性羧甲基壳聚糖用于棉织物上,在 0.1%的浓度下,处理后的织物对大肠杆菌和金黄色葡萄球菌具有良好的抗菌活性,并提高了抗皱性(Gupta and Haile, 2007)。

研究表明,壳聚糖与柠檬酸(CA)的结合可使织物具有抗菌活性和抗皱性。经 CA/壳聚糖处理的织物比单独用 CA 处理的织物具有更好的力学性能和抗菌性能(Lim and Hudson, 2003)。Chung 等以壳聚糖和柠檬酸(CA)为原料,采用浸轧—干燥—焙烘处理工艺制备了一种抗菌抗皱的棉织物。用 7%CA 和 0.8%壳聚糖(均为质量分数)处理的棉织物,经过 20 个洗涤循环后,对金黄色葡萄球菌的抑制率几乎是 100%,对其他细菌的抑制率也在 80%以上(Gao and Cranston, 2008)。

目前,有很多研究集中在壳聚糖的 DDA、M_w、pH 等参数对纺织品抗菌活性的影响上。例如,Kong 等研究了脱乙酰度、pH、壳聚糖微球(CM)用量对抗菌活性的影响。抗菌活性随壳聚糖微球浓度的增加而增加,而随 pH 的增加而降低。同时,与 DDA=83.7%的样品相比,DDA=63.6%的壳聚糖的抗菌活性较高(Kong et al., 2008)。

5.2.2 防臭整理

随着消费者健康意识的提高,防臭纺织品的使用量,特别是在纺织行业,如运动服、内衣、袜子和鞋子中的使用量大大增加(CompoundInterest, 2014)。纺织品与皮肤和环境中的各种微生物密切接触,皮肤的温度和湿度为细菌的生长提供了适宜的条件,在某些情况下,这些微生物会导致难闻的气味、污渍、皮肤过敏和皮肤感染(Callewaert et al.,2014)。因此,为了控制难闻气味的产生,有必要防止细菌繁殖。这种方法的基础是通过不同类型的抗菌剂,如壳聚糖,银、钛和锌氧化物纳米颗粒等来防止致臭细菌的增殖。图5.9是壳聚糖防臭作用的示意图。

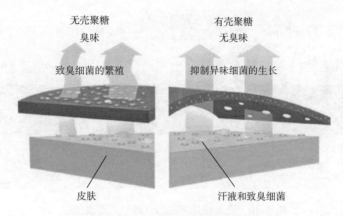

图 5.9 壳聚糖防臭作用示意图

Islam 等以壳聚糖和芳香精油为基础,设计出具有防臭和抗菌性能的100%聚酯纤维汽车用织物。评价结果表明,微胶囊芳香精油与壳聚糖组合处理的织物表现出优异的抗菌和防臭性能(Islam et al.,2012)。Hasebe 等提出了一种壳聚糖杂化除臭剂用于纺织品的整理。首先,将甲基丙烯酸与壳聚糖在水中进行聚合反应;然后,将得到的乳液通过浸轧法应用于样品。经乳液处理的聚合物颗粒和织物,即使在疏水性和亲水性的环境中,也表现出很高的除臭性能(Hasebe et al.,2001)。在一项专利中,介绍了一种基于壳聚糖的鞋类抗菌除臭整理剂。该鞋类除臭抗菌整理剂,除了能抑制有害细菌的形成,杀菌消毒外,还能防止皮肤感染。处理后的样品经20次洗涤后,抗菌除臭效果仍然保留(Chang,2017)。同时,还发明了一种壳聚糖基抗菌除臭保健袜。实验证明,该壳聚糖抗菌除臭保健袜有效成分稳定,杀菌效果显著,抗菌除臭效果持久。同时,保质期长,使用方便,对人体无毒副作用(WangKaiyu,2012)。

5.2.3 凝血作用

当血管被切断或损坏时,必须在休克和可能的死亡发生前阻止系统失血,这是通过凝血作用来完成的。

根据研究,壳聚糖具有凝血作用,因为它的正电荷可以与血细胞表面的负电荷相互作用(Kim,2013)。因此,红细胞在伤口上凝成一个血块,防止血液流失,

图 5.10 显示了壳聚糖伤口敷料对血块形成的影响。Li 等用天丝/棉/聚乳酸（TCP）非织造布，经壳聚糖/纳米银处理后制成高吸收性抗菌止血敷料，用于严重出血伤口的愈合，TCP 非织造布对严重出血性伤口的血液吸收有显著改善（Li et al.，2016）。

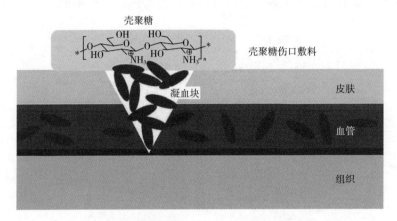

图 5.10　壳聚糖处理的伤口敷料的凝血作用

另外，Sanandam 等生产的壳聚糖绷带，可加快血液凝固和伤口愈合。粗制壳聚糖和蟹壳壳聚糖涂覆的薄纱布与对照样相比，凝血时间较好，表明壳聚糖对预防失血有积极作用（Sanandam et al.，2013）。

5.2.4　抗凝血作用

凝血是血液从液体变成凝胶状形成血块的过程。当凝血块在静脉内不适当地形成时，可能会损害身体的各个器官并导致死亡（Network，2014）。因此，为了解决这些严重的问题，在开腹手术、肾脏透析时，为防止手术过程中的血液凝固，使用抗凝剂是必要的。

肝素被认为是一种商品化的抗凝剂，广泛用于预防血栓栓塞性疾病。然而，肝素的一些副作用，如出血效应、不能抑制与纤维蛋白结合的凝血酶、出现血小板减少等，限制了它的应用。因此，在各种应用中，使用替代性抗凝剂的必要性日益增加（Kim，2013）。

人们对硫酸化甲壳素和壳聚糖的关注主要集中在其作为潜在抗凝剂上（Kim，2010）。壳聚糖硫酸盐已经显示出良好的抗凝活性，引入羧基可以进一步提高活性，因为其与肝素的结构相似性更好。事实上，羧甲基壳聚糖硫酸盐比壳聚糖硫酸盐表现出更大的将纤维蛋白原转化为纤维蛋白的能力（Nishimura et al.，1986）。Vongchan 等研究了在半均匀的条件下，用氯磺酸/二甲基甲酰胺海洋蟹壳中合成的壳聚糖多硫酸盐的抗凝血活性，所有壳聚糖多硫酸盐样品均表现出显著的抗凝活性。同时，它们像肝素一样具有抑制 Xa 因子和凝血酶活性的作用（Vongchan et al.，2003）。

5.2.5 抗静电整理

静电会给纺织材料的加工带来许多问题，特别是疏水性合成纤维。在干法纺织加工中，纤维和织物在不同的表面上高速移动，这可能会因摩擦而产生静电荷。这种电荷会导致纤维的互相排斥（Schindler and Hauser，2004）。带电的表面也会吸引和容纳异物，导致加工过程中的污染风险，影响最终产品的质量。

壳聚糖具有三类活性官能团，它们是伯氨基（$C2-NH_2$）、仲羟基（$C3-OH$）和伯羟基（$C6-OH$）。这些官能团用于物理和化学修饰方面（Huang et al.，2010），并且在吸水方面起着至关重要的作用。由于壳聚糖具有亲水基团，被认为是一种理想的抗静电剂。

Halim 等通过壳聚糖和一氯三嗪基-β-环糊精（MCT-β-CD），改善了棉/涤织物和聚酯织物的抗静电性能。经 MCT-β-CD 和壳聚糖整理后，织物结构中引入羟基，改善了织物的吸水性。织物的吸水性增强了织物的导电性，从而提高了抗静电性能（Abdel-Halim et al.，2010）。Eom 采用壳聚糖作为抗静电剂处理涤纶织物，这类织物具有静电性，人们对它们的抗静电处理进行了大量研究。由于 PET 具有羟基官能团，因此可以用催化剂和一些二酸将其与壳聚糖的胺基交联，从而生产抗静电整理剂。交联后的 PET，静电电压降低到未处理涤纶的 1/10 以下，这比壳聚糖的亲水性贡献更大（Eom，2001）。另外，通过壳聚糖基溶液的浸轧法整理，制备了抗静电涤纶织物。结果发现，该工艺简单，易于控制，处理后涤纶织物的抗静电性能良好（Jianhua，2016）。

5.2.6 耐久压烫/抗皱整理

纤维素纤维的一个主要问题是容易产生褶皱，而且在染色、印花和后整理过程中会对纺织品产生一定的负面影响。耐久压烫（DP）或易打理整理几乎总是用于纤维素纤维含量高的棉织物，这种整理可以为纤维素纤维纺织品提供抗缩性，并改善干、湿抗皱能力（Dehabadi et al.，2013）。制备抗皱纺织品抗皱剂有不同的材料，如甲醛类化合物、交联剂（如戊二醛和多羧酸）以及如壳聚糖等的各种纳米材料和聚合物（Yang et al.，1998）。传统的抗皱整理是基于苯酚–甲醛、羟甲基三聚氰胺或二羟甲基脲等化合物进行的，但现在由于全球环保意识的提高，使用无甲醛抗皱剂是首选。壳聚糖性质独特，被认为是一种潜在的抗皱剂（Bhala et al.，2012）。事实上，纤维素纤维和壳聚糖之间多阳离子的分子间包合作用，降低了分子链移动、氢键断裂和纤维起皱的可能性。交联剂的存在也提高了整理的效果（Aly et al.，2004）。

用壳聚糖对织物进行抗皱整理有两种方法：

（1）织物样品用含有壳聚糖0.5%、乙酸1%、乙酸钠1%和水的溶液进行处理，预处理后用所制备的溶液浸轧，并在80℃下干燥10min。

（2）将阳离子化壳聚糖通过浸轧以100%带液率施加在阴离子的纤维素纤维织物上，然后分别在105℃和150℃下干燥和固化3min（Bhala et al.，2012）。

Verma等以壳聚糖柠檬酸盐为非甲醛整理剂，生产抗皱棉织物。结果表明，用壳聚糖处理过的棉织物具有较大的褶皱回复角，即使经过20个洗涤循环，也具有良好的抗皱性（Verma et al.，2013）。Samanta等以柠檬酸（CA）和壳聚糖为原料，在一水合次磷酸钠催化下，采用浸轧—干燥—焙烘处理工艺制备了抗皱耐腐的漂白黄麻织物。处理后的黄麻织物具有更好的褶皱回复角，并且发现CA和壳聚糖的组合对黄麻织物的抗腐效果具有协同作用（Samanta and Bagchi，2013）。在同一项研究中，Chung等采用柠檬酸（CA）和壳聚糖作为棉的耐久压烫和抗菌整理剂，这些药剂通过传统的浸轧—干燥—焙烘处理工艺应用于织物上。期望CA与纤维素和壳聚糖中的羟基或氨基反应，形成酯交联或离子间吸引。经CA和壳聚糖处理后，可获得3.5~4级的耐久压烫外观评级。经过20次洗涤和烘筒干燥循环，仍可保持持久的耐烫性能（Chung et al.，1998）。此外，Sunder等报道了在100%纯棉织物上使用壳聚糖与多羧酸组合，以制备具有抗皱和抗菌性能的多功能纺织品（Sunder et al.，2014）。在Aly等进行的一项研究中，制备出了具有抗皱性能的棉织物，与未处理棉织物相比，整理棉织物具有足够的抗皱性（Aly et al.，2004）。Lu等采用离子凝胶技术制备了羟丙基壳聚糖（HCS）纳米颗粒，并在1，2，3，4-丁烷四羧酸和次磷酸钠存在下，通过传统的浸轧—干燥—焙烘处理工艺将其应用于柞蚕（Antheraeapernyi）真丝织物上。根据他们的研究结果，用HCS纳米颗粒处理柞蚕真丝织物，增强了抗皱性能（Lu et al.，2013）。Huang等研究了利用低分子量壳聚糖（LWCS）对棉织物进行防皱处理的效果。

将LWCS与二羟甲基二羟基亚乙基脲（DMDHEU）混合，制成整理剂，LWCS的加入提高了织物的拉伸强度保持率（TSR）和抗皱性能。此外，所有处理后的织物即使经过20次水洗，抗皱性能仍然很好（Huang et al.，2008）。利用甲氧基聚乙二醇-N-壳聚糖接枝共聚物，制备了生物医用抗皱棉织物。首先用甲氧基聚乙二醇（MPEG）醛对壳聚糖进行改性，然后将所得接枝共聚物（壳聚糖g-MPEG）与CA作为锚定分子和次磷酸钠一起应用于棉织物上。在此过程中，CA的羧基与纤维素以及壳聚糖的羟基发生酯化反应。经30次洗涤后，整理的棉显示出持久的抗菌和易打理性能（Abdel-Mohsen et al.，2012）。此外，有报道称，壳聚糖与N-(2-羟基)丙基-3-三甲基氯化铵（HTCC）在多羧酸或戊二醛的存在下，可生产出耐久的抗菌织物，并具有永久的抗皱性（Montazer and Afjeh，2007）。

5.2.7 抗紫外线整理

由于壳聚糖的氨基和羟基具有与各种金属（如锌或铜）形成金属络合物的强

大能力，其作为防紫外线剂潜力巨大，目前，壳聚糖/ZnO 或壳聚糖/铜络合物引起了人们的极大关注（AbdElhady，2012）。图 5.11 为壳聚糖/金属络合物的形成机理（Wang et al.，2005）。

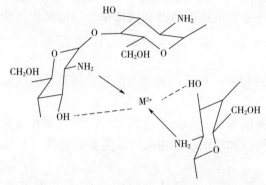

图 5.11 壳聚糖/金属络合物的形成机理
(Wang et al.，2005)

Abd Elhady 制备并表征了壳聚糖/氧化锌纳米颗粒对棉织物的抗菌和抗紫外性能，紫外测试表明，通过增加纳米 ZnO/壳聚糖的浓度，可以显著提高棉织物的抗紫外性能（Abd Elhady，2012）。Hebeish 等将壳聚糖纳米颗粒作为棉织物多功能化的绿色整理剂，结果表明，壳聚糖/金属络合物形成后，随着壳聚糖纳米颗粒及其铜络合物浓度的增加，棉织物的防紫外线性能增加。事实上，游离的氨基可以与金属铜离子相互作用，从而提高棉织物的抗紫外性能（Hebeish et al.，2013）。

5.3 甲壳素和壳聚糖在纺织工业中的应用

甲壳素、壳聚糖及其衍生物因其独特的性质如抗菌活性、凝血和抗凝性能、防臭、抗静电、抗皱等特性，在医用纺织品和水处理用纳米纤维膜等不同领域具有诱人的潜力，现简要介绍甲壳素和壳聚糖在纺织工业中的一些应用。

5.3.1 医用纺织品

与其他领域相比，医用纺织品是技术纺织品行业中增长较快的领域之一，医用纺织材料的主要要求是生物相容性、无毒、非致敏性、非致癌性、透气性、抗菌性等。由于甲壳素、壳聚糖及其衍生物的化学和生物特性，它们被广泛应用于各种医用纺织品中。

5.3.1.1 抗菌织物

近年来，由于抗菌纺织品在医疗和保健环境中具有降低传染传播的潜力而备受关注，抗菌性还可以提高消费品的性能和寿命。此外，也会减少这些织物中产生的异味，这意味着纺织品在使用后仍有令人愉悦和清新的气味。因此，抗菌产品早已用于医护环境中，用作医院工作服、病号服、窗帘、床罩等（Sun, 2016）。

如前所述，壳聚糖因其具有显著的抗菌活性和抗异味作用而被广泛应用于抗菌纺织品的各种应用。

5.3.1.2 医用敷料

医用敷料是用于伤口愈合的材料，具有三种能力：防止感染；吸收血液和渗出物；在某些情况下，给伤口用药。

伤口敷料是甲壳素和壳聚糖最有前景的医学应用之一，甲壳素和壳聚糖的黏附性、抗菌活性和透氧性是与伤口和烧伤治疗相关的最重要的特性（Jayakumar et al., 2011）。

Chilarski 等在非均相条件下，用丁酸酐从虾壳中合成了二丁酰基甲壳素（DBC）。在这项研究中，将 DBC 非织造布应用于一组 9 例患者，显示在烧伤创面愈合方面的结果是积极的（Chilarski et al., 2007）。在 Zhou 等的研究中，采用静电纺丝方法制备了具有生物相容性的羧乙基壳聚糖/聚乙烯醇（CECS/PVA）纳米纤维作为伤口敷料。细胞培养结果表明，纤维毡对细胞黏附和增殖有积极作用，可作为皮肤再生的潜在伤口敷料（Zhou et al., 2007）。另外，Abdel-Rahman 等采用聚电解质的多层浸轧—干燥—焙烘技术制备了壳聚糖/透明质酸钠/非织造布的薄层。评价了新型伤口敷料的愈合性能，并与对照组进行了比较，所得样品具有显著的抗菌作用和促进伤口愈合作用（Abdel-Rahman et al., 2016）。Chen 等制备壳聚糖/胶原复合纳米纤维膜作为有益的伤口敷料，发现该膜能促进伤口愈合，诱导细胞迁移和增殖（Chen et al., 2008）。

5.3.1.3 缝合线

甲壳素是一种可吸收的手术缝合线，具有良好的力学性能、生物相容性和生物降解性（Ciucǎ and Mihǎilescu, 2015）。关于可吸收手术缝合线的使用，有许多不同的研究。例如，Nakajima 等生产出一种基于甲壳素的手术缝合线，该甲壳素缝合线在大鼠肌肉中约 4 个月被吸收，并且在毒性测试（包括急性毒性、热原性和致突变性）中表现为阴性反应（Nakajima et al., 1986）。Shao 等采用湿法纺丝和编织技术，用乙酸酐—高氯酸混合体系制得了二乙酰甲壳素（DAC）。DAC 已成功地发展成为一种新型的可吸收手术缝合线，具有合适的力学强度，42 天内没有明显的组织反应，结果表明，DAC 缝合线对上皮组织、结缔组织等的中短期伤口愈合具有很强的能力（Shao et al.，2016）。

5.3.2 纺织品的染色

直接染料和活性染料因其色域齐全、使用方便，被广泛应用于棉织物的染色，但因为棉纤维在水中具有阴离子表面电荷，这些阴离子染料对棉纤维的亲和力较低。为了克服染料和棉之间的电荷排斥作用，可使用如氯化钠或硫酸钠等电解质，然而，染色所需的大量盐会造成严重的环境问题。为了减少盐的使用量，一些研究人员通过使用含有阳离子基团的化学物质进行化学改性，使棉纤维阳离子化。但大多数用于棉纤维阳离子化的化学物质对环境并不安全，而壳聚糖作为一种多阳离子、环境友好的生物聚合物更加环保。事实上，壳聚糖在酸性条件下自身具有阳离子性质，通过静电作用可以很容易地吸附阴离子染料。在棉织物的生产和染色中，未成熟的棉会引起染色问题，因此，棉纤维对染料的吸收不均匀，会产生浅色或白色的小斑点，这是一小簇被称为棉结的未成熟棉纤维导致的结果（Hu et al.，2006）。另外，众所周知，对棉等纤维素纤维进行耐久压烫（DP）整理，由于传统的 DP 整理剂交联的纤维在水性染色溶液中不能充分膨胀，导致染色性能上存在一定的缺陷。因此，为了提高交联纤维的可染性，在整理配方中加入了一些活性阳离子剂，如缩水甘油三甲基氯化铵、环氧化物、羟基烷基含氮化合物和羟基烷基胺等（Shin and Yoo，1995）。据报道，壳聚糖可作为纺织材料和皮革的印染助剂，以提高染色性能。

Rippon 评价了壳聚糖在改善未成熟棉纤维染色性能方面的应用。壳聚糖溶液通过三种不同的方法应用于棉织物，分别是轧堆漂洗、轧烘漂洗和竭染漂洗。据报道，壳聚糖预处理可提高直接染料的上染率，使未成熟纤维的染色深度与成熟纤维相同。经壳聚糖处理的织物在染色后用季铵盐化合物进行后处理，其色牢度与未经处理的棉相当（Rippon，1984）。Shin 等用壳聚糖改善 DP 棉织物的染色性能，结果表明，壳聚糖能提高未处理棉和 DP 棉对直接染料和酸性染料的吸收，随着壳聚糖分子量的增加，直接染料和酸性染料的吸收量增加。壳聚糖处理对耐洗色牢度无负面影响，但使耐湿摩擦色牢度降低了约半级（Shin and Yoo，1995）。Bhuiyan 等研究了经壳聚糖处理后的天然染料指甲花黄染麻纤维的染色性和抗菌性，评估了壳聚糖处理后的染色织物的色泽深度和色牢度性能。观察到，与未处理的染色织物样品相比，壳聚糖处理过的织物显示出更高的着色深度。就色牢度而言，经壳聚糖预处理和未经壳聚糖预处理的染色样品表现出几乎相似的耐干摩擦色牢度（Bhuiyan et al.，2017）。Canal 等评估了壳聚糖处理棉织物的染料利用情况，用直接染料对处理后的织物进行染色，并对其进行连续洗涤，以评价壳聚糖对织物的耐久性。结果表明，染色织物第一次洗涤的色损最大，经过 15 次洗涤后，色损趋于稳定。经壳聚糖处理后，织物的耐水洗和耐湿摩擦色牢度降低了约1级，而耐干摩擦色牢度没有受到影响。由此可知，壳聚糖在棉织物上的应用，由于染料上染率的增加，可以减少染料的用量和染料在废水中的残留（Canal et al.，1998）。Morakotjinda 等表征了用黄芩叶提取物染色壳聚糖处理棉织物的染色性能和色牢度。结果表明，壳聚糖可用于提高棉织物对黄芩叶的染料吸收率。同时，这些织物的耐洗、耐摩擦和耐光色牢度性能都很好。因此，开发了一种无毒、环保的棉织物后整理剂（Morakotjinda and Nitayaphat，2015）。Bandyopadhyay 等应用壳聚糖对棉织物进行阳离子化处理，以提高其染色性能。首先，采用轧烘法将壳聚糖溶液应用于棉织物，然后用几种活性染料对处理后的织物进行染色。经壳聚糖处理的织物对活性染料的固色性有一定的改善，由于壳聚糖的氨基与染料中的活性基（乙烯基砜基团）发生了反应，提高了固色牢度。经壳聚糖处理的织物的色牢度与未经处理的织物的色牢度相当（Bandyopadhyay et al.，2000）。

5.3.3 纺织品印花性能的改善

将壳聚糖作为印花糊料中的改良剂，以改善印花性能，是壳聚糖及其衍生物的又一功能应用。Hakeim 等研究了壳聚糖处理对用天然色素姜黄素印花棉织物的作用，用壳聚糖溶液处理棉织物，然后用姜黄素进行印花。与未处理的样品相比，用壳聚糖预处理的棉织物得色率（K/S）更高。这归因于姜黄素的结构特征，使其可能表现得像直接染料一样。染料与织物之间的相互作用，一种可能是由于壳聚糖中氨基的存在，通过氢键作用而增强；另一种可能是壳聚糖的质子化氨基与染料之间形成盐侧连接。随着壳聚糖分子量的增加，得色率增加，这可能是由于氨基含量的增加。只有当壳聚糖分子量不高时，织物的硬挺度才可接受，印花棉织物的耐干、湿摩擦色牢度好（Hakeim et al.，2005）。Abou-Okeil 等研究了壳聚糖预处理对羊毛织物印花性能的影响，用不同分子量的壳聚糖对羊毛织物进行处理，然后用硫酸铜进行媒染，再用天然染料进行印花。壳聚糖预处理的目的是提高羊毛织物与铜（Ⅱ）的结合力，从而减少废水中的金属离子。结果发现，随着壳聚糖分子量和使用浓度的增加，铜（Ⅱ）的吸收量也随之增加。经壳聚糖处理的印花羊毛样品比未经壳聚糖处理的羊毛样品的色强（K/S）和耐洗色牢度有所提高（Abou-Okeil and Hakeim，2005）。Abdou 等制备了新型壳聚糖—淀粉共混物，作为增稠剂用于纺织品印花。将壳聚糖与不同比例的糊化淀粉共混，以姜黄（Curcuma tinctoria）为天然染料，测试了混合物在纺织品丝网印花中的增稠作用。通过测定印花织物的色强（K/S）及相关颜色参数，研究壳聚糖对不同织物（天然织物、混纺织物和合成织物）印花性能的影响。结果表明，印花织物的色强（K/S）增大，颜色变深，说明壳聚糖增加了织物对染料的吸收。印花织物的耐洗、耐摩擦、耐汗渍和耐光性也有所提高（Abdou et al.，2013）。Bahmani 等研究了壳聚糖作为复合增稠剂和黏合剂在颜料印花中的性能,用壳聚糖/颜料印花糊料对聚酯/棉及100%聚酯织物进行印花。他们发现,用壳聚糖印花糊料印花的织物与使用商业印花糊料的织物具有相当的色牢度。然而,壳聚糖印花糊料印花后,织物的色强(K/S)较差,且僵硬。据称,色强差是由于在pH为4时,壳聚糖糊料中颜料分散体的稳定性降低所致(Bahmani et al.,2000)。

5.3.4 运动服装的抗菌和防臭

一般来说,壳聚糖及其衍生物具有持久天然的抗菌效果、防臭能力,优异的皮肤相容性,良好的吸湿性、生物降解性和环境友好性,是制造不同类型运动服装的理想选择。含有壳聚糖的功能性运动服可提供防紫外功能,由于壳聚糖的存在,衣服的透气性好,除臭性好,衣服能吸收和传导水分,在运动中保持干爽。

5.4 发展趋势

壳聚糖因其独特的性质和在不同领域的广泛应用,引起了人们浓厚的兴趣。壳聚糖及其衍生物对纺织品进行化学改性和各种整理的可能性,使得从纺织原料到最终产品的多种用途成为可能。壳聚糖在纺织工业中的多样化应用,使它在技术和生态方面有着广泛用途。按照用途,壳聚糖市场分为水处理、生物医药和制药、纺织工业、食品、化妆品等。尽管目前甲壳素和壳聚糖性质和应用范围广泛,但仍需要克服一些挑战。

利用甲壳素和壳聚糖生产附加值较高的纺织品,是利用废物创造财富的例子,因为甲壳素作为食品工业的副产品价格便宜。尽管如此,业界仍在寻求改进提取甲壳素和壳聚糖的技术,以减少加工时间和成本。由于从海洋、陆地和微生物中提取甲壳素都有其自身的局限性,因此从更易获得的原料中分离甲壳素是关键的研究领域之一。此外,这一问题的另一个有吸引力的新方法是利用微波和冷冻干燥循环或利用离子液体提纯甲壳素等新型提取技术,该方法有助于提高甲壳素的产量。因此,为了扩大以壳聚糖或壳聚糖衍生物为基础的新材料的规模,需要以低成本进行更高的生产,以便大规模应用在例如农业、纺织品改性、后整理或环境控制(作为染料或金属离子吸附剂)等领域,这是必要的。另外,过去的研究大多集中在通过改变时间、温度参数以及酸碱的种类等酸碱工艺的优化,而现在,大多数的研究都集中于酶法处理,因为酶法处理对环境的副作用较小,能耗较低。

甲壳素、壳聚糖及其衍生物由于具有抗菌、凝血和螯合能力,作为伤口敷料和水处理膜已被广泛研究,但这些产品仍然没有象其他生物材料那样完全商业化,未来的医用纺织品和净水过滤器的发展趋势很可能是以甲壳素、壳聚糖及其衍生物为基础的材料。

基于这些问题，在未来，甲壳素、壳聚糖及其衍生物生产的简化、高效和创新是必要的。

本章通过对甲壳素和壳聚糖各方面性质的描述，如化学和生物特性、制备来源、提取方法、加工工艺、衍生物及其在纺织工业中的应用等，来增加人们对甲壳素和壳聚糖的重要性和特性的认识。

甲壳素和壳聚糖最重要的性质是生物降解性、生物相容性、无毒和理化特性。此外，甲壳素和壳聚糖链存在的游离氨基，允许其进行特定的修饰。根据壳聚糖及其衍生物的化学和物理结构，它们可以作为抗菌、防臭、抗凝、凝血、抗皱、抗静电和染料改良剂，应用于不同的功能应用中，如手术器械、抗菌织物、纺织印染，等等。

由于其广泛的应用，在不久的将来，甲壳素、壳聚糖及其衍生物在纺织工业中的应用前景日益广阔。

参考文献

[1] Abdel-Halim, E., et al., 2010. Chitosan and monochlorotriazinyl-β-cyclodextrin finishes improve antistatic properties of cotton/polyester blend and polyester fabrics. Carbohydr. Polym. 82 (1), 202–208.

[2] Abdel-Mohsen, A., et al., 2012. Biomedical textiles through multifunctioalization of cotton fabrics using innovative methoxypolyethylene glycol-N-chitosan graft copolymer. J. Polym. Environ. 20 (1), 104–116.

[3] Abdel-Rahman, R.M., et al., 2016. Wound dressing based on chitosan/hyaluronan/nonwoven fabrics: preparation, characterization and medical applications. Int. J. Biol. Macromol. 89, 725–736.

[4] Abd Elhady, M., 2012. Preparation and characterization of chitosan/zinc oxide nanoparticles for imparting antimicrobial and UV protection to cotton fabric. IJCC 2012, 1–6.

[5] Abdou, E., et al., 2013. Preparation of novel chitosan-starch blends as thickening agent and their application in textile printing. J. Chem. 1–8.

[6] Abou-Okeil, A., Hakeim, O., 2005. Effect of metal ion binding of chitosan on the printability of pretreated wool fabric. Color. Technol. 121 (1), 41–44.

[7] Aly, A.S., et al., 2004. Utilization of chitosan citrate as crease-resistant and antimicrobial finishing agent for cotton fabric. IJFTR 29, 218–222.

[8] Arbia, W., et al., 2013. Chitin extraction from crustacean shells using biological methods: a review. FTB 51 (1), 12.

[9] Bahmani, S., et al., 2000. The application of chitosan in pigment printing. Color. Technol. 116 (3), 94-99.

[10] Bandyopadhyay, B., et al., 2000. Application of chitosan in dyeing and finishing. BTRA Scan 31 (1), 5-12.

[11] Barikani, M., et al., 2014. Preparation and application of chitin and its derivatives: a review. Iran. Polym. J. 23 (4), 307-326.

[12] Bhala, R., et al., 2012. Bio-finishing of fabrics. Asian Dyer 9 (4), 45-49.

[13] Bhuiyan, M. A. R., et al., 2017. Improving dyeability and antibacterial activity of *Lawsonia inermis* L. on jute fabrics by chitosan pretreatment. Text. Cloth. Sustain. 3 (1), 1.

[14] Callewaert, C., et al., 2014. Microbial odor profile of polyester and cotton clothes after a fitness session. Appl. Environ. Microbiol. 80 (21), 6611-6619.

[15] Canal, J., et al., 1998. Chitosan boosts dyeing efficiency. Int. Dyer 183 (2), 17-18.

[16] Chang, D., 2017. Antibacterial and Deodorant Finishing Agent for Footgear and Preparation Method Thereof. (Google Patents).

[17] Chen, L., et al., 2005. Effect of the degree of deacetylation and the substitution of carboxymethyl chitosan on its aggregation behavior. J. Polym. Sci. B Polym. Phys. 43 (3), 296-305.

[18] Chen, Z., et al., 2008. Intermolecular interactions in electrospun collagen-chitosan complex nanofibers. Carbohydr. Polym. 72 (3), 410-418.

[19] Cheung, R. C. F., et al., 2015. Chitosan: an update on potential biomedical and pharmaceutical applications. Mar. Drugs 13 (8), 5156-5186.

[20] Chilarski, A., et al., 2007. Novel dressing materials accelerating wound healing made from dibutyrylchitin. Fibres Text. East. Eur. 15 (4), 77-81.

[21] Cho, Y. I., et al., 1998. Physicochemical characteristics and functional properties of various commercial chitin and chitosan products. J. Agric. Food Chem. 46 (9), 3839-3843.

[22] Chung, Y.-S., et al., 1998. Durable press and antimicrobial finishing of cotton fabrics with a citric acid and chitosan treatment. Text. Res. J. 68 (10), 772-775.

[23] Ciucă, A., Mihăilescu, D., 2015. Chitin depolymerization: medical applications. Bull. Transilv. Univ. Bras,ov Ser. VI 8 (57).

[24] CompoundInterest, 2014. The Chemistry of Body Odours-Sweat, Halitosis, Flatulence & Cheesy Feet. Available from: http://www.compoundchem.com/2014/04/

07/the-chemistry-of-body-odours-sweat-halitosis-flatulence-cheesy-feet/.

[25] Dehabadi, V. A., et al., 2013. Durable press finishing of cotton fabrics: an overview. Text. Res. J. 83 (18), 1974-1995.

[26] Domard, A., Rinaudo, M., 1983. Preparation and characterization of fully deacetylated chitosan. Int. J. Biol. Macromol. 5 (1), 49-52.

[27] Dutta, P. K., et al., 2004. Chitin and Chitosan: Chemistry, Properties and Applications.

[28] El-Tahlawy, K. F., et al., 2005. The antimicrobial activity of cotton fabrics treated with different crosslinking agents and chitosan. Carbohydr. Polym. 60 (4), 421-430.

[29] Elieh-Ali-Komi, D., Hamblin, M. R., 2016. Chitin and chitosan: production and application of versatile biomedical nanomaterials. Int. J. Adv. Res. 4 (3), 411.

[30] Enescu, D., 2008. Use of chitosan in surface modification of textile materials. Roum. Biotechnol. Lett. 13 (6), 4037-4048.

[31] Eom, S.-i., 2001. Using chitosan as an antistatic finish for polyester fabric. AATCC Rev. 1 (3).

[32] Farag, R. K., Mohamed, R. R., 2012. Synthesis and characterization of carboxymethyl chitosan nanogels for swelling studies and antimicrobial activity. Molecules 18 (1), 190-203.

[33] Gao, Y., Cranston, R., 2008. Recent advances in antimicrobial treatments of textiles. Text. Res. J. 78 (1), 60-72.

[34] Goy, R. C., et al., 2009. A review of the antimicrobial activity of chitosan. Polímeros 19 (3), 241-247.

[35] Gupta, D., Haile, A., 2007. Multifunctional properties of cotton fabric treated with chitosan and carboxymethyl chitosan. Carbohydr. Polym. 69 (1), 164-171.

[36] Hakeim, O., et al., 2005. The influence of chitosan and some of its depolymerized grades on natural color printing. J. Appl. Polym. Sci. 97 (2), 559-563.

[37] Hasebe, Y., et al., 2001. Appliedtechnology-chitosan hybrid deodorant agent for finishing textiles—a new polymeric deodorizer exhibited effective deodorant performance against human malodors. AATCC Rev. 1 (11), 23-27.

[38] Hastuti, B., Siswanta, D., 2013. The synthesis of carboxymethyl chitosan-pectin film as adsorbent for lead(Ⅱ) metal. IJCEA 4 (6), 349.

[39] Hebeish, A., et al., 2013. Utilization of chitosan nanoparticles as a green finish in multifunctionalization of cotton textile. Int. J. Biol. Macromol. 60, 10-17.

[40] Hirano, S., 1996. Chitin biotechnology applications. Biotechnol. Annu. Rev. 2, 237-258.

[41] Hu, Z., et al., 2006. The sorption of acid dye onto chitosan nanoparticles. Polymer 47 (16), 5838-5842.

[42] Huang, K.-S., et al., 2008. Application of low-molecular-weight chitosan in durable press finishing. Carbohydr. Polym. 73 (2), 254-260.

[43] Huang, Y.-S., et al., 2010. Preparation and thermal and anti-UV properties of chitosan/mica copolymer. J. Nanomater. 2010, 65.

[44] Huh, M. W., et al., 2001. Surface characterization and antibacterial activity of chitosan-grafted poly (ethylene terephthalate) prepared by plasma glow discharge. J. Appl. Polym. Sci. 81 (11), 2769-2778.

[45] Hussain, M. R., et al., 2013. Determination of degree of deacetylation of chitosan and their effect on the release behavior of essential oil from chitosan and chitosan-gelatin complex microcapsules. IJA-ERA 6 (4), 4-12.

[46] Islam, S., et al., 2012. New automotive fabrics with anti-odour and antimicrobial properties. Sustain. Autom. Technol. 81-89.

[47] Jayakumar, R., et al., 2011. Biomaterials based on chitin and chitosan in wound dressing applications. Biotechnol. Adv. 29 (3), 322-337.

[48] Jayakumar, R., et al., 2008. Preparative methods of phosphorylated chitin and chitosan:an overview. Int. J. Biol. Macromol. 43 (3), 221-225.

[49] Jianhua, G., 2016. Antistatic after Treatment of Dacron Fabric. (Google Patents).

[50] Johnson, E., Peniston, Q., 1979. In: Utilization of shellfish waste for chitin and chitosan production. Abstracts of Papers of the American Chemical Society, Amer Chemical Soc 1155 16th St, NW, Washington, DC.

[51] Kannan, P., et al., 2014. T7 bacteriophage induced changes of gold nanoparticle morphology:biopolymer capped gold nanoparticles as versatile probes for sensitive plasmonic biosensors. Analyst 139 (14), 3563-3571.

[52] Kim, S.-K., 2010. Chitin, Chitosan, Oligosaccharides and Their Derivatives:Biological Activities and Applications. CRC Press Korea.

[53] Kim, S.-K., 2013. Chitin and Chitosan Derivatives:Advances in Drug Discovery and Developments. CRC Press.

[54] Kong, M., et al., 2008. Preparation and antibacterial activity of chitosan microshperes in a solid dispersing system. Front. Mater. Sci. China 2 (2), 214-220.

[55] Kong, M., et al., 2010. Antimicrobial properties of chitosan and mode of action:

a state of the art review. Int. J. Food Microbiol. 144 (1), 51–63.

[56] Kurita, K., et al., 1991. Solubilization of a rigid polysaccharide: controlled partial N-acetylation of chitosan to develop solubility. Carbohydr. Polym. 16 (1), 83–92.

[57] Kurita, K., et al., 1989. Facile preparation of water-soluble chitin from chitosan. Chem. Lett. 18 (9), 1597–1598.

[58] Le, Y., et al., 1997. Recent developments in fibres and materials for wound management. IJFTR 22, 337–347.

[59] Lebouc, F., et al., 2009. Synthesis of phosphorus-containing chitosan derivatives. Phosphorus Sulfur Silicon Relat. Elem. 184 (4), 872–889.

[60] Lee, S., et al., 1999. Antimicrobial and blood repellent finishes for cotton and nonwoven fabrics based on chitosan and fluoropolymers. Text. Res. J. 69 (2), 104–112.

[61] Li, Q., et al., 1992. Applications and properties of chitosan. J. Bioact. Compat. Polym. 7 (4), 370–397.

[62] Li, T.-T., et al., 2016. Highly absorbent antibacterial hemostatic dressing for healing severe hemorrhagic wounds. Materials 9 (9), 793.

[63] Lim, S.-H., Hudson, S. M., 2003. Review of chitosan and its derivatives as antimicrobial agents and their uses as textile chemicals. J. Macromol. Sci. Polym. Rev. 43 (2), 223–269.

[64] Lu, Y. H., et al., 2013. Preparation of hydroxypropyl chitosan nanoparticles and their application in *Antheraea pernyi* silk treatment. Adv. Mater. Res. 796, 380–384.

[65] Majekodunmi, S. O., 2016. Current development of extraction, characterization and evaluation of properties of chitosan and its use in medicine and pharmaceutical industry. AJPST 6 (3), 86–91.

[66] Matsukawa, S., et al., 1995. Modification of polyester fabrics using chitosan. Sen'i Gakkaishi 51 (1), 17–22.

[67] Mima, S., et al., 1983. Highly deacetylated chitosan and its properties. J. Appl. Polym. Sci. 28 (6), 1909–1917.

[68] Montazer, M., Afjeh, M. G., 2007. Simultaneous x-linking and antimicrobial finishing of cotton fabric. J. Appl. Polym. Sci. 103 (1), 178–185.

[69] Morakotjinda, P., Nitayaphat, W., 2015. Dyeing properties and color fastness of chitosan treated cotton fabrics with Thian king leaves extract. Appl. Mech. Mater. 749, 89–93.

［70］Muzzarelli, R. A. , 1988. Carboxymethylated chitins and chitosans. Carbohydr. Polym. 8 (1), 1-21.

［71］Nakajima, M. , et al. , 1986. Chitin is an effective material for sutures. Jpn. J. Surg. 16 (6), 418-424.

［72］Nessa, F. , et al. , 2010. A process for the preparation of chitin and chitosan from prawn shell waste. Bangladesh J. Sci. Ind. Res. 45 (4), 323-330.

［73］Network, W. , 2014. About Bleeding Disorders: The Clotting Process. Available from: https:// www. wfh. org/en/page. aspx? pid=635.

［74］Nishimura, S. -I. , et al. , 1986. Inhibition of the hydrolytic activity of thrombin by chitin heparinoids. Carbohydr. Res. 156, 286-292.

［75］No, H. K. , Meyers, S. P. , 1995. Preparation and characterization of chitin and chitosan: a review. J. Aquat. Food Prod. Technol. 4 (2), 27-52.

［76］Pal, J. , et al. , 2013. Biological method of chitin extraction from shrimp waste an eco-friendly low cost technology and its advanced application. IJFAS 1 (6), 104-107.

［77］Park, B. K. , Kim, M. -M. , 2010. Applications of chitin and its derivatives in biological medicine. Int. J. Mol. Sci. 11 (12), 5152-5164.

［78］Pestov, A. , Bratskaya, S. , 2016. Chitosan and its derivatives as highly efficient polymer ligands. Molecules 21 (3), 330.

［79］Rahman, F. , Akter, M. , 2016. Removal of dyes from textile wastewater by adsorption using shrimp shell. Int. J. Waste Resour. 6.

［80］Rippon, J. A. , 1984. Improving the dye coverage of immature cotton fibres by treatment with chitosan. Color. Technol. 100 (10), 298-303.

［81］Rouhani, A. , et al. , 2014. Antibacterial finishing of cotton fabric via the chitosan/TPP self-assembled nano layers. Fiber Polym. 15 (9), 1908-1914.

［82］Samanta, A. , Bagchi, A. , 2013. Eco-friendly rot and crease resistance finishing of jute fabric using citric acid and chitosan. J. Inst. Eng. India Ser. E 94 (1), 7-13.

［83］Sanandam, M. , et al. , 2013. Chitosan bandage for faster blood clotting and wound healing. Int. J. Adv. Biotechnol. Res. 50.

［84］Schindler, W. D. , Hauser, P. J. , 2004. Chemical Finishing of Textiles. Elsevier, North America.

［85］Shao, K. , et al. , 2016. Fabrication and feasibility study of an absorbable diacetyl chitin surgical suture for wound healing. J. Biomed. Mater. Res. B 104 (1), 116-125.

[86] Sharma, R., Sayed, U., 2016. Surface modification of cellulosic fabric. Int. J. Adv. Chem. Eng. Biol. Sci. 3 (1).

[87] Shin, Y., Yoo, D. I., 1995. Use of chitosan to improve dyeability of DP finished cotton(I). J. Korean Fiber Soc. 32 (5), 520-526.

[88] Sobahi, T. R., et al., 2014. Chemical modification of chitosan for metal ion removal. Arab. J. Chem. 7 (5), 741-746.

[89] Sofiane, S., 2015. Biosorption of heavy metals by chitin and chitosan. Der Pharma Chem. 7, 54-63.

[90] Sun, G., 2016. Antimicrobial Textiles. University of California, Davis, USA.

[91] Sunder, A. E., et al., 2014. Multifunctional Finishes on Cotton Textiles Using Combination of Chitosan and Polycarboxylic Acids.

[92] Van Duin, P., Hermans, J., 1959. Light scattering and viscosities of chitosan in aqueous solutions of sodium chloride. J. Polym. Sci. A 36 (130), 295-304.

[93] Verma, M. K. K., Yadav, N., Singh, R., 2013. Effect of crease resistant finish on crease recovery properties of cotton fabric. IJTFT 3, 9-14.

[94] Vongchan, P., et al., 2003. Anticoagulant activities of the chitosan polysulfate synthesized from marine crab shell by semi-heterogeneous conditions. ScienceAsia 29, 115-120.

[95] Wang Kaiyu, W. F. F., 2012. Special Process Finished Chitosan Antibacterial and Deodorant Health Care Sock. (Google Patents).

[96] Wang, X., et al., 2005. Chitosan-metal complexes as antimicrobial agent: synthesis, characterization and structure-activity study. Polym. Bull. 55 (1), 105-113.

[97] Weltrowski, M., Masri, M. S., 1996. Method for Treatment of Cellulose Fabrics to Improve their Dyeability with Reactive Dyes. Google Patents.

[98] Yang, C. Q., et al., 1998. Nonformaldehyde durable press finishing of cotton fabrics by combining citric acid with polymers of maleic acid. Text. Res. J. 68 (6), 457-464.

[99] Ye, W., et al., 2005. Novel core-shell particles with poly (n-butyl acrylate) cores and chitosan shells as an antibacterial coating for textiles. Polymer 46 (23), 10538-10543.

[100] Ye, W., et al., 2006. Durable antibacterial finish on cotton fabric by using chitosan-based polymeric core-shell particles. J. Appl. Polym. Sci. 102 (2), 1787-1793.

[101] Younes, I., Rinaudo, M., 2015. Chitin and chitosan preparation from marine

sources. Structure, properties and applications. Mar. Drugs 13 (3), 1133 - 1174.

[102] Zhang, Z., et al., 2003. Antibacterial properties of cotton fabrics treated with chitosan. Text. Res. J. 73 (12), 1103-1106.

[103] Zheng, M., Han, B., Yang, Y., Liu, W., 2011. Synthesis, characterization and biological safety of O - carboxymethyl chitosan used to treat Sarcoma 180 tumor. Carbohydr. Polym. 86, 231-238.

[104] Zhou, Y., et al., 2007. Electrospun water - soluble carboxyethyl chitosan/poly (vinyl alcohol) nano-fibrous membrane as potential wound dressing for skin regeneration. Biomacromolecules 9 (1), 349-354.

6 酶在棉的绿色化学加工中的应用

Javed Sheikh，Indrajit Bramhecha
印度理工学院纺织工程系，印度新德里

6.1 引言

纺织品的化学加工污染严重，当务之急是要从能源和水密集型的化学工艺向更环保的生物化学工艺转变。酶技术具有许多优点，已在一些纺织工艺中显示出其潜力。完全转向酶工艺仍存在技术问题，会在将来通过生物技术和纺织加工领域的不断研究和发展得到解决。

酶技术在可持续发展中发挥着重要作用。事实上，由酶促进的化学反应过程符合绿色化学的七种理念：避免产生废弃物、更少地使用有害和有毒化学品及化学反应、无毒产品、能效、使用非常规材料（可再生原料）、使用催化剂替代化学计量的试剂（催化过程）以及生态友好工艺（Anastas and Warner，1998）。以酶为基础的工艺是一种可持续和环境友好的工艺。

酶技术对于那些拥有大量、多样和分散的农业活动和天然植物资源丰富的国家来说，意义重大。这些国家的农业、工业和林业储备丰富（Ferreira-Leitao et al.，2010）。除了在食品和许多作物的加工中需要酶，残余物也是生产绿色化学品的可利用原料（FAOSTAT，2016）。残渣的比例相当高，例如，甘蔗植株中只有36%用于生产酒精和糖，而蔗渣和秸秆占总生物量的约64%。椰子和柑桔类水果也类似，在提取果肉和果汁后分别产生85%和50%的残渣（Ferreira-Leitao et al.，2010）。农业、工业残渣的增值可以为不同的工业部门提供各种产品，并同时避免污染性渣滓的堆积。从较低的成本来源获得酶，并将其应用到众多领域，包括生物修复，也是实现可持续发展路线图的一部分。

纺织业是世界上蓬勃发展的产业之一。近年来，随着纺织品贸易量的显著增加，给纺织品加工和制造业带来了巨大的压力。纺织业必须在激烈的竞争中发展，以更经济和更环保的支持技术来满足终端用户对可持续和无菌纺织产品的需求（Parisi et al.，2015；Hasanbeigi and Price，2015）。

开发更安全的化学品和纺织化学加工工艺是纺织研究领域的一个新课题，人们对通过生物技术探索新产品和新工艺的兴趣日益浓厚（Chen et al.，2007；

Gübitz and Cavaco-Paulo，2001；Cegarra，1996；Heine and Hoecker，2001）。用酶取代刺激性化学品，能降低生产成本，减少生态问题。酶几乎可以应用于纺织化学加工的每一个阶段，即作为一种生物化学品处理纺织纤维和排放的废水，可以减少污染性和有毒化学品的使用，从而实现纺织工业的可持续和生态友好。已有许多商业规模上可用的酶，学者们仍在积极探索从实验室到商业化规模的新的酶产品和工艺，以提高相关的效益。酶在纺织工业中的应用可以带来如图6.1所示的好处。

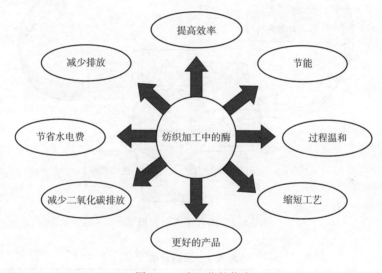

图6.1 酶工艺的优点

本章介绍的主要内容如图6.2所示，重点仍然是与酶有关的基本层面的问题，酶在纺织化学加工中的应用，以及各种科研成果介绍的酶法纺织化学加工的协同效应，还讨论了酶加工与传统加工相比的总体优势。

6.2 酶

6.2.1 酶的命名与分类

除了最先研究的酶，如胃蛋白酶（pepsin）、肾素（rennin）和胰蛋白酶（trypsin）（Cech，2000；Lilley，2005），通常所有酶的名称都以"ase"结尾。根据酶的作用机制，酶委员会（EC）将1500种不同的酶分为六种类型。EC编号为酶的分类提供了一种系统的方法（表6.1）。

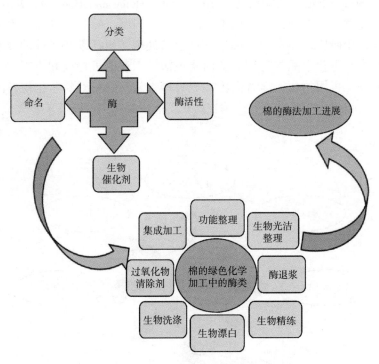

图 6.2 本章主要内容概览

表 6.1 酶的分类

种类	功能	实例
氧化还原酶类	有助于电子从还原分子到氧化分子的快速离域，通常，辅酶Ⅱ（NADP）或辅酶Ⅰ（NAD）被用作这些酶的辅因子	过氧化氢酶，葡萄糖氧化酶，漆酶
转移酶类	重新定位官能团（例如磷酸酯基或甲基）	果糖基转移酶，葡萄糖基转移酶
水解酶类	降低不同键的水解活化能	淀粉酶，纤维素酶，脂肪酶，蛋白酶
裂解酶类	在不发生氧化和水解的情况下切断多个键	果胶酶，α-乙酰乳酸脱羧酶
异构酶类	有助于在单个分子内的快速异构化	葡萄糖异构酶
连接酶	用共价键连接两个分子	

6.2.2 酶的生物催化作用

酶来自蛋白质家族，在许多化学反应中，它们像催化剂一样会改变反应的速度。酶是自然界的催化剂，也被称为生物催化剂，几乎存在于所有的生命形式中，并在生命过程的许多方面发挥着重要作用。酶在日常生活中的许多方面都发挥了作用，如在食物生产中（促进消化）以及各种工业应用中。酶是由氨基酸组成的，但它们具有一种奇特的能力，能在不做任何改变的情况下使生物化学反应轻松进行。酶的这种催化能力使酶很独特，它们使得化学反应速度快、选择性好、产率高而且高效。大多数酶催化反应的速度比未催化反应的速度快 $10^3 \sim 10^{16}$ 倍，它们具有可生物降解的生态优势。

大多数的酶都是作用于比自身尺寸小的底物，酶中只有少数几个氨基酸可以明确地参与催化，每一个特定的氨基酸序列都形成了一个具有独特特性的独特结构。一般来说，酶是通过降低生化反应所需的活化能来发挥作用的。酶的作用是将活性底物输送到足够近的地方，使化学键减弱，从而使反应以更快的速度进行（Hoffmann，1954；Minton，2001；Garcia-Viloca et al.，2004；Hayavadana and Renuka，2003；Colwell，2002；Bugg，2004；Chen et al.，1992；Smith，1997；Warshel et al.，2006；Berg et al.，2002；Eisenmesser et al.，2002；Eisenmesser et al.，2005）。

通过"锁钥"机理可以很好的解释酶的活性，这是由德国化学家埃米尔·菲舍尔（1907）提出的（图6.3），这一机理揭示了生物反应发生的方式，活性底物作为一把钥匙，精确匹配酶锁。

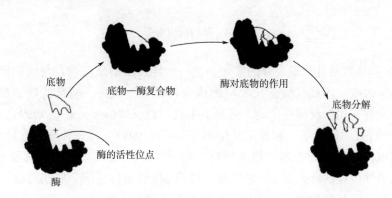

图 6.3 酶的"锁钥"机理

6.2.2.1 酶的活性与反应参数

要了解基本的酶促机理，应用酶动力学理论进行分析是很重要的。

酶促反应的速率是由多种因素决定的（图6.4），例如温度、pH、酶的浓度、底物的浓度以及任何活化剂或抑制剂或阻滞剂（Martinek，1969）。

有很多酶是在特定的温度下表现出最佳活性。在升高温度的情况下，分子间或分子内的动能增加，导致分子的相互作用方式更加无序，因此，温度升高，分子的内能因振动而增加，特别是在酶分子中，使酶的内部连接受到应力（Walsh，1979）。由于这种应力会使酶内部的离子键和较弱的氢键断裂（Flomenbom et al.，

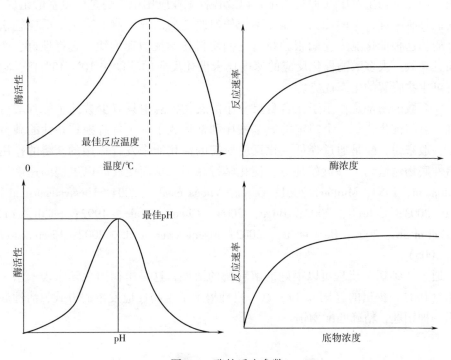

图 6.4　酶的反应参数

2005），从而导致活性位点尺寸的变化，进一步导致酶的反应位点与底物所需的反应位点发生改变。因此，酶催化反应的机会降低了。最终，酶会变性，在特定温度下不再发挥作用，反应速率的下降证实了这一点（Illanes et al.，1999）。

溶液的 pH 对酶的活性起着重要作用（Neet，1995），每一种酶都有特定的 pH 或最佳范围，并在此处表现出最大活性。酶活性位点的氨基上的电荷受 pH 的影响，所以活性位点的特性受 pH 的控制，超出 pH 的最佳范围，底物可能不再与酶配对。例如，羧基在酸性（COOH）条件下不带任何电荷，而在碱性（COO$^-$）条件下会带电荷（Kopelman，1988；Todd and Gomez，2001）。在碱性条件下，酶由于同类电荷的排斥而产生排斥力；在酸性条件下，由于氢键而产生收缩力。

反应速率随着酶浓度的增加而增加（酶分子越多，活性位点越多），因此，会形成更多的酶—底物复合物（Olsson et al.，2006），这对于一定浓度下的酶是有效的（图 6.4）。超过酶的这一特定浓度，酶的浓度不再是限制性因素（Henri，1902）。

由于有更多的底物分子与酶的活性位点相互作用，酶反应速率随着底物成分的增加而上升（Hunter，1995），从而促进了底物—酶复合物的形成（Walsh，1979）。一旦酶被底物饱和，再添加底物对反应速率没有任何影响（Koshland，

1958)。

抑制剂是抑制酶的活性,导致其反应速度降低的杂质。抑制剂存在于自然界,在科学界被用作药物、杀虫剂和探测工具(Changeux and Edelstein, 2005)。酶的活性受控于一些分子偶联到酶上的特别敏感或活动的(或变构的)位点,称为结合位点,与活性位点不同(Walsh, 1979)。已知许多类型的分子可以阻碍或触发酶,进而精确调控生化反应的速率。

6.2.2.2 酶的专一性

酶最重要的特性是根据所催化的反应表现出的专一性,这使它们成为化学反应的理想选择(Holum, 1968)。大致可分为以下四类:

(1) 官能团选择性。这些酶能与所用酶特有的官能团反应,而对其他官能团惰性,如胺类、磷酸盐和甲基。

(2) 立体化学选择性。它们能与酶所特有的立体或光学异构体反应。

(3) 绝对选择性。这些酶只能催化唯一的一个反应。

(4) 化学键选择性。这些酶可以与特定的化学键反应,不受周围分子结构影响。

6.3 酶的应用

棉纤维由纤维素(95%~97%)和杂质(3%~5%)组成,杂质主要是油、蜡、蛋白质、果胶、矿物质、色素、各种有机和无机盐等。经由织机织成的棉坯布,要经过烧毛、精练、退浆、漂白和丝光、染色和后整理等一系列工序后,才转化为成品。由于取代苛刻的化学工艺和有毒化学品的需要,酶的发展前景越来越好,据报道,酶的应用几乎遍及纺织化学加工的每一个步骤。使用酶处理棉的方法正在获得高度重视,目前市场上有许多定制的酶可用于各个步骤,如生物退浆、生物精练、生物漂白、过氧化物清除、生物洗涤和生物抛光(表6.2)等。

表 6.2 酶用于棉生物加工的典型实例

应用	酶	优点
棉的退浆	淀粉酶	去除纤维表面的淀粉
棉坯布精练	果胶酶、纤维素酶、脂肪酶	去除棉纤维表面的蜡质、蛋白质、果胶和天然脂肪
过氧化物分解	过氧化氢酶	处理织物并去除废液中残留的 H_2O_2
棉的生物光洁	纤维素酶	通过去除基材表面的纤维绒毛和小球,改善棉织物和服装的外观

续表

应用	酶	优点
牛仔布的生物洗涤	纤维素酶	对牛仔布进行石洗,以产生时尚、褪色、做旧的外观
棉的生物漂白	漆酶、葡萄糖氧化酶、芳基酯酶	去除棉的天然色素,提高棉的白度
牛仔布的生物漂白	漆酶	石洗效果,不损伤织物的强度
洗衣店洗涤	专有酶混合物	去除污垢和污渍

6.3.1 酶退浆

为了在织造过程中赋予摩擦所需的额外强度和有效交织,经纱上浆必不可少,使用的上浆剂是淀粉及其衍生物、纤维素衍生物、天然胶、丙烯酸基聚合物等。淀粉及其衍生物因其优异的成膜性、易得性和较便宜的价格而被广泛地用作上浆剂(Araujo et al., 2008; Hoondal et al., 2002)。然而,浆料的存在会给后续的湿法加工如精练、漂白、染色和后整理带来问题,这使它的去除变得至关重要(Fukuda et al., 2008)。浆料的去除是通过一种被称为退浆的过程进行的,其中包括水解法(如酸浸法、腐浸法和酶浸法)以及氧化法(涉及使用氧化剂,如过硫酸盐、过氧化氢等)。

含有不溶性淀粉及其衍生物的棉退浆可以使用淀粉水解酶,特别是α-淀粉酶,它能将淀粉水解成水溶性低聚糖,在随后的洗涤中很容易被洗掉。酶退浆的基本机理如图6.5所示,与酶的"锁钥"作用机制相似。淀粉降解为水溶性化合物的

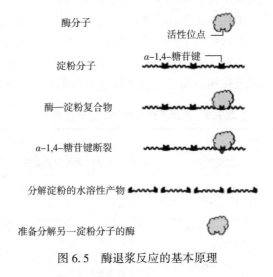

图6.5 酶退浆反应的基本原理

情况如图 6.6 所示，特定淀粉酶的最佳温度和 pH 各不相同，一般来说，最佳温度在 55~70℃，而最佳 pH 在 5.0~7.5。采用浸轧法退浆，处理时间短，明显需要较高的温度，对高温下稳定的淀粉酶的需求呈上升趋势。极端微生物产生的极端酶可以自然地在 pH 和温度极端的环境中正常工作，因此可以提供针对工业化使用的绿色替代品（Sharma and Satyanarayana，2013）。嗜热菌淀粉酶很受欢迎，因为与它们的中温类似物和传统工艺相比，达到明显效果所需的处理时间更短（Saravanan et al.，2011）。

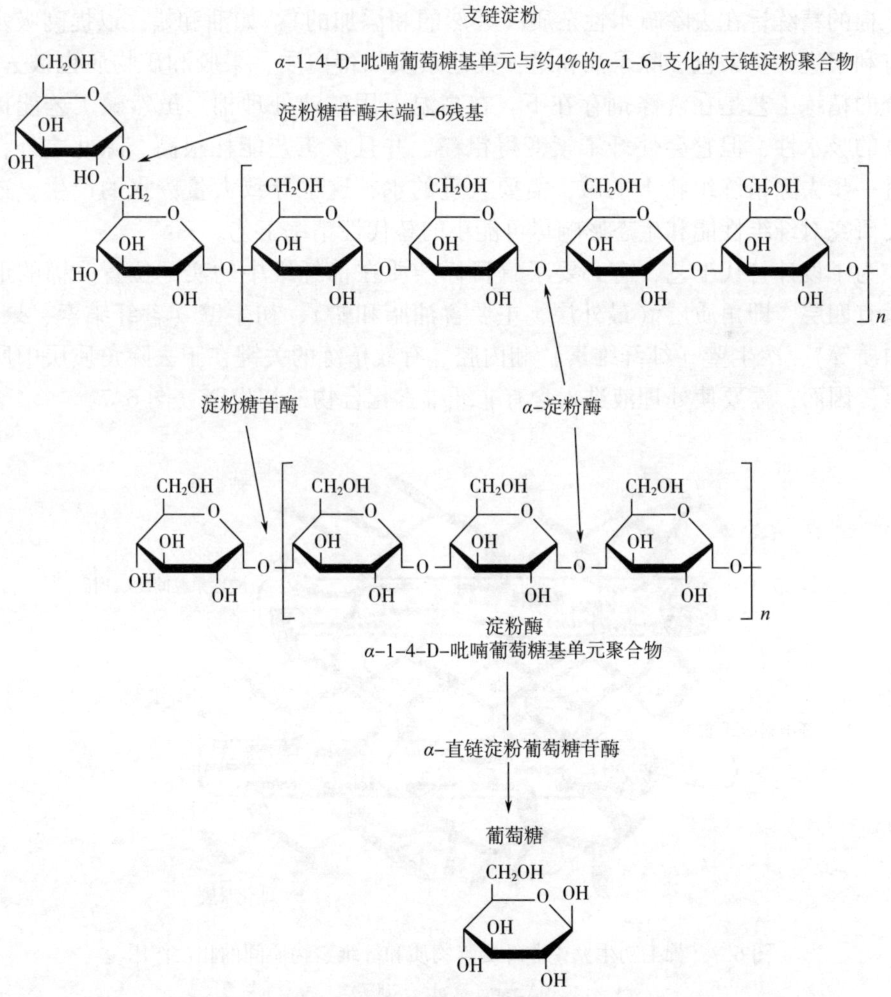

图 6.6 α-淀粉酶和淀粉葡萄糖苷酶将淀粉催化水解为葡萄糖

与其他方法相比，酶退浆的优点是效率高、能耗低、对浆料降解选择性高、生态友好且不会降解纤维素。

尽管酶退浆的发展前景越来越迅猛，但该工艺的有效性取决于维持精确的反应参数，以确保取得最佳结果。因此，了解特定酶的最佳参数非常重要。除此之外，洗后处理对于确保有效去除降解产物和获得最佳退浆效率也非常重要。非离子润湿剂的存在通常可以确保退浆液的渗透，并且在酶退浆过程中这样做也是可取的。

6.3.2 生物精练

棉的精练旨在去除疏水性杂质（天然的和添加的），如油和蜡，以提高吸水性和有利于进一步染色。除了油和蜡，其他杂质如蛋白质、果胶和矿物质也被去除。传统的精练工艺是在洗涤剂存在下，在高温下用碱液处理棉。虽然碱工艺能提供很高的吸水性，但它会使纤维素变得粗糙，并且该工艺能耗很高。除此之外，为了进一步去除精练织物上的碱，需要大量的水，这也导致大量废水的产生。这就需要研究对纤维性能和生态影响尽可能小的替代性精练工艺。

为了设计替代工艺，有必要了解目标杂质在棉纤维中的实际位置。棉的形态显示有四层，即角质层（最外层，主要含油脂和蜡）、初生壁（含纤维素、果胶、蛋白质等）、次生壁（纯纤维素）和内腔。有效精练的关键在于去除角质层中所含的蜡，因而，需要使处理液进入含有非纤维素化合物的初生壁（图6.7）。

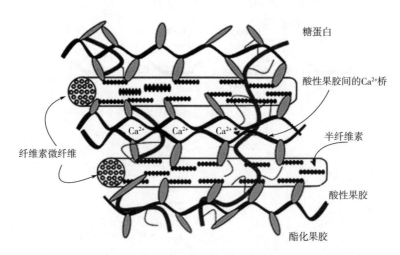

图6.7 棉毛初生壁中非纤维素物质和纤维素物质间的相互作用
(Agrawal et al., 2007)

针对棉的非纤维素杂质成分，已报道了许多可应用于棉精练的特定酶，如果胶酶、角质酶、蛋白酶、木聚糖酶和脂肪酶等。在这些酶中，据称果胶酶可以提供高效的精练，市场上有许多基于果胶酶配方的产品。果胶酶在水溶液中通过裂隙或微孔渗入角质层，通过基材中的果胶物质发生相互作用，并将其水解，使角质层去除或部分去除或使角质层断开（Li and Hardin，1997）。果胶的有效变性加上分离，使松弛的蜡质在适当的条件下更容易脱离。通常，根据所使用的果胶酶类型，生物精练是在 50~60℃ 的温度下，在适当的 pH 介质中进行（El-Shafie et al.，2009）。

就聚合度、白度指数、柔软度、润湿性、结晶度指数、色深、亮度、减重、吸水性以及较低的应力而言，棉的生物精练与碱精练具有相当的理化性能（Hoondal et al.，2002；Joshi et al.，2013；Kalantzi et al.，2008；Hebeish et al.，2009；Shanthi and Krishnabai，2013）。然而，棉的生物精练优势在于更大的灵活性、更低的工艺温度、由于保留了部分天然蜡质而具有更好的柔软性、在工艺过程中纤维素不降解、对织物和环境无负面影响、更低的污水负荷等（Hartzell and You-Lo，1998）。

组合使用碱性果胶酶的酶促精练和用过氧乙酸漂白，可作为棉毛圈织物加工中碱性精练—过氧化物漂白组合的生态友好的替代，特别是当需要中等水平的白度时（Mojsov，2017）。聚半乳糖醛酸酶的新型酶可作为去除果胶的精练剂，聚半乳糖醛酸酶（PG）、内型-PG（endo-PG）和外型-PG（exo-PG）可水解果胶"平滑"区域的同型半乳糖醛酸链的 α-1,4-连接的半乳糖醛酸残基（Easson et al.，2018）。

生物精练在工业上应用的接受程度受到不利影响，主要是由于低去除率和相对较低的反应速率等。在工业规模上探索了一种生物精练工艺，并且发现该工艺适用于在媒介中进一步染中等到深色织物，在这种情况下，染色可与生物精练同浴进行，并且可以省去漂白步骤。然而，在染浅色调的情况下，生物精练通常要在染色前进行漂白，这就需要在生物精练领域进行不断研究，以去除染浅色调时的漂白步骤。尽管酶通常比常规精练用的化学品成本高，但考虑到水、能源和劳动力的成本以及废水处理量和处理成本方面的效益，酶的总体处理成本会更低。

6.3.3 生物漂白

使用漂白剂去除着色物质（天然色素），以生产出纤维损伤最小的白色织物，是漂白的主要或首要目的。漂白剂可以还原或氧化着色物质，这些着色物质可以在进一步洗涤时从纤维中去除，如此获得的白度具有持久性或耐久性。传统上，增白是在剧烈的条件下用氯和含氧的氧化剂来完成的；然而，由于与氯基漂白剂相关的环境问题，H_2O_2（过氧化氢）已成为纺织品漂白的最佳解决方案。过氧化物漂白的主要局限是需要高温（接近沸腾）、漂白过程中棉易受催化损伤、漂白过程中棉的聚合度降低、需要稳定剂以及大量的水洗涤。织物上残留的过氧化物也会造成过氧化物漂白棉的进一步着色问题。

目前，生物漂白方法主要是酶促漂白，通过漆酶、葡萄糖氧化酶、过氧化物酶进行的酶促漂白，以及利用酶原位产生过酸进行漂白。准确地说，生物漂白是漆酶选择性地标记色素，然后进行反应的方法（Pereira et al.，2005；Spicka and Tavcer，2013a；Spicka and Tavcer，2013b）。漆酶是一种多铜氧化还原酶，除将氧分子还原之外，也会将酚类和芳香胺类氧化为水。漆酶在棉漂白中的应用原理是，这些酶可以与酚羟基反应，还可以使棉中显颜色的黄酮类物质褪色或清除（Pereira et al.，2005；Gonçalves et al.，2014）（图6.8）。据报道，漆酶预处理可以提高棉织物的白度，并降低后续化学漂白对过氧化氢用量的需求（Tzanov et al.，2003）。在与过氧化氢漂白结合的情况下，从减少过氧化氢用量、降低漂白温度和缩短漂白时间方面看，使用漆酶促进的预处理体系进行漂白具有很好的效果（Tian et al.，2012）。

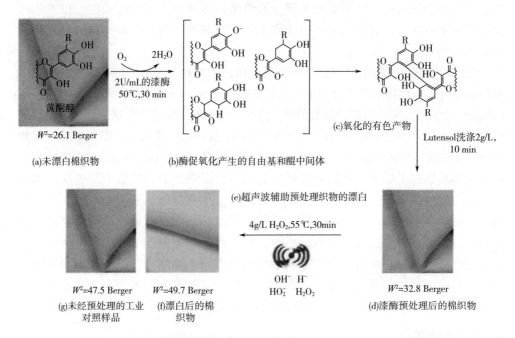

图6.8 漆酶和过氧化氢结合漂白棉的示意图（conçalves et al.，2014）

葡萄糖氧化酶是另一种可用于生物漂白的酶。在葡萄糖氧化为葡萄糖酸内酯的反应中，使用二聚糖基化的黄素蛋白，很容易产生副产物葡萄糖酸和过氧化氢。这可以带来双重优势，即可以再次用于退浆和精练浴，过程中产生的葡萄糖作为过氧化氢的反应物，并利用再生的过氧化氢漂白棉。换句话说，可以利用葡萄糖氧化酶将含淀粉的退浆浴改造成漂白浴。因此，退浆精练后是在同一液体中进行漂白，并且表现出与传统的漂白浴相同的漂白能力（Opwis et al.，1999）。使用葡萄糖氧化酶进行棉的漂白，可提高白度，同时可改善棉的物理特性（Farooq et al.，

2013；Anis et al.，2009；Spicka and Tavcer，2013a，b；Buschle–Diller et al.，2001）。有报道介绍，在葡萄糖氧化酶的作用下，可利用原位生成的过氧化氢对棉针织物进行生物精练和漂白，与传统的工艺相比，棉织物的白度令人满意，工艺需水量也大大减少（Reis et al.，2017）。

人们还研究了使用芳基酯酶和过氧化氢的生物漂白体系，并申请专利（Auterinen et al.，2011），原位生成过氧乙酸和丙二醇，并以此作为漂白中介。利用基于生物漂白的芳基酯酶，HUNTSMAN公司开发了一种环保型漂白产品，已经上市。

在实验室规模上探索了用于棉生物漂白的酶的数量，但是，工业界对这种工艺的接受程度有限，其原因是生物漂白达不到传统漂白的效果。过氧化氢是纺织工业中普遍和广泛接受的漂白剂，为了在"全白"品种的棉制品中达到与过氧化氢相匹配的性能，需要开发生物漂白体系。对于在漂白后染色的棉制品，需要具有与传统漂白剂同等着色性能的生物漂白体系。

6.3.4 残留过氧化物清除

漂白后织物上残留的过氧化物会影响后续的染色。因此，漂白后应采用适当的处理方法将其彻底去除。这既可以通过过度洗涤实现，将产生大量的碱性废水；也可以通过使用还原剂处理实现，如连二亚硫酸盐和亚硫酸氢钠，会导致后续处理阶段的盐量升高（Oluoch et al.，2006；Fruhwirth et al.，2002）。催化 H_2O_2 分解为水和氧的酶（图6.9）称为过氧化氢酶，被认为是活性染料染色前去除残留过氧化物的最佳还原剂替代品（Amorium et al.，2002；Gudelj et al.，2001）。酶法清除过氧化氢可避免或减少过氧化物漂白后大量的后处理，因此可降低污染负荷及大量支出，如时间、能源和用水。

$$过氧化氢酶\ Fe^{3+} + H_2O_2 \longrightarrow 过氧化氢酶\ FeO^{3+} + H_2O$$
$$过氧化氢酶\ FeO^{3+} + H_2O_2 \longrightarrow 过氧化氢酶\ Fe^{3+} + O_2 + H_2O$$
$$过氧化氢酶\ FeO^{3+} + AH \longrightarrow 过氧化氢酶\ FeOH^{3+} + A$$
$$过氧化氢酶\ FeOH^{3+} + AH \longrightarrow 过氧化氢酶\ Fe^{3+} + A + H_2O$$

图6.9 过氧化氢酶对过氧化氢的作用机理

从织物上去除过氧化物后的酶处理浴（处理10~15min）可用于染色，从而进一步节约用水。得益于酶法去除残留过氧化物，棉织物的染色性能得以改善（Amorium et al.，2002）。

6.3.5 牛仔布的生物洗涤

牛仔服装褪色—磨损的外观非常流行。传统上获得这种效果是用浮石洗涤，可使牛仔布具有褪色、磨损和老化的外观，同时增加织物的弹性和柔软度。

使用普通的浮石会导致处理过的服装质量下降并对机器有损害,如难以从处理服装上清除残留的浮石,由于浮石的过量负荷对服装和机械的物理损坏以及对机器排水管路系统的堵塞(Pazarlioglu et al., 2005; Yu et al., 2013)。

市场上有各种具有特殊功能的纤维素酶,根据所希望获得的外观,它们可以单独使用,也可以与其他的酶结合使用。纤维素酶有较宽的使用温度范围,为30~60℃,并且根据其工作的pH,可分为酸性纤维素酶(pH 4.5~5.5)、中性纤维素酶(pH 6.6~7)或碱性纤维素酶(pH 9~10)(Araujo et al., 2008; Bhat, 2000; Sarkar and Etters, 2001)。

牛仔布的生物洗涤有两个关键问题。一是如果不对反应加以控制,可能会造成棉纤维过度降解,导致棉织物的失重以及拉伸强度下降,这个问题可以通过控制工艺或将生物洗涤限制在织物的表面。另一个问题是反染的提升,即靛蓝染料在牛仔布未着色面的重新沉积(Sinitsyn et al., 2001)。靛蓝在牛仔布上染色不理想的原因之一是纤维素酶蛋白固定棉纤维素的能力(Cavaco-Paulo et al., 1998; Gusakov et al., 1998)。根据纤维素的吸附机理、酶活性与结构的关系以及生物洗涤想要的效果可以定制纤维素酶,并可防止反染。工业上一般采用肥皂、纯碱、双氧水、光学增白剂等化学药剂进行防反染处理,以去除生物洗涤织物上靛蓝的再沉积。

6.3.6 生物光洁整理

生物光洁整理是在染色前、染色中或染色后进行的一种整理工艺,它通过减少纤维素织物的毛羽和起球来提高织物的性能,从而使织物具有天鹅绒般柔软光滑的手感和更明亮的颜色(Ibrahim et al., 2011)。该工艺的原理是,棉突出的微毛与纤维素酶的相互作用(Cavaco-Paulo, 1998; Cavaco-Paulo and Almeida, 1996; Lenting and Warmoeskerken, 2001; Stewart, 2005)。

生物光洁整理(图6.10)是利用纤维素酶能够水解纱线表面凸起的纤维素微纤维来实现的(毛羽或绒毛)(Araujo et al., 2008; Roy Choudhury, 2014)。

(a)处理前　　　　(b)处理后

图6.10 用纤维素酶进行生物光洁整理处理前后的棉织物表面
(Cavaco-Paulo, 1998; Madhu and Chakraborty, 2017)

纤维素酶被开发出来用于生物润滑，纤维素酶通过降解或减少 β-（1→4）糖苷键来催化纤维素的水解。市场上可用于生物光洁整理的纤维素酶是内切葡聚糖酶、外切葡聚糖酶和纤维二糖酶的组合，它们能够以一种精确和需要的方式修饰纤维素纤维。纤维素分解体系适合于三种基本类型，通常以协同的方式使用：内切葡聚糖酶或内切纤维素酶在整个纤维素链的长度上裂解无定形区中的键，外切葡聚糖酶或纤维二糖水解酶从纤维素链的结晶端起作用，主要生成纤维二糖，而 β-葡糖苷酶最终将纤维二糖和可溶性低聚糖降解为葡萄糖。

搅拌速度在纤维素分解的机理中起着重要的作用，根据所使用的纺织加工机械的不同，可以达到各种整理效果（Cavaco-Paulo，1998；Cavaco-Paulo and Almeida，1994；Cavaco-Paulo and Almeida，1996）。搅拌速度对 EG 活性的影响比对 CBH 活性的影响更大。由于喷射染色机比绞盘染色机有更大的搅拌速率，在相同的工艺条件下，使用纤维素酶（*Trichoderma reesei*）加工的棉布显示出不同的生物光洁整理效果，显然喷射染色机的整理效果明显（Cortez et al.，2001）。该偏差可能是由于 EGs 的表面作用比 CBHs 的表面作用有所增加，扰动程度增强，EGs 可利用的吸附区域更易接近，且 EG 在较高的搅拌速度下存在可逆吸附（图 6.11）。

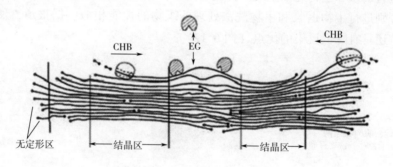

图 6.11 纤维素酶对棉的作用
（Saravanan et al.，2009）

生物洗涤和生物光洁整理的效果取决于两个重要方面：即表面原纤维的有效切割，和将这些被去除的原纤维悬浮在水处理介质中，防止原纤维在织物上再沉积，从而使其有效去除。第一个方面需要高效的酶活性，这可以通过准确控制反应体系的参数和搅拌来保证。第二方面可以通过使用合适的辅助化学品来确保，该化学品可以使原纤维悬浮在处理液中。基于聚乙烯吡咯烷酮和丙烯酸酯的分散剂（非离子型）和抗再沉积剂的存在可防止绒毛在织物上重新沉积，从而确保生物光洁整理/生物洗涤织物整洁的外观。

6.3.7 棉织物组合工艺用酶

棉织物的加工包括多个步骤，每个步骤都有明确的目标。对于水、能源和人力的需求，以及减少污水负荷和提高产量，可以通过将两个或更多步骤整合为一个单独的步骤来实现。因此，一步法组合工艺是非常可取的。为实现这一目标，可以将在完全相同的条件下操作的酶结合起来。除此之外，连续工艺的开发需要高温稳定且活泼的酶，以便工艺可以在蒸汽条件下进行。葡萄糖淀粉酶和α-淀粉酶的混合物可同时对棉织物进行退浆和酸除盐，以抵消金属离子（主要是Fe），这些金属离子可导致纤维素的氧化降解，在H_2O_2漂白过程中产生针孔。

文献报道的一浴酶法工艺，包括一浴的退浆、煮练和漂白（Spicka and Tavcer, 2013a, b；Buschle-Diller et al., 2001），一浴的退浆、漂白和染色（Eren et al., 2009；Ali et al., 2014）以及一浴的退浆-煮练-漂白-染色处理（Öner and Sahinbaskan, 2011）。利用超耐高温纤维素酶将退浆和生物光洁整理合并在一个步骤中也是可能的（Ando et al., 2002）。Esfandiari 等研究了酶处理和机械处理对棉织物联合退浆和生物光洁整理的效果。他们发现，在机械打浆下，酶活性增强，使失重更大（Esfandiari et al., 2014）。Maryan 和 Montazer 报道了使用淀粉酶、纤维素酶和漆酶的混合物对牛仔布进行一步退浆和生物洗涤，发现利用一步法组合工艺可成功进行退浆和生物光洁整理。经淀粉酶/纤维素酶和漆酶处理的非退浆织物的性能与分别进行生物退浆和生物洗涤处理的织物的性能相似。据报道，使用这种组合工艺还具有降低反染的优点（图6.12）。

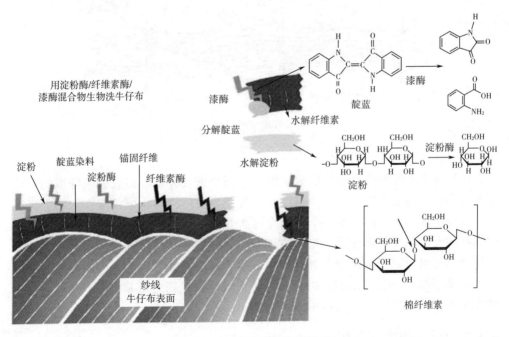

图 6.12　牛仔布生物洗涤机理
(Maryan and Montazer, 2013)

6.3.8 棉织物功能整理用酶

酶在棉织物的功能整理中也得到了应用。Michaela 研究了利用一种酶来制作抗菌棉织物，即在织物上固载 bioprep3000L 酶。该酶与棉织物共价结合，具有耐久的性能（Coradi et al，2018）。研究人员用葡萄糖氧化酶（GOX）对电纺的壳聚糖垫功能化，制备了一个可以原位生成过氧化氢（H_2O_2）的体系。该体系能稳定地在每平方厘米的垫上产生浓度为 60μmol/L 的 H_2O_2，可立即抑制培养 2h 的大肠杆菌和金黄色葡萄球菌的发育（Bösiger et al.，2018）。Kim 等报道了利用漆酶介导的多酚类物质如咖啡酸、桑色素等的接枝，对棉织物进行阳离子化功能改性，从而开发出防紫外线、抗氧化的棉织物（Kim et al.，2018）。Zhang 等以漆酶为催化剂，吡咯为电单体，用甲苯磺酸钠盐为掺杂剂，制备了具有抗静电和紫外线屏蔽性能的导电棉织物（Zhang et al.，2018）。

酶在棉织物功能整理中的作用越来越受到关注。现有的棉织物功能整理工艺存在许多局限性，如整理效率低，耐久性有限，大多数耐久整理的棉织物强度下降等。

6.4 提高酶法工艺效率的先进技术

利用物理化学和生物技术相结合的方法，例如利用等离子体、超声波等活化基材，随后通过酶的作用，为综合预处理、功能化和提高染色性提供了新的手段。尽管棉加工的酶技术正处于改进阶段，仍需要酶生物工程专家、纺织工程师和纺织行业有远见地规划支持性工作，与现在使用的技术相比，评估新工艺的可持续发展问题、经济问题和保护效果（Shahid et al.，2016）。

大多数纺织化学工艺都是能源密集型的，需要大量的水和能源。超声波能量被称为高效的能量来源，气穴可以有效地去除杂质，染料渗透更好，高效地提取天然染料，以及高效地整理。简而言之，使用超声辅助工艺可以使纺织化学加工的能源需求大幅降低。

研究发现，酶的退浆效率在超声空化作用下会得到提高，这可能是由于不稳定性导致反应速率加快，从而改善了分子的传输效果（Wang et al.，2012），超声能量可以有效去除杂质并缩短产品的生产时间。

酶的特性和超声参数是决定超声波改变各种酶性能潜力的主要因素。除了超声对酶活性的影响外，更重要的方面在于启动主导冲击波引发固/液边界处液层的实际搅拌/混合，这有助于酶在异质体系中的作用，从而探索酶在固体表面的作用效率，即在超声的作用下，总是促进纤维素酶水解纤维素、果胶酶水解果胶和淀粉酶水解淀粉（Hao et al.，2013；Szabo and Csiszar，2013；Harifi and Montazer，2015）。

研究人员尝试用漆酶和超声对棉织物进行漂白，发现生物催化剂和超声的协同作用使棉的白度相对高于传统的过氧化物漂白。由于空化作用，可以更好地将酶传送进纱线空隙中，而且反应性瞬态物质的确立，使得通过漆酶/超声波辅助的体系进行漂白的优势更加突出（Basto et al.，2007）。有文献报道可生物降解的漆酶—过氧化氢/超声辅助漂白亚麻布（Abou-Okeil et al.，2010），这种体系表现出较低的纤维损伤和对基材更均匀的作用（Abou-Okeil et al.，2010），开发的一种中试规模的反应器，可用于棉的漆酶—过氧化氢/超声波辅助漂白，该反应器可改善棉漂白工艺，同时降低对环境的影响（Gonçalves et al.，2014）。

研究人员探索了在同一浴中进行一浴酶法预处理后，再进行天然染料染色的可能性。他们利用酶—超声组合对棉织物进行预处理，其中用于组合的酶如葡萄糖淀粉酶、果胶酶、葡萄糖氧化酶与非离子润湿剂一起进行预处理，随后在处理浴中加入天然染料粉末，进行无媒染剂的天然染色。使用酶—超声组合预处理后，获得了满意的白度。与酶法预处理并且不使用超声波进行染色的样品相比，使用酶—超声波体系进行预处理并染色的织物其颜色更明亮（Benli and Bahtiyari，2015）。Szabo等报道了用空气等离子体预处理的原棉织物，淀粉浆料和纤维素对酶的可及性更好。研究发现，等离子体氧化了经纱表面的淀粉浆料，并部分地去除了纬纱中纤维的薄而完全覆盖的疏水蜡质，形成了深"坑"，从而提高了可及性。在这种情况下，酶促反应的速率更快，从而缩短了处理时间（Szabo et al.，2016）。

由于水资源的短缺，超临界二氧化碳等新型非水介质越来越多地被研究用于纺织化学加工。除此之外，超临界二氧化碳在酶促过程中具有许多优点，如能充分展示各种酶的活性；与水溶液相比，酶的稳定性相对较高；无毒；加工后易去除；与水介质相比，溶质的扩散速率更高等。Liu等报道了利用酶微乳液（α-淀粉酶、纤维素酶、果胶酶和脂肪酶的混合物）在超临界二氧化碳流体中对棉进行非水酶预处理，观察到使用这种非水介质进行的退浆和精练效率更高，并且总体能耗和用水量降低（Liu et al.，2016）。

6.5 发展趋势

由于棉仍是主导性的纺织纤维，对棉的绿色可持续加工是纺织工业的需要，因此酶促工艺的重要性是无可比拟的，已经进行了很多的尝试，酶促工艺的发展离不开生物技术专家、基因工程师和纺织化学家的通力合作。根据纺织工艺的需要，需要定制能够减少能源和用水需求的酶。纺织业因有毒化学品而面临的污水问题也可以用酶来解决。酶在纺织化学加工中的前景和空间是无限的，棉纺织工业的未来在于从前处理到后整理的全酶促工艺。

参考文献

[1] Abou-Okeil, A., El-Shafie, A., El Zawahry, M. M., 2010. Ecofriendly laccase-hydrogen peroxide/ultrasound-assisted bleaching of linen fabrics and its influence on dyeing efficiency. Ultrason. Sonochem. 17, 383-390.

[2] Agrawal, P. B., Nierstrasz, V. A., Klug-Santner, B. G., Gübitz, G. M., Lenting, H. B. M., Warmoeskerken, M. M. C. G., 2007. Wax removal for accelerated cotton scouring with alkaline pectinase. Biotechnol. J. 2, 306-315.

[3] Ali, S., Khatri, Z., Khatri, A., Tanwari, A., 2014. Integrated desizing-bleaching-reactive dyeing process for cotton towel using glucose oxidase enzyme. J. Clean. Prod. 66, 562-567.

[4] Amorium, A. M., Gasques, M. D. G., Andreaus, J., Scharf, M., 2002. The application of catalase for the elimination of hydrogen peroxide residues after bleaching of cotton fabrics. Ann. Braz. Acad. Sci. 74 (3), 433-436.

[5] Anastas, P. T., Warner, J. C., 1998. Green Chemistry: Theory and Practice. Oxford University Press, New York.

[6] Ando, S., Ishida, H., Kosugi, Y., Ishikawa, K., 2002. Hyperthermostable endoglucanase from Pyrococcus horikoshii. Appl. Environ. Microbiol. 68, 430-433.

[7] Anis, P., Davulcu, A., Eren, H. A., 2009. Enzymatic pre-treatment of cotton. Part 2: peroxide generation in desizing liquor and bleaching. Fibres Textiles Eastern Europe 17 (2), 87-90.

[8] Araujo, R., Casal, M., Cavaco-Paulo, A., 2008. Application of enzymes for textile fibers processing. Biocatal. Biotrans. 26, 332-349.

[9] Auterinen, A.-L., Prozzo, B., Redling, E., Vermeersch, L., Yoon, M.-Y., 2011. Enzymatic Textile Bleaching Compositions and Methods of Use Thereof. . Google Patent: EP2331668A1.

[10] Basto, C., Tzanov, T., Cavaco-Paulo, A., 2007. Combined ultrasound-laccase assisted bleaching of cotton. Ultrason. Sonochem. 14, 350-354.

[11] Benli, H., Bahtiyari, M. I., 2015. Use of ultrasound in biopreparation and natural dyeing of cotton fabric in a single bath. Cellulose 22, 867-877.

[12] Berg, J., Tymoczko, J., Stryer, L., 2002. Biochemistry. W. H. Freeman and

Company, New York. (0-7167-4955-6).

[13] Bhat, M. K., 2000. Cellulases and related enzymes in biotechnology. Biotechnol. Adv. 18, 355-383.

[14] Bösiger, P., Tegl, G., Richard, I. M. T., Le Gat, L., Huber, L., Stagl, V., Mensah, A., Guebitz, G. M., Rossi, R. M., Fortunato, G., 2018. Enzyme functionalized electrospun chitosan mats for antimicrobial treatment. Carbohydr. Polym. 181, 551-559.

[15] Bruins, M. E., Strubel, M., Van Lieshout, J. F. T., Janssen, A. E. M., Boom, R. M., 2003. Oligosaccharide synthesis by the hyperthermostable β-glucosidase from *Pyrococcus furiosus*: kinetics and modelling. Enzym. Microb. Technol. 33, 3-11.

[16] Bugg, T., 2004. Introduction to Enzyme and Coenzyme Chemistry, second ed. Blackwell Publishing Limited, Oxford. (1-4051-1452-5).

[17] Buschle-Diller, G., Yang, X. D., Yamamoto, R., 2001. Enzymatic bleaching of cotton fabric with glucose oxidase. Text. Res. J. 71, 388-394.

[18] Cavaco-Paulo, A., 1998. Mechanism of cellulase action in textile processes. Carbohydr. Polym. 37, 273-277.

[19] Cavaco-Paulo, A., Almeida, L., 1994. Cellulase hydrolysis of cotton cellulose: the effects of mechanical action, enzyme concentration and dyed substrates. Biocatalysis 10, 353-360.

[20] Cavaco-Paulo, A., Almeida, L., 1996. Kinetic parameters measured during cellulase processing of cotton. J. Textile Inst. 87, 227-233.

[21] Cavaco-Paulo, A., Morgado, J., Almeida, L., Kilburn, D., 1998. Indigo backstaining during cellulase washing. Text. Res. J. 68, 398-401.

[22] Cech, T. R., 2000. Structural biology: the ribosome is a ribozyme. Science 289 (5481), 878-879.

[23] Cegarra, J., 1996. The state of the art in textile biotechnology. J. Soc. Dyers Colour. 112, 326-329.

[24] Changeux, J. P., Edelstein, S. J., 2005. Allosteric mechanisms of signal transduction. Science 308 (5727), 1424-1428.

[25] Chen, L. H., Kenyon, G. L., Curtin, F., Harayama, S., Bembenek, M. E., Hajipour, G., Whitman, C. P., 1992. Oxalocrotonate tautomerase, an enzyme composed of 62 amino acid residues per monomer. J. Biol. Chem. 267 (25), 17716-17721.

[26] Chen, J., Wang, Q., Hua, Z., Du, G., 2007. Research and application of bio-

technology in textile industries in China. Enzym. Microb. Technol. 40, 1651-1655.

[27] Colwell, R., 2002. Fulfilling the promise of biotechnology. Biotechnol. Adv. 20 (3-4), 215-228.

[28] Coradi, M., Zanetti, M., Valério, A., de Oliveira, D., da Silva, A., Maria De Arruda Guelli Ulson De Souza, S., Ulson de Souza, A. A., 2018. Production of antimicrobial textiles by cotton fabric functionalization and pectinolytic enzyme immobilization. Mater. Chem. Phys. 208, 28-34.

[29] Cortez, J. M., Ellis, J., Bishop, D. P., 2001. Cellulase finishing of woven, cotton fabrics in jet and winch machines. J. Biotechnol. 89, 239-245.

[30] Costa, S. A., Tzanov, T., Paar, A., Gudelj, M., Gubitz, G. M., Cavaco-Paulo, A., 2001. Immobilization of catalases from Bacillus SF on alumina for the treatment of textile bleaching effluents. Enzym. Microb. Technol. 28, 815-819.

[31] Daiha, K., Brêda, G. C., Larentis, A. L., Freire, D. M. G., Almeida, R. V., 2016. Enzyme technology in Brazil: trade balance and research community. Braz. J. Sci. Technol. 3, 1-13.

[32] Daniel, R. M., Peterson, M. P., Danson, M. J., Price, N. C., Kelly, S. M., Monk, C. R., Weinberg, C. S., Oudshoorn, M. L., Lee, C. K., 2010. The molecular basis of the effect of temperature on enzyme activity. Biochem. J. 425, 353-360.

[33] Dehabadi, V. A., Opwis, K., Gutmann, J., 2011. Combination of acid-demineralization and enzymatic desizing of cotton fabrics by using industrial acid stable glucoamylases and α-amylases. Starch-Stärke 63, 760-764.

[34] Easson, M., Condon, B., Villalpando, A., Chang, S. C., 2018. The application of ultrasound and enzymes in textile processing of greige cotton. Ultrasonics 84, 223-233.

[35] Eisenmesser, E. Z., Bosco, D. A., Akke, M., Kern, D., 2002. Enzyme dynamics during catalysis. Science 295 (5559), 1520-1523.

[36] Eisenmesser, E. Z., Millet, O., Labeikovsky, W., Korzhnev, D. M., Wolf-Watz, M., Bosco, D. A., Skalicky, J. J., Kay, L. E., Kern, D., 2005. Intrinsic dynamics of an enzyme underlies catalysis. Nature 438 (7064), 117-121.

[37] El-Shafie, A., Fouda, M. M. G., Hashem, M., 2009. One-step process for bio-scouring and peracetic acid bleaching of cotton fabric. Carbohydr. Polym. 78, 302-308.

[38] Eren, H. A., Anis, P., Davulcu, A., 2009. Enzymatic one-bath desizing—

bleaching—dyeing process for cotton fabrics. Text. Res. J. 79, 1091-1098.

[39] Esfandiari, A., Firouzi-Pouyaei, E., Aghaei-Meibodi, P., 2014. Effect of enzymatic and mechanical treatment on combined desizing and biopolishing of cotton fabrics. J. Text. Inst. 105 (11), 1193-1202.

[40] FAOSTAT, 2016. Food and Agriculture Organization of the United Nations Statistics Division. Available at: http://faostat3.fao.org/home/E. (Accessed December 1, 2017).

[41] Farooq, A., Ali, S., Abbas, N., Fatima, G. A., Ashraf, M. A., 2013. Comparative performance evaluation of conventional bleaching and enzymatic bleaching with glucose oxidase on knitted cotton fabric. J. Clean. Prod. 42, 167-171.

[42] Ferreira-Leitao, V., Gottschalk, L. M. F., Ferrara, M. A., Nepomuceno, A. L., Molinari, H. B. C., Bon, E. P. S., 2010. Biomass residues in Brazil: availability and potential uses. Waste Biomass Valoriz. 1, 65-76.

[43] Flomenbom, O., Velonia, K., Loos, D., 2005. Stretched exponential decay and correlations in the catalytic activity of fluctuating single lipase molecules. Proc. Natl. Acad. Sci. U. S. A. 102 (7), 2368-2372.

[44] Fruhwirth, G. O., Paar, A., Gudelj, M., Cavaco-Paulo, A., Robra, K. H., Gubitz, G. M., 2002. An immobilised catalase peroxidase from the alkalothermophilic Bacillus SF for the treatment of textile-bleaching effluents. Appl. Microbiol. Biotechnol. 60, 313-319.

[45] Fukuda, T., Kato-Murai, M., Kuroda, K., Ueda, M., Suye, S. I., 2008. Improvement in enzymatic desizing of starched cotton cloth using yeast codisplaying glucoamylase and cellulose-binding domain. Appl. Microbiol. Biotechnol. 77, 1225-1232.

[46] Garcia-Viloca, M., Gao, J., Karplus, M., Truhlar, D. G., 2004. How enzymes work: analysis by modern rate theory and computer simulations. Science 303 (5655), 186-195.

[47] Gonçalves, I., Herrero-Yniesta, V., Perales Arce, I., Escrigas Castañeda, M., Cavaco-Paulo, A., Silva, C., 2014. Ultrasonic pilot-scale reactor for enzymatic bleaching of cotton fabrics. Ultrason. Sonochem. 21 (4), 1535-1543.

[48] Gübitz, G. M., Cavaco-Paulo, A., 2001. Biotechnology in the textile industry—perspectives for the new millennium. J. Biotechnol. 89, 89-90.

[49] Gudelj, M., Fruhwirth, G. O., Paar, A., Lottspeich, F., Robra, K., Cavaco-Paulo, A., Gubitz, G. M., 2001. A catalase-peroxidase from a newly isolated thermoalkaliphilic *Bacillus* sp. with potential for the treatment of textile bleaching

effluents. Extremophiles 5, 423-429.

[50] Gusakov, A. V., Sinitsyn, A. P., Berlin, A. G., Popova, N. N., Markov, A. V., Okunev, O. N., Tikhomirov, D. F., Emalfarb, M., 1998. Appl. Biochem. Biotechnol. 75, 279-293.

[51] Hao, L., Wang, R., Fang, K., Liu, J., 2013. Ultrasonic effect on the desizing efficiency of a-amylase on starch-sized cotton fabrics. Carbohydr. Polym. 96, 474-480.

[52] Hardin, I. R., 2010. Enzymatic treatment versus conventional chemical processing of cotton. In: Nierstrasz, V. A., Cavaco-Paulo, A. (Eds.), Advances in Textile Biotechnology. Woodhead Publishing, Cambridge, pp. 132-149.

[53] Harifi, T., Montazer, M., 2015. A review on textile sonoprocessing: a special focus on sonosynthesis of nanomaterials on textile substrates. Ultrason. Sonochem. 23, 1-10.

[54] Hartzell, M. M., You-Lo, H., 1998. Pectin-degrading enzymes for scouring cotton. In: Eriksson, K.-E. L., Cavaco-Paulo, A. (Eds.), Enzyme Applications in Fiber Processing. Vol. 687. American Chemical Society, Washington, DC, pp. 212-227.

[55] Hasanbeigi, A., Price, L., 2015. A technical review of emerging technologies for energy and water efficiency and pollution reduction in the textile industry. J. Clean. Prod. 95, 30-44.

[56] Hayavadana, J., Renuka, D., 2003. Tissue engineering—a new era in textiles. Asian Textile J. 12 (9), 107-110.

[57] Hebeish, A., Hashem, M., Shaker, N., Ramadan, M., El-Sadek, B., Hady, M. A., 2009. New development for combined bioscouring and bleaching of cotton-based fabrics. Carbohydr. Polym. 78, 961-972.

[58] Heine, E., Hoecker, H., 2001. Bioprocessing for smart textiles and clothing. In: Tao, X. (Ed.), Smart Fibres, Fabrics and Clothing. Woodhead Publishing, Cambridge, pp. 254-277.

[59] Henri, V., 1902. Theorie generale de l'action de quelques diastases. C. R. Hebd. Séances Acad. Sci. 35, 916-919.

[60] Hoffmann, O., 1954. Enzymologie. Springer, Wien.

[61] Holum, J., 1968. Elements of General and Biological Chemistry, second ed. Vol. 377. Wiley, New York.

[62] Hoondal, G. S., Tiwari, R. P., Tewari, R., Dahiya, N., Beg, Q. K., 2002. Microbial alkaline pectinases and their industrial applications: a review. Appl. Mi-

［63］crobiol. Biotechnol. 59, 409-418.

［63］Hunter, T., 1995. Protein kinases and phosphatases: the yin and yang of protein phosphorylation and signaling. Cell 80 (2), 225-236.

［64］Ibrahim, N. A., El-Badry, K., Eid, B. M., Hassan, T. M., 2011. A new approach for biofinishing of cellulose-containing fabrics using acid cellulases. Carbohydr. Polym. 83, 116-121.

［65］Illanes, A., Wilson, L., Raiman, L., 1999. Design of immobilized enzyme reactors for the continuous production of fructose sirup from whey permeate. Bioprocess Eng. 21, 509-515.

［66］Joshi, M., Nerurkar, M., Badhe, P., Adivarekar, R., 2013. Scouring of cotton using marine pectinase. J. Mol. Catal. B Enzym. 98, 106-113.

［67］Kalantzi, S., Mamma, D., Christakopoulos, P., Kekos, D., 2008. Effect of pectate lyase bioscouring on physical, chemical and low-stress mechanical properties of cotton fabrics. Bioresour. Technol. 99, 8185-8192.

［68］Kim, S., Lee, H., Kim, J., Oliveira, F., Souto, P., Kim, H., Nakamatsu, J., 2018. Laccase-mediated grafting of polyphenols onto cationized cotton fibers to impart UV protection and antioxidant activities. J. Appl. Polym. Sci. 135 (6), 45801.

［69］Kopelman, R., 1988. Fractal reaction kinetics. Science 241 (4873), 1620-1626.

［70］Koshland, D. E., 1958. Application of a theory of enzyme specificity to protein synthesis. Proc. Natl. Acad. Sci. U. S. A. 44 (2), 98-104.

［71］Lenting, H. B., Warmoeskerken, M. M. C. G., 2001. Guidelines to come to minimized tensile strength loss upon cellulase application. J. Biotechnol. 89, 227-232.

［72］Li, Y., Hardin, I. R., 1997. Enzymatic scouring of cotton: effects on structure and properties. Text. Chem. Color. 29, 71-76.

［73］Lilley, D., 2005. Structure, folding and mechanisms of ribozymes. Curr. Opin. Struct. Biol. 15 (3), 313-323.

［74］Liu, S.-Q., Chen, Z.-Y., Sun, J.-P., Long, J.-J., 2016. Ecofriendly pretreatment of grey cotton fabric with enzymes in supercritical carbon dioxide fluid. J. Cleaner Prod. 120, 85-94.

［75］Madhu, A., Chakraborty, J. N., 2017. Developments in application of enzymes for textile processing. J. Clean. Prod. 145, 114-133.

［76］Martinek, R., 1969. Practical clinical enzymology. J. Am. Med. Technol.

31, 162.

[77] Maryan, A. S., Montazer, M., 2013. A cleaner production of denim garment using one step treatment with amylase/cellulase/laccase. J. Clean. Prod. 57, 320-326.

[78] Minton, A. P., 2001. The influence of macromolecular crowding and macromolecular confinement on biochemical reactions in physiological media. J. Biol. Chem. 276 (14), 10577-10580.

[79] Mojsov, K., 2017. Enzymatic scouring and bleaching of cotton terry fabrics-opportunity of the improvement on some physicochemical and mechanical properties of the fabrics. J. Nat. Fibers. http://dx.doi.org/https://doi.org/10.1080/15440478.2017.1361884.

[80] Neet, K. E., 1995. Cooperativity in enzyme function: equilibrium and kinetic aspects. Methods Enzymol. 249, 519-567.

[81] Nicholls, P., 2012. Classical catalase: ancient and modern. Arch. Biochem. Biophys. 525 (2), 95-101.

[82] Olsson, M. H., Parson, W. W., Warshel, A., 2006. Dynamical contributions to enzyme catalysis: critical tests of a popular hypothesis. Chem. Rev. 106 (5), 1737-1756.

[83] Oluoch, K. R., Welander, U., Andersson, M. M., Mulaa, F. J., Mattiasson, B., Hatti-Kaul, R., 2006. Hydrogen peroxide degradation by immobilized cells of alkaliphilic Bacillus halodurans. Biocatal. Biotrans. 24, 215-222.

[84] Öner, E., Sahinbaskan, B. Y., 2011. A new process of combined pretreatment and dyeing: REST. J. Clean. Prod. 19, 1668-1675.

[85] Opwis, K., Knittel, D., Kele, A., Schollmeyer, E., 1999. Enzymatic recycling of starch-containing desizing liquors. Starch-Stärke 51, 348-353.

[86] Parisi, M. L., Fatarella, E., Spinelli, D., Pogni, R., Basosi, R., 2015. Environmental impact assessment of an eco-efficient production for coloured textiles. J. Clean. Prod. 108, 514-524.

[87] Pereira, L., Bastos, C., Tzanov, T., Cavaco-Paulo, A., Guebitz, G. M., 2005. Environmentally friendly bleaching of cotton using laccases. Environ. Chem. Lett. 3, 66-69.

[88] Pazarlioglu, N. K., Sariisik, M., Telefoncu, A., 2005. Treating denim fabrics with immobilized commercial Cellulases. Process Biochem. 40, 767-771.

[89] Reis, C. Z., Fogolari, O., Oliveira, D., de Arruda Guelli Ulson de Souza, S. M., de Souza, A. A. U., 2017. Bioscouring and bleaching of knitted cotton fabrics in one-step process using enzymatically generated hydrogen peroxide. Can. J.

Chem. Eng. 95 (11), 2048-2055.

[90] Roy Choudhury, A. K., 2014. Environmental impacts of the textile industry and its assessment through life cycle assessment. In: Muthu, S. S. (Ed.), Roadmap to Sustainable Textiles and Clothing. Springer, Singapore, pp. 1-39.

[91] Saravanan, D., Vasanthi, N. S., Ramachandran, T., 2009. A review on influential behaviour of biopolishing on dyeability and certain physico-mechanical properties of cotton fabrics. Carbohydr. Polym. 2009 (76), 1-7.

[92] Saravanan, D., Arul Prakash, A., Jagadeeshwaran, D., Nalankilli, G., Ramachandran, T., Prabakaran, C., 2011. Optimization of thermophile *Bacillus licheniformis* α-amylase desizing of cotton fabrics. Ind. J. Fibre Textile Res. 36, 253-258.

[93] Sarkar, A. K., Etters, J. N., 2001. Kinetics of the enzymatic hydrolysis of cellulose. AATCC Rev. 1 (3), 48-52.

[94] Shahid, M., Mohammad, F., Chen, G., Tang, R.-C., Xing, T., 2016. Enzymatic processing of natural fibres: white biotechnology for sustainable development. Green Chem. 18, 2256-2281.

[95] Shanthi, R., Krishnabai, G., 2013. Process optimization for bioscouring of cotton and lycra cotton weft knits by box and Behnken design. Carbohydr. Polym. 96, 291-295.

[96] Sharma, A., Satyanarayana, T., 2013. Microbial acid-stable α-amylases: characteristics, genetic engineering and applications. Process Biochem. 48, 201-211.

[97] Sinitsyn, A. P., Gusakov, A. V., Grishutin, S. G., Sinitsyna, O. A., Ankudimova, N. V., 2001. Application of microassays for investigation of cellulase abrasive activity and backstaining. J. Biotechnol. 89, 233-238.

[98] Smith, A. L., (Ed) (1997), Oxford Dictionary of Biochemistry and Molecular Biology. Oxford [Oxfordshire]: Oxford University Press, ISBN 0-19-854768-4.

[99] Spicka, N., Tavcer, P. F., 2013a. New combined bio-scouring and bio-bleaching process of cotton fabrics. Mater. Technol. 47 (4), 409-412.

[100] Spicka, N., Tavcer, P. F., 2013b. Complete enzymatic pre-treatment of cotton fabric with incorporated bleach activator. Text. Res. J. 83 (6), 566-573.

[101] Stewart, M. A., 2005. Biopolishing cellulosic nonwovens. . PhD Thesis, North Carolina State University.

[102] Szabo, O. E., Csiszar, E., 2013. The effect of low-frequency ultrasound on the activity and efficiency of a commercial cellulase enzyme. Carbohydr. Polym. 98, 1483-1489.

[103] Szabo, O. E., Csiszar, E., Koczka, B., Toth, A., Klebert, S., 2016. Enhancing the accessibility of starch size and cellulose to enzymes in raw cotton woven fabric by air-plasma pretreatment. Text. Res. J. 86 (8), 868-877.

[104] Tian, L., Branford-White, C., Wang, W., Nie, H., Zhu, L., 2012. Laccase-mediated system pretreatment to enhance the effect of hydrogen peroxide bleaching of cotton fabric. Int. J. Biol. Macromol. 50, 782-787.

[105] Todd, M. J., Gomez, J., 2001. Enzyme kinetics determined using calorimetry: a general assay for enzyme activity? Anal. Biochem. 296 (2), 179-187.

[106] Tzanov, T., Costa, S., Guebitz, G. M., Cavaco-Paulo, A., 2001a. Dyeing in catalase-treated bleaching baths. Color. Technol. 117, 1-5.

[107] Tzanov, T., Costa, S., Guebitz, G. M., Cavaco-Paulo, A., 2001b. Effect of temperature and bath composition on the dyeing of cotton with catalase-treated bleaching effluent. Color. Technol. 117, 166-170.

[108] Tzanov, T., Basto, C., Gübitz, G. M., Cavaco-Paulo, A., 2003. Laccases to improve the whiteness in a conventional: bleaching of cotton. Macromol. Mater. Eng. 288 (10), 807-810.

[109] Walsh, C., 1979. Enzymatic Reaction Mechanisms. W. H. Freeman, San Francisco. (0-7167-0070-0).

[110] Wang, W., Yu, B., Zhong, C., 2012. Use of ultrasonic energy in the enzymatic desizing of cotton fabric. J. Clean. Prod. 33, 179-182.

[111] Warshel, A., Sharma, P. K., Kato, M., Xiang, Y., Liu, H., Olsson, M. H., 2006. Electrostatic basis for enzyme catalysis. Chem. Rev. 106 (8), 3210-3235.

[112] Yu, Y., Yuan, J., Wang, Q., Fan, X., Ni, X., Wang, P., Cui, L., 2013. Cellulase immobilization onto the reversibly soluble methacrylate copolymer for denim washing. Carbohydr. Polym. 95 (2), 675-680.

[113] Zhang, Y., Fan, X., Wang, Q., 2018. Polypyrrole-coated conductive cotton prepared by laccase. J. Nat. Fibers 15 (1), 21-28.

7 声化学技术在纺织品中的应用

I. Perelshtein, *N. Perkas*, *A. Gedanken*
巴伊兰大学, 以色列拉马特甘

7.1 引言

服装和纺织材料是极好的微生物生长媒介,特别是那些与细菌密切接触的医用服装、婴儿服、内衣和运动服。纺织品抗菌整理可以保护使用者免受致病微生物和产生异味微生物的侵害,这些微生物会导致医疗和卫生问题。然而,抗生素使用不当会导致微生物菌群系产生多药耐药性(MDR),该问题在21世纪初已引起全球公共卫生系统的关注。为了应对这种不可预见的威胁,需要开发新的药物,并为应对由多种微生物菌种表现出的抗生素耐药性制定策略(Singh et al.,2014;Morais et al.,2016)。

近年来,纳米技术已成为物理、化学、工程和生物学中最重要的前沿研究领域之一。已开发出多种治疗传染性疾病的纳米材料,并且有许多研究是关于能控制感染而不产生细菌耐药性的抗菌纳米材料。纳米材料作为活性抗菌体具有战略优势,因为其比表面积非常大,使用小剂量的纳米颗粒(也称纳米粒子或NP)就可以提供很高的活性,因此可以克服现有的耐药机制,包括微生物细胞、生物膜以及细胞内细菌对药物吸收的减少和对药物排出的增加(Huh and Kwon,2011;Pelgrift and Friedman,2013;Beyth et al.,2015)。

纳米技术的应用之一是生产基于无机纳米粒子如纳米尺度的金属和金属氧化物的抗菌纺织品。为了获得具有特殊性能的功能化材料,已经成功地将多种类型的金属纳米氧化物掺入纺织纤维中(Fouda,2012;Shahidi and Wiener,2012;Zille et al.,2014;Rivero et al.,2015)。正如近期(Dastjerdi and Montazer,2010;Moritz and Geszke-Moritz,2013)和新发表的综述(Tang and Lv,2014;Stankic et al.,2016;Grigore et al.,2016)所提到的,ZnO、CuO和MgO等金属氧化物备受关注,它们不仅在苛刻的工艺条件下稳定,而且通常被认为是对人和动物安全的材料。

纺织品抗菌整理的一个重要方面是涂层对伤口介质、环境条件和清洗过程的稳定性。为了提高纳米粒子对织物的黏附性,经常使用的结合分子如异氰酸酯类、环氧化合物类、丙烯酸酯类和含氟聚合物。例如，应用预先形成的反应性—氯三嗪基 β-环糊精聚合物与丙烯酸丁酯将 ZnO 纳米颗粒接枝到棉织物上（El-Shafei et al.，2010）。为防止竹浆中 ZnO 纳米颗粒的浸出，在浸渍阶段将多酰胺聚合物加入 ZnO 胶体溶液中（Zhang et al.，2013）。最近还报道了用高分子黏合剂预处理以增强纳米 ZnO 对黏胶纤维的螯合作用，以赋予其对大肠杆菌（Escherichia coli）和金黄色葡萄球菌（Staphylococcus aureus）的抗菌活性（Salama and El-Sayed，2014）。为了提高 ZnO 纳米粒子在聚酯上的附着力并获得均匀涂层，Rode 等应用燃烧化学气相沉积（CCVD）法在纺织品表面生成亲水性的端羟基硅网络纳米层（Rode et al.，2015）。为了获得 ZnO 纳米棒对聚丙烯织物的强黏附性，Fiedot 等用氧等离子体对织物进行表面改性（Fiedot et al.，2015）。

已报道有各种化学方法将 CuO 的纳米颗粒掺入纺织品中。以硫酸铜和氢氧化钠为前驱体，以可溶性淀粉为稳定剂，通过离子凝胶法将纳米铜氧化物微胶囊化，并通过两步法浸渍到棉织物中：首先浸渍、吸附，然后浸轧—干燥—固化（Anita et al.，2011）。通过直接沉淀法原位合成高纯度和高结晶度的 CuO 纳米颗粒，粒径在 40~60nm，并成功地应用于棉以获得抗菌活性。在 1% 丙烯腈黏合剂的作用下，抗菌活性的耐久性得到提高，可耐 15 次洗涤（Gupta et al.，2013）。为了促进 Cu 离子从织物基材中缓慢释放到介质中，通过湿化学途径用氢氧化钠沉淀合成的 CuO 纳米晶体已经固定在聚苯胺聚合物的基体中（Subramanian et al.，2014）。

由于氧化镁在水溶液中的溶解度很高，与 ZnO 和 CuO 相比，有关 MgO 纳米粒子的抗菌固定研究较少。Dhineshbabu 等采用静电纺丝法将 MgO 掺入尼龙 6 中，并证实了所得到的复合材料对金黄色葡萄球菌和大肠杆菌有抗菌活性（Dhineshbabu et al.，2014）。Rajendran 等报道了以二氧化硅纳米溶胶为黏合剂在棉织物上涂覆 MgO 纳米颗粒（Rajendran et al.，2014）。近来，采用水热法通过添加十六烷基三甲基溴化铵（CTAB）合成的超薄 MgO 六角纳米板，通过浸轧—干燥—固化法沉积在医用棉上。测试了这些织物对枯草芽孢杆菌和大肠杆菌的抗菌活性，即使经过反复洗涤，依然表现出显著的功效。

同时对纺织品进行多功能化，使其具有不同的特性，这一点引起人们关注，是因为这样会使生产过程更加高效和环境友好，并可以节约能源，避免水和时间的浪费（Gorjanc et al.，2013；Yetisen et al.，2016）。如今，纺织品上染料和抗菌纳米颗粒的共沉积生产是通过两个阶段来完成的。例如，Tabatabee 等报道了通过声化学合成硫化镉（CdS），随后通过浸渍对纺织品进行涂层/染色（Tabatabaee et al.，2013）。Niu 报道了另一种声化学尝试，以纳米 SiO_2 为模板在羊毛上注入染料和银杀菌剂（Niu et al.，2011）。Gorenšek 等采取等离子体耗尽法，用染料和纳米银同时对纺织品进行整理（Gorjanc et al.，2013；Gorenšek et al.，2010；Gorjanc et al.，2010）。这种方法需要一种特殊的仪器，可以产生各种表面特性，如化学、电气、光学、生物和机械特性等。

综上所述，大多数现有的纺织品功能化方法是基于多级程序或复杂的物理预处理法，如 CVD 或等离子沉积。涂层过程通常包括通过化学沉淀过程初步合成纳米颗粒，然后应用各种模板或黏合剂将抗菌材料固定到基底上。大多数锚固试剂是有毒的，并且在涂覆或使用过程中释放到环境中。因此，寻找新型、高效和环境友好的方法来生产抗菌织物具有重要意义。

在综述中介绍了用金属纳米氧化物对纺织品进行抗菌整理的声化学技术的进展（Perkas et al.，2011；Perelshtein et al.，2011；Gedanken et al.，2014）。下面将讨论在固体基质上超声辅助沉积纳米颗粒的机理，并阐释采用声化学技术生产优异的高稳定性纺织品纳米颗粒涂层技术。

7.2　纳米颗粒在纺织品上的声化学沉积机理

声化学沉积法是指在超声作用下液体中发生化学反应导致的沉积现象。0.02~1MHz 频率范围的超声波造成的超声空化过程，是溶液中气泡的形成、生长和爆炸性破裂的根源。当气泡破裂时，会形成极端条件（温度>5000K，压力>1000atm，冷却速率>10^9K/s）。热点机制认为，化学键的断裂是因为气泡内爆塌缩时产生的非常高的温度。由于这种塌缩发生在不到纳秒的时间内，因此获得了非常高的冷却速率，超过 10^{11}K/s。在此极端条件下，会发生化学反应并形成新的产物。

然而，这种解释并没有阐明纳米结构材料是怎么形成的。关于纳米产物形成的解释是：快速的动力学不允许核的生长，因此在每个破裂的气泡中形成了少数成核中心，其生长受到爆炸性塌缩的限制。超声作用下，空腔的生长和塌缩的动力学严格依赖于局部环境。

均相液体中的空穴塌缩与液固界面附近的空化作用有很大不同。Suslick 和 Price 证实，由超声空化产生的微射流和冲击波能以足够高的速度将金属颗粒驱集在一起，从而在碰撞时引起熔化（Suslick and Price，1999）。在实验中，这种方法得到进一步发展，将纳米颗粒沉积到不同类型的固体基底上（Gedanken，2007）。通常，固体基质被放入含有前驱体溶液的超声室中，在超声波作用下制备纳米颗粒。浆料在惰性或氧化气氛下超声处理一定时间，这种合成路线是一种有效的一步过程。气泡破裂后形成的微射流将新形成的纳米颗粒抛向基体表面，速度之快足以让它们牢牢地附着在表面上，依据基底的性质（陶瓷、聚合物或纺织品），通过物理或化学相互作用实现黏附。

作者所在课题组开发了用 Ag 纳米颗粒（Perelshtein et al.，2008），ZnO（Perelshtein et al.，2009a）、CuO（Perelshtein et al.，2009b）和 TiO_2（Perelshtein et al.,2012)纳米氧化物通过原位一步过程进行各种纺织品的超声辅助抗菌整理,涂层织物对各种细菌表现出优异的抗菌性能。纳米颗粒对基底很强的黏附性表现在其耐久性上,即经过多次清洗后,纳米颗粒并没有从基材表面浸出(Perelshtein et al.,2013)。使用直接购买的纳米颗粒而不是用超声波化学法生成的纳米颗粒,使用超声波辐射像投掷石块一样投向固体表面,仍然可以获得良好的黏附性,但在表面上沉积纳米颗粒的数量要少3~4倍(Perelshtein et al.,2010)。研究还证明了声化学技术可以提高纺织品涂层的效率(Abramov et al.,2009)。

其他研究者通过声化学法使用 ZnO(Shahidi et al.,2014)和 CuO(El-Nahhal et al.,2012)纳米颗粒对棉进行抗菌整理的研究案例中,纳米颗粒的合成和沉积是在两个接续的过程中完成的,使这一过程更加持久和复杂(Sadr and Montazer,2014)。声化学沉积法使用 TiO_2 纳米颗粒对棉进行延后的"原位"抗菌和抗紫外整理(Sadr and Montazer,2014),此外,在羊毛织物上进行超声辅助 TiO_2 纳米颗粒涂层,以获得自清洁性、亲水性和抗细菌/抗真菌性能(Behzadnia et al.,2014)。研究表明,用声化学技术对涤纶表面进行 TiO_2 纳米颗粒的可持续表面改性,使织物获得了持久的纳米超声整理效果和优异的疏水、抗菌性能(Harifi and Montazer,2017)。El Nahhal 及其合作者的最新研究结果表明,声化学技术在纺织品抗菌整理中的应用不仅安全、价廉,而且在复合材料中即使金属氧化物浓度较低,仍能保持优异的抗菌活性(El Nahhal et al.,2016)。

7.3 超声辅助纳米金属氧化物在纺织品上的沉积及其抗菌性能

7.3.1 ZnO 纳米颗粒的合成及沉积

ZnO 的抗菌活性取决于其粒径,较小的颗粒显示出更高的抗菌活性(Yamamoto,2001)。开发的一种简单新颖的方法,是用超声辐照将 ZnO 纳米颗粒固定到织物中,制备具有抗菌性能的棉质绷带(Perelshtein et al.,2009a)。采用这种方法在织物上可获得尺寸分布较窄且均匀的 ZnO 纳米颗粒涂层,并达到具有抗菌活性的 ZnO 最低有效浓度,该过程包括在超声下原位生成 ZnO,并在织物上一步反应沉积。

在声化学合成过程中,产物的产率和粒径很大程度上取决于粒子间碰撞的比率和试剂的浓度,因此,时间和前驱体浓度等实验参数的选择成为优化声化学反应的重要因素。

X 射线衍射(XRD)分析表明,涂布的绷带上的 ZnO 纳米颗粒为结晶态,衍射图谱与 ZnO 结构的六方相相匹配,未检测到任何杂质的特征峰,由 Debye-

Scherrer 方程估算的粒径为 30nm。用高分辨扫描电镜（HRSEM）方法研究了 ZnO 纳米颗粒沉积前后涂布绷带的形貌，如图 7.1 所示。图 7.1（a）展示了原棉绷带的光滑质地。超声处理后，绷带纤维上均匀地涂覆纳米颗粒［图 7.1（b）］。颗粒分布相当窄，原生颗粒处于很窄的纳米范围内（约 30nm），与 XRD 测试结果吻合很好。图 7.1（c）是用元素点映射技术研究选定区域的 HRSEM 图像。图 7.1 中的（d）和（e）分别显示了映射区域中锌和氧的分布。这些图像证实了纤维被 ZnO 纳米颗粒均匀地涂布。

包覆的机理如下：包括原位生成 ZnO 纳米颗粒以及随后通过超声辐照一步反应沉积在织物上，氧化锌在辐照过程中通过下列反应形成：

$$Zn^{2+}(aq) + 4NH_3 \cdot H_2O(aq) \rightarrow [Zn(NH_3)_4]^{2+}(aq) + 4H_2O \quad (7.1)$$

$$[Zn(NH_3)_4]^{2+}(aq) + 2OH^-(aq) + 3H_2O \rightarrow ZnO(s) + 4NH_3 \cdot H_2O(aq) \quad (7.2)$$

氨是水解过程的催化剂，氧化锌是通过铵络合物 $[Zn(NH_3)_4]^{2+}$ 形成的。由该反应产生的 ZnO 纳米颗粒被声化学气泡塌缩产生的声化学微射流抛向绷带表面。

液体的声化学辐照有两个主要作用，即空化（气泡的形成、生长和塌缩）和加热。当微观的空化气泡在固体基底表面附近破裂时，会产生强大的冲击波和微射流，使调整后的液体层得到有效搅拌/混合。在非均相体系中，空化的后效比在均相体系中大几百倍。有研究表明，超声波加速了新形成的氧化锌纳米颗粒向织物表面的迁移。这种现象会导致纤维在接触点的局部熔化，是颗粒牢固地附着在织物上的原因。为了进一步证明涂层机理，记录了原始棉绷带和 ZnO 涂层绷带的 FTIR，两张光谱图均显示有纤维素的特征谱带，ZnO 涂层绷带的红外光谱显示在 464cm^{-1} 处有一个额外的尖锐单峰，这是 Zn—O 的振动吸收带。超声辐照辅助涂层是一种物理现象，无论表面性质如何，特别是当表面存在化学相互作用的基团时，都会出现这种现象。

超声处理是否会损坏织物基底。在 Zwick 1445 万能试验机上研究了浸渍棉织物的拉伸力学性能，氧化锌涂层样品的拉伸强度比原始织物的拉伸强度降低了 11%，纱线力学性能的变化在标准棉织物可接受的范围内。根据这一结果可以得出结论，绷带的超声化学处理不会引起纱线结构的显著变化（图 7.2）。

影响抗菌织物商业开发的因素之一是纳米颗粒向周围环境的释放。为了证明洗涤液中是否有浸出的 ZnO 纳米颗粒，在 0.9%NaCl 溶液（pH 约为 7）中浸泡涂层织物 96h 进行浸出实验，并且每隔 24h 检测溶液中是否存在纳米颗粒/离子。

图 7.3 显示了织物上残留的 ZnO 百分比随着时间变化的情况，96h 后，溶液中 Zn^{2+} 的浓度为初始浓度的 30%。洗涤液中锌离子的存在可以用材料的溶解度常数（K_{sp}）来解释，该常数大约为 10^{-10}。

将 ZnO 涂层绷带再进一步消毒，即 8 个涂有 ZnO 纳米颗粒的纺织样品，分别在浓度为 0.8%和 1.65%（ZnO 的质量分数）涂覆，样品采用四种不同的灭菌技术

7 声化学技术在纺织品中的应用

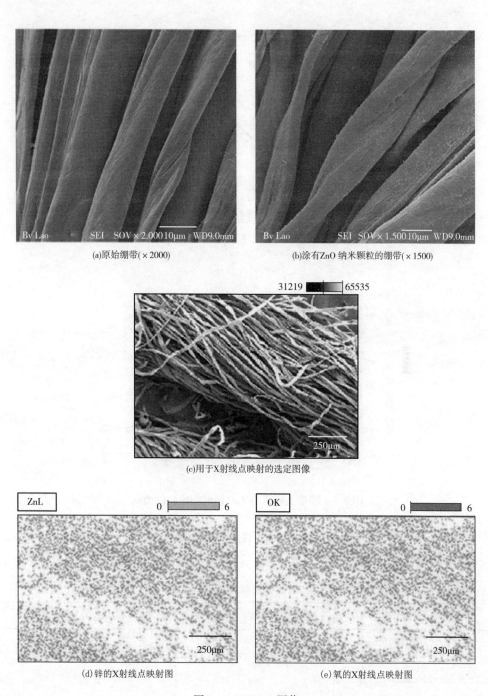

(a)原始绷带(×2000)

(b)涂有ZnO纳米颗粒的绷带(×1500)

(c)用于X射线点映射的选定图像

(d)锌的X射线点映射图

(e)氧的X射线点映射图

图7.1 HRSEM图像

处理：①γ辐射；②在134℃湿热；③在121℃蒸汽；④环氧乙烷（EO）。灭菌后，

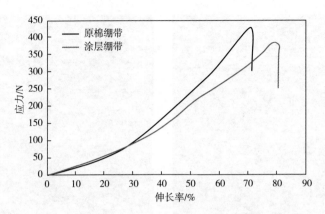

图 7.2 棉绷带 ZnO 纳米颗粒沉积前后的力学性能

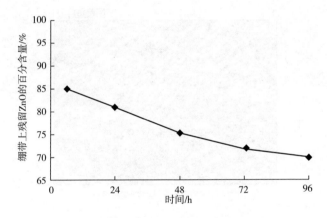

图 7.3 绷带上残留的 ZnO 随时间变化的曲线

对样品 ZnO 涂层的含量、纳米颗粒的形貌及其抗菌活性进行了表征。表 7.1 总结了灭菌前后的定量结果，由此可见，灭菌后涂层含量无明显变化。

表 7.1 灭菌前后 ZnO 含量

样品编号	灭菌前 ZnO 的平均含量/%	灭菌后 ZnO 的平均含量/%
1-1	0.8	0.81
1-2		
1-3		
1-4		

续表

样品编号	灭菌前 ZnO 的平均含量/%	灭菌后 ZnO 的平均含量/%
2-1	1.65	1.60
2-2		
2-3		
2-4		

用扫描电子显微镜（SEM）测试了灭菌处理后涂层的形貌，所有 8 个样品都进行了测试，图 7.4 仅显示了所获得的两个结果。由图可知，经不同灭菌方式后，绷带上未观察到 ZnO 纳米颗粒涂层的明显损伤。

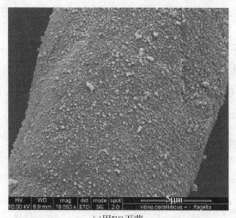 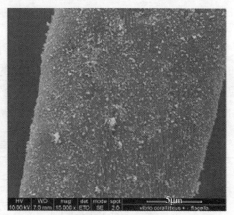

(a) 用EO灭菌　　　　　　　　　　　　(b) 在121℃蒸汽灭菌

图 7.4　棉质绷带灭菌处理后涂层的 SEM 图像

结果表明，上述灭菌技术对声化学涂层既不会影响数量，也不影响形貌。纳米颗粒牢固地附着在织物表面，并且在极端条件下暴露也保持稳定。

纳米金属氧化物抗菌活性的机理尚不清楚，仍存在争议。文献提出的机理包括颗粒表面产生的活性氧物种（ROS）的作用、离子的释放、膜功能障碍与纳米粒子的内化（Li et al., 2008; Neal, 2008; Hu et al., 2009）。ROS 的产生源于潮湿的金属氧化物表面上缺陷部位（如氧空穴）的高反应性。Sawai 等（Sawai et al., 1996; Sawai et al., 1998）证实 ROS 浓度随料浆中 ZnO 含量的增加而增加。依照相同的模式，Applerot 等（Applerot et al., 2009）利用电子自旋共振（ESR）结合自旋捕获探针技术监测 ROS，即 ZnO 纳米颗粒在水悬浮液中产生的羟基自由基，结果表明，羟基自由基（·OH）的数量与氧化锌颗粒的大小密切相关，在等效的 ZnO 质量含量的情况下，较小尺寸的会产生更多的 ·OH。这些结果与小尺寸纳米颗粒的抗菌作用的增强有关，因此，小尺寸和大比表面积使它们具有高的化学反应性和内在毒性。将革兰氏阴性菌大肠杆菌和 ZnO 纳米颗粒悬浮液结合，立即提高了羟基自由基的生成率，平均提高 142%（图 7.5）。

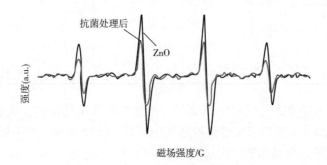

图 7.5　用 ZnO 水悬浮液对大肠杆菌（E. coli）进行抗菌处理后羟基自由基浓度的变化的 ESR 谱图

0.75%（质量分数）的 ZnO 声化学涂层棉织物对革兰阴性菌大肠杆菌 E. coli 和革兰阳性菌金黄色葡萄球菌 S. aureus 的抗菌活性见表 7.2。用涂层棉织物处理 1h 后可完全抑制大肠杆菌的生长，对于金黄色葡萄球菌处理 3h 后，其活力下降了 100%；而处理 1h 后，其活力下降了 60%。

表 7.2　ZnO 涂层棉的抗菌活性试验

样品		处理持续时间					
		1h			3h		
		CFU/mL^{-1}	N/N_0	活力降低/%	CFU/mL^{-1}	N/N_0	活力降低/%
大肠杆菌 （E. coli）	原始织物	1.02×10^{-7}	0.98	0.98	1.34×10^{-7}	1.28	-28.23
	无织物	1.17×10^{-7}	1.14	-28.57	1.23×10^{-7}	1.35	-35.16
	0.75% ZnO 涂层织物 （质量分数）	1.71×10^{-7}	1.58×10^{-3}	99.84	0	0.9×10^{-8}	100
金黄色 葡萄球菌 （S. aureus）	原始织物	0.7×10^{-7}	0.71	20.46	0.99×10^{-7}	1.125	-12.5
	无织物	0.98×10^{-7}	1.10	-10.11	0.67×10^{-7}	0.75	24.72
	0.75% ZnO 涂层织物 （质量分数）	3.9×10^{-6}	0.34	66.4	7.6×10^{-7}	6.55×10^{-4}	99.93

注　通过计数菌落形成单位（CFU）的数量来监测活菌；N/N_0 表示存活率。

锌是一种原核生物必需的微量元素，然而，在超生理水平下，Zn^{2+} 可以抑制许多细菌的生长（Soderberg et al.，1989）。根据我们对含 0.9%NaCl（质量分数）的

ZnO 包覆织物的浸出试验，溶液中锌离子的浓度为 36.7μmol/L。与文献中报道的最低抑菌浓度 4~8mmol/L 相比（Lansdown et al., 2007），在我们的实验中从织物释放的锌离子量至少降低了 2 倍，因此，我们认为锌离子对抗菌活性的影响很小，杀菌效果主要来自 ZnO 纳米颗粒。尽管并未在溶液中发现 ZnO 纳米颗粒，但正如早期报道的那样，它们会产生某些氧自由基物种（Sengupta et al., 1979）。

7.3.2 CuO 纳米颗粒的合成与沉积

通过扩展声化学方法，在纺织品上沉积 CuO 纳米颗粒（Perelshtein et al., 2009b）与 ZnO 纳米颗粒的情况一样，氧化铜的形成是通过铵络合物进行的，铜离子与氨溶液反应生成含有 $[Cu(NH_3)_4]^{2+}$ 络合离子的深蓝色溶液，该络合物水解，得到结晶 CuO 纳米颗粒。通过这些反应产生的 CuO 纳米颗粒被声化学微射流抛向织物表面，并沉积在基底的表面上，如式（7.3）~式（7.5）所示。

$$Cu^{2+}(aq) + 4NH_3 \cdot H_2O(aq) \rightarrow [Cu(NH_3)_4]^{2+}(aq) + 4H_2O \quad (7.3)$$

$$[Cu(NH_3)_4]^{2+}(aq) + 2OH^-(aq) + 4H_2O \rightarrow Cu(OH)_2(s) + 4NH_3 \cdot H_2O(aq) \quad (7.4)$$

$$Cu(OH)_2(s) \rightarrow CuO(s) + H_2O \quad (7.5)$$

利用 XRD 和高分辨扫描电子显微镜（HRSEM）研究了氧化铜在纤维表面沉积前后的形貌，XRD 显示 CuO 纳米晶为单斜结构。图 7.6 清楚地显示了原棉和涂层棉织物的区别，图 7.6（a）为原棉的 HRSEM 图像，图 7.6（b）为涂有 CuO 纳米颗粒的棉的 HRSEM 图像，其中放大倍数更高（×100000）的插图显示，原生粒子处于非常低的纳米范围内（10~20nm）。

虽然 Cu^{2+} 被认为是一种对于环境安全的离子，但更重要和严重的问题是 CuO 纳米颗粒的浸出。对于在 0.9%（质量分数）NaCl 中处理的 CuO 涂层织物洗涤后溶液的动态光散射（DLS）和 TEM 研究显示，不存在纳米颗粒。这意味着超声化学沉积的 CuO 纳米颗粒被牢固地锚定在纺织基材上，原因可能是接触部位纤维的局部熔化。不同类型纺织品的涂层也得到了类似的结果，如含 CuO 纳米颗粒的尼龙、聚酯和复合型纺织品。

检测了通过超声辐照法涂层的 CuO 棉绷带对大肠杆菌 E. coli 和金黄色葡萄球菌 S. aureus 的抗菌活性。研究表明，1h 后，这两个菌株的生长被完全抑制。影响所开发涂层抗菌活性的因素之一是活性相向周围介质的释放，即铜离子或/和氧化铜的纳米颗粒。铜离子浸出实验表明，用 0.9%（质量分数）NaCl 溶液洗涤，只有极少量（约 1.3%）的沉积铜被去除，相当于 0.15mg/kg 的 Cu^{2+} 浓度。氧化铜的轻微溶解可以用 CuO 非常低的 K_{sp} 来解释，这就决定了溶液中 Cu^{2+} 浓度非常低。为了考察 Cu^{2+} 对抗菌效果的影响，用相同浓度的 Cu^{2+} 上清液代替涂层棉进行抗菌试验对照。在 37℃下培养 24h，2h 后没有观察到大肠杆菌 E. coli 减少（图 7.7）。

图 7.6 棉纤维的 HRSEM 图像

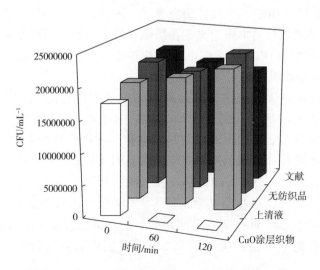

图 7.7 CuO 涂覆棉对大肠杆菌 E.coli 的抗菌试验

结果表明，Cu^{2+}对抗菌活性没有影响。因此，抗菌效果可以归因于氧化铜的纳米颗粒。尽管在溶液中没有发现 CuO 的纳米颗粒，但它们能产生某些活性物质，这些活性物质会杀灭细菌细胞，在有菌和无菌的 ESR 管中进行的 ESR 研究中检测到了这些活性物质。

7.3.3 MgO 和 Al_2O_3 纳米颗粒的合成与沉积

MgO 具有很强的抗菌活性（Huang et al.，2005；Ohira et al.，2008），已报道了不同的合成氧化镁纳米颗粒的方法，例如，在加热程序后控制生成速度（Huang et al.，2005）、微波辅助合成（Makhluf et al.，2005）、火焰喷雾热解反应器中从水滴生成 MgO（Seo et al.，2003）和声化学增强水解后超临界干燥（Stengl et al.，2003）。然而，没有发现任何有关氧化镁在纺织品上沉积的文献资料。

用一步超声化学反应法，在织物上沉积氧化镁和氧化铝纳米颗粒是不可能的。M-乙酸盐（M=Mg，Al）的超声处理，导致相应的 M-氢氧化物的非晶相。对金黄色葡萄球菌和大肠杆菌（*S. aureus* 和 *E. coli*）的抗菌试验表明，这些 M-氢氧化物不具有抗菌活性。只有将无定形产物加热到高达几百度的高温，才能形成晶态的纳米氧化物。当纳米颗粒沉积在纺织品上时，不可能发生这种作用，因为在这样的温度下，纺织品会被破坏。研究中将超声波照射作为一种"投石问路"的技术，将商品化的 MgO 或 Al_2O_3 纳米颗粒沉积在纺织品上。也就是说，使用商品化的 MgO 和 Al_2O_3 纳米粉末（平均粒径<50nm）并在棉织物存在下进行超声处理（Perelshtein et al.，2010）。

本研究的目标之一是在织物上沉积最低有效浓度的金属氧化物纳米颗粒，仍然显示出抗菌活性。为了获得高质量的涂层，需找到最佳条件，如反应时间、溶剂类型和试剂用量。当对初步合成的纳米颗粒悬浮液和织物照射时，在声波气泡破裂后形成的微射流将纳米颗粒像石子一样高速"抛"到棉纱上，纳米颗粒的超声化学沉积"抛石子"机理如图 7.8 所示。这种利用超声辐照进行涂层的方法不同于以往的研究，以往是在超声辐照下由前驱体溶液形成 CuO 和 ZnO 的纳米颗粒，然后被微射流抛向固体表面。一步法和两步法的主要区别是材料的沉积量。与一步沉积法相比，两步法中商品纳米颗粒的锚固量少 2~3 倍，这是因为并非所有的颗粒都被微射流推向织物表面。尽管如此，使用超声波进行"抛石子"的技术仍是一种有效工艺，尤其是对于不能超声化学合成的纳米颗粒。

为了确认在超声过程中 MgO 纳米颗粒的结构没有被损坏，进行了对照实验，即在与织物相同的反应条件下，对氧化镁纳米粉末进行超声处理，反应结束后将将粉末离心干燥。经超声化学处理的 MgO 纳米颗粒的 XRD 图谱表明，氧化镁实际上是晶态，衍射峰与 MgO 的立方相匹配（PDF No.004-0829）。在 2θ = 42.9°、62.3°、74.67°和78.61°的峰分别归属于立方 MgO（200）、（220）、（311）和

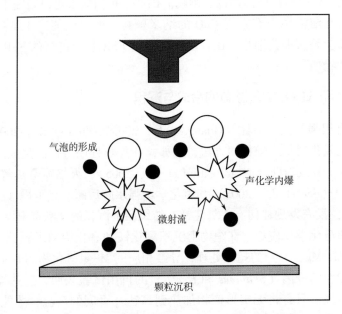

图 7.8 纳米颗粒在固体基质上的声化学沉积示意图

(222)反射线,未检测到任何杂质的特征峰。

图 7.9 中显示通过 HRSEM 研究的氧化镁纳米颗粒沉积前后纤维表面的形貌,图 7.9(a)中图像显示棉织物在涂覆氧化镁纳米颗粒前的光滑结构,图 7.9(b)显示超声后棉纱上均匀沉积的纳米颗粒,粒径分布很窄(20~30nm),纳米颗粒沿纤维均匀分布,但也有一些团聚现象。

对 Al_2O_3 涂层织物进行了更详细的分析。在超声化学涂层反应之前,对商品氧化铝纳米粉进行 XRD 测试并检测为单晶相的斜方晶系 $\delta-Al_2O_3$(PDF No.046-1215)。为了研究超声对纳米颗粒结构的影响,采用高分辨透射电子显微镜(HRTEM)和超显微切割技术。为此,采用环氧树脂嵌入技术,将棉纤维嵌入铜网中。图 7.10(a)是 Al_2O_3 涂层织物的 HRTEM 图像,可观察到颗粒沿纤维均匀分布。图 7.10(a)中的圆圈标记处的颗粒在高倍放大下拍摄[图 7.10(b)],这为辨识 Al_2O_3 涂层提供了进一步的佐证。测量的(131)、(220)和(311)晶格平面之间距离分别为 0.25nm、0.28nm 和 0.25nm,与文献报道的 $\delta-Al_2O_3$ 斜方晶格的距离非常吻合(PDF No.046-1215)。这些结果表明,超声辐照可以作为一种有效的纺织品涂层方法,而不会对商品纳米颗粒的晶体结构造成任何破坏。

以革兰氏阳性菌 *S. aureus* 和革兰氏阴性菌 *E. coli* 对涂覆 0.8% MgO 的棉织物的抗菌活性进行测定。如表 7.3 所示,用涂覆 MgO 的棉处理 1h 后,可完全抑制大肠

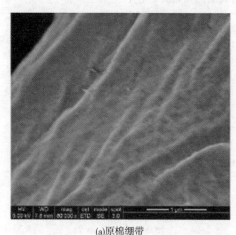
(a)原棉绷带

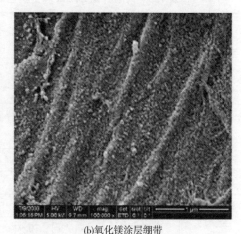
(b)氧化镁涂层绷带

图 7.9　SEM 图像

(a)Al_2O_3涂层绷带

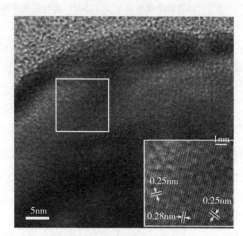
(b)圆圈标记处颗粒的高倍放大图像(×1M)

图 7.10　Al_2O_3 涂层绷带的 HRTEM

杆菌 *E.coli* 的生长。对于金黄色葡萄球菌 *S.aureus*，处理 3h 后，活力降低了 100%，处理 1h 后，活力降低了 90%。至于 Al_2O_3，从研究中可以看出，氧化铝纳米颗粒具有较温和的抗菌性。用 Al_2O_3 涂层棉处理 1h，大肠杆菌 *E.coli* 的生长抑制率约为 23%，3h 后的生长抑制率为 84%。对于金黄色葡萄球菌 *S.aureus*，1h 后仅观察到 11% 的生长抑制率，3h 后约为 75%。

表 7.3 大肠杆菌 E. coli 和金黄色葡萄球菌 S. aureus 的抗菌活性试验

处理		处理持续时间					
		1h			3h		
		CFU/mL^{-1}	N/N_0	活力降低百分率/%	CFU/mL^{-1}	N/N_0	活力降低百分率/%
大肠杆菌 (E. coli)	纯净织物	$6.2×10^6$	0.95	4.6	$6.39×10^6$	0.98	1.7
	无织物	$5.8×10^6$	1.05	−5.5	$5.09×10^6$	0.925	7.5
	MgO	$5.5×10^3$	$8.1×10^{-4}$	99.9	260	$\sim 3.8×10^{-5}$	100.00
	Al_2O_3	$5.0×10^6$	0.77	23.43	$1.0×10^5$	0.16	84.10
金黄色葡萄球菌 (S. aureus)	纯净织物	$6.5×10^6$	0.87	13.33	$5.7×10^6$	0.67	24
	无织物	$6.7×10^6$	0.94	5.63	$6.5×10^6$	0.92	13.33
	MgO	$6.3×10^5$	$9.5×10^{-2}$	90.45	$2.58×10^3$	$3.9×10^{-4}$	99.96
	Al_2O_3	$6.3×10^6$	0.89	11.12	$1.76×10^6$	$4.0×10^{-2}$	74.95

注 通过计数菌落形成单位（CFU）的数量来监测活菌；N/N_0 表示存活率。

化学发光法（Sawai et al.，2000）检测表明，在 MgO 表面生成的 ROS 主要是超氧负离子，ROS 本身对细菌细胞的反应性并不强，然而，这些粒子处于平衡状态，其反应式如下：

$$\cdot O_2^- + H^+ \rightarrow HO_2 \cdot \tag{7.6}$$

当呼吸过程中在细菌膜附近产生 $\cdot O_2^-$ 时，会产生过氧化氢自由基（$HO_2 \cdot$）。$HO_2 \cdot$ 比 $\cdot O_2^-$ 反应活性更强，能够穿透细胞膜。由此可知，细菌细胞与 MgO 粉末之间的接触对 MgO 导致细菌死亡很重要。此外，由于 MgO 表面碱性引起的局部碱性效应还可以增强 MgO 的抗菌活性（Ardizzone et al.，1998）。

结果表明，声化学技术是生产抗菌织物的有效方法。无论纳米颗粒沉积的方式如何，纳米颗粒都能在声化学反应中产生并同时沉积，或在初步合成后进行超声化学辅助的沉积。

7.3.4 多重耐药（MDR）性细菌抑制剂——声化学合成的 Zn 掺杂 CuO 纳米复合材料

为了获得活性最高的抗菌复合材料，在 CuO 中掺杂 Zn 离子。对于许多类型的细菌而言，这两种物质都对细菌生长有显著的抑制作用。这个过程是以锌和铜的醋酸盐水溶液为前驱体，通过声化学辐照完成，以两种试剂的摩尔比为 1∶3、1∶2、1∶1、2∶1 和 3∶1 试验。结果表明，当溶液中 Cu∶Zn 的摩尔比为 3∶1 时，其抗菌活性最高，并对该组合做了进一步的表征（Malka et al.，2013）。

测试了超声化学沉积 Zn-CuO 复合材料的绷带对大肠杆菌（$E.\ coli$）和金黄色葡萄球菌（$S.\ aureus$）的抗菌性能。对这两种细菌，仅用 Zn-CuO 处理 10min，对金黄色葡萄球菌（$S.\ aureus$）和大肠杆菌（$E.\ coli$）的抑制作用分别为 6.1 和 5.37 个数量级。纯 CuO 和 ZnO 纳米颗粒的抑制作用要差很多：ZnO 和 CuO 对金黄色葡萄球菌（$S.\ aureus$）的抑制作用分别降低了 1 和 2 个对数值（log），但在培养 10min 后，对大肠杆菌（$E.\ coli$）几乎没有抑制作用。本研究选择耐甲氧西林金黄色葡萄球菌（MRSA）和多药耐药大肠杆菌（MDR $E.\ coli$）为研究对象，这些细菌对许多市售的抗生素都有很强的耐药性，因此很难根除。结果清楚地表明，对于这些细菌，Zn-CuO 复合材料比纯 CuO 和 ZnO 更具活性。Zn-CuO 复合材料中的 MRSA 细菌在 10min 后即被完全杀灭。对于多药耐药性大肠杆菌，Zn-CuO 和纯 CuO 均能在 30min 后完全杀灭。然而，10min 后，Zn-CuO 已经使 CFU 降低了 5 个对数值，而纯 CuO 几乎不影响细胞活力。综上所述，Zn-CuO 纳米颗粒对多药耐药菌具有良好的抗菌活性。

影响金属氧化物抗菌活性的一个主要因素是活性氧（ROS）的产生。在 Senlin 等进行的一项研究中发现，活性氧的产生与纳米颗粒的抗菌活性之间存在直接关系。该研究比较了九种金属氧化物和炭黑纳米颗粒的 ROS 产生情况（Senlin et al.，2009）。研究表明，按照纳米颗粒产生 ROS 的能力依次增加的顺序为：Al_2O_3、SiO_2、MgO、金红石型 TiO_2、锐钛石型 TiO_2、ZnO、Co_3O_4、CeO_2 和 NiO，所测试的纳米颗粒产生 ROS 的能力与纳米颗粒的抗菌活性成正相关。在 Chang 等的综述中，讨论了金属离子、ROS 和配位效应对 CuO 和 ZnO 纳米颗粒的毒性和抗菌作用的影响（Chang et al.，2012）。基于共聚焦显微镜研究，Raghupath 等提出氧化锌纳米颗粒的抗菌活性可能与活性氧物种的产生和纳米颗粒在细胞质或外膜上的积累有关（Raghupathi et al.，2011）。为了阐明 ROS 的产生机理，Li 等研究了紫外辐照（365nm）下金属氧化物纳米颗粒及其本体对应物 ROS 生成的动力学（Li et al.，2012），发现总活性氧（ROS）平均浓度与细菌存活率呈线性关系。虽然一些纳米颗粒（例如 ZnO 和 CuO 纳米颗粒）释放的有毒离子对其抗菌活性有部分贡献，但这种相关性将纳米颗粒产生 ROS 的能力与其抗菌活性定量地联系在一起。

在研究中，用电子自旋共振（ESR）分析了 ROS 在 ZnO 和 CuO 纳米颗粒的抗菌活性中的作用（Lipovsky et al.，2009；Applerot et al.，2012）。ESR 与 5，5-二甲基-1-吡咯啉-N-氧化物（DMPO）自旋捕集技术的结合表明，在 ZnO 纳米颗粒的水悬浮液中，生成了羟基自由基和单线态氧。此外，发现当悬浮液用 400~500nm 范围内的可见光照射时，氧自由基的水平会显著增加（Senlin et al.，2009）。用 ESR 和发光剂法证实了 CuO 纳米颗粒产生 ROS 的过程（Applerot et al.，2012）。发光剂与 ROS 反应生成发光体，发射峰在 425nm 左右，发光强度与样品中 ROS 的量成正比。与发光剂分析一致，ESR 证实了在 CuO 的水悬浮液中存在 ROS，它们的浓度与CuO颗粒的大小密切相关（较小的颗粒会有更多的ROS）。通过加入特定的自由基淬灭剂，证实了超氧化物是CuO生成的主要的自由基物种。

由金属氧化物产生的ROS取决于金属氧化物纳米颗粒的结构中存在的缺陷位点。掺杂的金属氧化物的特征在于结构缺陷增加，由于ROS更高，这使得它们成为相当有效的抗菌剂。$Cu_{0.89}Zn_{0.11}O$复合材料的独特活性是由于晶胞中11%的Cu原子被Zn取代。ESR研究表明，Zn-CuO纳米颗粒能够比纯的CuO或ZnO纳米颗粒产生更多的ROS（Malka et al.，2013）。

通过ESR技术检测了3种类型的ROS（Δ^1O_2，·OH，O_2^-）。相对于CuO或ZnO纳米颗粒，这些自由基具有更强的抗菌作用。Sawai等还提出了不同金属纳米氧化物自由基对细菌毒性的影响（Sawai et al.，1996），他指出，在MgO和CaO颗粒表面生成的活性氧是超氧阴离子，而在ZnO颗粒表面生成的是H_2O_2。与留在生成部位附近的带负电荷的超氧阴离子自由基相反，过氧化氢和羟基自由基易于穿透膜，使它们更具毒性（Landriscina et al.，2009）。除了形成高活性的羟基自由基外，还发现Zn-CuO可以形成单线态氧。由Zn-CuO掺杂的纳米颗粒的羟基自由基产生量较高，另外还有单线态氧的存在，因此Zn-CuO掺杂纳米颗粒作为抗菌剂的优势显著。

使用二甲基亚砜（DMSO）进行清除，得出结论，对于Zn-CuO纳米颗粒来说，超过总ROS的40%是羟基自由基（OH·）。在纯CuO中，羟基的量小于15%，而ZnO只产生羟基自由基而没有超氧阴离子。除了单线态氧之外，羟基自由基还可以通过Zn-CuO晶胞中Zn^{2+}和O^{2-}的相互作用形成。结果表明，与ZnO和CuO纳米颗粒相比，掺杂材料具有更高的抗菌活性，较高的活性来源于更大的ROS产生量（图7.11）。

7.3.5 声化学涂层技术在棉的抗菌整理中的应用

Gedanken领导的课题组开发并建造了一台试验性的声化学机器，该机器能以22cm/min的速度将抗菌纳米颗粒以对滚的方式涂敷在40~50m长的材料上（Abramov et al.，2009）。用该机将CuO纳米颗粒涂在棉条上（10m长和10cm宽）。图7.12是试验装置用CuO涂覆棉布时的照片，前面板是开放的，以显示织物在涂布CuO纳米颗粒后的颜色变化。在插图中可以观察到，随着CuO纳米颗粒的沉积，纺织品的颜色从白色变为棕色。声化学涂层机的结构允许在基材的两侧进行涂膜。

涂层棉织物根据医院的标准，使用ECOS洗涤剂（美国Earth Friendly Products提供的Free & Clear Liquid Laundry Detergent）在75℃下进行洗涤测试，并遵循欧洲标准EN ISO 6330—2012"纺织品：纺织品的家用洗涤和干燥试验程序"。

采用电感耦合等离子体（ICP）分析法控制织物上CuO的初始含量，发现约为

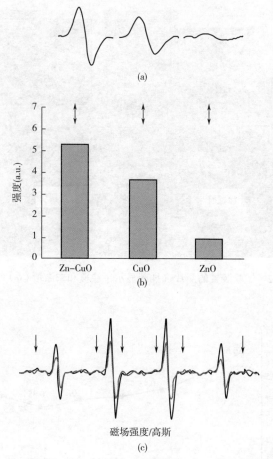

图 7.11 ESR 研究：（a）由 ZnO、CuO 和 Zn-CuO 纳米颗粒产生 ROS；
（b）由 Zn-CuO、CuO 和 ZnO 纳米颗粒生成的 DMPO 自旋加合物的积分面积；
（c）在 Zn-CuO 纳米颗粒悬浮液中（黑色线）和 DMSO（粗体灰色线）中产生 ROS

0.7%（质量分数）。图 7.13 所示为由 ICP 测定的保留在被洗涤织物上 CuO 的量与洗涤循环次数的函数关系，ICP 法的误差在 8% 左右。经过 15 次洗涤循环后，涂层量显著减少，再多的洗涤循环对良好沉积的涂层没有明显影响。尽管在 65 次洗涤循环之后 CuO 的量减少了一半，我们已经在之前的研究中证实这种减少并不是源于纳米颗粒的浸出。根据我们的理解，织物上 CuO 量的减少是由于 Cu^{2+} 在洗涤液中的溶解所致。CuO 微小的溶解度可以用 CuO 极低的 K_{sp} 值（室温下约 10^{-21}）来解释，这说明溶液中铜离子的浓度非常低。工业洗衣机的洗涤是在高温（75℃）下进行的，此时铜的溶解度增加。

SEM 研究证实了 ICP 的测试结果，并证明 CuO 纳米颗粒在洗涤后依然保留在棉织物上。图 7.14 所示为经过 65 次循环洗涤后棉的 SEM 图像，表明纤维上覆盖

图 7.12 试验装置的照片（插图显示了涂覆和未涂覆 CuO 的线轴）

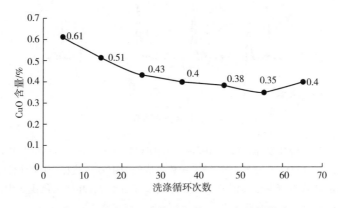

图 7.13 洗涤循环次数对织物 CuO 含量的影响

有纳米颗粒，图 7.14 中的插图显示了更高放大倍数下的涂层织物，观察到均匀的单分散涂层，其颗粒大小分布在 20~50nm。沉积后 CuO 纳米颗粒的粒径为 60~80nm，也观察到一些较大的聚集体。由此可知，洗涤循环和随之而来的铜的溶解导致了粒径的减小和团聚体的消除。已经证明粒径对抗菌性能有很大影响，因此较小的纳米颗粒能更有效地杀死细菌。因此，尽管 ICP 测试有铜的损失，但洗涤后棉织物的抗菌效果仍然很好，这并不奇怪。

结果表明，从稳定性来看，声化学技术是现有最有效的基底涂层技术之一，这是由于与表面附近的声波空穴塌缩有关的化学作用，这会产生强大的冲击波和

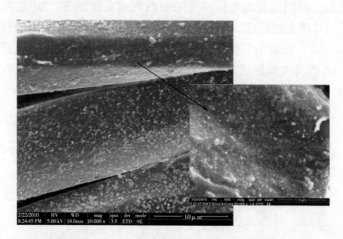

图 7.14　CuO 涂层棉循环洗涤 65 次后的 SEM 图［插图是在更高放大倍数（×50K）下拍摄］

微射流，使表面邻近的液体层充分搅拌和混合。在我们的实例中，超声波促进了新形成的金属氧化物纳米颗粒快速迁移到织物表面。涂层不是基于表面和金属氧化物之间化学键的产物，而是纳米颗粒的物理浸渍，这种物理现象是超声辐照所形成的结果。

图 7.15 显示了 CuO 涂层棉织物对五种不同细菌的抗菌活性，观察到每个测试样本的抗菌活性都很好。在所有的实例中，与原棉对照样相比，CuO 涂层棉上的细菌数量减少了 5 个对数值以上。图 7.16 显示在 0、5 和 65 个洗涤循环后，CuO 涂层棉对金黄色葡萄球菌（S. aureus）的抗菌效果。与未涂 CuO 的原棉相比，其细菌数量减少了 4 个对数值以上。尽管在 65 次洗涤循环后抗菌活性有所下降，即下

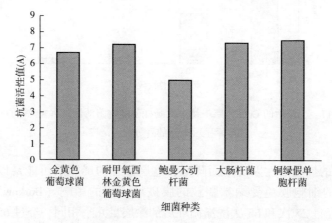

图 7.15　CuO 涂层织物对细菌的抗菌活性（误差棒显示标准偏差，$n=3$）

降了 2 个对数值，但仍远远高于可接受的最低抗菌活性水平。如图 7.17 所示，该织物对革兰氏阴性菌大肠杆菌（E. coli）的抗菌活性不如对革兰氏阳性菌金黄色葡萄球菌（S. aureus），的抗菌活性好。经过每组 20 次洗涤循环后，抗菌活性下降了 60%。但经过 65 次洗涤循环后抗菌活性降至很差（0.5）。这两种细菌的不同之处在于大肠杆菌（E. coli）有第二层外脂膜。

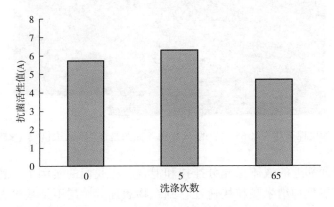

图 7.16　洗涤后的 CuO 涂层织物对金黄色葡萄球菌（S. aureus）（ATCC 6538）的抗菌活性，根据 BS EN ISO 20743：2007 中的吸收法进行测试，误差棒显示标准偏差，$n=3$

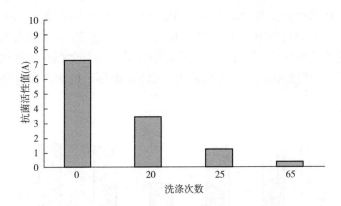

图 7.17　洗涤后的 CuO 涂层织物对大肠杆菌的抗菌活性值（ATCC 8739），
误差棒显示误差的百分比，$n=3$

一旦织物的抗菌活性因洗涤而降低，这层额外的屏障层可能足以保护大肠杆菌（E. coli）的细胞膜免受纳米颗粒的膜破坏作用的影响（Borkow and Gabbay, 2005）。发现经过 25 次和 65 次洗涤循环后的涂层量几乎相同，经过 65 次洗涤循环后仍足以抑制金黄色葡萄球菌（S. aureus），但对大肠杆菌（E. coli）的情况并非如此。尽管织物上纳米颗粒数量基本不变，大肠杆菌（E. coli）杀灭率降低，一个可能的解释是，反复洗涤后产生的 ROS 物种减少，不足以抑制有两层脂膜的细菌。

结果表明，通过对声化学涂层技术的升级，可以生产出在医院洗涤条件下足够承受 65 次洗涤循环的抗菌织物。纳米颗粒有效地嵌入织物中，并且能够耐受循环洗涤，唯一的损失似乎是由于 Cu^{2+} 离子的溶解，但这种损失即使在 75℃ 下也很小。像这样耐用的抗菌纺织品可能适合在未来对卫生控制至关重要的医院环境中广泛使用。

7.3.6　抗菌纳米颗粒与染料在纺织品上的声化学共沉积

本节描述了两种不同功能材料在纺织品上的沉积：染料和抗菌纳米颗粒，它们是从含有前体的溶液中合成并嵌入表面的。如前所述，传统的抗菌染色织物的生产是通过两个过程来实现的（Tabatabaee et al., 2013; Niu et al., 2011）。声化学方法为一步法制备有色抗菌纺织品/纳米颗粒复合材料提供了机会。我们课题组研究在水溶液中同时在棉织物上沉积活性橙 16（RO16）或活性黑 5（RB5）和抗菌的 CuO 或 ZnO 纳米颗粒（图 7.18）（Perelshtein et al., 2016）。

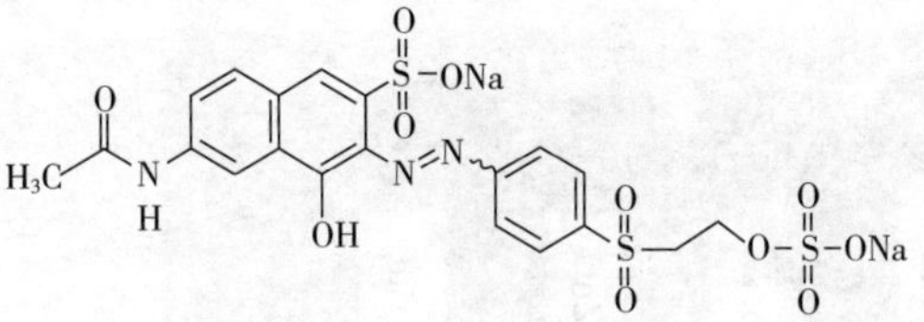

(a) 活性橙 16 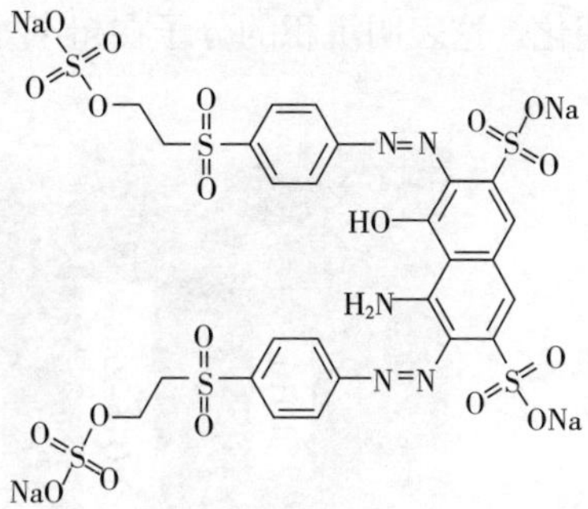　　　　(b) 活性黑 5

图 7.18　活性橙 16 和活性黑 5 的化学结构

工作溶液中含有染料和相应的前驱体乙酸盐 M $(CH_3COO)_2$（M = Zn 或 Cu），其在碱性条件下（氨）水解形成 ZnO 或 CuO。新形成的金属氧化物（MO）纳米颗粒与染料被同时抛向织物表面，染色的发生是向溶液提供超声能量的结果。当高强度的超声作用于有机分子水溶液时，这些分子被吸附在声化学形成的超声气泡表面。当内爆空穴塌陷发生的时候，许多分子被聚集到一起形成纳米颗粒，这样的纳米颗粒由大量的所需分子组成（Perelshtein et al., 2014; Kiel et al., 2012）。在超声波作用下，染料分子在溶液中形成纳米颗粒。此外，金属氧化物纳米颗粒是由醋酸金属盐的水解反应合成的。涂层是一个原位过程，它随着纳米颗粒的形成随之发生。由于气泡塌缩而产生的高速射流将新生成的 MO 纳米颗粒和染料抛射到织物表面，并牢固地嵌入。涂层是由于物理作用而不是化学作用结合。

沉积过程结束后，对织物的 XRD 研究表明，在织物表面形成了 MO 纳米颗粒（Perelshtein et al.，2016）。声化学法制备的 ZnO 纳米颗粒的 XRD 图对应锌矿的六方相，在 2θ = 31.772、34.420、36.256、56.602 和 62.858 处的峰分别归属于（100）、（002）、（101）、（110）和（103）反射面（PDF：01-089-1397）。超声化学制备的 CuO 纳米颗粒的 XRD 图显示是以碱为中心的单斜黑铜矿相（PDF：01-089-2529）。在 2θ = 35.56、38.74 和 48.74 处的峰分别归属于（-111）、（111）和（-202）的反射面，未检测到杂质峰。

声化学反应后，用肉眼可很容易观察到织物上存在的染料（图 7.19）。当同时进行 CuO 涂布时，RO16 的颜色仅有轻微变化，而 RB5 的颜色由蓝色变为绿偏蓝色。这些变化反映了 RO16-CuO 吸收峰的能量变化，检测到 30nm（1132cm^{-1}）峰的红移，而对于 RB5-CuO 的吸收峰，观察到 55nm（1712cm^{-1}）峰的蓝移（表 7.4，图 7.20）。染料-ZnO 的络合物并没有显示出两种染料的光谱位移，很显然，CuO 与染料之间存在相互作用，而 ZnO 没有表现出同样的作用。CuO 光谱位移的原因与 CuO 的可见吸收有关，CuO 的能级与染料的能级相近。对于 ZnO 来说，这种相互作用是不可能的，因为它吸收的是紫外线。值得注意的是，在超声处理后，染料的最大吸收波长没有发生变化，这表明沉积的分子在超声处理过程中没有发生化学变化。

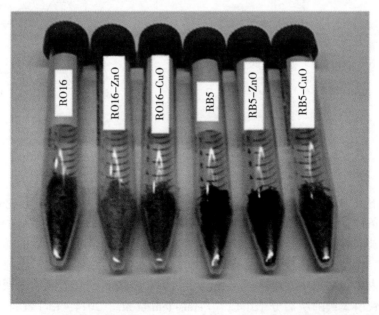

图 7.19 一步声化学法用 RO16 和 RB5 染料染色并用 ZnO 和 CuO 纳米颗粒功能化的绷带

采用浸涂的方法，将织物浸在碱性（氨）染料溶液中控制染色 60min，与声化学涂层反应的时间相同。与通常的浸涂样品相比，超声化学 ZnO 涂层样品的 K/S

值更高（表7.4，图7.20）。通常情况下活性染料的常规染色是在大量盐存在的高温（80~90℃）下进行的。与常规的浸染（竭染）染色相比，超声化学技术的优势是避免使用盐并降低了工艺温度，同时获得更好的染色效果。

表7.4 各种样品的吸光度和 ICP 数据

样品名		波长/nm	涂层强度 K/S	绷带上氧化物含量（质量分数）/%
RO16	超声化学涂层 RO16	500±5	2.0	—
	浸涂 RO16	500±5	1.7	—
	同时涂覆 RO16+ZnO	500±5	2.4	0.9
	同时涂覆 RO16+CuO	530±5	1.5	0.6
RB5	超声化学涂层 RB5	595±5	4.5	—
	浸涂 RB5	595±5	3.2	—
	同时涂覆 RB5+ZnO	595±5	4.8	0.9
	同时涂覆 RB5+CuO	540±5	1.9	1.3

注 K/S，即色度值，是 Kubelka-Munk 关系，其中 K 是吸收系数，S 是散射系数；K/S 是表面上染料浓度的函数。

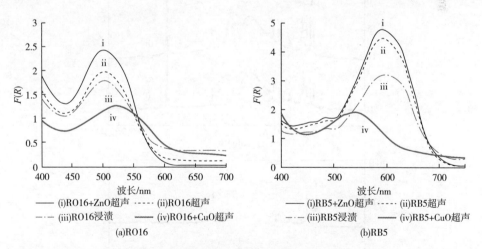

图7.20 涂有染料 RO16 或 RB5 和 ZnO 或 CuO 纳米颗粒的彩色绷带可见光区的吸收测量

用高分辨扫描电镜（HRSEM）分别研究了单独的染料和染料/金属氧化物共沉积的形貌，如图7.21所示。在棉织物上涂覆的 ZnO-RB5 纳米颗粒的平均粒径约为150nm，其形状为长球形［图7.21（b）］。CuO-RB5 颗粒具有针状结构，长约80nm，宽10nm［图7.21（c）］。

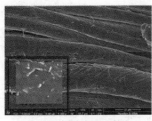  

(a)RB5超声化学沉积在棉上　　　　(b)RB5+ZnO　　　　(c)RB5+CuO

图 7.21　HRSEM 图像

利用质子核磁共振谱（^{1}H NMR）研究了超声处理过程对溶液中染料状态的影响，将每一种染料（RO16 和 RB5）溶解在 D_2O 中并超声 60min，记录这些溶液的 ^{1}H NMR 谱，发现超声波处理前后溶液的 NMR 谱没有变化，从而证实在超声化学处理过程中没有发生染料的降解（图 7.22）。在声化学处理前后 RO16 的谱图看起来完全相同，RB5 谱图在化学位移为 5 左右的宽信号中的微小差异是由于溶剂压制所产生的残余峰。

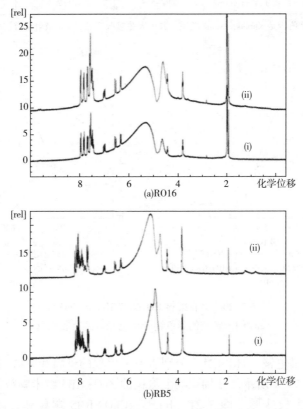

图 7.22　RO16 和 RB5 的染料溶液用声化学处理之前（i）和之后（ii）的 ^{1}H NMR 光谱

另外，通过固态^{13}C NMR 对染料涂层进行了表征，对经过超声化学涂覆 RO16 和 RB5 的棉与未经处理的棉的反射光谱进行了比较。NMR 谱图没有显示任何的染料信号，很显然，织物上沉积的少量染料低于核磁的检出限。

评价了 ZnO 和 CuO 对大肠杆菌（$E. coli$）的抗菌性能，并与共沉积的染料—MO 进行了比较。ZnO 涂层绷带在 1h 内降低了 2.5 个对数值。RO16 或 RB5 的加入稍微降低了 ZnO 纳米颗粒的抗菌活性（图 7.23）。CuO 绷带的活性明显更高，培养 15min 后就降低了 3 个对数值，而 30min 后则降低 4.5 个对数值（图 7.24）。添加 RB5 或 RO16 对 CuO 纳米颗粒的活性没有影响。

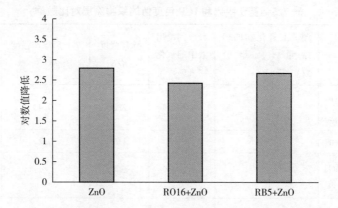

图 7.23　ZnO 涂层绷带和 ZnO—染料涂层绷带的抗菌性能

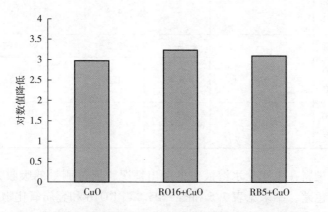

图 7.24　CuO 涂层绷带和 CuO—染料涂层绷带的抗菌性能

评定涂层质量的关键因素之一是活性相暴露在液体中的稳定性。在本研究中，超声化学共沉积 MO 和染料的稳定性是通过在 40℃的盐水中浸泡涂层织物 72h 来评价（表 7.5）。有很多物种会从涂层表面释放出来，如 MO 纳米颗粒、金属离子、染料分子。众所周知，MO 的溶解度是由其 K_{sp} 值导出的。对于 ZnO 和 CuO，K_{sp} 值分别为 10^{-11} 和 10^{-20}。用 ICP 分析法监测浸出液中离子的存在。表 7.5 中汇总了相对于初始涂覆量的浸出金属氧化物纳米颗粒的百分比，发现金属氧化物的总损失在 2.5%~12.2%，这种损失是由于 M^{2+} 和 O^{2-} 离子的溶解造成的。由于 ZnO 更易溶于水，因此 ZnO 涂层离子释放的百分比更高。为了监控纳米颗粒从表面浸出的情况，将一滴浸出液置于铜网上进行 HRTEM 测试。结果显示，铜网上没有纳米颗粒存在，这表明纳米颗粒并没有从涂层表面释放出来，从而证实它们对表面具有很强的黏附性。

表 7.5　基于吸附和 ICP 色度值的织物涂层对比数据

样品		绷带上氧化物的初始量（质量分数）/%	释放到浸出液中的氧化物（%）	涂层强度 K/S	72h 后涂层强度 K/S	色度的相对降低值
RO16	RO16 超声化学涂层	—	—	2.0	0.4	5.0
	RO16 浸渍	—	—	1.7	0.2	8.5
	RO16+ZnO 同时涂覆	0.9	12.2	2.4	0.7	3.4
	RO16+CuO 同时涂覆	0.6	4.6	1.5	1.0	1.5
RB5	RB5 超声化学涂层	—	—	4.5	3.7	1.2
	RB5 浸渍	—	—	3.2	1.9	1.7
	RB5+ZnO 同时涂覆	0.9	5.4	4.8	3.9	1.2
	RB5+CuO 同时涂覆	1.3	2.5	1.9	1.3	1.5

为了跟踪染料在水和盐水溶液中的浸出情况，通过测量的吸收光谱研究其浸出实验前后的色差，结果见表 7.5 和图 7.25。当 RO16 和金属氧化物超声化学涂覆时，观察到的浸出相比单独染料的超声化学沉积，色度下降较小，这似乎表明 MO 与染料在共沉积过程中可能有相互作用。对于 RB5，染料本身的释放处于非常低的水平，并且不受 MO 存在的影响。基于 K/S 值，两种染料的声化学染色织物的色度均高于浸涂的绷带。此外，浸涂样品的颜色损失比超声化学涂层染料样品的更为明显。

因此，与传统染色工艺相比，声化学技术对纺织品的染色显得更为有效。抗菌纳米颗粒和染料的声化学共沉积在一步工艺中赋予两个功能，当染料暴露在溶液中时即在表面产生固定作用。

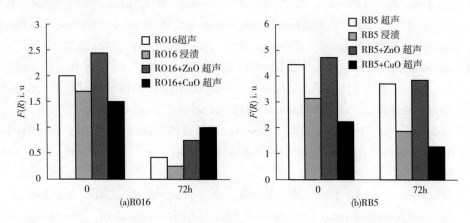

图 7.25 比较涂覆染料 RO16 或 RB5 和 ZnO 或 CuO 纳米颗粒的
有色绷带在 40℃ 的盐溶液中并以 100r/min 振摇浸泡 72h 后的染色稳定性
（数据来自三个独立的实验）

7.4 发展趋势

具有内在抗菌性能的纳米颗粒（ZnO、CuO 和 MgO）可通过声化学方法合成并均匀地沉积在不同纺织品的表面，该涂层是使用环境友好的试剂经过简单、高效、一步的方法完成的。物理和化学分析表明，纳米晶体可以很好地分散在织物表面，而对纱线的结构没有明显的损坏。纳米金属氧化物对基底的黏附力很强，在 65 次循环洗涤后，在洗涤液中没有发现浸出的纳米颗粒。洗涤后的涂层织物仍具有很高的抗菌活性。

此外，首次证明了声化学方法可以同时赋予纺织品两种特性：纺织品染色及抗菌性能。声化学方法作为一种涂层技术，不仅可用于纺织品，还可用于其他各种基材，应用范围很广。

参考文献

[1] Abramov, O. V., Gedanken, A., Koltypin, Y., Perkas, N., Perelshtein, I., Joyce, E., Mason, T. J., 2009. Pilot scale sonochemical coating of nanoparticles onto textiles to produce biocidal fabrics. Surf. Coat. Technol. 204, 718–722.

[2] Anita, S., Ramachandran, T., Rajendran, R., Koushik, C. V., Mahalakshmi, M., 2011. A study of the antimicrobial property of encapsulated copper oxide nanoparticles on cotton fabric. Textile Res. J. 81, 1081–1088.

[3] Applerot, G., Lipovsky, A., Dror, R., Perkas, N., Nitzan, Y., Lubart, R., Gedanken, A., 2009. Enhanced antibacterial activity of nanocrystalline ZnO due to increased ROS-mediated cell injury. Adv. Func. Mat. 19, 842–852.

[4] Applerot, G., Lellouche, J., Lipovsky, A., Nitzan, Y., Lubart, R., Gedanken, A., Banin, E., 2012. Understanding the antibacterial mechanism of CuO nanoparticles: revealing the route of induced oxidative stress. Small 8, 3326–3337.

[5] Ardizzone, S., Bianchi, C. L., Vercelli, B., 1998. MgO powders: interplay between adsorbed species and localization of basic sites. Appl. Surf. Sci. 126, 169–175.

[6] Behzadnia, A., Montazer, M., Rashidi, A., Rad, M.M., 2014. Rapid sonosynthesis of N-doped nano TiO_2 on wool fabric at low temperature: introducing self-cleaning, hydrophilicity, antibacterial/antifungal properties with low alkali solubility, yellowness and cytotoxicity. Photochem. Photobiol. 90, 1224–1233.

[7] Beyth, N., Houri-Haddad, Y., Domb, A., Khan, W., Hazan, R., 2015. Alternative antimicrobial approach: nano–antimicrobial materials, Hindawi publishing corporation evidence-based complementary and alternative. Medicine 246012, 16.

[8] Borkow, G., Gabbay, J., 2005. Copper as a biocidal tool. Curr. Med. Chem. 12, 163–175.

[9] Chang, Y. N., Zhang, M., Xia, L., Zhang, J., Xing, G., 2012. The toxic effects and mechanisms of CuO and ZnO nanoparticles. Materials 5, 2850–2871.

[10] Dastjerdi, R., Montazer, M., 2010. A review on the application of inorganic nano-structured materials in the modification of textiles: focus on antimicrobial properties. Colloids Surf. B Biointerfaces 79, 5–18.

[11] Dhineshbabu, N. R., Karunakaran, G., Suriyaprabha, R., Manivasakan, P., Rajendran, V., 2014. Electrospun MgO/Nylon 6 hybrid nanofibers for protective clothing. Nano-Micro Lett. 6, 46–54.

[12] El Nahhal, I. M., Elmanama, A. A., Amara, N. M., 2016. Synthesis of nanometal oxidecoated cotton composites. In: Abdurakhmonov, I. Y. (Ed.), Agricultural and Biological Sciences: Cotton. pp. 279–297. Ch. 13, ISBN.

[13] El-Nahhal, I.M., Zourab, S.M., Kodeh, F.S., Semane, M., Genois, I., Babonneau, F., 2012. Nanostructured copper oxide-cotton fibers: synthesis, characterization, and applications. Int. Nano Lett. 2, 14–19.

[14] El-Shafei, A., Shaarawy, S., Hebeish, A., 2010. Application of reactive cyclodextrin polybutyl acrylate preformed polymers containing nano-ZnO to cotton fabrics and their impact on fabric performance. Carbohyd. Polym. 79, 852-857.

[15] Fiedot, M., Karbownik, I., Maliszewska, I., Rac, O., Suchorska-Wózniak, P., Teterycz, H., 2015. Deposition of one-dimensional zinc oxide structures on polypropylene fabrics and their antibacterial properties. Textile Res. J. 85, 1340-1354.

[16] Fouda, M. M. G., 2012. Antibacterial modification of textiles using nanotechnology. In: Bobbaral, V. (Ed.), Biochemistry, Genetics and Molecular Biochemistry: A Search for Antimicrobial Agents. Vol. 19. InTech Publisher, pp. 47-72.

[17] Gedanken, A., 2007. Doping nanoparticles into polymers and ceramics using ultrasound radiation. Ultrason. Sonochem. 14, 418-430.

[18] Gedanken, A., Perkas, N., Perelshtein, I., Applerot, G., Lipovsky, A., Yeshayahu, N., Lubart, R., 2014. Innovative inorganic nanoparticles with antimicrobial properties attached to textiles by sonochemistry. In: Sivakumar, M., Ashokkumar, M. (Eds.), Cavitation: A Novel Energy-Efficient Technique for the Generation of Nanomaterials. Pan Stanford Publishing Pte. Ltd., pp. 263-300. Chapter 9.

[19] Gorenšek, M., Gorjanc, M., Bukošek, V., Kovač, J., Petrović, Z., Puač, N., 2010. Functionalization of polyester fabric by Ar/N_2 plasma and silver. Textile Res. J. 80, 1633-1642.

[20] Gorjanc, M., Bukošek, V., Gorenšek, M., Mozetič, M., 2010. CF_4 plasma and silver functionalized cotton. Textile Res. J. 80, 2204-2213.

[21] Gorjanc, M., Gorenšek, M., Jovančić, P., Mozetič, M., 2013. Multifunctional textiles-modification by plasma, dyeing and nanoparticles. In: Chapter 1 in World's Largest Science, Technology and Medicine. Eco-Friendly Textile Dyeing and Finishing. pp. 31. doi. org/10.5772/53376.

[22] Grigore, M. E., Biscu, E. R., Holban, A. M., Gestal, M. C., Grumezescu, A. M., 2016. Methods of synthesis, properties and biomedical qpplications of CuO nanoparticles. Pharmaceuticals 9, 75-89.

[23] Gupta, N. K., Khurana, N. S., Adivarekar, R. V., 2013. Synthesis and application of nano copper oxide for antimicrobial property. Int. J. Eng. Res. Technol. 2, 2583-2595.

[24] Harifi, T., Montazer, M., 2017. Application of sonochemical technique for sustainable surface modification of polyester fibers resulting in durable nano-sonofin-

ishing. Ultrason. Sonochem. 37, 158-168.

[25] Hu, X., Cook, S., Wang, P., Hwang, H., 2009. In vitro evaluation of cytotoxicity of engineered metal oxide nanoparticles. Sci. Total Environ. 407, 3070-3072.

[26] Huang, L., Li, D. Q., Lin, Y. L., Wei, M., Evans, D. G., Duan, X., 2005. Controllable preparation of nano-MgO and investigation of its bactericidal properties. J. Inorg. Biochem. 99, 986-993.

[27] Huh, A. J., Kwon, Y. J., 2011. Nanoantibiotics. A new paradigm for treating infectious diseases using nanomaterials in the antibiotics resistant era. J. Control. Release 156, 128-145.

[28] Kiel, S., Grinberg, O., Perkas, N., Charmet, J., Kepner, H., Gedanken, A., 2012. Forming nanoparticles of water-soluble ionic molecules and embedding them into polymer and glass substrates. Beil. J. Nantotechnol. 3, 267-276.

[29] Landriscina, M., Maddalena, F., Laudiero, G., Esposito, F., 2009. Adaptation to oxidative stress, chemoresistance, and cell survival. Chemoresist. Cell Surv. 11, 2701-2716.

[30] Lansdown, A. B. G., Mirastschijski, U., Stubbs, N., Scanlon, E., Agren, M. S., 2007. Zinc in wound healing: theoretical, experimental, and clinical aspects. Wound Repair Regener. 5, 16-22.

[31] Li, N., Xia, T., Nel, A. E., 2008. The role of oxidative stress in ambient particulate matter induced lung diseases and its implications in the toxicity of engineered nanoparticles. Free Rad. Biol. Med. 44, 1689-1699.

[32] Li, Y., Zhang, W., Niu, J., Chen, Y., 2012. Mechanism of photogenerated reactive oxygen species and correlation with the antibacterial properties of engineered metal-oxide nanoparticles. ACS Nano 6, 5164-5173.

[33] Lipovsky, A., Tzitrinovich, Z., Friedmann, H., Applerot, G., Gedanken, A., Lubart, R., 2009. EPR study of visible light-induced ROS generation by nanoparticles of ZnO. J. Phys. Chem. C 113, 15997-16001.

[34] Makhluf, S., Dror, R., Nitzan, Y., Abramovich, Y., Jelinek, R., Gedanken, A., 2005. Microwave-assisted synthesis of nanocrystalline MgO and its use as a bacteriocide. Adv. Func. Mat. 15, 1708-1715.

[35] Malka, E., Perelshtein, I., Lipovsky, A., Shalom, Y., Naparstek, L., Perkas, N., Patick, T., Lubart, R., Nitzan, Y., Banin, E., Gedanken, A., 2013. Eradication of multi-drug resistant bacteria by a novel Zn-doped CuO nanocomposite. Small 23, 4069-4076.

[36] Morais, D. S., Guedes, R. M., Lopes, M. A., 2016. Antimicrobial approaches

for textiles: from research to market. Materials 9, 498-519.

[37] Moritz, M., Geszke-Moritz, M., 2013. The newest achievements in synthesis, immobilization and practical applications of antibacterial nanoparticles. Chem. Eng. J. 228, 596-613.

[38] Neal, A. L., 2008. What can be inferred from bacterium-nanoparticle interactions about the potential consequences of environmental exposure to nanoparticles? Ecotoxicology 17, 362-371.

[39] Niu, M., Wu, Z. L., Dai, J. M., Hou, W. S., Shi, S., Li, Y., 2011. Study on the dyeing behavior of wool fiber treated with nano-SiO_2/Ag antibacterial agent. Adv. Mater. Res. 332-334, 27-30.

[40] Ohira, T., Kawamura, M., Iida, Y., Fukuda, M., Yamamoto, O., 2008. Influence of the mixing ratio on antibacterial characteristics of MgO-ZnO solid solution in two phase coexistence region. J. Ceramic Soc. Japan 116, 1234-1237.

[41] Ozdemir, C., Oden, M. K., Sahinkaya, A., Guclu, D., 2011. The sonochemical decolorisation of textile azo dye CI Reactive Orange 127. Color Technol. 127, 268-2731.

[42] Ozen, A. S., Aviyente, V., Tezcanli-Guyer, G., Ince, N. H., 2005. Experimental and modeling approach to decolorization of azo dyes by ultrasound: degradation of the hydrazone tautomer. J. Phys. Chem. A 109, 3506-3516.

[43] Pelgrift, R. Y., Friedman, A. J., 2013. Nanotechnology as a therapeutic tool to combat microbial resistance. Adv. Drug Deliv. Rev. 65, 1803-1815.

[44] Perelshtein, I., Applerot, G., Perkas, N., Guibert, G., Mikhailov, S., Gedanken, A., 2008. Sonochemical coating of silver nanoparticles on textile fabrics (nylon, polyester and cotton) and their antibacterial activity. Nanotechnology 19, 245705 6pp.

[45] Perelshtein, I., Applerot, G., Perkas, N., Wehrschetz-Sigl, E., Hasmann, A., Guebitz, G. M., Gedanken, A., 2009a. Antibacterial properties of an in situ generated and simultaneously deposited nanocrystalline ZnO on fabrics. ACS Appl. Mater. Interf. 1, 361-366.

[46] Perelshtein, I., Applerot, G., Perkas, N., Wehrschuetz-Sigl, E., Hasmann, A., Guebitz, G. M., 2009b. A. Gedanken CuO-cotton nanocomposite: Formation, morphology, and antibacterial activity. Surf. Coat Technol. 204, 54-57.

[47] Perelshtein, I., Applerot, G., Perkas, N., Grinblat, J., Hulla, E., Wehrschetz-Sigl, E., Hasmann, A., Guebitz, G. M., 2010. Ultrasound radiation as a "throwing stones" technique for the production of antibacterial nanocomposite tex-

tiles. Am. Chem. Soc. App. Mater. Interf. 2, 1999-2004.

[48] Perelshtein, I., Perkas, N., Applerot, G., Gedanken, A., 2011. A novel method for antimicrobial finishing of textile with inorganic nanoparticles by sonochemistry. In: Nemr, E. (Ed.), Textiles: Types, Uses and Production Methods. Nova Science Publisher Inc., pp. 369-398.

[49] Perelshtein, I., Applerot, G., Perkas, N., Grinblat, J., Gedanken, A., 2012. A one-step process for the antimicrobial finishing of textiles with crystalline TiO_2 nanoparticles. Chem. Eur. J. 18, 4575-4582.

[50] Perelshtein, I., Ruderman, E., Perkas, N., Beddow, J., Singh, G., Vinatoru, M., Joyce, E., Mason, T. G., Blanes, M., Molla, K., Gedanken, A., 2013. The sonochemical coating of cotton withstands 65 washing cycles at hospital washing standards and retains its antibacterial properties. Cellulose 20, 1215-1221.

[51] Perelshtein, I., Ruderman, E., Francesko, A., Fernandes, M.M., Tzanov, T., Gedanken, A., 2014. Tannic acid NPs—synthesis and immobilization onto a solid surface in a one-step process and their antibacterial and anti-inflammatory properties. Ultrason. Sonochem. 21, 1916-1920.

[52] Perelshtein, I., Perkas, N., Tzanov, T., Gedanken, A., 2016. Imparting functional properties to substrate by a simultaneous codeposition of active nanoparticles. Beilstein J. Nanotechnol. 7, 1-8.

[53] Perkas, N., Gedanken, A., Perelshtein, I., Angel, U., 2011. Embedding antibacterial inorganic nanoparticles and proteinaceous microspheres in textiles by a sonochemical method. In: Garti, N., Amar-Yuli, I. (Eds.), Nanotechnologies for Solubilization and Delivery in Foods, Cosmetics and Pharmaceuticals. DeskTech Publication Inc., pp. 337-362. Chapter 11.

[54] Ponnuvelu, D.V., Selvaraj, A., Suriyaraj, S.P., Selvakumar, R., Pulithadathail, B., 2016. Ultrathin hexagonal MgO nanoflakes coated medical textiles and their enhanced antibacterial activity. Mater. Res. Express 3, 105005-1050016.

[55] Raghupathi, K.R., Koodali, R.T., Manna, A.C., 2011. Size-dependent bacterial growth inhibition and mechanism of antibacterial activity of zinc oxide nanoparticles. Langmuir 27, 4020-4028.

[56] Rajendran, V., Dhineshbabu, N.R., Kanna, R.R., Kaler, K.V.I.S., 2014. Enhancement of thermal stability, flame retardancy, and antimicrobial properties of cotton fabrics functionalized by inorganic nanocomposites. Ind. Eng. Chem. Res. 53, 19512-19524.

[57] Rivero, P.J., Urrutia, A., Goicoechea, J., Arregui, F.J., 2015. Nanomaterials

for functional textiles and fibers. Nanoscale Res. Lett. 10, 501-522.

[58] Rode, C., Zieger, M., Wyrwa, R., Thein, S., Wiegand, C., Weiser, M., Ludwig, A., Wehner, D., Hipler, U. C., 2015. Antibacterial zinc oxide nanoparticle coating of polyester fabrics. J. Textile Sci. Technol. 1, 65-74.

[59] Sadr, F. A., Montazer, M., 2014. In situ sonosynthesis of nano TiO_2 on cotton fabric. Ultrason. Sonochem. 21, 681-691.

[60] Salama, M., El-Sayed, A. A., 2014. Imparting permanent antibacterial properties to viscose fabric using zinc oxide nanoparticles and polymeric binders. World Appl. Sci. J. 32, 392-398.

[61] Sawai, J., Igarashi, H., Hashimoto, A., Kokugan, T., Shimizu, M., 1996. Effect of particle size and heating temperature of ceramic powders on antibacterial activity of their slurries. J. Chem. Eng. J. 29, 251-256.

[62] Sawai, J., Shoji, S., Igarashi, H., Hashimoto, A., Kokugan, T., Shimizu, M., Kojima, H., 1998. Hydrogen peroxide as an antibacterial factor in zinc oxide powder slurry. J. Ferment. Bioeng. 86, 521-522.

[63] Sawai, J., Kojima, H., Igarashi, H., Hashimoto, A., Shoji, S., Sawaki, T., Hakoda, A., Kawada, E., Kokugan, T., Shimizu, M., 2000. Antibacterial characteristics of magnesium oxide powder. World J. Microbiol. Biotechnol. 16, 187-194.

[64] Sengupta, G., Ahluwalia, H. S., Banerjee, S., Sen, S. P., 1979. Chemisorption of water-vapor on zinc oxide. J. Coll. Interface Sci. 69, 217-224.

[65] Senlin, L., Duffin, R., Poland, C., Daly, P., Murphy, F., Drost, E., MacNee, W., Stone, V., Donaldson, K., 2009. Efficacy of simple short-term in vitro assays for predicting the potential of metal oxide nanoparticles to cause pulmonary inflammation. Environ. Health Perspect. 117 (2009), 241-247.

[66] Seo, D. J., Park, S. B., Kang, Y. C., Choy, K. L., 2003. Formation of ZnO, MgO and NiO nanoparticles from aqueous droplets in flame reactor. J. Nanopart. Res. 5, 199-210.

[67] Shahidi, A., Wiener, J., 2012. Antibacterial agents in textile industry. In: Bobbaral, V. (Ed.), Biochemistry, Genetics and Molecular Biochemistry: A Search for Antimicrobial Agents. Vol. 19. InTech Publisher, pp. 387-406.

[68] Shahidi, S., Zarei, L., Elahi, S. M., 2014. Fabrication of ZnO nano particles using sonochemical method and applying on cotton fabric using in situ and pad-dry-cure methods. Fibers Polym. 15, 2472-2479.

[69] Singh, R., Smitha, M. S., Singh, S. P., 2014. The role of nanotechnology in

combating multi-drug resistant bacteria. J. Nanosci. Nanotechnol. 14, 4745-4756.

[70] Soderberg, T., Agren, M., Tengrup, I., Hallmans, O., Banck, G., 1989. The effects of an occlusive zinc medicated dressing on the bacterial flora in excised wounds in the rat. Infection 17, 81-85.

[71] Stankic, S., Suman, S., Haque, F., Vidic, J., 2016. Pure and multi metal oxide nanoparticles: synthesis, antibacterial and cytotoxic properties. J Nanobiotechnol. 14, 73-93.

[72] Stengl, V., Bakardjieva, S., Marikova, M., Bezdicka, P., Subrt, J., 2003. Magnesium oxide nanoparticles prepared by ultrasound enhanced hydrolysis of Mg-alkoxides. Mater. Lett. 57, 3998-4003.

[73] Subramanian, B., Anu Priya, K., Thanka Rajan, S., Dhandapani, P., Jayaachandran, M., 2014. Antimicrobial activity of sputtered nanocrystalline CuO impregnated fabrics. Mater. Lett. 128, 1-4.

[74] Suslick, K. S., 1989. The chemical effect of ultrasound. Sci. Am. 260, 80-86.

[75] Suslick, K. S., Price, G. J., 1999. Application of ultrasound to materials chemistry. Ann. Rev. Mater. Res. 29, 295-326.

[76] Tabatabaee, M., Baziari, P., Nasirizadeh, N., Dehghanizadeh, H., 2013. Synthesis of CdS nanoparticles by sonochemical reaction using thioacetamide as S^{2-} reservoir and in the presence of a neutral surfactant, dyeing of cotton fabric and study of antibacterial effect on\cotton fabric. Adv. Mater. Res. 851-854.

[77] Tang, Z. X., Lv, B. F., 2014. MgO nanoparticles, as antibacterial agent: preparation and activity. Braz. J. Chem. Eng. 31, 591-601.

[78] Yamamoto, O., 2001. Influence of particle size on the antibacterial activity of zinc oxide. Int. J. Inorg. Mater. 3, 643-646.

[79] Yetisen, A. K., Qu, H., Manbachi, A., Butt, H., Dokmeci, M. R., Hinestroza, J. P., Skorobogatiy, M., Khademhosseini, A., Yun, S. H., 2016. Nanotechnology in textile. ACS Nano 10, 3042-3068.

[80] Zhang, G., Liu, Y., Morikawa, H., Chen, Y., 2013. Application of ZnO nanoparticles to enhance the antimicrobial activity and ultraviolet protective property of bamboo pulp fabric. Cellulose 20, 1877-1884.

[81] Zille, A., Almeida, L., Amorim, T., Carneiro, N., Esteves, M. F., Silva, C. J., Souto, A. P., 2014. Application of nanotechnology in antimicrobial finishing of biomedical textiles. Mater. Res. Express https://doi.org/10.1088/2053-1591/1/3/032003.

8 改善纺织工业环境效能的绿色非热等离子体技术

Hemen Dave[1], *Lalita Ledwani*[2], *S. K. Nema*[3]

[1] 古吉拉特邦法医科学大学研究与发展研究所,印度古吉拉特邦
[2] 曼尼帕尔大学基础科学学院化学系,印度斋浦尔
[3] 等离子体研究所,FCIPT,印度甘地那加

8.1 引言

纺织工业是历史上对人类文明发展起着重要作用的工业部门之一。煤、钢铁和棉花是工业革命的主要材料(Hasanbeigi and Price,2012)。工业革命为人类的经济发展提供了新的物质产品,有助于改善人民生活和促进城市化。当今人类正面临着一系列的环境问题,自然生态系统正受到日益严峻的威胁(Mollah et al., 2000)。保护环境是当今世界面临的一个重大挑战,也是对当代科学提出的一个巨大挑战。因为纺织及其最终产品构成了世界第二大产业,并且是水、复杂化学品与能源的最大用户之一,因此被认为是世界十大污染行业之一(Hasanbeigi and Price,2012;Moore and Ausley,2004;Verma et al.,2012;Choudhury,2013)。

工业革命时期,从就业、产值和资本投入来说,纺织业是主导性产业,也是最早采用现代生产方法的产业之一。从18世纪下半叶开始,技术发展导致以棉为基础的纺织业呈指数增长,20世纪初开始的合成纤维生产也呈指数增长(Hasanbeigi and Price,2012)。如今,全球纺织品产量增加了7250多万吨,其中合成纤维是重要的组成部分(Donelli et al.,2010)。事实上,天然纤维的产量超过合成纤维,占纺织产品的55%以上(Parvinzadeh and Ebrahimi,2011)。聚酯纤维是最常用的合成纤维之一,最早由杜邦公司实现商业化生产。2008年聚酯纤维产量为3030万吨,约占全部化学纤维的72%(Donelli et al.,2010),而棉花仍然是纺织工业中消耗量最大的天然纤维。

无论是天然纤维还是合成纤维,大多数用于纺织产品的聚合物之所以被选中,主要是因为它们具有良好的本体性能,例如热稳定性、机械强度、耐溶剂性、成本等。但是,所选聚合物的表面特性大多达不到预期应用的最佳性能,构成纺织品的高分子材料的表面特性对其大部分的实际应用有很大的影响。事实上,许多

性能如黏附性、光泽度、润湿性、渗透性、染色性、印刷性、表面清洁度、不同组分的黏合性、生物相容性和抗静电性能等，与材料表面的关系比与材料的本体性质更大（Kale and Desai，2011）。湿加工是纺织品生产的一个环节，涉及纺织品的清洗、准备、染色和整理，通过各种热、机械和化学处理来提供用户所需的性能。大多数纺织品，无论其最终用途如何，都会因其不合适的表面特性而进行湿法处理（Moore and Ausley，2004）。

在传统的湿法纺织加工中，需要大量的能量、水和化学试剂，而且洗涤是必须的中间环节。这最终导致大量的含化学物质的废水，由于其复杂性，往往难以处理，当排放到环境中时，会导致各种不好的变化，影响生态环境（Moore and Ausley，2004；Verma et al.，2012）。为满足环境保护的首要需求，避免纺织品湿法化学加工造成的污染，需要采用新的和创新性的技术和/或需要对现有技术进行改良，如等离子体技术（Mollah et al.，2000）。近年来，气体放电等离子体的应用领域正在迅速扩大，等离子体技术已经在各领域得到实施，现在已经成为工业过程的通用技术。非热等离子体或非平衡等离子体由低温粒子（带电和中性的分子和原子）和相对高温的电子组成，其对纺织高分子材料的表面改性非常有用。由于聚合物的等离子体处理可以提升其表面性能，而不改变本体性能，因此，等离子体对纺织品的前处理和后整理作为纺织品环境问题的一种解决方案，受到了广泛的关注。在过去的几十年里，人们致力于用等离子体技术对纺织品进行表面改性，以减少传统湿化学加工对环境的不利影响（Kale and Desai，2011）。非热等离子体技术被广泛应用于各种纺织品基材的改性，具有巨大的应用潜力，本章旨在概述各种等离子体处理策略在棉和聚酯纺织品表面改性中的应用，以减少湿法化学加工对环境的影响。

8.2 纺织品湿加工对环境的影响

纺织品的生命周期从纤维的生产开始，纺织业的商业化就是从纤维开始生产其增值产品（Moore and Ausley，2004）。通常的纺织纤维来源于自然资源（农业、动物）或石油碳氢化合物（合成的、不可再生的、人造纤维），也可以是半合成纤维，如人造丝。纺织品生产是基于天然或合成聚合物的转化，首先转化为纤维，然后转化为纤维束，称为纱线，然后再将纱线转化成织物，主要是一种二维的表面，用于服装、工业、家居用品和许多其他领域（Moore and Ausley，2004）。广义的纺织品产业链如图8.1所示。大多数情况下，所有这些过程不可能都在一个工厂进行，纺织工业可以划分为不同的生产部门，如人造纤维的生产、纺纱、织造和湿加工。实际上，纺织业是最复杂的制造业之一，因为它是一个由中小型企业

(SME)主导的分散和不同性质的行业。纺织品制造业的特点是非常复杂的，因为所使用的基材、工艺、机械和组件，以及要采用的整理步骤非常复杂多样。不同类型的纤维或纱线、织物的生产方法和整理工艺（准备、印花、染色、化学/机械整理和涂层）都与成品的生产相互关联（Hasanbeigi and Price，2012）。

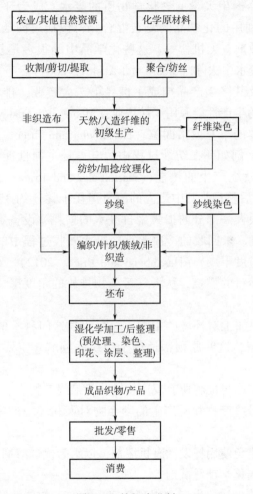

图8.1　纺织产业链

湿加工是纺织生产的一个环节，包括纺织纤维、纱线和织物在水溶液中的清洗、漂白、染色和整理。大多数纺织产品，无论其最终用途如何，都要经过这些湿加工过程中的一个、多个或全部。湿加工不同于纤维成型和织物成型系统，后者是"干"工艺，不使用水作为主要加工成分（Moore and Ausley，2004）。尽管经过了100多年的工艺改进，纺织品的准备、染色和整理仍在使用大量清洁干净的水。在湿加工过程中，还要添加化学品以实现各种功能，然而，这些化学物质最终会流失进入水中，产生大量有毒废水（Moore and Ausley, 2004）。实际上，大量的废水是由于洗涤而产生的，因为在加工阶段使用的化学品必须在后续加工之前去除。此外，漂洗成品织物也需要消耗干净的水（Moore and Ausley, 2004）。

准备、染色和整理都可以分为连续或间歇工艺，而这种湿加工，无论是连续还是间歇工艺，都会产生大量的含化学物质的废水，成为环境问题的主要来源，因为其中含有未被利用的化学品的复杂混合物，包括表面活性剂、染料、颜料、树脂、螯合剂、分散剂、无机盐等。这些化学品中的很多是复杂的有机分子，很难降解、清洁或从废水中去除（Moore and Ausley, 2004）。

然而，纺织品及其终端产品构成了世界第二大产业，排名仅次于食品工业。世界上至少有10%的生产性能源用于纺织业（Moore and Ausley, 2004），能源成本通常排在产品总成本的第三或第四位（Hasanbeigi and Price, 2012），纺织业使用大量的电力和燃料。例如，在纺纱过程中，电力是主导性能源，而在湿加工中，主要的能源是燃料燃烧产生的热能（Hasanbeigi and Price, 2012）。湿加工准备（退浆、漂白等）和后整理是其中最大的能量消耗步骤（约35%），特别是对于印染厂使用的热能，很大一部分的损失来自废水的损耗、设备释放的热量、废气损耗、空转、液面蒸发、未回收的冷凝水、冷凝水回收过程中的损耗和产品干燥过程中的损耗（例如过度干燥）（Hasanbeigi and Price, 2012）。纺织湿加工过程中消耗的热能主要来自燃料的燃烧，从大气污染物排放的角度来说，这对环境产生了巨大的影响。

为了减轻纺织湿加工对环境的影响，绿色化学这门科学的许多原则旨在有效利用资源并减少浪费，这些原则都适用于纺织品领域。主要总结如下（Dawson, 2012）：

（1）合成方法应尽可能将所有反应物转化为最终产物。

（2）反应物、最终产物和所产生的废弃物对人和环境的毒性要低，最好是可生物降解的。

（3）应尽可能避免使用挥发性有机溶剂，以水为优选溶剂。

（4）催化剂优选化学计量试剂。

（5）应尽可能减少初始生产过程和任何后续加工的能源需求（例如，在尽可能低的温度下进行反应）。

（6）原料应尽可能来自可再生资源。

（7）在使用寿命结束时，优选产品是可回收利用的。

通过采用非热等离子体处理作为预处理或者替代湿化学处理的替代方法进行表面改性，可以实现很多上述目标。如在后续章节中，非热等离子体处理可以减少纺织湿加工领域的能源、水和化学品的消耗。通过采用非热等离子体处理，可以实现更好的湿化学加工能效，不再是以热能为基础的湿化学加工。同时，非热等离子体技术也是最有前途和最先进的聚合物改性技术之一，它可以使聚合物表面性质在很大的范围内发生变化，可以作为改进传统染色方法的新方法（Dawson，2012；Ahmed and El-Shishtawy，2010）。

8.3 等离子体技术简介

等离子体或"物质的第四态"，用于指部分或完全电离的气体，它是带相反电荷的粒子诸如电子、离子、原子和净电荷几乎为零的分子的混合物（图8.2）。

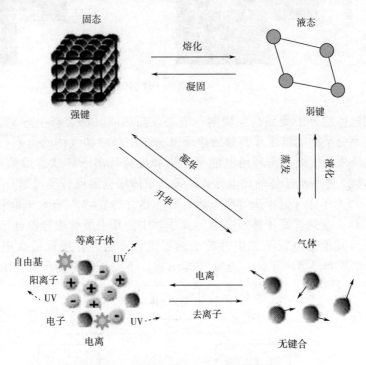

图8.2 等离子体——物质的第四态

1879年William Crookes爵士将等离子体定义为物质的第四状态，Irving Langmuir在1928年研究电离气体不寻常的磁和电性能时，在实践中使用了等离子体一词。对等离子体的科学研究始于1808年，当时Humphry Davy发明了稳态直流电弧放电，随后Michael Faraday等在19世纪30年代发明了高压直流放电管（Roth，2002）。等离子体可以定义为运动方向随机的游离带电粒子和中性粒子的集合，也就是说，平均而言，它是电中性的并足以使集体的电磁效应成为其物理行为的重要因素。准确地说，除了1%的冷天体和行星系统之外，我们目前所知道的宇宙的

99%都处于等离子体状态（图8.3）。

99%的宇宙处于等离子体状态　　　　我们身边的天然等离子体

图8.3　天然等离子体示例

当任何气体的分子受到高能辐射、电场或高热能时都会产生等离子体状态，它能显著提高分子的能量水平，导致电子从分子中释放和气体的电离。有多种方法可以提高物质的能级，而利用电能是产生和维持等离子体状态最简单的方法，这也是大多数人造等离子体的放电方式。等离子体根据温度分类可划分为两大类：热（高温）等离子体（近平衡等离子体）和非热（冷）等离子体（非平衡等离子体）（图8.4）。在热等离子体或高温等离子体中，几乎所有成分都处于热平衡状态，即电子与其他带电粒子和中性粒子的温度都非常高，接近最大电离度（约100%）。而对于非热等离子体，温度（即动能）不处于热平衡状态，电子与由低

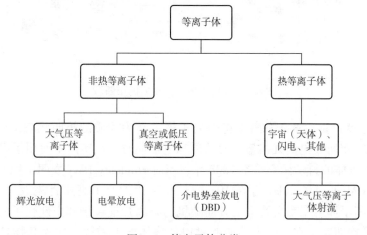

图8.4　等离子体分类

温粒子（带电、中性分子和原子物种）和相对高温电子组成的其他粒子（离子、原子和分子）之间存在很大差异，它们与低电离度（0.01%～10%）有关（Denes and Manolache，2004；Kim，2004）。热等离子体的例子包括电弧、火箭发动机的等离子体射流、热核反应产生的等离子体等，而低压直流（DC）和射频（RF）放电（无声放电）、荧光（氖）灯管放电、电晕放电和介电势垒放电（DBD）是非热等离子体的实例。

热等离子体和非热等离子体应用领域广阔，包括化学、物理、生命科学、环境、医学和生物医学应用及相关领域（Panel on Plasma Processing of Materials and Astronomy，1991；Bogaerts et al.，2002；Science and Technology，1995；Samukawa et al.，2012；Attri et al.，2013）。事实上，由于20世纪末发展起来的先进测量/表征技术，对等离子体与其他物质反应的认识迅速发展，等离子体科学的应用领域蓬勃发展。20世纪后半叶，等离子体技术的各种应用得到了很大的发展，20世纪末，等离子体科学及其广泛的应用技术成为多样化和跨学科的领域，现在正成为21世纪蓬勃兴起的、新兴的关键研究领域（Samukawa et al.，2012；Attri et al.，2013）。

8.4 等离子体技术在纺织加工中的应用

近年来，利用非热等离子体对各种纺织材料进行的表面改性进行了广泛的探索。非热等离子体特别适合于纺织加工，因为大多数纺织材料都是由热敏聚合物制成的。非热等离子体通过在放电中产生激发态，在低温下提供高能量，为纺织材料的表面改性创造一种高受激介质，而在自然环境中没有化学或物理的对应物。由于电离、碎裂和激发过程产生的等离子体中的活性物质具有足够高的能量来解离各种化学键，从而导致同时发生大量的结构重组，因此，在不影响组分的基体特性的情况下，能够以环保的方式提供比传统处理更有效的表面改性（Tomasino et al.，1995；Samanta et al.，2006；Radetic et al.，2007；Morent et al.，2008；Buyle，2009；Kale and Desai，2011）。与传统的湿化学法加工相比，利用非热等离子体对纺织品进行前处理/后整理，由于操作温度低、停留时间较短、避免了蒸汽形式的能源供应以及无水的干法技术，因而可以简化加工工艺（Radetic et al.，2007）。通过这种方式，将非热等离子体应用于纺织加工，具有成本更低、处理效率和能源效率更高、空间体积更小、生态友好等优势（Radetic et al.，2007；Kale and Desai，2011）。近几十年来，随着大气压非热等离子体的发展，等离子体技术适用性广，所需的气体和电力投入低，成为非能源密集型和环境友好的技术（Kogelschatz et al.，1997；Napartovich，2001；Kogelschatz，2003；Wagner et al.，

2003；Fridman et al.，2005；Tendero et al.，2006；Kale and Desai，2011）。因此，人们对将非热等离子体集成到传统能源密集型纺织湿化学加工中，以减少能源消耗和污染的兴趣越来越大（Parvinzadeh and Ebrahimi，2011；Morent et al.，2008；Kale and Desai，2011）。

　　由于非热等离子体提供了高反应性的环境，在这种环境中，等离子体与聚合物表面之间可能存在多种不同类型的相互作用，因此等离子体表面改性的机理也是多种多样的，随等离子体类型和工艺参数以及用等离子体处理的基材的特性的不同而变化。图 8.5 显示了非热等离子体与纺织聚合物表面的各种相互作用。等离子体中存在的活性物质和高能电子能断裂化学键/切断分子链，以及在表面产生自由基。因此，由于自由基与等离子体（如臭氧）或当它与周围空气接触时的相互作用，有可能在表面交联或形成官能团。因此，即使是在最惰性的聚合物表面，也可能实现表面的功能化，而且，在等离子体反应过程中，活性物质可以与表面共价交联，在表面形成的官能团和自由基可用于引发各种单体的聚合反应和接枝（辐照后接枝）（Chan et al.，1996；Denes and Manolache，2004；Desmet et al.，2009）。等离子体反应的另一种主要类别是等离子体刻蚀或烧蚀。等离子体刻蚀可用于去除表层和表面存在的杂质，清洁表面。等离子体刻蚀还可以改变表面形貌，增加或减少表面的结晶部分，选择性刻蚀/烧蚀无定形区和结晶区，定制表面并产生表面粗糙度。在等离子体聚合过程中，存在于等离子体放电中的或吸附在表面上的有机前驱体转化为活性碎片，聚合并沉积在基体表面。前一种机理叫作等离子体聚合，后者称为同步辐照接枝、同步接枝或等离子体诱导接枝聚合（Chan et al.，1996；Denes and Manolache，2004；Desmet et al.，2009）。

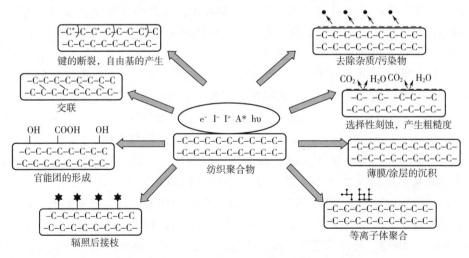

图 8.5　用非热等离子体对纺织聚合物进行各种可能的表面改性

根据上述等离子体与聚合物基体相互作用的机理,非热等离子体处理大致分为两类:非聚合或惰性气体等离子体处理和聚合气体等离子体处理(图 8.6)。非聚合气体等离子体处理包括在不同气体中产生的放电处理,例如 Ar、He、空气、O_2、N_2、NH_3、NO_2、CO、CO_2、氢气、H_2O、氟、氯等,其结果是表面化学功能化和/或在表面产生自由基。在氩气和氦气中产生的放电处理通常会在表面产生自由基,可用于交联和接枝,而如果这些自由基暴露在大气或氧气中,就会形成过氧化物和氢过氧化物,这也会促进接枝反应(Chan et al.,1996;Denes and Manolache,2004;Desmet et al.,2009)。如图 8.6 所示,这种非聚合气体类型的等离子体处理可以加入多种类型的官能团,应用范围广泛。在碳氢化物、卤代烃、有机硅、含氨基和含金属等离子体气体中的等离子体放电被称为聚合气体等离子体,主要用于沉积、接枝和薄层涂层。等离子体聚合策略有着广泛的应用,使用该工艺可赋予纺织品基材特殊性能(Chan et al.,1996;Denes and Manolache,2004;Desmet et al.,2009)。

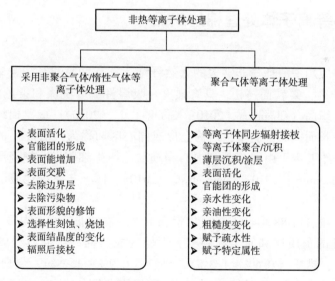

图 8.6　基于非热等离子体的纺织品表面改性的两种基本策略

通过非热等离子体技术对纺织品进行预处理和后整理,作为一种多功能的表面改性技术越来越受欢迎,在此技术中,通过聚合和非聚合气体等离子体处理,可以将各种各样的化学活性官能团结合到织物表面。因此,织物表面的活化可导致润湿性、涂层的附着力、生物相容性、抗静电行为和染色及印花性的改善,诱导亲水和/或疏油性能,改变物理和/或电性能,实现纤维表面的清洁或杀菌,以及特殊性能如阻燃性、抗菌性等(Tomasino et al.,1995;Samanta et al.,2006;Radetic et al.,2007;Morent et al.,2008;Buyle,2009;Kale and Desai,2011)。

两种类型的等离子体处理，即表面活化和等离子体聚合（沉积）都是可能的，这取决于所选择的气体类型，通常用于改变纺织品的表面性能（Samanta et al.，2006；Hegemann，2006；Morent et al.，2008）。采用等离子体聚合沉积超薄涂层可以获得高功能性，但是，所使用的有机/无机前驱体可能会对环境产生负面影响（Hegemann，2006）。使用非聚合气体等离子体处理，主要通过生成功能团来活化聚合物表面。此外，还可能发生其他现象，如聚合物的烧蚀、链断裂和交联（Samanta et al.，2006；Hegemann，2006；Morent et al.，2008）。10多年来，利用大气压非聚合气体等离子体进行表面改性已成为一种环境友好的预处理方法，以减少传统湿加工对环境的不利影响（Kale and Desai，2011）。非热等离子体已针对各种类型的纺织基材进行了研究，具有广泛的应用领域，但很难将其全部包括在内。因此，在随后的章节中，将讨论非热等离子体处理棉和聚酯这两种消耗量极大的纺织材料，概述非热等离子体处理的不同应用策略。

8.5　非热等离子体处理棉纺织品

棉是纺织应用中消耗量非常大的天然纤维，具有重要的经济意义。棉是一种植物基天然纤维，柔软而蓬松，具有强度、吸湿性、可洗涤和染色能力等性能，适用于多种纺织品（Chaudhry，2010；Khadi et al.，2010）。成熟棉纤维基本上是棉籽的种皮拉长而成的细胞壁，结构上形成同心区和称为"管腔"的中空的中心核。成熟的纤维基本上由（从外到内）角质层、原生细胞壁、缠绕层、次生壁和管腔组成（Chaudhry，2010；Khadi et al.，2010）。图8.7系统地显示了成熟棉纤维的各层结构。

成熟棉纤维含有88%~96%的纤维素和10%左右的非纤维素物质，这些物质主要分布在纤维的角质层和原生细胞壁。干燥的成熟棉纤维的典型成分是纤维素（90%~95%）、蜡质（0.6%~1.3%）、果胶（0.9%~1.2%）、蛋白质（0.6%~1.3%）、灰分（1.2%）、有机酸（0.8%）和其他成分（1.4%），而外表面的化学成分是纤维素（54%）、蜡质（14%）、果胶（9%）、蛋白质（8%）、灰分（3%）和其他成分（12%）（Losonczi，2004；Agrawal，2005；Chaudhry，2010；Khadi et al.，2010）。角质层是棉纤维的最外层，由蜡质和果胶组成，在原生细胞壁上呈薄片状，而原生细胞壁在成熟纤维中只有 $0.5~1\mu m$ 厚，由非纤维素材料和无定形纤维素组成（约50%）。原生细胞壁的非纤维素成分是半纤维素、果胶、蛋白质、天然色素和离子。直接与原生细胞壁相连的薄层称为缠绕层，也被称为次生壁的直接外层，由纤维素微纤维组成。次生壁主要由结晶纤维素（92%~95%）构成，由紧密堆积的原生纤维素纤维（平行排列）的同心层组成，通过氢键结合在一起。

8 改善纺织工业环境效能的绿色非热等离子体技术

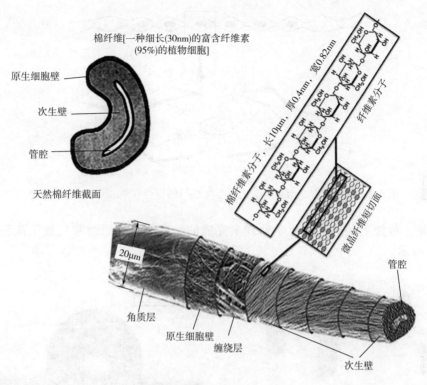

图 8.7 成熟棉纤维结构示意图

管腔形成棉纤维的中心（Losonczi，2004；Agrawal，2005；Varadarajan et al.，1990）。棉纤维的原生细胞壁含有不同数量的金属，这取决于生长条件和来源。钾是棉纤维中最丰富的金属离子，其次是镁和钙（Losonczi，2004；Agrawal，2005；Vaughn and Turley，1999；Ridley et al.，2001；Shukla et al.，2011）。果胶是一种酸性多糖，在原生细胞壁中作为纤维素网络的黏结材料。它由高比例的 D-半乳糖醛酸残基组成，通过 α（1→4）连接在一起。一些半乳糖醛酸残基的羧基与甲醇部分酯化，从而与纤维素共价交联。非酯化或酸性果胶含有许多带负电的半乳糖醛酸残基，酸性果胶通过与钙离子的交联桥接组织起来（Vaughn and Turley，1999；Ridley et al.，2001；Shukla et al.，2011）（图 8.8）。纤维素是棉纤维的主要成分，化学成分简单，是 β（1→4）吡喃葡萄糖的线性聚合物（Losonczi，2004；Agrawal，2005）。

由于角质层和原生壁中存在非纤维素杂质，天然棉纤维具有很高的疏水性，由其制成的织物（称为灰棉织物）也是如此（图 8.9）。棉纤维和灰棉织物的疏水性表面阻碍了纤维的润湿和试剂的渗透，从而妨碍了漂白、染色和印花等。为了赋予棉织物客户要求的整理效果和性能，这些杂质必需要从棉织物

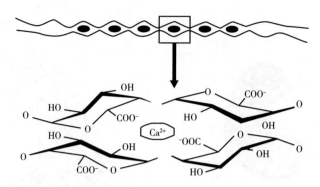

图 8.8 蛋盒模型显示非甲基化果胶与 Ca^{2+} 的键合（Shukla et al.，2011）

中去除，传统上是通过湿化学处理来完成的。典型的棉织物常规加工流程如图 8.10 所示。

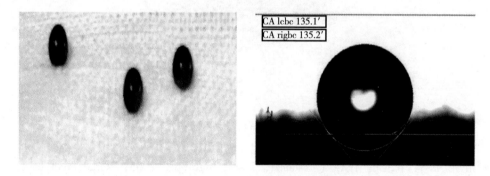

图 8.9 灰棉织物上的水滴和灰棉织物上的水接触角模型

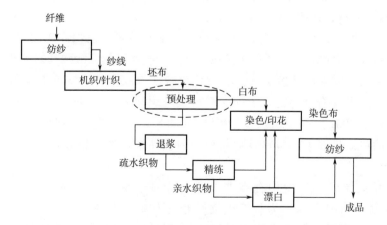

图 8.10 棉纺织品常规加工流程图

在传统工艺中,棉织物的预处理包括退浆工艺,以去除淀粉浆料,再通过碱煮练去除疏水杂质使织物亲水。1950年以后,由α-淀粉酶参与的退浆工艺被广泛引入纺织行业并成功实施(Losonczi,2004;Agrawal,2005)。但时至今日,商业上最广泛使用的仍是碱煮练,用以去除疏水性非纤维素杂质,即用碱(±1mol/L)(主要是NaOH)热溶液(90~100℃)处理棉坯布,时间长达1h。因此,这一过程需要大量的化学品、能源和水,而且也是一个耗时的过程(Warwicker et al.,1966;Karmakar,1999),精练工序的能耗为6.0~7.5GJ/吨(Hasanbeigi and Price,2012)。由于氢氧化钠溶液的浓度高且腐蚀性强,需要对处理过的织物进行彻底的清洗,所以该工艺产生大量废水。此外,碱性废水需要额外的酸性化学品进行中和,废水通常具有非常高的生化需氧量(BOD)和化学需氧量(COD)。因此,如何以环境友好的工艺有效地去除蜡质层是一个挑战(Hasanbeigi and Price,2012;Chaudhry,2010;Losonczi,2004;Agrawal,2005;Warwicker et al.,1966;Karmakar,1999)。在过去的几十年中,对溶剂精练、酶精练和等离子体处理作为碱煮练的一种替代方法进行了研究,其中溶剂精练本身成本高且不环保,而且只能除蜡(Tzanov et al.,2001;Tian et al.,2011)。因此,一般来说,等离子体处理和酶精练在环境效能方面比碱法精练更有前途。酶精练技术虽然得到了广泛的研究,但仍面临着一些问题,如酶的培养时间长、处理的不均匀性以及在工业化规模应用中的成本效益问题(Agrawal et al.,2008)。

在上述背景下,利用非热等离子体处理去除棉纤维或灰棉织物表面的非纤维素杂质,无疑可成为一种替代传统碱煮练工艺的环保方法。在科学文献中,有报道称,用非热等离子体处理灰棉织物可以改善灰棉织物的各种性能(表8.1)。为了改善灰棉织物的表面性能,采用在各种非聚合气体中产生的非热等离子体放电,探讨了在低压和常压下等离子体对灰棉的处理,其中常压等离子体预计将给纺织工业带来多方面的潜在优势。

如表8.1所述,用常压/低压等离子体处理灰棉织物,由于在空气/氧等离子体中形成的氧自由基和臭氧等活性物质的作用,会导致通过物理的蚀刻以及化学的降解去除非纤维素杂质。这些处理提高了灰棉的亲水性,也改善了漂白、染色、上浆、退浆、酶法退浆、酶法煮练等工艺的效果。Kan等研究了常压等离子体射流处理灰棉,通过芯吸和水滴实验所得的结果表明,等离子体处理后灰棉织物的润湿性得到很大改善,其效果优于传统的退浆和精练。该研究和许多其他研究都报道了非热等离子体处理后灰棉织物的重量减轻,揭示等离子体处理是去除了浆料和杂质。在该研究中,用常规湿化学方法处理的样品和等离子体处理的样品具有相似的染色结果。这也可以证明,等离子体处理将是处理灰棉织物的另一选择(Kan et al.,2014)。然而,利用氦气产生常压等离子体射流是制约等离子体技术工业化应用的主要因素。在这方面,利用空气的介电势垒放电的常压等离子体处理法是替代传统碱煮练工艺的最有吸引力的方法之一，因为它的环境友好性。在大多数报道中，等离子体处理灰棉织物主要通过 SEM、XPS 和/或 FTIR 表征，结论是，等离子体处理通过蚀刻去除非纤维素杂质，也会导致表面上羧基和自由基的形成。此外，据报道，由于等离子体处理的蚀刻效应，表面形貌也发生了相当大的变化。由 Dave 等进行的研究中，利用傅里叶变换衰减钣射红外光谱（ATR-FTIR）清晰地证明了在空气中常压介电势垒放电处理去除棉坯布的非纤维素杂质。有证据表明，用常压介电势垒放电处理 5min 可以取得与传统碱精练相似的结果（Dave et al.，2014a）。因此，用非热等离子体处理棉坯布可以作为棉坯布加工的一种合适的替代方案，然而，正如 Kilinc 等在其研究中所指出的，处理的效果随着时间的推移而降低（2015），但正如研究中所述，如果在非热等离子体处理后立即进行后续的湿法加工，则非热等离子体处理是一种可行的选择（Kilinc et al.，2015）。

表 8.1 灰棉织物的非热等离子体处理以改善棉坯布的表面性能

等离子体类型/处理类型	作用方式	报道的应用	参考文献
低压氧气等离子体	去除蜡质	在随后的漂白、丝光、染色和整理中，其质量几乎与传统的湿法煮练相似	Goto et al.（1992）
低压空气等离子体	角质层的蚀刻与改性	改善润湿性	Pandiyaraj and Selvarajan（2008），Inbakumar et al.（2010）
低压氮气等离子体	等离子体结合随后的一步湿化学处理	可以缩短传统的湿化学处理工艺，减少化学品、水和能源的消耗，更加环保	Wang et al.（2013）
常压空气—氯电晕放电	通过氯化改性蜡质	提高润湿性，改善丝光，改善纱线的拉伸和定形性能，提高可染性	Thorsen（1974）
常压空气介电势垒放电	去除杂质	改善漂白和染色，减少化学品使用，低温染色	Prabaharan and Carneiro（2005）
常压空气/氩气介电势垒放电	去除杂质，蚀刻，产生官能团	改善润湿性，表面功能化	Karahan and Özdoan（2008）
氦气/氧气常压等离子体射流	蚀刻，产生官能团	改善润湿性	Tian et al.（2011）
He/O$_2$ 常压等离子体射流	蚀刻，产生官能团	改善润湿性和上浆性能	Sun et al.（2011），Sun and Qiu（2012）

续表

等离子体类型/处理类型	作用方式	报道的应用	参考文献
常压氦气、空气介电势垒放电	蚀刻，产生官能团	改善润湿性和退浆性能	Bhat et al. (2011b)
常压等离子体处理后精练和染色	蚀刻，产生官能团	改善精练和染色	Sun and Stylios (2004)
在常压（介电势垒放电）和低压下的氧气等离子体处理	蚀刻杂质，去除蜡质	改善果胶酶对棉纤维上果胶物质可及性，等离子体辅助棉的生物精练	Wang et al. (2009)
常压电晕放电	蚀刻，产生官能团	在较低的温度下处理会增加表面氧含量，然后随着温度的升高而下降，改善淀粉的上浆性能	Ma et al. (2010)
He/O_2 常压等离子体处理	蚀刻，产生官能团	带有绿色上浆配方的环保型上浆剂	Sun et al. (2013)
常压等离子体喷射（APPJ）	减轻重量，去除浆料和非纤维素杂质	改善润湿性，比常规退煮效果更好，用常规湿化学法和等离子体处理的样品染色效果相似	Kan et al. (2014)
常压空气介电势垒放电	去除非纤维素杂质	改善润湿性	Dave et al. (2014a)
用氧气、氮气和氩气的低压离子体处理灰棉织物10min，并在两种不同的条件下储存1个月	可以显著提高亲水性，然而，储存条件和气体类型会影响等离子体处理棉织物的亲水性	用于对纺织材料的表面改性，但是，纺织湿法处理过程应在等离子处理后马上进行	Kilinc et al. (2015)
低压 O_2 等离子体	表面活化后，用丙烯酸（AAc）为单体，通过等离子体增强化学蒸气相沉积涂覆AAc纳米层	增加亲水性	Ražić et al. (2017)

非热等离子体处理也被探讨用于去除棉织物中的浆料。虽然酶法退浆目前在工业上被用作去除淀粉浆料的清洁处理方法，但对于聚乙烯醇的退浆，非热等离子体处理也许是一种合适的替代方法。表8.2给出了非热等离子体在棉织物退浆中的适用性概况，等离子体辅助退浆及其与超声等其他新技术的结合，在退浆中表

现出更高的有效性，并提供了一种可减少水、能源和化学品消耗的替代方法（Li and Qiu，2012a，b）。

表8.2 棉纺织品的非热等离子体退浆处理

等离子体类型	报道的应用	参考文献
He/O_2 常压等离子体射流	淀粉磷酸酯与聚乙烯醇共混浆料对 $NaHCO_3$ 退浆工艺的改进	Li and Qiu（2012a，b）
氩气/氧气介电势垒放电	聚乙烯醇退浆	Peng et al.（2009）
空气/He 和空气/O_2/He 等离子体处理	聚乙烯醇空气/O_2/He 等离子体退浆比空气/He 等离子体退浆更有效	Cai et al.（2003）
电晕等离子体放电	对 PVA 和淀粉上浆织物的上浆率，亲水性和起球值的正面影响	OktavBulut et al.（2014）
近大气压氧气直流等离子体	灰棉布中淀粉的退浆	Prasath et al.（2013）
大气压氧气等离子体射流	退浆及后续酶法退色工艺中退色的改进	Kan and Yuen（2012）
电晕等离子体放电	聚乙烯醇（PVA）的刻蚀与表面功能化退浆和灰棉布淀粉改善织物表面亲水性和抗起球性	Bulut et al.（2014）

由于在非聚合气体和聚合气体中产生的非热等离子体处理都可以通过产生不同的官能团来进行表面活化，因此，非热等离子体处理的这一特性有利于提高棉纺织品对染料的吸收。对在常压以及低压下的非热等离子体处理进行了广泛探索，以提高棉纺织品对染料的吸收。通过表面活化然后接枝的方法可以提高棉织物的染料吸收率，从而显著改变棉纺织品的染色性能。表8.3概述了非热等离子体辅助提高棉纺织品染料吸收率的各种策略。

表8.3 非热等离子体处理棉纺织品提高染料吸收率

等离子体类型/处理类型	作用方式	报道的应用	参考文献
低压空气和氧气等离子体	在表面产生羧基，从而改善润湿性和染料吸收	随纤维羧基含量的增加，直接染料（氯胺坚牢红 K）吸收率几乎呈线性增加	Malek and Holme（2003）
低压氧气辉光放电	表面含氧官能团的形成	等离子体预处理与喷墨印花技术相结合可以改善印花棉织物的最终性能	Yuen and Kan（2007）

续表

等离子体类型/处理类型	作用方式	报道的应用	参考文献
常压氩气等离子体	暴露在大气后，自由基在表面形成，使表面形成官能团	随后用两种不同的胺类化合物：乙二胺和三亚乙基四胺接枝，可改善酸性染料对棉的染色性能	Karahan et al. （2008）
常压空气电晕等离子体	表面含氧官能团的形成	改善活性染料的染色	Patiño et al. （2011）
低压 RF 氧气等离子体	表面含氧官能团的形成	在等离子处理的棉织物上接枝丙烯酸；改善具有抗菌性的天然阳离子染料小檗碱的染色	Haji （2013）
空气等离子体和二氯二氟甲烷（DCFM）等离子体	分别提高亲水性和疏水性	改善活性染和天然染料在棉织物上的染色性能	Bhat et al. （2011a）
低压氧气	含有（i）单独的海藻酸钠和（ii）海藻酸钠/壳聚糖混合物的印刷介质的表面活化和涂层	通过2min的等离子体处理，显著改善了喷墨打印性能	Kan et al. （2011b）
常压空气等离子体	增强印花浆料的沉积，以改善数字喷墨印花棉织物的最终色彩特性	显著改善了喷墨打印性能，提高得色率，提高耐摩擦色牢度、耐洗色牢度、轮廓清晰度和抗菌性能	Kan et al. （2011a）
常压等离子体射流	通过官能团的形成进行表面活化	改进颜料在棉纺织品染色中的应用	Man et al. （2014）
使用氧气（O_2）、氮气（N_2）和六氟化硫（SF_6）等离子体的非热等离子体预处理	O_2 和 N_2 等离子体都因产生官能团而增加了棉表面的润湿性；SF_6 等离子体使棉表面具有疏水性，接触角增大到138°	等离子体处理棉织物，通过喷墨印刷产生表面粗糙度和改善色强度；棉织物 O_2 等离子体处理后比 N_2 等离子体处理后具有更高的油墨附着力和更宽的色域	Pransilp et al. （2016）
等离子体诱导臭氧处理染色棉的褪色	通过适当选择处理参数，可控制褪色	不产生化学排放的环保工艺；与传统的褪色处理相比，等离子体诱导的臭氧处理可以减少处理步骤和成本	Kan et al. （2016）
空气和氧气介电势垒放电	表面活化与粗糙度的形成	改善使用胭脂红天然染料对处理过的棉和涤/棉织物的可印性和色牢度性能	Ahmed et al. （2017）

续表

等离子体类型/处理类型	作用方式	报道的应用	参考文献
氮气、空气和氩气的低温等离子体	棉织物用还原、活性和直接染料染色后的等离子体处理	直接染料染色棉织物的等离子体后处理，是提高染色棉样品色牢度性能的有效方法	Ghoranneviss and Shahidi（2017）
大气等离子体诱导的二烯丙基二甲基氯化铵的接枝聚合	产生的自由基导致接枝聚合	酸性染料会大量吸收进纤维中	Helmy et al.（2017）
O_2等离子体和N_2等离子体活化棉织物	改善含纳米银的纳米织物的印刷和酸性染色	着色和功能化相结合	Ibrahim et al.（2017）

除了上述非热等离子体作为预处理的应用，以减轻湿化学处理造成的污染对环境的影响，提高湿化学处理和整理工艺的性能外，还研究了非热等离子体处理赋予棉纺织品抗菌、阻燃和疏水等特殊性能。采用非聚合气体等离子体进行表面活化和后续接枝是赋予织物抗菌性能的主要策略（表8.4），而聚合气体等离子体主要用来赋予织物阻燃性能和疏水性能，以及进行后处理接枝（表8.5）。

表8.4 非热等离子体处理赋予棉纺织品抗菌性能

等离子体类型/处理类型	作用方式	报道的应用	参考文献
水蒸气等离子体	增强纳米银的负载和附着力	对铜绿假单胞菌和大肠杆菌的抗菌有效	Gorjanc et al.（2009）
氮气和氧气等离子体	增加银颗粒的吸收	抗菌活性	Shahidi et al.（2010）
常压等离子体	改善化学抗菌剂和银颗粒的负载	抗菌性能	Kan et al.（2013），Arik et al.（2011）
常压等离子体射流	提高棉纺织品的表面粗糙度并改善氧化锌的负载	抗菌性能；经过抗菌处理，具有更好的整体拉伸性能	Kan and Lam（2013）
RF氧气等离子体	由于羧基官能团提高了亲水性	含印楝素的印楝（Azadirachta indica）叶甲醇提取物处理，赋予持久抗菌性能	Vaideki et al.（2007），Nithya et al.（2012）
常压氮气等离子体	含氮基团的表面活化可以改善5,5-二甲基海因（DMH）的黏附和抗菌性能	在涂层织物上引入氯可有效抑制金黄色葡萄球菌（S. aureus），且抗菌性可再生	Zhou and Kan（2015）

续表

等离子体类型/处理类型	作用方式	报道的应用	参考文献
直流磁控溅射	通过掺入金属纳米粒子，可将染色棉织物用银和铜溅射	提高染色棉样品的色牢度性能，增强抗菌活性	Shahidi（2015）
直流空气等离子体	纤维素结构、结晶度和形貌的变化	印楝油蒸汽中存在的生物活性化合物之间具有更好的相互作用，从而赋予抗菌活性	Anitha et al.（2015）
马来酸酐等离子体聚合，用于沉积涂层	在等离子处理的棉上开发马来酸酐等离子体聚合物涂层	涂层可提高银纳米粒子的负载；含银等离子体改性棉呈现出显著的抗菌活性	Airoudj et al.（2015）
非热等离子体预处理对碳纳米管吸收的影响	碳纳米管与等离子体处理的棉表面上官能团之间的电阻以及相互作用	在经过等离子处理的棉织物上均匀涂覆碳纳米管（CNT），发现等离子处理可有效改善棉织物对 CNT 的吸收，从而产生抗菌活性和导电性	Mojtahed et al.（2016）
常压氧气等离子体	表面清洁和活化	氧气等离子体和壳聚糖处理可产生抗真菌性	Surdu et al.（2016）
等离子体诱导的丙烯酸（AA）气相接枝聚合（PIVPGP）	棉织物的等离子体表面改性可以提高银纳米颗粒（AgNP）的负载效率和结合牢度	更好的抗菌性、自清洁性、热稳定性和耐洗性	Wang et al.（2017）
使用 N_2 等离子体进行预表面改性	创建新的活性和结合位点，氨基	单独用 AgNP 和 AgNP/抗生素混合物的抗菌功能化	Ibrahim et al.（2017）
空气等离子体	由于棉织物的表面功能化，使 ZnO 纳米颗粒间有更好的黏附性能	对金黄色葡萄球菌有显著的抗菌活性	Shahidi et al.（2017b）
火花放电	在棉织物上合成铜及氧化铜纳米颗粒（NP）	抗菌纺织品	Shahidi et al.（2017a）
氧气、氮气、氩气及其混合物的非热等离子体	纺织品消毒	防止微生物在纺织品上生长长达 21 天	Szulc et al.（2017）

表 8.5 非热等离子体处理赋予棉纺织品特殊性能

等离子体类型/处理类型	作用方式	报道的应用	参考文献
常压等离子体射流	加入官能团	改善阻燃整理	Lam et al.（2011）

续表

等离子体类型/处理类型	作用方式	报道的应用	参考文献
氩气等离子体	阻燃单体的同步接枝和聚合	接枝四种含磷丙烯酸酯单体,以改善阻燃整理	Tsafack and Levalois-Grützmacher (2006)
氧气等离子体	加入官能团	使用纳米颗粒(即水滑石和纳米二氧化硅)悬浮液改善棉织物的热稳定性和/或阻燃性	Alongi et al. (2011)
氩气等离子体	等离子体诱导接枝聚合	阻燃单体(丙烯酸酯磷酸盐和磷酸盐衍生物)的接枝	Tsafack and Levalois-Grützmacher (2007)
CF_4 等离子体	加入官能团	防水处理	Tsafack and Levalois-Grützmacher (2007)
聚合气体六氟乙烷(C_2F_6)等离子体/六氟丙烯(C_3F_6)等离子体	通过在表面形成—CF、—CF_2、—CF_3 基团纳入氟原子	疏水性显著提高,等离子体处理仅1min后,接触角即可达到120°或更高,而润湿时间则可高达60min	Sun and Stylios (2006),Li and Jinjin (2007)
射频电感耦合 SF_6 等离子体	加入官能团	总体上具有良好且耐久的疏水性	Kamlangkla et al. (2010)
低压、低温射频(13.56MHz)等离子体	六甲基二硅氧烷和六甲基二硅烷单体在棉表面的等离子体聚合	改善阻燃和疏水整理	Kilic et al. (2009)
3:1六甲基二硅醚/甲苯低压辉光等离子体放电	加入官能团	疏水和超疏水涂层	Cho et al. (2009)
常压六甲基二硅氧烷等离子体	疏水性硅氧烷涂层的沉积	疏水整理	Nättinen et al. (2011)
在60Pa压力的四氟甲烷(CF_4)中产生的温和等离子体	由于蚀刻而产生非常粗糙的表面	改性/定制表面形貌	Gorjanc et al. (2014)
氧气等离子体诱导N-异丙基丙烯酰胺接枝共聚	通过加入官能团活化表面,促进后续的接枝	热敏棉织物的制备	Li and Liu (2014)
氩气辉光放电等离子体诱导接枝甲基丙烯酸硬脂酯	通过等离子体诱导SMA接枝共聚制备聚合物薄膜涂层	超疏水性,优异的热稳定性	Li et al. (2015)

续表

等离子体类型/处理类型	作用方式	报道的应用	参考文献
空气低压辉光放电诱导不饱合环硅氧烷的接枝聚合	发现低温等离子体的辉光放电功率和处理时间对1,3,5,7-四乙烯基-1,3,5,7-四甲基环四硅氧烷的接枝聚合至关重要	非同寻常的超疏水性,同时具有优异的热稳定性和洗涤耐久性	Zhang et al.（2015）
非热氧气等离子体预处理与ZnO/羧甲基壳聚糖（ZnO/CMCS）复合整理的结合	等离子体预处理提高ZnO/CMCS复合材料的负载效率	耐久抗UV和抗菌性能	Wang et al.（2016）
He-O$_2$常压介电势垒放电	表面活化促进纳米TiO$_2$/SiO$_2$沉积到棉织物上	阻燃、抗菌和热稳定性	Palaskar et al.（2016）
两步等离子体诱导接枝聚合	pH响应亲水/疏水无氟Janus棉织物的开发	单向和pH响应的液体输送特性	Yan et al.（2017）
通过等离子体技术与喷雾技术处理棉纺织品	等离子体处理可改善棉质基材与涂层结构之间的黏合效果	经过等离子处理,具有出色的防水性能；牢固的超疏水性；油或水过滤,在实验室均表现极佳；抗菌性好	Zhang et al.（2017）

8.6 非热等离子体处理聚酯纺织品

聚酯主要是由存在于石油中的化学物质制成的,有三种基本形式：纤维、薄膜和塑料,其中用于制造织物的聚酯纤维是最大的一部分。通常所说的聚酯材料实际上是一类聚合物,其化学构成中含有酯官能团。聚对苯二甲酸乙二醇酯（PET）（图8.11）是最常见的纺织用聚酯。PET是由乙二醇与对苯二甲酸（图8.12）或其甲酯在锑催化剂存在下在高温和真空条件下合成的,以获得纤维所需的高分子量。由乙二醇和对苯二甲酸二甲酯为原料合成PET是一个酯交换的过程,在该过程中,对苯二甲酸二甲酯和过量的乙二醇在150~200℃的熔融状态下发生反应。甲醇（CH$_3$OH）通过蒸馏去除,驱动反应进行,过量的乙二醇在较高的温度下借助真空蒸馏去除,第二步的酯交换在270~280℃下进行,也要连续蒸除乙二醇。在对苯二甲酸工艺中,乙二醇和对苯二甲酸的酯化在适合的压力（2.7~

5.5巴❶）和高温（220~260℃）下直接进行，反应中的水也是通过不断地蒸馏去除。

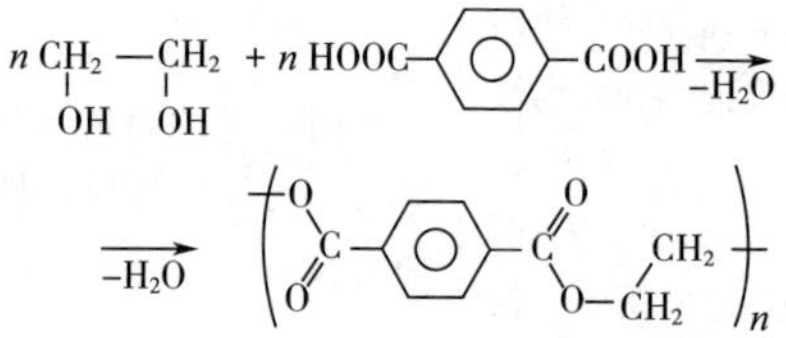

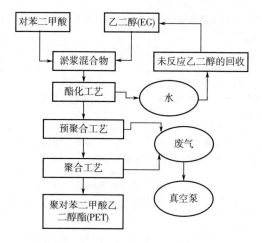

图8.11 聚对苯二甲酸乙二醇酯（PET）的合成

图8.12 PET生产工艺流程图

聚酯纺织品的主要优点是模量和强度高，化学、物理、力学性能优异，硬挺度、拉伸性、抗皱和耐磨性能很好，相对较低的成本、可定制性能和易于回收利用，但聚酯的一大缺点是聚合物材料的疏水性和惰性，导致后整理过程的各种困难，特别是在染色方面，以及在消费者使用中，回潮率差、穿着舒适性不好、静电荷积聚、有起球倾向以及与疏水性相关的洗涤不充分（Donelli et al.，2010；Parvinzadeh & Ebrahimi，2011）。

使聚酯纺织品亲水的最传统和工业上常用的方法是用碱处理，处理的结果是使暴露在碱性溶液中的表面聚酯键发生可控的水解。此外，碱处理的能耗和化学品消耗高，也会影响聚酯纤维良好的本体性能，特别是强度（Donelli et al.，2010）。此外，聚酯纤维具有高度致密的结晶结构，可作为染料吸附点的无定形区小，并且在性质上具有化学惰性。因此，聚酯纺织品的水性染色是采用合成的分

---

❶ 1巴 = 10^5 Pa。

散染料在高温（130℃左右）高压下进行的，需要大量的能量和昂贵的专用设备，染色助剂的使用也是必不可少的（Xu and Liu, 2003; Pasquet et al., 2013）（图8.13）。

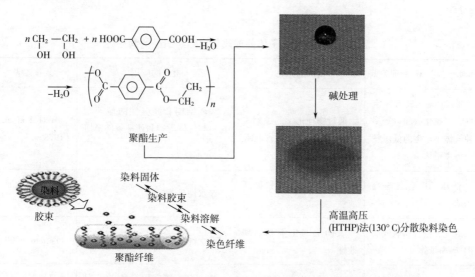

图8.13 湿化学加工和染色（高温高压）流程图

溶剂辅助染色和载体染色已被广泛研究，通过改变聚酯的物理性质如玻璃化转变温度（T_g），以提升染色速率、提高染料吸收率并降低染色温度（煮沸染色）（Pasquet et al., 2013; Choi et al., 2001）。对聚酯纤维的染色研究表明，只有极低水溶性的染料对涤纶才有直染性，对于无载体的煮沸染色，只有最小分子量的分散染料和选定的偶氮染料组合才具有足够高的染色速率，才能在一个可行的染色时间内获得足够的得色率。作为竭染的替代方法，聚酯纤维可以用分散染料通过浸染染色，然后在高达220℃的温度下进行干热固色（热固法）（Pasquet et al., 2013; Derbyshire, 1974）。所有这些方法都消耗能源，除此之外，染色助剂、溶剂和载体的使用都会带来严重的问题，即毒性和难闻的气味、耐光色牢度差、对纤维物理性能的不利影响、废水处理成本高、环境污染和破坏（Pasquet et al., 2013）。此外，用合成染料染色不环保，因为合成染料在其整个生命周期内都会产生环境污染，而且其生产也会导致全球不可再生化石燃料供应的枯竭。此外，由合成染料和其他添加剂造成的水污染仍然是一个问题，因为其中许多物质的生物可降解性很差（Drivas et al., 2011）。

用非热等离子体对聚酯纺织品进行表面改性，可以解决上述与湿化学加工有关的问题。用各种非聚合或惰性气体等离子体对聚酯纺织品进行处理，可以在表面加入各种官能团，从而增加表面能量，导致表面活化，改善润湿性。通过非热等离子体对聚酯纺织品惰性表面的活化，还可以改善染色等后续加工和整理。为了改善聚酯纺织品的润湿性，对非聚合气体等离子体和聚合气体等离子体进行了探讨，表 8.6 概述了利用非热等离子体改善聚酯纺织品润湿性方面的努力。

表 8.6 非热等离子体处理改善聚酯纺织品的润湿性

等离子体类型/处理类型	作用方式	报道的应用	参考文献
在氮气、氧气、空气、二氧化碳和氨等多种气体中产生的低压辉光等离子体	通过物理化学的蚀刻改善表面结构，形成官能团	表面结构和润湿性的显著变化，与气体类型和处理条件密切相关	Wróbel et al.（1978）
低压 RF 空气等离子体	表面上的化学和物理改性	亲水性显著提高	Riccardi et al.（2003）
氮气、空气和氧气的 RF 等离子体	表面上的化学和物理改性	亲水性显著提高	Ferrero（2003）
氮气、氧气及其混合物的 RF 和微波（MW）等离子体	表面上的化学和物理改性	在空气—氧气混合物的情况下，成本与改性效益比似乎是最经济的；氮气等离子体处理必须持续较长的时间或在较高的放电功率下进行；RF 等离子体改性似乎比 MW 等离子体更有效	Vatuňa et al.（2004）
低压氧气等离子体	引入极性基团	亲水性显著提高	Wei et al.（2007）
对聚乳酸（PLA）和标准聚酯（PET）两种聚酯类型的织物进行低压氧气等离子体处理	氧气等离子体处理烧蚀了 PLA 织物的表面，但没有改变其化学性质，而 PET 织物的表面烧蚀较少，但由于羰基的增加而增强了极性	极性的增强显著改善了涤纶织物的润湿性	Wardman and Abdrabbo（2010）
在氧气、氮气、甲烷和氢气中产生的低压等离子体	用不同等离子体气体处理的涤纶织物表现出不同的形貌改变	除甲烷、氢气和氮气的混合物外，对本工作中使用的所有气体都具有良好的润湿性	Costa et al.（2006）
低压 O_2 和 NH_3 等离子体	尺寸变化（松弛和收缩）以及经纱形态和纱线间距的变化	观察到润湿性的剧烈变化	Calvimontes et al.（2011）

续表

等离子体类型/处理类型	作用方式	报道的应用	参考文献
电晕放电辐照	表面上的化学和物理改性	改善润湿性、染料吸收率和染色速度；可大大提高织物与淀粉的亲和力；聚酯纱经等离子体处理后，可以高效地使用绿色上浆剂（如改性淀粉）上浆	Xu and Liu (2003)
氩气、氮气、空气和氧气中的常压辉光放电	由于表面发生化学变化，表面能增加	随着吸油性的增加，润湿性显著提高	Samanta et al. (2009)
空气介电势垒放电	表面上的化学和物理改性	润湿性显著改善，润湿性随放电功率增大而增大	Geyter et al. (2006)
空气介电势垒放电	表面的化学和物理改性	几片织物同步处理	Píchal and Klenko (2009)
常压氦气/氧气等离子体射流	对于平均孔径较大的织物，等离子体表面改性对织物层的穿透更深	将两种不同孔径（200μm 和 100μm）的八层堆叠聚酯织物暴露；涤纶织物的上层亲水性增强，随着织物层数的增加，亲水性逐渐降低	Wang et al. (2007)
常压氦气/氧气等离子体射流	等离子体射流中产生的化学活性物质与基体表面的相互作用不仅发生在与等离子体射流直接接触的表面上，而且在不面对等离子体射流的表面也能观察到	确定APPJ处理的持续时间与表面改性对纺织品结构的穿透深度之间的关系，该结构是四层堆叠的聚酯机织物（孔径200μm）	Wang et al. (2008)
常压氦气/氧气等离子体射流	为了研究孔径对表面改性穿透的影响，我们研究了将不同孔径的聚酯机织物作为多孔介质模型	常压氦气/氧气等离子体射流表面改性的穿透程度随孔径的增大而增大	Wang et al. (2010)
大气等离子体处理	由于纤维表面化学性质的改变，PET纤维表面能增加	亲水性增加	Leroux et al. (2006)
环境空气低压射频等离子体	引入羧基和酰胺基	亲水性增加	Flor and Hine-stroza (2010)
常压等离子体射流	提高润湿性、表面自由能和表面氧浓度	改善去污性	Gotoh and Yoshitaka (2013)

续表

等离子体类型/处理类型	作用方式	报道的应用	参考文献
低温氧气等离子体	聚酯织物表面的物理化学性质改变；含有大量的含氧极性基团	低温氧气等离子体处理增强了 N,O-羧甲基壳聚糖（NOCS）的附着力，从而提供好的吸水性、抗静电性能和弱的抗菌活性	Lv et al.（2016）
利用 RF 低压放电技术使与氨混合的乙炔（C_2H_2/NH_3）等离子体聚合	发生沉积和蚀刻作用，产生一个具有可使用的官能团的纳米多孔、交联网络	永久的亲水性；使用银靶的等离子体共溅射，Ag 纳米颗粒可以原位包埋在生长中的等离子体聚合物中，从而在涂层表面产生尺寸和分布明确的纳米颗粒，从而实现抗菌性；这对不依赖底物的染色也是有用的，有可能用酸性染料进行染色	Hegemann et al.（2007）
以丙烯酸为前驱体的低频低压（<100Pa）等离子体聚合	增加亲水性	改善润湿性、折皱回复性	Cireli et al.（2007）
大气等离子体	聚合物表面的链断裂，导致出现极性基团	更大量丝胶的交联；等离子体处理过的聚酯纤维容易老化，而等离子体处理过的 PET 上的交联丝胶会产生更持久的亲水性整理效果	Khalifa et al.（2017）

如表 8.6 所述，为了赋予聚酯纺织品润湿性，广泛探索了在低压和常压下利用非聚合气体的非热等离子体处理。根据所选择的产生等离子体放电的气体，可在 PET 纺织品的表面产生各种官能团和自由基。等离子体放电中存在的高能电子、活性物质与表面相互作用，导致表面的链断裂。如果不对它进行初步的裂解，PET 不具备将极性基团引入骨架的合适位点。为了增加表面的极性组分，在聚酯表面链断裂产生自由基，其与活性物种如臭氧和原子氧反应生成羟基、羰基和羧基。因此，聚酯的表面功能化是在等离子体中存在的各种活性物质打开酯键后发生的，类似于传统的湿法加工中涉及的碱处理的链断裂，但干法处理的等离子体处理非常环保。在对化学、生物技术和等离子体处理的比较研究中发现，采用非热等离子体技术对聚酯织物进行的亲水化处理对环境的影响最小（Pasquet et al., 2014）。然而，非聚合气体等离子体赋予织物润湿性的主要缺点是老化作用，即随着时间推移，为了降低表面能，聚合物链重新取向而失去亲水性。用聚合气体等离子体或等离子体诱导接枝处理可以赋予永久或耐久性的润湿性（Hegemann et al.,

2007；Cireli et al.，2007；Lv et al.，2016；Khalifa et al.，2017）。然而，该处理可能成本高昂，而且并不像非聚合气体等离子体处理那样环保。

尽管非聚合气体等离子体处理并不能赋予织物永久的亲水性，但是作为预处理，它肯定对于减轻后续湿化学加工和后整理过程对环境的影响是非常有益的。事实上，为了改善聚酯纺织品的退浆、染色和印花性能，对于聚合和非聚合气体的非热等离子体处理进行了广泛探索。Bae 等的研究表明，真空氧气等离子体处理可应用于减少传统退浆工艺的水污染，通过失重和扫描电镜（SEM）图片揭示了涤纶织物的退浆情况。该处理工艺有效地去除了浆料如 PVA 和聚丙烯酸（PAA）及其混合物。这种处理还增加了亲水性基团，从而提高了水溶性。经 O_2 等离子体处理后，PET 织物在不同温度下进行常规退浆。除了用 PVA 上浆的 PET 织物，等离子体处理过的织物与未处理过的织物相比，对改善退浆效果更有效结果。此外，经过处理的织物的退浆废水的总有机碳（TOC）、COD 和 BOD 值更低（Bae et al.，2006）。然而，真空的使用限制了它的工业应用，近年发展起来的常压等离子体可以作为合适的替代方法。Li 等研究了 He/O_2 的等离子体射流（APPJ）处理对 PET 织物上 PAA 在后续湿退浆中的影响。由于等离子体蚀刻作用，等离子体处理可以直接去除 PET 织物上的部分 PAA 浆料。扫描电镜（SEM）图像表明，经 35_s 处理后，再用 $NaHCO_3$ 退浆，纤维表面与未上浆的纤维一样干净。退浆百分率（PDR）结果显示，等离子体处理 65_s 后，再进行 5min 的 $NaHCO_3$ 退浆，PDR 可达 99% 以上，表明与常规湿法退浆相比，等离子体处理能显著缩短退浆时间（Li et al.，2012）。

为了改善聚酯纺织品的染色和印花性能，对聚合和非聚合等离子体处理进行了广泛的研究。表 8.7 总结了采用非热等离子体处理提高聚酯纺织品染色和印花性能的各种处理方法。

表 8.7　非热等离子体处理用于改善聚酯纺织品的染色/印花性能

等离子体类型/处理类型	作用方式	报道的应用	参考文献
低温丙烯酸等离子体和氩气等离子体诱导丙烯酸接枝聚合	增加亲水性	提高可染性和抗污性	Öktem et al.（1999）
染色聚酯织物的六甲基二硅烷（HMDS）和三（三甲基甲硅氧基）乙烯基硅烷（TT-MSVS）等离子体聚合；氩气和 O_2 等离子体用于染色聚酯织物的溅射蚀刻	防反射层的开发；产生粗糙度，以增加色彩强度	聚酯织物的深度染色，防反射层对提高色强起主要作用；在聚合物膜厚度为 1500~2000Å 时已观察到最小反射率	Lee et al.（2001）

续表

等离子体类型/处理类型	作用方式	报道的应用	参考文献
氨/乙烯或氨/乙炔混合物的低压等离子体	多功能薄膜沉积	用酸性染料染色时,单位膜厚度的色强度值很高;良好的耐摩擦和洗涤色牢度	Hegemann et al.(2007),Hossain et al.(2007)
电晕等离子体处理	表面活化	改善分散染料的染料吸收率和染色速度;缩短染色时间并降低染色成本	Xu and Liu (2003)
常压氧气等离子体处理	增加表面粗糙度与产生官能团	改善分散染料在较低温度下(100℃)的染色;等离子体处理样品具有优异的色牢度	Kamel et al.(2011)
氮气等离子体处理2min	增加表面粗糙度与产生官能团	吸收更多的分散和酸性染料,改善结晶区以及抗菌活性	Mirjalili and Karimi (2013)
直流伪等离子体放电	提高吸湿性	改善分散染料的染色	El-Nagar et al.(2006)
Ar/N_2 等离子体	增加表面碳浓度并降低C—O和O—C═O基团的浓度	白度指数降低,分散染料对聚酯织物的染色性提高;纳米银粒子附着力更大,抗菌作用增强	Gorenšek et al.(2010)
低压氧气等离子体诱导带正电的聚电解质聚(二烯丙基二甲基氯化铵)(DADMAC)的接枝	带有可用的季铵基团的稳定的表面改性	对酸性染料的高直接性	Salem et al.(2011)
低压氨等离子体、低压氧气等离子体处理,随后聚电解质共聚物聚(乙烯基氨—乙烯基酰胺)(PVAm)的固定化	形成—NH_2;形成可以充当阳离子聚电解质吸附锚点的羧基	将PVAm层锚定在PET织物表面,用低压氧气等离子体改性,是改善PET织物与不同阴离子染料相互作用的有效方法	Salem et al.(2013)
低压射频空气等离子体	增加表面亲水性和粗糙度	改善织物的染色性;通过等离子体处理,可以消除硫酸钠,以实现生态和经济效益	Lehocký and Mráček (2006)

续表

等离子体类型/处理类型	作用方式	报道的应用	参考文献
低压空气和氩气射频等离子体	与等离子体引起的表面粗糙度的增加有关的光学效应，这有助于K/S值的增加；比表面积增加；引入亲水基团	提高水溶胀能力和PET纤维对含极性基团染料的亲和力；用分散染料染色可增加色深	Raffaele-Addamo et al. (2006)
使用带有直流溅射源的磁控溅射装置在聚酯样品上镀一层铂，使用压力为2×10^{-2}Torr❶的氩气作为产生放电的气体	溅射的金属颗粒沉积在织物表面	织物可吸收更多的碱性染料，但分散染料对PET的可染性没有影响；改善相对色强和色牢度；对天然染料（茜草和指甲花）染色性能的改善比对合成染料更为显著；中等的抗菌作用	Shahidi and Ghoranneviss (2011)
大气等离子体	姜黄素对机织聚酯织物的表面活化染色	染料吸收没有改善	Kerkeni et al. (2012)
常压空气介电势垒放电（DBD）	表面活化，耐久的润湿性	提高了天然染料生态茜素的吸收	Dave et al. (2012)
常压氦介电势垒放电（DBD）	表面活化，耐久的润湿性	用天然茜草（Rubiacordifolia）染色的色深提高65%	Dave et al. (2014b)
大气等离子体	通过等离子体处理表面活化，促进壳聚糖沉积	使用从茜草的根部获得的染料进行无媒染的尽染法和连续浸轧工艺染色	Agnhage et al. (2016)
空气和10%氩气等离子体	蚀刻效应及在纤维上诱导的含氧极性基团	颜料喷墨印花的得色率更高，出色的图案锐度，防渗漏性更好，色彩更新鲜	Zhang and Fang (2009)
空气等离子体空气+50%Ar等离子体	空气+50%Ar等离子体比空气等离子体在织物表面引入更多含氧基团	更高的K/S值和更好的色彩性能，提高喷墨打印的效果	Fang and Zhang (2009)
射频O_2等离子体	改善亲水性，在表面形成微坑	改善喷墨打印效果，防渗漏性能	Wang and Wang (2010)

❶ 1torr=133.32Pa。

续表

等离子体类型/处理类型	作用方式	报道的应用	参考文献
常压空气/He 等离子体	增加表面粗糙度和含氧极性基团	提高亲水性，改善颜料的得色率和防渗，改善喷墨打印效果	Zhang et al. (2017a, b)

从表 8.7 可以清楚地看出，用非热等离子体处理可以减轻聚酯染色对环境的影响。通过等离子体聚合、溅射刻蚀和低折射率化学树脂涂层可获得染色聚酯织物的全色强度。等离子体聚合可以使用低折射率单体来提高染色 PET 织物的色彩强度。在染色 PET 织物上进行溅射刻蚀工艺，由于在织物表面物理不规则性的形成，导致光散射并降低光在表面的反射率，从而提高了织物的色彩强度。在织物上沉积低折射率树脂也可以改善色彩强度（Lee et al.，2001；RaffaeleAddamo et al.，2006）。此外，从表 8.7 可知，聚酯纤维的惰性表面可通过非聚合和聚合气体等离子体处理进行功能化，这有利于提高聚酯的染色和色牢度性能。等离子体处理后，用合适的天然染料进行染色的效果也得到改善，其显著特点是有害的合成染料可以被可生物降解的环保型天然染料替代。近年来，随着天然染料作为合成染料的环保替代品受到越来越多的关注，许多研究人员已经研究了使用天然染料作为纺织品染色中的抗紫外剂和抗菌剂的潜在用途，而将非热等离子体处理与天然染料结合可能是一个合适的选择。除此之外，非热等离子体处理还可以赋予聚酯纺织品特殊的性能，表 8.8 所示为其中的一些例子。

表 8.8 非热等离子体处理聚酯纺织品以赋予其特殊性能

等离子体类型/处理类型	作用方式	报道的应用	参考文献
使用氧气（O_2）和氨（NH_3）气体，在冲浪模式下微波放电产生的等离子体晚期余辉	通过 O_2 后期余辉处理 PET，然后用 NH_3 后期余辉处理更长时间，增加了聚合物的亲水性和富氮官能团的浓度	UV 响应微胶囊的吸收率更高（8 倍以上），因此织物对 UV 的响应性更好	Gorjanc et al. (2017)
低压氧气等离子体	表面粗糙度、表面化学和亲水性的改善；表面羧基官能团的增加和形成纳米尺度的粗糙度	改善聚吡咯与聚酯织物间的黏合性能	Mehmood et al. (2014)
用 O_2 等离子体、N_2 和 Ar 等离子体的非热等离子体处理	表面粗糙度和含氧/氮基团的增加	等离子体改性对 PET 纤维表面单壁碳纳米管（SWCNT）涂层的抗静电性能有积极作用	Wang et al. (2015)

续表

等离子体类型/处理类型	作用方式	报道的应用	参考文献
大气等离子体技术	亲水性和粗糙度的增加	还原氧化石墨烯（RGO）的黏附和导电织物的生产	Molina et al. (2015)
在空气、氮气和氧气中的常压辉光放电	表面活化	增进 $Ag-TiO_2$ 与纺织品基体的融合，提高 UV 防护和抗菌性能	El-Zairy and Morgan (2015)
高密度常压等离子体	等离子体诱导二烯丙基二甲基氯化铵（DADMAC）单体与二（乙二醇）二丙烯酸酯交联剂的接枝聚合	处理后织物的抗静电性能有了很大的提高	Dincmen et al. (2016)

8.7 结论与发展趋势

本章的中心主题是概述不断发展的非热等离子体技术在减少纺织品湿化学加工对环境影响方面的多种多样的应用。介绍了棉和聚酯纺织品等离子体表面改性的各种方法，以及纺织品非热等离子体处理的一般问题。本章为读者提供等离子体技术的背景知识，包括等离子体概念、等离子体化学、棉和聚酯聚合物的表面特性，湿化学加工的科学知识，如何将其应用于纺织工业，以及哪些应用是可以开发的。

研究表明，利用非热等离子体对纺织品进行表面改性是很有前途的，它既可用于替代传统工艺，也可用于生产通过传统加工无法实现的具有创新性的多功能纺织品。可以得出结论，对于棉纺织品的加工具有巨大的应用开发空间，包括赋予纺织品超疏水性、抗菌性和阻燃性等。此外，非热等离子体处理有可能解决合成聚酯纺织品的问题，以扩大其实用性，例如，可以解决吸水性低、易燃性、起球、低可染性和在生产和使用过程中的静电等问题。针对类似的应用，研究了大量的等离子体处理方法，但是，常压等离子体更适合工业应用。在许多研究中，氦气作为载气产生常压等离子体，然而，它的成本和大量需求成为等离子体技术商业应用的一个障碍。非热等离子体确实在节约资源和保护环境方面具有很大的潜力，然而，等离子体技术在纺织加工中的工业应用仍然具有挑战性。未来要达到非热等离子体在纺织加工中的工业应用，就需要开发不同的等离子体效应表征工具，以扩大人们的认识范围，同时，还应对不同类型的等离子体在纺织加工中的应用进行比较研究，以勾勒出等离子体加工的最佳策略。考虑到纺织工业在经济发展中的重要性，以及过去20年在非热等离子体领域取得的巨大进展，纺织工业的湿化学加工将在未来10年经历一场革命，将等离子体处理应用于纺织加工。此外，在解决环境问题方面也将发挥越来越重要的作用。从这些角度来看，等离子体处理必将取代许多传统工艺。

参考文献

[1] Agnhage, T., Perwuelz, A., Behary, N., 2016. Eco-innovative coloration and surface modification of woven polyester fabric using bio-based materials and plasma technology. Ind. Crop. Prod. 86, 334–341.

[2] Agrawal, P. B., 2005. The Performance of Cutinase and Pectinase in Cotton Scouring (PhD Thesis). University of Twente, Enschede.

[3] Agrawal, P. B., Nierstrasz, V. A., Bouwhuis, G. H., Warmoeskerken, M. M. C. G., 2008. Cutinase and pectinase in cotton bioscouring: an innovative and fast bioscouring process. Biocatal. Biotrans. 26, 412–421.

[4] Ahmed, N. S. E., El-Shishtawy, R. M., 2010. The use of new technologies in coloration of textile fibers. J. Mater. Sci. 45, 1143–1153.

[5] Ahmed, H. M., Ahmed, K. A., Mashaly, H. M., El-Halwagy, A. A., 2017. Treatment of cotton fabric with dielectric barrier discharge (DBD) plasma and printing with cochineal natural dye. Ind. J. Sci. Technol. 10 (10), 1.

[6] Airoudj, A., Ploux, L., Roucoules, V., 2015. Effect of plasma duty cycle on silver nanoparticles loading of cotton fabrics for durable antibacterial properties. J. Appl. Polym. Sci. 132, 41279.

[7] Alongi, J., Tata, J., Frache, A., 2011. Hydrotalcite and nanometric silica as finishing additives to enhance the thermal stability and flame retardancy of cotton. Cellulose 18, 179–190.

[8] Anitha, S., Vaideki, K., Jayakumar, S., Rajendran, R., 2015. Enhancement of antimicrobial efficacy of neem oil vapour treated cotton fabric by plasma pretreatment. Mater. Technol. 30, 368–377.

[9] Arik, B., Demir, A., Özdoğan, E., Gülümser, T., 2011. Effects of novel antibacterial chemicals on low temperature plasma functionalized cotton surface. Tekstil Ve Konfeksiyon 4, 356–363.

[10] Attri, P., Arora, B., Choi, E. H., 2013. Utility of plasma: a new road from physics to chemistry. RSC Adv. 3, 12540–12567.

[11] Bae, P. H., Hwang, Y. J., Jo, H. J., Kim, H. J., Lee, Y., Park, Y. K., Kim,

J. G., Jung, J., 2006. Size removal on polyester fabrics by plasma source ion implantation device. Chemosphere 63, 1041-1047.

[12] Bhat, N., Netravali, A., Gore, A., Sathianarayanan, M., Arolkar, G., Deshmukh, R., 2011a. Surface modification of cotton fabrics using plasma technology. Text. Res. J. 81, 1014-1026.

[13] Bhat, N. V., Bharati, R. N., Gore, A. V., Patil, A. J., 2011b. Effect of atmospheric pressure air plasma treatment on desizing and wettability of cotton fabrics. Ind. J. Fibre Textile Res. 36, 42-46.

[14] Bogaerts, A., Neyts, E., Gijbels, R., van der Mullen, J., 2002. Gas discharge plasmas and their applications. Spectrochim. Acta B At. Spectrosc. 57, 609-658.

[15] Bulut, M. O., Devirenoğlu, C., Oksuz, L., Bozdogan, F., Teke, E., 2014. Combination of grey cotton fabric desizing and gassing treatments with a plasma aided process. J. Textile Inst. 105, 828-841.

[16] Buyle, G., 2009. Nanoscale finishing of textiles via plasma treatment. Mater. Technol. 24, 46-51.

[17] Cai, Z., Qiu, Y., Zhang, C., Hwang, Y.-J., Mccord, M., 2003. Effect of atmospheric plasma treatment on desizing of PVA on cotton. Text. Res. J. 73, 670-674.

[18] Calvimontes, A., Saha, R., Dutschk, V., 2011. Topographical effects of O_2 and NH_3-plasma treatment on woven plain polyester fabric in adjusting hydrophilicity. AUTEX Res. J. 11, 24-30.

[19] Chan, C.-M., Ko, T.-M., Hiraoka, H., 1996. Polymer surface modification by plasmas and photons. Surf. Sci. Rep. 24, 1-54.

[20] Chaudhry, M. R., 2010. Cotton production and processing. In: Industrial Applications of Natural Fibres. John Wiley & Sons, Ltd, Chichester, West Sussex, UK, pp. 219-234.

[21] Cho, S. C., Hong, Y. C., Cho, S. G., Ji, Y. Y., Han, C. S., Uhm, H. S., 2009. Surface modification of polyimide films, filter papers, and cotton clothes by HMDSO/toluene plasma at low pressure and its wettability. Curr. Appl. Phys. 9, 1223-1226.

[22] Choi, T.-S., Shimizu, Y., Shirai, H., Hamada, K., 2001. Disperse dyeing of polyester fiber using gemini surfactants containing ammonium cations as auxiliaries. Dyes Pigments 50, 55-65.

[23] Choudhury, A. K. R., 2013. Green chemistry and the textile industry. Text. Prog. 45, 3-143.

[24] Cireli, A., Kutlu, B., Mutlu, M., 2007. Surface modification of polyester and polyamide fabrics by low frequency plasma polymerization of acrylic acid. J. Appl. Polym. Sci. 104, 2318-2322.

[25] Costa, T. H. C., Feitor, M. C., C. Jr., Alves, Freire, P. B., de Bezerra, C. M., 2006. Effects of gas composition during plasma modification of polyester fabrics. J. Mater. Process. Technol. 173, 40-43.

[26] Dave, H., Ledwani, L., Chandwani, N., Kikani, P., Desai, B., Chowdhuri, M. B., Nema, S. K., 2012. Use of dielectric barrier discharge in air for surface modification of polyester substrate to confer durable wettability and enhance dye uptake with natural dye eco-alizarin. Comp. Interfaces 19, 219-229.

[27] Dave, H., Ledwani, L., Chandwani, N., Chauhan, N., Nema, S. K., 2014a. The removal of impurities from gray cotton fabric by atmospheric pressure plasma treatment and its characterization using ATR-FTIR spectroscopy. J. Textile Inst. 105, 586-596.

[28] Dave, H., Ledwani, L., Chandwani, N., Desai, B., Nema, S. K., 2014b. Surface activation of polyester fabric using ammonia dielectric barrier discharge and improvement in colour depth. Ind. J. Fibre Textile Res. 39, 274-281.

[29] Dawson, T., 2012. Progress towards a greener textile industry. Color. Technol. 128, 1-8.

[30] Denes, F. S., Manolache, S., 2004. Macromolecular plasma-chemistry: an emerging field of polymer science. Prog. Polym. Sci. 29, 815-885.

[31] Derbyshire, A. N., 1974. The development of dyes and methods for dyeing polyester. J. Soc. Dye. Colour. 90, 273-280.

[32] Desmet, T., Morent, R., De Geyter, N., Leys, C., Schacht, E., Dubruel, P., 2009. Nonthermal plasma technology as a versatile strategy for polymeric biomaterials surface modification: a review. Biomacromolecules 10, 2351-2378.

[33] Dincmen, M. G., Hauser, P. J., Nevin, C. G., 2016. Atmospheric pressure plasma treatment of nylon 6,6 and polyester fabrics for enhancing antistatic properties. AATCC J. Res. 3, 36-46.

[34] Donelli, I., Freddi, G., Nierstrasz, V. A., Taddei, P., 2010. Surface structure and properties of poly-(ethylene terephthalate) hydrolyzed by alkali and cutinase. Polym. Degrad. Stab. 95, 1542-1550.

[35] Drivas, I., Blackburn, R. S., Rayner, C. M., 2011. Natural anthraquinonoid colorants as platform chemicals in the synthesis of sustainable disperse dyes for polyesters. Dyes Pigments 88, 7-17.

[36] El-Nagar, K., Saudy, M. A., Eatah, A. I., Masoud, M. M., 2006. DC pseudo plasma discharge treatment of polyester textile surface for disperse dyeing. J. Textile Inst. 97, 111-117.

[37] El-Zairy, E. M. R., Morgan, N. N., 2015. Functionalization of polyester fabric with UV-protection and antibacterial property by means of atmospheric glow discharge. Int. J. Textile Sci. 4, 113-117.

[38] Fang, K., Zhang, C., 2009. Surface physical-morphological and chemical changes leading to performance enhancement of atmospheric pressure plasma treated polyester fabrics for inkjet printing. Appl. Surf. Sci. 255, 7561-7567.

[39] Ferrero, F., 2003. Wettability measurements on plasma treated synthetic fabrics by capillary rise method. Polym. Test. 22, 571-578.

[40] Flor, C., Hinestroza, J., 2010. Surface modification of polyester fabrics using low pressure air radio frequency plasma. Int. J. Fashion Des. Technol. Educ. 3, 119-127.

[41] Fridman, A., Chirokov, A., Gutsol, A., 2005. Non-thermal atmospheric pressure discharges. J. Phys. D. Appl. Phys. 38, R1.

[42] Geyter, N. D., Morent, R., Leys, C., 2006. Surface modification of a polyester non-woven with a dielectric barrier discharge in air at medium pressure. Surf. Coat. Technol. 201, 2460-2466.

[43] Ghoranneviss, M., Shahidi, S., 2017. Color intensity and wash fastness properties of dyed cotton fabric after plasma treatment. J. Textile Inst. 108, 445-448.

[44] Gorenšek, M., Gorjanc, M., Bukošek, V., Kovač, J., Petrović, Z., Puač, N., 2010. Functionalization of polyester fabric by Ar/N_2 plasma and silver. Text. Res. J. 80, 1633-1642.

[45] Gorjanc, M., Bukosek, V., Gorensek, M., Vesel, A., 2009. The influence of water vapor plasma treatment on specific properties of bleached and mercerized cotton fabric. Text. Res. J. 80 (6), 557-567.

[46] Gorjanc, M., Jazbec, K., Zaplotnik, R., 2014. Tailoring surface morphology of cotton fibers using mild tetrafluoromethane plasma treatment. J. Textile Inst. 105, 1178-1185.

[47] Gorjanc, M., Mozetič, M., Primc, G., Vesel, A., Spasić, K., Puač, N., Petrović, Z. L., Kert, M., 2017. Plasma treated polyethylene terephthalate for increased embedment of UV-responsive microcapsules. Appl. Surf. Sci. 419, 224-234.

[48] Goto, T., Wakita, T., Nakanishi, T., Ohta, Y., 1992. Application of low tem-

perature plasma treatment to the scouring of gray cotton fabric. Sen'i Gakkaishi 48, 133-137.

[49] Gotoh, K., Yoshitaka, S., 2013. Improvement of soil release from polyester fabric with atmospheric pressure plasma jet. Text. Res. J. 83, 1606-1614.

[50] Haji, A., 2013. Eco-friendly dyeing and antibacterial treatment of cotton. Cellul. Chem. Technol. 47, 303-308.

[51] Hasanbeigi, A., Price, L., 2012. A review of energy use and energy efficiency technologies for the textile industry. Renew. Sust. Energ. Rev. 16, 3648-3665.

[52] Hegemann, D., 2006. Plasma polymerization and its applications in textiles. Ind. J. Fibre Textile Res. 31, 99-155.

[53] Hegemann, D., Hossain, M. M., Balazs, D. J., 2007. Nanostructured plasma coatings to obtain multifunctional textile surfaces. Prog. Org. Coatings 58, 237-240.

[54] Helmy, H. M., Hauser, P., El-Shafei, A., 2017. Influence of atmospheric plasma-induced graft polymerization of DADMAC into cotton on dyeing with acid dyes. J. Textile Inst. 108, 1871-1878.

[55] Hossain, M. M., Herrmann, A. S., Hegemann, D., 2007. Incorporation of accessible functionalities in nanoscaled coatings on textiles characterized by coloration. Plasma Process. Polym. 4, 135-144.

[56] Ibrahim, N. A., Eid, B. M., Abdel-Aziz, M. S., 2017. Effect of plasma superficial treatments on antibacterial functionalization and coloration of cellulosic fabrics. Appl. Surf. Sci. 392, 1126-1133.

[57] Inbakumar, S., Morent, R., Geyter, N., Desmet, T., Anukaliani, A., Dubruel, P., Leys, C., 2010. Chemical and physical analysis of cotton fabrics plasma-treated with a low pressure DC glow discharge. Cellulose 17, 417-426.

[58] Kale, K. H., Desai, A. N., 2011. Atmospheric pressure plasma treatment of textiles using non-polymerising gases. Ind. J. Fibre Textile Res. 36, 289-299.

[59] Kamel, M. M., Zawahry, M. M. E., Helmy, H., Eid, M. A., 2011. Improvements in the dyeability of polyester fabrics by atmospheric pressure oxygen plasma treatment. J. Textile Inst. 102, 220-231.

[60] Kamlangkla, K., Paosawatyanyong, B., Pavarajarn, V., Hodak, J. H., Hodak, S. K., 2010. Mechanical strength and hydrophobicity of cotton fabric after plasma treatment. Appl. Surf. Sci. 256, 5888-5897.

[61] Kan, C.-W., Lam, Y.-L., 2013. Low stress mechanical properties of plasma-treated cotton fabric subjected to zinc oxide-antimicrobial treatment. Materials 6,

314–333.

[62] Kan, C. W., Yuen, C. W. M., 2012. Effect of atmospheric pressure plasma treatment on the desizing and subsequent colour fading process of cotton denim fabric. Color. Technol. 128, 356–363.

[63] Kan, C. W., Yuen, C. W. M., Tsoi, W. Y., 2011a. Using atmospheric pressure plasma for enhancing the deposition of printing paste on cotton fabric for digital ink-jet printing. Cellulose 18, 827–839.

[64] Kan, C. W., Yuen, C. W. M., Tsoi, W. Y., Chan, C. K., 2011b. Ink-jet printing for plasma-treated cotton fabric with biomaterial. ASEAN J. Chem. Eng. 11, 1–7.

[65] Kan, C. W., Lam, Y. L., Yuen, C. W. M., Luximon, A., Lau, K. W., Chen, K. S., 2013. Chemical analysis of plasma-assisted antimicrobial treatment on cotton. J. Phys. Conf. Ser. 441, 012002.

[66] Kan, C.-W., Lam, C.-F., Chan, C.-K., Ng, S.-P., 2014. Using atmospheric pressure plasma treatment for treating grey cotton fabric. Carbohydr. Polym. 102, 167–173.

[67] Kan, C., Cheung, H., Chan, Q., 2016. A study of plasma-induced ozone treatment on the colour fading of dyed cotton. J. Clean. Prod. 112, 3514–3524.

[68] Karahan, H. A., Özdoğan, E., 2008. Improvements of surface functionality of cotton fibers by atmospheric plasma treatment. Fibers Polym. 9, 21–26.

[69] Karahan, H. A., Özdoğan, E., Demir, A., Ayhan, H., Seventekin, N., 2008. Effects of atmospheric plasma treatment on the dyeability of cotton fabrics by acid dyes. Color. Technol. 124, 106–110.

[70] Karmakar, S. R., 1999. Preface. In: Karmakar, S. R. (Ed.), Chemical Technology in the Pre-Treatment Processes of Textiles, Textile Science and Technology. Elsevier, pp. v–vi.

[71] Kerkeni, A., Behary, N., Perwuelz, A., Gupta, D., 2012. Dyeing of woven polyester fabric with curcumin: effect of dye concentrations and surface pre-activation using air atmospheric plasma and ultraviolet excimer treatment. Color. Technol. 128, 223–229.

[72] Khadi, B. M., Santhy, V., Yadav, M. S., 2010. Cotton: an introduction. In: Bajaj, Y. P. S. (Ed.), Cotton, Biotechnology in Agriculture and Forestry. Springer, Berlin Heidelberg, pp. 1–14.

[73] Khalifa, I. B., Ladhari, N., Nemeshwaree, B., Campagne, C., 2017. Cross-linking of Sericin on air atmospheric plasma treated polyester fabric. J. Textile Inst.

108, 840-845.

[74] Kilic, B., Aksit, A. C., Mutlu, M., 2009. Surface modification and characterization of cotton and polyamide fabrics by plasma polymerization of hexamethyldisilane and hexamethyldisiloxane. Int. J. Clothing Sci. Technol. 21, 137-145.

[75] Kilinc, M., Canbolat, S., Eyupoglu, C., Kut, D., 2015. The evaluation with statistical analyses of the effect of different storage condition and type of gas on the properties of plasma treated cotton fabrics. Proc. Social Behav. Sci. 195, 2170-2176.

[76] Kim, H.-H., 2004. Nonthermal plasma processing for air-pollution control: a historical review, current issues, and future prospects. Plasma Process. Polym. 1, 91-110.

[77] Kogelschatz, U., 2003. Dielectric-barrier discharges: their history, discharge physics, and industrial applications. Plasma Chem. Plasma Process. 23, 1-46.

[78] Kogelschatz, U., Eliasson, B., Egli, W., 1997. Dielectric-barrier discharges. principle and applications. J. Phys. IV France 07. C4-47-C4-66.

[79] Lam, Y. L., Kan, C. W., Yuen, C. W. M., 2011. Effect of zinc oxide on flame retardant finishing of plasma pre-treated cotton fabric. Cellulose 18, 151-165.

[80] Lee, H.-R., Kim, D., Lee, K.-H., 2001. Anti-reflective coating for the deep coloring of PET fabrics using an atmospheric pressure plasma technique. Surf. Coat. Technol. 142-144, 468-473.

[81] Lehocký, M., Mráček, A., 2006. Improvement of dye adsorption on synthetic polyester fibers by low temperature plasma pre-treatment. Czechoslov. J. Phys. 56, B1277-B1282.

[82] Leroux, F., Perwuelz, A., Campagne, C., Behary, N., 2006. Atmospheric air-plasma treatments of polyester textile structures. J. Adhes. Sci. Technol. 20, 939-957.

[83] Li, S., Jinjin, D., 2007. Improvement of hydrophobic properties of silk and cotton by hexafluoropropene plasma treatment. Appl. Surf. Sci. 253, 5051-5055.

[84] Li, Y. Q., Liu, J. Q., 2014. Fabrication of thermoresponsive cotton fabrics using oxygen plasma graft polymerisation of N-isopropylacrylamide. Mater. Res. Innov. 18. S2-488-S2-493.

[85] Li, X., Qiu, Y., 2012a. The application of He/O_2 atmospheric pressure plasma jet and ultrasound in desizing of blended size on cotton fabrics. Appl. Surf. Sci. 258, 7787-7793.

[86] Li, X., Qiu, Y., 2012b. The effect of plasma pre-treatment on $NaHCO_3$ desizing

of blended sizes on cotton fabrics. Appl. Surf. Sci. 258, 4939-4944.

[87] Li, X., Lin, J., Qiu, Y., 2012. Influence of He/O_2 atmospheric pressure plasma jet treatment on subsequent wet desizing of polyacrylate on PET fabrics. Appl. Surf. Sci. 258, 2332-2338.

[88] Li, Y., Zhang, Y., Zou, C., Shao, J., 2015. Study of plasma-induced graft polymerization of stearyl methacrylate on cotton fabric substrates. Appl. Surf. Sci. 357, 2327-2332.

[89] Losonczi, L., 2004. Bioscouring of Cotton Fabric (PhD Thesis). Budapest University of Technology and Economics, Budapest.

[90] Lv, J., Zhou, Q., Zhi, T., Gao, D., Wang, C., 2016. Environmentally friendly surface modification of polyethylene terephthalate (PET) fabric by low-temperature oxygen plasma and carboxymethyl chitosan. J. Clean. Prod. 118, 187-196.

[91] Ma, P., Huang, J., Cao, G., Xu, W., 2010. Influence of temperature on corona discharge treatment of cotton fibers. Fibers Polym. 11, 941-945.

[92] Malek, R.M.A., Holme, I., 2003. Effect of plasma treatment on some properties of cotton. Iran. Polym. J. 12, 271-280.

[93] Man, W.S., Kan, C.W., Ng, S.P., 2014. The use of atmospheric pressure plasma treatment on enhancing the pigment application to cotton fabric. Vacuum 99, 7-11.

[94] Mehmood, T., Kaynak, A., Dai, X.J., Kouzani, A., Magniez, K., de Celis, D.R., Hurren, C.J., du Plessis, J., 2014. Study of oxygen plasma pre-treatment of polyester fabric for improved polypyrrole adhesion. Mater. Chem. Phys. 143, 668-675.

[95] Mirjalili, M., Karimi, L., 2013. The impact of nitrogen low temperature plasma treatment upon the physical-chemical properties of polyester fabric. J. Textile Inst. 104, 98-107.

[96] Mojtahed, F., Shahidi, S., Hezavehi, E., 2016. Influence of plasma treatment on CNT absorption of cotton fabric and its electrical conductivity and antibacterial activity. J. Exp. Nanosci. 11, 215-225.

[97] Molina, J., Fernández, J., Fernandes, M., Souto, A.P., Esteves, M.F., Bonastre, J., Cases, F., 2015. Plasma treatment of polyester fabrics to increase the adhesion of reduced graphene oxide. Synth. Met. 202, 110-122.

[98] Mollah, M.Y.A., Schennach, R., Patscheider, J., Promreuk, S., Cocke, D.L., 2000. Plasma chemistry as a tool for green chemistry, environmental analysis and waste management. J. Hazard. Mater. 79, 301-320.

[99] Moore, S. B., Ausley, L. W., 2004. Systems thinking and green chemistry in the textile industry: concepts, technologies and benefits. J. Clean. Prod. 12, 585-601.

[100] Morent, R., Geyter, N. D., Verschuren, J., Clerck, K. D., Kiekens, P., Leys, C., 2008. Non-thermal plasma treatment of textiles. Surf. Coat. Technol. 202, 3427-3449.

[101] Napartovich, A. P., 2001. Overview of atmospheric pressure discharges producing nonthermal plasma. Plasmas Polym. 6, 1-14.

[102] Nättinen, K., Nikkola, J., Minkkinen, H., Heikkilä, P., Lavonen, J., Tuominen, M., 2011. Reel-to-reel inline atmospheric plasma deposition of hydrophobic coatings. J. Coat. Technol. Res. 8, 237-245.

[103] Nithya, E., Radhai, R., Rajendran, R., Jayakumar, S., Vaideki, K., 2012. Enhancement of the antimicrobial property of cotton fabric using plasma and enzyme pre-treatments. Carbohydr. Polym. 88, 986-991.

[104] Oktav Bulut, M., Devirenoğlu, C., Oksuz, L., Bozdogan, F., Teke, E., 2014. Combination of grey cotton fabric desizing and gassing treatments with a plasma aided process. J. Text. Inst. 0, 1-14.

[105] Öktem, T., Ayhan, H., Seventekin, N., Piskin, E., 1999. Modification of polyester fabrics by in situ plasma or post-plasma polymerisation of acrylic acid. Color. Technol. 115, 274-279.

[106] Palaskar, S. S., Desai, A. N., Shukla, S. R., 2016. Development of multifunctional cotton fabric using atmospheric pressure plasma and nano-finishing. J. Textile Inst. 107, 405-412.

[107] Pandiyaraj, K. N., Selvarajan, V., 2008. Non-thermal plasma treatment for hydrophilicity improvement of grey cotton fabrics. J. Mater. Process. Technol. 199, 130-139.

[108] Panel on Plasma Processing of Materials, B. on P., Plasma Science Committee, Astonomy, N. R. C, 1991. Plasma Processing of Materials: Scientific Opportunities and Technological Challenges. The National Academies Press.

[109] Parvinzadeh, M., Ebrahimi, I., 2011. Atmospheric air-plasma treatment of polyester fiber to improve the performance of nanoemulsion silicone. Appl. Surf. Sci. 257, 4062-4068.

[110] Pasquet, V., Perwuelz, A., Behary, N., Isaad, J., 2013. Vanillin, a potential carrier for low temperature dyeing of polyester fabrics. J. Clean. Prod. 43, 20-26.

[111] Pasquet, V., Behary, N., Perwuelz, A., 2014. Environmental impacts of chemical/ecotechnological/biotechnological hydrophilisation of polyester fabrics. J. Clean. Prod. 65, 551-560.

[112] Patiño, A., Canal, C., Rodríguez, C., Caballero, G., Navarro, A., Canal, J., 2011. Surface and bulk cotton fibre modifications: plasma and cationization. Influence on dyeing with reactive dye. Cellulose 18, 1073-1083.

[113] Peng, S., Gao, Z., Sun, J., Yao, L., Qiu, Y., 2009. Influence of argon/oxygen atmospheric dielectric barrier discharge treatment on desizing and scouring of poly (vinyl alcohol) on cotton fabrics. Appl. Surf. Sci. 255, 9458-9462.

[114] Píchal, J., Klenko, Y., 2009. ADBD plasma surface treatment of PES fabric sheets. Eur. Phys. J. D 54, 271-279.

[115] Prabaharan, M., Carneiro, N., 2005. Effect of low-temperature plasma on cotton fabric and its application to bleaching and dyeing. Ind. J. Fibre Textile Res. 30, 68-74.

[116] Pransilp, P., Pruettiphap, M., Bhanthumnavin, W., Paosawatyanyong, B., Kiatkamjornwong, S., 2016. Surface modification of cotton fabrics by gas plasmas for color strength and adhesion by inkjet ink printing. Appl. Surf. Sci. 364, 208-220.

[117] Prasath, A., Sivaram, S.S., Vijay Anand, V.D., Dhandapani, S., 2013. Desizing of starch containing cotton fabrics using near atmospheric pressure, cold DC plasma treatment. J. Inst. Eng. (India) Ser. E 94, 1-5.

[118] Radetic, M., Jovancic, P., Puac, N., Petrovic, Z.L., 2007. Environmental impact of plasma application to textiles. J. Phys. Conf. Ser. 71, 012017.

[119] Raffaele-Addamo, A., Selli, E., Barni, R., Riccardi, C., Orsini, F., Poletti, G., Meda, L., Massafra, M.R., Marcandalli, B., 2006. Cold plasma-induced modification of the dyeing properties of poly(ethylene terephthalate) fibers. Appl. Surf. Sci. 252, 2265-2275.

[120] Ražić, S.E., čunko, R., Bautista, L., Bukošek, V., 2017. Plasma effect on the chemical structure of cellulose fabric for modification of some functional properties. Proc. Eng. 200, 333-340.

[121] Riccardi, C., Barni, R., Selli, E., Mazzone, G., Massafra, M.R., Marcandalli, B., Poletti, G., 2003. Surface modification of poly(ethylene terephthalate) fibers induced by radio frequency air plasma treatment. Appl. Surf. Sci. 211, 386-397.

[122] Ridley, B.L., O'Neill, M.A., Mohnen, D., 2001. Pectins: structure, biosyn-

thesis, and oligogalacturonide-related signaling. Phytochemistry 57, 929-967.

[123] Roth, J. R., 2002. Industrial Plasma Engineering: Volume 1: Principles, Industrial Plasma Engineering. Institute of Physics Publishing, Bristol, UK.

[124] Salem, T., Uhlmann, S., Nitschke, M., Calvimontes, A., Hund, R.-D., Simon, F., 2011. Modification of plasma pre-treated PET fabrics with poly-DADMAC and its surface activity towards acid dyes. Prog. Org. Coatings 72, 168-174.

[125] Salem, T., Pleul, D., Nitschke, M., Müller, M., Simon, F., 2013. Different plasma-based strategies to improve the interaction of anionic dyes with polyester fabrics surface. Appl. Surf. Sci. 264, 286-296.

[126] Samanta, K., Jassal, M., Agrawal, A. K., 2006. Atmospheric pressure glow discharge plasma and its applications in textile. Ind. J. Fibre Textile Res. 31, 83-98.

[127] Samanta, K. K., Jassal, M., Agrawal, A. K., 2009. Improvement in water and oil absorbency of textile substrate by atmospheric pressure cold plasma treatment. Surf. Coat. Technol. 203, 1336-1342.

[128] Samukawa, S., Hori, M., Rauf, S., Tachibana, K., Bruggeman, P., Kroesen, G., Whitehead, J. C., Murphy, A. B., Gutsol, A. F., Starikovskaia, S., Kortshagen, U., Boeuf, J.-P., Sommerer, T. J., Kushner, M. J., Czarnetzki, U., Mason, N., 2012. The 2012 plasma roadmap. J. Phys. D. Appl. Phys. 45, 253001.

[129] Science, P. on O. in P., Technology, N. R. C., Plasma Science Committee, 1995. Plasma Science: From Fundamental Research to Technological Applications. The National Academies Press.

[130] Shahidi, S., 2015. Plasma sputtering as a novel method for improving fastness and antibacterial properties of dyed cotton fabrics. J. Textile Inst. 106, 162-172.

[131] Shahidi, S., Ghoranneviss, M., 2011. Investigation on dye ability and antibacterial activity of nanolayer platinum coated polyester fabric using DC magnetron sputtering. Prog. Org. Coatings 70, 300-303.

[132] Shahidi, S., Rashidi, A., Ghoranneviss, M., Anvari, A., Rahimi, M. K., Bameni Moghaddam, M., Wiener, J., 2010. Investigation of metal absorption and antibacterial activity on cotton fabric modified by low temperature plasma. Cellulose 17, 627-634.

[133] Shahidi, S., Jamali, A., Sharifi, S. D., Ghomi, H., 2017a. In-situ synthesis of CuO nanoparticles on cotton fabrics using spark discharge method to fabricate an-

tibacterial textile. J. Nat. Fibers 0, 1–12.

[134] Shahidi, S., Rezaee, H., Rashidi, A., Ghoranneviss, M., 2017b. In situ synthesis of ZnO nanoparticles on plasma treated cotton fabric utilizing durable antibacterial activity. J. Nat. Fibers 0, 1–9.

[135] Shukla, S., Jain, D., Verma, K., Verma, S., 2011. Pectin-based colon-specific drug delivery. Chron. Young Sci. 2, 83–89.

[136] Sun, S., Qiu, Y., 2012. Influence of moisture on wettability and sizing properties of raw cotton yarns treated with He/O_2 atmospheric pressure plasma jet. Surf. Coat. Technol. 206, 2281–2286.

[137] Sun, D., Stylios, G. K., 2004. Effect of low temperature plasma treatment on the scouring and dyeing of natural fabrics. Text. Res. J. 74, 751–756.

[138] Sun, D., Stylios, G. K., 2006. Fabric surface properties affected by low temperature plasma treatment. J. Mater. Process. Technol. 173, 172–177.

[139] Sun, S., Sun, J., Yao, L., Qiu, Y., 2011. Wettability and sizing property improvement of raw cotton yarns treated with He/O_2 atmospheric pressure plasma jet. Appl. Surf. Sci. 257, 2377–2382.

[140] Sun, S., Yu, H., Williams, T., Hicks, R. F., Qiu, Y., 2013. Eco-friendly sizing technology of cotton yarns with He/O_2 atmospheric pressure plasma treatment and green sizing recipes. Text. Res. J. 83 (20), 2177–2190.

[141] Surdu, L., Stelescu, M. D., Iordache, O., Manaila, E., Craciun, G., Alexandrescu, L., Dinca, L. C., 2016. The improvement of the resistance to Candida Albicans and Trichophyton interdigitale of some cotton textile materials by treating with oxygen plasma and chitosan. J. Textile Inst. 107, 1426–1433.

[142] Szulc, J., Urbaniak-Domagała, W., Machnowski, W., Wrzosek, H., Łącka, K., Gutarowska, B., 2017. Low temperature plasma for textiles disinfection. Int. Biodeter. Biodegr. https://doi. org/10. 1016/j. ibiod. 2017. 01. 021.

[143] Tendero, C., Tixier, C., Tristant, P., Desmaison, J., Leprince, P., 2006. Atmospheric pressure plasmas: a review. Spectrochim. Acta B Atomic Spectrosc. 61, 2–30.

[144] Thorsen, W. J., 1974. Modification of the cuticle and primary wall of cotton by corona treatment. Text. Res. J. 44, 422–428.

[145] Tian, L., Nie, H., Chatterton, N. P., Branford-White, C. J., Qiu, Y., Zhu, L., 2011. Helium/oxygen atmospheric pressure plasma jet treatment for hydrophilicity improvement of grey cotton knitted fabric. Appl. Surf. Sci. 257, 7113–7118.

[146] Tomasino, C., Cuomo, J. J., Smith, C. B., Oehrlein, G., 1995. Plasma treatments of textiles. J. Ind. Text. 25, 115-127.

[147] Tsafack, M. J., Levalois-Grützmacher, J., 2006. Flame retardancy of cotton textiles by plasma-induced graft-polymerization (PIGP). Surf. Coat. Technol. 201, 2599-2610.

[148] Tsafack, M. J., Levalois-Grützmacher, J., 2007. Towards multifunctional surfaces using the plasma-induced graft-polymerization (PIGP) process: flame and waterproof cotton textiles. Surf. Coat. Technol. 201, 5789-5795.

[149] Tzanov, T., Calafell, M., Guebitz, G. M., Cavaco-Paulo, A., 2001. Biopreparation of cotton fabrics. Enzym. Microb. Technol. 29, 357-362.

[150] Vaideki, K., Jayakumar, S., Thilagavathi, G., Rajendran, R., 2007. A study on the antimicrobial efficacy of {RF} oxygen plasma and neem extract treated cotton fabrics. Appl. Surf. Sci. 253, 7323-7329.

[151] Varadarajan, P. V., Iyer, V., Saxana, S., 1990. Wax on cotton fibre: its nature and distribution—a review. J. Ind. Soc. Cotton Improv. 15, 123-127.

[152] Vatuňa, T., Špatenka, P., Píchal, J., Koller, J., Aubrecht, L., Wiener, J., 2004. PES fabric plasma modification. Czech. J. Phys. 54, C475-C482.

[153] Vaughn, K. C., Turley, R. B., 1999. The primary walls of cotton fibers contain an ensheathing pectin layer. Protoplasma 209, 226-237.

[154] Verma, A. K., Dash, R. R., Bhunia, P., 2012. A review on chemical coagulation/flocculation technologies for removal of colour from textile wastewaters. J. Environ. Manag. 93, 154-168.

[155] Wagner, H.-E., Brandenburg, R., Kozlov, K. V., Sonnenfeld, A., Michel, P., Behnke, J. F., 2003. The barrier discharge: basic properties and applications to surface treatment. Vacuum 71, 417-436.

[156] Wang, C., Wang, C., 2010. Surface pretreatment of polyester fabric for ink jet printing with radio frequency O_2 plasma. Fibers Polym. 11, 223-228.

[157] Wang, C. X., Ren, Y., Qiu, Y. P., 2007. Penetration depth of atmospheric pressure plasma surface modification into multiple layers of polyester fabrics. Surf. Coat. Technol. 202, 77-83.

[158] Wang, C. X., Liu, Y., Xu, H. L., Ren, Y., Qiu, Y. P., 2008. Influence of atmospheric pressure plasma treatment time on penetration depth of surface modification into fabric. Appl. Surf. Sci. 254, 2499-2505.

[159] Wang, Q., Fan, X.-R., Cui, L., Wang, P., Wu, J., Chen, J., 2009. Plasma-aided cotton bioscouring: dielectric barrier discharge versus low-pressure oxygen

plasma. Plasma Chem. Plasma Process. 29, 399-409.

[160] Wang, C. X., Du, M., Qiu, Y. P., 2010. Influence of pore size on penetration of surface modification into woven fabric treated with atmospheric pressure plasma jet. Surf. Coat. Technol. 205, 909-914.

[161] Wang, L., Xiang, Z.-Q., Bai, Y.-L., Long, J.-J., 2013. A plasma aided process for grey cotton fabric pretreatment. J. Clean. Prod. 54, 323-331.

[162] Wang, C. X., Lv, J. C., Ren, Y., Zhi, T., Chen, J. Y., Zhou, Q. Q., Lu, Z. Q., Gao, D. W., Jin, L. M., 2015. Surface modification of polyester fabric with plasma pretreatment and carbon nano-tube coating for antistatic property improvement. Appl. Surf. Sci. 359, 196-203.

[163] Wang, C., Lv, J., Ren, Y., Zhou, Q., Chen, J., Zhi, T., Lu, Z., Gao, D., Ma, Z., Jin, L., 2016. Cotton fabric with plasma pretreatment and ZnO/Carboxymethyl chitosan composite finishing for durable UV resistance and antibacterial property. Carbohydr. Polym. 138, 106-113.

[164] Wang, C. X., Ren, Y., Lv, J. C., Zhou, Q. Q., Ma, Z. P., Qi, Z. M., Chen, J. Y., Liu, G. L., Gao, D. W., Lu, Z. Q., Zhang, W., Jin, L. M., 2017. In situ synthesis of silver nanoparticles on the cotton fabrics modified by plasma induced vapor phase graft polymerization of acrylic acid for durable multifunction. Appl. Surf. Sci. 396, 1840-1848.

[165] Wardman, R. H., Abdrabbo, A., 2010. Effect of plasma treatment on the spreading of micro drops through polylactic acid (PLA) and polyester (PET) fabrics. AUTEX Res. J. 10, 1-7.

[166] Warwicker, J. O., Silk, C., Association, M.-M. F. R., 1966. A Review of the Literature on the Effect of Caustic Soda and Other Swelling Agents on the Fine Structure of Cotton, Pamphlet. Cotton, Silk and Man-Made Fibres Research Association.

[167] Wei, Q., Liu, Y., Hou, D., Huang, F., 2007. Dynamic wetting behavior of plasma treated {PET} fibers. J. Mater. Process. Technol. 194, 89-92.

[168] Wróbel, A. M., Kryszewski, M., Rakowski, W., Okoniewski, M., Kubacki, Z., 1978. Effect of plasma treatment on surface structure and properties of polyester fabric. Polymer 19, 908-912.

[169] Xu, W., Liu, X., 2003. Surface modification of polyester fabric by corona discharge irradiation. Eur. Polym. J. 39, 199-202.

[170] Yan, X., Li, J., Yi, L., 2017. Fabrication of pH-responsive hydrophilic/hydrophobic Janus cotton fabric via plasma-induced graft polymerization. Mater. Lett.

208, 46-49.

[171] Yuen, C. W. M., Kan, C. W., 2007. Influence of low temperature plasma treatment on the properties of ink-jet printed cotton fabric. Fibers Polym. 8, 168-173.

[172] Zhang, C., Fang, K., 2009. Surface modification of polyester fabrics for inkjet printing with atmospheric-pressure air/Ar plasma. Surf. Coat. Technol. 203, 2058-2063.

[173] Zhang, Y., Li, Y., Shao, J., Zou, C., 2015. Fabrication of superhydrophobic fluorine-free films on cotton fabrics through plasma-induced grafting polymerization of 1,3,5,7-tetravinyl-1,3,5,7-tetramethylcyclotetrasiloxane. Surf. Coat. Technol. 276, 16-22.

[174] Zhang, M., Pang, J., Bao, W., Zhang, W., Gao, H., Wang, C., Shi, J., Li, J., 2017. Antimicrobial cotton textiles with robust superhydrophobicity via plasma for oily water separation. Appl. Surf. Sci. 419, 16-23.

[175] Zhang, C., Zhao, M., Wang, L., Qu, L., Men, Y., 2017a. Surface modification of polyester fabrics by atmospheric-pressure air/He plasma for color strength and adhesion enhancement. Appl. Surf. Sci. 400, 304-311.

[176] Zhang, C., Zhao, M., Wang, L., Yu, M., 2017b. Effect of atmospheric-pressure air/He plasma on the surface properties related to ink-jet printing polyester fabric. Vacuum 137, 42-48.

[177] Zhou, C.-E., Kan, C.-W., 2015. Plasma-enhanced regenerable 5,5-dimethylhydantoin (DMH) antibacterial finishing for cotton fabric. Appl. Surf. Sci. 328, 410-417.

9 用生物大分子进行纺织品整理：一种低环境影响的阻燃方法

Giulio Malucelli
都灵理工大学应用科学与技术系，意大利亚历山德里亚

缩写			
		G	鸟嘌呤
α-LA	α-乳清蛋白	IG	免疫球蛋白
β-LG	β-乳球蛋白	LbL	层层组装
A	腺嘌呤	LOI	极限氧指数
BSA	牛血清白蛋白	PET	聚酯
C	胞嘧啶	PHRR	放热率峰值
COT	棉	SEM	扫描电子显微镜
COT-PET	棉涤混纺	T	胸腺嘧啶
DNA	脱氧核糖核酸	TTI	点火时间（引燃时间）
DWP	乳清蛋白（展开/变性）	WP	乳清蛋白（折叠）
FR	阻燃剂	WPC	乳清蛋白浓缩物
FRs	阻燃剂类	WPH	乳清蛋白水解物
FTIR	傅里叶变换红外光谱	WPI	乳清蛋白分离物

9.1 引言

纺织品在暴露于热或火焰环境时的易燃性是一个严重的问题，极大地限制了其在若干相关工业领域的应用，通常，这种弱点可以通过用特定的化学物质，即阻燃剂（FRs）对纺织品进行改性来改善甚至抑制（Gaan et al.，2011；Hofer，1998；Horrocks and Price，2006；Horrocks et al.，1997）。根据其化学结构和组成，阻燃整理可以赋予纺织材料低可燃性，降低火焰的传播速度，甚至阻止燃烧过程。对于后者，纤维和织物能够实现自熄（Duquesne et al.，2007；LAPPC and LAPC，2004；Neisius et al.，2015；Horrocks，2017）。

纺织品有效的阻燃后整理系统在持续进步，特别是在过去15~20年里，解决了天然纤维（主要是纤维素）和合成纤维以及织物的大规模耐久性处理问题（Horrocks and Price, 2009; Horrocks, 2011; Horrocks et al., 2005; Alongi et al., 2014a; Liang et al., 2013; Alongi and Malucelli, 2015; Alongi et al., 2013a; Gulrajani and Gupta, 2011）。在过去的几十年里，阻燃纺织品领域一直在不断发展，主要是朝着阻燃添加剂的设计和大规模开发的方向，为纤维和织物提供阻燃性能，同时也表现出耐久性和舒适性。特别是，开发合成出许多不同类型的阻燃剂，并已在天然和合成纺织品的应用上显示出巨大的潜力（Calamari et al., 2014）。其中，几种不同类型的阻燃剂，通常分为卤代有机阻燃剂（主要是溴化和氯化阻燃剂）、含磷阻燃剂、含氮阻燃剂和无机阻燃剂，已被成功开发用来赋予纺织品阻燃性能（Rosace et al., 2015）。然而，美国和欧盟共同体最近发布了严格的指令，禁止使用诸如五溴二苯或十溴二苯醚和多氯联苯等卤素类阻燃剂，因为它们对动物或人类都有很高的毒性（Van der Veen and De Boer, 2012）。

具体到纺织领域，阻燃剂根据其可洗涤性（Rosace et al., 2015）可分为：

● 非耐久性阻燃剂，在洗涤介质中浸泡后马上被洗掉，但可能耐干洗。

● 半耐久性和耐久性阻燃剂，它们各不相同，前者耐水浸泡并可耐几次洗涤循环，而后者能耐50~100次洗涤循环。

为了寻求更低毒和更环保的结构，目前学术和工业界的研究，都聚焦在磷系阻燃剂的设计上（Salmeia et al., 2016）。在此背景下，特别是针对棉和纤维素纺织品，已对各种的可能策略进行了彻底研究，其范围从用于涂层和背涂层织物无卤产品的设计，到 N-羟甲基膦酰丙酰胺衍生物（Pyrovatex）或羟甲基鳞盐（Proban）的应用。

关于Pyrovatex工艺，采用一种可以将阻燃剂与纺织品的羟基共价连接起来的羟甲基交联剂，运用传统的轧—烘—焙工艺（Horrocks and Anand, 2000）。然而，经过处理的纺织品在经受第一个洗涤循环期间，有约50%未反应的阻燃剂损失，此后，其稳定性变得非常高。

相反，Proban工艺是利用在底层基材上沉积四（羟甲基）鳞—尿素的缩合物，并随后与氨交联而形成聚合物网络，这样，阻燃剂就不是与纤维素纤维交联，而只是保留在它们的间隙中。该工艺的主要缺点是在纺织品使用中可能会有甲醛释放（Van der Veen and De Boer, 2012）。

在这种情况下，正在全面评估用其他产品替代市售阻燃剂的可能性；而任何新的阻燃剂都必须解决几个问题，即：

● 等效或更优异的易用性；

● 使用或服用过程中不释放甲醛；

● 可接受的纺织品使用寿命特征（例如耐久性、舒适性、机械性能/手感）；

- 成本效益与现有阻燃剂产品相当；
- 毒性和环境影响与现有阻燃剂差不多（甚至更低）；
- 在阻燃剂处理后保持高透气性；
- 就织物的外观和美感而言，变化可以忽略不计；
- 染料的色泽和/或纺织基材可染性的变化可以忽略不计。

通常情况下，阻燃剂难以满足上述的所有条件。当前的战略是，在某种程度上是致力于设计和开发对环境影响较小的新型阻燃体系，前提是新型解决方案都必须满足耐久性的要求；此外，工业界对将新型阻燃体系升级到工业化水平非常感兴趣。

在这种背景下，纳米技术无疑显示出巨大的潜力，特别是在表面工程方面，在纺织品表面组装微纳米材料，沉积层能够减缓甚至抑制火势蔓延，起到陶瓷防护罩和/或成炭涂层的作用（Decher and Schlenoff，2002；Decher and Hong，1991；Tang et al.，2003；Bernt et al.，1992；Iler，1966；Decher，2003；Laufer et al.，2012；Kim et al.，2011；Apaydin et al.，2013；Laachachi et al.，2011；Carosio et al.，2012；Srikulkit et al.，2006；Li et al.，2009；Li et al.，2010；Laufer et al.，2011；Li et al.，2011；Carosio et al.，2011a；Carosio et al.，2011b；Alongi et al.，2014b；Malucelli et al.，2014；Wang et al.，2001；Gunasekaran et al.，2006；Lopez-Rubio and Lagaron，2012；Shen and Quek，2014；Gounga et al.，2007；Bosco et al.，2013；Alongi et al.，2013b；Liu et al.，2013；Alongi et al.，2014c）。在此背景下，（纳米）颗粒吸附法和层层组装法（LbL）是两种最常见和可行的表面（纳米）工程策略（Decher and Schlenoff，2002；Iler，1966；Apaydin et al.，2013）。前者代表了在织物基材上沉积（纳米）颗粒的早期尝试，需要将织物在稳定的微纳米水悬浮液中浸渍，所得到的纳米颗粒组合体可当作物理屏障（例如，热屏蔽），为织物提供了对火焰或热流的防护。通常，（纳米）颗粒吸附是一种暂时的（即非耐久的）方法。但是，可以使用交联剂或利用合成织物（如聚酯）的表面熔融达到耐久性效果，它利用了织物基材和（纳米）物体之间的离子相互作用。

LbL法是纳米颗粒吸附法的进步，属于自组装涂层的范畴，它的本质是基于一步步的膜堆积，主要利用带相反电荷的层间静电作用（Srikulkit et al.，2006；Li et al.，2009；Li et al.，2010；Laufer et al.，2011；Li et al.，2011；Carosio et al.，2011a；Carosio et al.，2011b；Alongi et al.，2014b；Malucelli et al.，2014；Wang et al.，2001；Gunasekaran et al.，2006；Lopez-Rubio and Lagaron，2012；Shen and Quek，2014；Gounga et al.，2007；Bosco et al.，2013；Alongi et al.，2013b；Liu et al.，2013；Alongi et al.，2014c）。将织物基材交替浸入相反电荷的聚电解质溶液或微纳米颗粒悬浮液中，有时后者可能通过喷雾应用（Bernt et al.，1992；Decher，2003）。这种方法有两个主要优点，即：（i）可以使用水作为溶剂，（ii）使用的聚电

解质溶液/（纳米）颗粒悬浮液的浓度非常低，通常低于1%（质量分数）。因此，整个LbL过程对环境的影响非常有限。这样，利用每个浸渍步骤后的全表面电荷反转，就可以得到堆积在织物表面的正电荷和负电荷层的组合体（通常带有微弱的负电荷）。LbL法的示意图如图9.1所示。

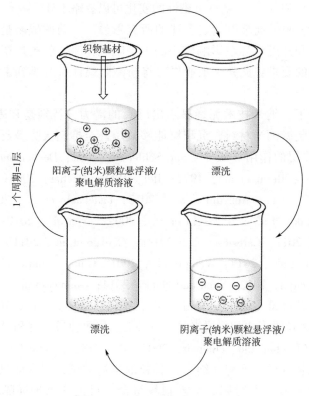

图9.1　层层组装浸渍法的方案

尽管在LbL处理中使用的聚电解质溶液或（纳米）颗粒悬浮液对环境的影响和毒性较低，而且为了寻求适用于纤维和织物的"绿色"高效的阻燃处理方法，科学界最近开始研究使用选定的生物高分子（即一些蛋白质和核酸）的可能性，其结构和化学成分表明它们可能被用于设计阻燃纤维和织物（Carosio et al., 2014; Kwan et al., 2006）。

事实上，与传统的化学方法相比，这些"绿色"添加剂可能代表了一种阻燃的新策略。到目前为止，它们已被用于若干应用，而且远非只限于阻燃。特别是这种生物大分子已成功地应用于造纸、印刷、皮革整理、食品乳化剂、黏合剂、可食用薄膜以及生物传感器和环境监测系统的设计（Linder et al., 2002; Israeli-Lev and Livney, 2014; Opwis and Gutmann, 2011; Sonmezoglu and Sonmezoglu, 2011; Teles and Fonseca, 2008）。由于对环境的影响较小，再加上利用现有的工业整理技术（例如喷雾和浸渍/排气设备）将生物大分子应用于纺织基材，使得这些新型阻燃剂在特殊场合具有潜在的用途。

在某些情况下，这些生物大分子的阻燃性能与合成的磷或含磷/氮产品的阻燃性能相当。此外，酪蛋白和乳清蛋白等生物大分子属于农业、食品行业的副产品/作物，因此，它们在阻燃纺织品中应用有助于减少其用后填埋工序。此外，尽管脱氧核糖核酸（DNA）的成本高于传统的合成阻燃剂，但是，最近从鲑鱼鱼糜和鱼卵囊中大规模提取和纯化这种生物大分子的可行性大大提高了其成本效益（Linder et al.，2002）。

本章主要内容总结于图9.2，旨在总结过去10年中将生物大分子作为低环境影响的阻燃整理体系用于天然或合成织物（以及它们的一些混纺物）方面取得的主要进展。概述所选生物大分子的阻燃性能，并将所获得的阻燃性能（即抗火焰蔓延和/或抗热通量）与化学结构、处理后纺织基材上的最终干添加物和应用方法相关联。

最后，对这些绿色阻燃剂可能的发展前景进行了讨论，强调了所提出的策略目前存在的问题和可能的解决方案。

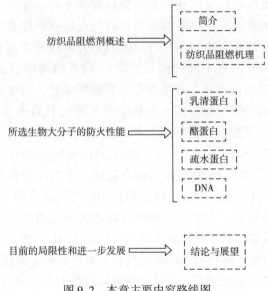

图9.2　本章主要内容路线图

9.2　纺织品阻燃机理

从总体上看，阻燃剂可以通过不同的作用模式，即在气相、凝聚相或两者兼有的情况下，来提高织物基材的防火性能。

在气相中具有活性的阻燃剂，在燃烧过程中会产生活性物质（即卤素或磷衍生物的自由基作为自由基清除剂），能够抑制火焰。这种作用通常是由含卤素阻燃剂（Georlette et al.，2000）和磷基阻燃剂（Brauman，1977；Huang et al.，2008）表现出来的。前者可能会释放卤素自由基，可从阻燃剂或纺织基材中提取氢，从而形成卤化氢，卤化氢可进一步与纺织品基材分解产生的自由基（即氢和羟基自由基）发生反应，因此，燃烧循环被阻断。此外，含锑添加剂（如氧化锑，Sb_2O_3）的存在可与含卤素阻燃剂发挥协同作用，会产生挥发性产物氯化锑，作为火焰中气相氧化的有效抑制剂（Camino et al.，1991）。

磷基阻燃剂在气相中活性显著。通过对火焰直接的质谱研究，可以证明，这些阻燃剂在分解时会形成诸如 P_2、PO（主要成分）、PO_2 和 HPO_2 之类的含磷物种，利用第三体机理，充当氢自由基清除剂（Granzow，1978）。此外，特别提到它们在气相中作为阻燃剂的作用，正如 FTIR（傅里叶变换红外光谱）所揭示的，在热降解时，三甲基和三苯基磷酸酯衍生物最终形成了活性的酸性中间体（即磷酸及其衍生物）（Clive and Ed，2000）。

发生在凝固相的机理与发生在气相的机理完全不同，实际上，这意味着形成了被称为炭的碳质残渣，它在热解的纺织基材与火焰或热源之间起着保护屏障的作用，炭化源于阻燃剂化合物与基材在后者的热分解过程中的反应。通常，阻燃剂的作用模式可能涉及两种不同的途径，即：（i）热降解过程中的干扰因素或（ii）可燃产物形成速率的变化。具体到纤维素纺织基材，由于阻燃剂的酸性磷物种与纺织基材的羟基之间发生反应，会释放出大量的 H_2O 分子。在某些情况下，磷化合物分解成多聚磷酸，在降解的纺织基材表面形成隔热保护屏障（Horrocks and Price，2006；Horrocks and Price，2009；Horrocks，2011；Horrocks et al.，2005；Alongi et al.，2014a）。磷基阻燃剂在凝固相中的这种作用模式，可以通过利用 P—N 协同作用进一步改善，这种协同作用在含氮化合物如三聚氰胺、尿素、胍等存在下发生。特别是，含氮添加剂的分解产物可与磷基阻燃剂反应，有利于在纺织材料上形成非常有效的隔热炭化涂层（Gaan et al.，2008）。

膨胀和散热是另外两种可利用的阻燃机制，前者通常需要存在一个 P—N 膨胀体系，包括酸源（即磷基阻燃剂，能够在热降解过程中产生磷酸）、碳源（通常可利用多羟基体系，如季戊四醇），最后是发泡剂（即含氮体系，如三聚氰胺、胍、尿素等）。当暴露于火焰或热源时，膨胀体系开始降解和膨胀，引起发泡隔热炭化屏障的形成，更具体地说，屏障是泡沫（由于含氮源中产生的气态物种，如氨气）和炭化（由于磷基阻燃剂和多羟基体系之间的反应）的综合作用的结果（Camino and Lomakin，2006）。因此，纺织基材的燃烧伴随着同时形成的炭中气态物质的夹带，从而在纺织品材料的表面上形成炭化泡沫。

散热效应通常是由金属氢氧化物（即铝或镁的氢氧化物）等添加剂表现出来，

加热时，它们在高温下分解释放水分。散热效应可归因于几个因素，即吸热分解、通过生成的水吸收热量以及纺织基材热解产生的气态物种的稀释作用（Weil and Levchik，2009）。

9.3 阻燃生物大分子的结构与防火性能

9.3.1 乳清蛋白

乳清蛋白约占牛奶中总蛋白的20%（其剩余部分约80%由酪蛋白组成），呈球形，主要由α-螺旋结构组成，其多肽链包含均匀分布的酸性/碱性和疏水性/亲水性的氨基酸。这些蛋白质主要由α-乳清蛋白（α-LA）、β-乳球蛋白（β-LG）、免疫球蛋白（IG）和牛血清白蛋白（BSA）组成。其中氨基酸的含量高（主要与含硫结构有关，如半胱氨酸和蛋氨酸），具有很高的营养价值。此外，它们具有高吸水性、溶解性、凝胶化和乳化能力，对食品行业非常有用（Gunasekaran et al.，2006）。它们可用作食品乳化剂，也可用于生物活性化合物的胶囊化（Lopez-Rubio and Lagaron，2012；Shen and Quek，2014；Gounga et al.，2007）。

这些蛋白质具有三种主要结构，即乳清蛋白水解物（WPH）、乳清蛋白浓缩物（WPC）和乳清蛋白分离物（WPI）。

乳清蛋白的阻燃应用可追溯到2013年（Bosco et al.，2013），特别是，用乳清蛋白分离物涂层（包括折叠或展开/变性的链）浸渍棉织物。在气候室（30℃和30% RH）中用折叠和变性的蛋白质的水悬浮液（浓度10%，质量分数）处理织物基材，然后用转鼓去除多余的悬浮液，并在气候室中将浸渍织物干燥至恒重。最终，对于展开的乳清蛋白和折叠的乳清蛋白，棉上的干添加量分别为25%和20%（质量分数）。采用热重分析和水平火焰蔓延试验对处理织物的热、热氧化稳定性以及阻燃性能进行评价。未经处理和处理过的纺织品的热和热氧化稳定性的数据分别示于表9.1和表9.2。

表9.1 未经处理和经乳清蛋白处理的棉织物的热重数据（气氛：氮气）

样品	$T_{onset10\%}$/℃	T_{max1}^a/℃	T_{max1}^a下的残留率/%	600℃下的残留率/%
COT	329	362	45.0	8.0
COT_WP	276	355	45.0	18.0
COT_DWP	294	366	45.5	17.0

a 从导数曲线得出。

表 9.2 未经处理和经乳清蛋白处理的棉织物的热重数据（气氛：空气）

样品	$T_{onset10\%}$/℃	T_{max1}^a/℃	T_{max2}^a/℃	T_{max3}^a/℃	T_{max1}^a 下的残留率/%	T_{max2}^a 下的残留率/%	T_{max3}^a 下的残留率/%	600℃下的残留率/%
COT	323	343	489	—	48.0	2.0	—	<1.0
COT_WP	283	341	487	580	57.0	14.0	2.5	1.5
COT_DWP	292	345	496	575	56.0	13.0	3.0	2.5

a 从导数曲线得出。

在惰性气氛（氮气）中，由于纤维素的热解作用，棉按照单一的步骤降解，遵循两种替代路径（Alongi and Malucelli，2015；Alongi et al.，2013b）（图9.3）。

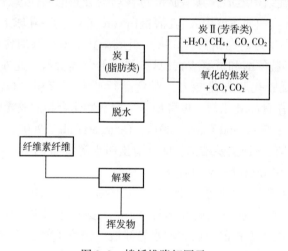

图 9.3 棉纤维降解图示

- 在较低的温度下，糖基单元的分解，是成炭作用的原因；
- 在较高的温度下，糖基单元的解聚，产生挥发性物质。

在空气气氛中，棉的降解通常经历三个步骤。第一步是在 300~400℃，包括两个竞争性途径，导致脂肪类炭和挥发性化合物的形成。然后，在第二步（400~800℃），一些脂肪类炭转化为芳香类炭，同时炭化和焦炭氧化，产生 CO 和 CO_2。第三步，在约 800℃时，焦炭进一步氧化，大部分变成 CO 和 CO_2。

如表 9.2 所示，棉在 343℃ 和 489℃ 出现两个分解峰。与在惰性气氛中观察到的情况相似，折叠或展开的乳清蛋白涂层延缓纤维素基材的分解，$T_{onset10\%}$ 值有所降低。相反，处理过的织物在 T_{max1} 时的残留量增加清楚地证实了第一个降解步骤后热稳定降解产物的发展。该产物在后面的两个降解步骤（指 T_{max2} 和 T_{max3}），会发生变化，因此，最终的残余量略高于未处理的织物。

在任何气氛中，折叠或展开的蛋白质涂层的存在都会延缓纤维素的分解，正如 $T_{onset10\%}$ 值所显示的，在涂层存在的情况下，纤维素的分解率明显较低：虽然这一行为似乎是矛盾的，但它对阻燃机制非常重要，因为生物大分子的活化必须发生在处理过的织物基材的分解之前。

经 COT_DWP 和 COT_WP 蛋白处理过的织物分别在 575℃ 和 580℃ 时出现失重，这种进一步的降解步骤可归因于发生在沉积涂层和纤维素基材之间的相互作用。事实上，对应的高残留量是来自乳清蛋白与织物的降解产物之间的物理化学相互作用。

水平火焰蔓延试验结果见表 9.3，与未经处理的织物可以快速燃烧而不留下任何残留物不同，蛋白质涂层改变了底层基材的可燃性。特别是观察到总燃烧时间增加，燃烧速率降低。此外，与 WP 不同，DWP 基涂层是形成高度连贯且致密的残余物的原因。

表 9.3 未经处理和处理过的棉织物的可燃性数据

样品	总燃烧时间/s	燃烧速度/（mm/s）	最终残留率/%
COT	78	1.5	—
COT_WP	126	1.0	30
COT_DWP	133	1.1	5

然而，无论蛋白质涂层是哪种类型（即折叠或展开），织物的质地在火焰蔓延测试结束时均保持不变，SEM 分析证实了这一点。该发现可归因于乳清蛋白涂层施加的保护作用，可延迟氧气的扩散，并吸收燃烧反应过程中产生的热量。

9.3.2 酪蛋白

酪蛋白是含磷的蛋白质，它们是牛奶蛋白的主要部分（在牛奶中的含量约为 80%），也是研究最广泛的食品蛋白质，它们是脱脂牛奶生产过程的副产品。

它们主要由 $\alpha S1$、$\alpha S2$、β 和 κ-酪蛋白组成，每摩尔 $\alpha S1$-酪蛋白含有 8 或 9 个磷酸基，是牛乳的主要蛋白质部分；$\alpha S2$-酪蛋白表现为 4 种亚型磷酸化水平，每摩尔含有 10~13 个磷酸基；β-酪蛋白包括带有氨基的谷氨酸，在 N-端附近表现出单一的主要磷酸化位点。牛 β-酪蛋白具有特别的完全磷酸化结构，每摩尔包含 5 个磷酸基；最后，相对于其他任何酪蛋白，κ-酪蛋白包含的磷酸基团非常有限（磷酸化部分，作为单一位点，定位在生物大分子的 C-端区域）。

除了常见的奶酪养殖用途外，这些蛋白质通常被用作食品配料，用于发泡、乳化、增加质感、增稠和保水目的。此外，它们作为涂层沉积的能力使其适合用于合成纤维的生产、皮革涂饰、印刷和造纸（Liu et al., 2013）。

鉴于其作为阻燃剂的最新用途，这些蛋白质已被成功地应用于棉、聚酯和棉/聚酯的混纺物（聚酯65%）。为此，这些织物在30℃和30% RH的气候室中用5%酪蛋白水悬浮液处理。与乳清蛋白类似，用转鼓去除多余的沉积悬浮液；之后，将处理过的织物干燥至恒重（最终干添加量20%，质量分数）（Alongi et al., 2014c；Carosio et al., 2014）。

表9.4和表9.5分别显示了酪蛋白处理前后，不同织物的热和热氧化性能。处理的样品被编码为"X_酪蛋白"，其中X代表织物的类型（即COT、PET或COT-PET混纺物）。

表9.4 未处理和处理织物的热重数据（气氛：氮气）

样品	$T_{onset10\%}$/℃	T_{max1}^a/℃	T_{max2}^a/℃	T_{max1}^a时的残留率/%	T_{max2}^a时的残留率/%	600℃时的残留率/%
COT	319	354	—	41.0	—	2.0
COT_酪蛋白	272	337	—	49.0	—	21.0
PET	400	426	—	51.0	—	14.0
PET_酪蛋白	315	397	—	53.0	—	22.0
COT-PET	332	351	423	73.0	37.0	15.0
COT-PET_酪蛋白	304	334	405	75.0	42.0	22.0

a 从导数曲线得出。

表9.5 未处理和处理织物的热重数据（气氛：空气）

样品	$T_{onset10\%}$/℃	T_{max1}^a/℃	T_{max2}^a/℃	T_{max3}^a/℃	T_{max1}^a时的残留率/%	T_{max2}^a时的残留率/%	T_{max3}^a时的残留率/%	600℃时的残留率/%
COT	318	339	478	—	48.0	4.0	—	<1
COT_酪蛋白	242	327	482	—	51.0	10.0	—	<1
PET	392	422	547	—	47.5	1.5	—	0
PET_酪蛋白	310	404	538	—	50.5	13.0	—	2
COT-PET	323	339	419	508	79.0	37.0	7.0	1
COT-PET_酪蛋白	311	335	416	525	82.0	43.0	9.5	2

a 从导数曲线得出。

正如已讨论过的棉，聚酯在氮气中的热降解是一步完成的，在426℃观察到最大失重。更具体地说,可能发生两个竞争性的挥发—炭化过程,包括酯键的异裂开裂或均裂开裂(图9.4)。这些降解反应与通过分子内"反咬"的链解聚同时发生,产生端烯基和端羧基低聚物,这些低聚物产生了诸如 CO、CO_2、CH_4、C_2H_4、苯、甲醛、乙醛和苯甲醛的挥发性物质。

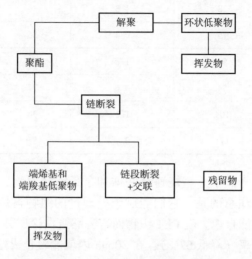

图 9.4 聚酯的热和热氧化降解的竞争途径

涤棉混纺织物表现出典型的聚合物混纺织物的热降解,包括两个独立的步骤:第一个(约351℃)归因于棉,第二个(位于约423℃)归因于聚酯。

所有酪蛋白涂层都明显地延缓纤维素和聚酯的降解,恰如由 $T_{onset10\%}$ 值的降低(PET_酪蛋白和COT_酪蛋白分别为-85℃和-47℃)所揭示的。这种行为可归因于酪蛋白胶束外壳上的磷酸基团,其在高温下分解成磷酸,催化了纤维素或聚酯的降解,从而导致炭的形成。因此,尽管预期纺织品基材会降解,但仍会形成热稳定的炭。

聚酯的热氧化遵循的是一个两步过程,有两个最大失重(在约422℃和547℃),这些峰对应于同时发生的链解聚和β-CH转移反应,以及在第一步中产生的残余物和仍存在于降解材料中的烃类物质的附带氧化。

对于COT-PET混纺织物,它们的热氧化降解分三步进行,最大失重在约335℃、416℃和525℃。

此外,酪蛋白的存在会显著地促进两种织物组分的分解。纤维素和聚酯织物的 $T_{onset10\%}$ 分别降低了76℃和82℃。此外,T_{max1}(表9.5)处的残余物证实了在最初的降解步骤后热稳定产物的形成。

COT-PET混纺织物在约508℃又出现了第三次失重,对于经蛋白质处理的基材,该失重转移到525℃。这一发现进一步证实了生物大分子所发挥的成炭特性。

257

表9.6收集了水平火焰蔓延试验和限氧指数（LOI）测量的结果。

表9.6 未经处理和经酪蛋白处理织物的水平火焰蔓延实验和LOI测量结果

样品	总燃烧时间/s	燃烧速率/（mm/s）	残留率/%	熔滴	LOI/%
COT	78	1.3	—	无	18
COT_酪蛋白	75	0.4	86	无	24
PET	57	1.8	43	有	21
PET_酪蛋白	54	0.6	77	有	26
COT-PET	104	1.1	34	无	19
COT-PET_酪蛋白	171	0.7	55	无	21

酪蛋白涂层明显降低了总燃烧速率并增加了最终残留物，而与所考虑的织物类型无关。特别值得注意的是，它们能赋予处理过的织物自熄性，即使将火焰反复作用于涂层样品也能自熄。就 PET 织物而言，酪蛋白涂层并不能抑制熔滴现象，但能显著降低燃烧速率（降低67%），在30mm内就能阻止火焰的传播，并显著增加最终残留物。此外，经酪蛋白处理的 COT-PET 混纺织物的燃烧速率比未经处理的织物更低（降低36%），从而产生连贯的最终残留物。

此外，LOI 值（表9.6 的最后一列）仅在处理的棉和 PET 织物中显著增加（相对于未经处理的织物分别增加了6%和5%）。

最后，使用锥形量热仪进行了强制燃烧试验，热通量设定为35kW/m²。表9.7 给出了从点火时间（TTI）、热释放率峰值（PHRR）和最终残留物方面所得到的数据。

表9.7 未经处理和经酪蛋白处理织物的锥形量热试验数据

样品	TTI/s	PHRR[a]/（kW/m²）	ΔPHRR/%	残留率/%
COT	18	52	—	1
COT_酪蛋白	10	42	−19	3
PET	112	72	—	2
PET_酪蛋白	62	70	−2.7	11
COT-PET	30	60	—	3
COT-PET_酪蛋白	12	51	−15	5

a 实验误差：±5%。

所有经过处理的织物都清楚地表明，酪蛋白涂层能够显著地影响抗热通量性能。特别是，尽管有明显的着火预期（事实上，TTI 值显著降低），但酪蛋白涂层是 COT（-19%）和 COT-PET 混纺物（-15%）PHRR 值降低的原因。最后，增加的最终残留物进一步支持了 PET 上酪蛋白的成炭性能。

9.3.3 疏水蛋白

疏水蛋白，是由丝状真菌产生的一类分子量在 7~9kDa 的小型两亲性蛋白质（Kwan et al.，2006）。

根据半胱氨酸的分布以及疏水性和亲水性氨基酸残基的聚类，将疏水蛋白分为Ⅰ类（HFBⅠ）和Ⅱ类（HFBⅡ）蛋白，前者产生疏水性聚集体，在水介质中极难溶解；相反，后者形成高度可溶的亲水性聚集体（Linder et al.，2002）。疏水蛋白具有 8 个半胱氨酸残基，形成 4 个非连续的二硫键，从而稳定了蛋白质的三级结构；此外，它们是表面活性非常好的生物大分子，因为它们能够在疏水—亲水界面上自组装成两亲性单层，因此显示出类似表面活性剂的性质。这些蛋白质通常作为黏合剂、表面改性剂和涂层/保护剂（Israeli-Lev and Livney，2014）。

疏水蛋白优异的表面特性使这些产品适合作为表面活性乳化剂、疏水性保健品的纳米载体、食品工业中的纳米胶囊和发泡剂、生物传感器的设计（Opwis and Gutmann，2011），而它们的阻燃特性在几年前才被发现和评估。

棉织物在气候室（30℃ 和 30% RH）中用 5%（质量分数）的商品疏水蛋白水溶液处理，将织物基材浸泡在蛋白质浴中 1min，然后用转鼓轻轻去除多余的溶液，最后在气候室中将织物干燥至恒重，所得样品的最终干添加量（以下称为 COT_H）约为 20%（质量分数）（Alongi et al.，2014c）。

表 9.8 和表 9.9 显示了蛋白质处理前后棉的热和热氧化行为。如前所述，疏水蛋白处理能延缓织物在氮气中的降解（参见表 9.8 中 $T_{onset10\%}$ 值）；相反，蛋白质涂层对 T_{max1} 值几乎没有影响。此外，无论所选择的气氛（即惰性或氧化性）如何，在 600℃ 时残留量相对于未经处理的织物均显著增加。这种行为，可以根据在大约 200℃ 时释放出的酸性物质（例如硫酸）来解释，这与乳清蛋白和酪蛋白的磷酸类似，在纤维素的脱水中起催化剂的作用，从而导致产生稳定和连贯的炭质残留物。

表 9.8 未处理和经蛋白质处理棉织物在氮气中的热重数据

样品	$T_{onset10\%}$/℃	T_{max1}^a/℃	T_{max1}^a 时的残留率/%	600℃ 时的残留率/%
COT	329	362	48.0	8.0
COT_H	295	362	45.0	19.0

a 从导数曲线得出。

从 T_{max1}（表9.9）时空气中的残留物来看，这些蛋白质涂层解决了朝向形成热稳定产物的第一个降解步骤中的问题，该产物随后根据其他两个降解步骤（指 T_{max2} 和 T_{max3}）在高温下分解，留下的最终残留物略多于未处理的织物。第三次也是最后一次失重发生在620℃，仅在疏水蛋白涂层存在的情况下发生。对于先前讨论的生物大分子体系，可以归因为在高温下纤维素基材和蛋白质的降解产物之间发生的物理化学相互作用。

表9.9　未经处理和经蛋白质处理的棉织物在空气中的热重分析数据

样品	$T_{onset10\%}$/℃	T_{max1}[a]/℃	T_{max2}[a]/℃	T_{max3}[a]/℃	T_{max1}[a] 时的残留率/%	T_{max2}[a] 时的残留率/%	T_{max3}[a] 时的残留率/%	600℃时的残留率/%
COT	324	347	492	—	48.0	4.0	—	<1
COT_H	292	336	499	620	61.0	14.0	3.0	4.0

a 从导数曲线得出。

水平火焰蔓延试验的结果示于表9.10，沉积的涂层再次显著地增加了总燃烧时间（+44%），同时降低了总燃烧率（-13%）；在可燃性测试结束时，得到了一个连贯而致密的残留物。

表9.10　未经处理和经疏水蛋白处理的棉织物的可燃性数据

样品	总燃烧时间/s	燃烧速度/（mm/s）	残留率/%
COT	72	1.5	0
COT_H	104	1.1	19

通过SEM分析评估，火焰蔓延试验结束时，残留物上有一些未吹破的珍珠状气泡，可归因于二硫键的断裂和酰胺基的交联（Alongi et al., 2014c）。

在锥形量热仪下进行的强制燃烧试验观察到两步过程，特别是，疏水蛋白涂层的存在预示TTI延长（-44%），但与此同时，第一步燃烧的放热率峰值几乎减半（-45%）；第二个也是最后一个燃烧步骤是由于辐照面出现裂纹，形成一些优先通道，进一步加速燃烧过程。

9.3.4　脱氧核糖核酸

脱氧核糖核酸（DNA）由两条含氮碱基的聚合物长链组成，碱基即腺嘌呤（A）、鸟嘌呤（G）、胞嘧啶（C）和胸腺嘧啶（T），骨架由五碳糖（即脱氧核糖单元）和酯键连接的磷酸基团组成。高分子链绕着同一个轴卷绕并键合在一起，从而形成众所周知的双螺旋结构，后者利用并排位置并特异性结合的碱基之间的氢键（即，胞嘧啶碱基与鸟嘌呤配对，腺嘌呤碱基与胸腺嘧啶碱基合并）。

在所产生的三维结构中，磷酸残基和脱氧核糖单元朝向生物大分子的外侧；不同的是，配对的碱基位于双螺旋的内侧，并由于疏水作用而稳定。

DNA产生双链组装体的能力已被用于产生多种基于DNA的纳米材料，例如DNA定向纳米线、DNA连接的金属纳米颗粒和DNA功能化的碳纳米管（Sonmezoglu and Sonmezoglu, 2011）。此外，DNA还被用于药物设计、制造工业微生物、生物传感器和环境监测（Teles and Fonseca, 2008）。

最近，这种生物大分子的膨胀特性被用于设计绿色阻燃添加剂（Alongi et al., 2015, 2014d）。更具体地说，单分子脱氧核糖核酸中包含了膨胀材料的所有三种成分，即：

- 产生磷酸的磷酸基团，有利于纺织基材的脱水；
- 脱氧核糖单元，起到碳源和发泡剂的作用；
- 含氮碱基（A、G、C和T），用于释放氨。

由于暴露于一定的热通量下，一体式膨胀型DNA能够在其表面上形成多孔膨胀的炭质保护罩，起到物理屏障的作用，限制火焰与聚合物之间的热量、燃料和氧气的传递，因而有利于火焰熄灭。

在涉及DNA阻燃性能的论文中有报道，这种源于鲱鱼精子的生物大分子能赋予棉自熄的能力。为此，将织物用DNA水溶液浸渍，使其达到预期的最终干添加量（19%）（Alongi et al., 2013c）。下文中，样本被编码为COT_DNA_$X\%$，其中$X\%$是生物大分子的以质量分数表示的负载量。

经处理的织物，热和热氧化稳定性得到改善，这一点从高温下产生的炭化残留物可以看出。此外，通过水平火焰蔓延试验可知，生物大分子涂层能够阻止燃烧，在甲烷火焰点燃2s内实现火焰熄灭。LOI测试进一步支持了DNA的阻燃性能。事实上，与未经处理的棉（LOI=18%）不同，处理过的织物的该参数可提升55%（LOI=28%）。值得注意的是，当暴露于35kW/m^2热通量的锥形量热器仪下时，处理过的织物没有被点燃。所有这些突出的阻燃特性都归因于生物大分子的膨胀行为，特别是其高成炭特性，以及嘧啶和嘌呤碱基的分解，它们形成能够进一步诱导成炭的偶氮化合物，并且释放出不可燃的气体，如CO、CO_2和N_2。

为了优化棉织物的DNA处理，评估了不同生物大分子添加量对棉织物阻燃性能的影响，为此，考虑了5%、10%和19%（质量分数）的添加量（Alongi et al., 2013d）。

表9.11和表9.12分别显示了在氮气和空气中的热重分析数据。同样，生物大分子涂层的存在明显地延缓棉在这两种气氛中的分解情况。这种现象与DNA的负载有着特异性的关系，生物大分子的添加量越高，分解的起始温度越低（参见表9.11和表9.12中的$T_{onset10\%}$和T_{max1}值）。织物发生脱水反应，促进残留物的生

成，热稳定性高达600℃（在氮气中）和超过500℃（在空气中），参见表9.12中的T_{max2}值（Alongi et al.，2014e）。

表9.11 纯棉和经DNA处理的棉织物在氮气中的热重数据

样品	$T_{onset10\%}$/℃	T_{max1}^a/℃	T_{max1}时的残留率/%	600℃时的残留率/%
COT	335	366	46.0	8.0
COT_DNA_5%	285	318	63.0	30.0
COT_DNA_10%	265	314	64.0	34.0
COT_DNA_19%	243	309	67.0	35.0

a 从导数曲线得出。

表9.12 纯棉和经DNA处理的棉织物在空气中的热重数据

样品	$T_{onset10\%}$/℃	T_{max1}^a/℃	T_{max2}^a/℃	T_{max1}时的残留率/%	T_{max2}时的残留率/%	600℃时的残留率/%
COT	324	347	492	45.0	4.0	0
COT_DNA_5%	282	313	506	65.0	19.0	8.0
COT_DNA_10%	263	302	511	69.0	24.0	13.0
COT_DNA_19%	238	299	515	68.0	29.0	19.0

a 从导数曲线得出。

表9.13显示了水平火焰蔓延试验的结果，总结如下：

●用最低的DNA添加量（5%，质量分数）处理过的织物完全燃烧；

●含有10% DNA（质量分数）的织物会达到自熄，尽管它们会点燃并燃烧18s，留下大量的最终残余物（67%）和35mm的炭长度；

●含19% DNA（质量分数）的织物在仅2s内可自熄，留下98%的最终残余物和6mm的炭长度。值得注意的是，在第一次施加火焰后，按照标准程序无法再次点燃试样。

表9.13 未经处理和经DNA处理的棉织物的可燃性数据

样品	总燃烧时间/s	炭长度/mm	燃烧速率/(mm/s)	残留率/%	备注
COT	66	—	1.5	—	—
COT_DNA_5%	64	100	1.6	12.5	—

续表

样品	总燃烧时间/s	炭长度/mm	燃烧速率/（mm/s）	残留率/%	备注
COT_DNA_10%	18	35	1.9	67.0	3/3 试样熄灭
COT_DNA_19%	2	6	3.0	98.0	3/3 试样熄灭

对于所有实现自熄的样品，对炭化物进行 SEMEDS 分析发现，织物的原始质地仍然保持不变，纤维几乎没有损伤。此外，纤维上出现的细小分散的球形结构清楚地证实了膨胀过程的发生，这些结构中主要含有 C、O 和 P 元素。

在两种不同的热通量（即 $35kW/m^2$ 和 $50kW/m^2$）下，进行锥体下强制燃烧试验，所得数据见表 9.14。值得注意的是，在高热通量下，含 19% DNA 的样品点火时间（TTI）缩短，从而显著降低了放热率峰值（PHRR），导致测试结束时残留量显著增加。当暴露于 $35\ kW/m^2$ 的热通量时，COT_DNA_19% 的样品根本不能点燃；特别是，这些样品进行热氧化反应，留下连贯的最终残留物（24%）。

表 9.14 未经处理和经 DNA 处理棉织物的燃烧数据

样品	热通量/（kW/m^2）	TTI/s	PHRR/（kW/m^2）	ΔPHRR/%	残留率/%
COT	50	16	128		<3
COT_DNA_19%		10	51	−60	17
COT	35	45	125		<3
COTCOT_DNA_19%		不点燃			24
COT_DNA_10%[a]		19	62	−50	15
COT_DNA_5%		24	68	−56	15

a 5 个中 2 个试样未点燃。

当 DNA 的添加量从 19% 降低到 10% 时，与锥形量热结果类似，尽管在 $35KW/m^2$ 的热流下，5 个样品中只有 2 个没有点燃。进一步降低 DNA 添加量（COT_DNA_5%）会使样品可点燃，但是 PHRR 显著降低（−56%），且最终残留物显著增加。

因此，DNA 负载量是决定经过处理织物的整体防火性能的关键参数，只有在高添加量（即 19% 和 10%，质量分数）的情况下，才能观察到生物大分子对纤维及其间隙的最佳覆盖，从而合理地解释了所观察到的处理织物的自熄性。

不采用上述浸渍/吸附方法，而是使用 LbL 技术将 DNA 与壳聚糖偶联，这样，就有可能赋予棉织物阻燃特性（Carosio et al.，2013）。使用 LbL 方法，在底层织物基材上沉积基于 DNA 的涂层的主要优势之一是可以使生物大分子的用量最小化，这是达到自熄所需的。

表9.15收集了不同LbL组装体的水平火焰蔓延试验结果。值得一提的是，尽管最终残留物显著增加（8%），但5个双层既不影响燃烧时间，也不影响燃烧速率。相反，10个双层可以降低燃烧速率（1.2mm/s），增加燃烧时间（125s），同时促进最终残留物的进一步增加（48%）。观察到最佳的阻燃性能，是经20个双层处理的织物，可实现自熄（燃烧时间=30s，燃烧速率=1.0mm/s）；而且，大多数样品不燃烧，残留量很高（88%）。此外，处理过的织物，LOI值从18%（未处理织物）分别增加到5、10和20个双层的21%、23%和24%。

表9.15 未经处理和LbL处理棉织物的可燃性数据

样品	总燃烧时间/s	燃烧速率/(mm/s)	残留率/%	备注	LOI/%
COT	80	1.5	—	—	18
COT_5BL	78	1.5	8		21
COT_10BL	125	1.2	48		23
COT_20BL	30	1.0	88	3/3试样熄灭	24

表9.16收集了对不同LbL处理织物的强制燃烧试验结果（以35kW/m^2的热通量进行）。首先，TTI值随着沉积双层数的增加而降低，这可以归因于在热活化时快速降解的DNA释放出的磷酸。同时，随着双层数的增加，PHRR值显著降低，观察到20个双层组装体的PHRR降幅最大（-40%）。

最后，DNA中的P-N协同作用似乎比壳聚糖与多聚磷酸铵（APP）结合所得的LbL组装体更有效，是一种常见的膨胀型阻燃剂，这一发现可归因为形成的芳香类炭，其热稳定性比APP对应物更好（Carosio et al., 2015; Alongi et al., 2012）。

表9.16 未经处理和LbL处理的棉织物的锥形量热数据

样品	TTI/s	PHRR/（kW/m^2）	残留率/%
COT	39	97	2
COT_5BL	17	73	11
COT_10BL	20	60	12
COT_20BL	23	57	13

9.4 结论与发展趋势

目前，生物大分子作为有效的低环境影响阻燃剂，对棉、涤纶及其混纺物有非常好的应用潜力。从2013年发表的第一篇开创性文献开始,多个研究小组开始对这些绿色的阻燃剂及其组合进行深入研究,旨在优化所处理的织物基材预期的阻燃特性。在这种情况下,已经考虑了几个实验参数,其中包括生物大分子的化学结构、阻燃机理、生物大分子在织物基材上最终的干添加量、所选择的处理织物的方法、水溶液/悬浮液的pH和等电点、温度等。尽管所讨论的一些生物大分子具有很高的阻燃性能,但仍有一些富于挑战性的问题在激励人们进一步研究。

从工业的角度来看,这些生物大分子的潜力目前还没有得到很好的认识和利用,因为已开发的相关技术仍处于实验室规模的层面,而且最终的应用仍需考虑所选生物大分子的成本效益。实际上,目前一些已研究出的生物大分子(即核酸)非常昂贵,任何可能的工业(大规模)开发都应该在可接受的成本基础上进行。在这种情况下,由于提取工艺和技术的改进,以实现更高的产率以及能适合阻燃纺织材料领域应用所需的纯度,这些生物大分子的工业化提取工厂的产能将会在不久的将来有所提高。

此外,值得一提的是,所提及的一些生物大分子可以从农副食品行业的废物、副产品中回收(Bosco et al.,2017)。

使用这些生物大分子作为绿色阻燃系统的主要缺点之一是它们的耐洗牢度(即耐洗性)有限。事实上,所提及的脱氧核糖核酸和蛋白质是水性体系,无法承受纺织材料通常必须经历的洗涤循环。此外,目前的科学研究还没有发现一种将生物大分子永久锚固在底层织物上的方法。近期在实验室规模进行了一些尝试,利用壳聚糖在纤维素基质上的接枝反应,或者高分子量DNA的光诱导固化反应(Casale et al.,2016)。

在这一具有挑战性的问题上,未来的研究必将针对这一问题寻求可能的解决方案,同时也要考虑阻燃生物大分子的低环境影响,必须开发一种绿色方法(或至少,具有可接受的环境影响)将其永久地固定在纺织材料上。

总之,在不久的将来,这些绿色阻燃剂有望取得进一步的发展,寻找一种替代现有的磷和/或氮基合成产品的可行的途径。

参考文献

[1] Alongi, J., Malucelli, G., 2015. Cotton flame retardancy: state of the art and future perspectives. RSC Adv. 5, 24239–24263.

[2] Alongi, J., Carosio, F., Malucelli, G., 2012. Layer by layer complex architectures based on ammonium polyphosphate, chitosan and silica on polyester-cotton blends: flammability and combustion behaviour. Cellulose 19, 1041–1050.

[3] Alongi, J., Carosio, F., Horrocks, A. R., Malucelli, G., 2013a. Update on

Flame Retardant Textiles: State of the Art, Environmental Issues and Innovative Solutions. Smithers RAPRA Publishing, Shawbury, Shrewsbury.

[4] Alongi, J., Camino, G., Malucelli, G., 2013b. Heating rate effect on char yield from cotton, poly(ethylene terephthalate) and blend fabrics. Carbohydr. Polym. 92, 1327–1334.

[5] Alongi, J., Carletto, R. A., Di Blasio, A., Carosio, F., Bosco, F., Malucelli, G., 2013c. DNA: a novel, green, natural flame retardant and suppressant for cotton. J. Mater. Chem. A 1, 4779.

[6] Alongi, J., Carletto, R. A., Di Blasio, A., Cuttica, F., Carosio, F., Bosco, F., Malucelli, G., 2013d. Intrinsic intumescent-like flame retardant properties of DNA-treated cotton fabrics. Carbohydr. Polym. 96, 296–304.

[7] Alongi, J., Carosio, F., Malucelli, G., 2014a. Current emerging techniques to impart flame retardancy to fabrics: an overview. Polym. Degrad. Stab. 106, 138–149.

[8] Alongi, J., Bosco, F., Carosio, F., Di Blasio, A., Malucelli, G., 2014b. A new era for flame retardant materials? Mater. Today 17, 152–153.

[9] Alongi, J., Carletto, R. A., Bosco, F., Carosio, F., Di Blasio, A., Cuttica, F., Antonucci, V., Giordano, M., Malucelli, G., 2014c. Caseins and hydrophobins as novel green flame retardants for cotton fabrics. Polym. Degrad. Stab. 99, 111–117.

[10] Alongi, J., Cuttica, F., Di Blasio, A., Carosio, F., Malucelli, G., 2014d. Intumescent features of nucleic acids and proteins. Thermochim. Acta 591, 31–39.

[11] Alongi, J., Milnes, J., Malucelli, G., Bourbigot, S., Kandola, B., 2014e. Thermal degradation of DNA-treated cotton fabrics under different heating conditions. J. Anal. Appl. Pyrol. 18, 212–221.

[12] Alongi, J., Di Blasio, A., Milnes, J., Malucelli, G., Bourbigot, S., Kandola, B., Camino, G., 2015. Thermal degradation of DNA, an all-in-one natural intumescent flame retardant. Polym. Degrad. Stab. 113, 110–118.

[13] Apaydin, K., Laachachi, A., Ball, V., Jimenez, M., Bourbigot, S., Toniazzo, V., Ruch, D., 2013. Polyallylamine-montmorillonite as super flame retardant coating assemblies by layer-by-layer deposition on polyamide. Polym. Degrad. Stab. 98, 627–634.

[14] Bernt, P., Kurihara, K., Kunitake, T., 1992. Adsorption of poly(styrenesulfonate) onto an ammonium monolayer on mica: a surface forces study. Langmuir 8, 2486–2490.

[15] Bosco, F., Carletto, R. A., Alongi, J., Marmo, L., Di Blasio, A., Malucelli,

G., 2013. Thermal stability and flame resistance of cotton fabrics treated with whey proteins. Carbohydr. Polym. 94, 372-377.

[16] Bosco, F., Casale, A., Gribaudo, G., Mollea, C., Malucelli, G., 2017. Nucleic acids from agro-industrial wastes: a green recovery method for fire retardant applications. Ind. Crop. Prod. 108, 208-218.

[17] Brauman, S. K., 1977. Phosphorus fire retardance in polymers: 1. General mode of action. J. Fire Retard. Chem. 4, 18-37.

[18] Calamari, T. A., Harper, R. J., Staff U, 2014. Flame Retardants for Textiles. Kirk-Othmer Encyclopedia of Chemical Technology. 1-23.

[19] Camino, G., Lomakin, S., 2006. Intumescent materials. In: Horrocks, A., Price, D. (Eds.), Fire Retardant Materials. Woodhead Publishing, Cambridge, pp. 128-130.

[20] Camino, G., Costa, L., Luda di Cortemiglia, M. P., 1991. Overview of fire retardant mechanisms. Polym. Degrad. Stab. 33, 131-154.

[21] Carosio, F., Laufer, G., Alongi, J., Camino, G., Grunlan, J. C., 2011a. Layer by layer assembly of silica-based flame retardant thin film on PET fabric. Polym. Degrad. Stab. 96, 745-750.

[22] Carosio, F., Alongi, J., Malucelli, G. J., 2011b. α-Zirconium phosphate-based nanoarchitectures on polyester fabrics through layer-by-layer assembly. Mater. Chem. 21, 10370-10376.

[23] Carosio F.; Alongi J.; Frache A.; Malucelli G.; Camino G. Fire and Polymers VI: New Advances in Flame Retardant Chemistry and Science. ACS Symposium Series 1118: Washington, 2012.

[24] Carosio, F., Di Blasio, A., Alongi, J., Malucelli, G., 2013. Green DNA-based flame retardant coatings assembled through layer by layer. Polymer 54, 5148-5153.

[25] Carosio, F., Di Blasio, A., Cuttica, F., Alongi, J., Malucelli, G., 2014. Flame retardancy of polyester and polyester-cotton blends treated with caseins. Ind. Eng. Chem. Res. 53, 3917-3923.

[26] Carosio, F., Cuttica, F., Di Blasio, A., Alongi, J., Malucelli, G., 2015. Layer by layer assembly of flame retardant thin films on closed cell PET foams: efficiency of ammonium polyphosphate versus DNA. Polym. Degrad. Stab. 113, 189-196.

[27] Casale, A., Bosco, F., Malucelli, G., Mollea, C., Periolatto, M., 2016. DNA-chitosan cross-linking and photografting to cotton fabrics to improve washing fastness of the fire-resistant finishing. Cellulose 23 (6), 3963-3984.

[28] Clive, S. S., Ed, M., 2000. A study of fire-retardant mechanisms in the gas phase

by FTIR spectroscopy. Polym. Int. 49, 1169–1176.

[29] Decher, G., 2003. Multilayer Thin Films, Sequential Assembly of Nanocomposite Materials. Wiley VCH, Weinheim.

[30] Decher, G., Hong, J. D., 1991. Buildup of ultrathin multilayer films by a self-assembly process, 1 consecutive adsorption of anionic and cationic bipolar amphiphiles on charged surfaces. Makromol. Chem. Macromol. Symp. 46, 321–327.

[31] Decher, G., Schlenoff, J., 2002. Multilayer Thin Films, Sequential Assembly of Nanocomposite Materials. Weinheim, Wiley VCH.

[32] Duquesne, S., Magniez, C., Camino, G., 2007. Multifunctional Barriers for Flexible Structure. Springer, Berlin.

[33] Gaan, S., Sun, G., Hutches, K., Engelhard, M. H., 2008. Effect of nitrogen additives on flame retardant action of tributyl phosphate: phosphorus–nitrogen synergism. Polym. Degrad. Stab. 93, 99–108.

[34] Gaan, S., Salimova, V., Rupper, P., Ritter, A., Schmid, H., 2011. Flame retardant functional textiles. In: Pan, N., Sun, G. (Eds.), Functional Textiles for Improved Performance, Protection and Health. Woodhead Publishing, Cambridge, pp. 98–130.

[35] Georlette, P., Simons, J., Costa, L., 2000. Halogen–containing fire–retardant compounds. In: Grand, A. F., Wilkie, C. A. (Eds.), Fire Retardancy of Polymeric Materials. Marcel Dekker, New York, pp. 245–284.

[36] Gounga, M. E., Xu, S., Wang, Z., 2007. Whey protein isolate–based edible films as affected by protein concentration, glycerol ratio and pullulan addition in film formation. J. Food Eng. (4)521–530.

[37] Granzow, A., 1978. Flame retardation by phosphorus compounds. Acc. Chem. Res. 11, 177–183.

[38] Gulrajani, M. L., Gupta, D., 2011. Emerging techniques for functional finishing of textiles. Ind. J. Fibre Textile Res. 36, 388–397.

[39] Gunasekaran, S., Ko, S., Xiao, L., 2006. Use of whey proteins for encapsulation and controlled delivery applications. J. Food Eng. 83, 31–40.

[40] Hofer, H., 1998. Health Aspects of Flame Retardants in Textiles. Forschungszentrum Seibersdorf, Vienna.

[41] Horrocks, A. R., 2011. Flame retardant challenges for textiles and fibres: new chemistry versus innovative solutions. Polym. Deg. Stab. 96, 377–392.

[42] Horrocks, A. R., 2017. Flame Retardant Textile Finishes, Scrivener Publishing LLC. John Wiley and Sons, Beverly, 69–127.

[43] Horrocks, A. R., Anand, S. C., 2000. Handbook of Technical Textiles. Woodhead Publishing Limited, Cambridge.

[44] Horrocks, A. R., Price, D., 2006. Fire Retardant Materials. WoodHead Publishing, Cambridge.

[45] Horrocks, A. R., Price, D., 2009. Advances in Fire Retardant Materials. CRC Press LLC, Cambridge.

[46] Horrocks A. R.; Anand S. C.; Hill B. J. Fire and heat resistant materials. US patent application 08/307,646; 1997.

[47] Horrocks, A. R., Kandola, B. K., Davies, P. J., Zhang, S., Padbury, S. A., 2005. Developments in flame retardant textiles—a review. Polym. Degrad. Stab. 88, 3–12.

[48] Huang, N. H., Zhang, Q., Fan, C., Wang, J. Q., 2008. A mechanistic study of flame retardance of novel copolyester phosphorus containing linked pendant groups by TG/XPS/direct Py-MS. Chin. Chem. Lett. 19, 350–354.

[49] Iler, R. K., 1966. Multilayers of colloidal particles. J. Colloid Interface Sci. 21, 569–594.

[50] Israeli-Lev, G., Livney, Y. D., 2014. Self-assembly of hydrophobin and its co-assembly with hydrophobic Nutraceuticals in aqueous solutions: towards application as delivery systems. Food Hydrocoll. 35, 28–35.

[51] Kim, Y. S., Davis, R., Cain, A. A., Grunlan, J. C., 2011. Development of layer-by-layer assembled carbon nanofiber-filled coatings to reduce polyurethane foam flammability. Polymer 52, 2847–2855.

[52] Kwan, H. Y., Winefield, R. D., Sunde, M., Matthews, J. M., Haverkamp, R. G., Templeton, M. D., Mackay, J. P., 2006. Structural basis for rodlet assembly in fungal hydrophobins. Proc. Natl. Acad. Sci. U. S. A. 103, 3621–3626.

[53] Laachachi, A., Ball, V., Apaydin, K., Toniazzo, V., Ruch, D., 2011. Diffusion of polyphosphates into (poly(allylamine)-montmorillonite) multilayer films: flame retardant-intumescent films with improved oxygen barrier. Langmuir 27, 13879–13887.

[54] LAPPC and LAPC, 2004. Process Guidance Note NIPG 6/8: Textile and Fabric Coating and Finishing. Department of the Environment.

[55] Laufer, G., Carosio, F., Martinez, R., Camino, G., Grunlan, J. C., 2011. Growth and fire resistance of colloidal silica-polyelectrolite thin film assemblies. J. Colloid Interface Sci. 356, 69–77.

[56] Laufer, G., Kirklan, C., Cain, A. A., Grunlan, J. C., 2012. Clay-chitosan

nanobrick walls: completely renewable gas barrier and flame-retardant nanocoatings. ACS Appl. Mater. Interfaces 4, 1643-1649.

[57] Li, Y. C., Schulz, J., Grunlan, J. C., 2009. Polyelectrolyte/nanosilicate thin-film assemblies: influence of pH on growth, mechanical behavior, and flammability. ACS Appl. Mater. Interfaces 1, 2338-2347.

[58] Li, Y. C., Schulz, J., Mannen, S., Delhom, C., Condon, B., Chang, S., 2010. Flame retardant behavior of polyelectrolyte-clay thin film assemblies on cotton fabric. ACS Nano 4, 3325-3337.

[59] Li, Y. C., Mannen, S., Schulz, J., Grunlan, J. C., 2011. Growth and fire protection behavior of POSS-based multilayer thin films. J. Mater. Chem. 21, 3060-3069.

[60] Liang, S., Neisius, N. M., Gaan, S., 2013. Recent developments in flame retardant polymeric coatings. Prog. Org. Coat. 76, 1642-1665.

[61] Linder, M., Szilvay, G. R., Nakari-Setala, T., Soderlund, H., Penttila, M., 2002. Surface adhesion of fusion proteins containing the hydrophobins HFBI and HFBII from Trichoderma reesei. Protein Sci. 11, 2257-2266.

[62] Liu, Y., Liu, L., Yuan, M., Guo, R., 2013. Preparation and characterization of casein-stabilized gold nanoparticles for catalytic applications. Colloids Surf. A Physicochem. Eng. Asp. 417, 18-25.

[63] Lopez-Rubio, A., Lagaron, J. M., 2012. Whey protein capsules obtained through electrospraying for the encapsulation of bioactives. Innov. Food Sci. Emerging Technol. 13, 200-206.

[64] Malucelli, G., Bosco, F., Alongi, J., Carosio, F., Di Blasio, A., Mollea, C., Cuttica, F., Casale, A., 2014. Biomacromolecules as novel green flame retardant systems for textiles: an overview. RSC Adv. 4 (86), 46024-46039.

[65] Neisius, M., Stelzig, T., Liang, S., Gaan, S., 2015. Flame Retardant Finishes for Textiles. Woodhead Publishing, Amsterdam, 429-461.

[66] Opwis, K., Gutmann, J. S., 2011. Surface modification of textile materials with hydrophobins. Textile Res. J. 81, 1594-1602.

[67] Rosace, G., Migani, V., Guido, E., Colleoni, C., 2015. Flame Retardant Finishing for Textiles. In: Visakh, P., Arao, Y. (Eds.), Flame Retardants. Engineering Materials. Springer, Cham, pp. 209-246.

[68] Salmeia, K. A., Gaan, S., Malucelli, G., 2016. Recent advances for flame Retardancy of textiles based on phosphorus chemistry. Polymers 8, 1-36.

[69] Shen, Q., Quek, S. Y., 2014. Microencapsulation of astaxanthin with blends of

milk protein and fiber by spray drying. J. Food Eng. 123, 165-171.

[70] Sonmezoglu, S., Sonmezoglu, O. A., 2011. Optical and dielectric properties of double helix DNA thin films. Mater. Sci. Eng. C 31, 1619-1624.

[71] Srikulkit, K., Iamsamai, C., Dubas, S. T. J., 2006. Development of flame retardant polyphosphoric acid coating based on the polyelectrolyte multilayers technique. Metals Mater. Miner. 16, 41-45.

[72] Tang, Z., Kotov, N. A., Magonov, S., Ozturk, B., 2003. Nanostructured artificial nacre. Nat. Mater. 2, 413-418.

[73] Teles, F. R. R., Fonseca, L. P., 2008. Trends in DNA biosensors. Talanta 77, 606-623.

[74] Van der Veen, I., De Boer, J., 2012. Phosphorus flame retardants: properties, production, environmental occurrence, toxicity and analysis. Chemosphere 88, 1119-1153.

[75] Wang, L., Yoshida, J., Ogata, N., 2001. Self-assembled supramolecular films derived from marine deoxyribonucleic acid (DNA)-cationic surfactant complexes: large-scale preparation and optical and thermal properties. Chem. Mater. 13, 1273-1281.

[76] Weil, E. D., Levchik, S. V., 2009. Flame Retardants for Plastics and Textiles. Hanser Publications, Cincinnati, 241-250.

进阶阅读

[1] Alongi, J., Malucelli, G., 2013. State of the art and perspectives on sol-gel derived hybrid architectures for flame retardancy of textiles. J. Mater. Chem. 22, 21805-21809.

[2] Alongi, J., Malucelli, G., 2013. Thermal stability, flame retardancy and abrasion resistance of cotton and cotton-linen blends treated by sol-gel silica coatings containing alumina micro- or nano-particles. Polym. Degrad. Stab. 98, 1428-1438.

[3] Alongi, J., Carosio, F., Frache, A., Malucelli, G., 2013. Layer by layer coatings assembled through dipping, vertical or horizontal spray for cotton flame retardancy. Carbohydr. Polym. 92, 114-119.

[4] Alongi, J., Colleoni, C., Rosace, G., Malucelli, G., 2014. Sol-gel derived architectures for enhancing cotton flame retardancy: effect of pure and phosphorus-doped silica phases. Polym. Degrad. Stab. 99, 92-98.

[5] Alongi, J., Di Blasio, A., Carosio, F., Malucelli, G., 2014. UV-cured hybrid

organic-inorganic layer by layer assemblies: effect on the flame retardancy of polycarbonate films. Polym. Degrad. Stab. 107, 74–81.

[6] Alongi, J., Tata, J., Carosio, F., Rosace, G., Frache, A., Camino, G., 2015. A comparative analysis of nanoparticle adsorption as fire-protection approach for fabrics. Polymers 7, 47–68.

[7] Carosio, F., Alongi, J., Malucelli, G., 2013. Flammability and combustion properties of ammonium polyphosphate-/poly(acrylic acid)-based layer by layer architectures deposited on cotton, polyester and their blends. Polym. Degrad. Stab. 98, 1626–1637.

[8] Carosio, F., Di Blasio, A., Alongi, J., Malucelli, G., 2013. Layer by layer nanoarchitectures for the surface protection of polycarbonate. Eur. Polym. J. 49, 397–404.

[9] Carosio, F., Di Blasio, A., Cuttica, F., Alongi, J., Frache, A., Malucelli, G., 2013. Flame retardancy of polyester fabrics treated by spray-assisted layer-by-layer silica architectures. Ind. Eng. Chem. Res. 52, 9544–9550.

[10] Guido, E., Alongi, J., Colleoni, C., Di Blasio, A., Carosio, F., Verelst, M., Malucelli, G., Rosace, G., 2013. Thermal stability and flame retardancy of polyester fabrics sol-gel treated in the presence of boehmite nanoparticles. Polym. Degrad. Stab. 98, 1609–1616.

[11] Malucelli, G., Carosio, F., Alongi, J., Fina, A., Frache, A., Camino, G., 2014. Materials engineering for surface-confined flame retardancy. Mater. Sci. Eng. R Rep. 84, 1–20.

10　抗菌纺织品

Roli Purwar
德里科技大学应用化学系，印度德里

10.1　引言

众所周知，纺织品是有利于细菌和真菌等微生物生长的媒介，微生物以皮肤菌群的形式存在于人体皮肤附近，并在环境中无处不在。在适宜的基本生长条件下，如水分、营养、温度等，它们可以迅速繁殖。在潮湿条件下，天然的蛋白质和碳水化合物纤维是微生物的营养和能量来源。因此，微生物的攻击很容易将这些纤维分解，而合成纤维由于其疏水的特性，能在很大程度上抵御微生物的攻击。但是，由这些纤维及其混纺面料制成的织物能比天然纤维锁住更多的汗水，在这种情况下，微生物在人体和织物上生长的机会更大。土壤、灰尘、汗溶物和一些纺织整理剂也可以成为微生物的营养源（Purwar and Joshi, 2004; Gao and Cranston, 2008; Simnocic and Tomsic, 2010）。

微生物在纺织品上的生长会产生两个问题，这取决于纤维的种类和环境条件。第一个是以机械强度降低、变色、污渍等形式出现的退化问题，这些问题一般发生于天然纤维的织物上。第二个是与健康和卫生有关的问题，如产生异味、皮肤刺激、交叉感染等，这类问题在各种纤维的织物上都会出现。因此，在纺织品的使用和储存过程中，有必要抑制纺织品上微生物的生长（Purwar and Joshi, 2004; Gao and Cranston, 2008; Simnocic and Tomsic, 2010）。

耐久的抗菌整理是控制纺织品上微生物的一种潜在的有效手段。需要抗菌整理的纺织品主要用于卫生服、运动服、袜子、鞋垫、女内衣、空气过滤器、汽车用纺织品、家居家装、医用纺织品和博物馆中的古董布等。一个理想的抗菌整理纺织品应满足以下要求：

（1）对广谱的细菌和真菌种类有效。

（2）对消费者具有低毒性，例如，不会对使用者造成过敏或刺激。

（3）在销售前，应符合相容性测试（细胞毒性、刺激性和致敏性）的标准。

（4）不应杀死佩戴者皮肤上常驻的非致病菌群。皮肤常驻菌群由多种细菌属组成，对皮肤的健康非常重要，因为它们会降低皮肤表面的pH，并产生抗生素，创造一个不利于致病菌生长的环境。

（5）整理应耐受洗涤、干洗和热压烫。

（6）整理不应对纺织品的品质（例如，物理强度和手感）或外观产生负面影响。

（7）整理工艺最好与纺织品的化学工艺兼容，具有成本效益，且不会产生对生产者和环境有害的物质。

10.2 关于抗菌纺织品的重要定义（Pelczar et al.，1993）

10.2.1 抗菌剂

它是一种化合物，能杀死微生物或防止或抑制其生长和繁殖，并有助于它所在的产品拥有所要求的效果。

10.2.2 杀菌剂

一种能够杀死细菌的物质；同样，杀真菌剂、杀病毒剂和杀孢子剂分别指的是杀死真菌、病毒和孢子的物质。

10.2.3 抑菌剂

一种能够防止细菌生长但不一定杀死细菌或其孢子的物质。同样，抑真菌剂是指阻止真菌生长的物质。

10.2.4 最低抑制浓度

最低抑制浓度（MIC）是指经过隔夜培养后能够抑制微生物可见生长的最低的抗菌剂浓度。

10.2.5 最低杀菌浓度

最低杀菌浓度是指在不含抗生素的培养基上进行继代培养后能阻止生物体生长的最低杀菌剂浓度。

10.3 微生物与抗菌剂的作用模式

活的微生物（如细菌、真菌等）通常有一个最外层的细胞壁，主要由多糖组成，如图 10.1（a）所示。这个细胞壁维持细胞成分的完整性，并使细胞免受细胞外环境的影响。紧挨着细胞壁下面的是一层半透膜，它包裹着细胞内的细胞器、酶和核酸。酶负责细胞内发生的化学反应，核酸则储存着生物体的所有遗传信息。微生物的生存或生长取决于细胞的完整性，以及这些成分的协同作用和正常状态。抗菌剂的抑制或杀灭方式可归结为破坏细胞壁或改变细胞膜的渗透性、使蛋白质变性、抑制酶的活性或抑制脂质的合成等。根据细菌对 Christian Gram 开发的革兰氏染色法的反应，可将细菌分为两大类，革兰氏阳性菌被染成紫色，而革兰氏阴性菌被染成粉红色或红色。革兰氏阳性菌细胞壁由单个 20~80nm 厚的均质肽聚糖或黏液蛋白层组成，位于质膜外，如图 10.1（b）所示。革兰氏阴性菌细胞壁相当复杂，它有一个 1~3nm 的肽聚糖层，周围有 7~8nm 厚的外膜，在革兰氏阴性菌中还有一个胞间隙（Pelczar et al.，1993）。纺织品表面的一些致病细菌和真菌见表 10.1。

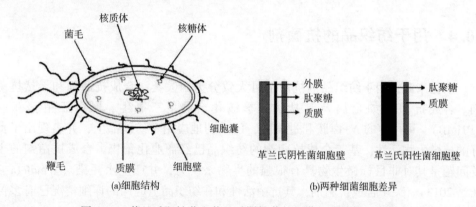

图 10.1　革兰氏阳性菌和革兰氏阴性菌的细菌细胞结构示意图

表 10.1　在织物上发现的具有代表性的微生物种类

	种类	导致的疾病或状况	最终用途
革兰氏阳性菌	金黄色葡萄球菌（*Staphylococcus aureus*）	化脓性感染	卫生、医疗
	表皮葡萄球菌（*Staphylococcus epidermidis*）	体臭	审美
	白喉杆菌（*Corynebacterium*）	体臭	审美
	枯草芽孢杆菌（*diphtheroides*）		
	产氨短杆菌（*Bacillus subtilis*）	尿布疹	卫生
革兰氏阴性菌	大肠杆菌（*Escherichia coli*）	泌尿生殖道感染	医疗、审美
	肺炎克雷伯菌（*Klebsiella pneumoniae*）	肺炎	医疗
	奇异变形杆菌（*Proteus mirabilis*）	泌尿道感染	医疗
	铜绿假单胞菌（*Pseudomonas aeruginosa*）	伤口感染	医疗
	絮状表皮癣菌（*Epidermophyton floccosum*）	皮肤感染	卫生

续表

	种类	导致的疾病或状况	最终用途
真菌	白色念珠菌（*Candida albican*）	尿布疹	卫生
	叉毛癣菌（*Trichophyton interdigitale*）	脚癣	卫生
	黑曲霉（*Aspergillus niger*）	腐败	降解
	柠檬青霉（*Penicillium citrinum*）	腐败	降解
	球壳拟杆菌（*Chaetomium globosum*）	腐败	降解

10.4 用于纺织品的抗菌剂

依据来源，用于纺织品的抗菌剂可大致分为两大类：合成抗菌剂和天然抗菌剂。合成抗菌剂如金属及其盐类、季铵化合物、三氯生、聚六亚甲基双胍（PHMB）、可再生的 N-卤胺和过氧酸，已成功地应用于纺织品上，并表现出了良好的抗微生物活性，基于合成抗菌剂的纺织品已经商业化销售。合成抗菌剂的主要问题是其对非目标微生物具有很强的生物杀伤力，并产生水污染（Windlera et al.，2013）。关于合成抗菌剂，其抗菌活性和在纺织品上应用的详细情况已有多位研究人员报道过（Purwar and Joshi，2004；Gao and Cranston，2008；Simnocic and Tomsic，2010；Simoncic and Klemencic，2015）。由天然来源提取的抗菌剂被称为天然抗菌剂，天然抗菌剂可进一步分为两大类：植物源性抗菌剂和动物源性抗菌剂。最近有几篇关于天然抗菌剂用于纺织品应用的综述论文发表（Joshi et al.，2009；Shahid-ul-Islam and Mohammad，2013；Babu and Ravindra，2015；Kasiri and Safapour，2014；Shahid–ul–Islam and Sun，2017；Shahid–ul–Islam and Mohammadm，2015；Lim and Hudson，2003）。

10.4.1 植物源抗菌剂

这些化合物的结构和化学成分的差异导致其抗菌作用的不尽相同。到目前为止，用于生产生物活性纺织品的植物提取物进行了总结，并根据其抗菌活性的主要活性成分进行了分类。

10.4.1.1 酚类化合物

酚类化合物具有很大的结构变化，是最多样化的次级代谢产物之一。酚类化合物如百里酚（Shahidi et al.，2014；Rukmani and Sundrararajan，2012）、连苯三酚、均苯三酚、邻苯二酚和间苯二酚（Hong，2015a）已应用于纺织品上，部分酚类化合物的结构如图 10.2 所示。酚类化合物中的羟基（—OH）会引起抑制作用，因为这些基团能与细菌的细胞膜相互作用，破坏膜结构，导致细胞成分的泄漏。活性基团如—OH 促进电子的离域，然后作为质子交换器，降低了细菌细胞跨细胞质膜上的梯度，这会导致质子动力的崩溃和 ATP 的耗竭，最终导致细胞死亡。另据报道，这些羟基很容易通过改变微生物的细胞代谢而与酶的活性位点结合。芳香环上羟基的位点和数量决定了它们对微生物的毒性。例如，咖啡酸和香豆酸的结构相似，但有不同的—OH 基团（图 10.2）。研究表明，咖啡酸的酚环中多一个羟基，其抗菌活性比香豆酸好。另一个重要因素是酚环中—OH 基团的位置。例如，百里酚的抗菌活性优于香芹酚，这是因为邻位—OH 基团的存在（图 10.2）。

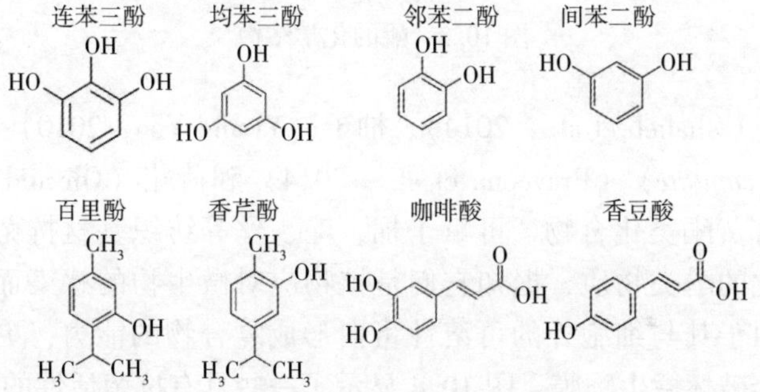

图 10.2 某些酚类化合物的化学结构

10.4.1.2 醌类

醌类化合物包括蒽醌类、萘醌类和苯醌类，以其抗菌活性著称。醌类是一种有两个酮取代基的芳香环，它们在自然界中无处不在，具有很强的反应性，二元酚（或氢醌）和二酮（或醌）之间的转换很容易通过氧化和还原反应发生。除了提供稳定的自由基来源外，醌类物质还能与蛋白质中的亲核氨基酸形成不可逆的络合物，导致蛋白质失活，功能丧失。植物提取物，如茜草（madder）（Ghaheh et al., 2014）、ratanjot（Arora et al., 2012）、groomnut（Hong et al., 2012）、指甲花（heena）（Ghaheh et al., 2014；Nazari, 2017）和高加索枫杨（*Pterocarya fraxinifolia*）（Ebrahimi and Gashti, 2015）等已被应用于各种纺织基质上，并显示出抗菌活性。这些植物提取物中存在的活性成分的化学结构如图 10.3 所示。茜草提取物含有茜素和嘌呤蒽醌，ratanjot 和 groomnut 分别含有萘醌紫草素和紫草醌，这是其具有抗菌活性的原因，指甲花含有抗菌活性的指甲花萘醌，胡桃醌（5-羟基-1,4-萘醌）是高加索枫杨（*Pterocarya fraxinifolia*）中的主要化合物。

10.4.1.3 黄酮类

蜂胶（Sharaf et al., 2013）、甘草（Lv et al., 2014）、儿茶（Arora et al.,

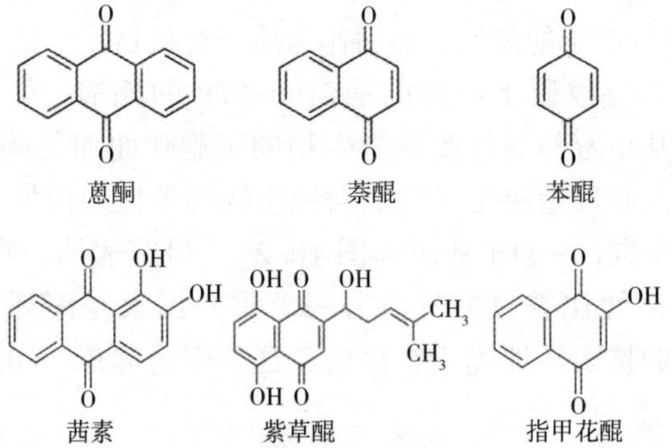

蒽酮
萘醌
苯醌
茜素
紫草醌
指甲花醌

图 10.3　醌的化学结构

2012）、藏红花（Ghaheh et al.，2014）、柚子（Yi and Yoo，2010）、鹿藿属头状植物（*Rhynchosia capitate*）（Praveena et al.，2014）和荷花（Oh and Na，2014）的植物提取物含有黄酮类化合物，可赋予棉、毛、丝等纺织基材抗菌性能。黄酮类化合物是羟基化的酚类物质，据知它们是植物应对微生物的感染而合成的，它们的活性可能是由于其与细胞外的可溶性蛋白形成复合物的能力，更亲脂的黄酮类化合物也可能会破坏微生物膜，图 10.4 显示了一些具有抗菌活性的黄酮类化合物。在乙醇提取的蜂胶中，主要的黄酮类化合物有乔松素、高良姜素、白杨素、槲皮素、山柰酚和柚皮素，因此具有抗菌活性。儿茶中存在的主要着色成分是儿茶素，藏红花瓣的主要成分是菲尼丁（phinidine）、槲皮素和美塞汀（mercetin）。最近，利用吸附技术，将两种结构相似的黄酮类化合物（槲皮素和芦丁）应用于制备多

乔松素
高良姜素
柚皮素
儿茶素
槲皮素
白杨素

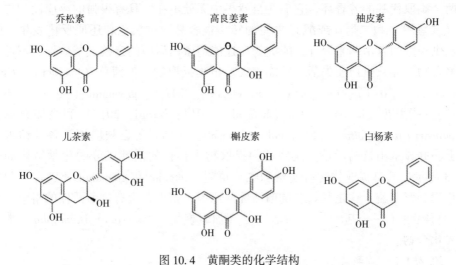

图 10.4　黄酮类的化学结构

功能丝绸材料，观察到在相同的初始应用浓度下，经槲皮素处理的蚕丝织物比经芦丁处理的蚕丝抗菌活性更高（Zhou and Tang，2017）。

用黑米提取物染色的羊毛和棉织物表现出了很好的抗菌和抗氧化性能，黑米提取物中的花青素具有多种功能，如抗氧化、抗菌、抗肿瘤和抗炎作用（Hong，2015b）。

10.4.1.4　单宁类

单宁是一类聚合酚类物质的总称，能够鞣制皮革或从溶液中沉淀出明胶，这种性质称为收敛性。它们的分子量在 500~3000，几乎存在于植物的所有部位：树皮、木材、叶子、果实和根。它们分为可水解单宁和缩合单宁两类，没食子酸单宁和没食子酸的化学结构如图 10.5 所示。迄今为止，所提出的解释单宁抗菌活性的机制包括抑制细胞外微生物酶、剥夺微生物生长所需的底物、通过抑制氧化磷酸化直接作用于微生物代谢。五倍子提取物（Hong et al.，2012；Lee et al.，2014）、咖啡残渣提取物（Koh and Hong，无日期）、枸杞子（Hong，2014）、石榴（Ghaheh et al.，2012）、核桃壳（Hong et al.，2012）、绿茶（Ghaheh et al.，2014）、橡树皮提取物（Jia et al.，2016）和蒲桃（Jambolan）（Mariselvam et al.，2017）均含有单宁，应用于各种天然纤维的抗菌整理。单宁也被用作生物媒染剂，将天然染料锚定到纺织基材上。单宁与蛋白质（如羊毛和丝绸）和纤维素纤维形成以下三种类型的键：①单宁的酚羟基与蛋白质的游离氨基和酰胺基团之间的氢键；②单宁上适当的阴离子基团与蛋白质上的阳离子基团之间的离子键；③由单宁中的醌或半醌基团与蛋白质或其他聚合物中的任何其他合适的基团相互作用形成的共价键（Prabhu and Bhute，2012）。图 10.6 显示了单宁与蛋白质纤维的相互作用。

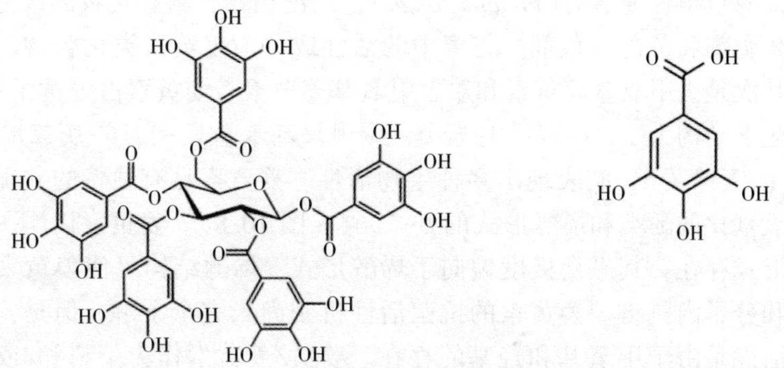

图 10.5　单宁的化学结构

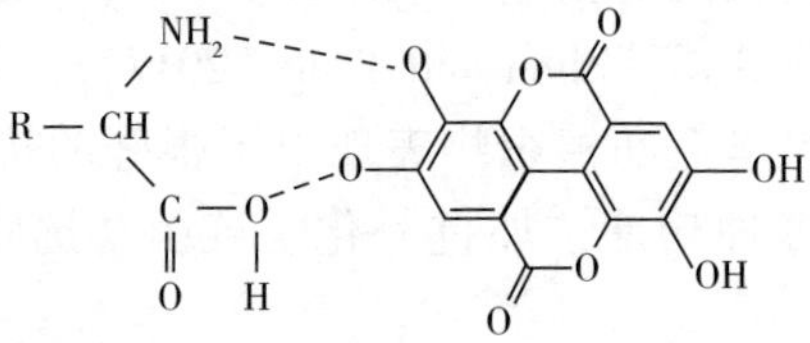

图 10.6　羊毛纤维与单宁的化学相互作用

10.4.1.5　精油和萜类化合物

精油是存在于植物中的化合物，赋予植物特有的香味。这些油是次生代谢产物，高度富含基于异戊二烯结构的化合物，称为萜烯类。一般的化学结构为 $C_{10}H_{16}$，它们以二萜、三萜和四萜（C20、C30 和 C40），以及半萜类（C5）和倍半萜类（C15）的形式出现。当这些化合物含有另外的元素，通常是氧，称为萜类化合物。萜烯或萜类化合物对细菌、病毒和单细胞生物具有活性。萜烯类的作用机理尚不完全清楚，但据推测，涉及亲脂性化合物对膜的破坏作用。楝树提取物（Thilagavathi and Bala，2007；Vaideki et al.，2007；Purwar et al.，2008；Joshi et al.，2007）、百里香提取物（Walentowska and Flaczyk，2013）和丁香油（Joshi et al.，2009）已应用于纺织品。印度楝树（*Azadirachta indica*）是最丰富的生物活性化合物来源之一，属于楝科（桃花心木）。印度楝树含有多种化学上称为柠檬苦素类化合物的活性成分，楝树的油、种子提取物、叶子提取物和树皮提取物具有抑制细菌和真菌生长的能力。尼比丁（nimbidin）、印苦楝内酯（nimbolide）、莫莫丁（mohmodin）、马格隆（margolone）、异马格隆（isomargolonon）和印楝素（nimbin）是存在于楝树油/提取物中的一些活性成分，具有杀菌活性，化学结构如图 10.7 所示。

10.4.1.6　姜黄素类

姜黄，源自植物姜黄（*Curcuma longa*），广泛用作香料、化妆品成分、天然药物、食品防腐剂和黄色着色剂。姜黄中的活性成分为姜黄素类化合物，主要包括姜黄素，其次是去甲氧基姜黄素和双去甲氧基姜黄素。姜黄素占姜黄干重的 15%，姜黄素的化学结构为 1,7-双［4-羟基-3-甲氧基苯基］-1,6-庚二烯-3,5-二酮，即 C.I. 天然黄 3，它表现出多种生物活性。姜黄素具有独特的共轭结构，包括两个甲氧基化的酚类和烯醇形式的 β-二酮（图 10.8）。姜黄素以酮—烯醇互变异构体的形式存在，其平衡极度偏向于烯醇形式，烯醇结构可使姜黄素形成额外的分子间和分子内氢键。姜黄素的抗菌活性机制尚未完全了解，但是，据称姜黄素的抗菌活性是由于甲氧基和羟基的存在。姜黄/姜黄素作为染料和/或抗菌剂在棉、羊毛、丝绸、聚酯、粘胶和聚酰胺纤维织物上的应用已经得到了充分的证明（Selvam et al.，2015；Reddy et al.，2013；Zemljič et al.，2013）。

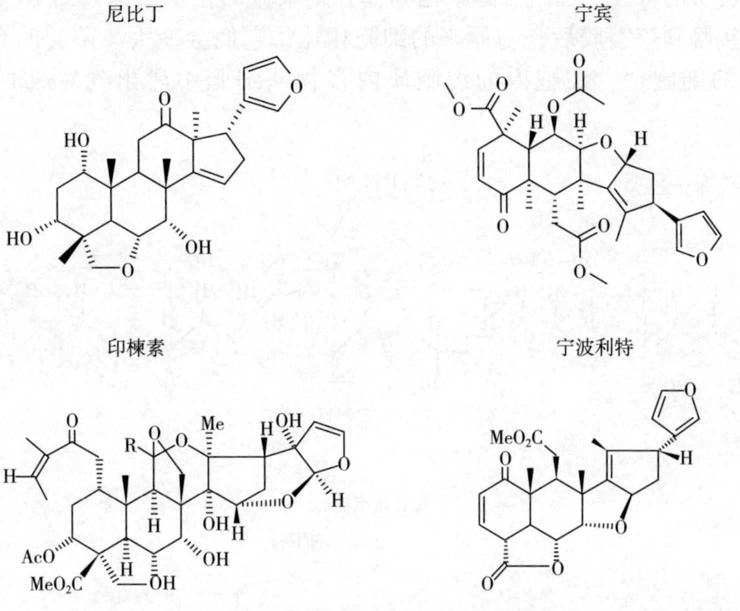

图 10.7 印楝树活性成分的化学结构

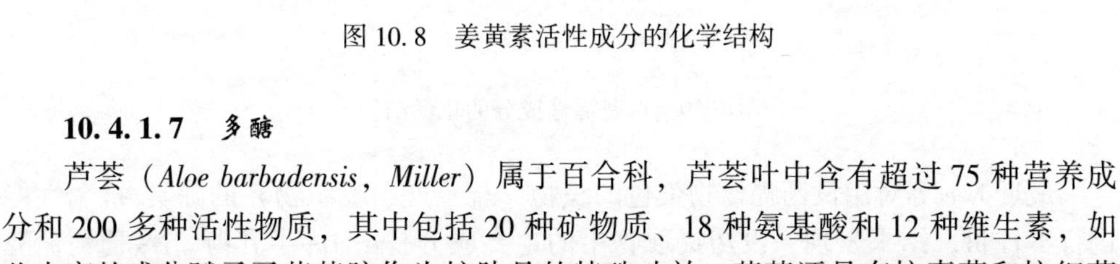

图 10.8 姜黄素活性成分的化学结构

10.4.1.7 多醣

芦荟（*Aloe barbadensis*, *Miller*）属于百合科，芦荟叶中含有超过 75 种营养成分和 200 多种活性物质，其中包括 20 种矿物质、18 种氨基酸和 12 种维生素，如此丰富的成分赋予了芦荟胶作为护肤品的特殊功效。芦荟还具有抗真菌和抗细菌的性质，可用于医疗和纺织行业，如伤口敷料、缝合线、生物活性纺织品等（Wazed Ali et al., 2014; Nadiger and Shukla, 2015; Ghayempour et al., 2016）。芦荟中存在各种多糖，如不同组成的葡甘露聚糖、半乳聚糖、葡萄糖半乳甘露聚糖以及乙酰化的甘露聚糖或乙酰甘露聚糖。乙酰甘露聚糖是芦荟的主要功能成分，它是由随机乙酰化的线型 D-吡喃甘露糖基单元组成的长链聚合物，在水中具有免疫调节、抗细菌、抗真菌、抗肿瘤等作用。另一种成分葡甘露聚糖也具有加速伤口愈合和抗菌的特性。乙酰甘露聚糖和葡甘露聚糖的化学结构如图 10.9 所示。当细菌细胞接触到芦荟胶后，与原来的细胞相比，它们会变大。芦荟的有效成分破坏了细菌的细胞壁，细胞内的细胞质内容物从细胞中渗出（Wazed Ali et al.，2014）。

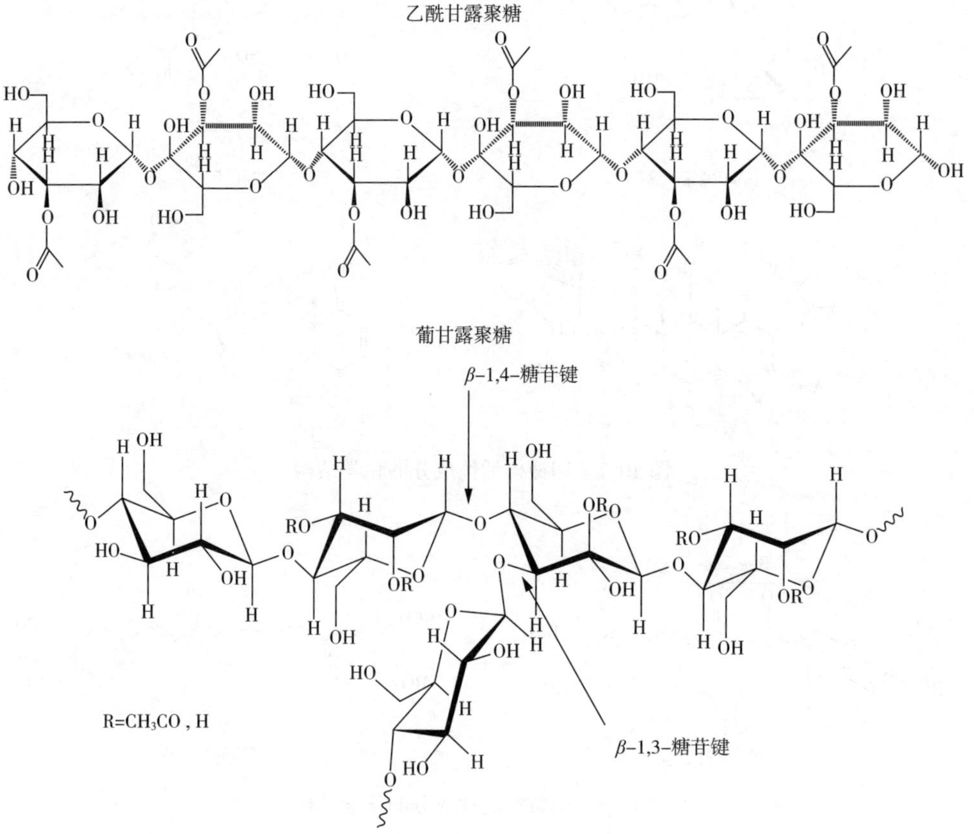

乙酰甘露聚糖

葡甘露聚糖

β-1,4-糖苷键

β-1,3-糖苷键

R=CH$_3$CO，H

图 10.9　芦荟活性成分的化学结构

最近 Lee 等对用没药提取物染色的织物（棉、丝、毛织物）的除臭/抗菌性能进行了评价，结果发现，没药提取物中的主要成分是由 D-半乳糖、D-葡萄糖醛酸、L-阿拉伯糖和蛋白质组成的多糖。没药提取物染色的织物呈现为黄红色，并具有优异的抗菌活性（Lee et al.，2016）。

10.4.2　动物源抗菌剂（壳聚糖及其衍生物）

人们对壳聚糖及其衍生物以及它们在纺织品上的应用进行了广泛的研究（Lim and Hudson，2003；Shabbir et al.，2017；Gupta and Haileb，2007）。壳聚糖是甲壳素的脱乙酰化衍生物，它是一种天然多糖，主要来自虾类和其他海产甲壳类动物的外壳。在化学上，它是由葡萄糖胺和 N-乙酰葡糖胺单元通过 1-4 糖苷键连接而成的。壳聚糖及其衍生物由于其无毒、可生物降解、生物相容性和抗微生物性，已在纺织品上得到了应用。壳聚糖及其衍生物的结构如图 10.10 所示。壳聚糖的抗菌活性及其作用方式取决于诸多因素，如壳聚糖的种类、脱乙酰化程度、分子量、微生物种类以及其他的物理和化学因素，包括 pH、离子强度、非水溶性溶剂的添加。壳聚糖的抗菌活性被大量文献普遍证明，但其作用方式还不完全清楚。最为人所接受的机制是，在 pH 低于其酸度系数（pKa，约 6.3）的情况下，氨基葡萄糖单体中 C-2 位带正电荷的胺基（—NH_3^+），与许多真菌和细菌的细胞表面带负电荷的残基间的静电相互作用。这些相互作用导致细胞表面和细胞渗透性改变，导致细胞内物质的泄漏，如电解质、UV 吸收物质、蛋白质、氨基酸、葡萄糖和乳酸脱氢酶，进而导致微生物的所有基本功能阻断，最终导致这些细胞的死亡。值得注意的是，由于该机制是基于静电相互作用，当壳聚糖的正电荷密度增强时，抗菌活性也会随之增强，季铵化壳聚糖和壳聚糖金属复合物就是如此（Shahid-ul-Islam and Mohammad，2013）。

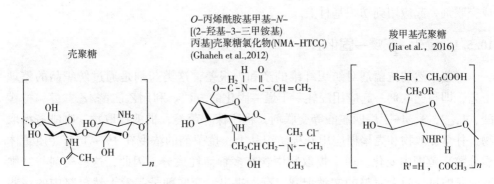

图 10.10　壳聚糖及其衍生物的化学结构

对于壳聚糖及其衍生物来说，抗菌活性取决于烷基链的长度是很好理解的，因为聚合物的构象和电荷密度都发生了变化，因而会影响与细胞质膜的相互作用的方式。多项研究证实，脱乙酰化程度和 pH 决定了壳聚糖的电荷密度，从而决定了抗菌活性的水平。分子量对壳聚糖的抗菌效率起着重要作用，因此，许多研究小组对分子量的依存关系进行了研究。关于分子量的影响以及不同细菌种类之间对壳聚糖的敏感性的报道不尽相同，壳聚糖对大肠杆菌的分子量依从性研究表明，平均分子量为 9.3 kDa 的壳聚糖堆积在细胞壁上，对大肠杆菌的生长有抑制作用。但是，分子量为 2.2kDa 的壳聚糖渗透进细胞壁，反而加速了大肠杆菌的生长。还观察到，壳聚糖分子量的增加导致壳聚糖对大肠杆菌的活性降低。研究了重均分子量（M_w）为 2~224 kDa、乙酰化程度为 0.16 和 0.48 的壳聚糖水溶性盐酸盐对蜡样芽孢杆菌（*Bacillus cereus*）、大肠杆菌（*Escherichia coli*）和鼠伤寒沙门氏菌

（Salmonella typhimurium）的抗菌活性，发现乙酰化程度较低（0.16）的壳聚糖比乙酰化程度较高（0.48）的壳聚糖活性更好，与其他壳聚糖相比，M_w = 28.4 kDa（FA = 0.16）的壳聚糖抑制了所有测试菌株的生长并渗透了细胞膜（Shahid-ul-Islam and Mohammad, 2013）。壳聚糖还具有良好的金属结合能力，作为水性黏合剂，并能抑制各种酶。它与细胞壁中存在的 Mg^{2+} 和 Ca^{2+} 离子电性结合，从而破坏了细胞壁的完整性或降解酶的活性，细胞壁完整性的破坏已被多种方法证实。螯合机制一般在高 pH 下更有效，因为在高 pH 下，氨基未被质子化，而且氨基氮上的电子对可贡献给金属离子（Shahid-ul-Islam and Mohammad, 2013）。

10.5　天然抗菌剂用于纺织品上的处理方法

一般来说，天然抗菌剂通过下面两种方法施加到纺织基材上：通过与交联剂一起的浸轧—干燥—固化法、竭染法。植物精油一般要微胶囊化，然后与黏合剂或交联剂一起应用到纺织基材上。

10.5.1　浸轧—干燥—固化法

一些天然的抗菌剂对纺织纤维的亲和力很差，这类药剂是通过纺织品的整理工艺，即与交联剂一起应用浸轧—干燥—固化的方法。利用乙二醛/乙二醇、柠檬酸、1,2,3,4-丁烷四羧酸等交联剂，将印楝、芦荟、秕糠提取物、咖啡渣提取物、甘草提取物和壳聚糖应用到棉纺织品上，抗菌剂的浓度在 1%~15%（质量体积分数）范围内变化。由于提取物中含有多种活性成分，因此，这些药剂与纤维素交联的机理尚无完整的文献记载。有人提出，交联剂是起着天然材料中的一些活性成分与纤维素之间的桥梁作用（Purwar et al., 2008；Wazed Ali et al., 2014）。整理后织物的抗菌活性取决于交联剂与纤维素纤维的键合。因此，据观察，整理织物的抗菌活性会随着洗涤而降低。

10.5.1.1　通过环糊精应用

环糊精（CD）是一种环状的低聚糖家族。它们是淀粉在酶（即环糊精糖基转移酶）的作用下降解产生的。CD 由 α-1,4-连接的葡萄糖吡喃糖酶亚单元组成，最常见的类型是 α-CD、β-CD 和 γ-CD，分别具有 6、7 和 8 个葡萄糖吡喃糖酶部分。CD 有一个疏水性的内部空腔，其直径依据环上成员的不同而不同。CD 内腔中包合一系列疏水性成分，形成宿主—客体复合物。应用最广的 CD 是 β-CD，因为其空腔直径小（0.8nm）、生产简单、价格低廉。β-CD 已被用于各种形式的纺织品整理，并包合特定的材料，以获得所需的连续不断的性能，如药物的控制释放、使用化学制剂的抗菌活性以及杀虫性能（Shahid-ul-Islam and Mohammad,

2013；Rukmani and Sundrarajan，2011）。一般情况下，织物采用浸轧—干燥—固化法与交联剂一起用 β-CD 整理。环糊精预处理后的织物浸泡在含有疏水性天然抗菌剂的浴中，如杏仁油，然后干燥（Chung and Kim，2014）。在使用过程中，抗菌剂会缓慢释放，抑制微生物的生长。例如，在一项研究中，将 β-CD 与 1，2，3，4-丁烷四羧酸（BTCA）一起应用于棉织物上，BTCA 是一种具有四个羧基的多元羧酸。BTCA 可以通过棉纤维素和 β-CD 的羟基形成酯连接，从而使 β-CD 结合到棉织物上。图 10.11 示出了在次亚磷酸钠一水合物作为催化剂的情况下，棉纤维素、BTCA 和 β-CD 之间的酯化反应。将处理过的棉织物在 180℃下固化，由于酯化反应，H_2O 分子被去除，BTCA 与纤维素和 β-CD 之间形成了酯连接，从而使 β-CD 通过酯连接交联到纤维素上（Abdel-Halim et al.，2014）。

10.5.1.2 微/纳米封装

微/纳米封装是一种将物质作为芯材封闭在膜内的过程。微/纳米胶囊通常指以球状制备的细小腔体，能够储存气体、液体或固体。微/纳米胶囊的内容物称为芯、活性物、填充物或内部相，胶囊的包覆材料称为壁、载体、膜、壳或覆盖层。各种天然、合成的高分子材料和有机材料均可作为微/纳米胶囊的壁材，壁材的选择与芯材的物理性能有关，水性芯需要不溶性的高分子壁材，而对亲脂性芯材，则需要亲水性的高分子壁材。天然高分子，如淀粉衍生物、麦芽糊精、纤维素材料、阿拉伯胶、琼脂、海藻酸盐、壳聚糖和明胶均有作为包封鞘材的报道。植物提取物，如柠檬烯、墨西哥雏菊、印楝油、天竺葵叶、蒿叶、臭氧化红辣椒籽油、荆条叶等是以包封的形式应用于纺织材料，以提高抗菌剂对洗涤的耐久性（Thilagavathi and Bala，2007；Lee and Yi，2013；Thilagavatti and Kannaian，2010；Ozyıldız et al.，2012；Mohanraj et al.，2012；El-Rafie et al.，2016；Souza et al.，2014；Chi-Leung et al.，2013）。它可以在受控的条件下释放，而不是直接从纤维中浸出。微胶囊的主要优点是，它可以防止提取物中存在的高度挥发性精油的损失。Hui 等采用乳液化学交联法制备了负载五味子水提取物的壳聚糖—海藻酸钠微胶囊，用三聚氰胺基黏合剂将微胶囊连结到棉织物上。图 10.12 显示了负载五味子的壳聚糖—海藻酸盐的微胶囊和包埋微胶囊的棉纤维的 SEM 图像（Chi-Leung et al.，2013）。图 10.13 显示了在两种模拟人体皮肤上（PBS，pH=5.4 和 5.0），没食子酸从壳聚糖—海藻酸盐微胶囊中释放的行为，时间长达 6 天。在最初的 24h 内，没食子酸的释放百分数分别达到约 80.9%和 56%，最终在 pH=5.0 和 pH=5.4 的 PBS 条件下，分别达到恒定的 96%和 70%（Chi-Leung et al.，2013）。微胶囊化技术更适合用于医用纺织材料，如伤口敷料。

10.5.2 竭染法

天然染料，如小檗碱、姜黄素、紫草素、石榴、茜草染料、核桃、柑橘、鼠

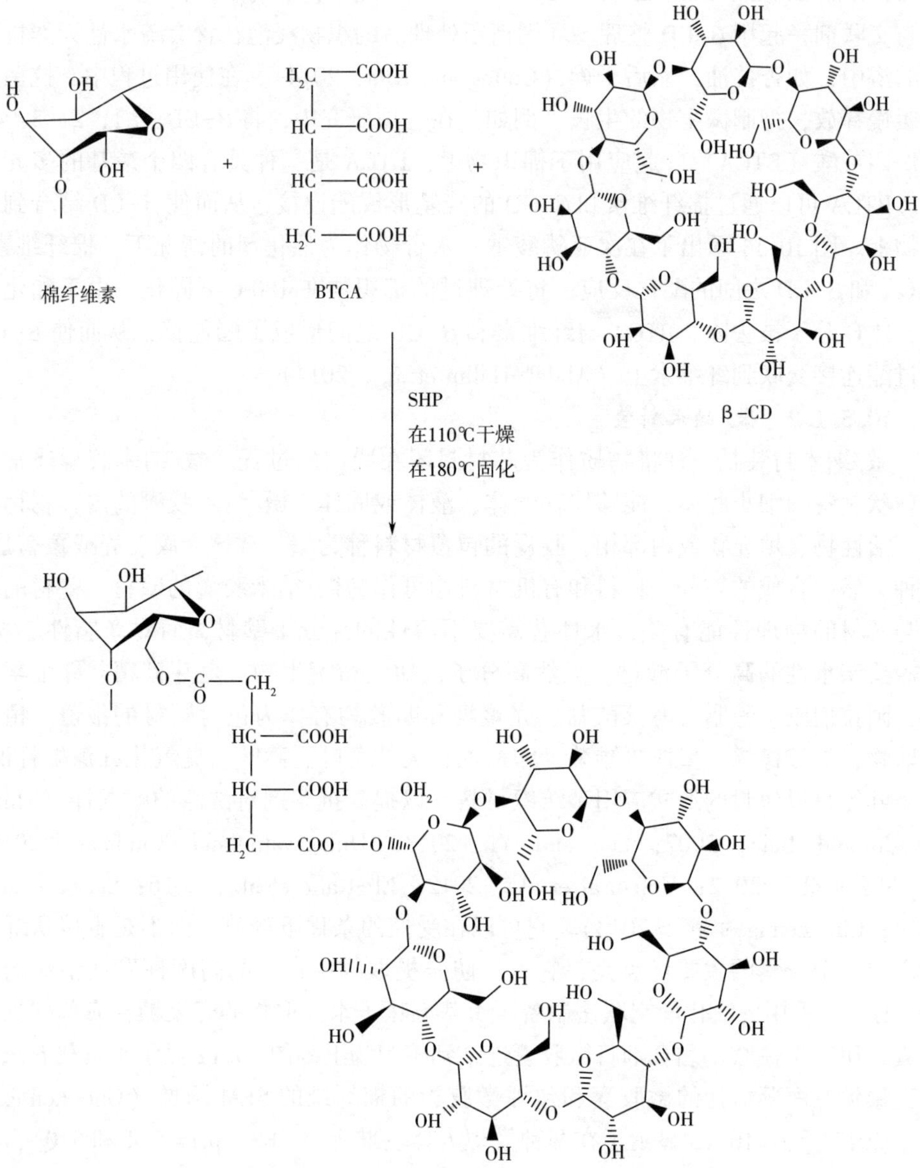

图 10.11 棉纤维素、BTCA 和 β-CD 间的酯化反应（Abdel-Halim et al.，2014）

尾草（ratanjot）等，采用竭染法应用于各种纺织基材上。天然染料/抗菌剂的耐洗牢度往往较低。这可能是由于天然物的异质性、多样性和复杂性以及与纺织品较弱或可忽略不计的相互作用。低牢度特性限制了其应用，因此需要进行另外的处理，以将这些材料固定在纺织品上。处理过程可以在纺织品上进行，也可以在天然物质上进行，或者是两者都进行，下面将讨论一些处理工艺。

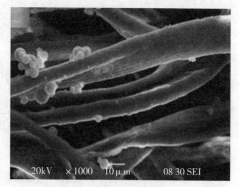

(a) 负载五味子的壳聚糖—藻酸盐微胶囊　　　　　(b) 包埋微胶囊的棉纤维

图 10.12　微胶囊的 SEM 图像（Chi-Leung et al.，2013）

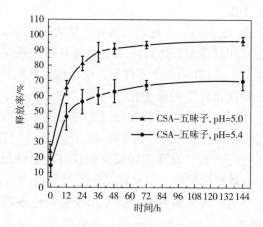

图 10.13　微胶囊中的没食子酸的释放曲线（Chi-Leung et al.，2013）

10.5.2.1　媒染剂的应用

一般来说，通过媒染剂处理，可提高天然染色纺织品的牢度性能。明矾、硫酸铜、硫酸铁、氯化亚锡、单宁酸等都是用于提高天然染料耐洗牢度的媒染剂。通过使用媒染剂，染料分子通过形成络合物与织物结合，洗涤牢度提高，天然染料与金属媒染剂和纤维素纤维的相互作用如图 10.14 所示，络合物是通过金属离子与染料的特定基团如两个羟基或相邻位置的一个羟基和一个羰基配位形成的。

据观察，用某些媒染剂进行预处理会降低染色织物的抗菌活性。例如，将羊毛织物用硫酸亚铁、氯化亚锡预媒染处理后，用儿茶素染色，发现无媒染剂的儿茶素染色的羊毛织物比媒染剂处理的织物有更好的抗菌活性。使用媒染剂处理后样品抗菌活性下降的原因，是由于羟基与金属媒染剂之间形成了配位键（与发色

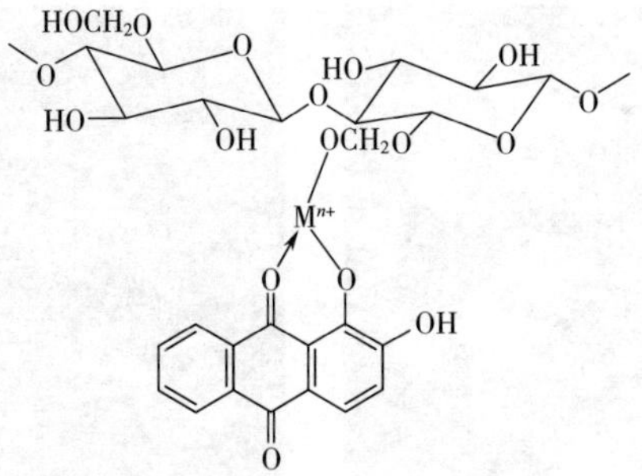

图 10.14　天然染料与金属媒染剂和纤维素纤维的相互作用

团邻位的羟基通常会参与配位键的形成）。有机分子中存在的官能团对抗菌活性起主要作用，与金属离子成键的羟基对微生物没有活性，这也是造成媒染样品抗菌活性下降的原因。另外，对于非媒染处理的羊毛样品，所有的官能团都参与对抗微生物，因此抗菌活性高。

榄仁树（*Terminalia arjuna*），一种药用树种，富含多酚类、黄酮类和单宁，主要的着色成分是黄芩素和鞣花酸。通过竭染工艺将从榄仁树 *T. arjuna* 树皮中得到的染料应用于毛织物上，在 pH 为 3.5 条件下，染料最大吸附量为 27%。这主要是由于羊毛中的氨基在酸性条件下的质子化，与榄仁树 *T. arjuna* 的羟基呈现离子偶极相互作用。除此之外，黄芩素和鞣花酸的羟基能与羊毛纱线的质子化的胺官能团形成氢键，染料与羊毛纤维的相互作用如图 10.15 所示。对各种色调的未媒染和媒染样品的抗菌结果进行比较，发现未经媒染的样品的活性最高；不同金属媒染的样品居后，对于所有被测微生物，媒染样品的活性顺序为未经媒染>$MgSO_4$>$FeSO_4$>$SnCl_2$>明矾。媒染毛纱抗菌活性的降低是由于染料色素成分（鞣花酸）的官能团（羟基）与金属离子之间的相互作用，导致微生物与单宁的相互作用降低（Rather et al.，2016）。据观察，部分金属媒染剂对环境有害。

一些媒染剂如单宁酸、硫酸铜、明矾、没食子提取物等，有助于提高天然染色织物的抗菌活性。例如，用天麻、藏红花花瓣提取物、姜黄、绿茶提取物染色的羊毛织物的抗菌活性，通过用明矾预媒染而增强，并在暴露于阳光下和洗涤后保持稳定（Ghaheh et al.，2014）。许多金属盐在很低的浓度下就能抑制微生物的生长或杀死它们。生物媒染剂与天然染料一起应用，以解决与金属媒染剂相关的问题。据观察，基于单宁和壳聚糖的生物媒染剂提高了天然染色织物的抗菌活性（Kasiri and Safapour，2014；Shahid-ul-Islam and Sun，2017；Prabhu and Teli，2014；Haji，2010；Park and Park，2010；Ratnapandian et al.，2013；Zemljič et al.，无日期）。由于这些媒染剂本身具有抗菌活性，因此使用这些媒染剂对处理后的纺织材料具有协同作用。生物媒染剂的使用，如诃子酸、鞣花酸和没食子酸、

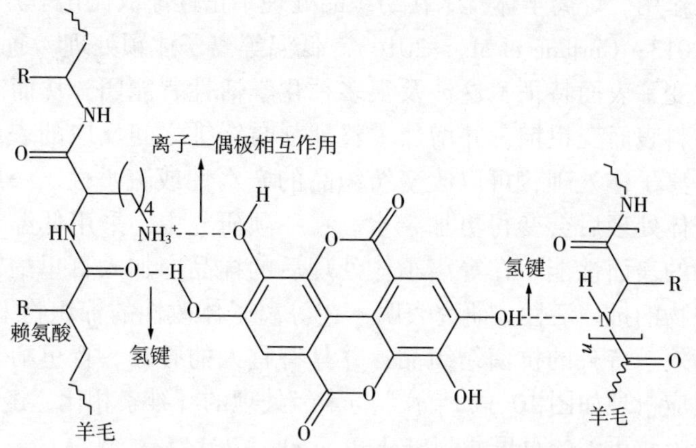

图 10.15　T. arjuna 染料与羊毛纤维的相互作用（Rather et al., 2016）

单宁提取源，最近已被用于改善天然染色纺织品的色牢度性能和抗菌活性（Shahid-ul-Islam and Sun, 2017）。通过没食子预媒染，提高了紫草素提取物染色织物的抗菌活性。纺织材料用阳离子化合物如 N-3-氯-2-羟基丙基壳聚糖预处理，以提高天然染料的抗菌活性（Kasiri and Safapour, 2014）。Prabhu 等将余甘子 G（*Emblica officindis* G）（Amla）的干燥单宁果提取物作为生物媒染剂，应用于四种抗菌天然染料对棉和丝的染色。该生物媒染剂提高了棉和丝织物的抗菌活性，最多可洗涤 10 次。当余甘子（*Emblica officindis* G）媒染剂与 0.5%的硫酸铜媒染剂一起使用时，抗菌活性大大增强，织物在 20 次洗涤后仍能保持活性（Prabhu and Teli, 2014）。单宁、金属媒染剂、天然染料和纤维素纤维的相互作用如图 10.16 所示。以 *Rumex Hymenosepolus* 根提取物为生物媒染剂，将从小檗（*Berberis vulgaris*）木材中提取的功能性着色剂小檗碱应用于羊毛纤维上，存在于根部的单宁提高了羊毛织物的着色强度，该织物显示出很好的抗菌活性（Haji, 2010）。

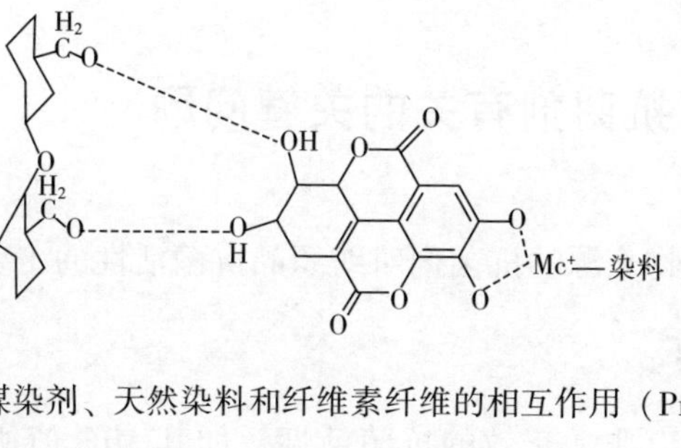

图 10.16　单宁、金属媒染剂、天然染料和纤维素纤维的相互作用（Prabhu and Bhute, 2012）

10.5.2.2　等离子体处理

等离子体是物质的第四种状态，为部分电离的气体形式，气体在受控压力下与电磁场相互作用。等离子体技术在纺织品处理中正逐渐取代化学方法（Nithyakalyani et al.，2013；Gorjanc et al.，2016）。低温等离子体预处理，通过引发的溅射或蚀刻作用改变了表面特征，这涉及很多种化学活性官能团，从而改善功能整理效果；它使材料表面变粗糙，并增加了整理剂与纤维之间反应的表面积。用合适的气体进行等离子体处理，可以改变纺织品的亲水性或疏水性。一般来说，样品在经氧等离子体处理后会变得更加亲水。在一项研究中，采用低温等离子体技术来改变棉织物的表面性能。在等离子体处理后的样品中加入百里酚，研究了接种百里酚的棉织物的抗菌活性。研究表明，在等离子体改性的棉织物上负载百里酚，能产生一种高效、持久的抗菌纺织品，并具有宜人的香味。百里酚与等离子体处理后样品的反应机理如图10.17所示。与未经处理的纤维素相比，经过等离子体处理的样品可以吸收更多的百里酚（Shahidi et al.，2014）。

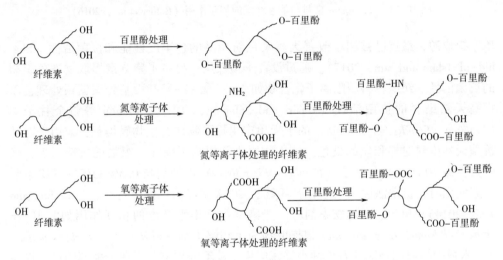

图10.17 百里酚与等离子体处理的样品间的反应机理（Shahidi et al.，2014）

10.6 与植物源抗菌剂有关的关键问题

下面讨论影响植物来源的抗菌剂对纺织品抗菌活性的主要影响因素。

10.6.1 提取物浓度

植物提取物显示出非常有效的抗菌活性，如其MIC值所示。但是，当以表面整理剂或掺入纤维的形式应用于纺织品时，由于可及性的限制，其活性很低。因此，为了有效地减少微生物的滋生，总是需要在纺织品上使用更大量的抗菌剂。

例如，芦荟胶显示对金黄色葡萄球菌（*S. aureus*）的 MIC 值为 7.5μg/mL，对大肠杆菌（*E. coli*）为 0.75 μg/mL。但是，为了获得优异的抗菌活性，芦荟胶在棉织物上所需使用的浓度为 3%（质量分数）。儿茶素染料的 MIC 值对真菌（*C. albican* 和 *C. troficalis*）为 0.15%（质量分数），对细菌（*S. aureus* 和 *E. coli*）为 0.62（质量分数），在羊毛织物上表现出优异抗菌活性所需的染料量为 20%（owf）。

植物提取物的化学结构复杂，并非所有组分都具有抗菌活性。因此，选择性地分离生物活性成分是降低药剂剂量的主要途径。

10.6.2 萃取工艺方法

从天然来源中提取抗菌剂是处理纺织品以达到所需的抗菌活性的最重要步骤之一，此外，获得一个标准的提取工艺并优化特定天然来源的工艺条件在经济上非常重要，并因此影响最终产品的价格。天然抗菌剂提取物可从植物的不同部位如树皮、叶、根、果实、种子和花中提取。从天然来源中提取这些材料有各种不同的方法，包括（a）水提取，即用水提取，在提取浴中加入或不添加盐/酸/碱/醇，与明矾螯合并用酸沉淀；（b）醇/有机溶剂萃取，使用相关的萃取设备，如索氏仪或超声波与醇、己烷或苯溶剂进行；以及（c）超临界二氧化碳萃取。植物提取物中含有多种成分以及活性成分，植物提取物的抗菌活性取决于这些活性成分的存在。植物提取物中的活性成分的数量和浓度随提取方法的不同而不同，因此抗菌活性也不同。例如，姜黄染料的制备有碱性、酸性、水性和醇提取法，对提取出来的染料进行了植物化学成分的表征。姜黄的水提物中含有氨基酸、生物碱、单宁、皂苷等，姜黄的碱性提取物中含有蛋白质、氨基酸、生物碱、黄酮类、萜类、单宁、皂苷等，姜黄的酸性提取物中含有蛋白质、生物碱和芳香酸，姜黄的醇提取物中含有碳水化合物、蛋白质、黄酮类、萜类和皂苷等。水性、碱性和醇提取物对所测试的微生物显示出活性，但是，酸性提取物的效果很差。

10.6.3 提取物的来源

据观察，植物的各部分含有不同浓度的活性成分，因此，从植物中的哪一部分提取也很重要。在一项研究中，通过高效液相色谱法对楝树种子（商业上称为 Neemazal Technical）和树皮的甲醇提取物中宁宾的含量进行了表征，宁宾是楝树提取物中具有抗菌活性的活性成分，种子和树皮提取物中分别含有 1.24% 和 3.72% 的宁宾。楝树籽提取物对金黄色葡萄球菌（*S. aureus*）和枯草芽孢杆菌（*B. subtilis*）的抗菌活性 MIC 值分别为 11mg/mL 和 8mg/mL。而树皮提取物，对上述菌种的 MIC 值为 3.3mg/mL（Purwar et al.，2008）。

10.6.4 纺织品的其他性能

一些天然产品有很浓烈的苦味，这可能会造成穿着者精神上的不适，在将这些物质加于纺织品基材上之前也应给予考虑。经过处理的纺织品在抗菌的同时，其物理性能和其他性能也必须保持不变。例如，在纺织品表面涂覆壳聚糖后，织物的透气性就会降低，最终影响穿着者的舒适性。通过交联剂应用的天然抗菌剂，通常会影响织物物理性能，如弯曲刚度和弯曲模量，这会直接影响织物的硬挺度和悬垂性。

为了解决上述问题，需要在纺织品上应用天然抗菌剂的领域开展越来越多研究。

10.7 结论

由于人们越来越意识到纺织品加工中使用的合成抗菌剂所带来的高风险影响，天然抗菌剂的应用越来越受到重视。现在，市场上已经有销售经过楝树、芦荟、壳聚糖处理的纺织品。天然产品在纺织品应用中的主要挑战是，这些生物材料大多比较复杂，而且同一种植物的不同品种属的成分也不尽相同。不可再生性、提取方法费时、在有机溶剂中的溶解性和色牢度差是染整学家在纺织业使用这些产品时所要面对的主要问题。有必要对天然抗菌剂的有效成分进行标准化，以便商业化使用。为了提高色牢度而使用金属媒染剂，是天然染料对环境造成影响的问题之一。在不久的将来，生物媒染剂或等离子体预处理可能会取代金属媒染剂。

参考文献

[1] Abdel-Halim, E. S., Al-Deyab, S. S., Alfaifi, A. Y. A., 2014. Cotton fabric finished with β-cyclodextrin: Inclusion ability toward antimicrobial agent. Carbohydr. Polym. 102, 550-556.

[2] Arora, A., Gupta, D., Rastogi, D., Gulrajani, M. L., 2012. Antimicrobial activity of naphthoquinones extracted from Arnebia nobilis. J. Nat. Prod. 5, 168-178.

[3] Babu, K. M., Ravindra, K. B., 2015. Bioactive antimicrobial agents for finishing of textiles for health care products. J. Textile Inst. 106, 706-717.

[4] Chi-Leung, P., Wen-Yi, H., Chi-Wai, W., Sau-Fun Ng, K. F., Wat, E., Zhang, V. X., Chanb, C. -L., Bik-SanLau, C., Leung, P. -C., 2013. Microencapsulation of traditional Chinese herbs— Penta herbs extracts and potential application in healthcare textiles. Colloids Surf. B: Biointerfaces 111, 156-161.

[5] Chung, H., Kim, J. -Y., 2014. Antimicrobial activity of β-CD finished and apricot kernel oil applied fabrics. Fibers Polym. 15, 924-931.

[6] Ebrahimi, Gashti, M. P., 2015. Extraction of juglone from Pterocarya fraxinifolia leaves for dyeing, anti-fungal finishing, and solar UV protection of wool. Color. Technol. 131, 451-457.

[7] El-Rafie, H. M., El-Rafie, M. H., AbdElsalam, H. M., El-Sayed, W. A., 2016. Antibacterial and anti-inflammatory finishing of cotton by microencapsulation using three marine organisms. Int. J. Biol. Macromol. 86, 59-64.

[8] Gao, Y., Cranston, R., 2008. Recent advances in antimicrobial treatments of textiles. Text. Res. J. 78, 60-72.

[9] Ghaheh, F. S., Nateri, A. S., Mortazavi, S. M., Abedic, D., Mokhtaria, J., 2012. The effect of mordant salts on antibacterial activity of wool fabric dyed with pomegranate and walnut shell extracts. Color. Technol. 128, 473-478.

[10] Ghaheh, F. S., Mortazavi, S. M., Alihosseini, F., Fassihi, A., Nateri, A. S., Abed, D., 2014. Assessment of antibacterial activity of wool fabrics dyed with natural dyes. J. Clean. Prod. 72, 139-145.

[11] Ghayempour, S., Montazer, M., Mahmoudi Rad, M., 2016. Simultaneous encapsulation and stabilization of Aloe vera extract on cotton fabric for wound dressing application. RSC Adv. 6, 111895-111902.

[12] Gorjanc, M., Savic, A., Topalic-Trivunovic, L., Mozetic, M., Zaplotnik, R., Vesel, A., Grujic, D., 2016. Dyeing of plasma treated cotton and bamboo rayon with Fallopia japonica extract. Cellulose 23, 2221-2228.

[13] Gupta, D., Haileb, A., 2007. Multifunctional properties of cotton fabric treated with chitosan and carboxymethyl chitosan. Carbohydr. Polym. 69, 164-171.

[14] Haji, A., 2010. Functional dyeing of wool with natural dye extracted from Berberis vulgaris wood and Rumex hymenosepolus root as biomordant. Iran. J. Chem. Chem. Eng. 29, 55-60.

[15] Hong, K. H., 2014. Preparation and properties of multi-functional cotton fabric treated by gallnut extract. Text. Res. J. 84, 1138-1146.

[16] Hong, K. H., 2015. Phenol compounds treated cotton and wool fabrics for developing multi-functional clothing materials. Fibers Polym. 16, 565-571.

[17] Hong, K. H., Bae, J. H., Jin, S. R., Yang, J. S., 2012. Preparation and properties of multi-functionalized cotton fabrics treated by extracts of gromwell and gallnut. Cellulose 19, 507-515.

[18] Jia, Y., Liu, B., Cheng, D., Li, J., Huang, F., Lu, Y., 2016. Dyeing characteristics and functionability of tussah silk fabric with oak bark extract. Text. Res. J. 87, 1806-1817.

[19] Joshi, M., Wazed Ali, S., Rajendran, S., 2007. Antibacterial finishing of polyester/cotton blend fabrics using neem (Azadirachta indica): a natural bioactive agent. J. Appl. Polym. Sci. 106, 793–800.

[20] Joshi, M., Wazed Ali, S., Purwar, R., Rajendran, S., 2009. Ecofriendly antimicrobial finishing of textiles using bioactive agents based on natural products. Indian J. Fibre Textile Res. 34, 295–304.

[21] Hong, K. H., 2015. Preparation and properties of cotton and wool fabrics dyed by black rice extract. Text. Res. J. 85, 1875–1883.

[22] Kasiri, M. B., Safapour, S., 2014. Natural dyes and antimicrobials for green treatment of textiles. Environ. Chem. Lett. 12, 1–13.

[23] E. Koh, K. H. Hong, Preparation and properties of cotton fabrics finished with spent coffee extract, n. d. Cellulose, DOI https://doi.org/10.1007/s10570-017-1466-8.

[24] Kumar, M. S. Y., Raghu, T. S., Varghese, F. V., Shekar, R. I., Kotresh, T. M., Rajendran, R., Babu, K. M., Padaki, V. C., 2014. Application of seabuckthorn (Hippophae rhamnoides L.) leaf extract as antimicrobial finish on aramid fabric. J. Ind. Text. 45, 1115–1127.

[25] Lee, A. R., Yi, E., 2013. Investigating performance of cotton and lyocell knit treated with microcapsules containing citrus unshiu oil. Fibers Polym. 14, 2088–2096.

[26] Lee, Y. H., Hwang, E. -K., Baek, Y. -M., Kim, H. -D., 2014. Deodorizing function and antibacterial activity of fabrics dyed with gallnut (Galla Chinensis) extract. Text. Res. J. 85, 1045–1054.

[27] Lee, Y. H., Lee, S. -G., Hwang, E. -K., Baek, Y. -M., Cho, S., Kim, H. -D., 2016. Dyeing properties and deodorizing/antibacterial performance of cotton/silk/wool fabrics dyed with myrrh (Commiphora myrrha) extract. Text. Res. J. 87, 973–983.

[28] Lim, S. -H., Hudson, S. M., 2003. Review of chitosan and its derivatives as antimicrobial agents and their uses as textile chemicals. J. Macromol. Sci. Polym. Rev. 43, 223–269.

[29] Lv, F., Li, Y., Chen, S., Wang, C., Peng, L., Yin, Y., 2014. Skin friendly antimicrobial characterization of natural glycyrrhiza extract on fabric. Fibers Polym. 15, 1873–1879.

[30] Mariselvam, R., Ranjitsingh, A. J. A., Mosae, P., Kumar, S., Krishnamoorthy, R., Alshatwi, A. A., 2017. Eco friendly natural dyes from Syzygium cumini (L)

(Jambolan) fruit seed endosperm and to preparation of antimicrobial fabric and their washing properties. Fibers Polym. 18, 460-464.

[31] Mohanraj, S., Vanathi, P., Sowbarniga, N., Sarvanan, D., 2012. Antimicrobial effectiveness of Vitex negundoleaf extracts. Indian J. Fibre Textile Res. 37, 389-392.

[32] Nadiger, V. G., Shukla, S. R., 2015. Antimicrobial activity of silk treated with aloe-vera. Fibers Polym. 16, 1012-1019.

[33] Nazari, A., 2017. Efficient mothproofing of wool through natural dyeing with walnut hull and henna against Dermestes maculatus. J. Textile Inst. 108, 755-765.

[34] Nithyakalyani, D., Ramachandran, T., Rajendran, R., Mahalakshmi, M., 2013. Assessment of antibacterial activity of herbal finished surface modified polypropylene nonwoven fabric against bacterial pathogens of wound. J. Appl. Polym. Sci. 129, 672-681.

[35] Oh, K. W., Na, Y. J., 2014. Antimicrobial activity of cotton fabric treated with extracts from the lotus plant. Text. Res. J. 84, 1650-1660.

[36] Ozyıldız, F. E., Karagonlu, S., Basal, G., Uzel1, A., Bayraktar, O., 2012. Micro-encapsulation of ozonated red pepper seed oil with antimicrobial activity and application to nonwoven fabric. Lett. Appl. Microbiol. 56, 168-179.

[37] Park, S. J., Park, Y. M., 2010. Eco-dyeing and antimicrobial properties of Chlorophyllin copper complex extracted from Sasa veitchii. Fibers Polym. 11, 357-362.

[38] Pelczar, M. J., Chan, E. C. S., Krieg, N. R., 1993. Microbiology, fifth ed. Tata Mcgraw-Hill, New Delhi.

[39] Prabhu, K. H., Bhute, A. S., 2012. Plant based natural dyes and mordants: a review. J. Nat. Prod. Plant Resour. 2, 649-664.

[40] Thilagavathi, G., Bala, S. K., 2007. Microencapsulation of herbal extract for microbial resistance in healthcare textiles. Indian J. Fiber Textile Res. 32, 351-354.

[41] Prabhu, K. H., Teli, M. D., 2014. Eco-dyeing using Tamarindus indica L. seed coat tannin as a natural mordant for textiles with antibacterial activity. J. Saudi Chem. Soc. 18, 864-872.

[42] Praveena, R., Deepha, V., Sivakumar, R., 2014. Investigations on C-glycosyl flavonoids from Rhynchosia capitata, its antimicrobial and dyeing properties. Fibers Polym. 15, 525-533.

[43] Purwar, R., Joshi, M., 2004. Recent developments in antimicrobial finishing of textiles: a review. AATCC Rev 4, 22-26.

[44] Purwar, R., Mishra, P., Joshi, M., 2008. Antibacterial finishing of cotton using

neem extracts. AATCC Rev. 8, 36-43.

[45] Rather, L. J., Islam, S., Azam, M., Shabbir, M., Bukhari, M. N., Shahid, M., Khan, M. A., Haque, Q. M. R., Mohammad, F., 2016. Antimicrobial and fluorescence finishing of woolen yarn with Terminalia arjuna natural dye as an eco-friendly substitute to synthetic antibacterial agents. RSC Adv. 6, 39080-39094.

[46] Ratnapandian, S., Islam, S., Wang, L., Fergusson, S. M., Padhye, R., 2013. Colouration of cotton by combining natural colourants and bio-polysaccharide. J. Textile Inst. 104, 1269-1276.

[47] Reddy, N., Han, S., Zhao, Y., Yang, Y., 2013. Antimicrobial activity of cotton fabrics treated with curcumin. J. Appl. Polym. Sci. 127, 2698-2702.

[48] Rukmani, A., Sundrarajan, M., 2011. Inclusion of antibacterial agent thymol on b-cyclodextringrafted organic cotton. J. Indust. Textile 42, 132-144.

[49] Rukmani, A., Sundrarajan, M., 2012. Inclusion of antibacterial agent thymol on cyclodextrin grafted organic cotton. J. Indust. Textile 42, 132-136.

[50] Selvam, R. M., Athinarayanana, G., Nanthini, A. U. R., Singh, A. J. A. R., Kalirajana, K., Selvakumard, P. M., 2015. Extraction of natural dyes from Curcuma longa, Trigonella foenum graecum and Nerium oleander, plants and their application in antimicrobial fabric. Indust. Crops Prod. 70, 84-90.

[51] Shabbir, M., Rather, L. J., Mohammad, F., 2017. Chitosan: sustainable and environmental friendly resource for textile industry. In: Ahmed, S., Ikram, S. (Eds.), Chitosan: Derivatives, Composites and Application. Wiley, USA.

[52] Shahidi, S., Aslan, N., Ghoranneviss, M., Korachi, M., 2014. Effect of thymol on the antibacterial efficiency of plasma treated cotton fabric. Cellulose 21, 1933-1943.

[53] Shahid-ul-Islam, M. S., Mohammad, F., 2013. Green chemistry approaches to develop antimicrobial textiles based on sustainable biopolymers: a review. Ind. Eng. Chem. Res. and 52, 5245-5260.

[54] Shahid-ul-Islam, Mohammadm, F., 2015. Natural colorants in the presence of anchors so-called mordants as promising coloring and antimicrobial agents for textile materials. ACS Sustain. Chem. Eng. 3, 2361-2375.

[55] Shahid-ul-Islam, Sun, G., 2017. Thermodynamics, kinetics, and multifunctional finishing of textile materials with colorants extracted from natural renewable sources. ACS Sustain. Chem. Eng. 5, 7451-7466.

[56] Sharaf, S., Higazy, A., Hebeish, A., 2013. Propolis induced antibacterial activity and other technical properties of cotton textiles. Int. J. Biol. Macromol. 59,

408-416.

[57] Simnocic, B., Tomsic, B., 2010. Structure of novel antimicrobial agents for textiles: a review. Text. Res. J. 80, 1721-1737.

[58] Simoncic, B., Klemencic, D., 2015. Preparation and performance of silver as an antimicrobial agent for textiles: a review. Text. Res. J. 86, 210-223.

[59] Souza, J. M., Caldas, A. L., Tohidi, S. D., Molina, J., Zille, A., 2014. Properties and controlled release of chitosan microencapsulated limonene oil. Rev. Bras 24, 691-698.

[60] Thilagavatti, G., Kannaian, T., 2010. Combined antimicrobial and aroma finishing treatment for cotton, using microencapsulated geranium leaves extract. Indian J. Nat. Prod. Resour. 1, 348-352.

[61] Vaideki, K., Jayakumar, S., Thilagavathi, G., Rajendran, R., 2007. A study on the antimicrobial efficacy of RF oxygen plasma and neem extract treated cotton fabrics. Appl. Surf. Sci. 253, 7323-7329.

[62] Walentowska, J., Flaczyk, J. F., 2013. Thyme essential oil for antimicrobial protection of natural textiles. Int. Biodeterior. Biodegradation 84, 407-441.

[63] Wazed Ali, S., Purwar, R., Joshi, M., Rajendran, S., 2014. Antibacterial properties of aloe vera gel-finished cotton fabric. Cellulose 21, 2063-2072.

[64] Windlera, L., Height, M., Nowack, B., 2013. Comparative evaluation of antimicrobials for textile applications. Environ. Int. 53, 62-73.

[65] Yi, E., Yoo, E. S., 2010. A novel bioactive fabric dyed with unripe Citrus grandis Osbeck extract part 1: dyeing properties and antimicrobial activity on cotton knit fabrics. Textile Res. J. 80, 10518-10526. 2117-2123.017.

[66] Zemljič, L. F., Volmajer, J., Ristić, T., Bracic, M., Sauperl, O., Kreže, T., 2013. Antimicrobial and antioxidant functionalization of viscose fabric using chitosan-curcumin formulations. Text. Res. J. 84, 819-830.

[67] L. F. Zemljič, V. Kokol, D. Čakara, Antimicrobial and antioxidant properties of chitosan-based viscose fibres enzymatically functionalized with flavonoids, Text. Res. J., 81 (2010) 1532-1540.

[68] Zhou, Y., Tang, R.-C., 2017. Natural flavonoid-functionalized silk Fiber presenting antibacterial, antioxidant, and UV protection performance. ACS Sustain. Chem. Eng. 5, 10518-10526.

进阶阅读

[1] Cowan, M. M., 1999. Plant products as antimicrobial agent. Clin. Microbiol. Rev.

12, 564-582.

[2] Khan, M. I., Ahmad, A., Khan, S. A., Yusuf, M., Shahid, M., Manzoor, N., Mohammada, F., 2011. Assessment of antimicrobial activity of catechu and its dyed substrate. J. Clean. Prod. 19, 1385-1394.

11 采用绿色和可持续方法的驱虫纺织品

Arunabh Agnihotri, S. Wazed Ali, Apurba Das, R. Alagirusamy
Department of Textile Technology, Indian Institute of Technology,
Delhi, New Delhi, India
印度理工学院纺织工程系，印度新德里

11.1 引言

  当前，由于森林砍伐和全球变暖，包括昆虫在内的许多生物向温带和高海拔地区转移。这些食肉的昆虫成为疟疾、登革热、黄热病等毁灭性疾病病原体的媒介，使生活在这些地区的人们更容易受到攻击。为了保护我们免受这些病原体的侵袭，需要一种有效的驱虫剂，其不仅要有效，而且要对人类和环境友好。登革热是一种传播速度很快的疾病，每年有5000万~1亿人感染，与此同时，全球有250万人生活在疟疾感染区（Rehman et al.，2014）。因此，防虫纺织品课题确实是一个值得研究的领域。驱虫化学品有多种类型，可分为合成驱虫剂和生物驱虫剂两大类。合成驱虫剂如二乙基间甲苯甲酰胺（DEET）、邻苯二甲酸二甲酯（DMP）、阿利曲林（Allitrin）、氯氰菊酯、马拉硫磷等；生物驱虫剂是指从不同来源获得的各种天然的油类以及精油及其提取物。与合成驱虫剂相关的问题是：荨麻疹综合症、儿童中毒性脑病、皮肤糜烂等，除此以外，它们不仅对人体有毒害，而且还导致环境污染。因此，对环境安全的驱虫剂有着现实的需求（Kim et al.，2005）。作为一种理想的驱虫纺织品的驱虫剂，应具备以下特点：①不会因磨损而脱落；②不会因皮肤吸收而流失；③不会因出汗而失去活性；④蒸发速度比较慢；⑤对基材有较好的附着力（Saraf et al.，2011）。

  因为生物驱虫剂安全性高，其相对于久负盛名的合成驱虫剂越来越受到消费者的欢迎。在生物型驱虫剂中，植物型产品是目前这个领域的亮点。它可分为五大化学类：①含氮化合物（主要是生物碱）、②萜类化合物、③酚类化合物、④蛋白酶抑制剂和⑤生长调节剂。当植物的叶子被破坏时，通常会产生"绿叶挥发物"，以阻止食草动物，这证明植物具有驱避的特性。利用植物作为驱虫剂的故事并不新鲜，自古以来，人们就在家里悬挂干燥的植物，这在发展中国家仍然存在（Mooreet al.，2006）。在希腊（Herodotus，1996）、罗马（Owen，1805）和印度（Johnson，1998）的学者手稿中，也提到了将植物用作熏蒸剂和油剂，涂抹在皮肤或布上。

新的植物型驱虫剂的发现在很大程度上依赖于伦理植物学，此外，它还依赖于生物勘查，即对植物进行系统的筛查，以确定其特定的作用模式，当然，这是一种非常昂贵的方法。例如，p-薄荷烷-3，8-二醇（PMD）是一种有效的驱虫剂，是在20世纪60年代通过生物勘查开发出来的（Curtis，1990）。伦理植物学是一种更直接地识别潜在天然驱虫剂的方法。相对于合成物（如DEET）而言，天然驱虫剂对人类安全，且生态友好。但是，在各种生物驱虫剂中，有些类别的驱虫剂比其他的更安全，所以，不能说天然就等于安全（Trumble，2002）。此外，这些天然存在的物质的驱虫性并不是持久的，因为它很快就会腐坏。研究人员已经采取了各种方法来提高它的长效性，其中，使用微胶囊技术在这方面得到了一定的关注（Nelson，2001）。本章主要集中在各种生物驱虫剂，如各种天然的油、精油及其提取物，它们对昆虫的作用机理，它们在纺织品上的应用方法，它们在纺织品上的相互结合作用，它们的安全性问题，它们的作用评估方法，以及它们的应用领域，这将为纺织界开辟一条新的途径，以更可持续的方式开发它们在纺织基质上的应用。

11.2　各种类型的生物驱虫剂

大多数广为人知的用于防植食性昆虫、蚊子和其他双翅目昆虫的植物都属于桃金娘科（Myrtaceae）、楝科（Meliaceae）、樟科（Lauraceae）、芸香科（Rutaceae）、唇形科（Lamiaceae）、菊科（Asteraceae）、伞形科（Apiaceae）、柏科（Cupressaceae）、禾本科（Poaceae）、紫荆科（Zingeberaceae）和胡椒科（Piperaceae）。以上分类是基于植物性驱避剂的属种，下面将详细讨论其中的一些，其余编入表11.1。这些驱虫剂可以得到其精油的形式，此外，还有以天然油的形式存在于植物/蔬菜中，化学上为甘油三酯。

11.2.1　精油及其提取物

精油是从禾本科（芳香草）、唇形科（薄荷科）、松科（松树和雪松科）等植物中提取的，在全球范围内普遍用作驱虫剂（表11.1）（Maia and Moore，2011）。它们是挥发性有机化合物的复杂混合物，由单萜类、倍半萜类和酚类组成（Rehman et al.，2014），它们是作为次生代谢物获得的。单萜类如 α-蒎烯、柠檬烯、萜品醇、香茅醇、香茅醛、樟脑和百里香酚等是许多精油的常见成分。百里香、桉树、薄荷、雪松、广藿香和丁香等油的配方可用作驱蚊剂（Sakulku et al.，2009）。少数商业驱虫剂配方，如柠檬草、薄荷、香叶醇、普列薄荷、松油、百里香油、雪松油和广藿香等，既能驱虫，又有芳香性。其中，最有效的是薄荷油、百里香油、雪松油、香叶醇、广藿香和丁香，已发现它们能驱避丝虫、疟疾和黄热病病媒达3h之久（Trongtokit et al.，2005；Barnard，1999；Rutledge and Gupta，1995）。这些精油大多具有高度挥发性，因此作为驱蚊剂耐久性不好。使用精油的主要问题是长时间的有效性，这可以通过5%的香兰素处理来改善，其他提高功效持久性的方法是通过使用微胶囊和纳米胶囊将精油附着在纺织品基材上。

表11.1 各种植物驱避剂（Maia and Moore，2011）

科属	植物名	生产地	其他名称	驱虫化合物
桃金娘科	*Corymbia citriodora*	澳大利亚、巴西、玻利维亚、中国、印度、埃塞俄比亚、坦桑尼亚、肯尼亚	柠檬-桉树、柠檬香口胶	香茅醛、PMD（水蒸馏副产物）（对-薄荷烷-3,8-二醇）、香茅醇、柠檬烯、香叶醇、异胡薄荷醇、α-蒎烯
	Eucalyptus spp.	几内亚比绍、埃塞俄比亚、坦桑尼亚、葡萄牙	桉树	1,8-桉叶素、香茅醛、α-香茅醛、α-蒎烯
	E. camaldulensis	埃塞俄比亚		
	Eugenia caryophyllus/ Syzygium-aromaticum/ Eugenia aromaticum	印度	丁香、拉旺、印度克雷文霍达	丁香酚、香芹酚、麝香草酚、肉桂醛
马鞭草科	*Lippia* spp.	肯尼亚、坦桑尼亚、加纳、津巴布韦	柠檬灌木	月桂烯，芳樟醇，α-蒎烯，桉油精
	L. javanica			别嘌呤醇、樟脑、柠檬烯、α-萜烯醇、马鞭草酮
	L. uckambensis		发烧茶	
	Lantana camara	肯尼亚、坦桑尼亚	马缨丹、西班牙国旗、西印度、马缨丹、野生鼠尾草	石竹烯
	L. cheraliera			桉树脑、石竹烯、伊普西酮、对伞花烯

续表

科属	植物名	生产地	其他名称	驱虫化合物
唇形科	*Ocimum* spp. *O. americanum*	肯尼亚、坦桑尼亚、津巴布韦、尼日利亚、加纳、喀麦隆、厄立特里亚、埃塞俄比亚	树罗勒、新竹、石灰罗勒、kivumbasi、Myeni、Madongo、非洲蓝罗勒、毛罗勒	对-伞花烃、雌二醇、芳樟醇、亚油酸、桉树醇、丁香酚、樟脑、柠檬醛、崖柏酮、柠檬烯、罗勒烯等
	O. basilicum *O. kilimandscharikum*			
	Hyptis spp. *Hyptissuaveolens*	肯尼亚、坦桑尼亚、加纳、冈比亚	灌木薄荷、野啤酒花、野刺、杭子木	香叶烯
	Mentha spp. *M. piperat*	巴西、玻利维亚	薄荷	
	M. arvensis		薄荷、日本薄荷	
	Thymus spp. *Th. vulgaris*	中国、苏联、朝鲜、中东、地中海	百里香	α-松油烯、香芹酚、百里酚、对伞花烃、芳樟醇、香叶醇
	Pogostemon cablin	印度、马来西亚、泰国	Oriza	
	Pogostemon spp.	中国	广藿香	
禾本科	*Cymbopogon* spp.	中国、印度、印度尼西亚		
	C. nardus	巴西		香茅醛
	C. martini	坦桑尼亚、肯尼亚	Palmarosa	香叶醇
	C. citratus *C. winterianius*	美国、南非、玻利维亚	柠檬草、油草	柠檬醛, α-蒎烯
楝科	*Azadirachta indica*	印度、斯里兰卡、中国、巴西、玻利维亚、巴基斯坦、埃塞俄比亚、几内亚比绍、肯尼亚、坦桑尼亚	印楝	印楝素皂苷

续表

科属	植物名	生产地	其他名称	驱虫化合物
菊科	*Tagetes minuta*	乌干达、津巴布韦、印度	卡其色野草	
	Artemisia spp.	印度	艾蒿	樟脑
	A. vulgaris	埃及、意大利、加拿大、美国	艾草、St. Johns Plant、Old uncle Henry、Sailors	芳樟醇、萜烯-4-醇、α-和β-崖柏酮、β-蒎烯
	A. monosperma	西伯利亚、巴西	Felon herb、Naughty man	月桂烯、柠檬烯、桉树脑
豆科	*Glycine max*	世界范围	大豆	
芸香科	*Zanthoxylum limonella*	泰国	Makaen	
	Citrus hystrix	印度尼西亚、马来西亚、泰国、老挝	Kaffir lime, Limau purut	
姜科	*Curcuma longa*		姜黄、姜黄属、印度藏红花	

11.2.1.1 柠檬桉树（桃金娘属）

柠檬桉，学名为 *Corymbia citriodora*，是一种有效的天然驱虫剂，是从柠檬桉树叶中提取的。从根本上说，它是在 20 世纪 60 年代的大规模植物筛查时发现的。柠檬桉树精油含 85% 的香茅醛，因为其气味清新，主要用于化妆品行业（Vieira，2004）。然而，事实证明，精油经水蒸气蒸馏后残留的废弃物比精油本身的驱蚊效果更好。许多植物提取物和精油可以驱蚊，其功效可持续数分钟至数小时，它们的有效成分也是高挥发性的。因此，其驱避效果在施用后持续时间很短，并迅速蒸发，使用者实际上得不到有效保护。对-薄荷烷-3，8-二醇（PMD）是这一类别中的突出代表，它的蒸汽压比大多数植物油中发现的挥发性单萜类化合物的更低（Barasa et al.，2002），并可在数小时内对各种昆虫媒介提供很好的保护（Carroll and Loye，2006），而精油的驱避时间只有 1h 左右（Phasomkusolsil and Soonwera，2010）。PMD 是唯一基于植物的已被疾病控制中心批准的驱虫剂（Emily and Roger，2010），由于其公认的临床效果，被用于疾病流行地区（Hill et al.，2007年），是一种安全的替代品，不会对人类健康造成任何威胁（Johnson fact sheet，日期不详）。

11.2.1.2 香茅（香茅属，禾本科）

香茅属植物的精油和提取物，常用作植物驱蚊剂成分，主要是亚香茅（*Cymbopogon nardus*），并以商业规模销售。一般来说，香茅的使用浓度在5%~10%。据报道，这个浓度比任何其他驱虫剂都要低，超过这个浓度就会对皮肤造成刺激。香茅油的功效可持续约2h，因为精油会迅速蒸发，使性能丧失，失去保护作用。然而，通过木风茅（*Cymbopogon winterianus*）的精油与大的分子（如香兰素，5%）混合，能降低油的挥发速度，保护时间可以大大延长（Tawatsin et al.，2001）。最近，随着纳米技术的出现，通过2.5%表面活性剂和100%甘油的高压均质化，成功制备了纳米乳液形式封装的香茅油，赋予油类较慢的释放速率，使保护时间延长（Sakulku et al.，2009）。据文献报道，使用明胶—阿拉伯胶对香茅油进行微胶囊化处理，在室温（22℃）储存条件下，处理后织物可以维持驱避效果30天。

11.2.1.3 印楝（楝科）

印楝属于楝科植物，也是有效的驱虫、驱蚊剂，并作为 *N*，*N*-二乙基-3-甲基苯甲酰胺（DEET）的天然替代品而广受欢迎（Ava，2009）。许多实地研究表明，基于印度楝树的配方具有非常高的驱避效果（Singh et al.，1996；Sharma et al.，1993；Caraballo，2000），但情况并不总是如此，许多研究人员认为其功效中等（Barnard and Xue，2004；Moore et al.，2002）。这种迥异的结果可能是由于用于制备配方的方法和溶剂不同造成的。虽然印楝是一种植物性产品，但环境保护局（EPA）尚未批准将其用作局部的驱虫剂。尽管其皮肤毒性很低，但有可能引起皮肤刺激，如未稀释使用时会引起皮炎（Reutemann and Ehrlich，2008）。由于缺乏可靠的科学研究，不建议将印楝油用作前往疾病流行地区的旅行者使用的有效和安全的驱虫剂（Goodyer et al.，2010）。

11.2.2 天然油

天然油（顾名思义）一般由甘油三酯获得，其存在于各种蔬菜或植物中。这类油的作用：①由于长链脂肪分子的存在，减少了驱避剂的挥发；②已知含有的脂肪酸在高浓度下能驱蚊；③能减少短程引诱物，即外激素、水蒸汽（Maia and Moore，2011）。

防咬剂（Bite bloker）是一种由甘油、卵磷脂、香兰素、椰子油、天竺葵和2%的大豆油组成的商业配方，也能达到与DEET驱避剂类似的驱避效果，对登革热病媒提供平均7.2h的保护时间（Barnard and Xue，2004），对蚊虫叮咬提供大约1.5h的保护时间，这也与其他研究人员研究的低浓度DEET的效果相当（Fradin and Day，2002）。大豆油本身并不具有驱避性，但将其添加到防咬剂配方中，对驱虫效果有积极作用（Campbell and Gries，2010）。迄今为止，尚未确切的推荐最大接触量或慢性接触量限制（Biconet MSDS，未注明日期）。在其他植物油中，具有中等驱避功效的是棕榈坚果油、椰子油（Konan et al.，2003）和苦油树油（Miot et al.，2004）。这些油的功效远远低于 DEET，是其他活性驱避剂的强而有用的廉价载体。

11.3 驱虫剂对昆虫的作用机理

驱虫剂通过与蚊子的气味受体（OR）和味觉受体（GR）的相互作用发挥作用（Dicken and Bohbot，2013），其机理是，它们与昆虫触角中的"气味结合蛋白"（OBP）结合，从而驱使它们离开（Ditzen et al.，2008）。有关 DEET 作用的文献研究表明，昆虫不喜欢这种气味，而在其他的研究中，研究者强调 DEET 可能会通过麻痹昆虫的嗅觉来迷惑昆虫。昆虫拥有几种类型的嗅觉器官，用于收集化学信号。这些神经元中的大部分都配备了由两种蛋白质组合而成的气味受体，每个气味受体都包含一个称为 Orco 的蛋白质，与另一个蛋白质配对，Orco 可以与其他 60 种蛋白质中的任何一种结合。飘散在空气中的气味分子与这些受体结合，触发一些神经活动，并抑制其他的神经活动。因此，驱避剂会与其"气味结合蛋白"结合，混淆昆虫嗅觉（Howard Hughes Medical Institute，2011）。

11.4 天然驱虫剂在纺织基材上的应用

健康和卫生是人类舒适生活和工作效率最大化的首要条件。蚊子之所以会被吸引到人的皮肤上，是因为它们会散发出二氧化碳、乳酸、体味和热量。驱蚊纺织品可以保护人类免受蚊子的叮咬，从而保证安全，免受疟疾、登革热等疾病的侵害。有许多天然植物性产品表现出优异的驱虫性能，并通过各种方法加入纺织基材中。其中，在纺织品基材上进行驱蚊整理是一个非常活跃的研究领域，已经进行了大量的研究，到目前为止还没有可行的商业解决方案，本章后半部分概述了最近的一些研究成果。

下面介绍赋予纺织基材驱虫/驱蚊性能的各种方法。

11.4.1 通过浸轧—干燥—固化法施加微胶囊化驱避剂

微胶囊是一种微包装技术，传统上是在小颗粒固体、液滴或固体在液体中的分散体上沉积薄的聚合物涂层（Anita et al.，2011）。它是一种独特的方法，通过减缓活性成分的释放速度，赋予基材持久的驱避效果。释放速度直接影响保护的时间，因此降低释放速度可以延长防蚊的时间。

(1) 使用柠檬草油对聚酯纤维织物进行驱蚊整理。利用柠檬草油的微胶囊形式对 100%聚酯纤维织物进行驱蚊处理。在一项研究中，利用柠檬草叶的水提取物和甲醇提取物制备了微胶囊，使用水提取物的微胶囊通过浸轧—干燥—固化法整理聚酯纤维织物，与甲醇提取物（80%）相比，显示出 92%的驱蚊活性（Anita et al.，2011）。这种化合物已被许多研究人员作为可重复使用纺织品的一种有前途的生态友好替代品进行探索。

(2) 使用香茅油对棉织物进行驱蚊整理。在一项研究中，用微胶囊香茅油处理棉织物，与喷洒精油乙醇溶液的织物相比，微胶囊香茅油能提供更高、更持久的防虫保护，保证 3 周内驱虫效果高于 90%（Miró Specos et al.，2010）。通过将微胶囊技术应用于织物，对柠檬油、香茅油、杜氏油等天然油与 DEET 之间的比较研究表明，天然油（尤其是柠檬草）的性能不仅等效于合成驱虫剂，而且这些油还提供了许多药用价值，而不具有合成驱虫剂的毒性（Amol and Gudiyawar，2015）。

(3) 使用穿心莲植物的提取物对棉进行驱蚊整理。研究发现，生态友好型驱蚊剂（如穿心莲植物的提取物）能成功地赋予棉织物驱蚊效果，该特性可以通过直接应用以及微胶囊化的方法获得。在一项研究中，直接涂抹法的驱蚊效果可达 96%，微胶囊法的驱蚊效果可达 94%。同时，微胶囊法整理的织物在高达 30 次洗涤后依然表现出良好的驱蚊活性，而直接施用法整理的织物仍能保持功效达 10 次洗涤（Ramya and Maheshwari，2014）。

11.4.2 通过浸轧—烘干—固化法直接施加天然驱避剂

(1) 使用薄荷叶对棉织物进行驱蚊整理。薄荷叶的醇提取物具有优异的驱蚊效果，对穿着经薄荷叶处理的纺织品的人来说，具有良好的防蚊媒疾病安全性。在一项研究中，使用薄荷叶提取物，通过直接的浸轧—干燥—固化法涂抹在棉织物上，实现了 100%的驱蚊性，即使在第 9 次洗涤后也显示出显著的功效（Gupta and Singh，2017）。

(2) 使用香茅油和薰衣草油对棉织物进行驱蚊整理。在一项研究中，用香茅油和薰衣草油处理活性染料染色的棉织物，对处理后织物进行驱蚊功效测试，结果显示，在染色后采用浸轧—干燥—固化法涂抹精油，驱蚊率为 83%（Anish et al.，2015）。

表 11.2 总结了其他各种植物驱避剂的应用概况。

表 11.2　其他各种植物性驱避剂的应用概况

驱避剂类型	基材	赋能技术	评价类型	结果	参考文献
微胶囊化香茅	精练漂白棉织物	直接涂覆	笼子分析、实地分析	昆虫着陆率、驱蚊率（%）	Vigneshkumar and Vijaykumar（2012）

续表

驱避剂类型	基材	赋能技术	评价类型	结果	参考文献
桉树、檀香、印度菝葜（hemidesmos indicus）提取物	退浆漂白棉织物	常规方法、超声雾化、纳米喷雾	笼子分析	驱蚊率和芳香释放（%）	Priyadarshiani and Raja（2015）
迷迭香提取物	RFD棉织物	常规方法	改良兴奋室	驱蚊率（%）	Bhanupriya and Maheswari（2013）
篦麻（Ricinus communis），黑番泻叶（Senna auraculata）	混纺牛仔布	浸轧—干燥—固化	改良兴奋室	驱蚊率（%）	Sumithra and Vasugi（2012）
微胶囊化的 Amanakku avaram 和 Amman pacharisi	各种混纺牛仔布	浸轧—干燥—固化	改良兴奋室	驱蚊率（%）	Sumithra（2016）

11.5　活性成分与纺织基质的整合

迄今为止，关于驱虫剂与纺织品基质结合作用的研究报道很有限。Purwar 等（2008）进行的一项研究显示，印棟树提取物对棉织物有抗菌性能，并表明印棟树中含有对冷血动物有毒性作用的柠檬苦素。作者通过 IR 分析证明了柠檬苦素类化合物在棉布基质上的附着力，通过分析各种官能团峰或新形成的化学连接峰，确定了印棟树提取物在棉基质上的存在。作者特别强调，醚键的存在是活性成分附着在整理织物上的证据。因此，可以得出结论，驱虫剂（包括其他柠檬苦素类化合物）也可以通过化学作用附着在纤维素纺织品上。

11.6　生物基天然驱虫剂的安全问题

人们普遍认为，生物基驱避剂比合成类如 DEET 更安全，因为它们是天然的。然而，有些天然驱避剂并不比其他的驱避剂更安全，不能认为所有天然的都是安全的（Trumble，2002）。对哺乳动物而言，天然驱避剂有一定的安全浓度水平，表 11.3 对此进行了总结。

表 11.3　一些常见天然驱避剂的安全浓度（Maia and Moore, 2011）

俗名	学名	安全浓度/%
茴香	Anise	3.6
罗勒	Ocimum sp.	0.07
佛手柑	Citrus aurantium	0.4
白千层	Melaleuca altenifolia	0.004
偏柏（Ceder）	Chamaecyparis nootkatensis	1
桂皮	Cinnamonium cassia	0.2 或 9
香茅	Cymbopogon nardus	2
香茅（爪哇）	Cymbopogon winterianius	2
柑橘油	Citrus sp.	16~25
丁香	Syzyguim aromaticum	0.5
发烧茶，柠檬灌木	Lippia javanica	2
天竺葵	Pelargonium graveolens	6
生姜	Zingiber sp.	12
黄油，澳柏	Langarostrobus franklini	0.004
柠檬草	Tagates minuta	0.1
酸橙	Citrus aurantifolia	0.7
木姜子	Litsea cubeba	0.1
万寿菊	Tagates minuta	0.01
墨西哥茶（美国）	Chenopodium ambrosioides	禁止
薄荷	Mentha piperata and spicata	2
肉豆蔻	Myristica fragrans	0.4
玫瑰草	Cymbopogon martini	16
普列薄荷	Mentha pulegiumor Hedeoma pulegioides	禁止
松树	Pinus sylvestris	用抗氧化剂制备
迷迭香	Rosemarinus officinalis	36
芸香	Ruta chalepensis	0.15

续表

俗名	学名	安全浓度/%
百里香	*Thymus vulgaris*	2
紫罗兰	*Viola odorata*	2
依兰树	*Canagium odoratum*	2

11.7 评价方法

对于任何整理的织物来说,功能特性的评价是最重要的一环,就驱蚊评价来说,防蚊虫性评价是非常重要的。现有大多数文献主要集中在纺织品的驱蚊性能评价上,因此,将驱蚊纺织品作为重点领域之一进行了讨论,对评估驱避效果的常用方法及其面临的挑战,作了简要介绍,供读者参考。

评价驱避能力的最大挑战是没有合适的测试系统。不同的研究人员使用不同的方法来评估精油/化合物对蚊子的驱避性。有许多方法来评估驱蚊织物的功效,如锥体试验、笼子试验、改良的激子室法、现场试验等(Kim et al.,2005)。在所有的方法中,最可靠的测试方法有人的参与,即生物测定试验,其中蚊子对处理过的同一种织物进行不同的生物测定试验,其反应不同。这是因为测试因素的变化,包括测试对象的吸引力程度、处理方法和作为处理基质的材料不同。

11.7.1 锥体测试(Anuar and Yusof,2016)

锥体试验是根据1998年WHO的锥体试验方法进行的,这种方法监测杀虫剂在处理过的织物表面的生物效力和持久性(图11.1)。这种试验方法没有人的参与,因此,很难引诱蚊子,因而没有得到研究界的重视。为了吸引蚊子,采用了活人的血液。在锥体试验中,在3min的暴露时间内,蚊子在锥体上停留的时间可能比在处理过的织物表面上多。3min的暴露试验一般在27℃的温度下进行。将标准的WHO塑料锥体放在处理过的样品表面,用遮蔽带固定。用吸气器向锥体中吹入5~10只雌蚊,使蚊子暴露于处理表面。数量越少越好,因为便于观察蚊子的行为。在3min的暴露期内,统计停留在处理过的样品上的蚊子数量。暴露结束后,将蚊子转移到塑料锥中进一步观察。塑料锥保持在无杀虫剂的空气中,并供给10%的蔗糖溶液。暴露1h后测定不动的、击倒的试验蚊子的数量,最后测定24h后的死亡率,用下式计算驱蚊百分比:

$$蚊子死亡率(\%) = (MR-MC)/(100-MC) \times 100$$

其中,MR代表试验样品中蚊子的死亡率,MC则对应于对照样品中蚊子的死亡率。

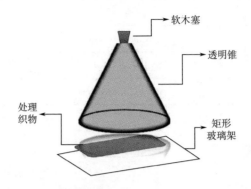

图 11.1 锥体试验图解（Anuar and Yusof, 2016）

11.7.2 笼子试验（Anuar and Yusof, 2016）

这种测试方法有人类参与，是可靠的方法之一。然而，这是最复杂的测试方法，因为它涉及大量的前期准备工作，从案头工作到蚊子的准备。笼子通常用透明的蚊帐遮盖，以便于观察，同时也可将蚊子关在笼子里。笼子上有一些孔洞，孔洞用蚊帐覆盖，以便于手臂进出，如图 11.2 所示。按照 WHO 的常规标准，必须装满 200 只饥饿的蚊子，但最新的标准建议使用较少的蚊子数量（低至 30 只），因为较低的蚊子密度可以更准确地控制室内和室外条件。在整个测试过程中，应避免使用烟草，也应避免在 12h 内使用任何种类的香水，因为这些因素可能会影响驱蚊测试的结果。测试开始前，测试者应先用无香皂洗手，并用清水冲洗，并且手与手之间的距离≥20cm，志愿者用手套或处理过的材料覆盖的手臂插入笼子里。左臂作为对照，右臂作为处理过的样品。未处理和处理过的前臂应同时暴露在蚊子群体中 3min，如果在 3min 内至少有两只蚊子落下或叮咬，则应继续试验。如果 3min 内没有蚊子落下，则应将手从笼子中抽出。用数码相机独立地统计蚊子落下的数量，以获得准确的结果。每隔 30min 暴露一次，最多 8h 或驱避失败为止。每个样品应在 (28±2)℃ 和 (80±5)% 相对湿度的条件下重复进行三次，每次重复之间有 5min 的等待时间。驱避百分率按以下公式计算：

$$防蚊率（\%）=(U-T)/U \times 100$$

其中，U 代表未处理样品上的蚊子数，T 代表处理样品上的蚊子数。

11.7.3 改良的激子室法（Anuar and Yusof, 2016）

11.7.3.1 蚊虫收集

在进行测试前，不能让试验蚊子接触血和糖，饥饿 4h 后再进行试验。

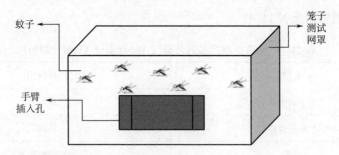

图 11.2　笼子试验示意图（Anuar and Yusof，2016）

11.7.3.2　驱避行为测试

在这个试验中，通常使用专门设计的两个激子驱避性试验室，一般是一个盒子（图 11.3），来评价驱避效率。蚊子在暴露前至少 4h 内应被剥夺所有营养和水，实验室测试时应进行一些重复试验。可以每隔 1min 观察一次，比如持续 30min。每次测试后，应分别记录每个暴露室的逃逸样本和留在室内的样本数量。驱蚊率的百分比可按下式计算：

$$驱蚊率(\%) = \frac{逃逸样本数 + 死亡样本数}{暴露样本数} \times 100$$

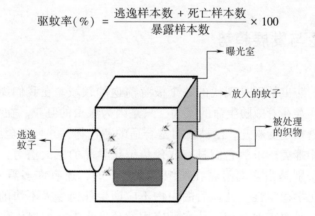

图 11.3　改良的激子室试验示意图（Anuar and Yusof，2016）

11.7.4　现场试验（Kim et al.，2005）

现场试验是对处理过的纺织品功效最有意义的证据，特别是在蚊子多的地方进行的现场试验。

11.8　驱虫纺织品的应用

驱虫纺织品可以作为抵御昆虫、蚊子和其他节肢动物的物理屏障，驱虫纺织品的各种应用总结于表 11.4。

表 11.4 驱虫纺织产品的分类（Anuar and Yusof，2016）

衣物	室外应用
带子和短袜	床帐
T恤和长裤	吊床
马甲	可拆卸的布片
头网	床单
网状夹克	蚊帐（各种形式网） ●矩形网 ●自承网 ●圆形网 ●楔形网 ●吊床网

11.9 结论与发展趋势

纺织基材的防虫整理是现代的一个极有前途的领域。在我们周围，特别是在热带国家，确实存在着威胁生命的疾病，只是因为昆虫的叮咬。在生物基产品中，植物性驱避剂越来越受欢迎，已被证明是合适的替代物，并且安全，可以与 DEET 这样的合成物相媲美。虽然它们具有取代传统化学品的巨大潜力，但要使其更具商业可行性，特别是当它们附着在纺织品基材上时，还有许多需要解决的问题，如耐用性以及化学稳定性。处理后的织物不应产生任何令人不快的气味，这一点在设计任何产品时都需要牢记。从实际应用的角度来看，如何优化浓度而不对纺织品产生不良影响是另一个需要思考的问题。研究各种天然驱虫剂对蚊子、苍蝇、跳蚤、咬蠓等的组合作用，是另一个很有前景的研究领域。

参考文献

[1] Amol, G. T., Gudiyawar, M. Y., 2015. Development of microencapsulated eco-friendly mosquito repellent cotton finished fabric by natural repellent oils. Int. J. Sci. Technol. Manag. 04 (11), 166–174.

[2] Anish, S. M., Senthil, P. P., Boobalan, S., Karthikeyan, L. M., 2015. Development of mosquito repellent finished cotton fabric using eco-friendly cymbopogan oil.

Int. J. Sci. Technol. Manag. 04 (02), 96-101.

[3] Anita, R., Ramachadran, T., Rajendran, R., Mahalakshmi, M., 2011. Microencapsulation of lemon grass oil for mosquito repellent finishes in polyester textiles. Elixir Bio Phys. 40, 5196-5200.

[4] Anon, n. d. Biconet: MSDS Bite Blocker Spray. http://www.biconet.com/personal/infosheets/biteBlockerSprayMSDS.pdf.

[5] Anuar, A. A., Yusof, N., 2016. Methods of imparting mosquito repellent agents and the assenting mosquito repellancy on textile. Fashion Text 3, 12.

[6] Ava, T., 2009. Neem Oil: A Safe Alternative to DEET. http://trinityava.com/wp-content/.../Neem-for-Outdoor-Protection-2009.07.pdf.

[7] Barasa, S. S., Ndiege, I. O., Lwande, W., Hassanali, A., 2002. Repellent activities of stereoisomers of p-menthane-3, 8-diols against *Anopheles gambiae* (Diptera: Culicidae). J. Med. Entomol. 39, 736-741.

[8] Barnard, D. R., 1999. Repellency of essential oils to mosquitoes (Diptera: Culicidae). J. Med. Entomol. 36, 625-629.

[9] Barnard, D. R., Xue, R. D., 2004. Laboratory evaluation of mosquito repellents against *Aedes albopictusCulex nigripalpus*, and *Ochierotatus triseriatus* (Diptera: Culicidae). Hill 41, 726-730.

[10] Bhanupriya, J., Maheswari, V., 2013. Effects of mosquito repellent finishes by herbal method on textiles. Int. J. Pharm. Life Sci. 4, 3133-3144.

[11] Campbell, C., Gries, G., 2010. Is soybean oil an effective repellent against *Aedes aegypti*? Can. Entomol. 142, 405-414.

[12] Caraballo, A. J., 2000. Mosquito repellent action of Neemos. J. Am. Mosq. Control Assoc. 16, 45-46.

[13] Carroll, S. P., Loye, J., 2006. PMD, a registered botanical mosquito repellent with DEET-like efficacy. J. Am. Mosq. Control Assoc. 22, 507-514.

[14] Curtis, C. F., 1990. Traditional Use of Repellents. In Appropriate Technology in Vector Control. CRC Press, Florida.

[15] Dicken, J. C., Bohbot, J. D., 2013. Mini review: mode of action of mosquito repellents. Pest. Biochem. Physiol. 106, 149-155.

[16] Ditzen, M., Pellegrino, M., Vosshall, L. B., 2008. Insect odorant receptors are molecular targets of the insect repellent deet. Science 319, 1838-1842.

[17] Emily, Z. R., Roger, S. N., 2010. Protection against mosquitoes, ticks and other insects and arthropods. In: CDC Health Information for International Travel ("The Yellow Book"). Centres for Disease Control and Prevention, Atlanta.

[18] Fradin, M. S., Day, J. F., 2002. Comparative efficacy of insect repellents against mosquito bites. N. Engl. J. Med. 347, 13-18.

[19] Goodyer, L. I., Croft, A. M., Frances, S. P., Hill, N., Moore, S. J., Onyango, S. P., Debboun, M., 2010. Expert review of the evidence base for arthropod bites avoidance. J. Travel. Med. 17, 1708-8305.

[20] Gupta, A., Singh, A., 2017. Development of mosquito repellent finished cotton fabric using eco-friendly mint. Int. J. Home Sci. 3 (2), 155-157.

[21] Herodotus, 1996. The Histories. Penguin.

[22] Hill, N., Lenglet, A., Arnez, A. M., Cainero, I., 2007. Randomised, double-blind control trial of p-menthane diol repellent against malaria in Bolivia. Br. Med. J. 335, 1023.

[23] Howard Hughes Medical Institute, 2011. How Does DEET Work? Study Says It Confuses Insects. https://phys.org/news/2011-09-deet-insects.html.

[24] Johnson, T., 1998. Ethnobotany Desk Reference. CRC Press, Florida.

[25] Johnson, S. C., EPA: p-Menthane-3,8-diol (011550) Fact Sheet. http://www.epa.gov/oppbppd1/biopesticides/ingredients/factsheets/factsheet_011550.html.

[26] Kim, J., Kang, C., Lee, J., Kim, Y., Han, H., Yun, H., 2005. Evaluation of repellency effect of two natural aroma mosquito repellent compounds, citronella and citronellal. Entomol. Res. 35, 117-120.

[27] Konan, Y. L., Sylla, M. S., Doannio, J. M., Traoré, S., 2003. Comparison of the effect of two excipients (karite nut butter and vaseline) on the efficacy of *Cocos nucifera*, *Elaeis guineensis* and *Carapa procera* oil-based repellents formulations against mosquitoes biting in Ivory Coast. Parasite 10, 181-184.

[28] Maia, M. F., Moore, S. J., 2011. Plant-based insect repellents: a review of their efficacy, development and testing. Malar. J. 10, .

[29] Miot, H. A., Batistella, R. F., Batista, K. A., Volpato, D. E., Augusto, L. S., Madeira, N. G., Haddad, V. J., Miot, L. D., 2004. Comparative study of the topical effectiveness of the Andiroba oil (*Carapa guianensis*) and DEET 50% as repellent for *Aedes* sp. Rev. Inst. Med. Trop. Sao Paulo 46, 235-236.

[30] Miró Specos, M. M., García, J. J., Tornesello, J., Marino, P., Vecchia, M., Defain Tesoriero, M. V., Hermida, L. G., 2010. Micro encapsulated citronella oil for mosquito repellent finish of cotton. Trans. R. Soc. Trop. Med. Hyg. 104 (10), 653-658.

[31] Moore, S. J., Lenglet, A., Hill, N., 2002. Field evaluation of three plant-based insect repellents against malaria vectors in Vaca Diez Province, the Bolivian Ama-

zon. J. Am. Mosq. Control Assoc. 18, 107-110.

[32] Moore, S. J., Lenglet, A., Hill, N., 2006. Plant-Based Insect Repellents, Principles, Methods, and Use. CRC Press, Florida.

[33] Nelson, G., 2001. Microencapsulation in finishing technology. Color. Tech. 31 (1), 57-64.

[34] Owen, T., 1805. Geoponika: Agricultural Pursuits. http://www.ancientlibrary.com/geoponica/index.html.

[35] Phasomkusolsil, S., Soonwera, M., 2010. Insect repellent activity of medicinal plant oils against *Aedes aegypti* (Linn.), *Anopheles minimus* (Theobald) and *Culex quinquefasciatus* say based on protection time and biting rate. Southeast Asian J. Trop. Med. Publ. Health 41, 831-840.

[36] Priyadarshiani, R. K., Raja, N. V., 2015. Innovative herbal nanofinishing on cotton fabric, international. J. Fibres Text. Res. 5, 44-47.

[37] Purwar, R., Joshi, M., Mishra, P., 2008. Antibacterial finishing of cotton textiles using neem extract. AATCC Rev. 8 (2), 36-43.

[38] Ramya, K., Maheshwari, V., 2014. Development of eco-friendly mosquito repellent fabric finished with *Andrographis paniculata* plant extract. Int. J. Pharm. Pharm. Sci. 6 (5), 115-117.

[39] Rehman, J. U., Ali, A., Khan, I. A., 2014. Plant based products: use and development as repellents against mosquitoes: a review. Fitoterapia 95, 65-74.

[40] Reutemann, P., Ehrlich, A., 2008. Neem oil: an herbal therapy for alopecia causes dermatitis. Dermatitis 19, 12-15.

[41] Rutledge, L. C., Gupta, L., 1995. Re analysis of the C G Macnay mosquito repellent data. J. Vector Ecol. 2, 132-135.

[42] Sakulku, U., Nuchuchua, O., Uawongyart, N., Puttipipatkhachorn, S., Soottitantawat, A., Ruktanonchai, U., 2009. Characterization and mosquito repellent activity of citronella oil nanoemulsion. Int. J. Pharm. 372, 105-111.

[43] Saraf, N. M., Sabale, A. G., Vaishali, R., 2011. Technical Briefing: To Bite or Not to Bite. Sharma, V. P., Ansari, M. A., Razdan, R. K., 1993. Mosquito repellent action of neem (*Azadirachta indica*) oil. J. Am. Mosq. Control Assoc. 9, 359-360.

[44] Singh, N., Mishra, A. K., Saxena, A., 1996. Use of neem cream as a mosquito repellent in tribal areas of Central India. Indian J. Malariol. 33, 99-102.

[45] Sumithra, M., 2016. Effect of insect repellent property using microencapsulation technique. World J. Pharm. Res. 5, 715-719.

[46] Sumithra, M., Vasugi, R. N., 2012. Mosquito repellency finishes in blended denim fabrics. Int. J. Pharm. Life Sci. 3 (4), 1614-1616.

[47] Tawatsin, A., Wratten, S. D., Scott, R. R., Thavara, U., Techadamrongsin, Y., 2001. Repellency of volatile oils from plants against three mosquito vectors. J. Vector Ecol. 26, 76.

[48] Trongtokit, Y., Curtis, C. F., Rongsriyam, Y., 2005. Efficacy of repellent products against caged and free flying *Anopheles stephensi* mosquitoes. Southeast Asian J. Trop. Med. Publ. Health 36, 1423-1431.

[49] Trumble, J. T., 2002. Caveat emptor: safety considerations for natural products used in arthropod control. Am. Entomol. 48, 7-13.

[50] Vieira, I. G., 2004. Estudo de caracteres silviculturais e de produção de oleo essencial de progênies de Corymbia citriodora (Hook). In: Hill, K. D., Johnson, L. A. S. (Eds.), Procedente de Anhembi SP – Brasil, Ex. Atherton QLD – Austrália. Universidad de Sao Paulo, Escola Superior de Agricultura Luiz de Queiroz.

[51] Vigneshkumar, M., Vijaykumar, V. M., 2012. Repellence effect of microencapsulated citronella oil on treated textile fabrics against *Aedes aegypti* mosquitoes. Hitek J. Bio Sci. Bioeng. 1, 1-7.

12 防紫外线纺织品

AzadehBashari[1], *Mina Shakeri*[1,2], *Anahita Rouhani Shirvan*[1]
[1] 阿米尔卡比尔理工大学纺织工程系，伊朗德黑兰
[2] 塔比亚特莫达雷斯大学材料工程系，伊朗德黑兰

12.1 引言

太阳的辐射包括红外（IR）、紫外（UV）、可见光和其他辐射，这些辐射有不同的波长，以纳米为单位。

紫外辐射又分为 UVA、UVB 和 UVC。

● UVA 是波长为 320~395nm 的长波紫外线，约占到达地球的紫外辐射的 95%。UVA 是导致皮肤老化、皱纹/光老化、皮肤癌和眼损伤的主要因素，因为它可以深入皮肤的真皮层。

● UVB 是波长为 280~320nm 的中等强度的紫外线，其绝大部分被大气层所吸收，在到达皮肤时，只能穿透表皮层，通常灼伤皮肤的表层。

● UVC 是波长为 200~280nm 的最弱的紫外线，被臭氧层吸收，不会到达地球（Belkin et al.，1994）。

虽然臭氧层中的臭氧（O_3）浓度不是很高，但它对吸收来自太阳的有害紫外辐射有重要作用。在紫外线的作用下，不稳定的臭氧分子会分裂成氧分子（O_2）和单个的氧原子；在一个称为臭氧—氧循环的过程中，氧分子吸收紫外线的能量，分裂成两个原子氧，O_3 是原子氧与未开裂的 O_2 结合生成。化学反应描述如下：

$$O_2 + h\nu_{UV} \longrightarrow 2O \quad (12.1)$$
$$O + O_2 \rightleftharpoons O_3 \quad (12.2)$$

英国的数学家和地球物理学家 Sydney Chapman 在 1930 年代发现了这些光化学机制（Reddy and Siva Kumar，2011）。大气层中氧气的积累导致臭氧层的形成。紫外线对皮肤的作用如图 12.1 所示。

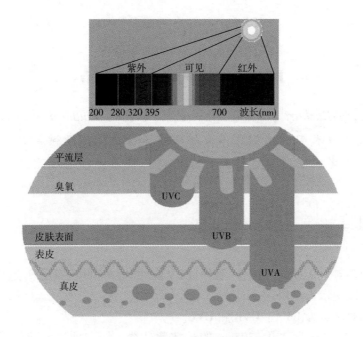

图 12.1 紫外线对皮肤的作用

12.2 紫外线对人体的影响

人体对紫外辐射有不同的反应方式,紫外辐射除了对人体健康有一定的好处外,还会对人体产生很多不利影响(图 12.2)。

图 12.2 紫外线对人体的正面和负面影响

UV对身体的积极作用是：

● 产生维生素D：维生素D是骨骼、免疫系统和肌肉强健的最重要因素，它还能降低某些类型的癌症风险，如结肠癌。

● 治疗某些皮肤病：在银屑病病症中，皮肤细胞迅速脱落，产生皮肤瘙痒和鳞屑斑。UV照射可以减缓细胞的生长，减轻症状。

● 改善人的情绪：阳光通过刺激大脑中的松果体产生色胺类物质，使人的心情变好。

● UV作为消毒因子：UV线可以穿透细胞膜，阻止细胞DNA的复制和繁殖，导致某些种类的微生物被杀死或失活，如细菌和病毒。

UV对身体的不利影响是：

● 皮肤癌：UV作为一种环境致癌因素，会导致三种主要类型的皮肤癌（基底细胞癌、鳞状细胞癌、黑色素瘤）。

● 晒伤：在阳光下，暴露的皮肤吸收了UV的能量，会损伤皮肤细胞，因此，为了修复损伤细胞，额外的血液流向这些细胞而使皮肤变红。

● 对免疫系统的损害：反复、过度的UV暴露，会导致人体白细胞的功能在阳光照射后高达24h内发生改变。

● 对眼睛的伤害：高强度的UV会损伤眼组织，会导致雪盲或眼表灼伤。

● 皮肤老化：UV线会破坏皮肤表层下的胶原蛋白和结缔组织，导致皱纹、雀斑以及皮肤失去弹性（Maksimenko，2008）。

许多聚合物和纤维的强度也会因UV辐射而降低，许多用于纺织品染色的染料/颜料会在阳光下褪色或变色（Maksimenko，2008）。

12.3 紫外线指数（UVI）

UV指数是一个无量纲值，定义如下：

$$\text{UV 指数} = k_{er} \int_{280nm}^{400nm} E(\lambda) S_{er}(\lambda) d\lambda \tag{12.3}$$

式中：$E(\lambda)$为水平面上的太阳光辐照度[W/(m²·nm)]，λ、dλ为波长和波长区间（nm），k_{er}等于40m²/W，$S_{er}(\lambda)$因如下所示的不同情况而不同：

$S_{er}(\lambda)$ = CIE（1987）红斑作用：

= 1 （$\lambda \leq 298nm$）

= $10^{[0.094(298-\lambda)]}$ （$298nm \leq \lambda \leq 328nm$）

= $10^{[0.015(139-\lambda)]}$ （$328nm \leq \lambda \leq 400nm$）

影响UV指数的因素：

● 太阳高度：UV辐射取决于一天中的辐射时间和一年中的辐射时间；

●云：无云的天空具有最高的 UV 辐射和 UV 指数；
●臭氧：UV 的某些部分，特别是 UVB 波段，会强烈地被臭氧吸收。由于前文提到的化学过程，臭氧的浓度在一年中甚至一天中都会发生变化；
●海拔高度：能使其衰减的物质的减少导致高原上 UV 辐射增加；
●气溶胶：含有更多碳黑和矿物粉尘的气溶胶会导致 UV 线吸收和散射的增加（German Meteorological Service，2015）。

UV 指数描述的是地球上的太阳辐照度的水平，数值越高，对皮肤和眼睛伤害的可能性越大。根据世界卫生组织（WHO）的建议，紫外线指数分为五个等级，有不同的防护要求（图 12.3）。

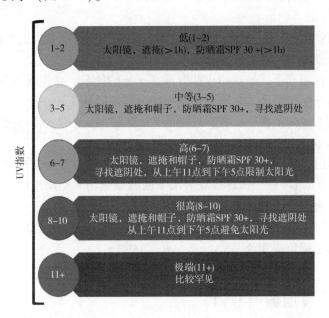

图 12.3　UV 指数（Thunder Bay District Health Unit，2016）

12.4　UV 防护系数（UPF）

用于评价纺织品 UV 防护性能的测试方法主要有两种：
●体内测试。纺织品的 UV 防护性能测试是将装有各种纺织样品的模板挨着人的皮肤放置，紫外辐射通过织物直射到皮肤上，根据皮肤晒伤的强度来估算织物的 UV 防护系数。该测试中，至少选择 10 名皮肤光型为 Ⅰ 型、Ⅱ 型或 Ⅲ 型的志愿者进行测试。该测试分别在无防护和有防护的皮肤上进行，对于有织物防护的皮肤，当 UPF<25 时，暴露量增量不大于预测的最小红斑剂量（MED）的 1.26 倍；

当 UPF≥25 时，暴露量增量不大于预测的 MED 的 $\sqrt{1.25}$ 倍。MED 是在 16~24h 确定的，其计算方法是受保护皮肤的 MED 除以未受保护皮肤的 MED（Stanford et al.，1997）。

然而，这些方法是使受试者暴露在高水平的 UV 辐射下，是不安全的。

● 体外测试。澳大利亚新南威尔士大学 Michael Pailthorpe 博士领导的研究小组开发了一种准确而安全的方法，在 280~400nm 光谱范围内，以 1nm 或 5nm 的间隔，通过测量织物的透过率来分析 UPF（Stanford et al.，1997）。

$$UPF = \frac{\sum_{280}^{400} S(I)E(I)d(I)}{\sum_{280}^{400} S(I)E(I)T(I)d(I)} \tag{12.4}$$

式中：$S(I)$ 是光源的太阳辐照度 [W/(m²·nm)]，$E(I)$ 是相对红斑的光谱效度，$T(I)$ 是样品的光谱透射率，$d(I)$ 是波长步长 (nm)（Bilimis，2011）。

至少要用分光光度计或光谱辐射计采集测试四个样品。

表 12.1 给出了根据澳大利亚标准委员会 TX/21 的 UV 防护纺织品的评级。

表 12.1 对纺织品和服装的 UV 辐射评级 (Bilimis, 2011)

UV 辐射防护等级	UV 防护系数 UPF	UV 平均辐射率/%
中等	10≤UPF≤19	5.1~10.0
高	20≤UPF≤29	3.4~5.0
很高	30≤UPF≤49	2.0~3.3
最大	50≤UPF	≤2.0

12.5 防紫外纺织品的标准

12.5.1 澳大利亚/新西兰

AS/NZS 4399：1996 防晒服评价和分类标准包括了 UV 防护服的定义、测定织物 UV 透射率的详细程序以及计算 UPF 所需的公式。

该标准将织物分为三个防护类别：
● 40≤UPF<50，属于优异的 UV 防护；
● 25≤UPF<40，属于非常好的 UV 防护；
● 15≤UPF<25，属于良好的 UV 防护。

纺织品的 UPF 至少为 15 才能被评为 UV 防护纺织品。

12.5.2 美国

美国测试与材料学会制定了防晒产品的制造和标签标准，新的防 UV 指标称为 UPF（紫外防护系数），UPF 衡量的是阻挡 UV 通过织物到达皮肤的能力。该标准的防护等级与 AS/NZS 4399 类似。
- 良好的 UV 防护（适用于 UPF=15~24）；
- 非常好的 UV 防护（适用于 UPF=25~39）；
- 优异的 UV 防护（适用于 UPF=40~50）。

目前，在美国只有少数几家公司生产专门设计的 UV 防护服装，它们的产品包括各种规格和形状的外套、裤子、衬衫和帽子，其中也包括儿童服装。

12.5.3 欧洲

欧洲标准 EN 13758-1 力图克服 AS/NZS 4399 标准的许多缺点，建议只有 UPF30+以上的纺织品才能被贴上防晒服的标签。

理由是，UPF30+会很稳定，能适应拉伸、潮湿、磨损和使用的影响，欧洲标准中还包含了对服装设计的要求。

12.6 影响 UPF 的面料因素

12.6.1 纤维化学对 UPF 的影响

在天然纤维中，棉透过的紫外线比其他纤维低。白棉、亚麻和黏胶人造丝对 UV 的防护性低，只有羊毛具有良好的 UV 防护作用。无论棉织物的构造如何，未经处理的织物的 UV 防护性更好（Akgun et al.，2010）。染料或颜料的存在会增强织物的防晒性能，因此，天然有色的棉织物，从浅绿色到深棕色的天然色系棉织物具有比漂白棉布更好的防 UV 效果（表 12.2）。

表 12.2 天然色素对棉 UPF 的影响（Gogoi and Gohoi，2016）

棉类型	绿色棉	黄褐色棉	棕色棉	漂白棉	未漂白棉
UPF	30~50+	20~45	40~50+	4	8

Hustvedt 和 Crews 指出，经过 80AFU 的光照后，天然有色棉布的 UPF 值仍然很高，根据 ASTM D6603，这些织物具有良好到非常好的防晒等级（Gogoi and Gogoi，2016）。

一般来说，具有大共轭体系的芳香聚合物合成纤维，如聚对苯二甲酸乙二醇酯（PET），能有效阻挡紫外线。通过引入消光剂，如二氧化钛（TiO_2），可以显著提高聚酯纤维织物的 UV 防护性能，并且发现尼龙、丙烯腈和醋酯纤维对紫外线的抑制效果较差（Akgun et al., 2010）。

12.6.2　纱线结构对 UPF 的影响

根据 Yu 等的预测模型，从纤维束的 UV 吸收情况来看，纤维较细、透射率较低、孔隙率较低以及折射率较大的纺织品具有较高的 UV 防护能力（Yu et al., 2016）。另外，纤维的横截面形状会影响纺织品的 UPF。根据光学理论，纤维的横截面影响光的透射率和反射率。在圆形、三角形和长方形截面的单纱中，三角形形状优于其他形状，圆形的 UV 防护效果最低（Yu et al., 2015）。此外，纱线捻度通过纱线中纤维的有效堆积以及对其表面性能和织物中纱线的间距的影响来影响织物的 UVP（Stankovic et al., 2009）。UPF 与织物中纱线支数存在负相关织物越薄，纱线越细，支数越大。（Crews et al., 1999）。

12.6.3　组织类型、孔隙度和覆盖系数对 UPF 的影响

由于夏季紫外线照射更强，所以应考虑使用轻薄的纺织品。缎纹组织的经/纬密度比斜纹或平纹组织的更高，因为缎纹组织的孔隙比斜纹或平纹组织的孔隙要小，并且具有较高的覆盖系数，这是因为交织点的特殊排列以及不同于斜纹和类似于平纹组织的孔隙形状的影响，紫外线自由通行的空间更少（Gabrijelčič et al., 2009）（图 12.4）。

平纹　　　　　　　斜纹　　　　　　　缎纹

图 12.4　织物组织的不同类型

单位面积质量取决于织物的孔隙度。厚度是衡量织物 UPF 差异的另一个变量。布面覆盖率作为一个量度，显示了由经纱和纬纱覆盖的面积的分数，按照式（12.5）和式（12.6）来计算（Booth, 1961）：

$$\text{布面覆盖率} = Cf_{经} + Cf_{纬} - \left[\frac{Cf_{经} \times Cf_{纬}}{28}\right] \tag{12.5}$$

$$覆盖系数(Cf) = \frac{每英寸纱线数}{\sqrt{纱线数(棉纱计数系统)}} \quad (12.6)$$

孔隙率作为衡量组织密实度的指标,称为覆盖系数。织物的克重和厚度与 UPF 呈正相关,可以用孔隙率来解释。很容易得出结论,较高的布面覆盖率可以获得较高的 UV 防护,越密、越厚的织物透过的紫外光越少,覆盖系数越高。

一般来说,针织面料中纱线之间的孔隙比机织物中的孔隙要大,因此透射的 UV 辐射更多(Curiskis et al., 1983; Akgun et al., 2010)。

12.6.4 织物克重和厚度对 UPF 的影响

多项研究表明,织物的结构参数如克重和厚度与 UPF 值直接相关。通常,随着织物的克重和厚度的增加,UPF 会越高,但这种相关性不是线性的(Sarkar, 2004; Davis et al., 1997)。

12.6.5 染色对 UPF 的影响

大多数纺织染料会吸收 400~700nm 范围内的太阳光,有些染料会吸收近 UV 区域的光(Gorenšek and Sluga, 2004)。通常,未染色的纺织品提供的保护作用不大,但是,经过染色后,织物具有更好的 UPF。一般来说,浅色的织物比深色的织物能更有效地反射太阳辐射。同样的面料染色后,深色面料具有更高的 UPF。例如,黑色、深蓝色和深绿色的面料与很浅色系的面料相比,具有较高的 UPF,如图 12.5 所示。染料分子的结构对 UPF 也有重要影响,例如,用分散染料的深色聚酯织物显示出了优异的抗紫外辐射能力(Grifoni et al., 2009)。

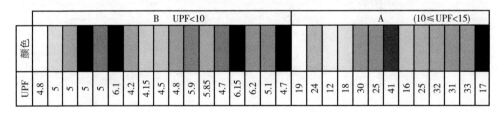

图 12.5 织物颜色相对于 UPF 值的影响(Aguilera et al., 2014)

12.6.6 拉伸对 UPF 的影响

Osterwalder 等报告了一种量化织物在拉伸时 UPF 变化的方法,他们证实,用公式(12.7)所示的 Lambert-Beer 方程可对 UV 透过率($T_{\lambda,x}$)的变化进行建模。

$$T_{\lambda,x} = P_x + (1-P_x) \times 10^{-A_\lambda d_x} \quad (12.7)$$

式中：P_x 为光密度，应在不同的拉伸度下测量；A_λ 为吸收系数；d_x 为织物的光学有效层厚度；x 为拉伸的幅度，厚度随 x 的增加而减小，UV 辐射透过率随拉伸几乎呈线性增加。

利用式（12.7），可以通过在未拉伸状态下的透射光谱预测出 UPF 的减少量。在拉伸状态下，织物的孔隙被打开，紫外线可很容易地透过这些孔隙（Kan et al., 2013）。

12.6.7　湿处理对 UPF 的影响

利用体内和体外方法，研究了含水量对 UPF 的影响。

在体外测试中，对织物进行干湿状态下的分光光度法评价。在体内测试中，每种织物的最小红斑剂量（MED）是在未受保护的干/湿皮肤上确定的。织物含水量的增加通常是由于穿着者皮肤上的汗水、游泳池的含氯水和含盐的海水的吸收所造成的。在潮湿的织物中，纤维之间和纱线之间的空隙大小会发生变化。由棉、黏胶、莫代尔和亚麻等亲水性纤维组成的织物，当纤维因湿润而膨胀时，纤维的尺寸和直接通道的数量更可能降低。而疏水性织物如聚酯，因湿润导致的孔隙度变化不大。这种纤维在水中不会溶胀，所以紫外线透过的通路不会发生变化。

体内测试所得的结果显示，湿的织物与干的织物的 UPF 值并无差异，因为未受保护的皮肤（干与湿）的 MED 值和皮肤红度值没有静态差异。根据 Gambichler 等的研究，自来水或盐水的存在对 UPF 没有显著影响（Gambichler et al., 2002）。

12.6.8　漂白处理对 UPF 的影响

通过漂白过程去除了可吸收 UV 的天然色素和木质素，显著提高紫外线的透射率，降低织物的 UPF（Eckhardt and Rohwer, 2000）。

研究表明，在洗涤剂中使用的光学增白剂可以通过屏蔽 UV 辐射提高棉或棉/PET 混纺织物的 UPF（Abidi et al., 2007；Zhou and Crews, 1998）。

使用精选的染料、荧光增白剂作为 UV 吸收剂是非常有效的，可以阻止 UV 透过纤维，这些产品具有在 UV 区域高效吸收的发色团系统。

荧光增白剂（FWA）应用于织物的洗涤过程中，通过诱导 UV 激发的荧光和可见的蓝光发射，提高织物的白度。大多数 FWA 的激发最大波长在 340~400nm，因此，可以提高纺织品的 UPF。然而，一些 UV 屏蔽剂的使用，会对 FWA 的效率产生不利影响，这取决于两种化合物各自的吸收模式。FWA 对 UV 吸收的改善是对紫外辐射的一个有趣而积极的贡献，尽管在许多情况下它并没有达到预期的防护水平（Kan and Lam, 2015）。大多数类型的 FWA 如图 12.6 所示。

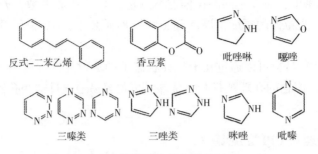

图 12.6　大多数类型的荧光增白剂（FWA）

12.6.9　UV 吸收材料对 UPF 的影响

UV 吸收剂可防止人造 UV 和太阳光 UV 造成的高分子材料的光降解和光交联，UV 吸收材料是指能有效吸收紫外线的分子实体，并将 UV 能量转化为热能，而不会使纤维分子发生不可逆的化学变化。

UV 吸收剂有几种类型，其中包括有机和无机吸收剂。

有机的 UV 吸收剂有 2-羟基二苯甲酮、2-（2′-羟基苯基）苯并三唑、水杨酸衍生物、芳基取代的丙烯酸酯和镍螯合物等，是重要的商用 UV 吸收剂，其化学结构如图 12.7 所示（Yadav and Karolia，2014）。

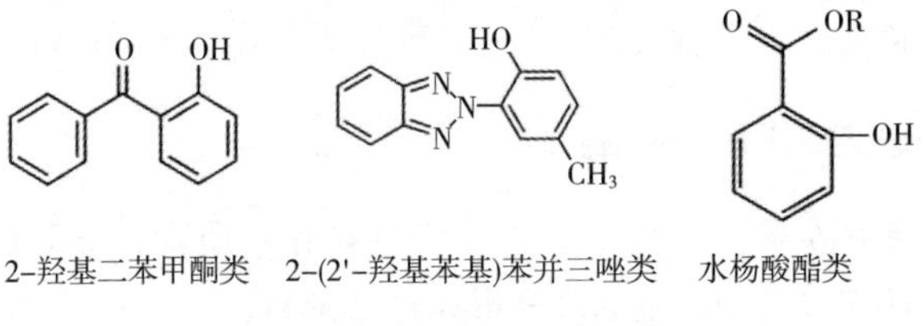

图 12.7　重要的商用紫外线吸收剂

铬、钛和铁氧化物以及炭黑是在不同行业中使用的无机 UV 吸收剂，UV 吸收剂的最终效果取决于浓度和颗粒大小（Yousif et al.，2015）。

12.7　防 UV 整理剂的作用机理

紫外线会通过光降解对材料造成损害，天然或合成的纤维和聚合物等吸收紫外辐射，会发生快速的光解和光氧化反应，导致其光降解。紫外区域（290~400nm）光子的能量（315~400kJ/mol）足以破坏这些材料中的化学键，并形成自由基。所生成的自由基与聚合物反应形成氧和过氧自由基，并导致链断裂，直止两个自由基结合在一起，形成稳定的非自由基化合物。

为了防止纺织品的光降解和 UV 线对皮肤的不利影响，使用有机和无机的 UV 防护整理剂，它们能吸收 290~320nm 的 UVB 辐射，并将高 UV 能量在 UV 吸收剂分子中转化为振动能，再转化为环境的热能，而不会发生光降解（Schindler and Hauser，2004）。

无机氧化物，如 TiO_2、CeO_2 和 ZnO，可用作防紫外线整理剂。每种材料都具有对应吸收光谱的带隙能和折射率。因此，低于这些波长的光有足够的能量激发电子并被金属氧化物吸收，比带隙波长长的光不会被吸收。

有机的 UV 吸收剂，是在 290~400nm 的 UV 光谱范围内几乎无色的化合物，具有很高的吸收系数。在到达材料之前，这些分子会将吸收的能量转化为危害较小的振动能。例如，具有酚羟基的化合物，可形成分子内 O—H—O 桥，如水杨酸脂、2-羟基二苯甲酮、2，2′-二羟基二苯甲酮和 3-羟基黄酮或呫酮；还可形成 O—H—N 桥，如 2-（2-羟基苯基）苯并三唑和 2-（2-羟基苯基）-1，3，5-三嗪，都是最重要的有机 UV 吸收剂（Kim，2015）。

12.8　防 UV 整理剂

12.8.1　染料和颜料

染料的化学结构对该染料的抗辐射稳定性起着重要作用。据报道，固体聚合物（如纤维）中局部的分子迁移率会影响入射辐射和大气污染物的稳定性。

为了防止染料和宿主聚合物的光降解，防 UV 剂应具有吸收太阳光中的 UV 成分、接受激发的染料或聚合物转移的能量、或淬灭单线态氧的作用。

研究表明，对某一颜色而言，色调越深，防护性越高。一般来说，深蓝色、黑色和橄榄色会表现出更好的防 UV 性（Yousif et al.，2015）。

偶氮染料的特征是至少存在一个 R_1—N＝N—R_2 官能团，偶氮基团往往有助于稳定染料，并形成共轭体系，它能吸收可见光。在各行业所需的染料品种中，偶氮染料的需求量高达 60%。发色的偶氮基—N＝N—总是一边与芳香或杂环核相连，另一边则可能与不饱和的碳环、杂环或脂肪族类的不饱和分子相连。通过偶氮桥可以连接几乎无限数目的不同分子，这也是该类化合物代表众多的原因（Yang et al.，2013）。

据观察，通过加入 2，4-二羟基二苯甲酮合成的偶氮染料吸收 UV 辐射，并且比由间苯二酚所得的偶氮染料的耐光色牢度更好。将 4，4′-二氨基二苯胺-2，2′-二磺酸和 3，3′-二氯联苯胺经四氮化后，与 2，4-二羟基二苯甲酮和不同的萘磺酸偶联，所得染料在棉、毛和皮革上呈现紫至蓝色调。吸收 UV 的偶氮染料如图 12.8 所示。

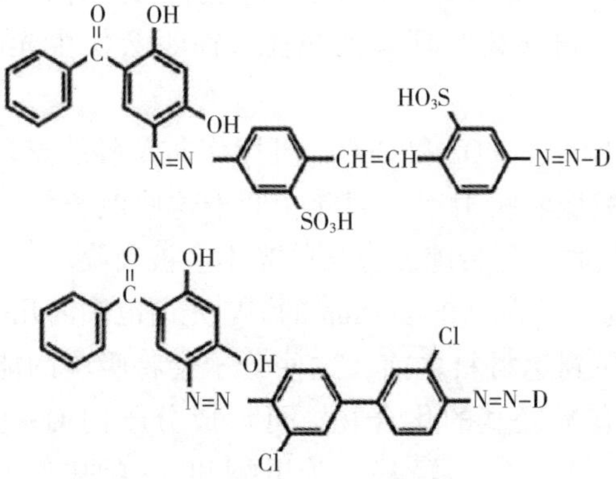

图 12.8　吸收 UV 的偶氮染料（Yousif et al.，2015）

在另一项研究中，开发了几种含有内置受阻胺的芳基偶氮染料。该研究表明，使用内置受阻胺残基是一种有效的方法，可以通过淬灭单线态氧的作用来防止这些染料的光诱导氧化。合成的染料如图 12.9 所示。

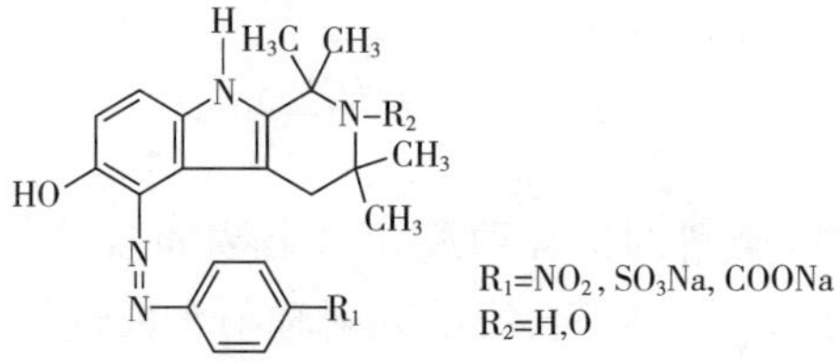

图 12.9　含内置受阻胺的染料（Hoffmann et al.，2001）

吸收 UV 的偶氮颜料是由吸收 UV 的 2，2′，4，4′-四羟基二苯甲酮及其丙烯酰氧基和甲基丙烯酰氧基衍生物合成的，所得到的偶氮颜料可以吸收 UV 辐射，防止聚合物的光降解。这些颜料是通过重氮化的邻硝基苯胺与 2，2′，4，4′-四羟基二苯甲酮的偶联合成的，然后与丙烯酰氯和甲基丙烯酰氯进行酯化反应，生成红色偶氮颜料。如图 12.10 所示（Yousif et al.，2015）。

通过上述方法合成了多种分散染料，如分散红 167 和分散黄 426 及其类似物。研究表明，在染料结构中加入光稳定剂可使染料的部分性能发生改变，如优异的耐光色牢度和耐升华色牢度。所合成的染料如图 12.11 和图 12.12 所示。通过在染料分子中加入草酰苯胺稳定剂，进一步提高了分散红 167 的耐光色牢度（Yousif et al.，2015）。

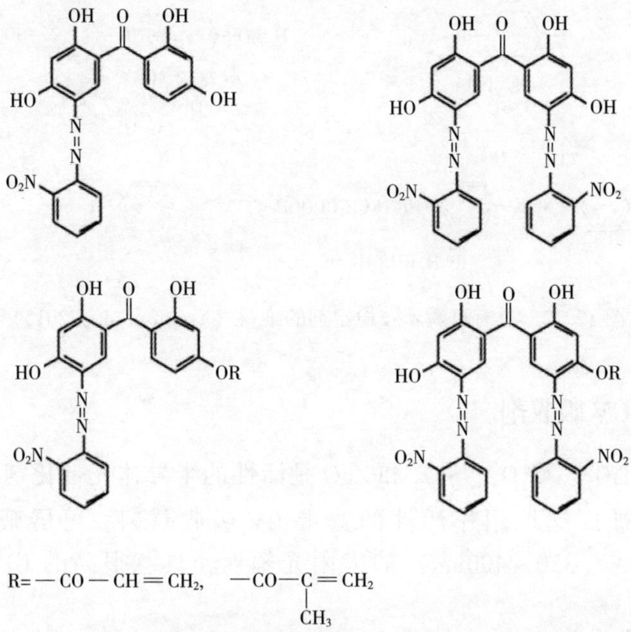

图 12.10　UV 吸收偶氮颜料（Yousif et al.，2015）

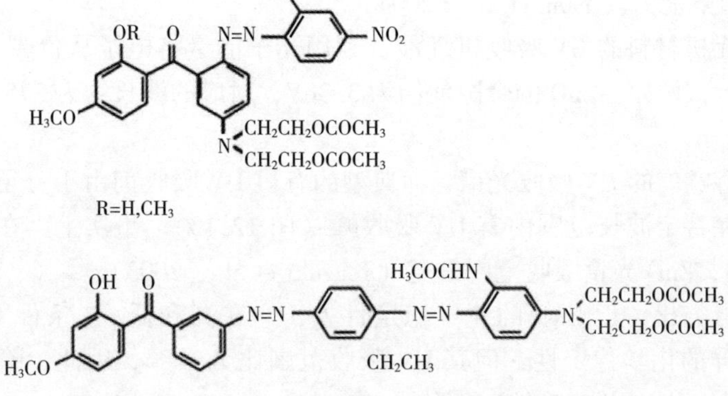

图 12.11　分散红 167 的类似物（Yousif et al.，2015）

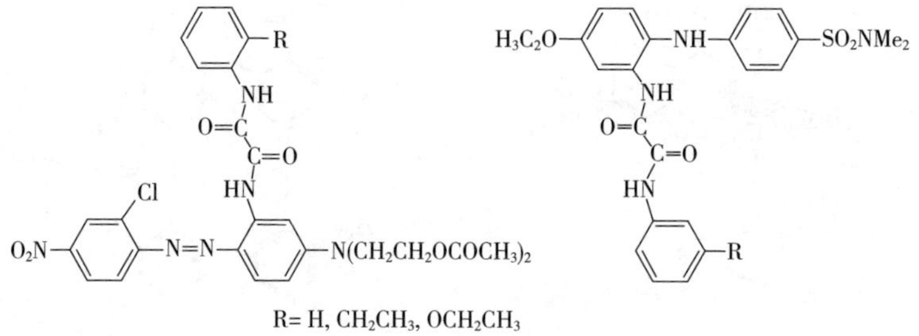

图 12.12 具有草酰苯胺稳定剂的染料（Yousif et al., 2015）

12.8.2 无机 UV 吸收剂

矿物质如 TiO_2、Al_2O_3、SiO_2 和 ZnO 是活性的半导体光催化剂，用于降解环境污染物，也被广泛地用作活性的宽带 UV 吸收材料，可屏蔽 UVB（290~320nm）和 UVA（320~400nm）的太阳光辐射，具有很高的 UPF（Serpone et al., 2007）。

与现有的有机 UV 吸收剂相比，无机 UV 吸收剂因其独特的特性，即高温稳定性和 UV 照射下的无毒和化学稳定性，更受青睐。

对于 TiO_2 作为 UV 吸收/屏蔽剂进行了大量的研究。

一些研究者认为，由于其高折射率，TiO_2 反射和/或散射大部分的 UV 线，提供了良好的 UV 防护。另一些研究者则声称，在 TiO_2 粉末中，只有纳米级的颗粒吸收 UV 辐射，而亚微米级的颗粒则吸收很少。

Yang 等研究表明，无论颗粒大小，TiO_2 都能吸收 UV 辐射，并可用固体能带理论来解释。由于纳米级 TiO_2 对 UV 的吸收能力更强，因此比大颗粒的 TiO_2 具有更好的 UV 阻隔能力（Yang et al., 2004）。

半导体无机材料的 UV 吸收机理涉及利用光子能量将电子从价带（VB）激发到导带（CB），例如，ZnO 的带隙能约为 3.3eV，对应的波长约为 375nm（Dodd et al., 2008）。

ZnO 具有宽广的 UV 吸收光谱，而典型的有机 UV 吸收剂由于分子体系的典型吸收带，仅在特定波长范围内有 UV 吸收峰（图 12.13）。事实上，在众多的无机 UV 吸收剂中，ZnO 光谱吸收范围最宽（Tsuzuki et al., 2003）。

尽管优点突出，但 ZnO 的化学稳定性差，它在高和低 pH 条件下都能溶解。TiO_2 具有优异的化学稳定性，但其 UV 吸收范围比 ZnO 窄，因此，除了光吸收效应阻隔 UV 外，往往依赖于光散射效应（Tsuzuki and Wang, 2010）。

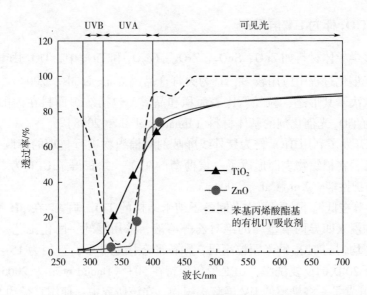

图 12.13 TiO₂、ZnO 纳米颗粒悬浮液和苯基丙烯酸酯基有机吸收剂溶液的典型透射光谱
（曲线之间的相对透射值取决于体系中 UV 屏蔽剂的浓度）（Tsuzuki and Wang, 2010）

12.8.3 UV 纳米吸收剂

根据梅氏理论，散射光的强度是单个粒子尺寸的函数。因此，当粒径小于光的波长时，散射光的强度（I_s）由式（12.8）给出：

$$I_s \propto \frac{Nd^6}{\lambda^4}\left|\frac{m^2-1}{m^2+2}\right|^2 I_i \qquad (12.8)$$

其中，N 是粒子的数量，I_i 是入射光的强度，d 是粒子的直径，λ 是入射光的波长，m 是如下定义的相对折射率：

$$m = \frac{粒子的折射率}{基体的折射率} \qquad (12.9)$$

如式（12.8）所示，散射光的强度与颗粒直径的 6 次方成正比，因此，颗粒的大小对光散射的强度有主导作用。因此，使用小尺寸的颗粒是降低 UV 吸收颗粒白化作用的有效方法。

折射率是另一个有效的参数，它控制着散射光的强度。

大多数有机材料的折射率都在 1.4~1.6，但 TiO₂（金红石）和 ZnO 作为有效的无机 UV 吸收剂，其折射率分别为 2.7 和 2.0。在粒径相同的情况下，ZnO 的散射强度明显小于 TiO₂，因此其透明度高于 TiO₂（Tsuzuki and Wang, 2010；Kerker, 1969）。

12.8.4 TiO$_2$ 作为 UV 屏蔽剂

在众多半导体材料如 ZnO、SnO$_2$、ZrO$_2$、Fe$_2$O$_3$ 和 TiO$_2$ 中，TiO$_2$ 因其化学和热稳定性在光催化过程中应用较多，且为无毒产品（Wang et al., 2004）。TiO$_2$ 的光催化性能取决于其形态、粒径、比表面积和晶形，包括纺织面料在内的很多材料都可以作为 TiO$_2$ 光催化剂的基体材料（Ibhadon et al., 2008）。

Xin 等开发了利用 TiO$_2$ 作为紫外线屏蔽剂对棉织物进行整理的溶胶—凝胶法。利用此方法，在棉织物表面形成了一层薄薄的 TiO$_2$，并获得了 UPF 为 50+的永久性的 UV 防护性能（Xin et al., 2004）。

Daoud 等在低温下在棉织物上制备了纳米结构的 TiO$_2$ 薄膜。在 pH 为 1-2 下，将棉针织物浸入四异丙氧基钛的绝对乙醇溶液，采用浸轧—固化工艺，通过这种方法得到了均匀的 TiO$_2$ 纳米颗粒涂层，颗粒形态接近球形，直径为 15~20nm。即使经过循环 20 次的反复洗涤，UPF 值仍保持在 50+（Daoud et al., 2005）。

Yu 等开发了一浴染整的 UV 屏蔽棉织物，在该研究中，使用直径约 50nm 的商品纳米 TiO$_2$ 作为无机 UV 屏蔽剂，聚乙烯吡咯烷酮（PVP）作为黏合剂，从而改善湿处理牢度。将 TiO$_2$ 含量从 0 增加到 1.5%，UPF 值从 15 增加到 35（Yu and Shen, 2008）。

Sinha 等报道了一种开发防 UV 聚丙烯纤维的新方法，通过纳米蜘蛛（Nanospider）技术在聚丙烯非织造布上涂覆聚偏二氟乙烯（PVDF）的纳米纤维网，随后，用二氧化钛对纤维网进行功能化处理。经评价，改性和未改性的纳米纤维网的 UPF 值分别为 65 和 24。

在全球市场上，Nanospider 技术是可商业化的有前景的技术之一，用以制造用于防护纺织品的纳米纤维网。从根本上说，它就是一种纳米纤维电纺技术，将纳米纤维涂层（0.05~2g/m^2）集成到任何类型的织物表面，以创造高附加值的功能性纺织品（Sinha et al., 2017）。

12.8.5 ZnO 作为 UV 屏蔽剂

在中性 pH 条件下制备 ZnO 纳米颗粒，比 TiO$_2$ 的制备更简单、更廉价。氧化锌的 UV 吸收光谱比 TiO$_2$ 更宽。ZnO 还具有 TiO$_2$ 所不具备的附加功能，如抗真菌、抗菌、抗静电作用。因此，ZnO 纳米颗粒的多功能化应用研究比 TiO$_2$ 更多（Sawai and Yoshikawa, 2004；Zhang and Yang, 2009）。

为了制备防 UV 纺织品，需要将纳米颗粒分散在适当的溶剂中，并进行一些反应，以提高 ZnO 纳米颗粒的稳定性，并防止颗粒团聚（Kathirvelu et al., 2009；Lee, 2009）。

在其中的一项研究中，使用 ZnCl$_2$ 和 2-丙醇溶液制备了 ZnO 纳米颗粒。结果表明，在水溶液中合成的样品与在丙醇溶液中合成的样品相比，其颗粒较大，丙醇溶液更具有单分散性（Kathirvelu et al.，2009）（图12.14）。

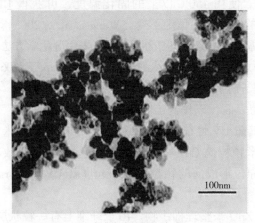 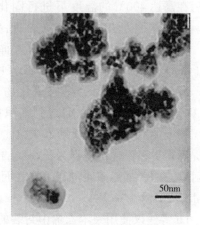

(a)在水中合成的样品(合成1)　　　　　　(b)在2-丙醇中合成的样品（合成2）

图12.14　不同溶剂条件下制备的ZnO颗粒状态（Kathirvelu et al.，2009）

UPF值与UVA和UVB范围内的UV透过率的结果表明，负载有按合成2方法制备的ZnO纳米颗粒的棉样品显示出更高的防护性。需要指出，将ZnO纳米颗粒应用到织物上时会导致纳米颗粒渗透到纱线的空隙中，这些纳米颗粒可能并不是很有效，因为它们不是停留在织物的表面（Kathirvelu et al.，2009）。

在另一项研究中，研究了ZnO纳米粒子浓度对通过电纺的聚丙烯非织造布的影响（Lee，2009）。

通过将聚氨酯溶解于DMF中制备出电纺溶液，并将不同浓度的氧化锌纳米粒子加入该电纺溶液中。根据ZnO的浓度（0~2%，质量浓度），UPF从2增加到50+（图12.15）。

(a)静电纺丝聚氨酯纳米纤维网　　(b)静电纺丝聚氨酯/氧化　　(c)分层织物系统的横截面
　　　　　　　　　　　　　　锌纳米复合纤维网和纳米
　　　　　　　　　　　　　　复合纤维的横截面（插图）

图12.15　SEM显微照片（Lee，2009）

为了在棉织物上制备出尺寸大于500nm的哑铃形ZnO微晶，Wang等采用了溶胶—凝胶整理法。在此处理方法中，将在2-甲氧基乙醇中相当于3%（质量浓度）的ZnO的乙酸锌和三乙胺的透明溶液施加到棉织物上，重复两次，采用浸轧工艺，然后在高达400℃的温度下进行固化。使用150℃以上的固化温度，可获得UPF值>400，这种方法在5个洗涤周期后的牢度保持恒定不变（Wang et al.，2005）。

Yadav等以硝酸锌和氢氧化锌为前体，以可溶性淀粉为稳定剂，采用湿化学方法制备了ZnO。棉织物上2%的纳米ZnO，可以阻挡约75%的入射UV（Yadav et al.，2006）。

Noorian等用双组分金属氧化物来提高纺织品和聚合物的UV防护能力。将Cu_2O/ZnO纳米颗粒原位合成到棉织物表面，以提高UV防护性能。结果表明，在棉织物上使用Cu_2O/ZnO纳米颗粒，其防UV性能比单独使用ZnO和Cu_2O纳米颗粒提高得更多。他们解释为，ZnO纳米颗粒比Cu_2O纳米颗粒有更大的UV吸收和反射率，两者都能够通过在织物表面原位形成薄的颗粒层来一起屏蔽UV（Noorian et al.，2015）。

Lu等建议使用聚苯乙烯中封装的ZnO来整理棉织物。由于纤维上有一粒状层，因此获得了好的UPF值，但经过10次家庭洗涤后，UPF值从86.6迅速下降到15.3（Lu et al.，2006）。

Becheri等通过氯化锌和氢氧化钠的均相反应，在高温下，在水或乙二醇中，制备了ZnO纳米颗粒，并将其应用于棉和羊毛织物上，织物的UV透过率由90%降至20%。经过5次洗涤后，大的团聚物从织物表面被去除，尽管纳米颗粒并非是共价接枝于织物材料，但仍有一半以上保留在织物上（Becheri et al.，2008）。

Mao等报道了通过水热法在SiO_2涂层棉织物上直接进行原位生长ZnO纳米颗粒（Lu et al.，2006）。水热法被认为是一种有用且简单的控制方法，可用于制备晶状纳米颗粒金属氧化物，具有尺寸分布窄、结晶性好、很少团聚、相纯净（Ledwith et al.，2004）等优点。由于用SiO_2溶胶对棉的预处理，织物的耐洗涤色牢度和耐光色牢度提高了（Mahltig and Textor，2006）。经过水热加工后，棉织物上包覆了直径约24nm的针状ZnO纳米棒。该涂层织物具有优异的UV阻隔性能，UPF值超过50。但是，经过5次洗涤后，UPF值降低到原来的50%（Mao et al.，2009）（图12.16）。

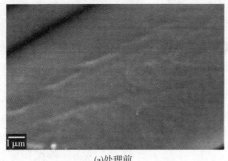

(a)处理前

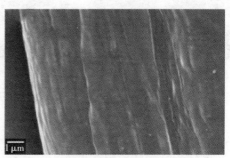

(b)在SiO_2溶液中浸泡后

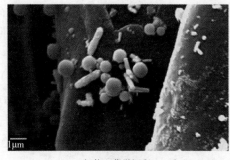
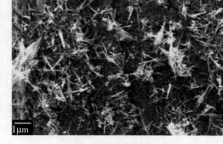

(c)织物上化学沉积ZnO后　　　　　　　　(d)100℃下热水处理2.5 h后

图 12.16　棉织物表面的 SEM 图像（Mao et al.，2009）

12.8.6　石墨烯作为 UV 屏蔽剂

在各种半导体材料中，石墨烯和石墨烯衍生物因其独特的性能（如力学、电学、热学和光学性能）而备受关注（Bonaccorso et al.，2010）。

Lijun 等报道了通过浸轧—干燥—固化法用 0.05~0.4%（质量分数）的石墨烯纳米片（GNP）对棉织物进行功能化。结果表明，改性棉具有很强的抗 UV 辐射能力，仅使用 0.4% 的 GNP 即可获得高达 10 倍的 UPF 增量（从 32.71 到 356.74）（Qu et al.，2014）。

Pandiyarasan 等提出了一种新方法，采用无毒水热法通过还原氧化石墨烯（RGO）的沉积来提高棉织物的 UPF 值。裸棉和沉积 RGO 的棉织物在洗涤前后的 UPF 值分别为 7.83、442.69 和 442.32。由此可知，所制备的材料具有优异的 UV 屏蔽性能和良好的耐久性（Pandiyarasan et al.，2017）。

Tian 等引入了一种新颖的静电自组装（ESA）方法，以提高棉织物的 UPF 值（图 12.17）（Tian et al.，2016）。

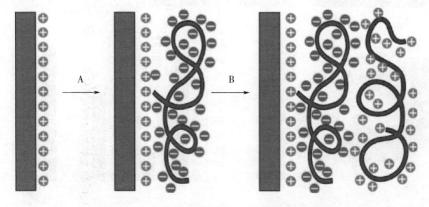

图 12.17　静电自组装（ESA）整理技术示意图

氧化石墨烯是一种在水溶液中带负电荷的纳米结构，能通过 ESA 工艺与带正电荷的聚电解质很容易地组装在基体上，形成多层网络。在这项研究中，他们以 GO 为聚阴离子和壳聚糖（CS）为聚阳离子，通过逐层 ESA 法制备了防 UV 棉织物。

UPF 值随着织物上 GO/CS 沉积层的增加而增加。例如，1 个双层 $(GO/CS)_1$ 织物的 UPF 值为 88.93，而 10 个双层 $(GO/CS)_{10}$ 织物的 UPF 值为 452，棉对照织物的 UPF=9.37。$(GO/CS)_1$ 和 $(GO/CS)_{10}$ 样品经 10 次水洗后，UPF 值分别降至 80.22 和 431.39。紫外线（UVA 和 UVB）透光率有上升，但不大于 1%，表明 GO/CS 沉积棉织物有超强的防 UV 能力，并表现出优异的水洗耐久性（Tian et al., 2016）。上述工艺的图示概要如图 12.18 所示。

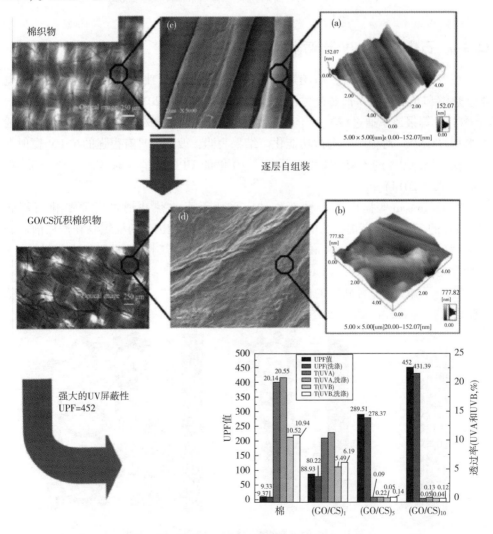

图 12.18　通过氧化石墨烯和壳聚糖的逐层自组装实现棉织物防紫外性能的示意图（Tian et al., 2016）

Jiliang 等用氧化石墨烯对丝织物进行多功能的表面改性,由于 GO 上的各种富氧官能团如羧基、羰基、羟基、环氧基,它易溶于水,在水溶液中带负电荷。丝的氨基在酸性的水溶液中带正电荷。因此,GO 片材倾向于通过静电作用被丝织物吸附。在该研究中,采用浸渍—干燥—还原法制备了改性丝织物。重复图 12.19(Cao and Wang, 2017) 中所述的程序,得到了不同次(1~90 的 RGO)的表面改性样品(丝-1 RGO 到丝-9 RGO)。丝-n RGO 织物的 UPF 值随着循环次数 n(n=1,2,3)的增加而增加(图 12.20)(Cao and Wang, 2017)。

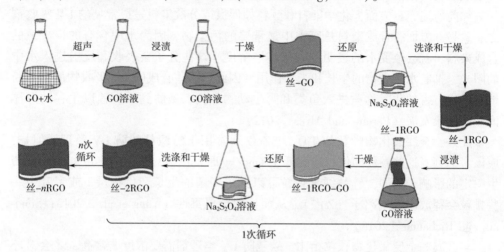

图 12.19　用 GO 对真丝织物进行表面改性过程示意图(Cao and Wang, 2017)

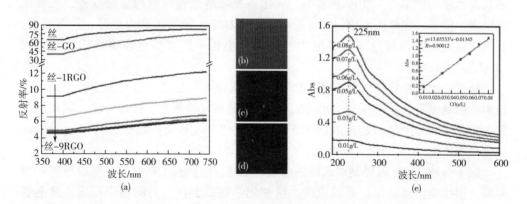

图 12.20　(a)真丝原丝、丝-GO 和丝-nRGO 的反射光谱,(b)真丝 GO 织物,
(c)真丝-1RGO 织物,(d)真丝-9RGO 织物,
(e)GO 溶液的吸收光谱(Cao and Wang, 2017)

12.9 合成 UV 整理剂的环境问题

合成物的成本更低，更容易大量生产，对商业有利，但大量制造化学品会产生废物和污染，对环境造成了极大的破坏。此外，合成的防 UV 整理剂通过整理的纤维成品的洗涤液释放出来，会给水生生物带来危害。

如前所述，一方面，化学染料和颜料如偶氮或分散染料是最常见的 UV 吸收剂之一。另一方面，合成染料是废水中最重要的污染物，因为水中含有的很少量的合成染料，就会改变水的透明度和气体溶解度。这些分子会吸收和反射进入水中的阳光，抑制水生生物的生长和光合作用。因此，这些合成的 UV 吸收物质会不断地分泌出有害的化学物质进入鱼类和野生动物体内，威胁到人类赖以生存的海洋渔业的健康发展（Pereira and Alves，2012）。

此外，金属氧化物颗粒如 TiO_2 和 ZnO 通常用于纺织品的防 UV 整理。但是，应该考虑到，这些颗粒即使在浓度低于 1mg/kg 时，也会对活性、丰度和多样性产生一定的影响。例如，锌基纳米颗粒可以减少细菌的生长和生物量，或者其中一些颗粒会释放出金属离子（Zn^{2+}），从而导致金属毒性（Yang et al.，2013；Simonin and Richaume，2015）。

与金属和金属氧化物颗粒相比，碳基防 UV 整理剂需要浓度非常高，才会对环境产生负面影响。但是，石墨烯的负面作用绝对不能忽视，最值得关注的是，石墨烯在水中的稳定性。在地下水中，氧化石墨烯纳米颗粒的稳定性变差，最终沉淀出来。但是，在地表水中，纳米粒子仍然很稳定，能够传播得更远。这意味着，石墨烯在湖泊或溪流这样的水域中的移动性更强，更容易对环境造成负面影响（Walker，2014）。

最近，由于全球对绿色/环保纺织产品的认识不断提高，各种基于石墨烯及其衍生物的纳米复合材料在 UV 防护方面的应用已被仔细研究。在这方面，利用天然聚合物或生物分子和植物提取物生产出了可持续的 UV 防护纺织品（Pandiyarasan et al.，2017）。

除了合成的 UV 阻隔剂对水域的明显污染外，它们在生产过程中也会带来环境问题。根据美国环境保护署的说法，这种化学物质会在鱼类的鳃中积累，并能在食物链中大量地向上传播。此外，合成材料对陆地的影响也是一个重大挑战。这些合成聚合物不仅会在土壤中缓慢地渗出有害化学物质，而且其寿命和不可生物降解性也很麻烦。因此，应该花费大量的资金来净化生活污水，实现水的回用（King，2018）。

12.10 用于防 UV 纺织品整理的环境友好材料

使用植物萃取物可以使环境免受危害，防止污染，促进环保纺织品的发展，确保个人和大众的健康，也避免使用后处理过程中的致命化学物质污染环境，它还鼓励草药种植（Gupta et al.，2017；Soni et al.，2011）。

由于植物化学物质的存在，植物有其自身的自卫机制，并保护自己免受 UV 线的伤害（Yalavarthi，2016），这些植物化学物质分为初级和次级代谢物。

●初级代谢物是指参与代谢途径的化合物，是所有生物体所共有的（Dewick，2001）。

●次级代谢物作为防御和信号化合物，是植物的生存和繁殖能力所必需的（Wink，2003）。

属于各种次级代谢物家族的许多植物化学物质，如生物碱（咖啡因、血根碱）、黄酮类、类胡萝卜素（β-胡萝卜素、番茄红素）和异硫氰酸酯（萝卜硫素），为 UV 防护策略的开发提供了很好的平台（Dinkova-Kostova，2008）。

Bonet-Aracil 等在研究含生物碱的不同茶叶提取物作为防 UV 剂的效果时发现，染色棉织物的 UV 防护因子与茶叶（红茶、黑茶或绿茶）的性质不无关系。在这项工作中，采用煮沸法和冷水法，得到了各种茶叶的水提取物，并用壳聚糖作为天然无污染的媒介剂。防 UV 结果表明，用煮沸法制备的红茶提取物染色的棉织物具有相对最高的 UV 防护效果（UPF：2460）（Bonet-Aracil et al.，2016）。

Sun 和 Tang 研究了以绿原酸为主要成分的金银花水提取物对羊毛的防 UV 性能。首先，获得金银花的水提取液，因为水是染整过程中的介质。所有的吸附实验均浸泡于恒温振荡染色机中的部分密封的锥形烧瓶中进行，液料比为 50：1。吸附结束后，织物用自来水洗涤，然后在空气中晾干。根据 AS/NZS4399：1996，UPF<15、15~24、25~39 和 40 以上分别归类为对太阳 UV 辐射的防护性差、好、很好和优秀。结果表明，随着金银花水提取物浓度由 3.2g/L 到 16g/L 增加，UPF 值由 69.42 增加到 84.28。相比之下，未经处理的羊毛织物的 UPF 值为 21.01。当金银花提取物浓度为 3.2g/L 时，处理后的羊毛织物的 UPF 值为 69.42，属于"优秀"范围（Sun and Tang，2011）。

Wang 等研究了从槐花中提取的植物染料对真丝织物的 UV 防护。为了获得最大的 UV 防护效果，槐花的最佳提取条件是：温度 100℃，时间 60min，料液比为 1：10。在该研究中，使用的 4 种染色方法（直接染色、预媒染、同时染色、后媒染）中，预媒染样品的染料吸收率最高，UPF 值也最高，在此条件下，染色丝织物的 UPF 值为 69（>30）（Wang et al.，2009）。

Mongkholrattanasit 等研究了用桉叶提取物染色丝织物的防 UV 性能，未染色织物的 UPF 值很低，为 4.6。用 Al K $(SO_4)_2$ 作媒染剂，在不同的染料浓度下，采用浸轧—干燥和堆染染色技术染色真丝织物，织物 UV 防护性评价为"良好"（UPF 值在 15~24）。用 $CuSO_4$ 媒染剂染色的样品评价为"非常好"（UPF 值在 25~39）。用 $FeSO_4$ 媒染剂染色的真丝织物评价为"优秀"（UPF≥40）。结果还表明，用较高浓度的桉叶提取物染色的样品具有较高的 UPF 值（Mongkholrattanasit et al.，2011 年）。

Gupta 等研究了蒲桃（*Syzygiumcumini*）（L）叶提取物的 UV 吸收活性和 SPF。结果表明，在 290~320nm 的紫外线范围内，蒲桃提取物具有吸收紫外线辐射的能力，而且随提取物浓度的增加而增加。在棉织物上应用蒲桃（L）叶提取物，棉织物表现出优秀的防 UV 性能。该结果说明，蒲桃（L）叶提取物具有防晒性能。正如所报道的，这可能是由于蒲桃（L）叶中存在的黄酮类物质（如槲皮素）提供了对 UVA 和 UVB 辐射的防护（Gupta et al.，2005）。

据观察，普通的机织漂白棉织物的 UPF 值为 10，防 UV 性能很差。但是，在碱性条件下，用香蕉假茎汁液（BPS）处理后，UPF 值超过 100。在用 BPS 处理漂白织物前，采用预媒染工艺，由于媒染剂和 BPS 中的 *N*，*N*-烷基苯胺的协同作用，可提高 UPF 值增加的程度，整理织物的耐久性可达两个洗涤周期（El-Sayed et al.，2001）。在相同的研究中，使用了香蕉皮汁液，用于提高棉纺织品的防 UV 性能，同时增强自然色泽和抗菌活性，其中 UPF 值从未处理样品的 19.8 提高到 60（Salah，2013）。此外，研究了用菠菜汁处理棉织物的防 UV 能力。结果显示，整理后棉织物的 UPF 值超过 50。UPF 增加是由于菠菜汁中存在硅酸盐分子和有机色素（Samanta et al.，2014）。

另一种用于纺织品功能性整理的天然 UV 阻隔剂是木质素。木质素是一种天然的高分子聚合物，具有吸收 UV 的官能团，如酚、酮和其他发色团。木质素可作为天然的 UV 阻隔剂和抗菌剂，用于防护性纺织品的整理工艺。使用纳米结构的木质素不会导致织物表面颜色变化（Beisl et al.，2017）。Zimniewska 等用通过超声法获得的纳米结构的硫酸盐木质素处理亚麻、大麻织物和非织造亚麻纤维，整理后的织物显示出优异的防 UV 性能，而其物理特性没有任何改变（Zimniewska et al.，2008）。

此外，在一些研究中，还对丝素的使用进行了探讨。丝素是一种高亲水性的蛋白质，含有 19% 的天冬氨酸和 32% 的丝氨酸，其中羟基含量高。丝素因其独特的性质如生物相容性、生物可降解性、高吸水性、抗菌、自由基清除、抗 UV、抗氧化等，在纺织、化妆品和医药等领域有着广泛的应用（Chaudhary et al.，2017）。将丝素作为合成纤维织物的整理剂，代表了从废弃物中开发出的一种天然的高附加值整理剂。不仅如此，丝素的回收还能减轻废水的污染负荷（Gulrajani et al.，

2008)。Gupta 等将丝素用于聚酯纤维织物上,以制造一种医用多功能纺织品。结果显示,应用丝素后,UPF 值从 55±5.57 提高到 125±6.37。事实上,丝素吸收紫外线后将电子激发能转化为热能(Gupta et al.,2015)。在另一项研究中,Gulrajani 等对用丝素处理的聚酯纤维织物的 UV 吸收特性进行了表征。在丝素含量较低时,织物的标称 UPF 不发生改变,当丝素含量较高(20~40g/L)时,标称 UPF 显著增加,这表明用丝素处理过的聚酯纤维织物具有 UV 吸收特性(Gulrajani et al.,2008)。

Elzairy 等用天然产物包括霍霍巴油和维生素 E 油,对接枝 MCT-β-环糊精的棉/聚酯织物进行多功能整理。未处理和处理后的样品,防 UV 性能有很大差异。结果表明,处理 2h 的棉/聚酯织物相比其他处理时间的样品,具有优秀的 UV 防护性能,这表示维生素 E 及其芳烃单元对 UV-B 的吸收能力高。(Elzairy et al.,2017)。

还有其他的一些天然成分和天然染料,如茜草(*madder wades*)、结缕草、胡芦巴、万寿菊、阿拉伯树胶(*babool*)、*Manjistha*、胭脂树、*Ratanjot*、靛蓝、桑果提取物、甜泉柑橘油、葡萄籽油、槐花提取物,已经被探索用来改善棉、竹、棉/聚酯纤维混纺、丝、毛、亚麻、大麻和更多纺织基材的 UV 屏蔽性能(Samanta et al.,2017)。

目前,全世界都对天然染料在纺织品着色中的应用非常感兴趣,天然染料可生物降解、无危害、生态友好,能产生极具吸引力的光滑色泽。用天然染料染色的织物通常具有弱的色牢度特性,可通过使用金属盐作为媒染剂来改善。在这方面,Gawish 等用 3 种具有多酚类成分的天然染料,如水果业废弃物的干石榴皮、姜黄素、儿茶、红洋葱皮/姜黄素提取物(50%,质量分数)的混合物对棉、毛、丝和尼龙织物进行染色,使用/不使用 $FeSO_4$ 作为媒介剂(Gawish et al.,2017)。

通过不同种类的织物(棉、毛、丝和尼龙)在紫外辐射范围内的漫射透过率的测量,研究了媒染和无媒染染色织物的紫外屏蔽性,其特点是透射率低,在 296nm 处为 0.02%~9.63%,在 396nm 处为 0.04%~8.60%。

结果表明,在不加或加硫酸亚铁的情况下,用石榴染色棉、毛、丝、尼龙,大多数织物得到优秀的 UPF 值,但染色后尼龙织物的 UPF 值较差。另外,硫酸亚铁的加入大大提高了织物的 UPF 值,织物的防护性提高是铁含量高的结果,但棉是例外,在 $FeSO_4$ 存在下,它的 UPF 值从 80.2(对照样)下降到 52。

用姜黄素染色棉、毛、丝、尼龙织物,在加或不加硫酸亚铁的情况下,羊毛织物获得了很好的透射屏蔽性,染色丝织物的 UPF 效果很好,但染色尼龙和棉织物的透射屏蔽性差。在硫酸亚铁存在下,使用姜黄素进行染色,除染色的尼龙和棉织物外,与无媒染的织物相比,织物的 UPF 防护效果大大提高。

棉、毛、丝、尼龙织物用儿茶染色时，除了染色后的尼龙织物 UPF 值较差外，大多织物具有优秀的 UPF 防护值（50+）。除染色尼龙面料外，添加 $FeSO_4$ 可大大提高 UPF 值。

用红洋葱皮/姜黄素提取物（50%）混合物染色棉、毛、丝、尼龙织物，除染色尼龙外，都具有优秀的 UPF 防护值（50+）。$FeSO_4$ 的添加，将棉织物的 UPF 从 38.80 提高到 52.42，使丝织物的 UPF 从 144 提高到 377，而毛织物的 UPF 从无媒染织物（对照样）的 2738 降低到 $FeSO_4$ 媒染的 2471，而染色尼龙织物的 UPF 结果较差。

用 $FeSO_4$ 对染色织物进行媒染不影响耐摩擦色牢度，却提高了耐水洗色牢度和耐光色牢度，得到的结果分布从好到优。用姜黄素提取物染色的织物对革兰氏阳性和革兰氏阴性细菌和真菌的抗菌活性最好。用硫酸亚铁作为媒染剂与一些色素搭配对不同的织物进行染色，除尼龙织物外其他织物的抗菌活性均有提高（Tian et al., 2016）。

Muzaffar 等报道了水性聚氨酯（PU）分散体与低分子量壳聚糖（$CS_{(LMW)}$）两步法生产防 UV 和抗菌纺织品。

第一步，通过将异佛尔酮二异氰酸酯（IPDI）、聚（己内酯）二醇（CAPA，M_n=1000）与 2,2-二羟甲基丙酸（DMPA）反应，制备出具有 NCO 端的聚氨酯预聚物，然后用三乙胺（TEA）中和聚氨酯预聚物。第二步，PU 预聚物用低分子量壳聚糖扩链，然后加入计算体积的水制成分散体（Muzaffar et al., 2017）。

结果表明，用 $CS_{(LMW)}$-CPUI 处理的染色织物样品与用 $CS_{(LMW)}$-CPUI 处理的印花涤/棉织物相比，UV 防护效果达到良好~优秀。除经 D6 处理的对照样品（32.9%）外，所有经处理的染色织物样品的 UPF 值均高于未处理的染色样品（36.2%）。在所有样品中，经 10% D4 整理剂处理的染色织物的 UPF 值更高（80.1），被评定为 50+，即为优秀。在印花涤/棉织物样品中，经 10% D4 处理的织物提供了良好的 UV 辐射防护性能（18.7），被评定为 15，即最低的 UPF 防护（Muzaffar et al., 2017）（图 12.21）。

Jung 研究了从五倍子、槟榔果和石榴皮中提取的液体，染色丝织物的防 UV 性能，这些液体提取物中的单宁含量很高。所得结果表明，样品在 290~400nm 波长范围内的 UVA 防护率和在 290~315nm 波长范围内的 UVB 防护率分别为 98.3% 和 98.4%。如上所述，样品具有很好的 UV 防护性（Jung, 2016）。

综上所述，使用合成和天然的 UV 吸收材料的优缺点列入表 12.3。

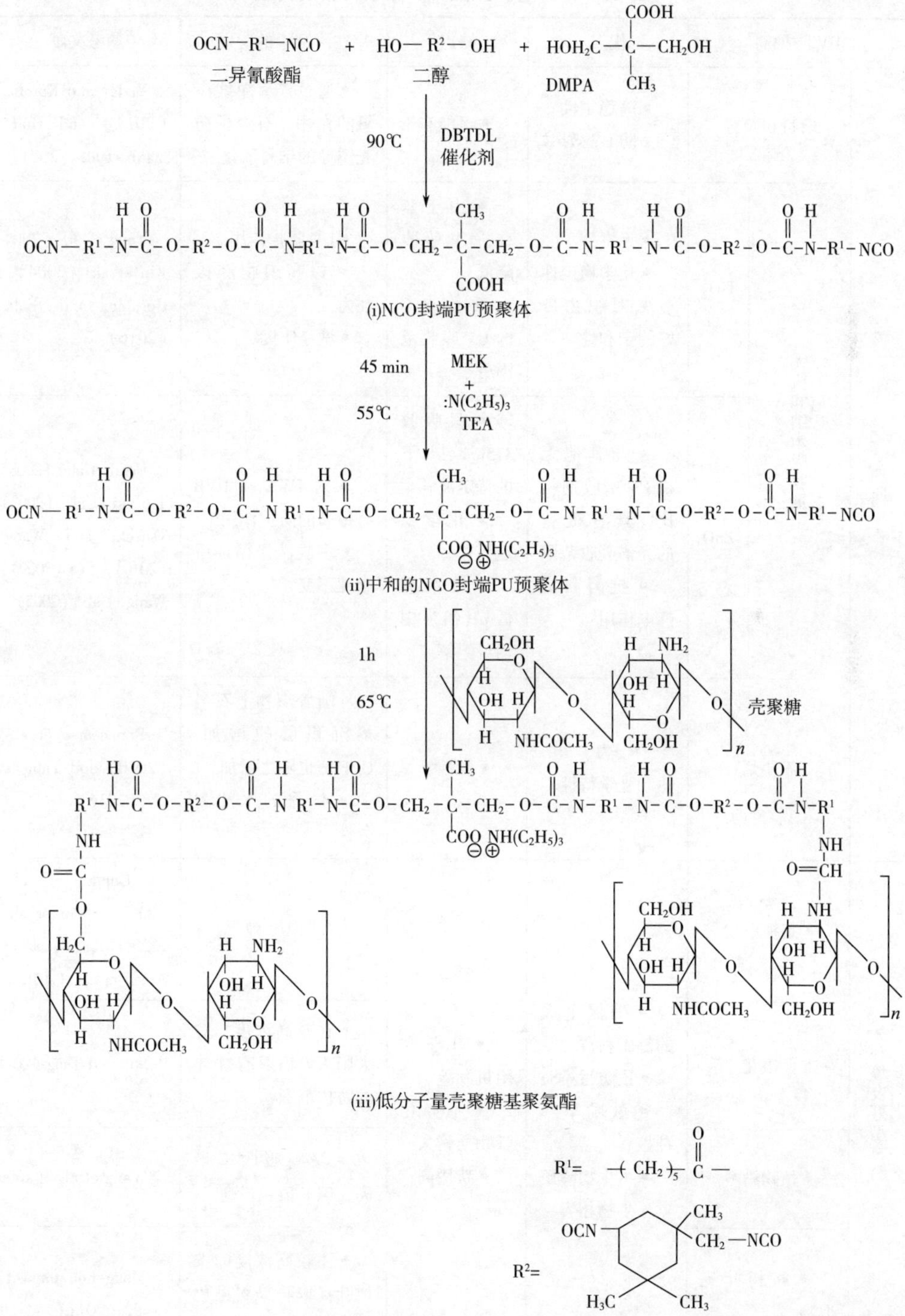

图 12.21 具有不同壳聚糖（CSLWM）含量的 $CS_{(LWM)}$-CPUI 分散体的合成（Muzaffar et al.，2017）

表12.3 合成和天然UV吸收材料的比较

UV防护剂			优点	缺点	在研究中的应用	参考文献
化学物质	染料和颜料		• 高稳定性 • 防UV效果好	• 可能有毒	• 通过淬灭单线态氧的作用,有效预防光诱导的染料氧化	Yadav and Karolia (2014) and Hoffmann et al. (2001)
	无机和纳米吸收剂	TiO_2	• 无毒 • 化学稳定性 • 对织物良好的亲和性	• 由于蓝移,UV吸收降低 • 比ZnO的UV吸收范围更窄	• UV防护作用 • 提高织物涨破强力 • 洗涤牢度	Yang et al. (2004), Xin et al. (2004), Gorjanc and Šala (2016)
		ZnO	• 与其他无机UV吸收剂相比,具有很宽的光谱吸收范围 • 抗菌和抗静电作用	• 只吸收375nm以下的特定波长 • 化学稳定性差 • 在高和低pH溶液中均可溶解	• 对UVA和UVB有很高的防护作用 • 多次洗涤循环后牢度不变	Dodd et al. (2008), Tsuzuki et al. (2003), Tsuzuki and Wang (2010), Lee (2009), Wang et al. (2005)
	石墨烯		• 力、电、热和光学特性	• 毒性	• 随着织物上石墨烯沉积层的增加,UPF值也随之增加 • 优秀的水洗耐久性	Bonaccorso et al. (2010) and Tian et al. (2016)
环境友好型材料	• 茶提取物		• 确保个人的健康利益 • 预防污染 • 鼓励草药种植 • 可生物降解 • 生物相容	• 化学黏附机制差 • 不如化学物质耐久 • 费用高	• 高防UV效果	Gupta et al. (2017), Soni et al. (2011), Bonet-Aracil et al. (2016)
	• 金银花				• 在较高浓度,对太阳UV辐射有优异的防护范围	Sun and Tang (2011)
	• 植物染料				• 染料吸收率最高,UPF值也最高	Wang et al. (2009)
	• 桉树叶提取物				• 用较高浓度的桉树叶提取物染料染色样品的UPF值也较高	Mongkholrattanasit et al. (2011)

续表

UV 防护剂		优点	缺点	在研究中的应用	参考文献
环境友好型材料	• 香蕉皮的汁液	• 确保个人的健康利益 • 预防污染 • 鼓励草药种植 • 可生物降解 • 生物相容	• 化学黏附机制差 • 不如化学物质耐久 • 费用高	• 防 UV 性能的提高 • 提高天然色泽和抗菌活性	Salah（2013）
	• 菠菜汁			• 由于存在硅酸盐分子和有机色素化合物，提高了 UV 稳定性	Samanta et al.（2014）
	• 木质素			• 天然的 UV 屏蔽剂 • 抗菌剂 • 织物表面无明显颜色变化 • 优异的防 UV 性能，物理特性无任何变化	Beisl et al.（2017），Zimniewska et al.（2008）
	• 丝素			• 较高浓度丝素的 UV 防护作用	Gulrajani et al.（2008）
	• 维生素 E			• 带有芳香单元的维生素 E 对 UVB 的吸收能力高	Elzairy et al.（2017）
	• 单宁类提取物			• 高 UVA 和 UVB 防护率	Gawish et al.（2017）

12.11　结论与发展趋势

国际组织，特别是世界卫生组织（WHO）和欧盟，关注并致力于减少对人的健康和生命的危害，特别是对于暴露在有害 UV 辐射风险下的工人。在这方面，防 UV 服装市场已成为防护纺织品领域的一个开拓性的市场。在防护领域内，防 UV 辐射纺织品和服装是最重要的分支之一。

目前，防 UV 纺织品的现状主要是集中在织物表面的无机纳米颗粒整理，已采用不同的方法将纳米层或纳米颗粒涂布到织物上。过去，主要采用微米级 TiO_2 和

ZnO 颗粒，将大的颗粒尺寸减小为纳米颗粒，可提高 UV 屏蔽效果，颗粒对纤维表面也有更高的亲和力。

纳米技术、生物技术和纺织领域的表面技术（层压和涂层）是近十年来讨论最多的问题之一。总的来说，为了使这些特性更诱人且耐久，以及在经济和环境上更有优势，必须改进化学品在纺织基材上的黏附机制。

因此，未来的纺织品将倾向于具有多重功效，通过使用杂化或复合的纳米结构获得。

未来的挑战，在于如何利用有机的和无机的 UV 吸收剂提高纺织品的 UV 屏蔽效果，并提高整理后纺织品的耐洗牢度。

纺织品是保护人体皮肤免受有害 UV 辐射的重要屏障。另外为了避免纺织品的褪色和纤维的退化，建议使用 UV 吸收剂或阻隔剂。

数十年来，具有 UV 阻隔效果的功能纺织品已经吸引了众多的关注。UV 阻隔织物的制造方法有浸轧—干燥—固化法、溶胶—凝胶法、水热法、平网技术和浸涂法、自组装法等。一般来说，UV 阻隔剂可分为有机阻隔剂和无机阻隔剂两大类。有机阻隔剂，又称为 UV 吸收剂，能吸收 UV 线，如二苯甲酮和天然染料。作为无机 UV 阻隔剂，半导体氧化物，如二氧化钛（TiO_2）、氧化锌（ZnO）、二氧化硅（SiO_2）等，表现出显著的 UV 防护能力。

由于纳米粒子会导致多种问题，例如纳米产品向环境中的释放、引起疾病以及对人体的毒理学影响，因此，纺织工业中的绿色处理越来越受欢迎。有竞争力的新技术应当是环境清洁的技术，并迫使行业重新设计其现有结构。今天，在纺织和服装行业中，对环境负责是一种义务，这就是为什么绿色化学近期吸引了很多关注的原因。

通过纺织品的绿色处理，可以获得具有不同效果的多功能纺织品，例如阻隔 UV、抗菌、自清洁和拒水等。使用这些处理方法，几乎不会造成水和能源的浪费。绿色处理即使用可生物降解、可回收的化学品，对人类和环境无害，与环境相容性良好。与其他行业一样，纺织工业可以继续使其工艺和试剂绿色化，在不对环境造成负面影响的情况下，最大限度地实现工业的增长和繁荣。

参考文献

[1] Abidi, N., Hequet, E., Tarimala, S., Dai, L. L., 2007. Cotton fabric surface modification for improved UV radiation protection using sol‐gel process. J. Appl. Polym. Sci. 104, 111–117.

[2] Aguilera, J., Gálvez, M. V., Sánchez-Roldán, C., Herrera-Ceballos, E., 2014. New advances in protection against solar ultraviolet radiation in textiles for summer

clothing. Photochem. Photobiol. 90, 1199-1206.

[3] Akgun, M., Becerir, B., Alpay, H. R., 2010. In: Ultraviolet (UV) protection of textiles: a review. International Scientific Conference, Gabrovo.

[4] Becheri, A., Dürr, M., Nostro, P. L., Baglioni, P., 2008. Synthesis and characterization of zinc oxide nanoparticles: application to textiles as UV-absorbers. J. Nanopart. Res. 10, 679-689.

[5] Beisl, S., Friedl, A., Miltner, A., 2017. Lignin from micro-to nano-size: applications. Int. J. Mol. Sci. 18, 2367.

[6] Belkin, M., Césarini, J.-P., Diffey, B., Hietanen, M., 1994. Protection Against Exposure to Ultraviolet Radiation. http://www.who.int/uv/publications/proUVrad.pdf.

[7] Bilimis, Z., 2011. Measuring the UV Protection Factor (UPF) of Fabrics and Clothing, Application Note. Agilent Technologies. https://www.agilent.com/cs/library/applications/uv67.pdf.

[8] Bonaccorso, F., Sun, Z., Hasan, T., Ferrari, A. C., 2010. Graphene photonics and optoelectronics. Nat. Photonics 4, 611.

[9] Bonet-Aracil, M. Á., Díaz-García, P., Bou-Belda, E., Sebastiá, N., Montoro, A., Rodrigo, R., 2016. UV protection from cotton fabrics dyed with different tea extracts. Dyes Pigments 134, 448-452.

[10] Booth, J., 1961. Principles of Textile Testing; an Introduction to Physical Methods of Testing Textile Fibers, Yarns, and Fabrics. Chemical Pub. Co., New York.

[11] Cao, J., Wang, C., 2017. Multifunctional surface modification of silk fabric via graphene oxide repeatedly coating and chemical reduction method. Appl. Surf. Sci. 405, 380-388.

[12] Chaudhary, H., Gupta, D., Gupta, C., 2017. Multifunctional dyeing and finishing of polyester with Sericin and basic dyes. J. Text. Inst. 108, 314-324.

[13] Crews, P. C., Kachman, S., Beyer, A. G., 1999. Influences on UVR transmission of undyed woven fabrics. Text. Chem. Color. 31.

[14] Curiskis, J. I., Postle, R., Norton, A. H., 1983. Fabric engineering-present status and future potential. In: Objective Evaluation of Apparel Fabrics. The Textile Machinery Society of Japan.

[15] Daoud, W. A., Xin, J. H., Zhang, Y.-H., Qi, K., 2005. Surface characterization of thin titania films prepared at low temperatures. J. Non-Cryst. Solids 351, 1486-1490.

[16] Davis, S., Capjack, L., Kerr, N., Fedosejcvs, R., 1997. Clothing as protection

from ultraviolet radiation: which fabric is most effective? Int. J. Dermatol. 36, 374-379.

[17] Dewick, P. M., 2001. Secondary metabolism: the building blocks and construction mechanisms. In: Medicinal Natural Products: A Biosynthetic Approach. second ed. pp. 7-34.

[18] Dinkova-Kostova, A. T., 2008. Phytochemicals as protectors against ultraviolet radiation: versatility of effects and mechanisms. Planta Med. 74, 1548-1559.

[19] Dodd, A., McKinley, A., Tsuzuki, T., Saunders, M., 2008. A comparative evaluation of the photocatalytic and optical properties of nanoparticulate ZnO synthesised by mechanochemical processing. J. Nanopart. Res. 10, 243-248.

[20] Eckhardt, C., Rohwer, H., 2000. UV protector for cotton fabrics. In: Textile Chemist and Colorist & American Dyestuff Reporter. vol. 32. pp. 21-23.

[21] El-Sayed, M., Mansour, O. Y., Selim, I. Z., Ibrahim, M. M., 2001. Identification and utilization of banana plant juice and its pulping liquor as anti-corrosive materials. J. Sci. Ind. Res. 60 (9), 738.

[22] Elzairy, E. M. R., Abdallah, W. A., Osman, S. M., Fouad, M. A. M., 2017. Recent approach for multifunctional finishing of cotton/polyester fabric blends via natural products. Int. J. Text. Sci. 6, 148-152.

[23] Gabrijelčič, H., Urbas, R., Sluga, F., Dimitrovski, K., 2009. Influence of fabric constructional parameters and thread colour on UV radiation protection. Fibres Text. East. Eur. 17, 46-54.

[24] Gambichler, T., Hatch, K. L., Avermaete, A., Altmeyer, P., Hoffmann, K., 2002. Influence of wetness on the ultraviolet protection factor (UPF) of textiles: in vitro and in vivo measurements. Photodermatol. Photoimmunol. Photomed. 18, 29-35.

[25] Gawish, S. M., Mashaly, H. M., Helmy, H. M., Ramadan, A. M., Farouk, R., 2017. Effect of mordant on UV protection and antimicrobial activity of cotton, wool, silk and nylon fabrics dyed with some natural dyes. J. Nanomed. Nanotechnol. 8, 2.

[26] German Meteorological Service, 2015. The Global Solar UV Index and Health Effects of UV Exposure. https://kunden.dwd.de/uvi_de/data/www_UV_Index.pdf.

[27] Gogoi, M., Gogoi, A., 2016. UV protection property and natural dye. Int. J. Appl. Home Sci. 3, 5.

[28] Gorenšek, M., Sluga, F., 2004. Modifying the UV blocking effect of polyester fabric. Text. Res. J. 74, 469-474.

[29] Gorjanc, M., Šala, M., 2016. Durable antibacterial and UV protective properties of cellulose fabric functionalized with Ag/TiO$_2$ nanocomposite during dyeing with reactive dyes. Cellulose 23, 2199-2209.

[30] Grifoni, D., Bacci, L., Zipoli, G., Carreras, G., Baronti, S., Sabatini, F., 2009. Laboratory and outdoor assessment of UV protection offered by flax and hemp fabrics dyed with natural dyes. Photochem. Photobiol. 85, 313-320.

[31] Gulrajani, M. L., Brahma, K. P., Senthil Kumar, P., Purwar, R., 2008. Application of silk sericin to polyester fabric. J. Appl. Polym. Sci. 109, 314-321.

[32] Gupta, D., Jain, A., Panwar, S., 2005. Anti-UV and anti-microbial properties of some natural dyes on cotton. Indian J. Fibre Text. Res. 30, 190-195.

[33] Gupta, D., Chaudhary, H., Gupta, C., 2015. Sericin-based polyester textile for medical applications. J. Text. Inst. 106, 366-376.

[34] Gupta, V., Chaudhary, D., Gupta, S., Yadav, N., 2017. Environment friendly antibacterial and UV protective finish on cotton using Syzygium cumini (L.) leaves extract. Int. J Text. Fashion Technol. 7, 9.

[35] Hoffmann, K., Laperre, J., Avermaete, A., Altmeyer, P., Gambichler, T., 2001. Defined UV protection by apparel textiles. Arch. Dermatol. 137, 1089-1094.

[36] Ibhadon, A. O., Greenway, G. M., Yue, Y., 2008. Photocatalytic activity of surface modified TiO$_2$/ RuO$_2$/SiO$_2$ nanoparticles for azo-dye degradation. Catal. Commun. 9, 153-157.

[37] Jung, J. S., 2016. In: Study of fastness, UV protection, deodorization and antimicrobial properties of silk fabrics dyed with the liquids extracted from the gallnuts, areca nuts, and pomegranate peels. MATEC Web of Conferences. EDP Sciences.

[38] Kan, C. W., Lam, Y. L., 2015. Influence of fluorescence whitening treatment on the uv blocking property of 100% cotton knitted fabric. J. Sci. Res. Rep. 5 (2), 171-174.

[39] Kan, C.-W., Yam, L.-Y., Ng, S.-P., 2013. The effect of stretching on ultraviolet protection of cotton and cotton/coolmax-blended weft knitted fabric in a dry state. Materials 6, 4985-4999.

[40] Kathirvelu, S., D'souza, L., Dhurai, B., 2009. UV protection finishing of textiles using ZnO nanoparticles. Indian J. Fibre Text. Res. 34, 267-273.

[41] Kerker, M., 1969. The Scattering of Light. Academic Press.

[42] Kim, Y. K., 2015. 15 -Ultraviolet protection finishes for textiles A2 -Paul, Roshan. In: Functional Finishes for Textiles. Woodhead Publishing.

[43] King, J., 2018. Environmental Problems Caused by Synthetic Polymers. seattlepi. http://education. seattlepi. com/environmental - problems - caused - synthetic - polymers-5991. html.

[44] Ledwith, D., Pillai, S. C., Watson, G. W., Kelly, J. M., 2004. Microwave induced preparationof a-axis oriented double-ended needle-shaped ZnO microparticles. Chem. Commun. 2294-2295.

[45] Lee, S., 2009. Developing UV-protective textiles based on electrospun zinc oxide nanocomposite fibers. Fibers Polym. 10, 295-301.

[46] Lu, H., Fei, B., Xin, J. H., Wang, R., Li, L., 2006. Fabrication of UV-blocking nanohybrid coating via miniemulsion polymerization. J. Colloid Interface Sci. 300, 111-116.

[47] Mahltig, B., Textor, T., 2006. Combination of silica sol and dyes on textiles. J. Sol-Gel Sci. Technol. 39, 111-118.

[48] Maksimenko, A., 2008. Positive and Negative Effects of UV. https://www.sciencelearn. org. nz/ resources/1304-positive-and-negative-effects-of-uv. Mao, Z., Shi, Q., Zhang, L., Cao, H., 2009. The formation and UV-blocking property of needle-shaped ZnO nanorod on cotton fabric. Thin Solid Films 517, 2681-2686.

[49] Mongkholrattanasit, R., Kryštůfek, J., Wiener, J., Viková, M., 2011. UV protection properties of silk fabric dyed with eucalyptus leaf extract. J. Text. Inst. 102, 272-279.

[50] Muzaffar, S., Bhatti, I. A., Zuber, M., Bhatti, H. N., Shahid, M., 2017. Study of the UV protective and antibacterial properties of aqueous polyurethane dispersions extended with low molecular weight chitosan. Int. J. Biol. Macromol. 94, 51-60.

[51] Noorian, S. A., Hemmatinejad, N., Bashari, A., 2015. One-pot synthesis of Cu_2O/ZnO nanoparticles at present of folic acid to improve UV-protective effect of cotton fabrics. Photochem. Photobiol. 91, 510-517.

[52] Pandiyarasan, V., Archana, J., Pavithra, A., Ashwin, V., Navaneethan, M., Hayakawa, Y., Ikeda, H., 2017. Hydrothermal growth of reduced graphene oxide on cotton fabric for enhanced ultraviolet protection applications. Mater. Lett. 188, 123-126.

[53] Pereira, L., Alves, M., 2012. Dyes—environmental impact and remediation. In: Environmental Protection Strategies for Sustainable Development. Springer.

[54] Qu, L., Tian, M., Hu, X., Wang, Y., Zhu, S., Guo, X., Han, G., Zhang, X., Sun, K., Tang, X., 2014. Functionalization of cotton fabric at low graphene nanoplate content for ultrastrong ultraviolet blocking. Carbon 80, 565-574.

[55] Reddy, S. T., Siva Kumar, K. K., 2011. Ozone layer depletion and its effects: a review. Int. J. Environ. Sci. Dev. 2, 7.

[56] Salah, S. M., 2013. Antibacterial activity and ultraviolet (UV) protection property of some Egyptian cotton fabrics treated with aqueous extract from banana peel. Afr. J. Agric. Res. 8, 3994-4000.

[57] Samanta, K. K., Basak, S., Chattopadhyay, S. K., 2014. Eco-friendly coloration and functionalization of textile using plant extracts. In: Roadmap to Sustainable Textiles and Clothing. Springer.

[58] Samanta, K. K., Basak, S., Chattopadhyay, S. K., 2017. Sustainable dyeing and finishing of textiles using natural ingredients and water-free technologies. In: Textiles and Clothing Sustainability. Springer.

[59] Sarkar, A. K., 2004. An evaluation of UV protection imparted by cotton fabrics dyed with natural colorants. BMC Dermatol. 4, 15.

[60] Sawai, J., Yoshikawa, T., 2004. Quantitative evaluation of antifungal activity of metallic oxide powders (MgO, CaO and ZnO) by an indirect conductimetric assay. J. Appl. Microbiol. 96, 803-809.

[61] Schindler, W. D., Hauser, P. J., 2004. 14 -Ultraviolet protection finishes. In: Chemical Finishing of Textiles. Woodhead Publishing.

[62] Serpone, N., Dondi, D., Albini, A., 2007. Inorganic and organic UV filters: their role and efficacy in sunscreens and suncare products. Inorg. Chim. Acta 360, 794-802.

[63] Simonin, M., Richaume, A., 2015. Impact of engineered nanoparticles on the activity, abundance, and diversity of soil microbial communities: a review. Environ. Sci. Pollut. Res. 22, 13710-13723.

[64] Sinha, M. K., Das, B. R., Kumar, K., Kishore, B., Eswara Prasad, N., 2017. Development of ultraviolet (UV) radiation protective fabric using combined electrospinning and electrospraying technique. J. Inst. Eng. (India): Ser. E 98, 17-24.

[65] Soni, H., Nayak, G., Patel, S. S., Miahra, K., Singhai, A. K., 2011. Pharmacognostic studies of the leaves of *Syzygium cumini* Linn. Int. J. Res. Pharmaceut. Biomed. Sci. 507-509.

[66] Stanford, D. G., Georgouras, K. E., Pailthorpe, M. T., 1997. Rating clothing for sun protection: current status in Australia. J. Eur. Acad. Dermatol. Venereol. 8, 12-17.

[67] Stankovic, S. B., Popovic, D., Poparic, G. B., Bizjak, M., 2009. Ultraviolet protection factor of gray-state plain cotton knitted fabrics. Text. Res. J. 79, 1034-

1042.

[68] Sun, S.-S., Tang, R.-C., 2011. Adsorption and UV protection properties of the extract from honeysuckle onto wool. Ind. Eng. Chem. Res. 50, 4217–4224.

[69] Thunder Bay District Health Unit, 2016. Vacations Can Be Extreme. http://www.tbdhu.com/health-topics/sun-safety-tanning/uv-index.

[70] Tian, M., Hu, X., Qu, L., Du, M., Zhu, S., Sun, Y., Han, G., 2016. Ultraviolet protection cotton fabric achieved via layer-by-layer self-assembly of graphene oxide and chitosan. Appl. Surf. Sci. 377, 141–148.

[71] Tsuzuki, T., Innes, B., Dawkins, H., Dunlop, J., Trotter, G., Nearn, M., McCormick, P., 2003. Nanotechnology and the cosmetic chemist. In: Personal Care Ingredients Asia Conference. Manila, Philippines.

[72] Tsuzuki, T., Wang, X., 2010. Nanoparticle coatings for UV protective textiles. Res. J. Text. Appar. 14, 9–20.

[73] Walker, A., 2014. Graphene Might Be Way Worse For the Environment Than We Thought, Gizmodo. https://gizmodo.com/graphene-might-be-way-worse-for-the-environment-than-we-1568823876.

[74] Wang, R., Xin, J.H., Tao, X.M., Daoud, W.A., 2004. ZnO nanorods grown on cotton fabrics at low temperature. Chem. Phys. Lett. 398, 250–255.

[75] Wang, R.H., Xin, J.H., Tao, X.M., 2005. UV-blocking property of dumbbell-shaped ZnO crystallites on cotton fabrics. Inorg. Chem. 44, 3926–3930.

[76] Wang, L., Wang, N., Jia, S., Zhou, Q., 2009. Research on dyeing and ultraviolet protection of silk fabric using vegetable dyes extracted from Flos Sophorae. Text. Res. J. 79, 1402–1409.

[77] Wink, M., 2003. Evolution of secondary metabolites from an ecological and molecular phylo-genetic perspective. Phytochemistry 64, 3–19.

[78] Xin, J.H., Daoud, W.A., Kong, Y.Y., 2004. A new approach to UV-blocking treatment for cotton fabrics. Text. Res. J. 74, 97–100.

[79] Yadav, R., Karolia, A., 2014. Textiles Protection Against UV Radiation. http://www.indiantextilejournal.com/articles/FAdetails.asp?id=5989.

[80] Yadav, A., Prasad, V., Kathe, A.A., Raj, S., Yadav, D., Sundaramoorthy, C., Vigneshwaran, N., 2006. Functional finishing in cotton fabrics using zinc oxide nanoparticles. Bull. Mater. Sci. 29, 641–645.

[81] Yalavarthi, C., 2016. A review on identification strategy of phyto constituents present in herbal plants. Int. J. Res. Pharmaceut. Sci. 4, 123–140.

[82] Yang, H., Zhu, S., Pan, N., 2004. Studying the mechanisms of titanium dioxide

as ultraviolet-blocking additive for films and fabrics by an improved scheme. J. Appl. Polym. Sci. 92, 3201-3210.

[83] Yang, Y., Zhang, C., Hu, Z., 2013. Impact of metallic and metal oxide nanoparticles on waste-water treatment and anaerobic digestion. Environ. Sci. : Process. Impacts 15, 39-48.

[84] Yousif, E., El-Hiti, G. A., Haddad, R., Balakit, A. A., 2015. Photochemical stability and photo-stabilizing efficiency of poly (methyl methacrylate) based on 2-(6-methoxynaphthalen-2-yl) propanoate metal ion complexes. Polymers 7, 1005-1019.

[85] Yu, Q. -Z., Shen, A. -A., 2008. Anti-ultraviolet treatment for cotton fabrics by dyeing and finishing in one bath and two steps. J. Fiber Bioeng. Inform. 1, 65-72.

[86] Yu, Y., Hurren, C., Millington, K., Sun, L., Wang, X., 2015. UV protection performance of textiles affected by fiber cross-sectional shape. Text. Res. J. 85, 1946-1960.

[87] Yu, Y., Hurren, C., Millington, K. R., Sun, L., Wang, X., 2016. Effects of fibre parameters on the ultraviolet protection of fibre assemblies. J. Text. Inst. 107, 614-624.

[88] Zhang, F., Yang, J., 2009. Preparation of nano-ZnO and its application to the textile on antistatic finishing. Int. J. Chem. 1, 18.

[89] Zhou, Y., Crews, P. C., 1998. Effect of OBAs and repeated launderings on UVR transmission through fabrics. Text. Chem. Color. 30, 19-24.

[90] Zimniewska, M., Kozłowski, R., Batog, J., 2008. Nanolignin modified linen fabric as a multifunctional product. Mol. Cryst. Liq. Cryst. 484, . 43/[409]-50/[16].

进阶阅读

[1] Jaggi, N., Giri, M., Yadav, K., 2013. Absorption and fluorescence spectra of disperse red 19-An azo dye. Ind. J. Pure Appl. Phys. 51, 833-836.

13 生物吸附工艺在纺织工业废水处理中的应用

Omprakash Sahu[1], Nagender Singh[2]
[1] 埃塞俄比亚理工学院,埃塞俄比亚梅克尔
[2] 印度理工学院纺织工程系,印度新德里

13.1 引言

  纺织业对全球市场经济的影响很大（Lu,2016），仅纺织业本身就贡献了总产值的近14%。它也被列为主要的淡水和化学品消耗者，并排放重污染负荷的污水。在纺织加工的每个步骤中，会用到一些化学品和染料（Starovoitova and Odido, 2014），一些染料具有剧毒、致突变、致癌，废水的光透过率降低，影响光合作用，进而影响下游用水，如娱乐、饮用水和灌溉。因此，在过去的几十年里，去除废水中的染料以减轻它们对环境的影响受到了极大的关注。环境立法要求各行业在将含染料废水排放到水中之前，必须脱色（Chequer et al., 2013）。在文献中，已经引入了一系列物理、化学和生物方法来去除纺织工业废水中的染料（Yagub et al., 2014; Morin-Crini et al., 2017）。大多数情况下，纺织废水的处理是基于生物过程，然后是化学混凝（Holkar et al., 2016）。虽然化学和生物方法对去除染料有效，但它们需要特定的设备，并且是能源密集型的，还会产生大量的副产物，造成安全处置问题（Ranade and Bhandari, 2014）。由于高成本和处置问题，文献中也提出了另一种替代方法，如吸附法。吸附工艺被认为是处理含染料的纺织工业废水的有效和有前途的方法（Abidi et al., 2015）。其分类是根据废水中染料的性质，也就是有机物和无机物，以及生产染料的方式，即天然的、合成的和废弃物。天然吸附剂如木材、泥炭、煤、褐煤等，合成吸附剂是由天然吸附剂（沸石和黏土）改性而成，废弃物则来自工业（粉煤灰、污泥、泥浆等）、生活（茶叶废物、花生壳、磨碎的坚果壳等）和农业（果皮、稻壳等）。

  一般情况下，活性炭、沸石、硅胶是主要的工业吸附剂，应用广泛且有效，但是价格较昂贵（Santos and Boaventura, 2015; Pal et al., 2015）。探索效果良好的低成本和非常规的吸附剂可能有助于环境的可持续发展（Priya and Selvan, 2014）。为了以可控的价格带来较好的处理效果，采用生物吸附剂替代商业活性炭。生物吸附剂涵盖各种生物材料，如藻类（Kumar et al., 2015）、木材（Patil et al.，2011)、微生物（Kim et al.，2015)、泥炭、壳聚糖、酵母、真菌（Gupta，2009；Ghaly et al.，2014) 等，在自然界中丰富易得，而且在制备时所需的加工步骤较少。生物吸附剂不仅被用于处理纺织工业的染料废水，还被用于无机物（Saucier et al.，2015)、有机物（Romero-Cano et al.，2016)、饮用水（Hasan et al.，2012) 和其他工业废水（Bilal et al.，2013)。用生物质进行脱色以及处理其他工业废水具有显著优势，工艺相对便宜，运行成本低，完全矿化后的最终产物无毒（Ramachandran et al.，2013)。生物吸附是代谢的被动过程，污染物的去除取决于动力学平衡和吸附剂细胞表面的组成（Gadd，2009)。这一理论还可以解释生物质脱色过程，涉及多种复杂的机制，如表面吸附、离子交换、络合（配合）、络合—螯合和微沉淀（Crini，2006)。

由于环境和健康风险，必须从纺织废水中去除色素（染料)。在过去的20年中，已经报道了多种脱色技术，但只有少数被一些行业所接受。这项研究的主要目的是确定纺织工业中水污染的来源及其处理方法，这项研究从生物吸附过程、分类、影响因素、去除染料的应用和替代方法等方面讨论了生物吸附剂在绿色化学方面的潜在应用。

13.2 纺织工业废水

13.2.1 水污染源

纺织品是由各种（天然的或合成的）纤维组成的，用作不同类型服装（终端产品）的原料。每生产1t天然和合成纤维纺织品分别需要约$60m^3$的淡水和$92m^3$的淡水，并释放出17%~20%的污水（Agana et al.，2013)。这大量的污水是从不同的工序产生的，如图13.1所示的上浆、精练、漂白、丝光、染色、印花、后整理。

废水中主要包含副产物、残余染料、盐类、酸/碱、助剂和清洗溶剂。在纺织湿加工中，使用诸如氯化钠和硫酸钠这样的盐类来辅助阴离子染料的耗尽，并作为中和或其他反应的副产物进入污水中（Khandegar and Saroha，2013；Samanta et al.，2015)。纺织工业中水污染的主要来源是染料，据估计，在纺织品生产过程中，全球每年使用染料总量的10%~15%（相当于280000吨染料）被释放到环境中（Rasheed et al.，2014)。染料是一种用于改变颜色或增加颜色的材料，主要用于纺织、食品、医药、化妆品、塑料、摄影、造纸业（Cheng et al.，2017)。它可以是天然染料（植物和动物）和合成染料［偶氮染料（酸性、碱性、活性、分散、硫化和还原）和非偶氮染料］中。由于大多数纺织纤维是聚酯和棉，所以按用途

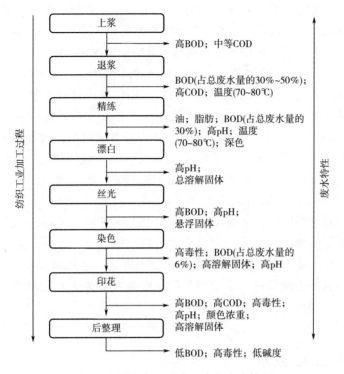

图 13.1 纺织加工业各工序的废水特征

或使用方法对染料进行分类是 CI 所采用的主要方法（Cruz et al.，2017）。该染料分类见表 13.1，显示了每类染料的主要基质、应用方法和化学类型。

表 13.1 基于应用方法的染料分类（Koyuncu，2009）

染料类型	主要应用	一般性描述	化学类型
活性	用于所有纤维素制品（针织物）、毛、真丝和尼龙	易用，中等价格，牢度好，阴离子化合物，水溶性高	偶氮、蒽醌、酞菁、甲臜、噁嗪和碱性
直接	纤维素纤维、人造丝、真丝和毛	应用简单，价廉，中等色牢度，阴离子化合物，水溶性高	偶氮、酞菁、二苯乙烯、硝基和苯并呋喃酮
分散	聚酯纤维、醋酸纤维、尼龙和丙烯腈纤维	需要应用技巧（通过载体或高温），牢度好，在水中的溶解度有限	偶氮、蒽醌、硝基和苯并呋喃酮
酸性	毛、真丝、纸墨水、尼龙和皮革	易用，色牢度差，阴离子化合物，水溶性高	偶氮（包括预金属化的）、蒽醌、吖嗪、三苯基甲烷、氧杂蒽、硝基和亚硝基

续表

染料类型	主要应用	一般性描述	化学类型
碱性	丙烯腈、聚酯、毛和皮革	应用要谨慎,以防染色不均匀而影响手感,阳离子化合物,水溶性高	菁、偶氮、吖嗪、半菁、重氮半菁、三芳基甲烷、氧杂蒽、吖啶、噁嗪和蒽醌
还原	棉、毛和人造丝	应用困难,昂贵,除靛蓝和硫化还原种类外,色牢度好,不溶于水	蒽醌(包括多环醌)和靛蓝类
硫化	深色调的纤维素制品、人造丝	应用困难,便宜,色牢度差,不溶于水	不确定的结构

活性染料因其色泽种类繁多、湿牢度高、应用简单、色彩鲜艳、能耗低,被广泛用于纺织品染色。因此,活性偶氮染料构成了纺织加工行业排放的染料废水的绝大部分(Jemal,2015)。

13.2.2 纺织工业的污水处理

纺织工业的废水很复杂,从处理的角度看,是对环境工程师的挑战。对纺织工业废水的处理不仅对环境至关重要,而且对工业生产过程中的循环用水也是至关重要的。在处理之前,了解污水的参数以及对环境的影响非常重要。根据水质参数,对纺织工业废水的处理,通常是组合或单独地采用物理化学法或生物法。

13.2.2.1 生物学方法

与其他物理和化学过程相比,生物处理是一种相对经济的方法(Oller et al.,2011)。生物降解方法,如真菌脱色、微生物降解、(活的或死的)微生物的生物质吸附和生物修复系统,普遍应用于纺织工业废水处理,可能是由于许多微生物如细菌、酵母、藻类和真菌能够积聚和降解不同的污染物(Singh and Arora,2011)。然而,由于技术上的制约,它们的应用往往受到限制。生物处理需要的土地面积大,并且受制于对昼夜变化的敏感性和某些化学物质的毒性,在设计和运行上也不够灵活。目前,常规的生物降解工艺无法获得满意的染料去除率。而且,由于其复杂的化学结构和合成有机物的来源,很多有机分子都是难降解的(Sarayu and Sandhya,2012)。

13.2.2.2 化学方法

化学方法包括与浮选和过滤相结合的混凝或絮凝法、用Fe(Ⅱ)/Ca(OH)$_2$沉淀—絮凝法、电浮法、电动力学混凝法、利用氧化剂(臭氧)的传统氧化方法、辐照法或电化学过程。这些化学方法往往成本高昂,而且,虽然染料被去除,但浓缩污泥的积累会造成处理问题。此外,还有可能因为过度使用化学品而产生二次污染问题（Verma et al.，2012）。最近，一些新兴的技术，即所谓的高级氧化工艺也被引入纺织工业废水的处理，其原理是产生如羟基自由基这样的非常强的氧化剂，并成功地应用于含染料废水的处理。这些方法效率高，但价格昂贵，商业上不具有吸引力，高的电能需求和化学试剂的消耗也是其限制因素（Abo-Farha，2010）。

13.2.2.3 物理方法

许多物理方法被广泛地用于纺织工业废水的处理，其中常用的是膜过滤工艺（纳滤、反渗透）和吸附技术（Khouni et al.，2011）。膜工艺的主要缺点是：（i）在膜结垢之前，膜的使用寿命是有限的；（ii）定期更换的成本，这需要包括在其经济可行性的分析之中。很多文献资料显示，液相吸附是最常用的去除废水中污染物的方法之一。因此，适宜的吸附工艺设计能提高污水处理质量。该工艺为纺织染料废水的处理提供了一种有吸引力的替代方法，特别是，很多吸附剂价格低廉，且在应用前不需要额外的预处理步骤（Khatri et al.，2015）。表13.2列出了纺织工业废水处理的方法及各种组合方法。

表13.2 纺织业废水的常规处理工艺（染料去除）（Robinson et al.，2001）

	处理方法	处理阶段	优势	局限
物理化学处理	沉淀、混凝—絮凝	预处理/主处理	停留时间短、投资成本低；较好的去除效率	结块的分离与处理；选定的工作条件
	电动力学混凝	预处理/主处理	经济上可行	污泥产量高
	芬顿工艺	预处理/主处理	对可溶性和不溶性有色污染物均有效；体积上无变化	污泥的产生；污泥处理的问题；昂贵
	臭氧化	主处理	有效去除偶氮染料；气态使用，体积上无变化	不适用于分散染料；释放芳香染料；臭氧半衰期短（20min）
	用NaOCl氧化	后处理	需要低温；引发并加速偶氮键断裂	成本密集工艺；释放芳香胺
固体吸附剂吸附	活性炭	预处理/后处理	经济上有吸引力；对多种染料去除效果好	非常昂贵；成本密集的再生工艺
	泥炭	预处理	源于微孔结构的有效吸附；不需要活化	比表面积低于活性炭
	煤灰	预处理	经济上有吸引力；去除效率高	时间长，用量大；吸附比表面积低于活性炭

续表

	处理方法	处理阶段	优势	局限
固体吸附剂吸附	木屑和锯木屑	预处理	源于微孔结构的有效吸附；经济上有吸引力；对酸性染料的吸附效率好	停留时间长，用量大
	硅胶	预处理	对碱性染料有效	副反应阻碍商业应用
	辐照	后处理	实验室规模的有效氧化	需要大量的溶解氧（O_2）
	光化学过程	后处理	不产生污泥	副产物的生成
	电化学氧化	预处理	无需其他化学品，最终产物无危险/无危害	成本密集工艺，主要是电费成本高
	离子交换	主处理	吸附剂再生损耗低	特定用途，并非对所有染料有效
生物处理	有氧过程	后处理	对所有染料类型部分或全部脱色	处理昂贵
	厌氧过程	主处理	耐各种复杂的有色化合物，产生的生物沼气用于生产蒸汽	适应期更长
	单细胞（真菌的、藻类的和细菌的）	后处理	对容量和浓度低的废水去除效率高	成本密集的培养维护，无法应对大量的废水
新兴的处理	其他高级氧化过程	主处理	确保完全矿化，越来越多的商业应用，在集成系统中是有效的预处理方法，并且提高可生物降解性	成本密集工艺
	膜过滤	主处理	去除所有类型的染料，回收、再利用化学品和水	运行成本高，产生浓缩污泥，在此过程中不分离溶解固体
	光催化	后处理	工艺在环境温度条件下进行，投入物无毒且价廉，矿化完全，停留时间更短	对少量的有色化合物有效，工艺成本高
	超声处理	预处理	使用简单，在集成系统中非常有效	比较新的方法，有待全面应用
	酶处理	后处理	对特别选定的化合物有效，不受冲击载荷的影响，所需的接触时间更短	酶的分离和纯化烦琐，由于存在干扰，效率降低

续表

	处理方法	处理阶段	优势	局限
新兴的处理	氧化还原介体	预处理/辅助处理	易于获得，并通过提高电子转移效率来优化工艺	氧化还原介体的浓度会产生拮抗作用，同时，还取决于体系的生物活性
	工程湿地系统	预处理/后处理	具有成本效益，可处理大量废水	初始安装成本高，需要专业知识，季风期间的管理会变得困难

13.2.3 纺织工业废水对环境的影响

任何工业活动都会造成这样或那样的污染，纺织业也不例外。废水是最大的环境危害，从产生量及其成分来看，纺织厂的废水被归类为所有工业部门中污染最严重的。纺织过程中流失的染料给废水处理带来了重大问题（Ali，2010a，b；Padhi，2012）。

13.2.3.1 对水环境的影响

染料废水来自纺织工业，对地表和地下水有直接影响。在染色过程中，染料的损失量从碱性染料的2%到活性染料的50%不等，导致地表和地下水的严重污染（Kant，2012）。此外，降低光在水中的穿透性会降低光合作用，造成缺氧，使水生生物群的生物循环失去调节。许多染料还对生态系统具有高毒性和诱变性，这意味着它们会对生物产生急性到慢性的影响，取决于接触时间和染料浓度。例如，染料废水已经与鱼类的生长减缓、代谢应激和死亡以及植物的生长和生产力关联起来。因此，污染限制了下游的人类用水，如娱乐、饮用、鱼业和灌溉等（Chequer et al.，2013）。

13.2.3.2 对土壤环境的影响

纺织业的废水会侵蚀土壤，维持土壤肥力的细菌和真菌会受到纺织废水中剧毒化学品的影响（Jayanthy et al.，2014）。

13.2.3.3 对空气环境的影响

这些污水对氧气的直接需求导致溪流中的溶解氧迅速耗尽，并产生厌氧环境，这种情况会导致恶臭并产生硫化氢气体，使铁沉淀为外观难看的黑色硫化物，挥发到空气中的化学物质通过呼吸或皮肤被吸收（Som et al.，2011）。

13.2.3.4 对社会经济环境的影响

纺织工业废水对人、动物和植物的健康有长期影响，合成染料在加工过程中会引起皮肤病和过敏。由于化学污染物的影响，细胞的正常功能受到干扰，进而可能导致生理和生化机制的改变，导致呼吸、渗透调节、繁殖等重要功能受损和死亡（Parisi et al.，2015）。

13.2.4　环境立法

在立法方面，国际上尚未就包括染料在内的纺织污水排放达成共识，也没有列出适用于不同国家的不同排放限值的正式文件（Chequer et al.，2013）。许多发达国家，如美国、加拿大、澳大利亚和欧盟国家都实施了环境立法，规定了限值。一些国家如泰国等照搬了美国的制度，而另一些国家如土耳其和摩洛哥则照搬了欧盟的模式。在其他国家，如印度、巴基斯坦和马来西亚等，污水污染限值是建议而非强制性的。在大多数发展中国家，染料限值与"总溶解性固体"浓度的限值并没有分开规定（Gronwall and Jonsson，2017）。

13.3　纺织工业中的吸附技术

13.3.1　理论

在污水处理的物理类型中，吸附对减少污染有重要作用。"吸附"可定义为任何物质在另一种物质的表面上的积累过程，浓度高于本体。当固体表面接触到气体或液体时，来自气体或溶液相的分子在表面聚集或浓缩，这种气体或液体分子在固体表面聚集的现象称为吸附。吸附法是处理生活和工业废水的一种成熟而且强有力的技术。在水处理中，最普遍的方法是活性炭的吸附。吸附物是以膜的形式附着在吸附剂表面，吸附剂是进行吸附的材料（Rouquerol et al.，2013）。

13.3.2　吸附剂（活性炭）的制备方法

吸附剂的制备对去除污染具有重要作用。吸附剂制备的最常见的步骤是脱湿和炭化，在没有空气的情况下，将吸附剂在600~800℃缓慢加热。之后，对炭化产物进行物理或化学活化，以打开孔道（Sulyman et al.，2017）。在物理活化中，利用热气体将源材料制成活性炭，这通常是在惰性气体存在下，使用一种或多种炭化过程的组合，将这种有机体转化为原生炭，它是灰分、焦油、无定形碳和结晶碳的混合物，需要在二氧化碳、蒸汽存在的高温下进行活化/氧化。在化学活化中，炭化产物用一种酸如磷酸（H_3PO_4）、一种强碱如氢氧化钾（KOH）和氢氧化钠（NaOH）、或一种盐如氯化锌（$ZnCl_2$）来洗涤，并在450~900℃下炭化（Gonzalez et al.，1997）。

13.3.3　吸附机理

生物质的生物吸附最简单的机制是细胞表面和染料阳离子之间的相互作用。

活体生物质的细胞表面由带负电荷的多糖、蛋白质和脂类组成，这些物质积聚了足够多的废水中的染料正离子。染料分子中存在的羟基、硝基和偶氮基团会增加吸附量，而磺酸基团则会降低吸附量。现在已经认识到，微生物生物质吸附的效率和选择性是由离子交换机制决定的，生物质与染料之间的相互作用如图 13.2 所示。

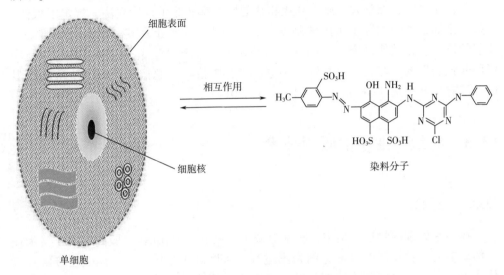

图 13.2　染料和细胞的相互作用

对于死细胞，一般根据吸附物分子与吸附剂表面结合的性质，将其分为两种类型，即物理吸附和化学吸附。这两种类型都会发生，由于吸附剂表面的吸引力，克服了吸附物分子的动能，死细胞就会附着在固相（吸附剂）的表面（Dąbrowski，2001）。

13.3.4　物理吸附

由于能量差和/或电吸引力（弱范德瓦耳斯力），吸附物分子物理地固定在吸附剂表面时，就发生了物理吸附。物理吸附在吸附剂表面形成单层或多层吸附物，其特点是吸附的活化能（焓）低（Somorjai and Li，2010；Lowell and Shields，2013）。

13.3.5　化学吸附

当被吸附的分子与吸附剂之间发生化学反应时，就会发生化学吸附。化学吸附是通过化学键在吸附剂表面形成一层单层吸附物。这种类型的相互作用很强，吸附物和吸附剂表面之间存在共价键，其特点是吸附焓高（Bansal and Goyal，2005），物理吸附和化学吸附的吸附机理如图 13.3 所示。

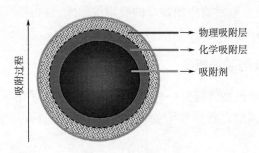

图 13.3 吸附机理

13.3.6 吸附等温线模型

吸附等温线是指将吸附剂表面上溶质的平衡浓度 q_e 与液体中溶质的浓度 C_e 相关联的曲线。吸附等温线也是一个与给定温度下吸附到固体上的溶质量和溶液中溶质的平衡浓度有关的方程（Ho and McKay，1998）。这些 q_e 和 C_e 之间的关系通常可以被拟合到一个或多个平衡等温线模型中，有几种等温线方程可用于分析吸附平衡参数。在水和废水处理中，应用活性炭的最常用的吸附等温线是 Freundlich 和 Langmuir 等温线（Wu et al.，2009）。

13.3.7 Langmuir 等温线模型

Langmuir 等温线模型最初是为了描述和量化在一组不同的局部吸附位点上的吸附而开发的，并已被用于描述物理和化学吸附。该模型基于以下主要假设（Langmuir，1916）：

- 每个活性位点只与一个吸附物分子相作用。
- 吸附物分子被吸附在确定的局部位点上，饱和覆盖率对应于完全占据这些位点。
- 吸附位点在能量上都是等效的（均匀的），相邻的被吸附分子之间不存在相互作用。

Langmuir 等温线模型方程的推导：在平衡状态，被吸附的分子数等于脱附的分子数，即：

- 吸附速率（r_a）与溶液浓度和可用的吸附面积成正比，即

$$r_a = C_e(A_总 - A_{被占}) = C_e(K_1 q_m - K_1 q_e) = C_e K_1 (q_m - q_e)$$

- 同样，解吸速率（r_d）与已吸附的分子数成正比，即 $r_d = A_{被占} = K_2 q_e$

在平衡状态，吸附速率等于解吸速率，即 $r_a = r_d$，设 $K_L = K_1 / K_2$，求解 q_e 可得：

$$q_e = C_e K_L q_m / (1 + C_e K_L) \tag{13.1}$$

式中，q_m（mg/g）和 K_L（L/mg）分别是与吸附剂的吸附容量和吸附能有关的

Langmuir 常数。该模型是目前应用最广的吸附等温线，与各种实验数据有很好的一致性（Foo and Hameed，2010）。

13.3.8 Freundlich 等温线模型

Freundlich 等温线模型方程是一种经验关系，它描述了溶质从液体到固体表面的吸附。Freundlich 模型方程用吸附物浓度来描述吸附（Allen et al.，2004；Limousin et al.，2007）。

$$q_e = K_f C_e^{1/n} \tag{13.2}$$

式中，K_f 和 $1/n$ 分别是与吸附容量和吸附强度相关的 Freundlich 等温常数。

13.3.9 吸附动力学

吸附过程是以其动力学和平衡行为为特征。吸附物在固体—溶液界面（吸附剂）的运输和吸附物在吸附剂表面的附着（即表面的物理化学作用）决定了吸附物的吸收率，从而决定了过程的动力学（Kavitha and Namasivayam，2007）。通过等温线，可以预测可能达到的净化程度、达到该净化程度所需的吸附剂的大致的量以及该过程对溶质浓度的敏感性。为了描述吸附过程的动力学，人们研究了许多数学模型。准一阶方程和准二阶方程是目前广泛使用的有机化合物吸附动力学模型（Salman and Hameed，2010）。吸附动力学的研究是有必要的，因为它能提供有关吸附机理的信息，这对吸附过程的效率很重要。此外，水处理吸附系统的设计可能会受到吸附动力学的影响，质量传递、粒子内扩散或表面化学动力学可能控制吸附速率。几种液相的动力学模型已被广泛用于描述实验数据，包括准一阶、准二阶和质量转移/粒子内扩散模型（Anirudhan and Ramachandran，2015）。

（1）准一阶模型。

$$dq_t/dt = k_1(q_e - q_t)$$

（2）准二阶模型。

$$dq_t/dt = k_2(q_e - q_t)^2$$

式中：q_e 和 q_t 分别为平衡时和任意时间（t）被吸附的吸附物的量（mg/g），k_1（min^{-1}）和 k_2 [g/（mg·min）] 分别为准一阶和准二阶速率常数。

13.3.10 纺织工业废水吸附剂的分类

几乎所有的固体表面都有吸附能力，但这些固体在污水处理过程中的有效性是其结构、极性程度、孔隙度和比表面积的函数。吸附物可能是一种具有颜色、气味等不良属性的有机化合物。吸附剂的主要类型包括活性炭、有机聚合物、硅基化合物等（Saleh and Gupta，2014）。吸附剂也可以根据其存在方式进行分类，如图 13.4 所示。

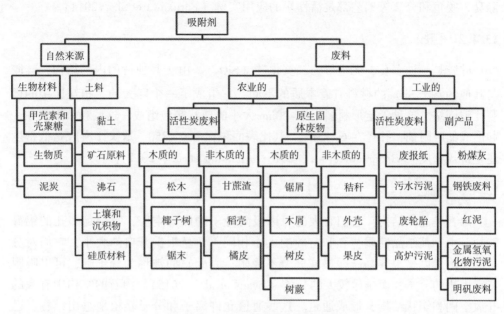

图13.4 按吸附剂的存在方式分类

13.4 商用吸附剂

采用固体吸附剂的吸附技术被广泛用于去除水体中某些类别的化学污染物，特别是对那些常规生物废水处理几乎没有作用的污染物（Hamed et al.，2014）。然而，在所有吸附剂材料中，最常用于去除废水中污染物的是活性炭。特别是，商用活性炭吸附去除废水中各种染料的有效性，使其成为其他昂贵处理方法的理想替代品。这主要是由于其结构特征和多孔性质，使其具有大的比表面积，而且其化学性质可以很容易地通过化学处理而改变，以提高其性能（Kyzas and Matis，2015）。然而，活性炭也有缺点，它的价格相当昂贵，品质越好，成本越大，而且对分散染料和还原染料是非选择性的和无效的。对已经饱和的炭的再生成本也很高，而且会导致吸附剂的损失。相比之下，利用低成本、高吸附能力的替代材料来解决环境问题，近年来受到了广泛关注（Ucar，2014）。

13.4.1 活性炭

活性炭基本上是一种无定形的碳基材料，具有高度的孔隙率和粒间表面积。活性炭的大比表面积，使其具有良好的吸附特性。每克材料的表面积可以达到 $500\sim1200m^2$。由于其良好的吸附性能，在许多工业过程中都很有用，过滤、净化、除臭、脱色和分离等工艺都是活性炭的应用实例（Furukawa et al., 2014）。

13.4.2 硅胶

硅胶是一种多孔、无定形的二氧化硅（SiO_2）。由于其独特的内部结构，硅胶与其他的基于SiO_2的材料有着本质的不同，它组成了一个巨大的、相互连接的微观孔隙网络。这种无定形材料由2~20nm大小的球状颗粒组成，这些颗粒聚集在一起形成的吸附剂，孔径在6~25nm。其比表面积在100~850，取决于凝胶是低密度还是常规密度（Vinogradov et al., 2016; Abbaraju et al., 2017）。

13.4.3 沸石

沸石是晶体结构，它们有大的可以吸附分子的内部空腔，它们是多孔的铝硅酸盐，由于其结晶性质，孔和空腔的大小相同，而且根据开口的大小，它们对分子的吸附可以是很容易、缓慢或完全不吸附，因此它们被称为分子筛，可以吸附特定大小的分子，而排斥较大的分子（Evans et al., 2015）。沸石的结构中有大的开放空间和笼状结构，形成通道。这些通道允许离子和分子轻松地进出结构。已知的合成沸石有150多种，最重要的商业类型是 A 型和 X 型、合成丝光沸石及其离子交换品种（Zaarour et al., 2014）。

13.5 非商用低成本吸附剂

人们的注意力一直集中在各种天然的固相载体上，其能够以经济的方式去除被污染水中的污染物。研究人员总是致力于开发更合适、高效、便宜、易得且可回收的固相载体，特别是利用废料（Shakoor and Nasar, 2016）。

在文献中，有多种天然存在的生物吸附剂，如真菌、细菌、藻类、壳聚糖、泥炭，在纺织工业废水的脱色中表现出了优异的效果，但有关染料与生物材料之间相互作用的信息很少。

13.5.1 真菌

真菌是真核生物群中的成员，包括酵母、霉菌等微生物，以及更熟悉的蘑菇，已知的真菌界生物有近99000种。在文献中，有不少研究者报道了黄孢原毛平革菌类型的真菌在纺织废水脱色中的作用（Young and Yu, 1997; Tatarko and Bumpus, 1998; Gomaa et al., 2008; Sharma et al., 2009），包括黑曲霉（*Aspergillus niger*）（Fu and Viraraghavan, 2000）、根霉（*Rhizopus arrhizus*）（Zhou and Banks, 1991）和米根霉（*Rhizopus oryzae*）（Gallagher et al., 1997）。在活细胞真菌中，脱色可能

是由于产生的木质素转化为漆酶、锰过氧化物酶和木质素过氧化物酶，而且它们对不同的真菌来说是不同的（Raghukumar et al.，1996）。在生物降解过程中，生物吸附对纺织废水的脱色起着关键作用。它取决于预处理、营养物质的种类和废水中染料的含量。在死细胞表面，生物吸附过程是由于吸附剂表面与染料之间的理化相互作用。Fu 和 Viraraghavan（2001a）、Singh（2006）、Kaushik 和 Malik（2009）以及 Yagub 等（2014）对纺织工业废水中染料的去除进行了广泛的评述。Das 和 Charumathi（2012）提到，与真菌和细菌相比，酵母具有很好的前景，具有抵抗不利环境的能力，而且可以快速生长。表 13.3 中提到了对不同染料进行脱色时真菌的性能。

表 13.3 用真菌对纺织染料脱色

真菌	染料类型	初始条件	效率/%	参考文献
用活的真菌				
Consortium	甲基红	初始浓度 50mg/L，pH 5，时间 72h	82	Jusoh et al.（2017）
Consortium	刚果红	初始浓度 100mg/L，时间 12h，pH 7.5，温度 32℃	99	Lade et al.（2015）
Schizophyllum commune	刚果红	初始浓度 50μmol/L，时间 96h，pH 4.5，温度 39℃	96.86	Selvam and Priya（2012）
	甲基橙		97.56	
	铬黑 T		97.40	
Lenzites eximia	刚果红		95.50	
	甲基橙		94.79	
	铬黑 T		95.36	
Trametes versicolor	直接蓝 1	初始浓度 800mg/L，pH 6.0，生物吸附剂用量 250mg/50mL，时间 6 h	63.2	Bayramoğlu and Arıca（2007）
Rhizopus oryzae	罗丹明 B（黄嘌呤染料）	初始染料浓度 100mg/L，pH 7.0，生物质用量 0.25g/25mL，温度 40℃，零电荷点 pH 3.5，时间 5h	90	Das et al.（2006）
Pencillium oxalicum	活性蓝 19	初始浓度 100mg/L，pH 2.0，生物吸附剂用量 0.25g/100mL	91	Zhang et al.（2003）
Funalia trogii	阿斯特拉宗红	初始染料浓度范围 0~1500mg/L，初始 pH 6~11，温度 30℃，时间 24h	92~98	Yesilada et al.（2002）

续表

真菌	染料类型	初始条件	效率/%	参考文献
Aspergillus niger	酸性蓝 29	初始染料浓度 50mg/L，初始 pH 7.6，生物吸附剂用量 0.2g/75mL，时间 30h	80	Fu and Viraraghavan（2001b）
Aspergillus niger	碱性兰 9	初始染料浓度 50mg/L，初始 pH 5.1，生物吸附剂用量 0.2g/75mL，时间 2d	10	Fu and Viraraghavan（2000）
P. chrysosporium	活性红 22	初始浓度 120mg/L，时间 30h	92	Wu et al.（1996）
用死的真菌				
Rhizopus arrhizus NCIM 997	活性蓝 22	初始浓度 97mg/L，时间 1.7h，用量 1.1g/L，pH 2.0	69.86	Saraf and Vaidya（2016）
Rhizopus arrhizus NCIM 997	活性橙 13	初始浓度 114mg/L，pH 2.0，用量 0.8g/L	49.04	Saraf and Vaidya（2015）
Aspergillus niger	直接蓝 199	初始浓度 400mg/L，pH 3.0，生物吸附剂用量 6g/L，温度 45℃，时间 4h	49.9	Xiong et al.（2010）
Agaricus bisporus + *Thuja orientalis*（混合）	活性蓝 49	初始浓度 150mg/L，pH 1.0，零电荷点 1.5，生物吸附剂用量 3.0g/L，时间 90min	72.86	Akar et al.（2009）
Thuja orientalis	酸性蓝 40	初始浓度 200mg/dm^3，pH 1.0，温度 20℃，生物吸附剂用量 1g/dm^3，时间 90min	48.5	Akar et al.（2008）
Trametes versicolor	直接蓝 1	初始浓度 800mg/L，pH（直接蓝 1）6.0，生物吸附剂用量 250mg/50mL，时间 6h	95.2	Bayramoğlu and Arıca（2007）
Rhizopus stolonifer	溴酚蓝	初始浓度 800mg/L，pH 2.0，生物吸附剂用量 1g/L，时间 20h	88	Zeroual et al.（2006）
Aspergillus niger（固定）	碱性蓝 9	微珠 4.5g，柱直径 1.27cm，高 40cm，流速 6mL/min	8.3	Fu and Viraraghavan（2003）
Aspergillus niger	刚果红	初始染料浓度 50mg/L，初始 pH 6.5，生物吸附剂用量 0.2g/75mL，时间 42h	89.6	Fu and Viraraghavan（2002）
Aspergillus niger	酸性蓝	初始染料浓度 50mg/L，初始 pH 7.6，生物吸附剂用量 0.2g/75mL，时间 24h	99	Fu and Viraraghavan（2001）

13.5.2 细菌

细菌是单细胞微生物（Madigan et al., 1997），它已用作纺织工业废水的生物降解和生物吸附剂，生物降解是在好氧或厌氧或两者兼有的条件下进行（Liou et al., 2008）。大多数情况下，生物降解采用的是活细胞。研究发现，细菌的生物降解法更适合于大部分的偶氮染料。这种技术是经济和生态友好的，而且减轻了处理后的处置问题（Mondal, 2008）。活菌处理的性能取决于废水的碱性、相互作用的温度、染料的种类和浓度、碳氮比和供氧量。染料的生物吸附并不降解染料，只是将其困在吸附剂的"笼子"里。该过程有助于从废染浴中生物回收合成染料（Khan et al., 2013）。在文献中，大多数作者讨论了染料的生物降解（Hassan et al., 2013；Mahmood et al., 2015），但很少有人关注细菌生物质的生物吸附（Feng et al., 2017）。作为潜在的生物吸附，谷氨酸棒杆菌在 pH 为 1 时显示出对活性红 4 的吸收量为 104.6mg/g（Won et al., 2005）。细菌生物质分为两种类型，革兰氏阳性菌细胞表面具有厚的肽聚糖层（Dijkstra and Keck, 1996），通过氨基酸桥连接；革兰氏阴性菌具有较薄的、由肽聚糖层（Beveridge, 1999）与磷脂和脂多糖（Sheu and Freese, 1973）组成（10%~20%）的细胞表面。死细胞细菌的生物吸附方式与其他生物吸附剂的相似，外表面对吸附污染物起着重要作用（Srinivasan and Viraraghavan, 2010）。表 13.4 归纳了对细菌生物质进行的不同研究。

表 13.4 用细菌对纺织染料脱色

细菌	染料类型	初始条件	效率/%	参考文献
Dysgonomonas (16S rRNA gene)	偶氮类	初始浓度 960mg/L, pH 4.7, 时间 67h	>90	Forss et al. (2017)
附生植物	甲基蓝	初始浓度 100mg/L, pH 5.5	99~95	Feng et al. (2017)
Bacillus catenulatus JB-022	阳离子碱性蓝-3	初始染料浓度 500mg/L, 时间 24h	58	Kim et al. (2015)
Bacillus cereus	偶氮-红 3BN	时间 144h, pH 7	93.64	Kumar and Sumangala (2012)
B. megaterium			96.88	
Consortium	活性橙-16	初始染料浓度 100mg/L, 时间 48h, pH 7, 温度 30℃	>70	Jadhav et al. (2010)
Consortium	活性黑	初始染料浓度 59.3mg/L, 时间 120h, pH 8	80	Kılıç et al. (2007)

续表

细菌	染料类型	初始条件	效率/%	参考文献
Corynebacterium glutamicum	活性黑–5	初始浓度 500mg/L，时间 12h	94	Vijayaraghavan and Yun（2007a）
Corynebacterium glutamicum（原料）	活性黑–5	初始浓度 500mg/L，时间 12h	56	Vijayaraghavan and Yun（2007b）
Streptomyces rimosus	甲基蓝	初始浓度 50mg/L，时间 5min	86	Nacèra and Aicha（2006）
Bacillus gordonae	特克蒂隆蓝（TB4R）	时间 24h，初始染料浓度 200~1000mg/L	13	Walker and Weatherley（2000）
Bacillus benzeovorans			18	
Pseudomonas putida			19	

13.5.3 壳聚糖

壳聚糖是一种天然存在的生物高分子，已被用作不同类型染料的生物吸附剂，它具有独特的亲水性、生物相容性、生物可降解性、无毒、吸附性等品质（Kyzas and Bikiaris，2015）。壳聚糖是一种聚氨基糖，由甲壳素脱乙酰化合成。甲壳素是自然界中仅次于纤维素的第二大聚合物，它可以从虾、蟹、真菌、昆虫等动物的壳中提取（Arbia et al.，2013）。由于甲壳素的氮、磷、硫含量高，与合成衍生所得的吸附剂相比，即使是在低染料浓度的情况下，用甲壳素进行生物吸附也显示出好的效果（Hamed et al.，2016）。生物吸附能力取决于壳聚糖的结晶度、比表面积、孔隙率、颗粒类型、颗粒尺寸、含水量、用量、染料浓度和废水样品的初始pH（No and Meyers，2000）。在所有的物理化学性质中，由于活性位点、孔隙度和表面电荷的影响，颗粒尺寸和初始pH对染料的去除有主导作用（Lazaridis et al.，2007）。为了增强壳聚糖与带负电的阴离子染料的静电吸引，使用了一些交联剂，如乙二醛、甲醛、戊二醛、环氧氯丙烷、乙二醇二缩水甘油醚和异氰酸酯（Crini and Badot，2008）。这些交联剂使其在酸性溶液中稳定，同时也改善了壳聚糖的力学特性（Jin et al.，2004）。文献中，将壳聚糖和甲壳素作为生物吸附剂用于去除3种工业染料，它们是活性染料（活性黑5）、碱性染料（碱性红5和碱性紫3）和酸性染料（酸性红51）（Copello et al.，2011），结果表明，与原生生物质相比，热处理生物质对直接蓝1和直接红128染料的吸附效率更高。有记录的热处理生物质最高的生物吸附容量为对直接蓝1的152.3mg/g和对直接红128的225.4mg/g。

表13.5归纳了壳聚糖的不同吸附量。

表13.5 用壳聚糖对纺织染料脱色的吸附量

壳聚糖形式	染料类型	初始条件	吸附量/（mg/g）	参考文献
交联	甲基橙	初始染料浓度300mg/L，时间12h，用量0.18g	180.2	Huang et al.（2017）
纳米颗粒	酸性红-88	初始染料浓度50mg/L，用量3g/L，时间1h，pH 7	25.84	Soltani et al.（2013）
水凝胶	刚果红	初始染料浓度500mg/L，时间1h	450.4	Chatterjee et al.（2010）
粉末	雷马唑黑13	时间20h	91.5~130.0	Annadurai et al.（2008）
粉末	甲基橙	时间10h	130	Morais et al.（2007）
纳米颗粒	酸性绿27	时间24h	2103.6	Hu et al.（2006）
虾壳	活性红141	初始pH 6，温度60℃，时间24h	156	Sakkayawong et al.（2005）
交联	酸性绿-25	时间24h	645.1	Wong et al.（2004）
交联	活性红	初始染料浓度4.29g/L，时间24h，温度30℃	180	Chiou and Li（2003）
片状	活性蓝222	温度30℃，时间8h	199	Wu et al.（2001）

13.5.4 藻类

藻类是众所周知的生物吸附剂，在不同类型的水体中有不同的种类。有学者报道，与其他生物吸附剂相比，藻类具有大的比表面积和强的亲和力（Crini，2006）。在生物吸附过程中，由于藻类中存在不同的官能团，如羟基、羧基、氨基和磷酸基，在细胞表面形成静电吸引和络合，从而产生脱色（Kousha et al.，2012）。基本的脱色机理可确定为三个步骤，即藻类生物质生产中使用铬沥青，利用二氧化碳（CO_2）和水（H_2O）将有色分子转化为非有色分子，以及铬沥青吸附在藻类生物质上。在文献中，研究人员报道，藻类是通过诱导形态的偶氮还原酶降解偶氮染料的潜在生物质（Yagub et al.，2014）。Khataee等（2011）提出，脱色取决于染料的分子结构和所使用藻类的种类。不同种类的小球藻和振荡藻能够将偶氮染料降解为它们的芳香胺，并进一步将芳香胺代谢为简单的有机化合物或二氧化碳（CO_2）（Solís et al.，2012）。在不同种类的藻类中，某些藻类以很少的偶氮类染料作为唯一的营养（碳和氮）来源。在稳定化池中应用这种藻类对芳香胺的去除起着重要作用，这是 Banat 等在 1996 年提出的。为了对藻类进行更多的讨论，相关工作总结于表 13.6。

表 13.6 用藻类对纺织染料脱色

藻类	染料类型	初始条件	效率/%	参考文献
Sargassum crassifolium	孔雀绿	初始染料浓度 35mg/L，用量 20g，时间 2.5h，温度 25℃，pH 8.0	98.30	Omar et al. (2018)
S. dimorphus	甲基蓝	初始染料浓度 5mg/L，用量 1g/L，时间 1h，pH 6.5，粒径 0.45μm	78.0	Chandra et al. (2015)
Cladophora	孔雀绿	初始浓度 10mg/L，时间 2h，用量 4g/L，温度 25℃，pH 8.5	80.90	Khataee et al. (2011)
Spirogyra sp.	辛纳唑	染料浓度为红 0.22% 和黄 0.1%，时间 8h	85	Khalaf (2008)
Caulerpa scalpelliformis	碱性黄	初始浓度 150mg/L，时间 4h	90	Aravindhan et al. (2007)
Cosmarium sp.	孔雀绿	初始浓度 100 ppm，时间 3.5h	74	Daneshvar et al. (2007)
Azolla rongpong	酸性绿 3	初始浓度 1000mg/L，时间 12h	30.7	Padmesh et al. (2006a)
Azolla filiculoides	酸性蓝 15	初始浓度 1000mg/L，时间 12h	43.8	Padmesh et al. (2006b)
Chlorella vulgaris	雷马唑黑-B	初始浓度 800mg/L，时间 24h	52.4	Aksu and Tezer (2005)
Enteromorpha prolifera	酸性红 274	初始浓度 250mg/L，时间 2h	96.4	Ozer et al. (2005)

13.5.5 泥炭

泥炭是一种深色的纤维状物质，是当"分解速度跟不上有机物产生的速度"时产生的（Waksman et al.，1943）。当植物材料在酸性和厌氧条件下不能完全腐烂时，就会形成泥炭，一般来说，它是在特殊的情况下形成的，如积水、缺氧或缺养分、高酸度或低温，在许多类型的湿地中形成。木质素和纤维素是泥炭中的主要成分（Rana and Viraraghavan，1987；Viraraghavan and Rana，1991）。不同的极性官能团如醇类、醛类、酮类、酸类、酚羟基化合物和醚类，有益于其蜂窝状结构。泥炭的这种结构提供了大的比表面积，并已被证明可以从含染料的废水中吸附过渡金属和极性有机化合物（Robinson et al., 2001）。对于酸性和碱性染料，其去除性能与活性炭相当，而对于分散染料，其效果要好得多（Allen et al., 1994）。据报道，不完全分解的泥炭具有95%的孔隙度，比表面积为200m^2/g（Ali, 2010a, b）。因此，泥炭是一种极端极性和多孔性的材料。天然泥炭的沉积深度>30~40cm，pH接近4.0。它已被用作水和废水处理的生物吸附剂。Poots等（1976）用泥炭作为吸附剂，不做任何预处理，研究了泥炭对泰隆蓝的吸附。在另一项研究中，用改性的泥炭树脂颗粒与聚乙烯醇（PVA）和甲醛预处理改性泥炭，来处理碱性染料（Sun and Yang, 2003）。发现，用磷酸和硫酸（化学处理）以及日晒干燥或开放烘箱（热处理）等方法进行预处理，适合改善泥炭的某些品质，如泥炭的机械强度低、对水的亲和力高、化学稳定性差、有收缩和/或膨胀的倾向（Couillard, 1994）。泥炭去除染料的信息见表13.7。

表13.7 用泥炭对纺织染料脱色

泥炭类型	染料类型	初始条件	吸附量/（mg/g）	参考文献
泥炭藓	孔雀绿	pH 6.5	121.95	Hemmati et al.（2016）
椰子泥炭	甲基蓝	pH 8	212.8	Premkumar and Vijayaraghavan（2015）
文莱泥炭	亮绿（BG）	初始浓度10mg/L，用量0.05g，时间4h，pH 4.9	98	Chieng et al.（2015）
泥炭	碱性蓝-9	NA	9.9	Ramakrishna and Viraraghavan（1997）
	酸性蓝29		8.6	
	酸性红91		0.6	
	分散红-1		9.0	
智利麦哲伦地区泥炭	酸性黑1	初始浓度50g/L，时间24h，用量6g/L，pH 5.5	29.1	Sepúlveda et al.（2004）
	酸性红27		27.0	
	碱性橙2		99.9	
泥炭	碱性蓝-3	NA	375	Allen et al.（1994）
	碱性蓝-22		314	
泥炭	碱性蓝-3	NA	390	Allen et al.（1988）
	碱性黄-21		300	
	碱性红-22		240	
泥炭	酸性蓝-25	NA	16.3	Poots et al.（1976）

13.6 来源物的性质（副产品）

来源物的性质确定了生物吸附剂发现的途径，如农业废弃物、工业废弃物和生活垃圾。以经济的方法，利用废弃物来去除纺织工业废水中的染料以保护环境，一直是人们关注的焦点。文献中讨论了多种不同来源的副产品（废弃物），其中的一些列举如下。

13.6.1 农业废弃物

原生的农业固体废弃物和废料被用作脱色的吸附剂，这些材料近在咫尺，丰富易得，而且数量很大，由于其理化特性，具有潜在的吸附能力。农业废弃物令人印象深刻的是，它价格便宜、量大易得、无处理问题而且效率高。农业残渣属于生物质，包括半纤维素、木质素、浸出物、脂类、蛋白质、单糖、水碳氢化物和淀粉，含有有利于吸附过程的多种官能团（Hashem et al., 2007）。染料与生物质的生物吸附取决于不同的机制，如化学吸附、络合、表面和孔隙吸附、离子交换、螯合、物理吸附、纤维间和纤维内毛细管中的夹带以及结构性多糖的网络空间，由跨细胞壁和膜的浓度梯度和扩散进行吸附（Sud et al., 2008; Anastopoulos and Kyzas, 2014）。对一些农业废弃材料从水溶液中去除不同的染料进行研究，这些材料包括红树皮（Tan et al., 2010）、小麦秸秆（Zhao et al., 2014）、橘子皮和稻壳（Ding et al., 2014）。现已将各种类型的农业废弃物用于从纺织工业废水中去除染料，见表 13.8。

表 13.8 用农业废弃物对纺织染料脱色

农业废弃物	染料类型	初始条件	效率/%	参考文献
原生农废				
稻壳	亚甲基蓝	时间 0.5h，pH 7，温度 30℃，用量 0.2g/L	99.5	Patil et al.（2017）
稻秆	偶氮吡唑	初始染料浓度 100mg/L，时间 1.25h，用量 0.5g，pH 3	75	El-Bindary et al.（2015）
小麦壳	活性黄 15	时间 70min，pH 3，染料浓度 0.1g/L，温度 25℃	90	Mirjalili et al.（2011）
小麦秸秆	活性染料	初始染料浓度 100mg/L，时间 102h，粒径 600μm	约 90	Robinson et al.（2002）

续表

农业废弃物	染料类型	初始条件	效率/%	参考文献
葡萄梗	亚甲基蓝	初始染料浓度 100mg/L，时间 1.5h，pH 5.1	99	Olivella et al.（2012）
葵花秆	碱性染料（亚甲基蓝和碱性红 9）	初始染料浓度 50mg/L，时间 0.5h	80	Sun and Xu（1997）
咖啡皮	汽巴克隆艳黄	初始染料浓度 100mg/L，pH 2，用量 5g/L	98.72	Fasfous and Farha（2012）
椰子皮	亚甲基蓝	初始染料浓度 75mg/L，用量 260g，深度 25cm，流速 80mL/min，连续模式	95	Hasfalina et al.（2015）
玉米皮	亚甲基蓝	初始染料浓度 50mg/L，pH 4，时间 1.2h，用量 0.3g/L	99.5	Rahimi（2013）
鹰嘴豆皮	刚果红	初始染料浓度 25mg/L，时间 2.5h，用量 300mg/L，pH 5.85	92%	Reddy et al.（2017）
花生皮	酸性紫 19	初始染料浓度 5.85mg/L，pH 5，用量 0.75g 时间 0.67h	97.9	Abo Farha et al.（2016）
杏仁皮	溴甲酚绿	初始染料浓度 10mg/L，时间 7h，用量 0.25g/L	97.5	Bhanuprakash and Belagali（2017）
可可荚	雷马唑黑 B	初始染料浓度 20mg/L，时间 5h，温度 30℃	76.3	Bello et al.（2011）
瓜子皮	亚甲基蓝	初始染料浓度 10mg/L，时间 2h	100	Giwa et al.（2013）
芥子皮	考马斯亮蓝	初始染料浓度 4.74mL/L，时间 20min，用量 0.9g/L	92	Akhtar et al.（2015）
废壳				
鸡蛋壳	铬黑 T	初始染料浓度 2mg/L，用量 2g，pH 5.0，时间 1.5h	70	Borhade and Kale（2017）
	紫脲酸铵		50	
	罗丹明 B		30	
核桃壳	亚甲基蓝	初始染料浓度 20mg/L，时间 2h，pH 6，颗粒尺寸 80 目，用量 1.25g/L	97.1	Tang et al.（2017）

续表

农业废弃物	染料类型	初始条件	效率/%	参考文献
花生壳	铬黑 T	初始染料浓度 50mg/L，用量 2g，时间 1h，pH 2	85	Boumchita et al.（2017）
豌豆壳	亚甲基蓝	初始染料浓度 250mg/L，时间 3h，pH 6.85，用量 1g/L	99.38	Geçgel et al.（2013）
椰子壳	碱性黄 13	初始染料浓度 100mg/L，pH 11，时间 2h	23.6	Srisorrachatr et al.（2017）
椰子壳	碱性红 14	初始染料浓度 100mg/L，pH 11，时间 2h	55.7	Srisorrachatr et al.（2017）
罗望子果壳	刚果红	初始染料浓度 20mg/L，时间 4h，用量 125mg/L，pH 7.02	80	Reddy（2006）
鸡心螺壳	碱性红 46	初始染料浓度 100mg/L，时间 2h	51.57	Deniz（2014）
碎坚果壳	亚甲基蓝	初始染料浓度 100mg/L，pH 9，用量 0.5g/50mL	98	Imam and Panneerselvam（2017）
虾壳	脱唑黑 B EAN	初始染料浓度 6g/L，用量 1.5g/L，时间 1.5h，pH 7.0	96	Rahman and Akter（2016）

农业废弃物	染料类型	初始条件	效率/%	参考文献
废皮				
西瓜皮	水晶紫	初始染料浓度 100mg/L，时间 1.25h，用量 0.5g	84.93	Basu et al.（2014）
西瓜皮	亚甲基蓝	初始染料浓度 100mg/L，时间 1.25h，用量 0.5g	87.25	Basu et al.（2014）
木瓜皮	水晶紫	初始染料浓度 100mg/L，时间 1.25h，用量 0.5g	57.53	Basu et al.（2014）
木瓜皮	孔雀绿	初始染料浓度 100mg/L，时间 1.25h，用量 0.5g	58.82	Basu et al.（2014）
大蒜皮	直接红 12 B	初始染料浓度 50mg/L，用量 0.2g，时间 0.41h	99	Asfaram et al.（2014）
香蕉皮	亚甲基蓝	初始染料浓度 1mg/L，pH 4.0，时间 2h，用量 0.1g	94	Gautam and Khan（2016）
桔子皮	脱唑黑 B	初始染料浓度 6g/mL，时间 2h，用量 1.5g	60	AbdurRahman et al.（2013）
土豆皮	直接蓝 71	初始染料浓度 100mg/L，pH 3.0，用量 20g/L，时间 0.167h	90	Maleki et al.（2016）
柠檬皮	孔雀绿	初始染料浓度 100mg/L，用量 0.2g/250mL，pH 6.5，时间 2h	94.68	Ahmad et al.（2017）
苹果皮	亚甲基蓝	初始染料浓度 10mg/L，pH 6，用量 3g	92	Enniya and Jourani（2017）

续表

农业废弃物	染料类型	初始条件	效率/%	参考文献
菠萝皮	亚甲基蓝	初始染料浓度 40mg/L, pH 1.0, 时间 1.5h, 用量 1g/L	80.36	Ashtaputrey and Ashtaputrey (2016)
	刚果红		87.18	
葡萄皮	水晶紫	时间 1h	96	Saeed et al. (2010)
种子				
榴莲种子（改性的）	甲基红	初始染料浓度 100mg/L, 时间 22h, pH 8	92.52	Ahmad et al. (2015)
苏木亚科凤凰木（Delonix Regia）	亚甲基蓝	初始染料浓度 100mg/L, 时间 2h, pH 9.0	85.9	Gangadware and Jadhav (2016)
罗望子种子粉	水晶紫	初始染料浓度 5mg/L, 用量 5g/L, pH 11	95	Patel and Vashi (2010)
印度辣木	橙 7	初始染料浓度 20mg/L, 用量 0.4g, pH 6.0, 时间 1	75	Marandi and Sepehr (2011)
岩蔷薇（Cistus ladaniferus）	活性红 23	初始染料浓度 50mg/L, 用量 0.2g/L, 时间 1.5h, pH 7.0	82	El Farissi et al. (2017)
刺果番荔枝（Annona muricata L.）	罗丹明 B	初始染料浓度 500mg/L, pH 4.0, 用量 0.05g, 时间 3h	75	Mutia (2017)
决明子	甲基橙	初始染料浓度 20mg/L, 用量 0.3g, 时间 1.3h	94.2	Nandhi et al. (2017)
木瓜种子	孔雀绿	初始染料浓度 2mg/L, 时间 35min, 用量 1.0g/60mL, pH 8.0	94	Omeiza et al. (2011)
无患子	孔雀绿	初始染料浓度 100mg/L, pH 6.0, 时间 4h	19.5	Sharma et al. (2016)
茶花种子			30.8	
椰皮髓	刚果红	初始染料浓度 20mg/L, pH 2.0, 用量 900mg/50mL	70	Namasivayam and Kavitha (2002)
枣椰叶	亚甲基蓝	初始染料浓度 100mg/L, 时间 160min, pH 6.5, 用量 1g/L	66.1	Gouamid et al. (2013)
楝树叶	亚甲基蓝	初始染料浓度 2.5mg/L, 时间 20min, 用量 0.3g	95	Khatod (2013)

13.6.2 工业废弃物

工业废弃物（副产物）在水和废水处理中具有重要作用。不同类型的生物材料废弃物，如污水污泥、灰、林产业废物和食品业废弃物等都已用于脱色。污水污泥是包含在活性炭固体废弃物类别中的生物吸附材料之一，而且，一些基于污水污泥的吸附剂已被用于去除污染物（Hadi et al.，2015）。这些吸附剂可采用不同的活化工艺生产，以吸附废水中的金属和染料。表13.9中提到了不同的工业废物用作生物吸附剂的例子。Kacan和Kutahyali（2012）分析，化学活化法制备的污水污泥的结构面缩短了吸附时间。在工业副产品类别中，粉煤灰和赤泥是受欢迎的吸附材料。此外，由于粉煤灰是一种资源丰富且容易获得的材料，虽然可能含有一些有害物质，但很多国家都在使用。有很多研究者也对工业废弃物的研究感兴趣，并将其用于脱色目的（Razi et al.，2017）。

表13.9 用工业废弃物对纺织染料脱色

工业废弃物	染料类型	初始条件	效率/%	参考文献
污泥				
污水污泥	碱性红12	IDC 250mg/L，pH 6.0，用量20g/L，时间2h	92.5	Dave et al. (2011)
污水处理厂污泥	红双酸染料	IDC 20mg/L，pH 5.0，时间20min，用量3g/L	65	Djafer et al. (2017)
制革污泥	酸性棕	IDC 125mg/L，时间1h，用量1g，pH 3.5	50	Sekaran et al. (1995)
造纸厂污泥	专利蓝	IDC 20mg/L，pH 3.0，时间1.5h	99.92	Ramya et al. (2012)
棕榈油	亚甲基蓝	IDC 200mg/L，pH 5.8，时间80h	50	Zaini et al. (2014)
橄榄油	活性红	IDC 100mg/L，时间24h，用量800mg/L	84	Pala et al. (2006)
氢氧化铝	活性红-2	IDC 100mg/L，pH 7.0，时间48h	80.75	Ucar et al. (2011)
	活性蓝-4		99.74	
木材业				
紫檀（Dalbergia sissoo）锯末	亚甲基蓝	IDC 50mg/L，用量1g/100mL，pH 2.0	99.9（硫酸处理）94.2（甲醛处理）	Garg et al. (2004)

续表

工业废弃物	染料类型	初始条件	效率/%	参考文献
印楝锯末	水晶紫	IDC 6mg/L, pH 7.2	91.56	Khattri and Singh (2000)
柏树 (Cypressuslusitanica)	刚果红	IDC 10mg/L, 用量 1g, 时间 4.5h	70	Wairuri (2003)
松树 (Pinus spp.)			99	
樟 (Ocotea usambarebsis)			25	
梅鲁橡木 (Vitex keniensis)			80	
椰子壳粉	亚甲基蓝	IDC 10mg/L, 时间 20min, pH 6.0, 用量 0.2g/50mL		Etim et al. (2016)
杉木 (Conifer)	碱性红 46	IDC 10mg/L, 用量 5g/L, 时间 210min	98	Laasri et al. (2007)
橡木锯末	亚甲基蓝	IDC 25mg/L, 用量 5g/L, pH 12.0, 时间 270min	93.2	El-Latif et al. (2010)
竹	原始纺织废水	IDC 486.87 Pt/Co, 用量 0.30g/100mL, 时间 10h, pH 3.0	91.84	Ahmad and Hameed (2009)
柚木树皮 (Tectona grandis)	亚甲基蓝	IDC 100mg/L, 时间 1h, 用量 400mg/L, pH 12	98.48	Patil et al. (2011)
婆婆树皮	孔雀绿	IDC 40mg/L, 用量 100mg/50mL, 时间 1h, pH 3.0	78	Arivoli et al. (2009)
树蕨 (Tree fern)				
Baggage's (正常状态)	孔雀绿	IDC 2mg/L, 用量 1g/L, 时间 35min	78	Tahir et al., (2016)
Baggage's (经化学处理)			89.60	
Baggage's (粉煤灰)			87	
甜菜	活性红-2	IDC 100mg/L, pH 7.0, 时间 24h	21.18	Ucar et al. (2011)
	活性蓝-4		25.32	

续表

工业废弃物	染料类型	初始条件	效率/%	参考文献
脱油大豆	胭脂红A染料	IDC 1mg/L,用量 0.1g/25mL,pH 2.5,时间 7h	99	Gupta et al.(2009)
凤凰木植物凋落物	亚甲基蓝	IDC 100mg/L,用量 100mg/L,pH 7.0,时间 2h	90	Daniel et al.(2015)
沼气残渣	酸性亮蓝	pH 2.56	99	Yamuna and Namasivayam(1993)
皮革业抛光粉尘	酸性棕染料	IDC 125mg/L,pH 3.5,用量 1g/L,时间 2h	99.8	Sekaran et al.(1998)
羊毛废料	亚甲基蓝	IDC 6mg/L,用量 1g/L,时间 20min,pH 5	94.30	Khan et al.(2005)
棉花废料	亚甲基蓝	IDC 3mg/L,用量 1.5g/L,时间 10min,pH 3.5	97	

注：IDC 指初始染料浓度，即 initial dye concentration。

13.7 影响吸附过程的因素

初始浓度、吸附剂用量、溶液 pH、温度、吸附剂与吸附物的接触时间是影响吸附过程的最重要因素。

13.7.1 比表面积的影响

吸附是一种表面现象，因此，吸附的程度与比表面积成正比。比表面积可以定义为总表面积中可用于吸附的部分（Kuila and Prasad, 2013）。因此，如果固体分散得越细，多孔性越强，单位重量的吸附剂所实现的吸附量也就越大。研究发现，对于活性炭这样的多孔性物质，在某些情况下，将较大的颗粒打碎成较小的颗粒，可以在碳中打开一些微小的封闭的通道，这些通道可能会成为吸附的可用通道，从而可能吸附特定尺寸的废物。研究还表明，特定尺寸的碳的吸附速率和吸附程度都应该随着吸附剂的用量在一定剂量范围内大致呈线性变化，不会导致本体溶液相中残留物浓度有大的差异。大多数具有巨大工业应用价值的固体吸附剂都具有复杂的多孔结构，由不同大小和形状的孔隙组成。从吸附科学的角度来看，总孔隙度通常分为三类。根据国际纯粹与应用化学联合会（IUPAC）的推荞，微孔是指宽度小于 2nm 的孔隙，中孔是指宽度为 2~50nm 的孔隙，而大孔是指宽度大于 50nm 的孔隙。图 13.5 中，虚线表示吸附剂的表面积。Miao 等（2016）以鳄鱼草制作活性炭进行了研究，发现鳄鱼草生产的活性炭表面粗糙且比表面积大，因此吸附容量高。

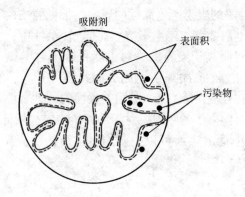

图 13.5　吸附剂的表面积

13.7.2　初始染料浓度的影响

通常，染料的去除率会随着初始染料浓度的增加而降低。这是因为，对于给定质量的吸附剂材料，可以吸附的染料量是固定的。染料的浓度越高，其去除量就越小。在低浓度时，吸附剂表面会有未被占用的活性位点，当初始染料浓度增加时，吸附染料分子所需的活性位点就会缺乏。但是也有研究表明，单位质量的吸附剂实际吸附的染料量随染料浓度的增加而增加，这可能是由于在高初始染料浓度下的质量转移的驱动力高（Luo et al.，2010）。在较低的初始浓度下，染料的去除百分率较大，而在较高的初始浓度下，染料的去除百分率较小。因此，吸附过程高度依赖于污染物的初始浓度（Chowdhury et al.，2011）。

13.7.3　吸附剂用量的影响

吸附剂用量对吸附过程的影响，可通过预配制吸附剂—吸附物溶液来进行，将不同数量的吸附剂加入固定初始染料浓度的溶液中，混合在一起，直至达到平衡，染料去除的百分比随着吸附剂用量的增加而增加。研究发现，染料去除百分率增加的速度开始很快，但随着剂量的增加而减慢。这种现象可以解释为，在较低的吸附剂剂量下，吸附物（染料）更容易被吸附，因此，单位重量吸附剂的去除率较高（Kumar et al.，2010）。然而，随着吸附剂用量的增加，吸附量的增加幅度较少，可能原因是在吸附剂用量较高时，吸附剂表面的表层吸附速度非常快，造成在溶液中的溶质浓度比吸附剂用量较低时要低。因此，随着吸附剂用量的增加, 单位质量的吸附剂吸附的染料量会减少 (Wang et al., 2010)。

13.7.4　pH 的影响

溶液的 pH 将决定吸附剂的表面电荷,影响吸附物与吸附剂之间的相互作用。体系的 pH 对吸附物分子的吸附产生深远的影响,很可能是由于它对吸附剂的表面特性和吸附物分子的电离或解离产生影响。在低 pH 溶液中,阳离子染料的吸附去除百分率会降低,而对阴离子染料的染料去除百分率会增加,反之亦然。对于阳离子染料,酸性 pH 下,较低的吸附率是由于过量的 H^+ 离子的存在会与污染物阳离子争夺吸附位点。在较高的 pH 下,吸附剂表面的酸性官能团可能被离子化,通过静电吸引,增强了对阳离子的吸附。对于阴离子染料,较低的 pH 导致较高的吸附,因为吸附剂带正电荷的表面可以吸附带负电荷的阴离子染料 (de Sá et al., 2013)。

13.7.5　温度的影响

因为被吸附的分子具有更大的能量,温度的升高会导致吸附能力的下降,因此,更容易从吸附剂表面释放出来。在实际中遇到的水和废水的温度范围内,温度对吸附平衡的影响一般不明显。因此,温度的微小变化不会对吸附过程产生任何显著改变 (Konicki et al., 2013)。

13.7.6　接触时间的影响

随着接触时间的增加,染料的去除速率在一定程度上增加,但接触时间的进一步增加并不会增加吸收量,这是因为染料在吸附材料可用的吸附位点上沉积。此时,从吸附剂中脱附的染料量与吸附在吸附剂上的染料量处于动态平衡状态。达到平衡状态所需的时间称为平衡时间,在平衡时间内吸附的染料量反映了吸附剂在这些工作条件下的最大吸附量 (Mittal et al., 2013; Zhou et al., 2014)。

13.7.7　多种吸附质的相互影响

在用于水和废水净化的吸附中,被吸附的物质通常是多种化合物的混合物,而不是单一的物质。这些化合物可以相互增强吸附,也可以相对独立地吸附,或者相互干扰。在混合溶质中,每一种溶质都会以某种方式与另一种溶质的吸附竞争。相互间的竞争抑制程度应与被吸附分子的相对大小、相对吸附亲和力和溶质的相对浓度有关。混合物中其他溶质的存在会对吸附的第一种溶质产生不利影响,导致这种溶质的解离速度更快 (Fu et al., 2015)。

13.8 运行模式

13.8.1 间歇式

在间歇式接触操作中,将一定量的炭与一定体积的废水连续混合,直到该溶液中的污染物降低到所希望的水平。然后,炭被去除,并被丢弃或者被再生后用于另一废水溶液。间歇式工艺通常仅限于处理小量的污水(Faust and Aly, 2013)。

13.8.2 连续式

这类系统最常用于处理大量废水的固定床吸附系统,流动可以是向上流动或向下流动,全逆流运行的填料床上流炭柱只适用于低浊度水,即浊度为2.5JTU❶的水。细于8×30目的碳柱不宜用于上流固定床,因为有堵塞和高水头损失问题。在液体的上流作业中(图13.6),通常会定期从底部取出一部分吸附剂,再将等量的再生固体加入顶部。使用下流床的唯一原因是发挥炭的两种用途,吸附有机物和去除过滤悬浮物和絮凝物。颗粒炭的这种双重用途的主要优点是可以在一定程度上降低资金成本。下流床可以并联或串联固定,大多数设计由两个或三个串联组成。

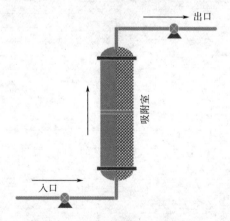

图 13.6 吸附过程的连续运行

在实践中,液体被连续送入固定的固体吸附床的顶部或底部。随时间的增加,固体吸附剂吸附溶质的量增加,并出现不稳定状态。当接近固体的吸附容量时,

---

❶ JTU,即杰克逊浊度单位。

固体要再生后利用。在液体下流操作中,柱内的全部内容物用完后再生。

13.8.3 吸附过程中的替代方案

吸附式废水处理工艺非常简单,经济实惠,处理后的水可以达到循环利用的限度要求。水可以回收利用,但吸附剂怎么办?在这方面,本节讨论了两种替代的再生和处置方式。

13.8.4 解吸/再生法

为了使活性炭在废水处理中具有经济可行性,必须对废炭进行再生和再利用。当工厂出水水质达到最低的出水水质标准或达到预先设定的炭用量时,废炭就会被从柱中移除并再生(Chowdhury,2013)。一般有四种方法,即溶剂洗涤法、酸洗或碱洗法、流动活化法和热再生法,用于重新激活颗粒状炭(Das,2017)。吸附和脱附的过程如图13.7所示。

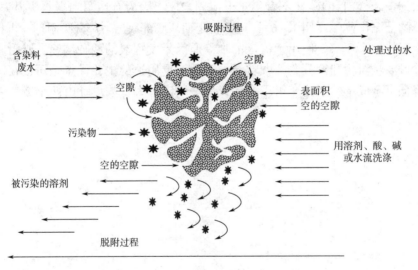

图13.7 废水处理工艺的吸附和脱附

13.8.5 吸附剂的处置

大多数用过的和再生的吸附剂都是在陆地上处置,约3/4的吸附剂被用作土壤改良剂,其余的则被填埋,其他的处置方法还有焚烧和排入海洋。由于焚烧吸附剂所需的能源成本上升,以及海洋处置的监管限制,陆上处理正在增加。有时,用过的吸附剂在闪蒸干燥器系统中干燥,用于建筑混合物或作为炉内燃料燃烧(Tyagi and Lo,2013)。

13.9 结论与发展趋势

染料是一种特定类型的污染物,必须避免宝贵的水资源被染料污染,为此,已经采用了各种处理技术。其中生物吸附法在去除染料方面占有突出的地位,但仍需要进行一些改进:

● 在现有的工业条件下,纺织工业废水中存在的一些污染物以及生物吸附剂在废水脱色方面的性能有待研究(Crini, 2006);

● 生物吸附性能取决于染料分子的结构,还需要进一步研究确立染料分子结构与生物吸附之间的关系(Fu and Viraraghavan, 2001a);

● 需要进一步研究生物吸附剂的理化特性、操作参数与溶液化学特性;

● 降解酶基因编码的确定、分离和转移可以极大地帮助设计具有增强降解能力的微生物。因此,适应性培养和遗传工程都有助于设计超级降解剂(Anjaneyulu et al., 2005);

● 需要进行详细的再生研究,因为这将提升经济可行性。根据现有文献的情况,再生研究方面的报道尚不多见(Ngah et al., 2011)。

生物吸附技术被广泛用于去除水中和废水中不同类别的污染物,本评述中有关生物吸附剂在纺织工业废水处理方面的研究有巨大的潜力,吸附能力取决于所研究的生物吸附剂的类型和所处理废水的性质。使用价格昂贵的、市售的活性炭来去除水溶液中的染料,有可能被使用成本低、效果更好、丰富且易得的天然生物吸附剂所替代。迫切需要进行更详细的研究,以便更好地了解更有效、更经济的吸附过程,从而开发出一种真正有效的吸附技术。

参考文献

[1] Abbaraju, P. L., Meka, A. K., Song, H., Yang, Y., Jambhrunkar, M., Zhang, J., Xu, C., Yu, M., Yu, C., 2017. Asymmetric silica nanoparticles with tunable head-tail structures enhance hemocompatibility and maturation of immune cells. J. Am. Chem. Soc. 139 (18), 6321-6328.

[2] AbdurRahman, F. B., Akter, M., Abedin, M. Z., 2013. Dyes removal from textile wastewater using orange peels. Int. J. Sci. Technol. Res. 2 (9), 47-50.

[3] Abidi, N., Errais, E., Duplay, J., Berez, A., Jrad, A., Schäfer, G., Ghazi, M., Semhi, K., Trabelsi-Ayadi, M., 2015. Treatment of dye-containing effluent by natural clay. J. Clean. Prod. 86, 432-440.

[4] Abo Farha, E. S., Mousa, A. E., Badawy, A. N., Yousef, I. R., 2016. Removal of some organic dyes from aqueous solution by peanut husk. Int. J. Adv. Res. 4 (6), 1995-2010.

[5] Abo-Farha, S. A., 2010. Comparative study of oxidation of some azo dyes by different advanced oxidation processes: Fenton, Fenton-like, photo-Fenton and photo-Fenton-like. J. Am. Sci. 6 (10), 128-142.

[6] Agana, B. A., Reeve, D., Orbell, J. D., 2013. An approach to industrial water conservation: a case study involving two large manufacturing companies based in Australia. J. Environ. Manag. 114, 445-460.

[7] Ahmad, A. A., Hameed, B. H., 2009. Reduction of COD and color of dyeing effluent from a cotton textile mill by adsorption onto bamboo-based activated carbon. J. Hazard. Mater. 172 (2-3), 1538-1543.

[8] Ahmad, M. A., Ahmad, N., Bello, O. S., 2015. Modified durian seed as adsorbent for the removal of methyl red dye from aqueous solutions. Appl. Water Sci. 5 (4), 407-423.

[9] Ahmad, M. A., Afandi, N. S., Bello, O. S., 2017. Optimization of process variables by response surface methodology for malachite green dye removal using lime peel activated carbon. Appl. Water Sci. 7 (2), 717-727.

[10] Akar, T., Ozcan, A. S., Tunali, S., Ozcan, A., 2008. Biosorption of a textile dye (Acid Blue 40) by cone biomass of Thuja orientalis: estimation of equilibrium, thermodynamic and kinetic parameters. Bioresour. Technol. 99 (8), 3057-3065.

[11] Akar, S. T., Gorgulu, A., Kaynak, Z., Anilan, B., Akar, T., 2009. Biosorption of Reactive Blue 49 dye under batch and continuous mode using a mixed biosorbent of macro-fungus Agaricus bisporus and Thuja orientalis cones. Chem. Eng. J. 148, 26-34.

[12] Akhtar, N., Sultan, M., Mahmood, T., Mahmood, I., Kishwar, F., 2015. Study of mustard stem husk for the removal of comassie brilliant blue r250 dye by adsorption technique. Fuuast J. Biol. 5 (2), 289-296.

[13] Aksu, Z., Tezer, S., 2005. Biosorption of reactive dyes on the green alga Chlorella vulgaris. Process Biochem. 40 (3-4), 1347-1361.

[14] Ali, H., 2010a. Biodegradation of synthetic dyes—a review. Water Air Soil Pollut. 213 (1-4), 251-273.

[15] Ali, I., 2010b. The quest for active carbon adsorbent substitutes: inexpensive adsorbents for toxic metal ions removal from wastewater. Sep. Purif. Rev. 39 (3-4), 95-171.

[16] Allen, S. J., McKay, G., Khader, K. Y. H., 1988. Multi-component sorption isotherms of basic dyes onto peat. Environ. Pollut. 52 (1), 39-53.

[17] Allen, S. J., Murray, M., Brown, P., Flynn, O., 1994. Peat as an adsorbent for dyestuffs and metals in wastewater. Resour. Conserv. Recycl. 11 (1-4), 25-39.

[18] Allen, S. J., Mckay, G., Porter, J. F., 2004. Adsorption isotherm models for basic dye adsorption by peat in single and binary component systems. J. Colloid Interface Sci. 280 (2), 322-333.

[19] Anastopoulos, I., Kyzas, G. Z., 2014. Agricultural peels for dye adsorption: a review of recent literature. J. Mol. Liq. 200, 381-389.

[20] Anirudhan, T. S., Ramachandran, M., 2015. Adsorptive removal of basic dyes from aqueous solutions by surfactant modified bentonite clay (organoclay): kinetic and competitive adsorption isotherm. Process Saf. Environ. Prot. 95, 215-225.

[21] Anjaneyulu, Y., Chary, N. S., Raj, D. S. S., 2005. Decolourization of industrial effluents-available methods and emerging technologies—a review. Rev. Environ. Sci. Biotechnol. 4 (4), 245-273.

[22] Annadurai, G., Ling, L. Y., Lee, J. F., 2008. Adsorption of reactive dye from an aqueous solution by chitosan: isotherm, kinetic and thermodynamic analysis. J. Hazard. Mater. 152 (1), 337-346.

[23] Aravindhan, R., Rao, J. R., Nair, B. U., 2007. Removal of basic yellow dye from aqueous solution by sorption on green alga Caulerpa scalpelliformis. J. Hazard. Mater. 142 (1-2), 68-76.

[24] Arbia, W., Arbia, L., Adour, L., Amrane, A., 2013. Chitin extraction from crustacean shells using biological methods—a review. Food Technol. Biotechnol. 51 (1), 12-25.

[25] Arivoli, S., Hema, M., Prasath, P. M. D., 2009. Adsorption of malachite green onto carbon prepared from borassus bark. Arab. J. Sci. Eng. 34 (2a), 31-42.

[26] Asfaram, A., Fathi, M. R., Khodadoust, S., Naraki, M., 2014. Removal of Direct Red 12B by garlic peel as a cheap adsorbent: kinetics, thermodynamic and equilibrium isotherms study of removal. Spectrochim. Acta A Mol. Biomol. Spectrosc. 127, 415-421.

[27] Ashtaputrey, P. D., Ashtaputrey, S. D., 2016. Removal of dye from aqueous solution by pineapple peel activated carbon as an adsorbent. Int. J. Adv. Res. 4 (10), 1513-1518.

[28] Banat, I. M., Nigam, P., Singh, D., Marchant, R., 1996. Microbial decolorization of textile-dyecontaining effluents: a review. Bioresour. Technol. 58 (3), 217-227.

[29] Bansal, R. C., Goyal, M., 2005. Activated Carbon Adsorption. CRC Press, New York, USA.

[30] Basu, S., Neha, P. N., Singh, S., Nisha, 2014. Decolourization of synthetic dyes using eco-friendly fruit and vegetable peel adsorbents. Int. J. Sci. Res. 3 (12), 1490-1493.

[31] Bayramoğlu, G., Arıca, M. Y., 2007. Biosorption of benzidine based textile dyes "Direct Blue1 and Direct Red 128" using native and heat-treated biomass of Trametes versicolor. J. Hazard. Mater. 143 (1-2), 135-143.

[32] Bello, O. S., Ahmad, M. A., Siang, T. T., 2011. Utilization of cocoa pod husk for the removal of Remazol Black B reactive dye from aqueous solutions: kinetic, equilibrium and thermodynamic studies. Trends Appl. Sci. Res. 6 (8), 794.

[33] Beveridge, T. J., 1999. Structures of gramnegative cell walls and their derived membrane vesicles. J. Bacteriol. 181 (16), 4725-4733.

[34] Bhanuprakash, M., Belagali, S. L., 2017. Study of adsorption phenomena by using almond husk for removal of aqueous dyes. Curr. World Environ. 12 (1), 80-88.

[35] Bilal, M., Shah, J. A., Ashfaq, T., Gardazi, S. M. H., Tahir, A. A., Pervez, A., Haroon, H., Mahmood, Q., 2013. Waste biomass adsorbents for copper removal from industrial wastewater: a review. J. Hazard. Mater. 263, 322-333.

[36] Borhade, A. V., Kale, A. S., 2017. Calcined eggshell as a cost effective material for removal of dyes from aqueous solution. Appl. Water Sci. 7 (8), 4255-4268.

[37] Boumchita, S., Lahrichi, A., Benjelloun, Y., Lairini, S., Nenov, V., Zerrouq, F., 2017. Application of peanut shell as a low-cost adsorbent for the removal of anionic dye from aqueous solutions. J. Mater. Environ. Sci. 8, 2353-2364.

[38] Chandra, T. S., Mudliar, S. N., Vidyashankar, S., Mukherji, S., Sarada, R., Krishnamurthi, K., Chauhan, V. S., 2015. Defatted algal biomass as a non-conventional low-cost adsorbent: surface characterization and methylene blue adsorption characteristics. Bioresour. Technol. 184, 395-404.

[39] Chatterjee, S., Lee, M. W., Woo, S. H., 2010. Adsorption of congo red by chitosan hydrogel beads impregnated with carbon nanotubes. Bioresour. Technol. 101 (6), 1800-1806.

[40] Cheng, W., Liu, G., Wang, X., Han, L., 2017. Adsorption removal of glycidyl esters from palm oil and oil model solution by using acid-washed oil palm wood-based activated carbon: kinetic and mechanism study. J. Agric. Food Chem. 65 (44), 9753-9762.

[41] Chequer, F. M. D., de Oliveira, G. A. R., Ferraz, E. R. A., Cardoso, J. C.,

Zanoni, M. V. B. , de Oliveira, D. P. , 2013. Textile dyes: dyeing process and environmental impact. In: Eco-Friendly Textile Dyeing and Finishing. InTech.

[42] Chieng, H. I. , Priyantha, N. , Lim, L. B. , 2015. Effective adsorption of toxic brilliant green from aqueous solution using peat of Brunei Darussalam: isotherms, thermodynamics, kinetics and regeneration studies. RSC Adv. 5 (44), 34603-34615.

[43] Chiou, M. S. , Li, H. Y. , 2003. Adsorption behavior of reactive dye in aqueous solution on chemical cross-linked chitosan beads. Chemosphere 50 (8), 1095-1105.

[44] Chowdhury, Z. K. , 2013. Activated Carbon: Solutions for Improving Water Quality. American Water Works Association.

[45] Chowdhury, S. , Mishra, R. , Saha, P. , Kushwaha, P. , 2011. Adsorption thermodynamics, kinetics and isosteric heat of adsorption of malachite green onto chemically modified rice husk. Desalination 265 (1), 159-168.

[46] Copello, G. J. , Mebert, A. M. , Raineri, M. , Pesenti, M. P. , Diaz, L. E. , 2011. Removal of dyes from water using chitosan hydrogel/SiO_2 and chitin hydrogel/SiO_2 hybrid materials obtained by the sol-gel method. J. Hazard. Mater. 186 (1), 932-939.

[47] Couillard, D. , 1994. The use of peat in wastewater treatment. Water Res. 28 (6), 1261-1274.

[48] Crini, G. , 2006. Non-conventional low-cost adsorbents for dye removal: a review. Bioresour. Technol. 97 (9), 1061-1085.

[49] Crini, G. , Badot, P. M. , 2008. Application of chitosan, a natural aminopolysaccharide, for dye removal from aqueous solutions by adsorption processes using batch studies: a review of recent literature. Prog. Polym. Sci. 33 (4), 399-447.

[50] Cruz, G. J. F. , Kuboňová, L. , Aguirre, D. Y. , Matejova, L. , Peikertová, P. , Troppová, I. , Cegmed, E. , Wach, A. , Kustrowski, P. , Gomez, M. M. , Obalová, L. , 2017. Activated carbons prepared from a broad range of residual agricultural biomasses tested for xylene abatement in the GaS phase. ACS Sustain. Chem. Eng. 5 (3), 2368-2374.

[51] Dąbrowski, A. , 2001. Adsorption—from theory to practice. Adv. Colloid Interf. Sci. 93 (1), 135-224.

[52] Daneshvar, N. , Ayazloo, M. , Khataee, A. R. , Pourhassan, M. , 2007. Biological decolorization of dye solution containing Malachite Green by microalgae Cosmarium sp. Bioresour. Technol. 98 (6), 1176-1182.

[53] Daniel, S. , Shabudeen, P. S. , Basker, A. , 2015. Studies on characterization and

removal of methylene blue with Delonix regia plant litters activated carbon encapsulated nano metal oxide. J. Environ. Biol. 36 (4), 933-940.

[54] Das, S., 2017. Regeneration Potential of Activated Petroleum Coke for Application in Oil Sands Process-Affected Water. Electronic Thesis and Dissertation Repository, 4721. The University of Western Ontario, Canada.

[55] Das, N., Charumathi, D., 2012. Remediation of synthetic dyes from wastewater using yeast—an overview. Indian J. Biotechnol. 11, 369-380.

[56] Das, S. K., Bhowal, J., Das, A. R., Guha, A. K., 2006. Adsorption behavior of rhodamine B on rhizopus o ryzae biomass. Langmuir 22 (17), 7265-7272.

[57] Dave, P. N., Kaur, S., Khosla, E., 2011. Removal of basic dye from aqueous solution by biosorption on to sewage sludge. Indian J. Chem. Technol. 18, 220-226.

[58] de Sá, F. P., Cunha, B. N., Nunes, L. M., 2013. Effect of pH on the adsorption of Sunset Yellow FCF food dye into a layered double hydroxide (CaAl-LDH-NO3). Chem. Eng. J. 215, 122-127.

[59] Deniz, F., 2014. Optimization of biosorptive removal of dye from aqueous system by cone shell of Calabrian pine. Sci. World J. 14, 01-10.

[60] Dijkstra, A. J., Keck, W., 1996. Peptidoglycan as a barrier to transenvelope transport. J. Bacteriol. 178 (19), 5555.

[61] Ding, L., Zou, B., Gao, W., Liu, Q., Wang, Z., Guo, Y., Wang, X., Liu, Y., 2014. Adsorption of Rhodamine-B from aqueous solution using treated rice husk-based activated carbon. Colloids Surf. A Physicochem. Eng. Asp. 446, 1-7.

[62] Djafer, A., Djafer, L., Maimoun, B., Iddou, A., Kouadri Mostefai, S., Ayral, A., 2017. Reuse of waste activated sludge for textile dyeing wastewater treatment by biosorption: performance optimization and comparison. Water Environ. J. 31 (1), 105-112.

[63] El Farissi, H., Lakhmiri, R., Albourine, A., Safi, M., Cherkaoui, O., 2017. Removal of RR-23 dye from industrial textile wastewater by adsorption on Cistus ladaniferus seeds and their biochar. J. Environ. Earth Sci. 7 (11), 105-118.

[64] El-Bindary, A. A., El-Sonbati, A. Z., Al-Sarawy, A. A., Mohamed, K. S., Farid, M. A., 2015. Removal of hazardous azopyrazole dye from an aqueous solution using rice straw as a waste adsorbent: kinetic, equilibrium and thermodynamic studies. Spectrochim. Acta A Mol. Biomol. Spectrosc. 136, 1842-1849.

[65] El-Latif, M. A., Ibrahim, A. M., El-Kady, M. F., 2010. Adsorption equilibrium, kinetics and thermodynamics of methylene blue from aqueous solutions using

biopolymer oak sawdust composite. J. Am. Sci 6 (6), 267-283.

[66] Enniya, I., Jourani, A., 2017. Study of Methylene Blue removal by a biosorbent prepared with Apple peels. J. Mater. Environ. Sci. 8 (12), 4573-4581.

[67] Etim, U. J., Umoren, S. A., Eduok, U. M., 2016. Coconut coir dust as a low cost adsorbent for the removal of cationic dye from aqueous solution. J. Saudi Chem. Soc. 20, S67-S76.

[68] Evans, J. D., Sumby, C. J., Doonan, C. J., 2015. Synthesis and applications of porous organic cages. Chem. Lett. 44 (5), 582-588.

[69] Fasfous, I. I., Farha, N. A., 2012. Removal of cibacron brilliant yellow 3G-P Dye from aqueous solutions using coffee husks as non-conventional low-cost sorbent. World Acad. Sci. Eng. Technol. Int. J. Chem. Mol. Nucl. Mater. Metall. Eng. 6 (10), 908-914.

[70] Faust, S. D., Aly, O. M., 2013. Adsorption Processes for Water Treatment. Elsevier, Oxford, UK.

[71] Feng, Y., Xue, L., Duan, J., Dionysiou, D. D., Chen, Y., Yang, L., Guo, Z., 2017. Purification of dye-stuff contained wastewater by a hybrid adsorption-periphyton reactor (HAPR): performance and mechanisms. Sci. Rep. 7 (1), 9635.

[72] Foo, Y. K., Hameed, B. H., 2010. Insights into the modeling of adsorption isotherm systems. Chem. Eng. J. 156 (1), 2-10.

[73] Forss, J., Lindh, M. V., Pinhassi, J., Welander, U., 2017. Microbial biotreatment of actual textile wastewater in a continuous sequential rice husk biofilter and the microbial community involved. PLoS ONE 12 (1), e0170562.

[74] Fu, Y., Viraraghavan, T., 2000. Removal of a dye from an aqueous solution by the fungus *Aspergillus niger*. Water Qual. Res. J. Can. 35 (1), 95-111.

[75] Fu, Y., Viraraghavan, T., 2001a. Fungal decolorization of dye wastewaters: a review. Bioresour. Technol. 79 (3), 251-262.

[76] Fu, Y. Z., Viraraghavan, T., 2001b. Removal of CI Acid Blue 29 from an aqueous solution by Aspergillus niger. AATCC Rev. 1 (1), 36-40.

[77] Fu, Y., Viraraghavan, T., 2002. Removal of Congo Red from an aqueous solution by fungus *Aspergillus niger*. Adv. Environ. Res. 7 (1), 239-247.

[78] Fu, Y., Viraraghavan, T., 2003. Column studies for biosorption of dyes from aqueous solutions on immobilised Aspergillus niger fungal biomass. Water SA 29 (4), 465-472.

[79] Fu, J., Chen, Z., Wang, M., Liu, S., Zhang, J., Zhang, J., Han, R., Xu, Q., 2015. Adsorptionof methylene blue by a high-efficiency adsorbent (polydopam-

ine microspheres): kinetics, isotherm, thermodynamics and mechanism analysis. Chem. Eng. J. 259, 53–61.

[80] Furukawa, H., Gándara, F., Zhang, Y. B., Jiang, J., Queen, W. L., Hudson, M. R., Yaghi, O. M., 2014. Water adsorption in porous metal-organic frameworks and related materials. J. Am. Chem. Soc. 136 (11), 4369–4381.

[81] Gadd, G. M., 2009. Biosorption: critical review of scientific rationale, environmental importance and significance for pollution treatment. J. Chem. Technol. Biotechnol. 84 (1), 13–28.

[82] Gallagher, K. A., Healy, M. G., Allen, S. J., 1997. Biosorption of synthetic dye and metal ions from aqueous effluents using fungal biomass. Stud. Environ. Sci. 66, 27–50.

[83] Gangadware, M. M., Jadhav, M. V., 2016. Removal of Methylene Blue from wastewater by using Delonix regia seed powder as adsorbent. Int. J. Sci. Eng. Technol. Res. 5 (6), 2244–2248.

[84] Garg, V. K., Amita, M., Kumar, R., Gupta, R., 2004. Basic dye (methylene blue) removal from simulated wastewater by adsorption using Indian Rosewood sawdust: a timber industry waste. Dyes Pigments 63 (3), 243–250.

[85] Gautam, S., Khan, S. H., 2016. Removal of methylene blue from waste water using banana peel as adsorbent. Int. J. Sci. Environ. Technol. 5 (5), 3230–3236.

[86] Geçgel, U., Ozcan, G., Gürpınar, G. Ç., 2013. Removal of methylene blue from aqueous solution by activated carbon prepared from pea shells (Pisum sativum). J. Chem. 2013, 01–09.

[87] Ghaly, A. E., Ananthashankar, R., Alhattab, M. V. V. R., Ramakrishnan, V. V., 2014. Production, characterization and treatment of textile effluents: a critical review. J. Chem. Eng. Process Technol. 5 (1), 1–18.

[88] Giwa, A. A., Bello, I. A., Olajire, A. A., 2013. Removal of basic dye from aqueous solution by adsorption on melon husk in binary and ternary systems. Chem. Process Eng. Res. 13, 51–68.

[89] Gomaa, O. M., Linz, J. E., Reddy, C. A., 2008. Decolorization of Victoria blue by the whiterot fungus, Phanerochaete chrysosporium. World J. Microbiol. Biotechnol. 24 (10), 2349–2356.

[90] Gonzalez, M. T., Rodriguez-Reinoso, F., Garcia, A. N., Marcilla, A., 1997. CO_2 activation of olive stones carbonized under different experimental conditions. Carbon 35 (1), 159–162.

[91] Gouamid, M., Ouahrani, M. R., Bensaci, M. B., 2013. Adsorption equilibrium,

kinetics and thermodynamics of methylene blue from aqueous solutions using date palm leaves. Energy Proc. 36, 898-907.

[92] Gronwall, J., Jonsson, A. C., 2017. Regulating effluents from India's textile sector: new commands and compliance monitoring for zero liquid discharge. Law Environ. Dev. J. 13, iii. Gupta, V. K., 2009. Application of low-cost adsorbents for dye removal—a review. J. Environ. Manag. 90 (8), 2313-2342.

[93] Gupta, V. K., Mittal, A., Malviya, A., Mittal, J., 2009. Adsorption of carmoisine A from waste-water using waste materials—bottom ash and deoiled soya. J. Colloid Interface Sci. 335 (1), 24-33.

[94] Hadi, P., Xu, M., Ning, C., Lin, C. S. K., McKay, G., 2015. A critical review on preparation, characterization and utilization of sludge-derived activated carbons for wastewater treatment. Chem. Eng. J. 260, 895-906.

[95] Hamed, M. M., Ahmed, I. M., Metwally, S. S., 2014. Adsorptive removal of methylene blue as organic pollutant by marble dust as eco-friendly sorbent. J. Ind. Eng. Chem. 20 (4), 2370-2377.

[96] Hamed, I., Özogul, F., Regenstein, J. M., 2016. Industrial applications of crustacean by-products (chitin, chitosan, and chitooligosaccharides): a review. Trends Food Sci. Technol. 48, 40-50.

[97] Hasan, H. A., Abdullah, S. R. S., Kofli, N. T., Kamarudin, S. K., 2012. Isotherm equilibria of Mn^{2+} biosorption in drinking water treatment by locally isolated Bacillus species and sewage activated sludge. J. Environ. Manag. 111, 34-43.

[98] Hasfalina, C. B. M., Akinbile, C. O., Jun, C. X., 2015. Coconut husk adsorbent for the removal of methylene blue dye from wastewater. Bioresources 10 (2), 2859-2872.

[99] Hashem, A., Akasha, R. A., Ghith, A., Hussein, D. A., 2007. Adsorbent based on agricultural wastes for heavy metal and dye removal: a review. Energy Educ. Sci. Technol. 19, 69-86.

[100] Hassan, M. M., Alam, M. Z., Anwar, M. N., 2013. Biodegradation of textile azo dyes by bacteria isolated from dyeing industry effluent. Int. Res. J. Biol. Sci. 2 (8), 27-31.

[101] Hemmati, F., Norouzbeigi, R., Sarbisheh, F., Shayesteh, H., 2016. Malachite green removal using modified sphagnum peat moss as a low-cost biosorbent: kinetic, equilibrium and thermodynamic studies. J. Taiwan Inst. Chem. Eng. 58, 482-489.

[102] Ho, Y. S., McKay, G., 1998. A comparison of chemisorption kinetic models ap-

plied to pollutant removal on various sorbents. Process Saf. Environ. Prot. 76 (4), 332-340.

[103] Holkar, C. R., Jadhav, A. J., Pinjari, D. V., Mahamuni, N. M., Pandit, A. B., 2016. A critical review on textile wastewater treatments: possible approaches. J. Environ. Manag. 182, 351-366.

[104] Hu, Z. G., Zhang, J., Chan, W. L., Szeto, Y. S., 2006. The sorption of acid dye onto chitosan nanoparticles. Polymer 47 (16), 5838-5842.

[105] Huang, R., Liu, Q., Huo, J., Yang, B., 2017. Adsorption of methyl orange onto protonated cross-linked chitosan. Arab. J. Chem. 10 (1), 24-32.

[106] Imam, S. S., Panneerselvam, P., 2017. Adsorptive removal of Methylene Blue using groundnut shell activated carbon coated with Fe_2O_3. J. Appl. Chem. 10 (4), 12-21.

[107] Jadhav, J. P., Kalyani, D. C., Telke, A. A., Phugare, S. S., Govindwar, S. P., 2010. Evaluation of the efficacy of a bacterial consortium for the removal of color, reduction of heavy metals, and toxicity from textile dye effluent. Bioresour. Technol. 101 (1), 165-173.

[108] Jayanthy, V., Geetha, R., Rajendran, R., Prabhavathi, P., Sundaram, S. K., Kumar, S. D., Santhanam, P., 2014. Phytoremediation of dye contaminated soil by *Leucaena leucocephala* (subabul) seed and growth assessment of Vigna radiata in the remediated soil. Saudi J. Biol. Sci. 21 (4), 324-333.

[109] Jemal, N., 2015. University in Partial Fulfillment of the Degree of Master of Science in Environmental Engineering. (Doctoral dissertation). Addis Ababa University.

[110] Jin, J., Song, M., Hourston, D. J., 2004. Novel chitosan-based films cross-linked by genipin with improved physical properties. Biomacromolecules 5 (1), 162-168.

[111] Jusoh, N., Nabila, S. N., Ruseli, M., Badri, M. F., Husin, N., Hitam, S. M. S., 2017. Biodecolourisation of Methyl Red Dye by bacterial-fungal consortium. Chem. Eng. Trans. 56, 1537-1542.

[112] Kacan, E., Kutahyali, C., 2012. Adsroption of strontium from aqueous solution using activated carbon produced from textile sewage sludges. J. Anal. Appl. Pyrolysis 97, 149-157.

[113] Kant, R., 2012. Textile dyeing industry an environmental hazard. Nat. Sci. 4 (1), 22-26. Kaushik, P., Malik, A., 2009. Fungal dye decolourization: recent advances and future potential. Environ. Int. 35 (1), 127-141.

[114] Kavitha, D., Namasivayam, C., 2007. Experimental and kinetic studies on meth-

ylene blue adsorption by coir pith carbon. Bioresour. Technol. 98 (1), 14-21.

[115] Khalaf, M. A., 2008. Biosorption of reactive dye from textile wastewater by non-viable biomass of Aspergillus niger and Spirogyra sp. Bioresour. Technol. 99 (14), 6631-6634.

[116] Khan, A. R., Hajira Tahir, F. U., Hameed, U., 2005. Adsorption of methylene blue from aqueous solution on the surface of wool fiber and cotton fiber. J. Appl. Sci. Environ. Manag. 9 (2), 29-35.

[117] Khan, R., Bhawana, P., Fulekar, M. H., 2013. Microbial decolorization and degradation of synthetic dyes: a review. Rev. Environ. Sci. Biotechnol. 12 (1), 75-97.

[118] Khandegar, V., Saroha, A. K., 2013. Electrocoagulation for the treatment of textile industry effluent—a review. J. Environ. Manag. 128, 949-963.

[119] Khataee, A. R., Dehghan, G., Zarei, M., Ebadi, E., Pourhassan, M., 2011. Neural network modeling of biotreatment of triphenylmethane dye solution by a green macroalgae. Chem. Eng. Res. Des. 89 (2), 172-178.

[120] Khatod, I., 2013. Removal of Methylene Blue dye from aqueous solutions by neem leaf and orange peel powder. Int. J. ChemTech Res. 5 (2), 572-577.

[121] Khatri, A., Peerzada, M. H., Mohsin, M., White, M., 2015. A review on developments in dyeing cotton fabrics with reactive dyes for reducing effluent pollution. J. Clean. Prod. 87, 50-57.

[122] Khattri, S. D., Singh, M. K., 2000. Colour removal from synthetic dye wastewater using a bioadsorbent. Water Air Soil Pollut. 120 (3-4), 283-294.

[123] Khouni, I., Marrot, B., Moulin, P., Amar, R. B., 2011. Decolourization of the reconstituted textile effluent by different process treatments: enzymatic catalysis, coagulation/flocculation and nanofiltration processes. Desalination 268 (1), 27-37.

[124] Kılıç, N. K., Nielsen, J. L., Yüce, M., Dönmez, G., 2007. Characterization of a simple bacterial consortium for effective treatment of wastewaters with reactive dyes and Cr(Ⅵ). Chemosphere 67 (4), 826-831.

[125] Kim, S. Y., Jin, M. R., Chung, C. H., Yun, Y. S., Jahng, K. Y., Yu, K. Y., 2015. Biosorption of cationic basic dye and cadmium by the novel biosorbent Bacillus catenulatus JB-022 strain. J. Biosci. Bioeng. 119 (4), 433-439.

[126] Konicki, W., Sibera, D., Mijowska, E., Lendzion-Bieluń, Z., Narkiewicz, U., 2013. Equilibrium and kinetic studies on acid dye Acid Red 88 adsorption by magnetic $ZnFe_2O_4$ spinel ferrite nanoparticles. J. Colloid Interface Sci. 398, 152-

160.

[127] Kousha, M., Daneshvar, E., Sohrabi, M. S., Jokar, M., Bhatnagar, A., 2012. Adsorption of acid orange II dye by raw and chemically modified brown macroalga Stoechospermum marginatum. Chem. Eng. J. 192, 67-76.

[128] Koyuncu, M., 2009. Removal of Maxilon Red GRL from aqueous solutions by adsorption onto silica. Orient. J. Chem. 25, 35-40.

[129] Kuila, U., Prasad, M., 2013. Specific surface area and pore-size distribution in clays and shales. Geophys. Prospect. 61 (2), 341-362.

[130] Kumar, G. N. P., Sumangala, K. B., 2012. Decolorization of azo dye Red 3BN by bacteria. Int. Res. J. Biol. Sci. 1 (5), 46-52.

[131] Kumar, P. S., Ramalingam, S., Senthamarai, C., Niranjanaa, M., Vijayalakshmi, P., Sivanesan, S., 2010. Adsorption of dye from aqueous solution by cashew nut shell: Studies on equilib- rium isotherm, kinetics and thermodynamics of interactions. Desalination 261 (1), 52-60.

[132] Kumar, P. S., Pavithra, J., Suriya, S., Ramesh, M., Kumar, K. A., 2015. Sargassum wightii, a marine alga is the source for the production of algal oil, bio-oil, and application in the dye wastewater treatment. Desalin. Water Treat. 55 (5), 1342-1358.

[133] Kyzas, G. Z., Bikiaris, D. N., 2015. Recent modifications of chitosan for adsorption applications: a critical and systematic review. Marine Drugs 13 (1), 312-337.

[134] Kyzas, G. Z., Matis, K. A., 2015. Nanoadsorbents for pollutants removal: a review. J. Mol. Liq. 203, 159-168.

[135] Laasri, L., Elamrani, M. K., Cherkaoui, O., 2007. Removal of two cationic dyes from a textile effluent by filtration-adsorption on wood sawdust. Environ. Sci. Pollut. Res. Int. 14 (4), 237-240.

[136] Lade, H., Govindwar, S., Paul, D., 2015. Mineralization and detoxification of the carcinogenic azo dye Congo Red and real textile effluent by a polyurethane foam immobilized microbial consortium in an upflow column bioreactor. Int. J. Environ. Res. Public Health 12 (6), 6894-6918.

[137] Langmuir, I., 1916. The constitution and fundamental properties of solids and liquids. J. Am. Chem. Soc. 38, 2221-2295.

[138] Lazaridis, N. K., Kyzas, G. Z., Vassiliou, A. A., Bikiaris, D. N., 2007. Chitosan derivatives as biosorbents for basic dyes. Langmuir 23 (14), 7634-7643.

[139] Limousin, G., Gaudet, J. P., Charlet, L., Szenknect, S., Barthes, V., Kri-

missa, M., 2007. Sorption isotherms: a review on physical bases, modeling and measurement. Appl. Geochem. 22 (2), 249-275.

[140] Liou, J. C., DeRito, C. M., Madsen, E. L., 2008. Field-based and laboratory stable isotope probing surveys of the identities of both aerobic and anaerobic benzene-metabolizing microor-ganisms in freshwater sediment. Environ. Microbiol. 10 (8), 1964-1977.

[141] Lowell, S., Shields, J. E., 2013. Powder Surface Area and Porosity. vol. 2. Springer Science & Business Media, The Netherlands.

[142] Lu, S., 2016. Has the Political Influence of the US Textile Industry Waned? A Case Study on the Negotiation Results of the Trans-Pacific Partnership (TPP).

[143] Luo, P., Zhao, Y., Zhang, B., Liu, J., Yang, Y., Liu, J., 2010. Study on the adsorption of Neutral Red from aqueous solution onto halloysite nanotubes. Water Res. 44 (5), 1489-1497.

[144] Madigan, M. T., Martinko, J. M., Parker, J., 1997. Brock Biology of Microorganisms. vol. 11. Prentice Hall, Upper Saddle River, NJ.

[145] Mahmood, R., Sharif, F., Ali, S., Hayyat, M. U., 2015. Enhancing the decolorizing and degradation ability of bacterial consortium isolated from textile effluent affected area and its application on seed germination. Sci. World J. 01-09.

[146] Maleki, A., Daraei, H., Khodaei, F., Aghdam, K. B., Faez, E., 2016. Direct blue 71 dye removal probing by potato peel-based sorbent: applications of artificial intelligent systems. Desalin. Water Treat. 57 (26), 12281-12286.

[147] Marandi, R., Sepehr, S. M. B., 2011. Removal of orange 7 dye from wastewater used by natural adsorbent of Moringa oleifera seeds. Am. J. Environ. Eng. 1 (1), 01-09.

[148] Miao, M. S., Liu, Q., Shu, L., Wang, Z., Liu, Y. Z., Kong, Q., 2016. Removal of cephalexin from effluent by activated carbon prepared from alligator weed: kinetics, isotherms, and thermo-dynamic analyses. Process Saf. Environ. Prot. 104, 481-489.

[149] Mirjalili, M., Tabatabai, M. B., Karimi, L., 2011. Novel herbal adsorbent based on wheat husk for reactive dye removal from aqueous solutions. Afr. J. Biotechnol. 10 (65), 14478-14484.

[150] Mittal, A., Jhare, D., Mittal, J., 2013. Adsorption of hazardous dye Eosin Yellow from aqueous solution onto waste material De-oiled Soya: isotherm, kinetics and bulk removal. J. Mol. Liq. 179, 133-140.

[151] Mondal, S., 2008. Methods of dye removal from dye house effluent—an overview.

Environ. Eng. Sci. 25 (3), 383-396.

[152] Morais, W. A., Fernandes, A. L. P., Dantas, T. N. C., Pereira, M. R., Fonseca, J. L. C., 2007. Sorption studies of a model anionic dye on crosslinked chitosan. Colloids Surf. A Physicochem. Eng. Asp. 310 (1-3), 20-31.

[153] Morin-Crini, N., Winterton, P., Fourmentin, S., Wilson, L. D., Fenyvesi, É., Crini, G., 2017. Water-insoluble β-cyclodextrin-epichlorohydrin polymers for removal of pollutants from aqueous solutions by sorption processes using batch studies: a review of inclusion mechanisms. Prog. Polym. Sci.

[154] Mutia, K. A., 2017. Pemanfaatan Cangkang Pensi (Corbicula moltkiana) Sebagai Bahan Penyerap Zat Warna Rhodamin B Dalam Larutan. (Doctoral dissertation). Universitas Andalas.

[155] Nacèra, Y., Aicha, B., 2006. Equilibrium and kinetic modelling of methylene blue biosorption by pretreated dead Streptomyces rimosus: effect of temperature. Chem. Eng. J. 119 (2-3), 121-125.

[156] Namasivayam, C., Kavitha, D., 2002. Removal of Congo Red from water by adsorption onto activated carbon prepared from coir pith, an agricultural solid waste. Dyes Pigments 54 (1), 47-58.

[157] Nandhi, G. U., Arivalagan, K., Sivanesan, S., 2017. Cassia alata seed activated carbon for the removal of synthetic dye Methyl Orange from waste water. Int. J. Trend Sci. Res. Dev. 2 (1), 1550-1557.

[158] Ngah, W. W., Teong, L. C., Hanafiah, M. A. K. M., 2011. Adsorption of dyes and heavy metal ions by chitosan composites: a review. Carbohydr. Polym. 83 (4), 1446-1456.

[159] No, H. K., Meyers, S. P., 2000. Application of chitosan for treatment of wastewaters. In: Reviews of Environmental Contamination and Toxicology. Springer, New York, NY, pp. 1-27.

[160] Olivella, M. À., Fiol, N., de la Torre, F., Poch, J., Villaescusa, I., 2012. A mechanistic approach to methylene blue sorption on two vegetable wastes: cork bark and grape stalks. Bioresources 7 (3), 3340-3354.

[161] Oller, I., Malato, S., Sánchez-Pérez, J., 2011. Combination of advanced oxidation processes and biological treatments for wastewater decontamination—a review. Sci. Total Environ. 409 (20), 4141-4166.

[162] Omar, H., El-Gendy, A., Al-Ahmary, K., 2018. Bioremoval of toxic dye by using different marine macroalgae. Turk. J. Bot. 42 (1), 15-27.

[163] Omeiza, F. S., Ekwumemgbo, P. A., Kagbu, J. A., Israel, K. O., 2011. Ad-

sorption kinetics of malachite green from aqueous solution onto carica papaya seed. Nat. Prod. Indian J. 7 (1), 28-32.

[164] Ozer, A., Akkaya, G., Turabik, M., 2005. Biosorption of Acid Red 274 (AR 274) on Enteromorpha prolifera in a batch system. J. Hazard. Mater. 126 (1-3), 119-127.

[165] Padhi, B. S., 2012. Pollution due to synthetic dyes toxicity & carcinogenicity studies and remediation. Int. J. Environ. Sci. 3 (3), 940.

[166] Padmesh, T. V. N., Vijayaraghavan, K., Sekaran, G., Velan, M., 2006a. Application of Azolla rongpong on biosorption of acid red 88, acid green 3, acid orange 7 and acid blue 15 from synthetic solutions. Chem. Eng. J. 122 (1-2), 55-63.

[167] Padmesh, T. V. N., Vijayaraghavan, K., Sekaran, G., Velan, M., 2006b. Biosorption of Acid Blue 15 using fresh water macroalga Azolla filiculoides: batch and column studies. Dyes Pigments 71 (2), 77-82.

[168] Pal, S., Patra, A. S., Ghorai, S., Sarkar, A. K., Mahato, V., Sarkar, S., Singh, R. P., 2015. Efficient and rapid adsorption characteristics of templating modified guar gum and silica nanocomposite toward removal of toxic reactive blue and Congo red dyes. Bioresour. Technol. 191, 291-299.

[169] Pala, A., Galiatsatou, P., Tokat, E., Erkaya, H., Israilides, C., Arapoglou, D., 2006. The use of activated carbon from olive oil mill residue, for the removal of colour from textile waste-water. Eur. Water 13 (14), 29-34.

[170] Parisi, M. L., Fatarella, E., Spinelli, D., Pogni, R., Basosi, R., 2015. Environmental impact assessment of an eco-efficient production for coloured textiles. J. Clean. Prod. 108, 514-524. Patel, H., Vashi, R. T., 2010. Adsorption of crystal violet dye onto tamarind seed powder. J. Chem. 7 (3), 975-984.

[171] Patil, S., Renukdas, S., Patel, N., 2011. Removal of methylene blue, a basic dye from aqueous solutions by adsorption using teak tree (Tectona grandis) bark powder. Int. J. Environ. Sci. 1 (5), 711-726.

[172] Patil, M. A., Shinde, J. K., Jadhav, A. L., Deshpande, S. R., 2017. Adsorption of methylene blue in waste water by low cost adsorbent bentonite soil. Int. J. Eng. Sci. 10 (1), 246-252.

[173] Poots, V. J. P., Mckay, G., Healy, J. J., 1976. The removal of acid dye from effluent using natural adsorbents—I peat. Water Res. 10 (12), 1061-1066.

[174] Premkumar, Y., Vijayaraghavan, K., 2015. Biosorption potential of coco-peat in the removal of methylene blue from aqueous solutions. Sep. Sci. Technol. 50

(9), 1439-1446.

[175] Priya, E. S., Selvan, P. S., 2014. Water hyacinth (Eichhornia crassipes)—an efficient and economic adsorbent for textile effluent treatment—a review. Arab. J. Chem.

[176] Raghukumar, C., Chandramohan, D., Michel, F. C., Redd, C. A., 1996. Degradation of lignin and decolorization of paper mill bleach plant effluent (BPE) by marine fungi. Biotechnol. Lett. 18 (1), 105-106.

[177] Rahimi, M., 2013. Removal of methylene blue from wastewater by adsorption onto $ZnCl_2$ activated corn husk carbon equilibrium studies. J. Chem. 2013, .

[178] Rahman, F. B. A., Akter, M., 2016. Removal of dyes form textile wastewater by adsorption using shrimp shell. Int. J. Waste Resour. 6 (3), 02-05.

[179] Ramachandran, P., Sundharam, R., Palaniyappan, J., Munusamy, A. P., 2013. Potential process implicated in bioremediation of textile effluents: a review. Adv. Appl. Sci. Res. 4, 131-145. Ramakrishna, K. R., Viraraghavan, T., 1997. Dye removal using low cost adsorbents. Water Sci. Technol. 36 (2-3), 189-196.

[180] Ramya, L. S., Ranganath, P., Kumar, N., 2012. Colour Removal From Textile Wastewater Using Paper Mill Sludge as an Adsorbent. Environment Engineering, S J College of Engineering, Mysore. (Master thesis - Project Reference No. 37S1333).

[181] Rana, S., Viraraghavan, T., 1987. Use of peat in septic tank effluent treatment-column studies. Water Qual. Res. J. Can. 22 (3), 491-504.

[182] Ranade, V. V., Bhandari, V. M., 2014. Industrial wastewater treatment, recycling and reuse: an overview. Ind. Wastew. Treat. Recycl. Reuse 1, .

[183] Rasheed, S., Kavitha, A., Hayavadana, J., 2014. A critical review on effluent treatment for textiles. Trans. Eng. Sci. 2, 18-21.

[184] Razi, M. A. M., Hishammudin, M. N. A. M., Hamdan, R., 2017. In: Factor affecting textile dye removal using adsorbent from activated carbon: a review. MATEC Web of Conferences. vol. 103. EDP Sciences, pp. 06015.

[185] Reddy, M. C. S., 2006. Removal of direct dye from aqueous solutions with an adsorbent made from tamarind fruit shell, an agricultural solid waste. J. Sci. Ind. Res. 65 (05), 443-446.

[186] Reddy, M. S., Nirmala, V., Ashwini, C., 2017. Bengal Gram Seed Husk as an adsorbent for the removal of dye from aqueous solutions—batch studies. Arab. J. Chem. 10, S2554-S2566.

[187] Robinson, T., McMullan, G., Marchant, R., Nigam, P., 2001. Remediation of dyes in textile effluent: a critical review on current treatment technologies with a proposed alternative. Bioresour. Technol. 77 (3), 247–255.

[188] Robinson, T., Chandran, B., Nigam, P., 2002. Effect of pretreatments of three waste residues, wheat straw, corncobs and barley husks on dye adsorption. Bioresour. Technol. 85 (2), 119–124.

[189] Romero-Cano, L. A., Gonzalez-Gutierrez, L. V., Baldenegro-Perez, L. A., 2016. Biosorbents prepared from orange peels using instant controlled pressure drop for Cu(II) and phenol removal. Ind. Crop. Prod. 84, 344–349.

[190] Rouquerol, J., Rouquerol, F., Llewellyn, P., Maurin, G., Sing, K. S., 2013. Adsorption by Powders and Porous Solids: Principles, Methodology and Applications. Academic Press, Cambridge, England.

[191] Saeed, A., Sharif, M., Iqbal, M., 2010. Application potential of grapefruit peel as dye sorbent: kinetics, equilibrium and mechanism of crystal violet adsorption. J. Hazard. Mater. 179 (1-3), 564–572.

[192] Sakkayawong, N., Thiravetyan, P., Nakbanpote, W., 2005. Adsorption mechanism of synthetic reactive dye wastewater by chitosan. J. Colloid Interface Sci. 286 (1), 36–42.

[193] Saleh, T. A., Gupta, V. K., 2014. Processing methods, characteristics and adsorption behavior of tire derived carbons: a review. Adv. Colloid Interf. Sci. 211, 93–101.

[194] Salman, J. M., Hameed, B. H., 2010. Adsorption of 2,4-dichlorophenoxyacetic acid and carbofuran pesticides onto granular activated carbon. Desalination 256 (1), 129–135.

[195] Samanta, K. K., Basak, S., Chattopadhyay, S. K., 2015. Specialty chemical finishes for sustainable luxurious textiles. In: Handbook of Sustainable Luxury Textiles and Fashion. Springer, Singapore, pp. 145–184.

[196] Santos, S. C., Boaventura, R. A., 2015. Treatment of a simulated textile wastewater in a sequencing batch reactor (SBR) with addition of a low-cost adsorbent. J. Hazard. Mater. 291, 74–82.

[197] Saraf, S., Vaidya, V. K., 2015. Statistical optimization of biosorption of Reactive Orange 13 by dead biomass of Rhizopus arrhizus NCIM 997 using response surface methodology. Int. J. Ind. Chem. 6 (2), 93–104.

[198] Saraf, S., Vaidya, V. K., 2016. Optimization of biosorption of Reactive Blue 222 by dead biomass of Rhizopus arrhizus NCIM997 using response surface methodolo-

gy. Ind. Chem. 2 (118), 2.

[199] Sarayu, K., Sandhya, S., 2012. Current technologies for biological treatment of textile wastewater—a review. Appl. Biochem. Biotechnol. 167 (3), 645-661.

[200] Saucier, C., Adebayo, M. A., Lima, E. C., Cataluña, R., Thue, P. S., Prola, L. D., Puchana-Rosero, M. J., Machado, F. M., Pavan, F. A., Dotto, G. L., 2015. Microwave-assisted activated carbon from cocoa shell as adsorbent for removal of sodium diclofenac and nimesulide from aqueous effluents. J. Hazard. Mater. 289, 18-27.

[201] Sekaran, G., Shanmugasundaram, K. A., Mariappan, M., Raghavan, K. V., 1995. Utilisation of a solid waste generated in leather industry for removal of dye in aqueous solution. Indian J. Chem. Technol. 2, 311-316.

[202] Sekaran, G., Shanmugasundaram, K. A., Mariappan, M., 1998. Characterization and utilisation of buffing dust generated by the leather industry. J. Hazard. Mater. 63 (1), 53-68.

[203] Selvam, K., Priya, S. M., 2012. Biological treatment of Azo dyes and textile industry effluent by newly isolated White rot fungi Schizophyllum commune and Lenzites eximia. Int. J. Environ. Sci. 2 (4), 1926.

[204] Sepúlveda, L., Fernández, K., Contreras, E., Palma, C., 2004. Adsorption of dyes using peat: equilibrium and kinetic studies. Environ. Technol. 25 (9), 987-996.

[205] Shakoor, S., Nasar, A., 2016. Removal of methylene blue dye from artificially contaminated water using Citrus limetta peel waste as a very low cost adsorbent. J. Taiwan Inst. Chem. Eng. 66, 154-163.

[206] Sharma, P., Singh, L., Dilbaghi, N., 2009. Biodegradation of Orange II dye by Phanerochaete chrysosporium in simulated wastewater. J. Sci. Ind. Res. 68, 157-161.

[207] Sharma, S., Pant, K. K., Tiwari, D. P., 2016. Batch adsorption studies for malachite green dye removal from waste water using biomass based adsorbent [Вестник Южно-Уральского государственного университета]. Серия: Химия 8 (2), 625-631.

[208] Sheu, C. W., Freese, E., 1973. Lipopolysaccharide layer protection of gram-negative bacteria against inhibition by long-chain fatty acids. J. Bacteriol. 115 (3), 869-875.

[209] Singh, H., 2006. Mycoremediation: Fungal Bioremediation. John Wiley & Sons, New Jersey, USA.

[210] Singh, K., Arora, S., 2011. Removal of synthetic textile dyes from wastewaters: a critical review on present treatment technologies. Crit. Rev. Environ. Sci. Technol. 41 (9), 807-878.

[211] Solís, M., Solís, A., Pérez, H. I., Manjarrez, N., Flores, M., 2012. Microbial decolouration of azo dyes: a review. Process Biochem. 47 (12), 1723-1748.

[212] Soltani, R. D. C., Khataee, A. R., Safari, M., Joo, S. W., 2013. Preparation of bio-silica/chitosan nanocomposite for adsorption of a textile dye in aqueous solutions. Int. Biodeter. Biodegr. 85, 383-391.

[213] Som, C., Wick, P., Krug, H., Nowack, B., 2011. Environmental and health effects of nanomaterials in nanotextiles and facade coatings. Environ. Int. 37 (6), 1131-1142.

[214] Somorjai, G. A., Li, Y., 2010. Introduction to Surface Chemistry and Catalysis. John Wiley & Sons, New Jersey, USA.

[215] Srinivasan, A., Viraraghavan, T., 2010. Decolorization of dye wastewaters by biosorbents: a review. J. Environ. Manag. 91 (10), 1915-1929.

[216] Srisorrachatr, S., Kri-arb, P., Sukyang, S., Jumruen, C., 2017. In: Removal of basic dyes from solution using coconut shell charcoal. MATEC Web of Conferences. vol. 119. EDP Sciences, pp. 01019-01025.

[217] Starovoitova, D., Odido, D., 2014. Assessment of toxicity of textile dyes and chemicals via materials safety data sheets. BioSciences 9, 241-248.

[218] Sud, D., Mahajan, G., Kaur, M. P., 2008. Agricultural waste material as potential adsorbent for sequestering heavy metal ions from aqueous solutions—a review. Bioresour. Technol. 99 (14), 6017-6027.

[219] Sulyman, M., Namiesnik, J., Gierak, A., 2017. Low-cost adsorbents derived from agricultural by-products/wastes for enhancing contaminant uptakes from wastewater: a review. Pol. J. Environ. Stud. 26 (2).

[220] Sun, G., Xu, X., 1997. Sunflower stalks as adsorbents for color removal from textile wastewater. Ind. Eng. Chem. Res. 36 (3), 808-812.

[221] Sun, Q., Yang, L., 2003. The adsorption of basic dyes from aqueous solution on modified peat-resin particle. Water Res. 37 (7), 1535-1544.

[222] Tahir, H., Sultan, M., Akhtar, N., Hameed, U., Abid, T., 2016. Application of natural and modified sugar cane bagasse for the removal of dye from aqueous solution. J. Saudi Chem. Soc. 20, S115-S121.

[223] Tan, L. S., Jain, K., Rozaini, C. A., 2010. Adsorption of textile dye from aqueous solution on pretreated mangrove bark, an agricultural waste: equilibrium and

kinetics studies. J. Appl. Sci. Environ. Sanit. 5 (3), 283-294.

[224] Tang, R., Dai, C., Li, C., Liu, W., Gao, S., Wang, C., 2017. Removal of Methylene Blue from aqueous solution using agricultural residue walnut shell: equilibrium, kinetic, and thermo-dynamic studies. J. Chem. 01-10.

[225] Tatarko, M., Bumpus, J. A., 1998. Biodegradation of congo red by Phanerochaete chrysosporium. Water Res. 32 (5), 1713-1717.

[226] Tyagi, V. K., Lo, S. L., 2013. Sludge: a waste or renewable source for energy and resources recovery? Renew. Sust. Energ. Rev. 25, 708-728.

[227] Ucar, D., 2014. Adsorption of remazol black Rl and reactive yellow 145 from aqueous solutions by pine needles. Iran. J. Sci. Technol. Trans. Civil Eng. 38 (C1), 147.

[228] Ucar, B., Güvenç, A., Mehmetoglu, Ü., 2011. Use of aluminium hydroxide sludge as adsorbents for the removal of reactive dyes: equilibrium, thermodynamic, and kinetic studies. Hydrol. Curr. Res. 2, 112-120.

[229] Verma, A. K., Dash, R. R., Bhunia, P., 2012. A review on chemical coagulation/flocculation technologies for removal of colour from textile wastewaters. J. Environ. Manag. 93 (1), 154-168.

[230] Vijayaraghavan, K., Yun, Y. S., 2007a. Utilization of fermentation waste (Corynebacterium glutamicum) for biosorption of Reactive Black 5 from aqueous solution. J. Hazard. Mater. 141 (1), 45-52.

[231] Vijayaraghavan, K., Yun, Y. S., 2007b. Chemical modification and immobilization of Corynebacterium glutamicum for biosorption of reactive black 5 from aqueous solution. Ind. Eng. Chem. Res. 46 (2), 608-617.

[232] Vinogradov, A. V., Kuprin, D. S., Abduragimov, I. M., Kuprin, G. N., Serebriyakov, E., Vinogradov, V. V., 2016. Silica foams for fire prevention and firefighting. ACS Appl. Mater. Interfaces 8 (1), 294-301.

[233] Viraraghavan, T., Rana, S. M., 1991. Treatment of septic tank effluent in a peat filter. Int. J. Environ. Stud. 37 (3), 213-224.

[234] Wairuri, J. K., 2003. Assessment of Sawdust Potential in The Removal of Dye Colour from Textile Wastewater. (Master thesis) Department of Civil Engineering, University of Nairobi.

[235] Waksman, S. A., Schulhoff, H., Hickman, C. A., Cordon, T. C., Stevens, S. C., 1943. The Peats of New Jersey and Their Utilization. Department of Conservation and Development, State of New Jersey.

[236] Walker, G. M., Weatherley, L. R., 2000. Biodegradation and biosorption of acid

anthraquinone dye. Environ. Pollut. 108（2），219-223.

[237] Wang, L., Zhang, J., Zhao, R., Li, C., Li, Y., Zhang, C., 2010. Adsorption of basic dyes on activated carbon prepared from Polygonum orientale Linn.： equilibrium, kinetic and thermodynamic studies. Desalination 254（1），68-74.

[238] Won, S. W., Choi, S. B., Yun, Y. S., 2005. Interaction between protonated waste biomass of *Corynebacterium glutamicum* and anionic dye Reactive Red 4. Colloids Surf. A Physicochem. Eng. Asp. 262（1），175-180.

[239] Wong, Y. C., Szeto, Y. S., Cheung, W., McKay, G., 2004. Adsorption of acid dyes on chitosan—equilibrium isotherm analyses. Process Biochem. 39（6），695-704.

[240] Wu, F., Ozaki, H., Terashima, Y., Imada, T., Ohkouchi, Y., 1996. Activities of ligninolytic enzymes of the white rot fungus, Phanerochaete chrysosporium and its recalcitrant substance degradability. Water Sci. Technol. 34（7-8），69-78.

[241] Wu, F. C., Tseng, R. L., Juang, R. S., 2001. Enhanced abilities of highlys wollen chitosan beads for color removal and tyrosinase immobilization. J. Hazard. Mater. 81（1-2），167-177.

[242] Wu, F. C., Tseng, R. L., Juang, R. S., 2009. Initial behavior of intraparticle diffusion model used in the description of adsorption kinetics. Chem. Eng. J. 153（1），1-8.

[243] Xiong, X. J., Meng, X. J., Zheng, T. L., 2010. Biosorption of CI Direct Blue 199 from aqueous solution by nonviable Aspergillus niger. J. Hazard. Mater. 175（1-3），241-246.

[244] Yagub, M. T., Sen, T. K., Afroze, S., Ang, H. M., 2014. Dye and its removal from aqueous solution by adsorption: a review. Adv. Colloid Interf. Sci. 209, 172-184.

[245] Yamuna, R. T., Namasivayam, C., 1993. Color removal from aqueous solution by biogas residual slurry. Toxicol. Environ. Chem. 38（3-4），131-143.

[246] Yesilada, O., Cing, S., Asma, D., 2002. Decolourisation of the textile dye Astrazon Red FBL by Funalia trogii pellets. Bioresour. Technol. 81（2），155-157.

[247] Young, L., Yu, J., 1997. Ligninase-catalysed decolorization of synthetic dyes. Water Res. 31（5），1187-1193.

[248] Zaarour, M., Dong, B., Naydenova, I., Retoux, R., Mintova, S., 2014. Progress in zeolite synthesis promotes advanced applications. Microporous Mesoporous Mater. 189, 11-21.

[249] Zaini, M. A. A., Cher, T. Y., Zakaria, M., Kamaruddin, M. J., Mohd Setapar, S. H., Che Yunus, M. A., 2014. Palm oil mill effluent sludge ash as adsorbent for methylene blue dye removal. Desalin. Water Treat. 52 (19-21), 3654-3662.

[250] Zeroual, Y., Kim, B. S., Kim, C. S., Blaghen, M., Lee, K. M., 2006. A comparative study on biosorption characteristics of certain fungi for bromophenol blue dye. Appl. Biochem. Biotechnol. 134 (1), 51-60.

[251] Zhang, S. J., Yang, M., Yang, Q. X., Zhang, Y., Xin, B. P., Pan, F., 2003. Biosorption of reactive dyes by the mycelium pellets of a new isolate of Penicillium oxalicum. Biotechnol. Lett. 25 (17), 1479-1482.

[252] Zhao, B., Shang, Y., Xiao, W., Dou, C., Han, R., 2014. Adsorption of Congo red from solution using cationic surfactant modified wheat straw in column model. J. Environ. Chem. Eng. 2 (1), 40-45.

[253] Zhou, J. L., Banks, C. J., 1991. Removal of humic acid fractions by Rhizopus arrhizus: uptake and kinetic studies. Environ. Technol. 12 (10), 859-869.

[254] Zhou, C., Wu, Q., Lei, T., Negulescu, I. I., 2014. Adsorption kinetic and equilibrium studies for methylene blue dye by partially hydrolyzed polyacrylamide/cellulose nanocrystal nano-composite hydrogels. Chem. Eng. J. 251, 17-24.

进阶阅读

[1] Fomina, M., Gadd, G. M., 2014. Biosorption: current perspectives on concept, definition and application. Bioresour. Technol. 160, 3-14.

[2] Kuehni, R. G., Henning Bunge, H., 2011. Dyeing. In: Encyclopedia of Polymer Science and Technology. Wiley-Interscience, New York, USA.

[3] Rafatullah, M., Sulaiman, O., Hashim, R., Ahmad, A., 2010. Adsorption of methylene blue on low-cost adsorbents: a review. J. Hazard. Mater. 177 (1), 70-80.

[4] Rangabhashiyam, S., Suganya, E., Selvaraju, N., Varghese, L. A., 2014. Significance of exploiting non-living biomaterials for the biosorption of wastewater pollutants. World J. Microbiol. Biotechnol. 30 (6), 1669-1689.

[5] Sharma, S., Saxena, R., Gaur, G., 2014. Study of removal techniques for azo dyes by biosorption: a review. J. Appl. Chem. 7 (10), 06-21.

[6] Vadivelan, V., Kumar, K. V., 2005. Equilibrium, kinetics, mechanism, and process design for the sorption of methylene blue onto rice husk. J. Colloid Interface Sci. 286 (1), 90-100.

14 壳聚糖衍生物在纺织废水处理中的应用

Masoud B. Kasiri
大不里士伊斯兰艺术大学应用艺术学院，伊朗大不里士

14.1 引言

纺织废水是当今地表水污染的主要来源，在这方面，已有许多技术用于处理这些废水，其中，吸附是最有前景的技术之一。尽管目前仍采用活性炭吸附技术处理废水，但它的成本高、能耗大。壳聚糖等生物聚合物的应用是新兴的吸附方法之一，即使在低浓度下也可用于处理含有染料和重金属离子的纺织废水。因此，近年来人们对于壳聚糖基材料吸附去除重金属和染料进行了大量的研究（Gerente et al., 2007; Wu et al., 2010; Vakili et al., 2014）。

壳聚糖是世界上含量最丰富、成本最低的生物聚合物之一，具有天然、可再生、环境友好、成本低、无毒、可生物降解性和生物相容性好等特点。将甲壳素在氢氧化钾中煮沸可合成酸溶性壳聚糖（图14.1）。甲壳素是世界上第二丰富的多糖，也可以从真菌中提取，或从小龙虾、龙虾、对虾、蟹、小虾等海洋生物的外壳中提取。（Spinelli et al., 2004; Crini and Badot, 2008; Kasiri and Safapour, 2013; Ul-Islam and Mohammad, 2015）。

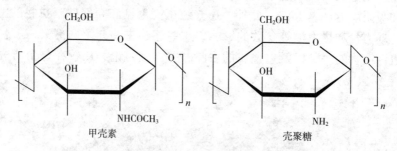

图14.1 甲壳素［聚（*N*-乙酰基-*β*-D-葡萄糖胺）］和
壳聚糖［聚（D-葡萄糖胺）］的化学结构（Crini and Badot，2008）

由于分子间氢键，壳聚糖不溶于水、碱性溶液和有机溶剂。同时，由于分子中氨基的质子化，壳聚糖可以溶于酸性溶液。基于上述特性，由于分子中有上述

多个官能团，壳聚糖具有很高的亲和力，以吸附重金属和染料等污染物。但是，壳聚糖的一些缺点如在酸性介质中的溶解性差、机械稳定性差、比表面积小等限制了它在吸附过程中的性能。所以，很多研究者对壳聚糖改性用于染料和重金属离子的去除进行了研究（Săg and Aktay, 2002; Qin et al., 2003; Olivera et al., 2016）。

作为吸附剂，壳聚糖纳米颗粒/纳米复合材料具有相当大的优势，如有吸引力的比表面积、化学可修饰性、易于功能化及无内扩散等（Săg and Aktay, 2002; Qin et al., 2003; Olivera et al., 2016）。

目前，这些优势正在不同的研究领域得到体现，包括纸浆和造纸、纺织、医疗、化妆品、生物技术、农业、食品工业、化工生产、分离和环境应用。

壳聚糖还显示出吸附大量染料和金属离子的潜力，这使得科学家们探索了在多种污水体系和类型下去除染料和金属离子的不同工艺的特征（Geng et al., 2009; Wua et al., 2009; Wan Ngah et al., 2011; Kasiri and Safapour, 2015）。

许多研究人员正致力于合成和表征用于去除染料和重金属离子的各种壳聚糖基材料。已有研究表明，由于具有化学活性的氨基和羟基，壳聚糖可以作为吸附剂去除重金属和染料（Vincent and Guibal, 2001; Zimmermann et al., 2010; Wang and Chen, 2014）。壳聚糖基材料的氨基能被阳离子化，因此，它们有能力在酸性介质中通过静电吸引强烈地吸附阴离子染料。同时，壳聚糖对介质的 pH 非常敏感，它可以根据溶液的 pH 形成凝胶或溶液（Wan Ngah et al., 2011）。

有一些综述文章或书籍的章节，介绍了壳聚糖在纺织废水中去除染料或金属离子的应用，本文将重点介绍壳聚糖衍生物的应用，分为以下几类：壳聚糖和壳聚糖混合物、壳聚糖衍生物、壳聚糖纳米纤维和纳米膜及壳聚糖纳米颗粒，用于去除纺织废水中的染料或金属离子。壳聚糖复合材料的特性、去除的目标物、实验条件和吸附能力见表 14.1。此外，还介绍了壳聚糖和壳聚糖基材料的特性、工艺变量、动力学和热力学等参数的影响。这些综述主要介绍两部分内容：染料和其他有机污染物的去除以及重金属的去除，并详细讨论和比较在每个研究领域中的应用（图 14.2）。

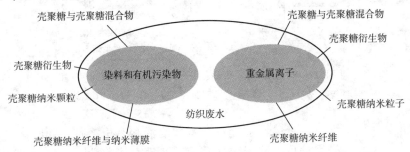

图 14.2 壳聚糖衍生物在纺织废水处理中的应用

14.2 纺织废水处理

在过去的几十年里,壳聚糖基材料被广泛应用于水的净化和废水处理领域,已有大量的出版物报道了这方面取得的研究成果。这类材料在纺织废水处理的吸附过程中特别有用,也就是说,能有效去除染料和用作助剂的其他有毒污染物,或去除染色工艺中作为媒染剂的重金属盐类。本部分致力于回顾壳聚糖及壳聚糖基材料在纺织废水处理中的研究成果,包括壳聚糖基材料作为吸附高分子基质的开发、影响参数、吸附机理和工艺建模。

14.2.1 染料和其他有机污染物的去除

14.2.1.1 壳聚糖与壳聚糖混合物

壳聚糖和以壳聚糖为主要原料制备的生物吸附剂已广泛应用于纺织业废水的处理。在这一研究领域发表的大量论文表明,壳聚糖和壳聚糖基混合物在去除染料和其他污染物方面是有效的。表 14.1 列出了最近一些研究的工艺说明和结果。

壳聚糖是一种有效的生物吸附剂,Gibbs 等(2003)研究了从水溶液中去除含有两个磺酸基的重氮染料酸性绿 25 的效率。研究发现,壳聚糖的质子化作用可以解释这种阴离子染料的静电吸引,其最佳 pH 接近 3(Gibbs et al., 2003)。

同样,还将不同脱乙酰度的壳聚糖应用于二元水体系中吸附食品染料(酸性蓝 9 和食品黄 3)。

表 14.1 用壳聚糖混合物去除有机污染物的工艺所得的结果

吸附剂	去除目标物	影响参数	表征方法	吸附量	所得结果	参考文献
壳聚糖	酸性绿 25	pH	—	染料 525mg/g	壳聚糖的质子化解释了染料的静电吸引	Gibbs et al., 2003
不同脱乙酰度的壳聚糖	酸性蓝 9、食品黄 3	脱乙酰度(DD)、pH	EDXRF SEM	AB9 为 163.6mg/g,FY3 为 193.4mg/g	壳聚糖是从二元体系中去除染料的有效吸附剂	Gonçalves et al., 2014
壳聚糖混合物	直接红 23、酸性绿 25	壳聚糖用量、染料初始浓度、盐、pH	FTIR	—	Temkin 等温线,准二级动力学	Mahmoodi et al., 2011

续表

吸附剂	去除目标物	影响参数	表征方法	吸附量	所得结果	参考文献
壳聚糖/氧化铝（CA）复合材料	甲基橙	吸附剂量、pH、初始浓度、时间、温度	FTIR	99.34%	准二级动力学	Zhang et al., 2011
固定于接枝黄麻纤维上的壳聚糖	雷玛唑亮蓝 BB	pH、接触时间	FTIR SEM XRD TGA	220mg/g	吸附剂可多次使用	Hassan, 2015
壳聚糖/SiO_2/CNT	直接蓝 71、活性蓝 19	染料初始浓度、接触时间、吸附剂量和初始 pH	VSM FESEM XRD FTIR TGA	DB71 为 61.35mg/g，RB19 为 97.08mg/g	Langmuir 等温线，准二级动力学	Abbasi, 2017
壳聚糖水凝胶	铬黑 T、活性蓝 2	染料初始浓度、温度、溶液 pH	FTIR	EBT 为 520.21mg/g，RB2 为 407.05mg/g	Langmuir 等温线，准二级动力学，耐用且具成本效益	Oladipo et al., 2015
商品壳聚糖、制备壳聚糖、壳聚糖-ZnO	铬络合染料	—	SEM FTIR	每克吸附剂分别为 0.0086、0.0137 和 0.0214mg	Langmuir 等温线，壳聚糖-ZnO>商品壳聚糖>制备壳聚糖	Anandhavelu and Thambidurai, 2013
改性球黏土（MBC）、壳聚糖复合材料（MBC-CH）	亚甲基蓝	初始浓度、吸附床高度、进水流速	SEM FTIR	MBC 为 70mg/g，MBC-CH 为 142mg/g	MBC-CH 是一种潜在的阳离子染料污染修复吸附剂	Auta and Hameed, 2014
壳聚糖-酞菁-TiO_2（PC/CS-TiO_2）	有机溶剂	—	FE-SEM 拉曼光谱 FTIR XRD DLS		在可见光照射下光催化剂显示很高的光催化活性	Hamdi et al., 2015

续表

吸附剂	去除目标物	影响参数	表征方法	吸附量	所得结果	参考文献
聚苯胺/壳聚糖	刚果红、考马斯亮蓝、雷玛唑亮蓝、亚甲基蓝	接触时间、染料初始浓度、pH和吸附剂量	SEM XRD	刚果红为95.4%，考马斯亮蓝为98.2%，雷玛唑亮蓝为99.8%	Langmuir等温线，准二级动力学	Janaki et al.，2012
壳聚糖-聚苯胺/ZnO	活性橙16	接触时间、染料浓度、吸附剂用量、pH	FTIR BET SEM UV-可见光谱 XRD	476.2mg/g	Langmuir等温线，准二级动力学	Pandiselvi and Thambidurai，2013
长石/二氧化钛/壳聚糖杂化物	酸性黑1	pH、吸附剂用量	SEM XRD FTIR	AB1的吸附量为72 mg/g（86%）	Freundlich等温线，准二阶动力学	Yazdani et al.，2014a
壳聚糖/长石生物基珠	酸性黑1	温度、pH、染料初始浓度、吸附剂用量	SEM XRD FTIR	19.85mg/g	Langmuir等温线，准二级动力学	Yazdani et al.，2014b
壳聚糖/有机累托石-Fe_3O_4（CS/Mt-OREC微球）	亚甲基蓝、甲基橙	吸附剂用量、初始pH、接触时间、温度、MB和MO的初始浓度	XRD FTIR TEM SEM VSM	—	Langmuir等温线，准二级动力学	Zeng et al.，2015

采用响应面法（RSM）研究了脱乙酰度（DD）和pH对生物吸附剂吸附量的影响。在此基础上，将扩展的Langmuir模型与实验数据进行了拟合。作者认为，壳聚糖是一种高效的吸附剂，可以去除二元体系中的染料（Gonçalves等，2014）。

在一项研究中，壳聚糖已被用于二元体系中有色纺织废水的染料去除。Mahmoodi等（2011年）使用FTIR技术研究了这种吸附剂的表面特性，同时还研究了壳聚糖用量、初始染料浓度、盐分和pH等操作参数对染料去除的影响。他们报道，这种吸附过程在单一体系和二元体系中，遵循Tempkin等温线，该过程的吸附速率符合准二级动力学，且具有良好的相关性（Mahmoodi et al.，2011）。

还合成了一种壳聚糖/氧化铝（CA）复合材料，并用于从水性介质中去除磺化偶氮染料甲基橙（MO）。这种吸附剂已经通过（FTIR）光谱表征，证实壳聚糖已经成功固定在氧化铝上。吸附剂的用量、pH、初始浓度、时间和温度是影响参数，其中，发现 MO 的吸附可以用准二级方程来描述（Zhang et al.，2012a）。

在一项新的研究工作中，利用 γ 射线照射技术将壳聚糖固定在与丙烯酸接枝的黄麻纤维上，作为活性染料的吸附剂。该新型吸附剂已用 FTIR、SEM 和 XRD 技术进行了表征，还通过热重分析（TGA）研究了黄麻处理对其热稳定性的影响。研究结果表明，在低 pH 范围内，无论温度如何变化，染料的吸附量都随着接触时间的增加而增加（Hassan，2015）。

Abbasi（2017）研究了壳聚糖/SiO_2/CNT 的新型磁性纳米复合材料（MNCSC）对作为模型污染物的直接蓝 71（DB71）和活性蓝 19（RB19）的去除效果。采用振动样品磁强计（VSM）、场发射扫描电镜（FESEM）、XRD、FTIR 和 TGA 对 MNCSC 进行了表征，研究了以初始染料浓度、接触时间、吸附剂剂量和初始 pH 作为实验参数对染料去除的影响，吸附结果与 Langmuir 等温线模型和准二级方程非常吻合，热力学参数也已确定。

在类似的研究中，壳聚糖基水凝胶（SAH）被用作吸附剂，用于去除水溶液中的铬黑 T（EBT）和活性蓝 2（RB2），选择初始浓度（50～400mg/L）、温度（25～55℃）和溶液 pH 来研究去除过程的效率。结果表明，吸附趋势遵循 Langmuir 吸附模型和准二级动力学模型。此外，SAH 的可重复使用性也证明该吸附剂经济耐用（Oladipo et al.，2015）。

在一项研究中，以氯化锌为原料，氢氧化钠为沉淀剂，通过甲壳素脱乙酰化工艺制备了三种壳聚糖—ZnO 复合材料，采用 FTIR 和 SEM 技术对壳聚糖—ZnO 复合材料进行了表征，研究了商品壳聚糖、制备的壳聚糖和壳聚糖—ZnO 复合材料在染料水溶液中对铬络合染料的吸附。结果表明，壳聚糖—ZnO 复合材料的染料吸附能力优于商品壳聚糖和制备的壳聚糖。同样，壳聚糖—ZnO 复合材料的实验等温线数据与 Langmuir 等温线模型吻合得很好（Anandhavelu and Thambidurai，2013）。

有研究人员制备了改性球形黏土（MBC）和壳聚糖复合材料（MBC-CH），并研究了它们对水溶液中亚甲基蓝（MB）的吸附。分别采用 SEM 和 FTIR 表征技术对其形态结构和官能团进行了研究，评价了无机盐对该工艺吸附量的抑制作用。结果表明，硫酸钠对 MBC 和 MBC-CH 的抑制作用均大于氯化钠和碳酸氢钠。此外，还评价了初始浓度、吸附床高度和进液流速对固定床柱吸附穿透曲线的影响。该研究结果表明，MBC-CH 是一种潜在的阳离子染料污染修复吸附剂（Auta and Hameed，2014）。

在其他的研究工作中，以壳聚糖（CS）作为模板剂制备了壳聚糖/酞菁-TiO_2（PC/CS-TiO_2）复合光催化剂。采用 XRD、FTIR 和 UV-可见漫反射光谱（DRS）

对该新型催化剂进行了表征,其中苯胺用作模型污染物。该研究结果表明,复合光催化剂(PC/CS-TiO$_2$)在可见光照射下显示出很高的光催化活性,作者认为复合催化剂活性提高是因为该光催化剂中三种组分的协同作用(Hamdi et al.,2015)。

近来,聚苯胺/壳聚糖生物复合材料被用作吸附剂,以去除水溶液中的刚果红、考马斯亮蓝、雷玛唑亮蓝 R 和亚甲基蓝。采用 SEM 和 XRD 技术对该生物吸附剂进行了表征,并对接触时间、初始染料浓度、pH 和吸附剂用量影响参数进行了研究。在这些参数的最佳值下,该吸附工艺可以去除 95%~98%的色素。Langmuir 模型对聚苯胺/壳聚糖复合材料的平衡吸附数据表现出满意的拟合度,吸附动力学遵循准二级速率表达式(Janaki et al.,2012)。

2013 年,在 ZnCl$_2$ 和壳聚糖存在下,对苯胺盐酸盐进行聚合,首次制备了壳聚糖—聚苯胺/ZnO 杂化材料(Pandiselvi and Thambidurai,2013),通过 FTIR、BET、SEM、UV-可见光谱和 XRD 分析对这些杂化材料进行了表征。以活性橙 16 为模型污染物,研究了该过程的效率随接触时间、染料浓度、吸附剂用量和 pH 变化的函数关系。作者指出,吸附平衡数据与 Langmuir 等温线方程拟合良好,过程动力学最好用准二级模型来描述。结果表明,在壳聚糖—聚苯胺杂化体系中引入 ZnCl$_2$ 可以提高活性染料的吸附效果。

Yazdani 等(2014a,b)合成并测试了一种由长石/二氧化钛/壳聚糖杂化材料制成的光活性生物相容性吸附剂,用于阴离子染料的吸附。经测定,该杂化体的零电荷点为 8.3,并发现吸附过程最有利的 pH 范围低于此零电荷点。根据所得结果,Freundlich 模型与实验数据拟合得最好,准二级模型也能很好地描述动力学数据。作者指出,在较低的温度下,杂化材料与染料之间的反应是放热且自发的(Yazdani et al.,2014a)。

研究人员还合成、表征并测试了壳聚糖/长石生物基微珠,用于去除水溶液中的酸性黑 1 染料,采用中心复合设计(CCD)和响应面法(RSM)对该工艺进行了优化。结果表明,吸附过程遵循 Langmuir 等温线模型和准二级动力学模型(Yazdani et al.,2014b)。

Zeng 及其同事在 2015 年推出了一种新型的磁性吸附剂,称为壳聚糖/有机累托石-Fe$_3$O$_4$ 插层复合微珠(CS/Mt-OREC 微珠),运用 XRD、FTIR、TEM、SEM 和 VSM 技术对这些微珠进行了表征,认为吸附剂用量、初始 pH、接触时间、温度、亚甲基蓝(MB)和甲基橙(MO)的初始浓度为影响参数。Langmuir 模型与实验数据拟合最好,动力学数据可用准二级模型很好地描述。作者指出,CS/Mt-OREC 微珠可以用 NaOH 和 HCl 成功再生,并且在磁场中很容易从水溶液中分离出来(Zeng et al.,2015)。

与壳聚糖和壳聚糖基混合物应用相关的文章评述表明,这些生物吸附剂对从纺织废水中去除不同种类的染料非常有效,而且可多次使用,效率几乎相同。吸附过程通常遵循Langmuir等温线模型，动力学遵循准二级模型。

14.2.1.2 壳聚糖衍生物

一些研究人员已经进行了壳聚糖衍生物的合成、表征和应用，用以从纺织废水中去除染料。以下内容回顾了这些研究，并将这些出版物的说明和总结显示在表14.2。

Abbasian等（2017）合成了壳聚糖接枝的聚苯胺衍生物［壳聚糖-g-聚苯胺（CS-g-PANI）、壳聚糖-g-聚（N-甲基苯胺）（CS-g-PNMANI）和壳聚糖-g-聚（N-乙基苯胺）（CS-g-PNEANI）］，采用FTIR、UV-可见光谱、TGA和FE-SEM等技术对这些合成的生物吸附剂进行了表征，并对其去除水溶液中酸性红4（AR4）和直接红23（DR23）的效果进行了测试，研究了pH、吸附剂用量和染料浓度对吸附效率的影响。在此基础上，作者报道了AR4和DR23染料的吸附动力学符合准二级动力学模型，经过五次重复的吸附—解吸循环后，这些合成的吸附剂仍具有较好的可重复使用性（Abbasian et al.，2017）。

表14.2 用壳聚糖衍生物去除有机污染物的工艺所得的结果

吸附剂	去除目标物	影响参数	表征方法	吸附量	所得结果	参考文献
壳聚糖接枝聚苯胺衍生物	酸性红4、直接红23	pH、吸附剂用量、染料浓度	FTIR UV-可见光谱 TGA FE-SEM	AR4为98mg/g，DR23为112mg/g	准二级动力学模型，生物吸附剂经过五次重复后具有相对较好的重用性	Abbasian et al.，2017
壳聚糖季铵盐（QCS）	活性橙16	初始pH、初始染料浓度	IR EDXS	1060mg/g(75%)	准二级动力学模型，Langmuir等温线	Rosa et al.，2008
壳聚糖-聚丙烯亚胺（CS-PPI）	活性黑5、活性红198	pH、染料浓度、接触时间、温度	FTIR ^{1}HNMR ^{13}CNMR SEM	RB5为6250mg/g，RR198为5882.35mg/g	准二级动力学模型，Langmuir等温线	Sadeghi-Kiakhani et al.，2012
壳聚糖-丙烯酸乙酯（Ch-g-Ea）	碱性蓝41、碱性红18	pH、吸附剂量、接触时间、温度	FTIR ^{1}HNMR ^{13}CNMR	BB41为217.39mg/g，BR18为158.73mg/g	Ch-g-Ea可用作一种高效的生物高聚物吸附剂	Sadeghi-Kiakhani et al.，2013

续表

吸附剂	去除目标物	影响参数	表征方法	吸附量	所得结果	参考文献
N,O-羧甲基壳聚糖/蒙脱石（N,O-CMC-MMT）纳米复合材料	刚果红	—	FTIR XRD SEM	—	准二级动力学模型，Langmuir等温线	Wang and Wang, 2008
壳聚糖/聚（酰氨基胺）（MCS/PAMAM）微粒	活性蓝21	初始pH、吸附剂用量、初始浓度、接触时间、温度	SEM FTIR XRD 振动样品磁强计	666.67mg/g	准二级动力学模型，Langmuir等温线	Wang et al., 2015

有研究人员研究了壳聚糖季铵盐（QCS）对活性橙16的吸附，用 IR 和 EDXS 分析技术对该聚合物进行了表征，探究了初始 pH 和初始染料浓度的影响。实验数据与准二级动力学模型的拟合度最好，Langmuir 等温线模型在所研究的浓度范围内对平衡数据拟合最好。作者得出结论，该吸附材料可用于去除纺织废水中的染料，而不受水介质的 pH 影响（Rosa et al., 2008）。

Sadeghi-Kiakhani 等（2012）制备了壳聚糖—聚丙烯亚胺（CS-PPI）生物聚合物，并对其吸附效率进行了评估。他们采用 FTIR，^{1}HNMR 和 ^{13}CNMR 技术对该吸附剂进行了表征，同时研究了 CS-PPI 对两种活性染料活性黑5（RB5）和活性红198（RR198）的去除效率。应用 RSM 建模技术对 pH、染料浓度、接触时间、温度等操作变量的单一和综合影响进行了评价，作者认为，所获得的数据与准二阶动力学模型和 Langmuir 等温线模型有很好的拟合度（Sadeghi-Kiakhani et al., 2012）。

作者制备并使用壳聚糖—丙烯酸乙酯（Ch-g-Ea）从水溶液中去除碱性蓝41（BB41）和碱性红18（BR18）。用 FTIR，^{1}HNMR 和 ^{13}CNMR 技术对该生物聚合物进行了表征，并采用涉及中心组合设计（CCD）的响应面法（RSM）对 pH、吸附剂用量、接触时间和温度四个因素进行了测试。由结果可知，改性后对染料的去除率显著提高。因此，Ch-g-Ea 可作为一种有效的生物高分子吸附剂，用以去除纺织废水中的染料（Sadeghi-Kiakhani et al., 2013）。

有研究人员制备了一系列 N,O-羧甲基壳聚糖/蒙脱土（N,O-CMC-MMT）纳米复合材料，并用 FTIR，XRD 和 SEM 分析技术进行了表征，研究了该纳米复合材料在水溶液中对刚果红（CR）阴离子染料的吸附。根据所得结果可知，作者报道的所有吸附过程均遵循准二级动力学和 Langmuir 等温线模型（Wang and Wang，2008）。

近来，制备了壳聚糖/聚（酰胺基胺）（MCS/PAMAM）微粒，利用 SEM、FT-IR、XRD 和振动样品磁强计技术进行了表征，并用于去除水溶液中的染料活性蓝 21（RB21）。在该研究中，考察了初始 pH、吸附剂用量、初始浓度、接触时间和温度对吸附的影响。结果表明，染料吸附过程遵循准二级动力学模型，平衡吸附等温线数据与 Langmuir 等温线有良好的拟合性。作者还报告，回收实验证实吸附剂具有相对可重复使用性（Wang et al.，2015）。

综上所述，根据总体研究结果，壳聚糖衍生物是去除纺织废水中各种类型染料有效的吸附剂，该过程通常遵循 Langmuir 等温线模型，其动力学服从准二级模型。此外，这些生物聚合物可以多次使用且效率几乎不变。

14.2.1.3 壳聚糖纳米纤维与纳米薄膜

近来，壳聚糖纳米纤维和纳米膜也被广泛研究用于纺织废水的处理，其中研究的主要问题是这些纳米材料的表征和吸附效率，表 14.3 总结了一些相关研究中使用的工艺说明和取得的结果。

表 14.3 用壳聚糖纳米纤维和纳米薄膜去除有机污染物所得的结果

吸附剂	去除目标物	影响参数	表征方法	吸附量	所得结果	参考文献
磁赤铁矿（γ-Fe_2O_3）/壳聚糖纳米复合薄膜	甲基橙	吸附剂用量、溶液、pH、共存阴离子、温度	FTIR TGA DSC XRD	29.41mg/g	准二级动力学模型，Langmuir 等温线	Jiang et al.，2012
聚酰胺 6/壳聚糖纳米纤维	索苯基红 3BL、极地黄 GN	pH、初始染料浓度、静电纺丝时间、壳聚糖比例	SEM FTIR WCA	索苯基红 3BL 为 96%，极地黄 GN 为 95%	这种纳米膜在染料去除方面的应用潜力巨大	Ghani et al.，2014
聚乙烯醇/壳聚糖共混纳米纤维	直接红 80，直接红 81、活性红 180	pH、接触时间、吸附剂用量、初始染料浓度	FTIR SEM	DR80 为 151 mg/g，DR81 为 95mg/g，RR180 为 114mg/g	准二级动力学模型，Langmuir 等温线，吸附剂可以回收和再生	Mahmoodi and Mokhtari-Shourijeh，2015

Jiang 等（2012）首次制备了磁性赤铁矿（γ-Fe_2O_3）/壳聚糖纳米复合膜，并通过 FTIR、TGA、DSC 和 XRD 分析方法进行了表征。利用该新型纳米吸附剂去除水溶液中的甲基橙（MO），研究了吸附剂用量、溶液 pH、共存阴离子和温度的影响。结果表明，染料的吸附速率遵循准二级动力学模型，并且用 Langmuir 等温线较好地描述了磁性纳米复合膜对染料的吸附。作者认为，（γ-Fe_2O_3）/壳聚糖纳米复合薄膜可以开发为一种经济的、可替代的吸附剂来处理纺织废水（Jiang et al.，2012）。

在相关研究中，采用静电纺丝技术在缎纹织物上制备了聚酰胺 6/壳聚糖纳米纤维过滤介质，并通过 SEM、FTIR 和水接触角（WCA）等技术进行了表征。选择阴离子染料索苯基红 3BL 和极地黄 GN 作为模型污染物，通过过滤系统对溶液参数（pH 和初始染料浓度）和膜参数（静电纺丝时间和壳聚糖比例）的效率进行了研究。采用 RSM 技术对该工艺进行建模，对应用模型的预估能力进行了评价，结果表明，模型与实验值有良好的一致性。综上所述，聚酰胺 6/壳聚糖纳米纤维膜在去除水溶液中的染料方面具有巨大的适用潜力（Ghani et al.，2014）。

同样，还制备了聚乙烯醇（PVA）—壳聚糖混合纳米纤维，并研究了其从水溶液中去除染料的能力。该纳米纤维已通过 FTIR 和 SEM 技术进行了表征，并用于去除阴离子染料，包括直接红 80（DR80）、直接红 81（DR81）和反应红 180（RR180）。研究了 pH、接触时间、吸附剂用量和初始染料浓度对染料去除的影响，结果表明，PVA—壳聚糖混合纳米纤维是一种合适的吸附剂，从有色废水中吸附染料的能力很高（图 14.3）。

该吸附过程遵循准二级动力学模型和 Langmuir 等温线，此外，解吸研究表明，吸附剂可以回收和再生（Mahmoodi and Mokhtari-Shourijeh，2015）。

  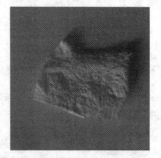

(A)PVA—壳聚糖　　　　(B)PVA—壳聚糖交联　　　　(C)吸附染料的共混纳米纤维

图 14.3　PVA-壳聚糖吸附染料前后的形态（Mahmoodi and Mokhtari-Shourijeh，2015）

通过对相关论文的回顾，发现壳聚糖纳米纤维和纳米薄膜在染料去除过程中具有很高的效率，这些纳米材料可以在连续的处理工艺中进行回收和再利用。

14.2.1.4 壳聚糖纳米颗粒

许多研究报告指出了壳聚糖纳米颗粒的合成、表征以及在有色废水处理中应用的结果,表14.4显示了这些研究中的工艺说明和所取得的结果。

表14.4 壳聚糖纳米颗粒去除有机污染物的研究

吸附剂	去除目标物	影响参数	表征方法	吸附量	所得结果	参考文献
壳聚糖/纳米CdS(CS/n-CdS)复合材料	刚果红	催化剂量、CR初始浓度、溶液pH、不同的阴离子	FTIR XRD SEM TEM TGA	85.9%	根据Langmuir-Hinshelwood(L-H)模型所得结果为准一级动力学	Zhu et al., 2009
壳聚糖—氧化锌纳米颗粒(CS/n-ZnO)	直接蓝78、酸性黑26	CS/n-ZnO用量、染料初始浓度、盐、pH	FTIR XRD SEM WDX	—	Langmuir和Tempkin等温线,准二级动力学,环保和成本低的吸附剂,去除染料的合适的替代品	Salehi et al., 2010
在壳聚糖内固定的纳米生物二氧化硅	酸性红88	反应时间、吸附质浓度、温度、初始pH	FTIR XRD SEM	25.84mg/g	吸附到纳米复合材料上的同时放热	Darvishi Cheshmeh Soltani et al., 2013
磁性石墨烯/壳聚糖(MGCh)	酸性橙7	环境的pH、吸附剂量、接触时间	FTIR XRD VSM SEM	—	准一级动力学模型,Langmuir等温线	Sheshmani et al., 2014
磁性壳聚糖纳米复合材料	甲基橙	—	FTIR SEM XRD	20.5mg/g	可通过磁力从水中提取,再生可重用性良好	Hosseini et al., 2016
沉积在TiO_2上的CdS纳米晶/交联壳聚糖复合材料(CdS/TiO_2/CSC)	甲基橙	溶液pH、加入共存阴离子、光催化剂重复使用	XRD EDS SEM	99.1%	一级动力学模型,Langmuir-Hinshelwood等温线	Zhu et al., 2013

在一项研究中,制备了交联的壳聚糖/纳米CdS(CS/n-CdS)复合催化剂,并

通过FTIR、XRD、SEM、TEM和TGA对其进行了表征。研究了催化剂用量、刚果红初始浓度、反应液pH以及不同阴离子对模型污染物刚果红的去除效率的影响。研究发现，吸附过程遵循准一级动力学模型和Langmuir-Hinshelwood（L-H）吸附模型。研究报告称，回收实验证实了催化剂的相对稳定性（Zhu et al.，2009）。

在相关研究中，对新型生物相容性复合材料（壳聚糖—氧化锌纳米粒子，CS/n-ZnO）的制备、表征和染料吸附特性进行了研究，该新型生物复合材料已通过FTIR、XRD、SEM和WDX技术的表征。在这项研究中，以直接蓝78（DB78）和酸性黑26（AB26）为模型化合物，研究了在（20±1）℃时CS/n-ZnO用量、染料初始浓度、盐和pH的影响。据报道称，AB26和DB78的吸附分别遵循Langmuir和Tempkin等温线，结果证实，该复合材料对两种染料的吸附动力学均符合准二级动力学模型（Salehi et al.，2010）。

在一项研究中，评估了在壳聚糖内固定纳米生物硅，作为纳米复合吸附剂去除水相中的酸性红88（AR88）的效率。在这项研究中，测试了反应时间、吸附质浓度、温度和初始pH对工艺效率的影响，其中实验数据与颗粒内扩散模型的拟合表明，吸附过程是通过多步机理发生的。热力学研究表明，AR88在纳米复合材料上吸附的同时具有放热的性质（Darvishi Cheshmeh Soltani et al.，2013）。

有研究合成了磁性石墨烯/壳聚糖（MGCh）纳米复合材料，并对其作为一种新型吸附剂去除酸性橙7（AO7）的应用进行了试验。该纳米复合材料已通过FT-IR、XRD、VSM和SEM技术进行了充分的表征，显示出氧化石墨烯表面性能的优势。吸附过程的效率与环境pH、吸附剂用量和接触时间有关。结果表明，吸附动力学和等温线可分别用准一级动力学和Langmuir吸附等温线模型很好地描述（Sheshmani et al.，2014）。

制备了磁性壳聚糖纳米复合材料，通过FTIR、SEM、XRD等技术进行了表征，并对其作为去除染料的吸附剂进行了测试。作者在报告中指出，这些纳米复合材料可以通过磁力轻松、快速地从水中提取出来，并且在再生研究中显示出良好的可重复使用性。因此，可以将其开发为一种经济的、可替代的纺织废水脱色吸附剂（Hosseini et al.，2016）。

Zhu等（2013）制备了沉积在TiO_2/交联壳聚糖复合材料（$CdS/TiO_2/CSC$）上的CdS纳米晶光催化剂，用于从水溶液中去除水溶性偶氮染料甲基橙。通过XRD、EDS和SEM等技术对其进行了表征，发现CdS纳米晶成功地沉积在TiO_2/交联壳聚糖复合材料上。作者指出$CdS/TiO_2/CSC$对甲基橙溶液的光催化脱色作用服从一级动力学和Langmuir-Hinshelwood吸附机理（Zhu et al.，2013）。

通过对相关研究结果的调查发现，壳聚糖纳米颗粒是很有前景的纳米吸附剂，可以去除有色废水中的不同染料。这些纳米材料已经通过FTIR、SEM和XRD分析技术进行了表征，表明其在连续处理工艺中是有效的。

综上所述，壳聚糖及壳聚糖基材料是去除纺织废水中染料及其他有机污染物的有效材料，其吸附过程通常遵循准二级动力学和 Langmuir 等温线模型。此外，FTIR、SEM 和 XRD 是表征新合成的生物吸附剂的有效分析方法。

14.2.2 重金属的去除

工业废水排入水体后，水流中重金属的存在是重要的环境问题之一，其对人类健康和环境的危害引起人们的关注。因此，许多研究人员研究了不同的技术来去除水体中的这些致癌物，其中吸附是最有前途的技术之一。关于壳聚糖和壳聚糖基复合材料作为水和废水中金属离子的有效生物吸附剂，其合成、表征和应用已有大量的科学报道。这一部分的研究已根据生物吸附剂的类型进行了分类，如壳聚糖混合物、壳聚糖衍生物、壳聚糖纳米纤维或纳米薄膜以及壳聚糖纳米颗粒。

14.2.2.1 壳聚糖与壳聚糖混合物

壳聚糖及以壳聚糖为主要原料制备的生物吸附剂，已被广泛应用于水和废水中铬离子的去除。科学家们对吸附过程的研究主要是为了提高去除效率，探究吸附过程的机理。在这一研究领域发表的论文很多，说明这种壳聚糖基混合物在去除铬污染物方面是有效的。由于该领域的论文发表数量较多，本部分仅回顾了最近发表的论文成果（表 14.5）。

表 14.5 壳聚糖与壳聚糖混合物去除金属离子的研究

吸附剂	去除目标物	影响参数	表征方法	吸附量	所得结果	参考文献
壳聚糖、壳聚糖/沸石复合膜	Cr（Ⅵ）	pH	FTIR TGA XRD	17.28mg/g	生产成本低，对 Cr（Ⅵ）吸附量好，对 Cr（Ⅵ）不易解吸	Batista et al.，2011
不同脱乙酰度（DD）壳聚糖	Cr（Ⅵ）	pH、温度	—	97.4mg/g	准二级动力学模型，Sips 吸附等温线	Cadaval et al.，2013
壳聚糖/蒙脱石 - Fe_3O_4（CTS/MMT - Fe_3O_4）	Cr（Ⅵ）	溶液初始 pH、MMT 量、Cr（Ⅵ）溶液初始浓度、吸附量	IR XRD SEM	58.82mg/g	准二级动力学模型，Langmuir 吸附等温线，磁性可分离	Chen et al.，2013

续表

吸附剂	去除目标物	影响参数	表征方法	吸附量	所得结果	参考文献
质子化交联壳聚糖颗粒（PCP）	Cr(Ⅵ)	吸附剂用量、pH、接触时间、Cr(Ⅵ)初始浓度、共存离子	—	198.0mg/g	Freundlich和Redlich-Peterson吸附等温线，用稀NaOH溶液再生	Huang et al., 2013
负载镧的硅胶/壳聚糖复合材料（LaSiCS）	Cr(Ⅵ)	接触时间、pH、初始铬离子浓度、共存离子、温度	FTIR SEM-EDAX XRD BET	—	Langmuir吸附等温线，静电吸附耦合还原/离子交换	Gandhi and Meenakshi, 2012
粉末活性炭（PAC）、壳聚糖、单壁碳纳米管（SMNT）、多壁碳纳米管（MWNT）	Cr(Ⅵ)	pH、接触时间、初始Cr(Ⅵ)浓度、吸附剂量、存在竞争阴离子	FTIR Zeta电位测量	PAC、壳聚糖、SWNT和MWNT分别为46.9mg/L、35.6mg/L、20.3mg/L和2.48mg/g	Langmuir吸附等温线，准二级动力学模型，物理吸附和化学吸附机理	Jung et al., 2013
HPAM-壳聚糖凝胶珠	Cr(Ⅵ), Cr(Ⅲ)	pH	—	Cr(Ⅵ): 82.9% Cr(Ⅲ): 67.6%	准二级动力学模型，Langmuir吸附等温线	Kuang et al., 2012
交联壳聚糖/膨润土复合材料（CCB）	Cr(Ⅵ)	吸附剂用量、初始离子浓度、溶液pH、接触时间	FTIR BET XRD TGA	89.13mg/g	准二级动力学方程，Langmuir吸附等温线模型	Liu et al., 2015
壳聚糖包覆的高密度聚乙烯和龙舌兰纤维	Cr(Ⅵ)	—	SEM ATR-IR XPS	每克壳聚糖200mg的Cr(Ⅵ)	材料在保持其吸附性能的同时可重复使用	Perez-Fonseca et al., 2012
壳聚糖-Fe(Ⅲ)络合物	Cr(Ⅵ)	—	XAFS XPS X射线吸收近边光谱（XANES）	173.1mg/g	壳聚糖-Fe(Ⅲ)络合物对Cr(Ⅵ)的解毒机理	Shen et al., 2013

续表

吸附剂	去除目标物	影响参数	表征方法	吸附量	所得结果	参考文献
席夫碱壳聚糖活化碳化稻壳复合材料	Cr（Ⅵ）	初始金属离子浓度、吸附剂用量、溶液pH	FTIR SEM BET	88%	验证了溶质相互作用行为和吸附性质	Sugashini and Begum, 2013
壳聚糖/粉煤灰复合材料	Cr（Ⅵ）	接触时间、吸附剂种类、比例、pH、温度、共存离子	—	33.27mg/g	静电吸附耦合还原，稀NaOH溶液回收	Wen et al., 2011
壳聚糖树脂	Cr（Ⅵ）	时间、pH、温度、Cr（Ⅵ）初始浓度	SEM FTIR	—	Langmuir吸附等温线，准二级动力学模型	Wu et al., 2012
烷基取代聚苯胺/壳聚糖（sPANI/Ch-HCl）复合材料	Cr（Ⅵ）	铬初始浓度、温度、pH、接触时间	FTIR SEM/EDX	90%	Freundlich吸附等温线	Yavuz et al., 2011
磁性壳聚糖-铁（Ⅲ）水凝胶（MCh-Fe）	Cr（Ⅵ）	—	SEM TG XRD FTIR	—	准二级动力学模型，Langmuir吸附等温线，重复使用五次依然高效	Yu et al., 2013
钛-壳聚糖（Ti-CTS）复合材料（PVA/CA/CHT, PCC）	Cr（Ⅵ）	pH、用量、初始浓度、接触时间、温度、共存离子	FTIR XRD 元素映射 SEM XPS	171mg/g	提出了离子去除的三步机理	Zhang et al., 2014
聚乙烯醇/柠檬酸/壳聚糖	Cr（Ⅲ）	pH	FESEM FTIR	每克PCC珠（Ⅱ）41.5mg的Cr	准二级动力学模型，Langmuir吸附等温线，PCC珠高效且可重复利用	Zuo and Balasubramanian, 2013

续表

吸附剂	去除目标物	影响参数	表征方法	吸附量	所得结果	参考文献
磁性壳聚糖与氧化石墨烯-离子液体（MCGO-IL）复合材料	Cr（Ⅵ）	pH、接触时间、初始离子浓度	FTIR SEM XRD	145.35mg/g	准二级动力学模型，Langmuir吸附等温线，MCGO-IL去除Cr（Ⅵ）的机理	Li et al.，2014

在过去几年中，人们对壳聚糖及其混合物去除Cr（Ⅵ）进行了广泛的研究。在一项相关的研究中，评价了壳聚糖和壳聚糖/沸石复合膜对Cr（Ⅵ）离子的吸附性能。在pH为4时，壳聚糖薄膜对Cr（Ⅵ）具有良好的吸附性，但由于其物理不稳定性，向壳聚糖基质中加入沸石，从而形成了壳聚糖/沸石（CS/Zeo）薄膜。FTIR、TGA和X射线表征技术测试结果表明，壳聚糖与沸石之间形成了交联结构，薄膜的溶解性提高。作者认为，该生物吸附剂的优点是：CS/Zeo基质的制造成本低、在酸性pH下对Cr（Ⅵ）的吸附能力好（17.28mg/g），且Cr（Ⅵ）在水中不会从薄膜解吸（Batista et al.，2011）。

在类似的研究中，使用不同脱乙酰度（DD）的壳聚糖去除水溶液中的Cr（Ⅵ）。据报导，壳聚糖吸附Cr（Ⅵ）的最适条件为DD 95%和pH=3，该工艺过程是放热的、自发的、有利的，准二级动力学模型和Sips吸附模型更适合拟合实验平衡（Cadaval Jr. et al.，2013）。

在一项研究中，合成了一种磁性可分离吸附剂（图14.4），名为壳聚糖/蒙脱石-Fe_3O_4（CTS/MMT-Fe_3O_4）微珠，通过IR、XRD和SEM技术对其进行了表征，

(a)混合良好的CTS/70%MMT-Fe_3O_4磁性微珠无外磁体的情况

(b)混合好的CTS/70%MMT-Fe_3O_4磁性微珠在5min后被磁体分离的情况

图14.4　CTS/70% MMT-Fe_3O_4磁性微珠的分离演示（Chen et al.，2013）

并将其作为吸附剂从水溶液中去除 Cr（Ⅵ）。研究了 Cr（Ⅵ）溶液的初始 pH、MMT 含量、Cr（Ⅵ）溶液的初始浓度和吸附剂量对吸附效率的影响。其吸附过程遵循准二阶动力学模型和 Langmuir 吸附等温线，作者指出，CTS/MMT-Fe_3O_4 可作为去除废水中 Cr（Ⅵ）的有前景的吸附剂（Chen et al.，2013）。

Huang 等（2013）提供了关于在质子化的交联壳聚糖颗粒（PCP）作为吸附剂吸附 Cr（Ⅵ）的信息，在该研究中，考察了吸附剂用量、pH、接触时间、初始 Cr（Ⅵ）浓度和共存离子对吸附效率的影响。根据得到的结果，其吸附过程遵循 Freundlich 和 Redlich-Peterson 等温线模型，其中静电吸引是吸附 Cr（Ⅵ）的主要驱动力。作者指出，PCP 可以很好地通过 0.1g/L 的氢氧化钠溶液再生（Huang et al.，2013）。

作为一种新型的生物吸附剂，通过将硅胶、$LaCl_3 \cdot 7H_2O$ 和壳聚糖混合，然后用戊二醛将其交联，制备了镧负载硅胶/壳聚糖复合材料（LaSiCS）。该生物材料已通过 FTIR、SEM-EDAX、XRD 和 BET 技术进行了表征，并测试了对 Cr（Ⅵ）的吸附。研究了接触时间、pH、Cr（Ⅵ）的初始浓度、同离子和温度对工艺效率的影响。作者指出，LaSiCS 复合材料具有比硅胶/壳聚糖复合材料（SiCS）、硅胶（Si）和壳聚糖（CS）更优异的铬吸附能力，它通过静电吸附—耦合还原/离子交换法去除铬（Gandhi and Meenakshi，2012）。

在一项开创性的研究中，探究了包括粉末活性炭（PAC）、壳聚糖、单壁碳纳米管（SWNT）和多壁碳纳米管（MWNT）在内的四种不同的吸附剂，并研究了 pH、接触时间、初始 Cr（Ⅵ）浓度、吸附剂剂量和共存竞争阴离子函数，对 Cr（Ⅵ）离子吸附效率的影响。拟合良好的 Langmuir 吸附等温线模型表明，单层吸附是主要的操作过程，而该过程的动力学遵循准二阶模型。作者认为，吸附过程中物理吸附和化学吸附都是主导性的，特别是对 SWNT（Jung et al.，2013）。图 14.5 所示为 Cr（Ⅵ）的不同材料上的吸附示意图。

同样，Kuang 等（2012）研究了 HPAM-壳聚糖凝胶珠作为吸附剂去除水介质中 Cr（Ⅵ）和 Cr（Ⅲ）的应用。结果表明，吸附过程的动力学符合准二阶动力学模型，其结果与 Langmuir 吸附等温线模型较好地吻合，对 Cr（Ⅵ）和 Cr（Ⅲ）的去除率分别为 82.9%和 67.6%（Kuang et al.，2012）。

在一项相关的研究中，制备了交联的壳聚糖/膨润土复合材料（CCB），并通过 FTIR、BET、XRD 和 TGA 技术对其进行了表征，研究了吸附剂用量、Cr（Ⅵ）初始浓度、溶液 pH 和接触时间对 Cr（Ⅵ）吸附过程的影响。结果证实，Cr（Ⅵ）在 CCB 上的吸附动力学和平衡数据可分别用准二阶动力学模型和 Langmuir 吸附等温线模型很好地描述（Liu et al.，2015）。

同样地，用壳聚糖包覆的高密度聚乙烯和龙舌兰纤维复合材料作为吸附剂，在间歇和连续体系中吸附 Cr（Ⅵ）。Perez-Fonseca 和他的同事通过 SEM、ATR-IR

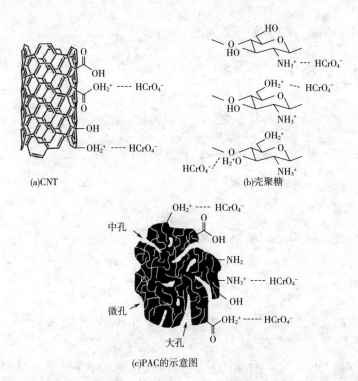

图 14.5　Cr（Ⅵ）吸附在 CNT、壳聚糖和 PAC 上的示意图（Jung et al.，2013）

和 XPS 技术对这些复合材料进行了表征。作者指出，硫酸是一种良好的 Cr（Ⅵ）解吸附剂，使材料在保持吸附性能的同时可以重复使用。结果还表明，连续体系比间歇体系具有更高的吸附能力（Perez-Fonseca et al.，2012）。

Shen 等（2013）近期开展了一项关于金属—生物聚合物络合物作为高效吸附剂从水溶液中去除 Cr（Ⅵ）的研究。首先，通过 XAFS、XPS 和 X 射线吸收近边结构光谱（XANES）技术对这些复合物进行了表征，结果证明，壳聚糖-Fe（Ⅲ）络合物相比普通交联壳聚糖对 Cr（Ⅵ）的还原作用有明显的改善。作者还提出了壳聚糖-Fe（Ⅲ）络合物对 Cr（Ⅵ）高效解毒的可能过程和机理（图 14.6）（Shen et al.，2013）。

近来，以席夫碱壳聚糖活化的炭化稻壳复合材料作为吸附剂，用于从水溶液中去除 Cr（Ⅵ），采用 FTIR、SEM、BET 等技术对此复合材料进行表征，采用 CCD 实验设计研究了初始金属离子浓度、吸附剂用量和溶液 pH 等参数对吸附效率的影响。作者用不同的吸附等温线和动力学模型对溶质的相互作用行为和吸附性质进行了验证（Sugashini and Begum，2013）。

有研究人员合成了壳聚糖树脂，并研究了其去除废水中 Cr（Ⅵ）的效率对时间、pH、温度和 Cr（Ⅵ）初始浓度的函数。结果表明，平衡吸附实验很好地遵循

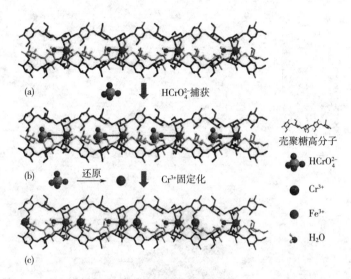

图 14.6 所提出的吸附—耦合还原机理（Shen et al., 2013）

Langmuir 吸附等温线，而准二阶动力学模型与实验数据的相关性较好（Wu et al., 2012）。

在另一项研究中，化学合成的烷基取代的聚苯胺/壳聚糖（sPANI/Ch-HCl）复合材料被用作去除水溶液中 Cr（Ⅵ）的吸附材料。作者研究了初始铬浓度、温度、pH 和接触时间等参数对吸附效率的影响，结果表明，所获得的数据可通过 Freundlich 吸附等温线很好地描述。此外，通过 FTIR 和 SEM/EDX 分析证实了铬在复合材料上的吸附（Yavuz et al., 2011）。

Yu 等（2013）合成了磁性壳聚糖-Fe（Ⅲ）水凝胶（MCh-Fe），通过 SEM、TG、XRD、FTIR 等技术对其进行了表征，并用于去除水溶液中有毒的 Cr（Ⅵ）。结果表明，吸附过程可用准二阶动力学模型很好地描述，平衡状态与 Langmuir 吸附等温线吻合较好。研究人员指出，即使经过 5 次循环，Cr（Ⅵ）在吸附剂上的负载能力仍保持高水平，这表明 MCh-Fe 可用于重复利用（Yu et al., 2013）。

近来，合成了一种新型的钛-壳聚糖（Ti-CTS）复合材料，并将其用于去除水溶液中的 Cr（Ⅵ）。通过 FTIR、XRD、元素映射、SEM 和 XPS 表征技术对该复合材料进行了表征，研究了吸附效率与 pH、吸附剂用量、初始浓度、接触时间、温度和共存离子的函数关系。在实验结果、FTIR 和 XPS 研究的基础上，作者提出了离子去除的三步机理，即：（i）通过静电吸引（Ti^{4+} 和 $HCrO_4^-$）和配体交换（Cl^- 和 $HCrO_4^-$）吸附 Cr（Ⅵ）；（ii）Cr（Ⅵ）部分还原为 Cr（Ⅲ）；（iii）Cr（Ⅲ）在 Ti-CTS 上的再吸附（图 14.7）（Zhang et al., 2014）。

在一项新的研究中，制备了聚乙烯醇/柠檬酸/壳聚糖（PVA/CA/CHT，PCC）珠，用作吸附剂去除水溶液中的 Cr（Ⅲ）。通过 FESEM 和 FTIR 技术研究了 PCC

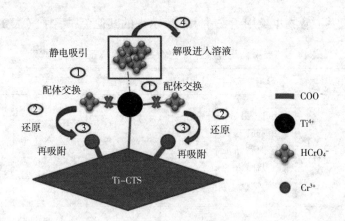

图 14.7　Ti-CTS 复合材料去除 Cr（Ⅵ）的吸附—耦合还原机理（Zhang et al.，2014）

珠的表面特征。吸附实验结果表明，Cr（Ⅲ）离子在 PCC 珠上的吸附与 pH 高度相关，在 pH 为 6.0 时吸收量最大。吸附动力学由准二阶方程很好地拟合，而吸附等温线用 Langmuir 方程很好地描述。此外，PCC 珠的高效性和可重复使用性使其成为去除纺织废水中 Cr（Ⅲ）的有吸引力的吸附剂（Zuo and Balasubramanian，2013）。

Li 等（2014）合成了磁性壳聚糖和氧化石墨烯—离子液体（MCGO-IL）复合材料，用作可生物降解的生物吸附剂，并通过 FTIR、SEM 和 XRD 技术对该种新型复合材料进行了表征。该复合材料已被用于去除废水中的 Cr（Ⅵ）。研究了其中的影响因素如 pH、接触时间和初始离子浓度对吸附效率的影响。报道称，吸附遵循准二级动力学模型，并且平衡吸附用 Langmuir 吸附等温线很好地描述。此外，还提出了 MCGO-IL 去除 Cr（Ⅵ）的机理（图 14.8）（Li et al.，2014）。

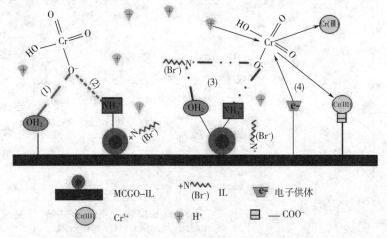

图 14.8　所提出的 MCGO-IL 去除 Cr（Ⅵ）的机理（Li et al.，2014）

壳聚糖及其混合物也被用于去除水和废水中的其他金属离子（表 14.6）。

表 14.6 壳聚糖与壳聚糖混合物去除金属离子获得的结果

吸附剂	去除目标物	影响参数	表征方法	吸附量	所得结果	参考文献
壳聚糖邻氨基苯甲酸戊二醛席夫碱（CAGS）	As（V） Cr（VI）	pH、温度、接触时间、金属离子的初始浓度、其他离子的影响、解吸	SEM FTIR WAXRD TGA	Cr（VI）为 58.48mg/g，As（V）为 62.42mg/g	Langmuir 吸附等温线，准二阶动力学模型，用稀 NaOH 溶液再生	Abou El-Reash et al.，2011
壳聚糖涂层的粉煤灰（FAICS）	Cr（III,VI） Cu（II） Zn（II） As（V）	初始浓度、pH、接触时间、温度、吸附剂用量	FTIR SEM BET XRD	分别为 36.22mg/g、28.65mg/g、55.52mg/g 和 19.10mg/g	Freundlich 吸附等温线，在 FAICS（8:1）上吸附 Zn（II）的效率最高	Adamczuk and Kołodyńska，2015
复合壳聚糖生物吸附剂（CCB）	Cu（II） Ni（II）	—	FTIR	Cu（II）为 86.2mg/g，Ni（II）为 78.1mg/g	Langmuir 吸附等温线，用稀 NaOH 溶液再生	Boddu et al.，2008
壳聚糖处理的聚酯织物	Pd（II）	金属离子初始浓度、接触时间	SEM SPM	1.241mg/g	Langmuir 吸附等温线，准二阶动力学模型	Dan et al.，2011
壳聚糖—碱木质素	雷玛唑亮蓝 R Cr（VI）	复合材料中的壳聚糖含量、初始 pH、吸附剂用量	FTIR BET SEM TGA	—	提出了吸附机理	Nair et al.，2014
交联（戊二醛和环氧氯丙烷）壳聚糖基质	Cu（II） Hg（II） Cr（VI）	—	XPS	—	三种基质中 Cu（II）的稳定性差，Hg（II）的吸附较高，Cr（VI）的还原性强	Vieira et al.，2011
磁性壳聚糖微胶囊	Cu（II） Cr（III）	吸附时间、pH、温度、初始浓度	FTIR TEM	Cu（II）为 104mg/g，Cr（III）为 159mg/g	Langmuir 吸附等温线，准二阶动力学模型	Zhang et al.，2012a，2012b

续表

吸附剂	去除目标物	影响参数	表征方法	吸附量	所得结果	参考文献
丙烯酰胺接枝共聚在壳聚糖上	Cu（Ⅱ）	初始浓度、单体与壳聚糖的比、反应温度	FTIR DSC TGA	—	Langmuir 吸附等温线	Al-Karawia et al.，2011

有研究人员合成了用于吸附水中 As（Ⅴ）和 Cr（Ⅵ）离子的交联磁性壳聚糖邻氨基苯甲酸戊二醛席夫碱（CAGS）。通过 SEM、FTIR、广角 X 射线衍射（WAXRD）和 TGA 分析对该吸附剂进行了表征。研究了 pH、温度、接触时间、金属离子初始浓度、其他离子的影响及解吸等参数对吸附过程的影响。对平衡数据的最佳解释是 Langmuir 吸附等温线，而该过程的动力学遵循准二阶方程。利用 0.2mol/L 氢氧化钠（NaOH）溶液再生负载了金属离子的交联磁性 CAGS 的效率>88%（Abou El-Reash et al.，2011）。

在一项新的研究中，介绍了壳聚糖包覆粉煤灰（FAICS）作为吸附剂去除水溶液中重金属离子，包括 Cr（Ⅲ，Ⅵ）、Cu（Ⅱ）、Zn（Ⅱ）和 As（Ⅴ）。采用 FT-IR、SEM、BET、XRD 等方法对该吸附剂进行了表征，同时研究了初始浓度、pH、接触时间、温度、吸附剂用量等因素的影响。吸附数据与 Freundlich 吸附等温线模型拟合良好，而在 FAICS（8∶1）上吸附 Zn（Ⅱ）的效率最高（Adamczuk and Kołodyńska，2015）。

Boddu 等（2008）通过在陶瓷氧化铝上涂覆壳聚糖，合成了一种复合壳聚糖生物吸附剂（CCB）。该复合材料已被用于去除溶液中的 Cu（Ⅱ）和 Ni（Ⅱ），从 Langmuir 等温线得出的最终吸收量，Cu（Ⅱ）和 Ni（Ⅱ）分别为 86.2mg/g 和 78.1mg/g。据报道，该吸附剂可以用 0.1mol/L 氢氧化钠溶液再生（Boddu et al.，2008）。

在相关的研究中，探究了经壳聚糖处理的涤纶织物对 Pd（Ⅱ）的吸附性能和吸附动力学。初始金属离子浓度、接触时间和温度为影响参数，吸附数据的最佳拟合是由 Langmuir 吸附等温线和准二阶动力学模型给出的。通过扫描电镜（SEM）和扫描探针显微镜（SPM）观察，所得结果证实了 Pd-壳聚糖层沉积在涤纶织物上（Dan et al.，2011）。

有研究报道了一系列壳聚糖—碱木质素的制备和表征，这些新型复合物被用于去除有害污染物雷玛唑亮蓝 R（RBBR）和 Cr（Ⅵ）。本研究对复合材料中的壳聚糖含量、初始 pH、吸附剂用量等各种参数进行了优化。作者认为，吸附机理包含（i）复合材料中质子化氨基和羟基分别与染料和铬（Ⅵ）阴离子基团发生静电相互作用；（ii）复合材料中的氨基和羟基与染料的羰基发生化学作用（Nair et al.，2014)。

在一项开创性的研究中，铜、铬和汞离子被吸附在天然和交联的（戊二醛和环氧氯丙烷）壳聚糖基质上。据称，这些生物吸附剂呈现不同的官能团，可能会引起不同的吸附机理。通过 XPS 表征表明，这些金属与戊二醛交联壳聚糖的结合，不同于其他两种基质。结果表明，Cu（Ⅱ）在戊二醛交联壳聚糖中的稳定性差，Hg（Ⅱ）离子在该类基质中的吸附能力较高，Cr（Ⅵ）在三种基质中的吸附能力均有所降低（Vieira et al.，2011）。

在一项相关的研究中，以羧基功能化的聚苯乙烯（PS）颗粒为核心模板，成功地制备了生物相容性和生物降解性都较好的磁性壳聚糖微胶囊。该研究采用 FT-IR 和 TEM 对 PS 模板、核壳型 PS/CS 颗粒和磁性 CS 微胶囊进行了表征，评价了这些吸附剂对 Cu（Ⅱ）和 Cr（Ⅲ）离子的吸附，其中研究了吸附时间、pH、温度和初始浓度对吸附效率的影响。研究发现，吸附等温线符合 Langmuir 方程，动力学遵循准二阶模型（Zhang et al.，2012a，2012b）。

在一项类似的研究工作中，进行了水介质中丙烯酰胺对壳聚糖的接枝共聚，并通过 FTIR、DSC 和 TGA 技术进行了表征，研究了引发剂浓度、单体与壳聚糖的比例以及反应温度等因素的影响，并用于去除水溶液中的 Cu（Ⅱ）离子。结果表明，Cu（Ⅱ）溶液吸附平衡的实验数据与 Langmuir 吸附等温线方程有很好的相关性（Al-Karawia et al.，2011）。

对壳聚糖和壳聚糖基混合物应用的相关科学研究的综述表明，这些生物吸附剂对去除纺织废水中不同种类的金属离子非常有效。吸附过程通常遵循 Langmuir 吸附等温线模型，其动力学服从准二阶模型。此外，这些材料很容易再生，可以多次使用，效率几乎相同。

14.2.2.2.2 壳聚糖衍生物

众多研究者尝试合成、表征和应用壳聚糖衍生物，去除纺织废水中的不同金属离子，表 14.7 总结了一些重要的相关论文的工艺说明和取得的结果。

表 14.7 壳聚糖衍生物去除金属离子过程所得的结果

吸附剂	去除目标物	影响参数	表征方法	吸收量	所得结果	参考文献
壳聚糖、氯化三甲基壳聚糖、纳米壳聚糖	Cu（Ⅱ）	壳聚糖分子量，壳聚糖粒径，氯化三甲基壳聚糖季铵化程度，pH	碘量法 FTIR	—	通过降低壳聚糖粒径提高吸附速率和吸附量	Chattopadhyay and Inamdar，2014

续表

吸附剂	去除目标物	影响参数	表征方法	吸收量	所得结果	参考文献
接枝壳聚糖（CTS）	Cr(Ⅵ)	—	FTIR SEM BET	205mg/g	Langmuir吸附等温线，准二级动力学模型	Dai et al., 2012
端氨基超支化树枝状聚酰胺基胺功能化壳聚糖微珠	Cr(Ⅵ)	搅拌时间，山梨酸盐初始浓度，pH，介质中共存离子，温度	SEM EDAX FTIR XRD DSC TGA	壳聚糖微珠为21mg/g，3ACBZr为185mg/g	提出了铬在吸附剂上的吸附机理	Gandhi and Meenakshi, 2013
戊二醛交联壳聚糖双胍（GCB）	Cr(Ⅵ)	—	FTIR TGA	202.4mg/g	Langmuir吸附等温线模型，GCB能有效地重复利用	Wang and Ge, 2015
丙烯酸丁酯接枝壳聚糖	Cr(Ⅵ)	—	FT-IR 粉末XRD SEM EDS	17.15mg/g	Cr(Ⅵ)与壳聚糖中羟基和氨基的相互作用	Kumar et al., 2014
羧甲基壳聚糖（CMC）	Cd(Ⅱ) Cr(Ⅵ)	—	FTIR UV-可见光谱	—	去除重金属的有吸引力的替代方案	Medeiros Borsagli et al., 2015
甲基丙烯酸改性壳聚糖	Cr(Ⅵ)	—	XRD	98.3%	二阶动力学模型，Langmuir吸附等温线	Liu et al., 2013a
磁性胺化壳聚糖（MACTS）	Cu(Ⅱ) Zn(Ⅱ) Cr(Ⅵ)	—	SEM FTIR BET	—	MACTS可有效地用于分离和富集金属离子	Li et al., 2011
接枝聚乙烯亚胺的壳聚糖粉末，并与环氧氯丙烷交联	雷玛唑红3BS Cr(Ⅵ)	—	—	—	提出了一种新的基于不可逆动力学的平衡设想	Kyzas et al., 2013a

续表

吸附剂	去除目标物	影响参数	表征方法	吸收量	所得结果	参考文献
交联壳聚糖接枝聚苯胺复合材料（CCGP），壳聚糖接枝聚苯胺（CGP）	Cr（Ⅵ）	pH，接触时间，用量，初始Cr（Ⅵ）离子浓度	FTIR SEM-EDX XRD DSC TGA	CGP为165.6mg/g，CCGP为179.2mg/g	Freundlich吸附等温线，准二级动力学模型，可重复使用超过连续的两个循环	Karthik and Meenakshi, 2014
离子固体浸渍磷酸化壳聚糖（ISPC）	Cr（Ⅵ）	—	FTIR TGA-DTA XRD SEM BET EDX	266.67mg/g	简单地用稀氢氧化铵再生，并进行10次吸附—解吸循环试验	Kahu et al. 2016
乙二胺改性交联磁性壳聚糖树脂（EM-CMCR）	Cr（Ⅵ）	—	—	51.813mg/g	Langmuir和Tempkin吸附等温线，准二级动力学模型，NaOH再生	Hu et al., 2011
三乙烯四胺改性氧化石墨烯/壳聚糖复合材料（TGOCS）	Cr（Ⅵ）	—	FTIR XRD SEM BET 元素分析	219.5mg/g	准二级动力学模型，Langmuir吸附等温线，吸附剂可循环利用	Ge and Ma, 2015

例如，研究了壳聚糖、氯化三甲基壳聚糖和纳米壳聚糖对水中Cu（Ⅱ）离子的去除。通过碘量法跟踪水溶液中存在的Cu（Ⅱ）离子，用FTIR技术对壳聚糖-Cu（Ⅱ）复合物进行了表征。研究了壳聚糖的分子量、壳聚糖的粒径、氯化三甲基壳聚糖的季铵化程度以及介质的pH对Cu（Ⅱ）离子吸附的影响。结果表明，壳聚糖粒径的减小可提高金属离子的去除率和去除量（Chattopadhyay and Inamdar, 2014）。

有研究人员合成了一种新型的接枝壳聚糖（CTS），并对其在HGCTS上吸附Cr（Ⅵ）的应用进行了研究。在这项工作中，平衡数据与Langmuir模型和准二阶模型非常吻合，可以比其他模型更好地描述吸附过程。

制备了端氨基超支化树枝状聚酰胺基胺功能化壳聚糖微珠，并将其与未经处理的壳聚糖微珠一起用于除铬。通过 SEM、EDAX、FTIR、XRD、DSC、TGA 等技术对锆负载壳聚糖微珠进行了表征，锆负载壳聚糖微珠比其他改性壳聚糖微珠有更高的 Cr（Ⅵ）吸附量。评估了搅拌时间、吸附剂初始浓度、pH、介质中共存离子和温度对吸附效率的函数关系，提出了铬在吸附剂上的吸附机理（Gandhi and Meenakshi，2013）。

此外，还制备了一种新型的壳聚糖改性吸附剂（戊二醛交联壳聚糖双胍，GCB），并通过 FTIR 和 TGA 对其进行了表征。该研究考察了各种变量对 Cr（Ⅵ）吸附的影响，结果表明，GCB 上的平衡吸附与 Langmuir 等温线模型最为吻合，GCB 可以有效地去除水溶液中的 Cr（Ⅵ），并能有效地重复利用（Wang and Ge，2015）。

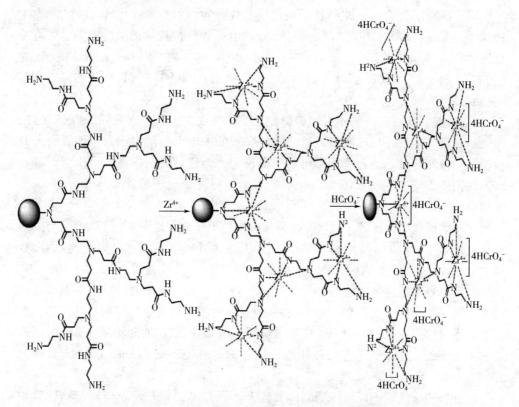

图 14.9 Cr 吸附到负载锆的第三代聚酰胺基胺壳聚糖微珠上的可行机理
（Gandhi and Meenakshi，2013）

在一项开创性研究中，尝试用一种新的微波辅助方法制备丙烯酸正丁酯接枝的壳聚糖吸附剂，并对其在吸附 Cr（Ⅵ）方面的实用性进行了评价。采用 FTIR、XRD、SEM、EDS 等技术对该生物吸附剂进行了表征，发现吸附过程涉及 Cr（Ⅵ）

与壳聚糖中羟基和氨基的相互作用（Kumar et al.，2014）。

最近，Medeiros Borsagli 等（2015）研究了羧甲基壳聚糖（CMC）的合成和表征，及其在不同 pH 条件下对 Cd（Ⅱ）和 Cr（Ⅵ）离子的络合和吸附应用，通过 FTIR 和紫外可见光谱对该生物吸附剂进行了表征。作者报告说，这种吸附剂为去除废水中的重金属污染物提供了一种很有吸引力的选择（Medeiros Borsagli et al.，2015）。

在一项实际研究中，采用 XRD 技术对甲基丙烯酸改性壳聚糖进行了表征，并用于研究从污染的湘江水中对 Cr（Ⅵ）的修复性吸附。结果表明，吸附动力学遵循二级动力学模型，Langmuir 吸附等温线与平衡数据有较好的线性拟合关系（Liu et al.，2013a）。

同样，利用二乙烯三胺制备了磁性胺化壳聚糖（MACTS）微珠，通过 SEM、FTIR 和 BET 等技术对这些微珠进行了表征，它们表现出较高的吸附能力、可重复使用性和对 Cu（Ⅱ）、Zn（Ⅱ）和 Cr（Ⅵ）选择性分离。作者报道说，在 pH 为 6.0 时的吸附顺序为 Cu（Ⅱ）>Zn（Ⅱ）>Cr（Ⅵ），MACTS 可以有效地分离和富集金属离子（Li et al.，2011）。

Kyzas 等（2013a，b）通过实验研究了雷玛唑红 3BS（活性染料）和 Cr（Ⅵ）在聚乙烯亚胺接枝并与环氧氯丙烷交联的壳聚糖粉末上的同时吸附，作者引入并检验了一种新的基于动力学的不可逆平衡设想，但最后表明，现象学模型的进一步发展需要更复杂的实验方案，而不是简单的同时吸附该种物质（Kyzas et al.，2013a）。

在相关研究中，比较了使用父联壳聚糖接枝聚苯胺复合材料（CCGP）与壳聚糖接枝聚苯胺（CGP）复合材料对水溶液中 Cr（Ⅵ）离子的去除情况。采用 FTIR、SEM-EDX、XRD、DSC 和 TGA 等技术对复合材料进行了表征，研究了 pH、接触时间、吸附剂用量和初始 Cr（Ⅵ）离子浓度对工艺效率的影响。根据得到的结果，用 Freundlich 等温线模型对两种复合材料的吸附过程进行了很好的描述，吸附动力学过程遵循准二阶动力学模型。最后，对 CGP 和 CCGP 复合材料进行了解吸和再生实验，并进行了连续使用两次以上的循环实验（Karthik and Meenakshi，2014）。

此外，还合成了一种离子型固体（乙基十六烷基二甲基溴化铵）浸渍的磷酸化壳聚糖（ISPC），并将其用于提高工业废水中 Cr（Ⅵ）的吸附能力。该复合材料已通过 FTIR、TGA-DTA、XRD、SEM、BET 和 EDX 技术进行了充分表征，并已成功用于处理实际的镀铬工业废水。作者报道，用过的 ISPC 可以简单地通过稀氢氧化铵处理再生，测试了经过 10 个吸附—解吸循环，吸附效率略有下降（Kahu et al.，2016）。

研究了乙二胺改性交联磁性壳聚糖树脂（EMCMCR）对水溶液中 Cr（Ⅵ）离

子的吸附。研究发现，吸附数据可以用 Langmuir 和 Tempkin 模型很好地解释，而过程本身可以由准二级动力学模型描述。作者报告说，使用 0.1g/L NaOH 溶液可以成功地使吸附剂再生（Hu et al.，2011）。

在一项新的研究中，已通过微波辐射（MW）方法成功合成了三乙烯四胺改性氧化石墨烯/壳聚糖复合材料（TGOCS），并将其与传统加热法制备的复合材料进行了比较。已通过 FTIR、XRD、SEM、BET 和元素分析等方法对复合材料进行表征，并研究了各种变量对 TGOCS 吸附 Cr（Ⅵ）的影响。研究发现，吸附遵循准二级动力学模型和 Langmuir 等温线，吸附剂可以循环使用（Ge and Ma，2015）。

回顾相关论文发现，壳聚糖衍生物是去除纺织废水中不同种类金属离子的有效吸附剂。该过程通常遵循 Langmuir 或 Freundlich 等温线模型，其动力学遵循准二阶模型。此外，这些生物聚合物可以以几乎相同的效率多次使用。

14.2.2.3 壳聚糖纳米纤维

在一些研究中，壳聚糖纳米纤维也被用于处理纺织废水，这些纳米材料的表征和吸附效率是研究的主要问题，表 14.8 总结了相关研究采用的工艺和取得的结果。

表 14.8 壳聚糖纳米纤维去除金属离子采用的结果

吸附剂	去除目标物	影响因素	表征方法	吸收量	所得结果	参考文献
壳聚糖/MWCNT/Fe_3O_4 复合材料	Cr（Ⅵ）	接触时间、初始浓度、温度	XRD FTIR SEM TEM	—	准二级动力学模型，Langmuir 吸附等温线，纳米纤维再生	Beheshti et al.，2015
叠层壳聚糖纳米纤维	Cr（Ⅵ）	—	FTIR XPS	131.58mg/g	准二级动力学模型，Freundlich 和 Langmuir 混合吸附等温线，壳聚糖氨基和羟基都参与了吸附	Li et al.，2015

合成了壳聚糖/MWCNT/Fe_3O_4 复合纳米纤维吸附剂，研究了其在去除水溶液中 Cr（Ⅵ）离子方面的应用。利用 XRD、FTIR、SEM 和 TEM 等技术对这些纳米纤维进行了表征，评估了接触时间、初始浓度和温度等工艺参数对吸附效率的影响。结果表明，动力学和平衡数据可分别用准二阶动力学和 Langmuir 吸附等温线模型很好地描述，而且，再生纳米纤维对 Cr（Ⅵ）离子的去除效率在间歇和固定床柱研究中均无明显变化（Beheshti et al.，2015）。

以 5%（质量分数）的壳聚糖醋酸溶液为纺丝液，采用静电纺丝法成功地制备了多层壳聚糖纳米纤维。然后将纤维与戊二醛交联以去除Cr（Ⅵ）。结果表明，该吸附与准二阶动力学模型有很好的相关性，并遵循Freundlich和Langmuir的混合等温线。FTIR和XPS分析结果显示，壳聚糖的氨基和羟基都参与了吸附（Li et al.，2015）。

14.2.2.4 壳聚糖纳米颗粒

大量研究报道了壳聚糖纳米颗粒的合成、表征及在处理含重金属离子的纺织废水中的应用研究，表14.9列出了这些研究的说明和结果。

表14.9 壳聚糖纳米颗粒去除金属离子的结果

吸附剂	去除目标物	影响参数	表征方法	吸附量	所得结果	参考文献
壳聚糖、氯化三甲基壳聚糖和纳米壳聚糖	Cu（Ⅱ）	壳聚糖的分子量和粒径、氯化三甲基壳聚糖的季铵化程度、pH	FTIR	—	壳聚糖分子量是吸附速率的重要指标	Chattopadhyay and Inamdar, 2014
（γ-氨基丙基）三乙氧基硅烷（APTS）功能化的α-二氧化锰纳米棒（α-MnO_2）	Pb离子	—	SEM TGA FTIR	—	有利的铅离子去除性能	Mallakpour and Madani, 2016
壳聚糖膜	Cu（Ⅱ）	膜厚度、流速	SEM	87.5mg/g	准二级动力学模型，Toth吸附等温线，可再生和可重复使用	Wang et al., 2016
磁性$MnFe_2O_4$/壳聚糖纳米复合材料（MCNC）	Cr（Ⅵ）	pH、温度、搅拌时间、初始浓度	XRD TEM	35.2mg/g	准二级动力学模型，Freundlich吸附等温线	Xiao et al., 2013
磁性壳聚糖纳米粒Fe^0纳米棒	Cr（Ⅵ）	pH	—	55.80mg/g	准二阶动力学模型，Langmuir吸附等温线	Thinh et al., 2013

续表

吸附剂	去除目标物	影响参数	表征方法	吸附量	所得结果	参考文献
用在多孔阳极氧化铝中壳聚糖改性 Fe^0 纳米棒	Cr（Ⅵ）	溶液 pH、Cr（Ⅵ）、初始浓度、吸附时间	XRP	118.76mg/g	Langmuir 吸附等温线，准二级动力学模型	Sun et al., 2015
壳聚糖纳米棒	Cr（Ⅵ）	Cr 离子初始浓度、吸附剂用量、接触时间、pH	FTIR XRD SEM AFM TGA DSC	—	准二级动力学模型	Sivakami et al., 2013
壳聚糖/Fe-取代羟基磷灰石复合材料	亚甲基蓝（MB） Pb（Ⅱ）	—	FTIR SEM	MB 为 1324mg/g，Pb 为 1385mg/g	具有再生能力的效吸水处理高附剂	Saber-Samandari et al., 2014
增强型壳聚糖（CS）微株上的纳米级零价铁（NZVI）	Cr（Ⅵ） Cu（Ⅱ） Cd（Ⅱ） Pb（Ⅱ）	pH 和离子初始浓度	SEM XPS	分别为 89.4%，98.9%，94.9% 和 99.4%	EDGE-CS-NZVI 珠 PRB 具有去除金属离子的能力	Liu et al., 2013b
Fe^0-纳米粒子-壳聚糖复合材料微珠（CS-NZVI 珠）	Cr（Ⅵ）	—	SEM	35.97mg/g	准一级动力学模型，Freundlich 吸附等温线	Liu et al., 2012a
Fe^0 纳米颗粒（NZVI）环氧氯丙烷/壳聚糖微珠（ECH-CS-NZVI）	Cr（Ⅵ）	Cr（Ⅵ）的浓度、NZVI 用量、pH、反应温度	FTIR SEM	—	高效且有前景的原位去除 Cr（Ⅵ）的技术	Liu et al., 2012b
氧化石墨（GO）、壳聚糖填充纳米氧化石墨（GO/CS）和磁性壳聚糖（GO/mCS）	Hg（Ⅱ）	pH、接触时间、温度	SEM/EDAX FTIR XRD DTG	GO 为 187mg/g，GO/CS 为 381mg/g，GO/mCS 397mg/g	Hg（Ⅱ）与 GO、GO/CS、GO/mCS 间的吸附相互作用	Kyzas et al., 2013b

续表

吸附剂	去除目标物	影响参数	表征方法	吸附量	所得结果	参考文献
铁磁性 ZrO_2/Fe_3O_4 纳米异质结	Cr(Ⅵ),4-氯苯酚	—	XRD FTIR HRTEM SAED VSM BET UV-可见光谱	Cr(Ⅵ)为90.2%,4-CP为88.6%	去除机理的阐述	Kumar et al.,2016
壳聚糖(CS)基功能凝胶(FG),多壁碳纳米管(MWNT)—聚(丙烯酸)(PAA)—聚(4-氨基二苯胺)(PADPA)	Cr(Ⅵ)	pH	FTIR XPS SEM	>85%	稳定且可回收,高达三次吸附循环	Kim et al.,2015
含纳米级 γ-Fe_2O_3 的壳聚糖微珠	Cr(Ⅵ)	pH、温度、接触时间、初始Cr(Ⅵ)浓度、共存阴离子	—	106.5mg/g	准二级动力学模型,Freundlich等温线,Cr(Ⅵ)与 γ-Fe_2O_3-壳聚糖微珠的相互作用机理	Jiang et al.,2013
改性氧化石墨烯—壳聚糖复合材料	Cr(Ⅵ)	—	BET SEM TEM XRD FTIR	92%	准二级动力学模型,Langmuir 和 Redlich-Peterson 吸附等温线,用 NaOH 溶液再生	Debnath et al.,2014
壳聚糖—改性磁性纳米颗粒	Cr(Ⅲ)Cr(Ⅵ)	pH、萃取时间、沉积时间、样品体积	—	—	操作简单,快速吸附—解吸动力学,高富集因子,低LOD	Cui et al.,2014

还研究了壳聚糖、氯化三甲基壳聚糖和纳米壳聚糖对水溶液中 Cu（Ⅱ）离子的去除。通过 FTIR 技术对壳聚糖-Cu（Ⅱ）复合物进行了表征，考察了壳聚糖的分子量、粒径、氯化三甲基壳聚糖的聚合度和介质 pH 对吸附效率的影响。作者认为，壳聚糖的分子量是衡量 Cu（Ⅱ）吸附速率的重要指标（Chattopadhyay and Inamdar，2014）。

Malrakpour 和 Madani（2016）用（γ-氨基丙基）三乙氧基硅烷（APTS）对 α-二氧化锰纳米棒（α-MnO_2）的表面进行了功能化处理，该 α-MnO_2-APTS 作为填料用于制备壳聚糖（CS）纳米复合材料（NC）。然后将 α-MnO_2-APTS/ CS NC 与不同用量的戊二醛（GA）交联（图 14.10）。将这种纳米复合材料作为潜在的去除铅离子的吸附剂，发现该吸附剂去除铅离子的效率很高（Mallakpour and Madani，2016）。

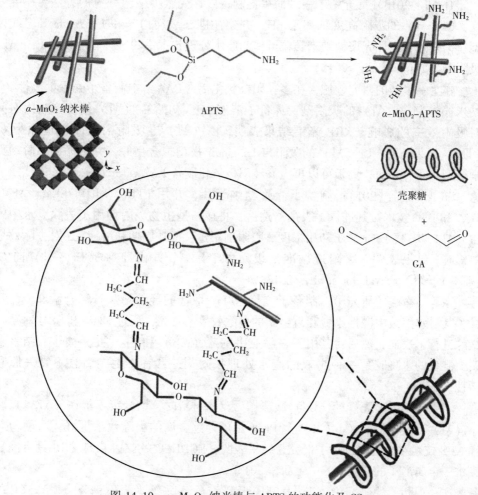

图 14.10　α-MnO_2 纳米棒与 APTS 的功能化及 CS、α-MnO_2-APTS 与 GA 之间的相互作用的图示（Mallakpour and Madani，2016）

在一项引人关注的研究中，以二氧化硅为多孔材料，制备了具有对称和互连孔结构的壳聚糖薄膜，并对其孔结构、孔径分布、孔隙率和亲水性等物理性质进行了分析，该膜已通过 SEM 进行了表征，并用于去除水溶液中的 Cu（Ⅱ），还研究了膜厚和流速对去除工艺效率的影响。得到的结果与准二级动力学模型和 Toth 吸附等温线非常吻合。还有报道认为，吸附剂可以再生，并可重复使用（Wang et al.，2016）。

同样地，已经制备、表征了磁性 $MnFe_2O_4$/壳聚糖纳米复合材料（MCNC），并用于从低浓度溶液（0.6~1.0mg/L）中去除 Cr（Ⅵ）。在此工艺中，研究了 pH、温度、搅拌时间和初始浓度对吸附性能的影响。结果表明，实验数据与准二阶动力学和 Freundlich 吸附等温线模型非常吻合（Xiao et al.，2013）。

Thinh（2013）等介绍了一种简单地制备磁性壳聚糖纳米颗粒的方法。研究发现，Cr（Ⅵ）的吸附高度依赖于 pH，并遵循准二级动力学和 Langmuir 等温线模型。据报道，磁性壳聚糖纳米颗粒可作为废水处理技术中的一种有前景的 Cr（Ⅵ）吸附剂（Thinh et al.，2013）。

作为一个新的研究领域，在多孔阳极氧化铝（PAA）中制备了壳聚糖改性 Fe^0 纳米棒作为 Cr（Ⅵ）的吸附剂，评价了溶液 pH、初始 Cr（Ⅵ）浓度和吸附时间对吸附效率的影响。XRP 光谱结果表明，Cr（Ⅵ）在吸附剂表面被还原为 Cr（Ⅲ）。结果证明，Cr（Ⅵ）的吸附与 Langmuir 模型拟合良好，并遵循准二阶动力学模型。研究表明，铝板可以再生并经阳极氧化制备 PAA。

Sivakami 等（2013）制备了壳聚糖纳米棒，并用 FTIR、XRD、SEM、AFM、TGA 和 DSC 技术对其进行了表征。然后，将该新型生物吸附剂用于去除废水中的 Cr（Ⅵ），考察了 Cr 离子初始浓度、吸附剂用量、搅拌周期和溶液 pH 对去除效果的影响。结果表明，吸附遵循准二级动力学模型，并由此推断 Cr（Ⅵ）向 Cr（Ⅲ）的转化（Sivakami et al.，2013）。

在其他有趣的研究中，制备了壳聚糖/Fe-取代的羟基磷灰石复合微珠，并测试了其对水溶液中碱性染料和重金属的去除效果。首先，通过 FTIR 和 SEM 对复合微珠进行了表征，然后将其用于去除亚甲基蓝（MB）和 Pb（Ⅱ）离子。结果表明，制备的水凝胶是一种高效的废水处理吸附剂，具有再生能力且不丧失原有活性。

当引入增强型壳聚糖（CS）微珠作为支撑材料时，纳米级零价铁（NZVI）对 Cr（Ⅵ）、Cu（Ⅱ）、Cd（Ⅱ）和 Pb（Ⅱ）等重金属的去除效果更好。通过 SEM 和 XPS 技术对该过程进行了研究，结果表明，EGDE-CS-NZVI 微珠 PRB 具有修复废水中金属离子的能力（Liu et al.，2013b）。

在一项相关的研究中，Liu 及其同事制备了 Fe^0-纳米壳聚糖复合微珠（CS-NZVI），并用于从废水中去除 Cr（Ⅵ）。研究表明，CS-NZVI 微珠对 Cr（Ⅵ）的去除遵循准一级反应动力学和 Freundlich 吸附等温线模型。作者还指出，该研究对了解 NZVI 对废水中 Cr（Ⅵ）去除的效果非常有用（Liu et al., 2012a）。

在类似的研究中，研究人员成功地固定了 Fe⁰ 纳米颗粒（NZVI）环氧氯丙烷/壳聚糖微珠（ECH-CS-NZVI），并将其用于还原废水中的 Cr（Ⅵ）。采用 SEM 和 FTIR 技术对这些纳米颗粒进行了表征，其中 Cr（Ⅵ）浓度、NZVI 用量、pH 和反应温度都是影响 ECH-CS-NZVI 微珠寿命和使用效率的影响参数。作者认为，ECH-CS-NZVI 微珠有望成为一种原位去除 Cr（Ⅵ）的有效且有前途的技术（Liu et al., 2012b）。

研究人员还研究了壳聚糖（CS）复合材料，包括氧化石墨（GO）、纳米氧化石墨填充壳聚糖（GO/CS）和磁性壳聚糖（GO/mCS），以去除水溶液中的 Hg（Ⅱ）离子。通过 SEM/EDAX、FTIR、XRD 和 DTG 等技术对材料和吸附机理进行了表征，并研究了 pH（包括吸附和解吸）、接触时间（准二阶拟合）和温度等各种参数的影响。提出了 Hg（Ⅱ）与 GO、GO/CS 和 GO/mCS 纳米复合材料之间的吸附相互作用，如图 14.11 所示（Kyzas et al., 2013b）。

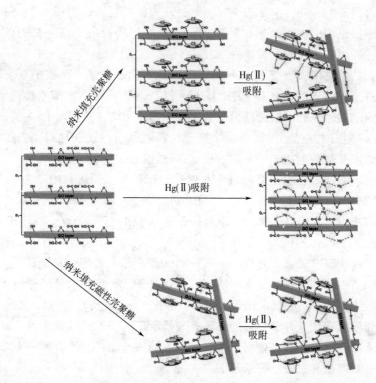

图 14.11　Hg（Ⅱ）与 GO、GO/CS 和 GO/mCS 之间的吸附相互作用

报道了负载在壳聚糖上的强磁性 ZrO_2/Fe_3O_4 纳米异质结对致癌的 Cr（Ⅵ）和

4-氯苯酚的处理方法。通过 XRD、FTIR、高分辨率透射电子显微镜（HRTEM）、小面积电子衍射（SAED）、振动样品磁强计（VSM）、BET 和 UV-可见分光光度法等不同技术对所制备的异质结及其复合材料进行表征。这项研究的结果非常重要，它给出了去除机理的基本解释（Kumar et al., 2016）。

在另一项综合研究中，Kim 等（2015）研究了一种新型壳聚糖（CS）基功能凝胶（FG）的功效，该凝胶由多壁碳纳米管（MWNT）、聚（丙烯酸）（PAA）、聚（4-氨基二苯胺）（PADPA）组成，用于去除 Cr（Ⅵ）。通过 FTIR、XPS 和 SEM 技术对该凝胶进行了表征，并用于从合成样品和现场样品中去除 Cr（Ⅵ）。根据得到的结果，作者提出了 FG 和 Cr（Ⅵ）中多个有机官能团与 Cr（Ⅵ）之间的络合相互作用以及 Cr（Ⅵ）向 Cr（Ⅲ）的转化。此外，新的 CS-MWNT-PAA-PADPA/FG 具有稳定性和可回收性，在高达 3 个吸附循环后，仍保持约 85% 的去除效率（Kim et al., 2015）。

在一项相关研究中，制备了含纳米级 γ-Fe_2O_3 的可磁性分离的毫米级壳聚糖微珠，用于去除 Cr（Ⅵ）。研究了 pH、温度、接触时间、Cr（Ⅵ）初始浓度、共存阴离子等因素的影响。结果表明，吸附过程遵循准二级动力学和 Freundlich 等温线模型。据报道称，在六个连续的吸附—解吸循环实验中，吸附剂的再生效果得到了肯定，吸附能力没有明显损失（Jiang et al., 2013）。

在类似的研究中，合成了一种磁性改性的氧化石墨烯—壳聚糖复合材料，通过 BET、SEM、TEM、XRD 和 FTIR 技术进行了表征，并将其用于去除 Cr（Ⅵ）。据报道称，准二阶方程对整体动力学起决定作用，而实验数据与 Langmuir 和 Redlich-Peterson 等温线方程都比较吻合。复合材料可以通过 0.05 mol/L NaOH 溶液再生，并可以重复使用多达 5 个去除过程（Debnath et al., 2014）。

还通过乳液法合成了壳聚糖改性的磁性纳米颗粒，并将其用于去 Cr（Ⅲ）和 Cr（Ⅵ）。考察了 pH、提取时间、沉积时间、样品量等参数的影响。该方法具有操作简单、吸附—解吸动力学快、富集因子高和 LOD 低等优点，适用于水体中 Cr 的去除（Cui et al., 2014）。

通过对这些研究的调查发现，壳聚糖纳米颗粒是一种很有前途的纳米吸附剂，可用于去除纺织和其他行业废水中的不同金属离子。这些纳米材料已经通过 FTIR、SEM 和 XRD 分析技术进行了广泛的表征，其中 X 射线光电子能谱（XPS）是研究金属离子如何结合到这些基质上的一种有效技术。

综上所述，壳聚糖和壳聚糖基材料是去除纺织废水中重金属离子的有效材料，吸附过程通常遵循准二级动力学和 Langmuir 等温线模型。

14.3 结论

通过对相关文献的回顾发现，壳聚糖生物吸附剂有望取代传统的吸附剂，如活性炭，用于纺织废水的处理。与原生的壳聚糖相比，壳聚糖基材料和壳聚糖衍生物具有吸附大量染料和金属离子的潜力，这促使科学家们在广泛的处理系统和类型上探索了涉及染料和金属离子去除的不同过程的特征。壳聚糖的优点是易改性，这些纳米材料可利用 FTIR、SEM、XPS 和 XRD 等分析技术进行全面的表征。

关于壳聚糖材料吸附性能的评价，特别是吸附能力（染料吸附量）方面，已有大量的科学文献。在这方面，对于不同种类的壳聚糖基材料，如壳聚糖纳米颗粒、壳聚糖衍生物、壳聚糖纳米纤维和纳米薄膜，在去除水溶液中的染料和重金属离子方面，已做过评价。科学家们对吸附过程的研究主要是为了提高去除效率，探索吸附过程的机理。在去除金属离子方面，壳聚糖和以壳聚糖为主要原料制备的生物吸附剂被广泛应用于去除水和水溶液中的铬离子。研究发现，吸附过程通常遵循准二级动力学和 Langmuir 等温线模型。此外，这些生物聚合物可以以几乎相同的效率使用多次，其再生过程可以通过稀的 NaOH 溶液实现。

许多研究者对生物吸附的机理进行了探索，他们认为去除机理的主要部分是吸附剂表面可用的吸附位点与通常为负离子的染料或金属络合物之间的静电相互作用。作者提出了多步吸附机理，包括：(i) 复合材料的质子化氨基和羟基与染料的阴离子或金属离子（如 $HCrO_4^-$）间的静电相互作用；(ii) 复合材料的氨基和羟基与染料的羰基基团的化学相互作用。

综上所述，对于感兴趣的科学家来说，机理和数学模型的发展以及壳聚糖表面与被吸附物之间的相互作用的表征是未来的主要发展趋势。本文揭示了非均相光催化降解有机染料的结构与降解性之间的关系，并报道了染料化学结构对工艺效率的影响。

从审查所有引用的相关出版物来看，确实已经对此做出了很大的努力，可是，由于我们的资源有限，并且该领域的出版物数量庞大，可能会妨碍本报告的全面性。在此，我们向作品未被纳入本报告的所有作者表示诚挚的歉意。

参考文献

[1] Abbasi, M., 2017. Synthesis and characterization of magnetic nanocomposite of chitosan/SiO_2/ carbon nanotubes and its application for dyes removal. J. Clean. Prod. 145, 105–113.

[2] Abbasian, M., Jaymand, M., Niroomand, P., Farnoudian-Habibi, A., Ghasemi Karaj-Abad, S., 2017. Grafting of aniline derivatives onto chitosan and their applications for removal of reactive dyes from industrial effluents. Int. J. Biol. Macromol. 95, 393-403.

[3] Abou El-Reash, Y. G., Otto, M., Kenawy, I. M., Ouf, A. M., 2011. Adsorption of Cr(Ⅵ) and As(Ⅴ) ions by modified magnetic chitosan chelating resin. Int. J. Biol. Macromol. 49, 513-522.

[4] Adamczuk, A., Kołodyńska, D., 2015. Equilibrium, thermodynamic and kinetic studies on removal of chromium, copper, zinc and arsenic from aqueous solutions onto fly ash coated by chitosan. Chem. Eng. J. https://doi.org/10.1016/j.cej.2015.03.088.

[5] Al-Karawia, A. J. M., Al-Qaisi, Z. H. J., Abdullah, H. I., Al-Mokaram, A. M. A., Al-Heetimi, D. T. A., 2011. Synthesis, characterization of acrylamide grafted chitosan and its use in removal of copper(Ⅱ) ions from water. Carbohydr. Polym. 83, 495-500.

[6] Anandhavelu, S., Thambidurai, S., 2013. Preparation of an ecofriendly chitosan-ZnO composite for chromium complex dye adsorption. Color. Technol. 129, 187-192.

[7] Auta, M., Hameed, B. H., 2014. Chitosan-clay composite as highly effective and low-cost adsorbent for batch and fixed-bed adsorption of methylene blue. Chem. Eng. J. 237, 352-361.

[8] Azarova, Y. A., Pestov, A. V., Bratskaya, S. Y., 2016. Application of chitosan and its derivatives for solid-phase extraction of metal and metalloid ions: a mini-review. Cellulose https://doi.org/10.1007/s10570-016-0962-6.

[9] Batista, A. C. L., Villanueva, E. R., Amorim, R. V. S., Tavares, M. T., Campos-Takaki, G. M., 2011. Chromium(VI) ion adsorption features of chitosan film and its chitosan/zeolite conjugate 13X film. Molecules 16, 3569-3579.

[10] Beheshti, H., Irani, M., Hosseini, L., Rahimi, A., Aliabadi, M., 2015. Removal of Cr(Ⅵ) from aqueous solutions using chitosan/MWCNT/Fe_3O_4 composite nanofibers-batch and column studies. Chem. Eng. J. https://doi.org/10.1016/j.cej.2015.08.158.

[11] Boddu, V. M., Abburi, K., Randolph, A. J., Smith, E. D., 2008. Removal of copper(Ⅱ) and nickel(Ⅱ) ions from aqueous solutions by a composite chitosan biosorbent. Sep. Sci. Technol. 43 (6), 1365-1381.

[12] Cadaval Jr., T. R. S., Camara, A. S., Dotto, G. L., de Almeida Pinto, L. A.,

2013. Adsorption of Cr(Ⅵ) by chitosan with different deacetylation degrees. Desalin. Water Treat. https://doi. org/10. 1080/19443994. 2013. 778797.

[13] Chattopadhyay, D. P., Inamdar, M. S., 2014. Application of chitosan and its derivatives in Cu(Ⅱ) ion removal from water used in textile wet processing. Textile Res. J. 84 (14), 1539-1548.

[14] Chen, D., Li, W., Wu, Y., Zhu, Q., Lu, Z., Du, G., 2013. Preparation and characterization of chitosan/montmorillonite magnetic microspheres and its application for the removal of Cr(Ⅵ). Chem. Eng. J. 221, 8-15.

[15] Crini, G., Badot, P.-M., 2008. Application of chitosan, a natural aminopolysaccharide, for dye removal from aqueous solutions by adsorption processes using batch studies: a review of recent literature. Prog. Polym. Sci. 33, 399-447.

[16] Cui, C., He, M., Chen, B., Hu, B., 2014. Chitosan modified magnetic nanoparticles based solid phase extraction combined with ICP-OES for the speciation of Cr(Ⅲ) and Cr(Ⅵ). Anal. Methods 6, 8577.

[17] Dai, J., Ren, F. L., Tao, C. Y., 2012. Adsorption of Cr(Ⅵ) and speciation of Cr(Ⅵ) and Cr(Ⅲ) in aqueous solutions using chemically modified chitosan. Int. J. Environ. Res. Public Health 9, 1757-1770.

[18] Dan, Y., Jinxin, H., Yuehui, M., Wei, W., 2011. Mechanisms and kinetics of chelating reaction between chitosan and Pd(Ⅱ) in chemical plating pretreatment. Textile Res. J. 81 (1), 51-57.

[19] Darvishi Cheshmeh Soltani, R., Khataee, A. R., Safari, M., Joo, S. W., 2013. Preparation of bio-silica/chitosan nanocomposite for adsorption of a textile dye in aqueous solutions. Int. Biodeterior. Biodegrad. 85, 383-391.

[20] Debnath, S., Maity, A., Pillay, K., 2014. Magnetic chitosan-GO nanocomposite: synthesis, characterization and batch adsorber design for Cr(Ⅵ) removal. J. Environ. Chem. Eng. 2, 963-973.

[21] Gandhi, M. R., Meenakshi, S., 2012. Preparation and characterization of La(Ⅲ) encapsulated silica gel/chitosan composite and its metal uptake studies. J. Hazard. Mater. 203-204, 29-37.

[22] Gandhi, M. R., Meenakshi, S., 2013. Preparation of amino terminated polyamidoamine functionalized chitosan beads and its Cr(Ⅵ) uptake studies. Carbohydr. Polym. 91, 631-637.

[23] Ge, H., Ma, Z., 2015. Microwave preparation of triethylenetetramine modified graphene oxide/ chitosan composite for adsorption of Cr(Ⅵ). Carbohydr. Polym. https://doi. org/10. 1016/j. carbpol. 2015. 06. 025.

[24] Geng, B., Jin, Z., Li, T., Qi, X., 2009. Kinetics of hexavalent chromium removal from water by chitosan-Fe^0 nanoparticles. Chemosphere 75, 825–830.

[25] Gerente, C., Lee, V. K. C., Le Cloirec, P., McKay, G., 2007. Application of chitosan for the removal of metals from wastewaters by adsorption-mechanisms and models review. Crit. Rev. Environ. Sci. Technol. 37, 41–127.

[26] Ghani, M., Gharehaghaji, A. A., Arami, M., Takhtkuse, N., Rezaei, B., 2014. Fabrication of electrospun polyamide-6/chitosan nanofibrous membrane toward anionic dyes removal. J. Nanotechnol. 278418. 12 pp. https://doi.org/10.1155/2014/278418.

[27] Gibbs, G., Tobin, J. M., Guibal, E., 2003. Sorption of acid green 25 on chitosan: influence of experimental parameters on uptake kinetics and sorption isotherms. J. Appl. Polym. Sci. 90, 1073–1080.

[28] Gonçalves, J. O., Duarte, D. A., Dotto, G. L., Pinto, L. A., 2014. Use of chitosan with different deacetylation degrees for the adsorption of food dyes in a binary system. Clean Soil Air Water 42 (6), 767–774.

[29] Hamdi, A., Boufi, S., Bouattour, S., 2015. Phthalocyanine/chitosan-TiO_2 photocatalysts: characterization and photocatalytic activity. Appl. Surf. Sci. https://doi.org/10.1016/j.apsusc.2015.02.102.

[30] Hassan, M. S., 2015. Removal of reactive dyes from textile wastewater by immobilized chitosan upon grafted jute fibers with acrylic acid by gamma irradiation. Radiat. Phys. Chem. https://doi.org/10.1016/j.radphyschem.2015.05.038.

[31] Hosseini, F., Sadighian, S., Hosseini-Monfared, H., Mahmoodi, N. M., 2016. Dye removal and kinetics of adsorption by magnetic chitosan nanoparticles. Desalin. Water Treat. https://doi.org/10.1080/19443994.2016.1143879.

[32] Hu, X., Wang, J., Liu, Y., Li, X., Zeng, G., Bao, Z., Zeng, X., Chen, A., Long, F., 2011. Adsorption of chromium(VI) by ethylenediamine-modified cross-linked magnetic chitosan resin: isotherms, kinetics and thermodynamics. J. Hazard. Mater. 185, 306–314.

[33] Huang, R., Yang, B., Liu, Q., 2013. Removal of chromium(VI) ions from aqueous solutions with protonated crosslinked chitosan. J. Appl. Polym. Sci. https://doi.org/10.1002/APP.38685.

[34] Janaki, V., Oh, B., Shanthic, K., Lee, K., Ramasamy, A. K., Kamala-Kannan, S., 2012. Polyaniline/chitosan composite: an eco-friendly polymer for enhanced removal of dyes from aqueous solution synthetic metals. Synth. Met. 162, 974–980.

［35］Jiang, R., Fu, Y., Zhu, H., Yao, J., Xiao, L., 2012. Removal of Methyl Orange from aqueous solutions by magnetic maghemite/chitosan nanocomposite films: adsorption kinetics and equilibrium. J. Appl. Polym. Sci. https://doi.org/10.1002/app.37003.

［36］Jiang, Y., Yu, X., Luo, T., Jia, Y., Liu, J., Huang, X., 2013. γ-Fe_2O_3 nanoparticles encapsulated millimeter-sized magnetic chitosan beads for removal of Cr(Ⅵ) from water: thermodynamics, kinetics, regeneration, and uptake mechanisms. J. Chem. Eng. Data 58, 3142-3149.

［37］Jung, C., Heo, J., Han, J., Her, N., Lee, S., Oh, J., Ryu, J., Yoon, Y., 2013. Hexavalent chromium removal by various adsorbents: powdered activated carbon, chitosan, and single/multi-walled carbon nanotubes. Sep. Purif. Technol. 106, 63-71.

［38］Kahu, S.S., Shekhawat, A., Saravanan, D., Jugade, R.M., 2016. Two fold modified chitosan for enhanced adsorption of hexavalent chromium from simulated wastewater and industrial effluents. Carbohydr. Polym. 146, 264-273.

［39］Karthik, R., Meenakshi, S., 2014. Facile synthesis of cross linked-chitosan-grafted-polyaniline composite and its Cr(Ⅵ) uptake studies. Int. J. Biol. Macromol. 67, 210-219.

［40］Kasiri, M.B., Safapour, S., 2015. Exploring and exploiting plants extracts as the natural dyes/antimicrobials in textiles processing. Prog. Color Colorants Coat. 8, 87-114.

［41］Kasiri, M.B., Safapour, S., 2013. Natural dyes and antimicrobials for green treatment of textiles. Environ. Chem. Lett. https://doi.org/10.1007/s10311-013-0426-2.

［42］Kim, M.K., Komathi, S.S., Gopalan, A.I., Lee, K.-P., 2015. A novel chitosan functional gel included with multiwall carbon nanotube and substituted polyaniline as adsorbent for efficient removal of chromium ion. Chem. Eng. J. https://doi.org/10.1016/j.cej.2014.12.091.

［43］Kuang, W., Tan, Y., Fu, L., 2012. Adsorption kinetics and adsorption isotherm studies of chromium from aqueous solutions by HPAM-chitosan gel beads. Desalin. Water Treat. https://doi.org/10/5004/dwt.2012.3264.

［44］Kumar, A., Sharma, G., Chengsheng, G., Naushad, M., Pathania, D., Dhiman, P., Kalia, S., 2016. Magnetically recoverable ZrO_2/Fe_3O_4/chitosan nanomaterials for enhanced sunlight driven photoreduction of carcinogenic Cr(Ⅵ) and dechlorination and mineralization of 4-chlorophenol from simulated waste water. RSC

Adv. https://doi.org/10.1039/C5RA23372K.

[45] Kumar, A. S. K., Kumar, C. U., Rajesh, V., Rajesh, N., 2014. Microwave assisted preparationof n-butylacrylate grafted chitosan and its application for Cr(Ⅵ) adsorption. Int. J. Biol. Macromol. 66, 135–143.

[46] Kyoon No, H., Meyers, S. P., 2002. Application of chitosan for treatment of wastewaters. Rev. Environ. Contam. Toxicol. 163, 1–28.

[47] Kyzas, G. Z., Lazaridis, N. K., Kostoglou, M., 2013a. On the simultaneous adsorption of a reactive dye and hexavalent chromium from aqueous solutions onto grafted chitosan. J. Colloid Interface Sci. https://doi.org/10.1016/j.jcis.2013.05.052.

[48] Kyzas, G. Z., Travlou, N. A., Deliyanni, E. A., 2013b. The role of chitosan as nanofiller of graphite oxide for the removal of toxic mercury ions. Colloids Surf. B https://doi.org/10.1016/j.colsurfb.2013.07.055.

[49] Li, H., Bi, S., Liu, L., Dong, W., Wang, X., 2011. Separation and accumulation of Cu(Ⅱ), Zn(Ⅱ) and Cr(Ⅵ) from aqueous solution by magnetic chitosan modified with diethylenetriamine. Desalination 278, 397–404.

[50] Li, L., Li, Y., Cao, L., Yang, C., 2015. Enhanced chromium(Ⅵ) adsorption using nanosized chitosan fibers tailored by electrospinning. Carbohydr. Polym. https://doi.org/10.1016/j.carbpol.2015.02.037.

[51] Li, L., Luo, C., Li, X., Duan, H., Wang, X., 2014. Preparation of magnetic ionic liquid/chitosan/graphene oxide composite and application for water treatment. Int. J. Biol. Macromol. 66, 172–178.

[52] Liu, Q., Yang, B., Zhang, L., Huang, R., 2015. Adsorptive removal of Cr(Ⅵ) from aqueous solutions by cross-linked chitosan/bentonite composite. Korean J. Chem. Eng. 32 (4), 1–9.

[53] Liu, T., Wang, Z.-L., Zhao, L., Yang, X., 2012b. Enhanced chitosan/Fe^0-nanoparticles beads for hexavalent chromium removal from wastewater. Chem. Eng. J. 189–190, 196–202.

[54] Liu, T., Yang, X., Wang, Z.-L., Yan, X., 2013b. Enhanced chitosan beads-supported Fe^0-nanoparticles for removal of heavy metals from electroplating wastewater in permeable reactive barriers. Water Res. https://doi.org/10.1016/j.watres.2013.09.006.

[55] Liu, T. Y., Zhao, L., Wang, Z. L., 2012a. Removal of hexavalent chromium from wastewater by Fe^0-nanoparticles-chitosan composite beads: characterization, kinetics and thermodynamics. Water Sci. Technol. 66 (5), 1044–1051.

[56] Liu, Y., Liu, Y., Hu, X., Guo, Y., 2013a. Adsorption of Cr(Ⅵ) by modified chitosan from heavy-metal polluted water of Xiangjiang River, China. Trans. Nonferrous Met. Soc. China 23, 3095-3103.

[57] Mahmoodi, N. M., Mokhtari-Shourijeh, Z., 2015. Preparation of PVA-chitosan blend nanofiber and its dye removal ability from colored wastewater. Fibers Polym. 16 (9), 1861-1869.

[58] Mahmoodi, N. M., Salehi, R., Arami, M., Bahrami, H., 2011. Dye removal from colored textile wastewater using chitosan in binary systems. Desalination 267, 64-72.

[59] Mallakpour, S., Madani, M., 2016. Functionalized-MnO_2/chitosan nanocomposites: a promis-ing adsorbent for the removal of lead ions. Carbohydr. Polym. 147, 53-59.

[60] Medeiros Borsagli, F. G. L., Mansur, A. A. P., Chagas, P., Oliveira, L. C. A., Mansur, H. S., 2015. O-Carboxymethyl functionalization of chitosan: Complexation and adsorption of Cd(Ⅱ) and Cr(Ⅵ) as heavy metal pollutant ions. React. Funct. Polym. https://doi.org/10.1016/j.reactfunctpolym.2015.10.005.

[61] Nair, V., Panigrahy, A., Vinu, R., 2014. Development of novel chitosan-lignin composites for adsorption of dyes and metal ions from wastewater. Chem. Eng. J. https://doi.org/10.1016/j.cej.2014.05.045.

[62] Oladipo, A. A., Gazi, M., Yilmaz, E., 2015. Single and binary adsorption of azo and anthraquinone dyes by chitosan-based hydrogel: selectivity factor and Box-Behnken process design. Chem. Eng. Res. Des. https://doi.org/10.1016/j.cherd.2015.08.018.

[63] Olivera, S., Muralidhara, H. B., Venkatesh, K., Guna, V. L., Gopalakrishna, K., Kumar, K. Y., 2016. Potential applications of cellulose and chitosan nanoparticles/composites in waste-water treatment: a review. Carbohydr. Polym. 153, 600-618.

[64] Pandiselvi, K., Thambidurai, S., 2013. Synthesis of porous chitosan-polyaniline/ ZnO hybrid composite and application for removal of reactive orange 16 dye. Colloids Surf. B 108, 229-238.

[65] Perez-Fonseca, A. A., Gomez, S., Davila, H., Gonzalez-Nunez, R., 2012. Chitosan supported onto Agave fiber-postconsumer HDPE composites for Cr(Ⅵ) adsorption. Ind. Eng. Chem. Res. 51, 5939-5946.

[66] Qin, C., Du, Y., Zhang, Z., Liu, Y., Xiao, L., Shi, X., 2003. Adsorption of chromium(Ⅵ) on a novel quaternized chitosan resin. J. Appl. Polym. Sci. 90,

505-510.

[67] Rosa, S., Laranjeira, M. C. M., Riela, H. G., Fávere, V. T., 2008. Cross-linked quaternary chitosan as an adsorbent for the removal of the reactive dye from aqueous solutions. J. Hazard. Mater. 155, 253-260.

[68] Saber-Samandari, S., Saber-Samandari, S., Nezafati, N., Yahya, K., 2014. Efficient removal of lead(Ⅱ) ions and methylene blue from aqueous solution using chitosan/Fe-hydroxyapatite nanocomposite beads. J. Environ. Manag. https://doi.org/10.1016/j. jenvman. 2014. 08. 010.

[69] Sadeghi-Kiakhani, M., Arami, M., Gharanjig, K., 2012. Dye removal from colored-textile wastewater using chitosan-PPI dendrimer hybrid as a biopolymer: optimization, kinetic, and isotherm studies. J. Appl. Polym. Sci. https://doi. org/10. 1002/APP. 37615.

[70] Sadeghi-Kiakhani, M., Arami, M., Gharanjig, K., 2013. Preparation of chitosan-ethyl acrylate as a biopolymer adsorbent for basic dyes removal from colored solutions. J. Environ. Chem. Eng. 1, 406-415.

[71] Salehi, R., Arami, M., Mahmoodi, N. M., Bahrami, H., Khorramfar, S., 2010. Novel biocompatible composite (chitosan-zinc oxide nanoparticle): preparation, characterization and dye adsorption properties. Colloids Surf. B 80, 86-93.

[72] Shen, C., Chen, H., Wu, S., Wen, Y., Li, L., Jiang, Z., Li, M., Liu, W., 2013. Highly efficient detoxification of Cr(Ⅵ) by chitosan-Fe(Ⅲ) complex: process and mechanism studies. J. Hazard. Mater. 244-245, 689-697.

[73] Sheshmani, S., Ashori, A., Hasanzadeh, S., 2014. Removal of Acid Orange 7 from aqueous solution using magnetic graphene/chitosan: A promising nano-adsorbent. Int. J. Biol. Macromol. https://doi. org/10. 1016/j. ijbiomac. 2014. 04. 057.

[74] Sivakami, M. S., Gomathi, T., Venkatesan, J., Jeong, H. -S., Kim, S. -K., Sudha, P. N., 2013. Preparation and characterization of nano chitosan for treatment wastewaters. Int. J. Biol. Macromol. 57, 204-212.

[75] Spinelli, V. A., Laranjeira, M. C. M., Fávere, V. T., 2004. Preparation and characterization of quaternary chitosan salt: adsorption equilibrium of chromium (VI) ion. React. Funct. Polym. 61, 347-352.

[76] Sugashini, S., Begum, K. M. M. S., 2013. Optimization using central composite design (CCD) for the biosorption of Cr(Ⅵ) ions by cross linked chitosan carbonized rice husk (CCACR). Clean Tech. Environ. Policy 15, 293-302.

[77] Sun, L., Yuan, Z., Gong, W., Zhang, L., Xu, Z., Su, G., Han, D., 2015.

The mechanism study of trace Cr(Ⅵ) removal from water using Fe⁰ nanorods modified with chitosan in porous anodic alumina. Appl. Surf. Sci. 328, 606-613.

[78] Săg, Y., Aktay, Y., 2002. Kinetic studies on sorption of Cr(Ⅵ) and Cu(Ⅱ) ions by chitin, chitosan and *Rhizopus arrhizus*. Biochem. Eng. J. 12, 143-153.

[79] Thinh, N. N., Hanh, P. H. B., Ha, L. T. T., Anh, L. N., Hoang, T. V., Hoang, V. D., Dang, L. H., Khoi, N. V., Lam, T. D., 2013. Magnetic chitosan nanoparticles for removal of Cr(Ⅵ) from aqueous solution. Mater. Sci. Eng. C 33, 1214-1218.

[80] Ul-Islam, S., Mohammad, F., 2015. Chitosan derivatives as effective agents in recycling of textile dyes from waste waters. In: Muthu, S. S. (Ed.), Environmental Implications of Recycling and Recycled Products. Springer, Singapore, pp. 135-148.

[81] Vakili, M., Rafatullah, M., Salamatinia, B., Zuhairi Abdullah, A., Hakimi Ibrahim, M., Tan, K. B., Gholami, Z., Amouzgar, P., 2014. Application of chitosan and its derivatives as adsorbents for dye removal from water and wastewater: a review. Carbohydr. Polym. 113, 115-130.

[82] Vieira, R. S., Oliveira, M. L. M., Guibal, E., Rodriguez-Casteln, E., Beppu, M. M., 2011. Copper, mercury and chromium adsorption on natural and crosslinked chitosan films: an XPS investigation of mechanism. Colloids Surf. A: Physicochem. Eng. Aspects 374, 108-114.

[83] Vincent, T., Guibal, E., 2001. Cr(Ⅵ) extraction using Aliquat 336 in a hollow Fiber module made of chitosan. Ind. Eng. Chem. Res. 40, 1406-1411.

[84] Wan Ngah, W. S., Teong, L. C., Hanafiah, M. A. K. M., 2011. Adsorption of dyes and heavy metal ions by chitosan composites: A review. Carbohydr. Polym. 83, 1446-1456.

[85] Wang, J., Chen, C., 2014. Chitosan-based biosorbents: Modification and application for biosorption of heavy metals and radionuclides. Bioresour. Technol. 160, 129-141.

[86] Wang, L., Wang, A., 2008. Adsorption behaviors of Congo red on the N,O-carboxymethyl-chitosan/montmorillonite nanocomposite. Chem. Eng. J. 143, 43-50.

[87] Wang, P., Ma, Q., Hu, D., Wang, L., 2015. Removal of reactive blue 21 onto magnetic chitosan microparticles functionalized with polyamidoamine dendrimers. React. Funct. Polym. 91-92, 43-50.

[88] Wang, X., Li, Y., Li, H., Yang, C., 2016. Chitosan membrane adsorber for low concentration copper ion removal. Carbohydr. Polym. 146, 274-281.

[89] Wang, Z., Ge, H., 2015. Adsorption of chromium(Ⅵ) from aqueous solution using a novel chitosan Biguanidine. J. Dispers. Sci. Technol. 36, 1106-1114.

[90] Wen, Y., Tang, Z., Chen, Y., Gu, Y., 2011. Adsorption of Cr(Ⅵ) from aqueous solutions using chitosan-coated fly ash composite as biosorbent. Chem. Eng. J. 175, 110-116.

[91] Wu, F.-C., Tseng, R.-L., Juang, R.-S., 2010. A review and experimental verification of using chitosan and its derivatives as adsorbents for selected heavy metals. J. Environ. Manag. 91, 798-806.

[92] Wu, Z., Li, S., Wan, J., Wang, Y., 2012. Cr(Ⅵ) adsorption on an improved synthesised cross-linked chitosan resin. J. Mol. Liq. 170, 25-29.

[93] Wua, S.-J., Liou, T.-H., Mi, F.-L., 2009. Synthesis of zero-valent copper-chitosan nanocomposites and their application for treatment of hexavalent chromium. Bioresour. Technol. 100, 4348-4353.

[94] Xiao, Y., Liang, H., Wang, Z., 2013. $MnFe_2O_4$/chitosan nanocomposites as a recyclable adsorbent for the removal of hexavalent chromium. Mater. Res. Bull. https://doi.org/10.1016/j.mate.

[95] Yavuz, A.G., Dincturk-Atalay, E., Uygun, A., Gode, F., Aslan, E., 2011. A comparison study of adsorption of Cr(Ⅵ) from aqueous solutions onto alkyl-substituted polyaniline/chitosan composites. Desalination 279, 325-331.

[96] Yazdani, M., Bahrami, H., Arami, M., 2014b. Feldspar/titanium dioxide/chitosan as a Biophotocatalyst hybrid for the removal of organic dyes from aquatic phases. J. Appl. Polym. Sci. https://doi.org/10.1002/APP.40247.

[97] Yazdani, M., Bahrami, H., Arami, M., 2014a. Preparation and characterization of chitosan/feldspar biohybrid as an adsorbent: optimization of adsorption process via response surface modeling. Sci. World J. 370260. 13 pp. https://doi.org/10.1155/2014/370260.

[98] Yu, Z., Zhang, X., Huang, Y., 2013. Magnetic chitosan-iron(Ⅲ) hydrogel as a fast and reusable adsorbent for chromium(Ⅵ) removal. Ind. Eng. Chem. Res. https://doi.org/10.1021/ie40078.

[99] Zeng, L., Xie, M., Zhang, Q., Kang, Y., Guo, X., Xiao, H., Peng, Y., Luo, J., 2015. Chitosan/ organic rectorite composite for the magnetic uptake of methylene blue and methyl orange. Carbohydr. Polym. https://doi.org/10.1016/j.carbpol.2015.01.021.

[100] Zhang, J., Zhou, Q., Ou, L., 2012a. Kinetic, isotherm, and thermodynamic studies of the adsorption of Methyl Orange from aqueous solution by chitosan/alumi-

na composite. J. Chem. Eng. Data 57, 412-419.

[101] Zhang, L., Xia, W., Liu, X., Zhang, W., 2014. Synthesis of titanium cross-linked chitosan composite for efficient adsorption and detoxification of hexavalent chromium from water. J. Mater. Chem. A https://doi.org/10.1039/c4ta05194g.

[102] Zhang, S., Zhou, Y., Nie, W., Song, L., Zhang, T., 2012b. Preparation of uniform magnetic chitosan microcapsules and their application in adsorbing copper ion(Ⅱ) and chromium ion(Ⅲ). Ind. Eng. Chem. Res. 51, 14099-14106.

[103] Zhu, H., Jiang, R., Xiao, L., Chang, Y., Guan, Y., Li, X., Zeng, G., 2009. Photocatalytic decolorization and degradation of Congo Red on innovative crosslinked chitosan/nano-CdS composite catalyst under visible light irradiation. J. Hazard. Mater. 169, 933-940.

[104] Zhu, H., Jiang, R., Xiao, L., Liu, L., Cao, C., Zeng, G., 2013. CdS nanocrystals/TiO_2/crosslinked chitosan composite: facile preparation, characterization and adsorption-photocatalytic properties. Appl. Surf. Sci. 273, 661-669.

[105] Zimmermann, A. N., Mecabô, A., Fagundes, T., Rodrigues, C. A., 2010. Adsorption of Cr(Ⅵ) using Fe-crosslinked chitosan complex (Ch-F). J. Hazard. Mater. 179, 192-196.

[106] Zuo, X. J., Balasubramanian, R., 2013. Evaluation of a novel chitosan polymer-based adsorbent for the removal of chromium(Ⅲ) in aqueous solutions. Carbohydr. Polym. 92, 2181-2186.

进阶阅读

[1] Haibo, L., Bi, S., Liu, L., Dong, W., Wang, X., 2011. Separation and accumulation of Cu(Ⅱ), Zn(Ⅱ) and Cr(Ⅵ) from aqueous solution by magnetic chitosan modified with diethylene-triamine. Desalination 278, 397-404.

[2] Sun, L., Zhang, L., Liang, C., Yuan, Z., Zhang, Y., Xu, W., Zhang, J., Chen, Y., 2011. Chitosan modified Fe^0 nanowires in porous anodic alumina and their application for the removal of hexavalent chromium from water. J. Mater. Chem. 21, 5877.

15 用可持续和低成本的吸附剂处理废水中合成染料的最新研究进展

SharfIlahiSiddiqui，Bushra Fatima，Nusrat Tara，
GeetanjaliRathi，Saif Ali Chaudhry
贾米亚米里亚伊斯兰大学化学系环境研究实验室，印度新德里

15.1 引言

水是生命不可或缺的组成部分，没有水，地球上就不可能有生命。除了饮用之外，它还用于家务活动，并且应该是没有污染的。但是，随着人口的不断增长以及正在到来的工业变革，要获得清洁的家庭用水几乎是不可能的（Dietrich and Burlingame，2015）。大多数工业排放的废水直接进入清洁的水源。这些废水中含有多种可导致疾病的污染物，最终，使饮用水传播多种疾病。在各类污染物中，染料是最常见的污染物（Peng et al.，2016）。

染料在纺织工业中大量使用，大量含染料废水被排放到水中（Demirbas，2009）。纺织废水是各工业部门中污染淡水最严重的部门之一，目前最主要的污染物是染料（Peng et al.，2016）。随着人口的增加，对纺织产品的需求量成比例增加。染料的使用也在以同样的速度增加，成为水污染的一个主要来源（Dietrich and Burlingame，2015）。统计显示，在各种纺织行业中使用的染料超过10000种，每年生产这些染料70万吨（Demirbas，2009；Lima et al.，2007；Chung，2016；Fernandes et al.，2015）。因此，染料是进入水体的最常见的污染物，水资源中大量的染料严重污染了水环境（Lima et al.，2007）。

染料有酸性染料、碱性染料、直接染料、活性染料，是一类危险的有机污染物，在纺织加工业中用于染色、印花等。染料对温度、光照、氧化剂有较高的稳定性，此外，有些染料的化学成分复杂多样。染料一旦进入水中，就很难去除（Lima et al.，2007；Chung，2016；Fernandes et al.，2015）。此外，染料的复杂芳香结构和合成起始物使它们更难生物降解（Chung，2016）。

含有染料的废水会影响淡水的自然参数，包括化学需氧量（COD）、生化需氧量（BOD）、颜色、pH、盐度和能见度。此外，高浓度的染料会阻碍阳光进入水

15 用可持续和低成本的吸附剂处理废水中合成染料的最新研究进展

中,影响美观(Ferraz et al.,2011;Chen et al.,2017)。这导致了对水生环境的巨大破坏(Annadurai et al.,2002)。此外,染料可能引起突变、毒性和各种癌症。所有这些原因,都限制了其作为饮用水目的的使用。

刚果红、孔雀石绿和金莲橙是众所周知的人类致癌物,经常用于纺织工业(Puvaneswari et al.,2006;Abe et al.,2017)。在厌氧条件下,这些染料在活细胞中很容易被偶氮还原酶还原为芳香胺,而这些芳香胺是致癌物,因此,对人体健康构成威胁(Dumont et al.,2010)。流行病学研究报告显示,长期暴露于芳香胺如联苯胺、4-氨基联苯、3,3′-二甲氧基联苯胺和2-萘胺,可能会增加患癌症的风险(Lade et al.,2015)。

碱性染料亚甲基蓝和其他染料也被用于纺织行业,用于羊毛、棉和丝绸的染色,对水资源污染严重,它们在水中的浓度高时可能会对皮肤、眼睛和黏膜造成暂时或永久的过敏作用(Solís et al.,2012)。吸入后,可能会引起呼吸问题和恶心,同时产生烧灼感、大量出汗、呕吐、精神混乱和高铁血红蛋白血症(Ramalingamet al.,2015)。亚甲基蓝的急性暴露也可能导致人的心率增加、呕吐、亨氏体形成、黄疸、四肢麻痹和组织坏死(Mallampati et al.,2015)。由于染料结构复杂,其可能具有致突变性、致癌性和毒性(Farrukh et al.,2013)。

大量的论文阐述了染料的影响:这些染料使地表水着色;可能反射或吸收太阳光,从而对细菌生长及其生物活动产生负面影响;可能从水体中吸收溶解氧而产生氧化应激;有络合金属离子的能力,导致对水生生物的微观毒性;可能对生物体造成慢性和/或急性影响,这取决于接触率;有增加水中生物需氧量和化学需氧量的趋势;由于结构复杂,难以通过传统处理方法从废水中消除(Salleh et al.,2012)。

如果大量的纺织废水在排入水资源之前没有经过适当的处理,可能会造成前面所讨论的环境问题。这就造成了有色水对受纳水体的有害影响,因此,有色水的处理成为最严重和最受关注的课题(Ghorai et al.,2014;Zhu et al.,2014)。纺织品染色过程中使用的染料清单见表 15.1。

表 15.1 根据染料索引(C.I.)应用的染料分类(Adegoke and Bello,2015)

分类	主要基材	应用方法	化学类型	实例
酸性染料	尼龙、羊毛、丝绸、纸、油墨和皮革	通常从中性到酸性染浴	偶氮(包括预金属化)、蒽醌、三苯基甲烷、吖嗪、氧杂蒽、硝基和亚硝基	酸性黄 36

续表

分类	主要基材	应用方法	化学类型	实例
偶氮组分和组成的染料	棉、人造丝、醋酸纤维、聚酯纤维	用偶联组分浸渍纤维并用稳定的重氮盐溶液处理	偶氮	蓝红色偶氮染料
碱性染料	纸、聚丙烯腈纤维、改性尼龙、聚酯纤维、油墨	适用于酸性染浴	花菁、半花菁、重氮半花菁、二苯甲烷、三芳基甲烷、偶氮、吖嗪、氧杂蒽、吖啶、噁嗪和蒽醌	碱性棕色1、亚甲基蓝
直接染料	棉、人造丝、纸、皮革和尼龙	适用于含有其他电解质的中性或弱碱性浴	偶氮、酞菁、二苯乙烯和噁嗪	直接橙26
分散染料	聚酯纤维、聚酰胺纤维、醋酸纤维、丙烯酸纤维和塑料	通过高温/高压或低温载体法应用的精细水分散体；染料可浸轧到布上并焙烘或热固色	偶氮、蒽醌、苯乙烯基、硝基和苯并二呋喃酮	分散黄3、分散红4和分散蓝27
荧光增白剂	皂和洗涤剂、所有纤维、油类、油漆和塑料	适用于大量的溶液、分散液或悬浮液	二苯乙烯、吡唑、香豆素和萘酰亚胺	4,4'-双（乙氧羰基乙烯基）二苯乙烯
食物、药品和化妆品用染料	食物、药品和化妆品		偶氮、蒽醌、类胡萝卜素和三芳基甲烷	食品黄4、酒石黄
媒染染料	羊毛、皮革和阳极氧化铝	与Cr盐一起使用	偶氮和蒽醌	媒染红11
氧化色基染料	毛发、毛皮和棉	芳香胺和酚氧化到基材上	苯胺黑和不明确的结构	—
活性染料	棉、毛、丝和尼龙	染料活性位点与纤维上的官能团反应，在加热和适当pH（碱性）下，与染料形成共价键	偶氮、蒽醌、酞菁、甲䧳、噁嗪和碱性的染料	活性蓝5

续表

分类	主要基材	应用方法	化学类型	实例
溶剂型染料	塑料、汽油、清漆、发胶、染色剂、油墨、油脂、油蜡	溶解在基材中	偶氮、三苯甲烷、蒽醌和酞菁	—
硫化染料	棉和人造丝	芳香底物经硫化钠还原,并在纤维上重新氧化成不溶的含硫产物	不明确的结构	—
还原染料	棉、人造丝和羊毛	用亚硫酸氢钠还原水不溶性染料,然后浸染到纤维上并重新氧化	蒽醌(包括多环奎宁)和靛蓝	还原蓝4(阴丹士林)

纺织废水中染料多种多样、有机物含量高,使得找到合适处理技术的挑战更加的复杂(Vijayaraghavan et al.,2007)。因此,必须确定高效且经济的处理技术。

15.2 染料治理

传统的水处理方法,如混凝、絮凝、离子交换、氧化或臭氧化、膜分离等,用于有色水的脱色,由于其复杂性、安装和维护以及处理的成本高,所以没有得到广泛应用(Robinson et al.,2001)。大多数物理和化学工艺不能有效地处理广泛的染料废水,而且成本也很高(Pokhrel and Viraraghavan,2004)。此外,正在采用的生物和化学预沉淀,仅对水中相对较高浓度的染料是有效且经济的(Ghoreishi and Haghhigi,2003)。表15.2列出了用于去除染料的各种方法及其优缺点。

表15.2 染料去除方法的优缺点(Adegoke and Bello,2015)

	方法	优点	缺点
化学处理法	氧化工艺	应用简单	试剂(H_2O_2)需要通过某种方式活化
	H_2O_2 + Fe(Ⅱ)盐(芬顿试剂)	芬顿法是一种合适的化学方法	产生污泥

续表

方法		优点	缺点
化学处理法	臭氧化法	臭氧可在气态下使用，不会增加废水和污泥量	半衰期短（20min）
	光化学法	不产生污泥和恶臭	生成副产物
	次氯酸钠（NaOCl）法	引发加速偶氮键断裂	释放出芳香胺
	电化学法降解法	不消耗化学品，没有污泥堆积	流速相对较高时染料去除率下降
生物处理法	通过白腐菌脱色	白腐菌能利用酶降解染料	酶的生产也被证明不可靠
	其他微生物培养（混合细菌）	可在24~30h内脱色	在有氧条件下，偶氮染料不容易被代谢
	通过活/死微生物生物质的吸附	某些染料与微生物有特殊的亲和力	不是对所有染料都有效
	厌氧纺织品—染料生物修复体系	使偶氮和其他水溶性染料脱色	厌氧分解产生甲烷和硫化氢
物理处理法	活性炭吸附法	对各种染料的去除效果好	成本高
	膜过滤法	可去除所有类型的染料	产生浓缩污泥
	离子交换	可再生、无吸附剂损失	不是对所有染料有效
	辐照	实验室规模的高效氧化	需要大量溶解氧
	电动凝聚方法	经济可行	产生大量污泥

此外，吸附技术是最灵活、应用最广的水处理工艺之一，因其成本不高、设计简单、效率高、易于处理、可生物降解，并且能够处理低浓度以及高浓度的带电污染物（Chaudhry et al.，2016，2017；Siddiqui and Chaudhry，2017a，b，c）。因此，使得研究人员对寻找廉价高效的吸附技术产生了浓厚的兴趣（Chaudhry et al.，2016，2017；Siddiqui and Chaudhry，2017a）。

通过研究煤炭、粉煤灰、木材废料、农业废料、硅胶和黏土等低成本和丰富材料选择合适的吸附剂并付诸实践（Won et al.，2006，2008）。吸附剂的质地或多孔结构在很大程度上影响着吸附能力，也可以通过改变其表面的化学性质来进行调控（Wu et al.，2001）。吸附剂表面有一定数量的官能团，这些官能团有助于对

15 用可持续和低成本的吸附剂处理废水中合成染料的最新研究进展

带电离子/分子产生吸引力,因此,足够数量的带电离子/分子通过化学吸附作用附着在吸附剂表面(Yang and Al Duri,2001)。

已有大量的吸附剂被用来去除水中的染料,其中主要有活性炭、碳纳米管、金属氧化物、二氧化硅、膨润土、活性无烟煤等(Yang and Al-Duri,2005; Zhang et al.,2003)。吸附现象一般取决于吸附剂的性质和选择性,可用性大、成本低的吸附剂更适合。活性炭是最常用的材料,对各种染料非常有效,且由于其特殊的操作,成为一种理想的材料;然而,活性炭通常相当昂贵,难以再生,无选择性,而且对分散染料和还原染料也无效(Santhy and Selvapathy,2006; Pereira et al.,2003; Chern and Huang,1998)。为了寻找相对便宜的活性炭替代物进行水处理,已经做出了很多努力。低成本吸附剂的选择,主要取决于前驱体的选择、前驱体的可用性和来源。所选择的前驱体应该是成本低、量大易得,且无害。目前,研究者的关注点主要集中在天然而非合成前驱体上。换句话说,低成本的吸附技术意味着吸附剂易得,并且总体的加工成本比较小。

近年来,包括工业和农业过程中的废料在内的低成本吸附剂,是最常用来去除水中的染料的吸附剂(图15.1)。这些废弃物是潜在经济的替代吸附剂(Woolard et al.,2002; Tsai et al.,2001)。将这些低成本的吸附剂用于废水处理,可以带来双重效益,即水处理和废物管理。下面给出了这些材料的一些细节。

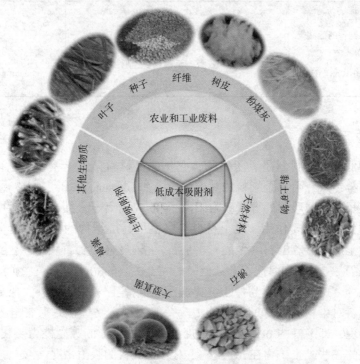

图 15.1 常用的去除水溶液中染料的低成本吸附剂

15.2.1 工业废弃物

工业产品或副产品是低成本的吸附剂，很容易从工业中大量获得，可用于去除水中的染料（Abdel-Khalek et al.，2017）。这些低成本的吸附剂可分为金属氢氧化物污泥、粉煤灰、赤泥、生物固体、废泥浆等（Piccin et al.，2016），是传统吸附剂的替代品。表15.3给出了各种工业废弃物、其来源以及对有色物质的有效性。

表15.3 工业废弃物、其来源及对有色物质的有效性

工业废弃物	来源	去除染料	参考文献
工业废鸡蛋壳	鸡蛋产业	MB、CR	Abdel-Khalek et al.（2017）
铬鞣革废料（CTLW）	制革工业	酸性红357	Piccin et al.（2016）
鱼鳞（MFS）	渔业	酸性蓝113	Ooi et al.（2017）
牛毛废料（CHW）	制革工业	酸性蓝161和酸性黑210	Mella et al.（2017）
制陶废料	陶瓷业	甲基橙	Khan et al.（2016）
炭浆	化肥工业	乙基橙、间胺黄、酸性蓝113	Jain et al.（2003）
用$ZnCl_2$活化法由葡萄加工废渣（GW）制备的活性炭	葡萄产业	孔雀石绿（MG）、刚果红（CR）	Sayğılı and Güzel（2015）
金属氢氧化物污泥（GW）	—	活性红2、活性红141和活性红120	Netpradit et al.（2003）

15.2.2 黏土矿物

另一种低成本的材料是黏土矿物，它是无机材料，由土壤、沉积物、岩石和水的胶体部分组成，可以是细粒的黏土混合物（Adeyemo et al.，2017）。黏土表面可以通过离子交换或吸附的方式吸附阳离子和/或阴离子，在废水处理中特别是在去除染料方面发挥重要作用。黏土材料可以根据其层结构的差异进行分类。一些最重要的黏土矿物有苏云石（蒙脱石、皂石）、云母（伊利石）、高岭土、蛇纹石、叶蜡石（滑石）、蛭石和海泡石。其他一些黏土大小的晶体是石英、碳酸盐和金属氧化物。如今，研究人员对高岭土、膨润土、硅藻土等黏土原料表现出浓厚的兴趣，这些原料对染料有极好的吸附能力。一般来说，黏土矿物对带电分子呈现离子交换的机理，即溶液的pH在很大程度上影响着黏土的吸附能力。表15.4列出了近期使用的一些黏土矿物在pH影响下对各种染料的吸附情况。

表 15.4 文献中讨论的一些黏土吸附剂对水中不同染料的吸附能力（Adeyemo et al., 2017）

黏土吸附剂	吸附质	去除率/%	最佳条件：pH；接触时间/min
膨润土	孔雀绿	>90	9；10
伊拉克膨润土改性黏土	坚牢绿	97	<7；30
伊拉克膨润土改性黏土	结晶紫	90	>7；30
酸活化的阿尔及利亚膨润土	亚甲基蓝	91.65	10；5
天然膨润土，经热活化改性	重氮染料	91.62	<10；120
天然膨润土，经酸活化改性	重氮染料	92.75	<10；120
天然膨润土，经酸和热联合活化改性	重氮染料	96.65	<10；120
钙基膨润土	刚果红	95.92	5；180
海藻酸盐/聚乙烯醇高岭土复合材料	亚甲基蓝	100	>8；360
天然高岭土	刚果红	84	5~9；60
烧制高岭土	刚果红	94	5~9；60
摩洛哥黏土（Ghassoul）	亚甲基蓝	90~99	4.5~5；10~20

15.2.3 硅质材料

硅质材料，如硅珠、明矾石、白云石和珍珠岩也被用作各种有机污染物特别是染料的低成本吸附剂（Walker et al., 2003）。这些都很容易获得，且由于它们的高无定形性、多孔性以及机械和热稳定性，显示出很高的吸附性能（Al-Ghouti et al., 2003; Acemioglu, 2005）。硅珠因其极高的多孔结构、机械稳定性和高比表面积，受到更多关注（Walker et al., 2003）。硅质材料的表面由酸性的硅醇构成，它能引起带电分子的不可逆的特异性吸附。硅烷与氨基的偶联改变了二氧化硅的表面，促进了二氧化硅表面与染料的相互作用（Walker et al., 2003; Al-Ghouti et al., 2003; Acemioglu, 2005）。表 15.5 列出了用于去除水中染料的一些硅质材料。

表 15.5 用于去除水中各种染料的硅质材料吸附剂

硅质材料	去除的染料	参考文献
白云石	活性红	Walker et al. (2003)
硅藻土	碱性蓝 9	Al-Ghouti et al. (2003)

续表

硅质材料	去除的染料	参考文献
珍珠岩	碱性蓝 9	Acemioglu（2005）
煅烧矾土	活性黄 64	Özacar and Sengil（2003）
煅烧矾土	酸性蓝 40	Özacar and Sengil（2002）
矾土	酸性蓝 17	
矾土 17	酸性黄	
珍珠岩	碱性蓝 9	Dogan et al.（2004）
褐煤	碱性蓝 9	Karaca et al.（2004）
珍珠岩	甲基紫	Dogan and Alkan（2003）
硅藻土	碱性蓝 9	Shawabkeh and Tutunji（2003）

15.2.4 沸石

沸石是一种具有大小不等孔洞的三维结构，高度多孔，表面带负电荷（Ghobarkar et al.，1999）。在其水溶液中，负电荷被阳离子取代，这些阳离子又可以与其他受试溶液中的某些阳离子进行交换。现有的沸石有 40 多种，其中，斜发沸石是最丰富、最常见的沸石（Ghobarkar et al.，1999；Calzaferri et al.，2000）。沸石成本低、比表面积相对较高、离子交换能力高，使其在污水处理中具有吸引力。然而，由于其吸附容量低，沸石很大程度上不适用于去除染料（Mirzaeia et al.，2017）。沸石具有改变其表面形态的能力，因此，染料在沸石上的吸附机理更加复杂。因此，与沸石相比，黏土材料和硅质材料是去除染料的更好选择（Walker et al.，2003；Al-Ghouti et al.，2003；Acemioglu，2005）。目前，许多改性沸石正被用于废水处理（表 15.6）。

表 15.6 用于去除各种染料的天然和改性沸石

沸石	去除的染料	去除容量/（mg/g）	参考文献
ZSM-5	结晶紫	142	Brião et al.（2017）
甲壳素/ZSM-5		1217	
十六烷基三甲基氯化铵（HDTMA-CL）改性斜发沸石（CZ）	酸性红 18（AR18）	11	Mirzaeia et al.（2017）

续表

沸石	去除的染料	去除容量/（mg/g）	参考文献
活性油棕灰沸石/壳聚糖（Z-AC/C）复合材料交联微珠	MB	在30℃、40℃和50℃分别为151.51、169.49和199.20	Khanday et al.（2017）
	酸性蓝29	在30℃、40℃和50℃分别为212.76、238.09和270.27	
天然沸石（NZ）	酸性红（AR 18）	1.17	Mirzaei et al.（2016）
表面改性天然沸石		20.42	
沸石凝灰岩（Nereju-Romania）	碱性蓝41	192.31	Humelnicu et al.（2017）
澳大利亚天然沸石	RB	2.8×10^{-5} mol/g	Wang and Zhu（2006）
	MB	7.9×10^{-5} mol/g	
天然沸石	橙黄二号	8.13	Jin et al.（2014）
十六烷基三甲基溴化铵（HDTMA）涂层沸石（HCZ）	橙黄二号	38.96	

15.2.5 农业固体废弃物和生物质

农业废弃物已成为去除水溶液中有机染料的常用吸附剂，可以替代大部分的商业活性炭。农业固体废弃物经济合理、环境友好而且最丰富。树皮、果壳和锯末是常见的农业固体废弃物原料和林业废弃物（Dogar et al.，2006）。我们可以得出这样的结论：农业废弃物和农副产品在世界范围内大量存在，物理化学特性优良，有可能作为带电分子的吸附剂（Malik，2004）。

生物质固体是另一种类型的农副产品，可成为不可再生的煤基颗粒活性炭（CACS）经济有效的替代品（Adegoke and Bello，2015）。这些材料对水中带电分子具有较好的吸附效率，表15.7列出了大量的农业废弃物和副产品。

表15.7 使用基于农业固体废物吸附剂的染料吸附（Adegoke and Bello，2015）

吸附剂	染料
甜菜渣	活性翠兰-G
谷壳灰	靛蓝胭脂红

续表

吸附剂	染料
化学改性花生壳	亚甲基蓝、亮甲酚蓝、中性红、日落黄和坚牢绿
花生壳	亚甲基蓝、亮甲酚蓝、中性红、活性黑 5
椰壳髓 AC	活性橙 12、活性红 2、活性蓝 4
	刚果红
椰壳髓炭	亚甲基蓝
椰壳髓	酸性紫
谷壳 AC	孔雀绿
谷壳基多孔碳	孔雀绿
稻壳	刚果红
茶渣	亚甲基蓝
针叶松树皮粉	结晶紫
柑橘皮 AC	直接 N 蓝-106
印楝锯末	孔雀绿
番石榴籽炭	酸性蓝 80
丝瓜 AC	活性橙
杏核 AC	阿斯特拉宗黄（7GL）
杏仁壳	直接红 80
柠檬皮	孔雀绿
甘蔗粉煤灰	甲基紫
红蓼 AC	孔雀绿

15.3 利用植物材料进行生物吸附

生物吸附是一种物理化学过程，天然的植物材料将染料分子吸附到其纤维素表面。这是向水处理的可持续性发展迈进的一步，并且为使用最丰富的天然植物打开了大门，因为它们成本低，甚至没有成本，并且生态友好（Kankılıç et al.，2016）。天然植物的纤维素表面含有大量的官能团，可以为极稀或浓溶液中的染料分子提供很强的相互作用能力。

芦苇（*Phragmites australis*）植物生物质的 FTIR 光谱（图 15.2）显示，原生和改性植物生物质的—OH 的伸缩振动分别在 3200cm^{-1} 和 3400cm^{-1}，芳香环上伸缩振动（酚基）分别在 2917cm^{-1} 和 2922cm^{-1}，C—O 伸缩振动分别在 1725cm^{-1} 和 1640cm^{-1} 处，而且改性植物生物质（图 15.2B）在 1384cm^{-1} 处出现 S—O 的新吸收峰。这揭示了天然植物表面存在的官能团，发挥了带电分子吸附位点的作用（Kankılıç et al.，2016）。

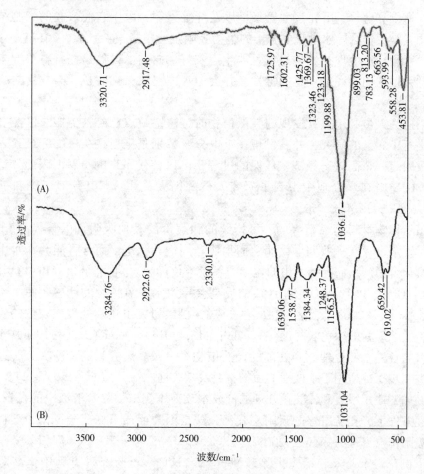

图 15.2　芦苇植物生物质（A）和改性芦苇植物生物质（B）FTIR 谱（Kankiliç et al.，2016）

20 世纪 90 年代，Arden 和 Lockett 首先应用生物质作为一种具有吸附能力的材料用于水处理,当时他们利用培养的细菌从原始污水中回收氮和磷(Siddiqui et al.,2017)。利用生物体清除水污染物的方法被称为生物累积法。后来在20世纪70年代,当研究人员发现死的生物质也可以作为水处理的材料时,称为生物吸附法(Siddiqui et al.,2017)。因此,将染料从水溶液中富集到生物吸附剂表面的过程称为生物吸附。通常情况下,生物吸附剂的作用比传统的离子交换树脂、市售活性炭更具选择性,可以将染料浓度限制在甚至低于ppb的水平。因此,生物吸附是一种经济、环保的方法,甚至存在竞争性离子的情况下也是有效的(Pengthamkeerati et al.,2008)。

生物吸附剂可以是无生命的、藻类的和微生物的生物质。各种无生命生物质,如骨头、树皮、木质素、虾、磷虾、鱿鱼、蟹的壳等;微生物生物质,如细菌、真菌、海绵和酵母;甲壳素和壳聚糖以及纤维素等,由于它们多孔的细胞结构和官能团,被用作去除水中带电分子的生物吸附剂(Siddiqui et al.,2017)。这些材料可用于替代水处理技术中昂贵且非生态友好的材料。虽然这些材料资源丰富且成本低,但它们会产生一定的毒性,并会向水体释放天然有机化合物,需要仔细筛选。

当研究人员利用大量发现的天然植物时,这些缺点已经被克服。已经对天然植物进行了大量的研究,并且发现,带电分子特别是染料,在植物纤维素表面的生物吸附是一个高效、经济、环保的过程,可以替代昂贵的材料。因此,基于天然植物的材料在水处理中得到了研究人员的极大关注,尤其是对于染料的吸附(Gaur et al.,2014)。

虽然植物材料是最新兴的、可持续的和廉价的其他吸附剂的替代品。然而,这些吸附剂也存在一些问题,如它们很快达到饱和状态,而且可能会在水中释放出有机化合物,从而提高水中的化学需氧量(COD)、生物需氧量(BOD)和总有机碳(TOC)。BOD、COD和TOC的提高会导致水中氧含量的耗尽,使水质恶化(Biplob et al.,2008)。为了克服这一问题,已经研究了化学处理或改性的植物材料作为去除染料的绿色吸附剂(Vecino et al.,2016)。本章汇编了可用于从水中去除染料的各种未经处理或经处理的天然植物材料及其废弃物的最新文献,这将有助于进一步探寻适用于水处理的植物材料及其改性。

例如,使用甲醛和硫酸预处理的低成本玫瑰木锯末去除水溶液中的孔雀石绿。在碱性条件下,孔雀石绿的吸附率较高,这是因为存在OH^-离子可作为染料阳离子的吸附位点(Garg et al.,2003)。

用桃花心木锯末和稻壳去除酸性黄36,这时,酸性条件有利于提高对酸性染料的吸附(Malik,2003)。同样,使用雪松锯末和碎砖从有色水中去除亚甲基蓝染料,观察到雪松锯末和碎砖的Langmuir最大吸附量分别为142.36mg/g和96.61mg/g。该研究中,薄膜和颗粒扩散都是有效的吸附机制(Hamdaoui,

2006)。还利用植物纤维、蛋白质和含羧基、羟基与酰氨基等功能性基团的凤凰树叶来去除亚甲基蓝,在 295 K 时,可去除 80.90mg/g 的亚甲基蓝(Han et al.,2007)。

同样,发现菠萝蜜(Jackfruit)皮对 MB 的吸附容量较高,随着菠萝蜜皮用量的增加,染料去除率增加,而且最大吸附能力约为 285mg/g(Hameed and Hakimi,2008)。由纤维素和木质素组成的香蕉茎对碱性染料的最大吸附能力为 243.90mg/g,对阳离子染料有相对较强的化学吸附(Hameed et al.,2008)。此外,茶叶残渣(STL)对 MB 的 Langmuir 最大吸附能力约为 300mg/g(Hameed,2009)。还研究了大蒜皮作为生物吸附剂对水溶液中的 MB 的治理。研究发现,在 323 K 时,其最大单层吸附能力为 142.36mg/L(Hameed and Ahmad,2009)。使用木瓜种子(PS)进一步从水中分离 MB,其 Langmuir 最大吸附容量约为 556mg/g。在不同的实验条件下,如搅拌时间、染料浓度、吸附剂量、pH 和温度,使用印楝树(Azadirachta indica)从水溶液中去除孔雀绿染料(Khattri and Singh,2009)。碱性蓝 41 和活性黑 5 也可以被吸附在被称为玉米芯克雷氏伯菌(Klebsiella sp.)UAP-b5 的生物吸附剂上(González et al.,2009)。

使用花生壳也可以降低水溶液中活性黑 5(RB5)的浓度。在 20℃ 时,花生壳对 RB5 的 Langmuir 单层吸附容量为 50mg/g(Tanyildizi,2011)。同样,用竹炭(BC)和微波改性 BC(BC-MW)去除其水溶液中的亚甲基蓝(MB)和酸性橙 7(AO7),对这两种染料都有良好的吸附能力(Liao et al.,2012)。

从 MB 初始浓度、吸附剂用量、温度和 pH 等方面,考察了酒石酸改性的瑞典油菜秸秆(Brassica napus L.)SRSTA 对 MB 的吸附容量,发现 SRSTA 对 MB 的最大单层吸附量为 246.4mg/g(Feng et al.,2012)。同样,草酸改性的瑞典油菜秸秆对 MB 的最大吸附量为 432mg/g(Feng et al.,2013)。此外,羧酸改性的芝麻秸秆(Sesamum indicum L.)SSCA 对 MB 的最大单层吸附量为 650mg/g。改性芝麻秸秆对 MB 优异的吸附性能是由于在酸改性过程中引入了酸性基团和酯类基团(Feng et al.,2017)。同样,使用未经处理和化学处理的褐藻(Stoechospermum marginatum)也能去除水溶液中的酸性橙 Ⅱ(AO7)染料,可用丙胺、酸性甲醇、甲醛和甲酸对褐藻进行化学处理(Kousha et al.,2012)。

此外,印度枣树种子(IJS)(Zizyphusmaruritiana)对刚果红(CR)染料的最大吸附量为 55.56mg/g(Reddy et al.,2012)。未经处理的咖啡残渣(UCR)也用于去除水溶液中的活性染料和碱性染料(Kyzas et al.,2012)。同样,季铵基团改性的亚麻片纤维素可以去除水溶液中的活性红 228(RR228)染料,改性亚麻片纤维素的最大单层吸附量为 190mg/g(Wang and Li,2013)。使用对虾(Penaeus indicus shrimp)的虾壳可以从水溶液中去除酸性蓝 25(AB25)(Daneshvar et al.,2014)。

天然桃胶(PG)可以在 5min 内从其溶液中吸附 98% 的 MB 以及 MV,这表明桃胶（PG）对两种染料的吸附效果均非常好（Zhou et al.，2014）。柠檬酸处理过的废茶（WT）也被用于去除水溶液中的 MB，在 298 K 时对 MB 的最大吸附量为 212.77mg/g（Abdolalia et al.，2014）。

使用植物基生物吸附剂去除水中可能致癌的罗丹明 B（Santhi et al.，2014）。用金合欢（Acacia nilotica）叶去除水溶液中的罗丹明 B，还发现微波处理的金合欢叶子（MVM）比化学处理的金合欢叶子其吸附能力（CVM）更有效（Santhi et al.，2014）。同样，利用钩藤（raphia hookerie）果外皮去除水中罗丹明 B 染料，结果表明，生物吸附剂对罗丹明 B 的最大单层吸附量为 666.67mg/g（Inyinbor et al.，2016）。

通过批量试验证实，利用木麻黄针（Casuarina equisetifolia needle）（CEN）可以从水中去除亚甲基蓝（MB）和孔雀绿（MG）。CEN 对 MB 和 MG 的最大单层吸附量分别为 110.8mg/g 和 77.6mg/g（Dahri et al.，2015）。同样，利用未经处理的和处理的芦苇（Phragmites australis）也可以吸附 MB，在优化条件下，其最大单层吸附容量分别为 22.7mg/g 和 46.8mg/g（Kankılıç et al.，2016）。芦苇的化学处理可确保羟基转变为磺酰基（图 15.2）。芦苇（改性和未改性）表面的 SEM 图像（图 15.3）进一步证实了 MB 在芦苇表面的负载。Joana 等（2007 年）报道了水处理中使用活性炭的数量。此外，丹参（Salvia mitiorrziza Bge）（SM）、柠檬酸和经 Na_2CO_3 处理的丹参也被用于去除污水中的 MB（图 15.4）。试验研究发现，丹参（SM）、柠檬酸和经 Na_2CO_3 改性的丹参的最大单层吸附量分别为 100mg/g、161mg/g 和 179mg/g（Zhao and Zhou，2016）。

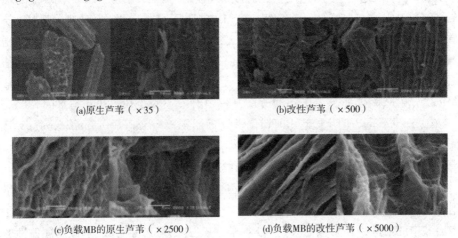

(a)原生芦苇（×35）　　　　　(b)改性芦苇（×500）

(c)负载MB的原生芦苇（×2500）　　(d)负载MB的改性芦苇（×5000）

图 15.3　芦苇（改性与未改性）的 SEM 图像（Kankılıç et al.，2016）

使用雪松子糠（Cedrela odorata seed chaff）（COSC）去除水溶液中的四种不同染料，MB、CR、甲基紫（MV）和甲基橙（MO）。在 298 K 时，得到 COSC 对 MB、CR、

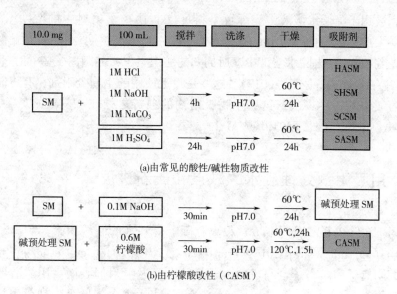

图15.4 丹参吸附剂的化学法改性程序（Zhao et al.，2016）

MV和MO的最大单层吸附量分别为88.32mg/g、79.46mg/g、75.11mg/g和57.35mg/g（Babalola et al.，2016）。还研究了碱性蓝9（BB9）在磨碎的坚果壳炭（GNC）和凤眼莲（Eichhornia）炭（EC）上的吸附性（Sumanjit and Mahajan，2016）。已有报道，酸柠檬（*Limoniaacidissima*）（木苹果壳，WAS）作为一种低成本的吸附剂，用于孔雀绿（MG）的吸附。发现在299 K时，酸柠檬对MG的Langmuir最大吸附量为80.645mg/g（Sartape et al.，2017）。

有研究利用蒲苇（*Cortaderia selloana*）花穗和由蒲苇花穗所得的碳纤维去除废水中的MB。碳纤维（CF）是由蒲苇花穗（FSs）煅烧生产的，其对MB的去除能力比原生蒲苇花穗有所增强。研究发现，蒲苇花穗碳纤维的最大吸附量为114.3mg/g，几乎比蒲苇花穗高3倍（Jia et al.，2017）。

用鹰嘴豆（Bengal gram）的豆荚壳（SHBG）作为吸附剂，从水溶液中去除四种不同的染料：MB、RB、CR和酸性蓝25。发现SHBG对MB、RB、CR和酸性蓝25染料的吸附量分别为333.33mg/g、133.34mg/g、78.12mg/g和5.56mg/g（Reddy and Nirmala，2017）。同样，通过对烘干的面包果（*Artocarpus camansi*）皮对MB生物吸附的等温线研究，得出其最大生物吸附量为409mg/g（Lim et al.，2017）。

采用四种不同来源，例如阿姆拉（aamla）种子（ASC）、蒲桃（jambul）种子（JSC）、罗望子种子（TSC）和皂荚籽（SNC），制备活性炭，用以去除模拟废水中的色素（CH）。结果表明，这些活性炭吸附容量的排序为ASC＞JSC＞TSC＞SNC（Hameed et al.，2017）。近来，阳离子表面活性剂溴化十六烷基吡啶（CPB）改性的花生壳被用于降低水溶液中亮绿色染料（LG，阴离子染料）的浓度。在 303 K 时，其最大单层吸附量约为 146mg/g（Zhao et al.，2017）。此外，使用硫酸预处理的椰子壳（CSAC）去除水溶液中众所周知的纺织染料，如阳离子蓝 GRL 和直接黄色 DY 12（Aljeboree et al.，2017）。这些是最近使用的生物吸附剂，有可能去除废水和水溶液中的各种染料。这些生物吸附剂的独特之处在于其成本低、效率高、自然资源丰富、易于处理和环境友好。

15.4　用吸附剂处理废水的缺点和最新进展

吸附剂去除染料的吸附能力，很大程度上受到水的制约因素如阴离子和阳离子的影响（Mu and Wang，2016；Etim et al.，2016；Darmograi et al.，2016）。水中存在的阴离子和阳离子会与染料分子竞争，通过吸附剂表面可用的活性位点被吸附到吸附剂上（Darmograi et al.，2016）。这些竞争会降低吸附剂对染料的吸附能力，并能使吸附剂很快达到饱和（Debnath et al.，2017）。

生物吸附剂由于表面可用的活性位点被染料分子所占据而达到的饱和状态，可以通过改变溶液的 pH，使被占据的分子从表面脱附而再生（Tian et al.，2018）。通过添加酸或碱，改变染料溶液的 pH，可以打开吸附质与吸附剂之间的键，使吸附剂从与吸附质的结合中游离出来，从而使饱和的生物吸附剂可以多次循环使用（Liu et al.，2015）。这一步骤使得该工艺更具成本效益，然而，实际操作起来相当困难，在进行再生前，将饱和的吸附剂从溶液中分离出来需要昂贵的仪器（Siddiqui and Chaudhry，2017a）。使用死亡的植物生物质可能会因其表面微生物的生长而产生毒性，且未经处理的材料可能会因功能性低而提前饱和，还可能由于出现生物质释放水溶性天然化合物，提高水中的化学需氧量（COD）、生物化学需氧量（BOD）和总有机碳（TOC）（Siddiqui et al.，2017）。因此，由天然植物所得的活性炭与其他水处理技术相比优点突出，是由于其成本低、自然资源丰富、比表面积大、多孔结构发达、吸附容量高，而且可以就地利用，不涉及复杂的技术。但是，在吸附过程中可能较早饱和，并且由于其非磁特性而不易再生，死亡的生物质可能会产生微生物，可能会释放水溶性天然化合物，并可能在很大程度上受 pH 影响（Siddiqui et al.，2017）。此外，由于染料大而复杂的结构，使其难以从水中去除，需要将这些染料降解为其组成的片段，尽管用天然植物无法做到。因此，近期开展了利用植物源活性炭（有机框架）和金属基纳/微米颗粒（无机填料）制备高效、多功能有机—无机杂化材料用于废水处理研究的尝试（Chen et al.，2017；Hosseinzadeh and Mohammadi，2015）。将无机填料填充到碳/纤维素框架中，可产生磁性特征、抑菌性能、吸附性能、光催化性能以及热和化学稳定性；此外，它还可以提高框架的比表面积和孔隙率（Chen et al.，2017）。这使得植物材料取得了巨大的进展，并使水处理技术更加完善。改性材料比非改性材料在水处理方面表现出巨大的优越性。利用半导体（金属氧化物基光催化剂）降解染料，已成为一种处理有色水的有吸引力的方法。

然而，金属氧化物（TiO_2，MnO_2，Fe_3O_4 等）由于带隙能大（例如 TiO_2 的带隙能为 3.2 eV），通常对紫外光驱动的光降解有响应（Chen et al.，2017；Arabzadeh and Salimi，2016；Nanda et al.，2016）。这就把金属氧化物的光催化活性局限在紫外区域。

这些光催化剂仅使用了太阳总光谱的 3%~5%，其在紫外光区的太阳能转换效率相比于可见光区的太阳能转换效率非常低（3%~4%）。因此，使用低带隙能的光催化剂在可见光照射下具有高的光催化活性已成为最具吸引力的先进技术（Arabzadeh and Salimi，2016；Nanda et al.，2016）。由于碳框架具有很高的设计灵活性，将半导体无机填料如金属氧化物填充到天然植物源的碳框架中是非常容易的。碳框架具有很大的比表面体积、可调的孔道，并可灵活地与各种金属氧化物进行功能化。金属氧化物对碳框架的填充可缩短光催化反应过程中电荷载流子的扩散长度，因此使有机—无机杂化材料在可见光区域下具有显著的光催化活性。通过调整金属氧化物，可使金属氧化物掺杂的碳质材料的带隙更智能、更先进（Nanda et al.，2016）。

此外，像银和金这样的颗粒在掺入有机骨架后会产生抗菌性能，所制备的复合材料用于细菌生长的抑制试验，但其成本高（Mohan et al.，2007；Murthy et al.，2008；Salomoni et al.，2017）。材料成本高的缺点可以通过在碳框架中加入性价比高的抗菌金属颗粒或使用本身对微生物具有抗菌活性的颗粒来解决（Padhi et al.，2017；Sathishkumar et al.，2017）。

由植物所得的碳材料因含有植物成分的官能团，可提供具有抗菌性的碳框架，可通过无机填料进行改性，以增强吸附能力。已经制备了一些基于天然植物的抗菌复合材料，用于去除水污染物（Sahraei and Ghaemy，2017）。通过掺杂无机材料，还可以提高碳框架的机械和热强度（Chen et al.，2017）。

由于使用的分离方法并不便捷，碳质材料很难分离和进一步再生/再循环（Siddiqui et al.，2017）。这个问题可以通过使用磁分离方法，对磁性吸附剂施加磁场来解决（Siddiqui and Chaudhry，2017a）。在碳框架中掺入类似氧化铁的磁性颗粒可能会在碳质材料中产生磁性，可以很容易地施加磁场从水溶液中分离出来，从而高效快速地去除废水中的污染物（Chen et al.，2017；Hosseinzadeh and Mohammadi，2015）。

将纳米无机颗粒掺入植物材料中，可为受试植物材料带来硬度和稳定性，因而限制了植物在水中释放有机化合物，不过纳米颗粒具有较高的流动性、团聚性和沉降性，因此需要进行更多的研究（Chen et al., 2017；Siddiqui and Chaudhry, 2017b；Siddiqui et al., 2017）。正如较早所报道的，通过用酸和碱处理植物材料，也避免了植物中发现的有机化合物的释放（Siddiqui et al., 2017）。上面给出了大量的化学预处理植物（Feng et al., 2012, 2013, 2017；Kousha et al., 2012；Reddy et al., 2012）。为此，已经使用了一些丰富而廉价的碳前体，通过炭化和活化生产。炭化需要高温设备，例如在适合的条件下用马弗炉。相比之下，微波加热具有炭化速度快，热效率高的特点，并赋予活性炭合成的绿色特性（Zhang and Liu, 2012；Zhang and Manohar, 2006）。该工艺大幅缩短了合成时间，提供了更好的炭化效果。例如，报道了基于甘蔗渣的热稳定磁多孔 g-Fe_2O_3/C 纳米复合材料的快速微波合成，用于去除和光催化降解水溶液中的亚甲基蓝（MB）（Chen et al., 2017）（图 15.5）。

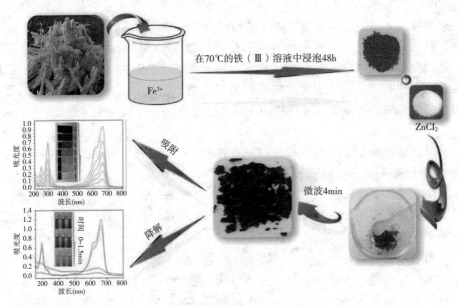

图 15.5　g-Fe_2O_3/C 的合成及其吸附和光催化活性（Chen et al., 2017）

对合成的磁性多孔 g-Fe_2O_3/C 纳米复合材料进行了 FTIR、拉曼光谱和 XRD 表征（图 15.6）。甘蔗渣的纤维素表面有大量的—OH 和—COOH 基团，可以作为良好的碳框架，并与 Fe^{3+} 发生强烈的相互作用。所制备的 g-Fe_2O_3/C 纳米复合材料的饱和磁化率为 17.1emu/g，对水溶液中 MB 的去除也表现出良好的吸附和催化降解能力（图 15.5 和图 15.8）。

而且，g-Fe_2O_3/C 在 5 个循环周期内仍具有良好的稳定性。此外，用磁性氧化铁纳米粒子对木瓜籽黏液（QSM）进行改性，将木瓜籽黏液（QSM）作为水溶液中亚甲基蓝（MB）染料的替代磁性生物吸附剂（Hosseinzadeh and Mohammadi，2015）。使用 FTIR、SEM、TEM、XRD 和 VSM 对磁性木瓜籽黏液进行表征，如图 15.7 所示。磁性木瓜籽黏液的磁化饱和度为 79.2~45.6 emu/g，证实了磁性纳米粒子掺入了木瓜籽黏液中（图 15.7~图 15.10）。因此，从该研究可以看出，科学家们正致力于通过将纳米颗粒掺杂到植物材料的方法，开发水处理质量很高的多功能有机—无机纳米复合材料。表 15.8 给出了天然植物基生物吸附剂的比较列表。

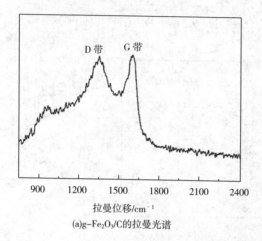

(a) g-Fe_2O_3/C 的拉曼光谱

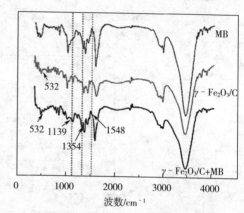

(b) g-Fe_2O_3/C、MB、g-Fe_2O_3/C 的和 MB 的 FTIR

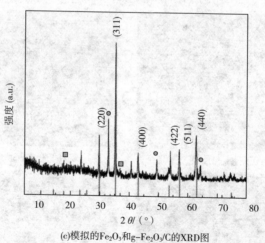

(c) 模拟的 Fe_2O_3 和 g-Fe_2O_3/C 的 XRD 图

图 15.6　g-Fe_2O_3/C 纳米复合材料的表征（Chen et al.，2017）

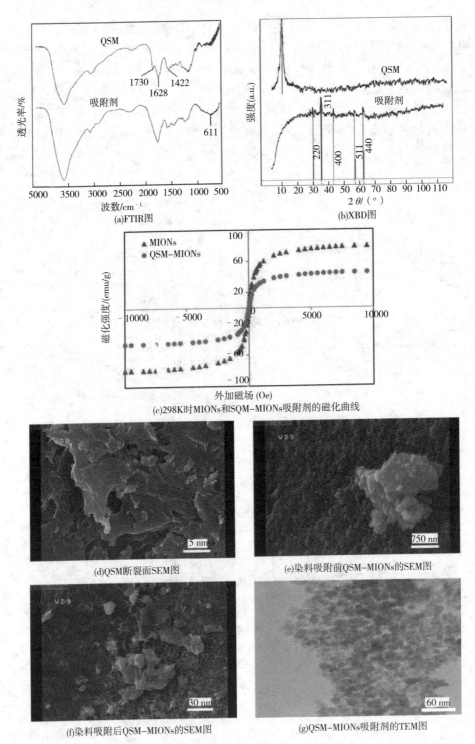

图15.7 QSM和QSM-MIONs吸附剂的表征（Hosseinzadeh et al.，2015）

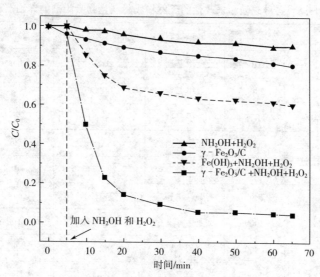

图 15.8　在 30℃ 和 pH=7 条件下，不同物质对 MB（100mg/L）的催化性能
（催化剂用量：10mg；C_{NH_2OH}：10 mmol/L；$C_{H_2O_2}$：3 mol/L）（Chen et al.，2017）

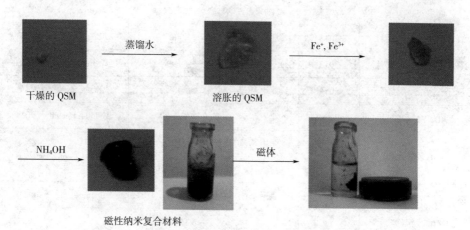

图 15.9　木瓜籽黏液磁性纳米复合材料形成及纳米复合材料磁性分离的示意图
（Hosseinzadeh et al.，2015）

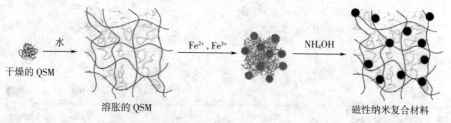

图 15.10　形成木瓜籽黏液基磁性纳米复合材料的示意图（Hosseinzadeh et al.，2015）

表 15.8 各种改性和未改性的天然植物材料生物吸附剂的详细清单

吸附剂	年份	测试染料	去除效率/(mg/g)	参考文献
$\gamma\text{-}Fe_3O_4/C$	2017	亚甲基蓝	353	Chen et al.(2017)
杉木锯末	2006	亚甲基蓝	142.36	Hamdaoui(2006)
碎砖	2006	亚甲基蓝	96.61	
凤凰木树叶	2007	亚甲基蓝	83.80	Han et al.(2007)
菠萝蜜皮	2008	亚甲基蓝	281.713	Hameed and Hakimi(2008)
香蕉杆	2008	碱性染料	243.90	Hameed et al.(2008)
茶叶渣	2009	亚甲基蓝	300.052	Hameed(2009)
大蒜皮	2009	亚甲基蓝	142.36	Hameed and Ahmad(2009)
木瓜种子	2009	亚甲基蓝	555.557	Hameed(2009c)
花生壳	2011	活性黑 5	55.55	Tanyildizi(2011)
印度枣种子	2012	刚果红	55.56	Reddy et al.(2012)
酒石酸改性油菜秸秆	2013	亚甲基蓝	246.4	Feng et al.(2012)
季铵基团改性亚麻片	2013	C.I. 活性红 228	190	Wang and Li(2013)
草酸改性油菜秸秆	2013	亚甲基蓝	432	Feng et al.(2013)
柠檬酸改性废茶叶	2014	亚甲基蓝	212.77	Abdolalia et al.(2014)
木麻黄针叶	2015	亚甲基蓝	110.8	Dahri et al.(2015)
		孔雀绿	77.6	
芦苇	2016	亚甲基蓝	46.8	Joana et al.(2007)
柠檬酸改性丹参	2016	亚甲基蓝	161.29	Zhao and Zhou(2016)
Na_2CO_3 改性丹参		亚甲基蓝	178.57	
雪松籽糠	2016	亚甲基蓝	111.88	Babalola et al.(2016)
		刚果红	128.84	
		甲基紫	121.23	
		甲基橙	68.23	
钩藤果皮	2016	罗丹明 B	666.667	Inyinbor et al.(2016)
羧酸功能化的芝麻秆	2017	亚甲基蓝	650	Feng et al.(2017)

续表

吸附剂	年份	测试染料	去除效率/（mg/g）	参考文献
木苹果壳	2017	孔雀绿	80.645	Sartape et al.（2017）
蒲苇花穗	2017	亚甲基蓝	114.3	Jia et al.（2017）
鹰嘴豆豆荚壳	2017	亚甲基蓝	333.33	Reddy and Nirmala（2017）
		罗丹明 B	133.34	
		刚果红	78.12	
		酸性蓝 25	5.56	
面包果果皮	2017	亚甲基蓝	409	Lim et al.（2017）
三聚氰胺改性甘蔗渣	2018	酸性嫩黄-O	1.005	Fideles et al.（2018）
		番红花素-T	0.638mmol/g	
杏仁胶	2017	孔雀绿	172.41	Bouaziz et al.（2017）
曲霉（Aspergillus lentulus）FJ172995	2011	—	97.54	Kaushik and Malik（2011）
黑曲霉（Aspergillus niger）生物质	2017	酸性黄 99	544.30	Naskar and Majumder（2017）
鹰嘴豆豆荚壳	2017	刚果红	41.66	Somasekhara Reddy et al.（2017）
榕树叶	2017	酸性紫 17 染料	119.05	Jain and Gogate（2017）
虾壳生物质	2015	酸性蓝 25 染料	95.64%	Kousha et al.（2015）
氧化锌/废弃生物质活化碳纳米复合材料	2017	橙色 G	1g/L	Vinayagam et al.（2017）
废稻秆	2018	亚甲基蓝	527.6	Sangon et al.（2018）
		刚果红	531.4	
生物质（蒲苇花穗）	2017	亚甲基蓝	114.3	Angelova et al.（2016）
磁改性马尾藻（Sargassum horneri）生物量	2016	吖啶橙	193.8	Angelova et al.（2016）
		孔雀绿	110.4	
菠萝废料生物质（Ananas comosus）	2015	亚甲基蓝	288.34	Mahamad et al.（2015）

续表

吸附剂	年份	测试染料	去除效率/（mg/g）	参考文献
巨藻（Macrocystis pyrifera）和零价铁纳米颗粒	2018	活性黑5	80%	Garcia et al.（2018）
纤维素纳米晶强化角蛋白生物吸附剂	2017	活性黑5	1201	Song et al.（2017）
		直接红80	1070	
棽叶槭（Vintex Negundo）植物茎	2014	亚甲基蓝	183.88~207.88	Kavitha and Senthamilselvi（2014）
葵花籽壳	2010	亚甲基蓝	4.757~23.196	Ong et al.（2010）
WH根粉	2012	亚甲基蓝	8.04	Soni et al.（2012）
由大戟（Euphorbia rigida）制备的活性炭	2008	分散橙25	114.45	Gercel et al.（2007）
芸香科木炭	2014	结晶紫	97%	Priya et al.（2014）
Vilvam木炭			93%	
木麻黄（Casuarina equisetifolia）种子	2016	中性红染料	94.39%	Ayuni et al.（2016）
火龙果皮	2015	阿尔新蓝	71.85	Mallampati et al.（2015）
		亚甲基蓝	62.58	
纤维素-g-p（AA-co-AM）	2017	亚甲基蓝	998	Su et al.（2017）
		酸性红1	523	
坚果壳木炭	2016	碱性蓝9	11.30	Sumanjit and Mahajan（2016）
凤眼莲木炭			56.8	

15.5 合成染料吸附机理

生物吸附剂以及染料分子的功能行为和分子结构决定了生物吸附剂与染料之间的相互作用机理。植物材料由于其表面存在大量的功能位点，在类似条件下，对染料的吸附能力比其他低成本材料高。染料与植物材料之间的相互作用机理可以通过负载染料的生物吸附剂的FTIR来证实和解释（图15.11）。这些光谱表明，染料吸附后，生物吸附剂的特征峰发生了较大的位移。通常，可观察到—OH、—NH₂、—C—O、—COO—对称伸缩振动的位移。生物吸附剂的峰的位移表明染料的活性位点和吸附剂表面的官能团之间特定的静电和氢键相互作用。

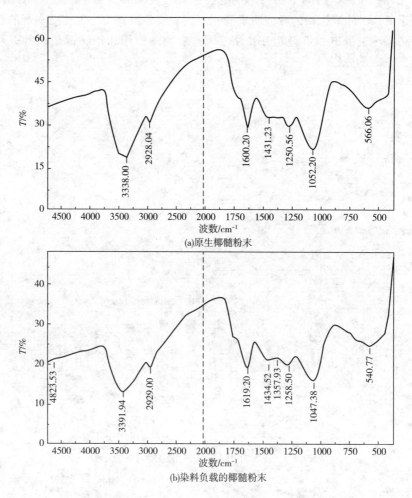

图 15.11 原生椰髓粉末和染料负载的椰髓粉末的 FTIR 谱（Etim et al.，2016）

从负载染料的椰髓粉末的 FTIR 光谱 [图 15.11（b）] 来看，各种官能团的峰呈现出新的波长位移，在 1357.93cm⁻¹ 处的峰完全消失，在 4623.53cm⁻¹ 处观察到新的不是很显著的峰，这些附着在椰髓粉上的官能团峰的位移 [图 15.11（a）] 表明官能团参与了吸附过程。使用 FTIR 研究了 MB 在 g-Fe₂O₃/C 上的吸附情况，如图 15.10（b）所示，表明 MB 成功地吸附在 g-Fe₂O₃/C 上（Chen et al.，2017）。

AB93 和 MB 在纤维素基生物吸附剂上的吸附是通过范德瓦耳斯力和氢键相互作用进行的（图 15.12）。负载 AB93 和 MB 的生物吸附剂的 FTIR 光谱（图 15.13）显示了生物吸附剂和染料分子之间可能的相互作用位点。与纤维素基生物吸附剂的光谱相比，负载染料的生物吸附剂的特征峰有变宽和轻微偏移，但是并没有看到对应于 C—H 伸缩振动的峰的明显变化。这表明染料分子与生物吸附剂的官能团之间存在特定的静电和氢键相互作用。因此，物理作用和化学键是染料吸附到生物吸附剂表面的原因。

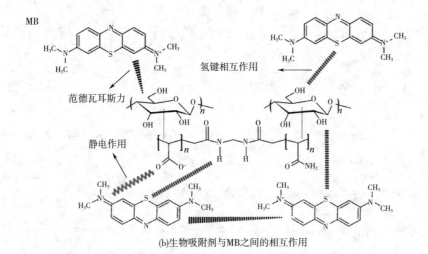

图 15.12　生物吸附剂与（a）AB93 和（b）MB 染料分子之间可能的相互作用示意图（Liu et al.，2015）

15 用可持续和低成本的吸附剂处理废水中合成染料的最新研究进展

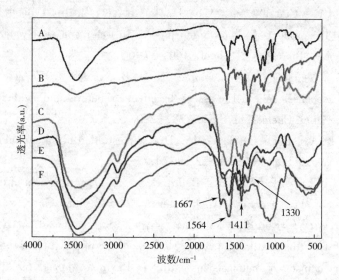

图 15.13 （A）AB93；（B）MB；（C）负载 AB93 的纤维素基生物吸附剂；（D）负载 MB 的纤维素基生物吸附剂；（E）纤维素基生物吸附剂和（F）纤维素的 FTIR 光谱
(Liu et al., 2015)

15.6 结论与发展趋势

引言部分包括：近几十年来纺织品染料的生产和使用已经大幅增加，导致大量的污水排放到水体中，对环境构成了巨大的威胁。为避免染料排入水中，可以通过各种技术来实现，但是，这需要高昂的成本，使得这些技术毫无用处。与其他传统和常规方法相比，使用低成本的染料吸附材料非常有效。本章内容简要整理了各种低成本、可持续的去除水和废水中纺织染料的处理方法。从全面的文献综述看，由天然植物材料制得的生物吸附剂成本低、可利用性广、动力学速度快以及吸附容量更高。但是，它们的吸附量存在很大的差异，这表明除了比表面积和孔隙率外，吸附性能与吸附剂的分子结构也有一定的相关性。因此，需要进行更详细的关键性研究，推动吸附剂的预测和选择的经济性和有效性。

参考文献

[1] Abdel-Khalek, M. A., Abdel Rahman, M. K., Francis, A. A., 2017. Exploring the adsorption behaviour of cationic and anionic dyes on industrial waste shells of egg. J. Environ. Chem. Eng. 5, 319-327.

[2] Abdolalia, A., Guo, W. S., Ngo, H. H., et al., 2014. Typical lignocellulosic wastes and by-products for biosorption process in water and wastewater treatment: a critical review. Bioresour. Technol. 160, 57-66.

[3] Abe, F. R., Mendonça, J. N., Moraes, L. A. B., et al., 2017. Toxicological and behavioral responses as a tool to assess the effects of natural and synthetic dyes on zebrafish early life. Chemosphere 178, 282-290.

[4] Adegoke, K. A., Bello, O. S., 2015. Dye sequestration using agricultural wastes as adsorbents. Water. Resour. Ind. 12, 8-24.

[5] Adeyemo, A. A., Adeoye, I. O., Bello, O. S., 2017. Adsorption of dyes using different types of clay: a review. Appl Water Sci 7, 543-568.

[6] Al-Ghouti, M. A., Khraisheh, M. A. M., Allen, S. J., Ahmad, M. N., 2003. The removal of dyes from textile wastewater: a study of the physical characteristics and adsorption mechanisms of diatomaceous earth. J. Environ. Manag. 69, 229-238.

[7] Aljeboree, A. M., Alshirifi, A. N., Alkaim, A. F., 2017. Kinetics and equilibrium study for the adsorption of textile dyes on coconut shell activated carbon. Arab. J. Chem. 10, S3381-S3393.

[8] Angelova, R., Baldikova, E., Pospiskova, K., Maderova, K., Safarik, I., 2016. Magnetically modified Sargassum horneri biomass as an adsorbent for organic dye removal. J. Clean. Prod. 137, 189-194.

[9] Annadurai, G., Juang, R., Lee, D., 2002. Use of cellulose-based wastes for adsorption of dyes from aqueous solutions. J. Hazard. Mater. B92, 263-274.

[10] Arabzadeh, A., Salimi, A., 2016. One dimensional CdS nanowire@TiO_2 nanoparticles core-shell as high performance photocatalyst for fast degradation of dye pollutants under visible and sunlight irradiation. J. Colloid Interface Sci. 479, 43-54.

[11] Ayuni, A., Zuki, A., Awang, M., Mahmud, A. A., Jaafar, J. J., 2016. Removal of neutral red dye from aqueous solution by raw and microwave-chemical modified coastal plant, Casuarina equisetifolia seeds as adsorbents. Int. J. Appl. Chem. 12, 29-33.

[12] Acemioglu, B., 2005. Batch kinetic study of sorption of methylene blue by perlite. Chem. Eng. J. 106, 73-81.

[13] Babalola, J. O., Koiki, B. A., Eniayewu, Y., et al., 2016. Adsorption efficacy of Cedrela odorata seed waste for dyes: non linear fractal kinetics and non linear equilibrium studies. J. Environ. Chem. Eng. 4, 3527-3536.

[14] Biplob, B. K., Jun-ichi, I., Katsutoshi, I., et al., 2008. Adsorptive removal of As(V) As(III) from water by a Zr(IV)-loaded orange waste gel. J. Hazard. Ma-

ter. 154, 1066-1074.

[15] Bouaziz, F., Koubaa, M., Kallel, F., Ghorbel, R. E., Chaabouni, S. E., 2017. Adsorptive removal of malachite green from aqueous solutions by almond gum: kinetic study and equilibrium isotherms. Int. J. Biol. Macromol. 105, 56-65.

[16] Brião, G. V., Jahn, S. L., Foletto, E. L., Dotto, G. L., 2017. Adsorption of crystal violet dye onto a mesoporous ZSM-5 zeolite synthetized using chitin as template. J. Colloid Interface Sci. 508, 313-322.

[17] Calzaferri, G., Brühwiler, D., Megelski, S., 2000. Playing with dye molecules at the inner and outer surface of zeolite L. Solid States Sci. 2, 421-447.

[18] Chaudhry, S. A., Ahmed, M., Siddiqui, S. I., Ahmed, S., 2016. Fe(III)-Sn(IV) mixed binary oxide-coated sand preparation and its use for the removal of As(III) and As(V) from water: application of isotherm, kinetic and thermodynamics. J. Mol. Liq. 224, 431-441.

[19] Chaudhry, S. A., Zaidi, Z., Siddiqui, S. I., 2017. Isotherm, kinetic and thermodynamics of arsenic adsorption onto iron-zirconium binary oxide-coated sand (IZBOCS): modelling and process optimization. J. Mol. Liq. 229, 230-240.

[20] Chen, T., Xiong, Y., Qin, Y., et al., 2017. Facile synthesis of low-cost biomass-based G-Fe_2O_3/C for efficient adsorption and catalytic degradation of methylene blue in aqueous solution. RSC Adv. 7, 336-343.

[21] Chern, J. M., Huang, S. N., 1998. Study of nonlinear wave propagation theory, 1 dye adsorption by activated carbon. Ind. Eng. Chem. Res. 37, 253-257.

[22] Chung, K. T., 2016. Azo dyes and human health: a review. J. Environ. Sci. Health C Environ. Carcinog. Ecotoxicol. Rev. 34, 233-261.

[23] Dahri, M. K., Kooh, M. R. R., Lim, L. B. L., 2015. Application ofCasuarina equisetifolia needle for the removal of methylene blue and malachite green dyes from aqueous solution. Alexand Eng. J. 54, 1253-1263.

[24] Daneshvar, E., Sohrabi, M. S., Kousha, M., et al., 2014. Shrimp shell as an efficient bio adsorbent for Acid Blue 25 dye removal from aqueous solution. J. Taiwan Inst. Chem. Eng. 45 (6), 2926-2934.

[25] Darmograi, G., Prelot, B., Geneste, A., Charles De Menorval, L., Zajac, J., 2016. Removal of three anionic orange-type dyes and Cr(VI) oxyanion from aqueous solutions onto strongly basic anion-exchange resin. The effect of single-component and competitive adsorption. Colloids Surf. A Physicochem. Eng. Asp. 508, 240-250.

[26] Debnath, S., Ballav, N., Maity, A., Pillay, K., 2017. Competitive adsorption of

ternary dye mixture using pine cone powder modified with β-cyclodextrin. J. Mol. Liq. 225, 679-688.

[27] Demirbas, A., 2009. Agricultural based activated carbons for removal of dyes from aqueous solution: a review. J. Hazard. Mater. 167, 1-9.

[28] Dietrich, A. M., Burlingame, G. A., 2015. Critical review and rethinking of USEPA secondary standards for maintaining organoleptic quality of drinking water. Environ. Sci Technol. 49, 708-720.

[29] Dogan, M., Alkan, M., 2003. Removal of methyl violet from aqueous solution by perlite. J. Colloid Interface Sci. 267, 32-41.

[30] Dogan, M., Alkan, M., Türkyilmaz, A., Özdemir, Y., 2004. Kinetics and mechanism of removal of methylene blue by adsorption onto perlite. J. Hazard. Mater. B109, 141-148.

[31] Dogar, G. C., Karaca, S., Acikyildiz, M., Bayrak, R., 2006. Production of granular activated carbon from waste Rosa canina sp. seeds and its adsorption characteristics for dye. J. Hazard. Mater. 131, 254-259.

[32] Dumont, J., Josse, R., Lambert, C., et al., 2010. Differential toxicity of heterocyclic aromatic amines and their mixture in metabolically competent HepaRG cells. Toxicol. Appl. Pharmacol. 245, 256-263.

[33] Etim, U. J., Umoren, S. A., Eduok, U. M., 2016. Coconut coir dust as a low cost adsorbent for the removal of cationic dye from aqueous solution. J. Saudi Chem. Soc. 20, S67-S76.

[34] Farrukh, A., Akram, A., Ghaffar, A., Hanif, S., Hamid, A., Duran, H., Yameen, B., 2013. Design of polymer-brush-grafted magnetic nanoparticles for highly efficient water remediation. ACS Appl. Mater. Interfaces 5, 3784-3793.

[35] Feng, Y., Zhou, H., Liu, H., et al., 2012. Methylene blue adsorption onto swede rape straw (Brassica napus L.) modified by tartaric acid: equilibrium, kinetic and adsorption mechanisms. Bioresour. Technol. 125, 138-144.

[36] Feng, Y., Dionysiou, D. D., Wu, Y., et al., 2013. Adsorption of dyestuff from aqueous solutions through oxalic acid-modified swede rape straw: adsorption process and disposal methodology of depleted bio-adsorbents. Bioresour. Technol. 138, 191-197.

[37] Feng, Y., Liu, Y., Xue, L., et al., 2017. Carboxylic acid functionalized sesame straw: a sustainable cost-effective bio adsorbent with superior dye adsorption capacity. Bioresour. Technol. 238, 675-683.

[38] Fernandes, F. H., Obregon, E. B., Salvadori, D. M. F., 2015. Disperse red 1

(textile dye) induces cytotoxic and genotoxic effects in mouse germ cells. Reprod. Toxicol. 53, 75-81.

[39] Ferraz, E. R., Grando, M. D., Oliveira, D. P., 2011. The azo dye disperse Orange 1 induces DNA damage and cytotoxic effects but does not cause ecotoxic effects in daphnia Similis and Vibrio fischeri. J. Hazard. Mater. 192, 628-633.

[40] Fideles, R. A., Ferreira, G. M. D., Teodoro, F. S., Adarme, O. F. H., Gurgel, L. V. A., 2018. Trimellitated sugarcane bagasse: a versatile adsorbent for removal of cationic dyes from aqueous solution. Part I: Batch adsorption in a monocomponent system. J. Colloid Interface Sci. 515, 172-188.

[41] Garcia, F. E., Cazon, J. P., Montesinos, V. N., Donati, E. R., Litter, M. I., 2018. Combined strategy for removal of Reactive Black 5 by biomass sorption on Macrocystis pyrifera and zerovalent iron nanoparticles. J. Environ. Manag. 207, 70-79.

[42] Garg, V. K., Gupta, R., Yadav, R. B., Kumar, R., 2003. Dye removal from aqueous solution by adsorption on treated sawdust. Bioresour. Technol. 89, 121-124.

[43] Gaur, N., Gagan, F., Mahavir, Y., Archana, T., 2014. A review with recent advancements on bioremediation-based abolition of heavy metals. Environ. Sci. Process Impact. 16, 180-193.

[44] Gercel, O., Ozcan, A., Ozcan, A. S., Gercel, H. F., 2007. Preparation of activated carbon from a renewable bio-plant of Euphorbia rigida by H_2SO_4 activation and its adsorption behavior in aqueous solutions. Appl. Surf. Sci. 253, 4843-4852.

[45] Ghobarkar, H., Schäf, O., Guth, U., 1999. Zeolites-from kitchen to space. Prog. Solid State Chem. 27, 29-73.

[46] Ghorai, S., Sarkar, A., Raoufi, M., 2014. Enhanced removal of methylene blue and methyl violet dyes from aqueous solution using a nanocomposite of hydrolyzed polyacrylamide grafted xanthan gum and incorporated nanosilica. ACS Appl. Mater. Interfaces6, 4766-4777.

[47] Ghoreishi, M., Haghighi, R., 2003. Chemical catalytic reaction and biological oxidation for treatment of non-biodegradable textile effluent. Chem. Eng. J. 95, 163-169.

[48] González, M. P. E., Ramírez, L. E. F., Villa, M. R. G. G., 2009. Degradation of immobilized azo dyes by Klebsiella sp UAP-b5 isolated from maize bio adsorbent. J. Hazard. Mater. 161, 769-774.

[49] Hamdaoui, O., 2006. Batch study of liquid phase adsorption of Methylene blue using cedar sawdust and crushed brick. J. Hazard. Mater. B135, 264-273.

[50] Hameed, B. H., 2009. Spent tea leaves: a new non-conventional and low-cost adsorbent for removal of basic dye from aqueous solutions. J. Hazard. Mater. 161, 753-759.

[51] Hameed, B. H., 2009c. Evaluation of papaya seeds as a novel non-conventional low-cost adsorbent for removal of methylene blue. J. Hazard. Mater. 162, 939-944.

[52] Hameed, B. H., Ahmad, A. A., 2009. Batch adsorption of methylene blue from aqueous solution by garlic peel, an agricultural waste biomass. J. Hazard. Mater. 164, 870-875.

[53] Hameed, B. H., Hakimi, H., 2008. Utilization of durian (Durio zibethinus Murray) peel as low cost sorbent for the removal of acid dye from aqueous solutions. Biochem. Eng. J. 39, 338-343.

[54] Hameed, B. H., Mahmoud, D. K., Ahmad, A. L., 2008. Sorption equilibrium and kinetics of basic dye from aqueous solution using banana stalk waste. J. Hazard. Mater. 158, 499-506.

[55] Hameed, K. S., Muthirulan, P., Sundaram, M. M., 2017. Adsorption of chromotrope dye onto activated carbons obtained from the seeds of various plants: equilibrium and kinetics studies. Arab. J. Chem. 10, S2225-S2233.

[56] Han, R., Zou, W., Yu, W., Cheng, S., Wang, Y., 2007. Biosorption of Methylene blue from aqueous solution by fallen phoenix tree's leaves. J. Hazard. Mater. 141, 156-162.

[57] Hosseinzadeh, H., Mohammadi, S., 2015. Quince seed mucilage magnetic nanocomposites as novel bioadsorbents for efficient removal of cationic dyes from aqueous solutions. Carbohydr. Polym. 134, 213-221.

[58] Humelnicu, I., Băiceanu, A., Ignat, M. E., Dulman, V., 2017. The removal of Basic Blue 41 textile dye from aqueous solution by adsorption onto natural zeolitic tuff: kinetics and thermodynamics. Process Saf. Environ. Protect. 105, 274-287.

[59] Inyinbor, A. A., Adekola, F. A., Olatunji, G. A., 2016. Kinetics, isotherms and thermodynamic modeling of liquid phase adsorption of Rhodamine B dye onto Raphia hookerie fruit epicarp. Water Resour. Ind. 15, 14-27.

[60] Jain, S. N., Gogate, P. R., 2017. Adsorptive removal of acid violet 17 dye from wastewater using biosorbent obtained from NaOH and H_2SO_4 activation of fallen leaves of Ficus racemosa. J. Mol. Liq. 243, 132-143.

[61] Jain, A. K., Gupta, V. K., Bhatnagar, A., Suhas, 2003. Utilization of industrial waste products as adsorbents for the removal of dyes. J. Hazard. Mater. 101, 31–42.

[62] Jia, Z., Li, Z., Ni, T., Li, S., 2017. Adsorption of low-cost absorption materials based on biomass (Cortaderia selloana flower spikes) for dye removal: kinetics, isotherms and thermodynamic studies. J. Mol. Liq. 229, 285–292.

[63] Jin, X., Yu, B., Chen, Z., Arocena, J. M., Thring, R. W., 2014. Adsorption of Orange II dye in aqueous solution onto surfactant-coated zeolite: characterization, kinetic and thermodynamic studies. J. Colloid Interface Sci. 435, 15–20.

[64] Joana, M. D., Maria, C. M., Ferraz, A., et al., 2007. Waste materials for activated carbon preparation and its use in aqueous-phase treatment: a review. J. Environ. Manag. 85, 833–846.

[65] Kankılıç, G. B., Metin, A. U., Tüzün, I., 2016. Phragmites australis: an alternative biosorbent for basic dye removal. Ecol. Eng. 86, 85–94.

[66] Karaca, S., Gürses, A., Bayrak, R., 2004. Effect of some pre-treatments on the adsorption of methylene blue by Balkaya lignite. Energy Convers. Manag. 45, 1693–1704.

[67] Kaushik, P., Malik, A., 2011. Process optimization for efficient dye removal by Aspergillus lentulus FJ172995. J. Hazard. Mater. 185, 837–843.

[68] Kavitha, K., Senthamilselvi, M. M., 2014. Adsorptive removal of methylene blue using the natural adsorbent–Vitex negundo Stem. Int. J. Curr. Acad. Rev. 2, 270–280.

[69] Khan, M. S., Sohail, M., Khattak, N. S., Sayed, M., 2016. Industrial ceramic waste in Pakistan, valuable material for possible applications. J. Clean. Prod. 139, 1520–1528.

[70] Khanday, W. A., Asif, M., Hameed, B. H., 2017. Cross-linked beads of activated oil palm ash zeolite/chitosan composite as a bio-adsorbent for the removal of methylene blue and acid blue 29 dyes. Int. J. Biol. Macromol. 95, 895–902.

[71] Khattri, S. D., Singh, M. K., 2009. Removal of malachite green from dye wastewater using neem sawdust by adsorption. J. Hazard. Mater. 167, 1089–1094.

[72] Kousha, M., Daneshvar, E., Sohrabi, M. S., Jokar, M., Bhatnagar, A., 2012. Adsorption of acid orange II dye by raw and chemically modified brown macroalga Stoechospermum marginatum. Chem. Eng. J. 192, 67–76.

[73] Kousha, M., Tavakoli, S., Daneshvar, E., Vazirzadeh, A., Bhatnagar, A.,

2015. Central composite design optimization of Acid Blue 25 dye biosorption using shrimp shell biomass. J. Mol. Liq. 207, 266-273.

[74] Kyzas, G. Z., Lazaridis, N. K., Mitropoulos, A. C., 2012. Removal of dyes from aqueous solutions with untreated coffee residues as potential low-cost adsorbents: equilibrium, reuse and thermodynamic approach. Chem. Eng. J. 189 - 190, 148-159.

[75] Lade, H., Kadam, A., Paul, D., Govindwar, S., 2015. A low-cost wheat bran medium for biodegradation of the benzidine-based carcinogenic dye trypan blue using a microbial consortium. Int. J. Environ. Res. Public Health 12, 3480-3505.

[76] Liao, P., Ismael, Z. M., Zhang, W., et al., 2012. Adsorption of dyes from aqueous solutions by microwave modified bamboo charcoal. Chem. Eng. J. 195-196, 339-346.

[77] Lim, L. B. L., Priyantha, N., Tennakoon, D. T. B., et al., 2017. Breadnut peel as a highly effective low-cost biosorbent for methylene blue: equilibrium, thermodynamic and kinetic studies. Arab. J. Chem. 10, S3216-S3228.

[78] Lima, R. O. A. D., Bazo, A. P., Salvadori, D. M. F., et al., 2007. Mutagenic and carcinogenic potential of a textile azo dye processing plant effluent that impacts a drinking water source. Mutat. Res. Genet. Toxicol. Environ. Mutagen. 626, 53-60.

[79] Liu, L., Gao, Z. Y., Su, X. P., Chen, X., Jiang, L., Yao, J. M., 2015. Adsorption removal of dyes from single and binary solutions using a cellulose-based bioadsorbent. ACS Sustain. Chem. Eng. 3, 432-442.

[80] Mahamad, M. N., Zaini, M. A. A., Zakaria, Z. A., 2015. Preparation and characterization of activated carbon from pineapple waste biomass for dye removal. Int. Biodeter. Biodegr. 102, 274-280.

[81] Malik, P. K., 2003. Use of activated carbons prepared from sawdust and ricehusk for adsorption of acid dyes: a case study of Acid Yellow 36. Dyes Pigments 56, 239-249.

[82] Malik, P. K., 2004. Dye removal from waste water using activated carbon developed from sawdust: adsorption equilibrium and kinetics. J. Hazard. Mater. 113, 81-88.

[83] Mallampati, R., Xuanjun, L., Adin, A., Valiyaveettil, S., 2015. Fruit peels as efficient renewable adsorbents for removal of dissolved heavy metals and dyes from water. ACS Sustain. Chem. Eng. 3, 1117-1124.

[84] Mella, B., Puchana-Rosero, M. J., Costa, D. E. S., Gutterres, M., 2017. Utili-

zation of tannery solid waste as an alternative biosorbent for acid dyes in wastewater treatment. J. Mol. Liq. 242, 137-145.

[85] Mirzaei, N., Hadi, M., Gholami, M., Fard, R. F., Aminabad, M. S., 2016. Sorption of acid dye by surfactant modificated natural zeolites. J. Taiwan Inst. Chem. Eng. 59, 186-194.

[86] Mirzaeia, N., Ghaffarib, H. R., Sharafic, K., 2017. Modified natural zeolite using ammonium quaternary based material for Acid red 18 removal from aqueous solution. J. Environ. Chem. Eng. 5, 3151-3160.

[87] Mohan, Y. M., Lee, K., Kumar, P. T., Geckeler, K. E., 2007. Hydrogel networks as nano reactors: a novel approach to silver nanoparticles for antibacterial applications. Polymer 48, 158-164.

[88] Mu, B., Wang, A., 2016. Adsorption of dyes onto palygorskite and its composites: a review. J. Environ. Chem. Eng. 4, 1274-1294.

[89] Murthy, P. K., Mohan, Y. M., Varaprasad, K., Sreedhar, B., Raju, K. M., 2008. First successful design of semi-IPN hydrogel-silver nanocomposites: a facileapproach for antibacterial application. J. Colloid Interface Sci. 318, 217-224.

[90] Nanda, B., Pradhan, A. C., Parida, K. M. A., 2016. Comparative study on adsorption and photo-catalytic dye degradation under visible light irradiation by mesoporous MnO_2 modified MCM-41 nanocomposite. Micropor. Mesopor. Mater. 226, 229-242.

[91] Naskar, A., Majumder, R., 2017. Understanding the adsorption behaviour of acid yellow 99 on Aspergillus nigerbiomass. J. Mol. Liq. 242, 892-899.

[92] Netpradit, S., Thiravetyan, P., Towprayoon, S., 2003. Application of 'waste' metal hydroxide sludge for adsorption of azo reactive dyes. Water Res. 37, 763-772.

[93] Ong, S. T., Keng, P. S., Lee, S. L., Leong, M. H., Hung, Y. T., 2010. Equilibrium studies for the removal of basic dye by sunflower seed husk (Helianthus annuus). Int. J. Phys. Sci. 5, 1270-1276.

[94] Ooi, J., Lee, L. Y., Hiew, B. Y. Z., 2017. Assessment of fish scales waste as a low cost and eco-friendly adsorbent for removal of an azo dye: equilibrium, kinetic and thermodynamic studies. Bioresour. Technol. 245, 656-664.

[95] Özacar, M., Sengil, A. I., 2002. Adsorption of acid dyes from aqueous solutions by calcined alunite and granular activated carbon. Adsorption 8, 301-308.

[96] Özacar, M., Sengil, A. I., 2003. Adsorption of reactive dyes on calcined alunite from aqueous solutions. J. Hazard. Mater. B98, 211-224.

[97] Padhi, D. K., Panigrahi, T. K., Parida, K., Singh, S. K., Mishra, P. M., 2017. Green synthesis of Fe_3O_4/RGO nanocomposite with enhanced photocatalytic performance for Cr(Ⅵ) reduction, phenol degradation, and antibacterial activity. ACS Sustain. Chem. Eng. 5, 10551-10562.

[98] Peng, N., Hu, D., Zeng, J., et al., 2016. Superabsorbent cellulose-clay nanocomposite hydrogels for highly efficient removal of dye in water. ACS Sustain. Chem. Eng. 4, 7217-7224.

[99] Pengthamkeerati, P., Satapanajaru, T., Singchan, O., 2008. Sorption of reactive dye from aqueous solution on biomass fly ash. J. Hazard. Mater. 153, 1149-1156.

[100] Pereira, M. F. R., Soares, S. F., Orfao, J. J. M., Figueiredo, J. L., 2003. A desorption of dyes on activated carbons: influence of surface chemical groups. Carbon 41, 811-821.

[101] Piccin, J. S., Gomes, C. S., Mella, B., Gutterres, M., 2016. Color removal from real leather dyeing effluent using tannery waste as an adsorbent. J. Environ. Chem. Eng. 4, 1061-1067.

[102] Pokhrel, D., Viraraghavan, T., 2004. Treatment of pulp and paper mill wastewater: a review. Sci. Total Environ. 333, 37-58.

[103] Priya, R., Nithya, R., Anuradha, R., Kamachi, T., 2014. Removal of colour from crystal violet dye using low cost adsorbents. Int. J. ChemTech Res. 6, 4346-4351.

[104] Puvaneswari, N., Muthukrishnan, J., Gunasekaran, P., 2006. Toxicity assessment and microbial degradation of azo dyes. Indian J. Exp. Biol. 44, 618-626.

[105] Ramalingam, B., Khan, M. M. R., Mondal, B., Mandal, A. B., Das, S. K., 2015. Facile synthesis of silver nanoparticles decorated magnetic-chitosan microsphere for efficient removal of dyes and microbial contaminants. ACS Sustain. Chem. Eng. 3, 2291-2302.

[106] Reddy, M. C. S., Nirmala, V., 2017. Bengal gram seed husk as an adsorbent for the removal of dyes from aqueous solutions-column studies. Arab. J. Chem. 10, S2406-S2416.

[107] Reddy, M. C. S., Sivaramakrishna, L., Reddy, A. V., 2012. The use of an agricultural waste material, Jujuba seeds for the removal of anionic dye (Congo red) from aqueous medium. J. Hazard. Mater. 203-204, 118-127.

[108] Robinson, T., McMullan, G., Marchant, R., Nigam, P., 2001. Remediation of dyes in textile effluent: a critical review on current treatment technologies with a proposed alternative. Bioresour. Technol. 77, 247-255.

[109] Sahraei, R., Ghaemy, M., 2017. Synthesis of modified gum tragacanth/graphene oxide composite hydrogel for heavy metal ions removal and preparation of silver nanocomposite for antibacterial activity. Carbohydr. Polym. 157, 823-833.

[110] Salleh, M. A. M., Mahmoud, D. L., Awang Abu, N. A. B., Abdul Karim, W. A. W., Idris, A. B., 2012. Methylene blue adsorption from aqueous solution by Langsat (Lansium domesticum) peel. J. Purity Util. React. Environ. 1, 472-495.

[111] Salomoni, R., Leo, P., Montemor, A. F., Rinaldi, B. G., Rodrigues, M. F. A., 2017. Antibacterial effect of silver nanoparticles in Pseudomonas aeruginosa. Nanotechnol. Sci. Appl. 10, 115-121.

[112] Sangon, S., Hunt, A. J., Attard, T. M., Mengchang, P., Supanchaiyamat, N., 2018. Valorisation of waste rice straw for the production of highly effective carbon based adsorbents for dyes removal. J. Clean. Prod. 172, 1128-1139.

[113] Santhi, T., Prasad, A. L., Manonmani, S., 2014. A comparative study of microwave and chemically treated Acacia nilotica leaf as an eco friendly adsorbent for the removal of rhodamine B dye from aqueous solution. Arab. J. Chem. 7, 494-503.

[114] Santhy, K., Selvapathy, P., 2006. Removal of reactive dyes from wastewater by adsorption on coir pith activated carbon. Bioresour. Technol. 97, 1329-1336.

[115] Sartape, A. S., Mandhare, A. M., Jadhav, V. V., et al., 2017. Removal of malachite green dye from aqueous solution with adsorption technique using Limonia acidissima (wood apple) shell as low cost adsorbent. Arab. J. Chem. 10, S3229-S3238.

[116] Sathishkumar, G., Logeshwaran, V., Sarathbabu, S., Jha, P. K., Jeyaraj, M., Rajkuberan, C., Senthilkumar, N., Sivaramakrishnan, S., 2017. Green synthesis of magnetic Fe_3O_4 nanoparticles using Couroupita guianensis Aubl. fruit extract for their antibacterial and cytotoxicity activities. Artif. Cells Nanomed. Biotechnol. 1-10.

[117] Sayğılı, H., Güzel, F., 2015. Performance of new mesoporous carbon sorbent prepared from grape industrial processing wastes for malachite green and congored removal. Chem. Eng. Res. Des. 100, 27-38.

[118] Shawabkeh, R. A., Tutunji, M. F., 2003. Experimental study and modelling of basic dye sorption by diatomaceous clay. Appl. Clay Sci. 24, 111-120.

[119] Siddiqui, S. I., Chaudhry, S. A., 2017a. Iron oxide and its modified forms as an adsorbent for arsenic removal: a comprehensive recent advancement. Process Saf. Environ. Protect. 111, 592-626.

[120] Siddiqui, S. I., Chaudhry, S. A., 2017b. Arsenic removal from water using nanocomposites: a review. Curr. Environ. Eng. 4, 81-102.

[121] Siddiqui, S. I., Chaudhry, S. A., 2017c. Removal of arsenic from water through adsorption onto metal oxide-coated material. Mater. Res. Found USA 15, .

[122] Siddiqui, S. I., Chaudhry, S. A., Islam, S. U., 2017. Green adsorbents from plant sources for the removal of arsenic: an emerging wastewater treatment technology. In: Islam, S. U. (Ed.), Plant-Based Natural Products: Derivatives and Applications. John Wiley & Sons, Inc., pp. 193-215.

[123] Solís, M., Solís, A., Pérez, H. I., Manjarrez, N., Flores, M., 2012. Microbial decolouration of azo dyes: a review. Process Biochem. 47, 1723-1748.

[124] Somasekhara Reddy, M. C. S., Nirmala, V., Ashwini, C., 2017. Bengal gram seed husk as an adsorbent for the removal of dye from aqueous solutions-batch studies. Arab. J. Chem. 10 (s), 2554-s2566.

[125] Song, K., Xu, H., Xu, L., Xie, K., Yang, Y., 2017. Cellulose nanocrystal-reinforced keratin bioadsorbent for effective removal of dyes from aqueous solution. Bioresour. Technol. 232, 254-262.

[126] Soni, M., Sharma, A. K., Srivastav, J. K., 2012. Adsorpitve removal of methylene blue dye from an aqueous solution using water hyacinth root powder as a low cost adsorbent. Int. J. Chem. Sci. Appl. 3, 338-345.

[127] Su, X., Liu, L., Zhang, Y., Liao, Q., Yu, Q., Meng, R., Yao, J., 2017. Efficient removal of cationic and anionic dyes from aqueous solution using cellulose-g-p(AA-co-AM) bio-adsorbent. Bioresources 12 (2).

[128] Sumanjit, R. S., Mahajan, R. K., 2016. Equilibrium, kinetics and thermodynamic parameters for adsorptive removal of dye Basic Blue 9 by ground nut shells and Eichhornia. Arab. J. Chem. 9, S1464-S1477.

[129] Tanyildizi, M. S., 2011. Modeling of adsorption isotherms and kinetics of reactive dye from aqueous solution by peanut hull. Chem. Eng. J. 168, 1234-1240.

[130] Tian, H., Peng, J., Lv, T., Sun, C., He, H., 2018. Preparation and performance study of $MgFe_2O_4$/ metal-organic framework composite for rapid removal of organic dyes from water. J. Solid State Chem. 257, 40-48.

[131] Tsai, W. T., Chang, C. Y., Lin, M. C., et al., 2001. Adsorption of acid dye onto activated carbon prepared from agricultural waste bagasse by $ZnCl_2$ activation. Chemosphere 45, 51-58.

[132] Vecino, X., Rey, R. D., Stebbins, L. D. M., et al., 2016. Evaluation of a cactus mucilage biocomposite to remove total arsenic from water. Environ. Technol.

Innov. 6, 69-79.

[133] Vijayaraghavan, K., Han, M. H., Choi, S. B., Yun, Y. S., 2007. Biosorption of reactive black 5 by Corynebacterium glutamicum biomass immobilized in alginate and polysulfone matrices. Chemosphere 68, 1838-1845.

[134] Vinayagam, R. S., Ramya, V., Sivasamy, A., 2017. Photocatalytic degradation of orange G dye using ZnO/biomass activated carbon nanocomposite. J. Environ. Chem. Eng. (in press).

[135] Walker, G. M., Hansen, L., Hanna, J. A., Allen, S. J., 2003. Kinetics of a reactive dye adsorption onto dolomitic sorbents. Water Res. 37, 2081-2089.

[136] Wang, L., Li, J., 2013. Adsorption of CI Reactive Red 228 dye from aqueous solution by modified cellulose from flax shive: kinetics, equilibrium, and thermodynamics. Ind. Crop. Prod. 42, 153-158.

[137] Wang, S., Zhu, Z. H., 2006. Characterization and environmental application of an Australian natural zeolite for basic dye removal from aqueous solution. J. Hazard. Mater. 136, 946-952.

[138] Won, S. W., Kim, H. J., Choi, S. H., et al., 2006. Performance, kinetics and equilibrium in biosorption of anionic dye Reactive Black 5 by the waste biomass of *Corynebacterium glutamicum* as a low-cost biosorbents. Chem. Eng. J. 121, 37-43.

[139] Won, S. W., Han, M. H., Yun, Y. S., 2008. Different binding mechanisms in biosorption of reactive dyes according to their reactivity. Water Res. 42, 4847-4855.

[140] Woolard, C. D., Strong, J., Erasmus, C. R., 2002. Evaluation of the use of modified coal ash as a potential sorbent for organic waste streams. Appl. Geochem. 17, 1159-1164.

[141] Wu, F. C., Tseng, R. L., Juang, R. S., 2001. Kinetic modeling of liquid-phase adsorption of reactive dyes and metal ions on chitosan. Water Res. 35, 613-618.

[142] Yang, X. Y., Al Duri, B., 2001. Application of branched pore diffusion model in the adsorption of reactive dyes on activated carbon. Chem. Eng. J. 83, 15-23.

[143] Yang, X., Al-Duri, B., 2005. Kinetic modeling of liquidphase adsorption of reactive dyes on activated carbon. J. Colloid Interface Sci. 287, 25-34.

[144] Zhang, X., Liu, Z., 2012. Recent advances in microwave initiated synthesis of nanocarbon materials. Nano 4, 707-714.

[145] Zhang, X., Manohar, S. K., 2006. Microwave synthesis of nanocarbons from conducting polymers. Chem. Commun. 2477-2479.

[146] Zhang, S. J., Yang, M., Yang, Q. X., et al., 2003. Biosorption of reactive dyes by the mycelium pellets of a new isolate of Penicillium oxalicum. Biotechnol. Lett. 25, 1479-1482.

[147] Zhao, S., Zhou, T., 2016. Biosorption of methylene blue from wastewater by an extraction residue of Salvia miltiorrhiza Bge. Bioresour. Technol. 219, 330-337.

[148] Zhao, B., Xiao, W., Shang, Y., Zhu, H., Han, R., 2017. Adsorption of light green anionic dye using cationic surfactant-modified peanut husk in batch mode. Arab. J. Chem. 10, S3595-S3602.

[149] Zhou, L., Huang, J., He, B., Zhang, F., Li, H., 2014. Peach gum for efficient removal of methylene blue and methyl violet dyes from aqueous solution. Carbohydr. Polym. 101, 574-581.

[150] Zhu, X. D., Liu, Y. C., Zhou, C., Zhang, S. C., Chen, J. M., 2014. Novel and high-performance magnetic carbon composite prepared from waste hydrochar for dye removal. ACS Sustain. Chem. Eng. 2, 969-977.

16 使用负载壳聚糖的纳米复合吸附剂处理工业废水中的染料

Mohammad Shahadat[1,2,3], Syahida Farhan Azha[3],
Suzylawati Ismail[3], Z. A. Shaikh[1], Syed Ali Wazed[2]
[1] 印度理工学院生化工程与生物技术系,印度新德里
[2] 印度理工学院纺织工程系,印度新德里
[3] 马来西亚塞恩大学(USM)化学工程学院,马来西亚槟城

16.1 引言

在染料和染色产品生产过程中,各行业(染料、纺织、塑料和造纸)耗水量巨大,产生了大量的污染废水,已成为一个严重的环境问题(Ali and Sreekrishnan, 2001; Nabi et al., 2010; Teh et al., 2016)。特定的污染物按颜色变化、化学需氧量(COD)、生化需氧量(BOD)、溶解性固体、以硫含量计的毒性、氯化酚、营养物质和木质素等因素分类(Pokhrel and Viraraghavan, 2004)。在所有因素中,已知废水的颜色变化是由于水中存在的少量染料(Robinson et al., 2001)。除草剂、农药和杀虫剂产生的其他有机污染物(苯酚及其衍生物)也是来自石油化工和制药工业,因其在水中的溶解性和稳定性,酚类污染物被认为是最重要的水污染物类型。

硝基酚及其衍生物是废水中出现的最顽固的污染物,美国环境保护局将硝基苯酚类列为 114 种有机污染物之一。染料是一种芳香环有机化合物,用作着色剂以赋予其他物质各种颜色(Bello et al., 2013)。在史前时期,染料是从天然植物中提取出来的,用来给织物上色。染料广泛应用于各个领域:食品、皮革鞣制、羊毛、纤维和织物、制药、橡胶、塑料工业以及化妆品和印刷业等(Bello et al., 2013; Srinivasan et al., 2007)。Foo 和 Hameed (2009) 估计大约有 10 万种染料,其化学结构可从商业途径获得,全球合成染料的年产量超过 70 万公吨,染料的产量还在不断增加(Foo and Hameed, 2009)。染料分为阴离子的染料(直接、酸性和活性染料)、阳离子的染料(所有碱性染料)和非离子的染料(分散染料)(Suhas et al., 2007)。

目前,大多数染料都是人工制造的,被称为合成染料,由于其成本低、颜色

多样，现已取代了天然染料。此外，合成染料在暴露于光照、化学物质和洗涤时，具有向特定物质传递特定颜色的潜力（Özcan et al., 2007）。据公开资料显示，已经被收录的合成染料有9000多种（Ioannidou and Zabaniotou, 2007）。染料化合物可以吸收波长在可见光范围（400~700nm）的光，一些重要的合成染料的化学结构如图16.1所示，这些合成染料常用于吸附研究。

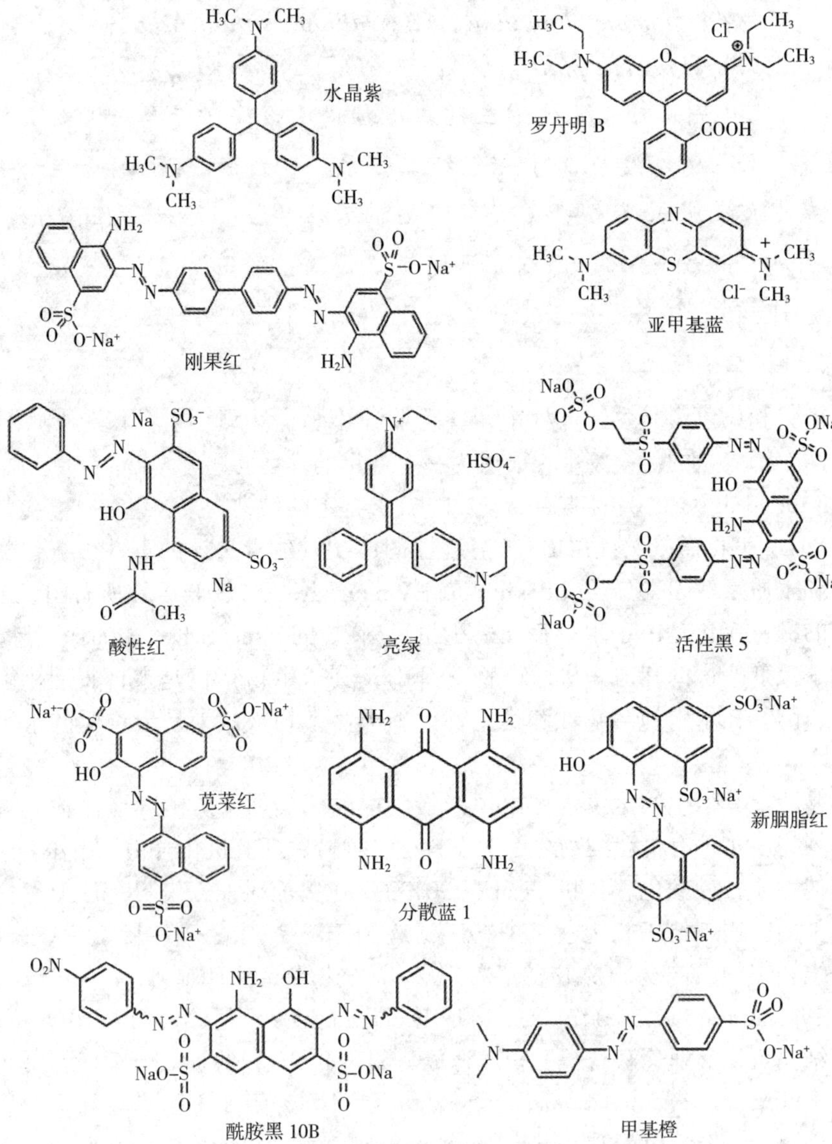

图16.1 吸附研究中最常用的合成染料的化学结构

在不同类型的染料中，金属离子以纺织着色剂的形式被使用。表16.1列出了与金属含量有关的常用染料，这些金属的释放可能对人类健康和环境造成负面影响或威胁。据报道，摄入染料会对人体产生致癌、遗传毒性、致突变和致畸等许多负面影响（Pang and Abdullah, 2013）。

表16.1 不同种类工业染料中常见的金属（Pang and Abdullah, 2013）

染料种类	染料中的金属
酸性染料	铜、铅、锌、铬、钴
碱性染料	铜、铅、锌、铬
直接染料	铜、铅、锌、铬
媒染染料	铬
金属络合染料	铜、钴、铬
活性染料	铜、铅、铬
还原染料	无
分散染料	无

染料分子含有高度复杂的结构（芳香环），使它们更稳定、更难于生物降解，降解速度缓慢，而且更耐光、热和氧化剂（Bello et al., 2013; Han and Yun, 2007）。然而，这些特性使它们在行业中备受关注，因为它们是色牢度和亮度的归因。环境问题对于染料行业而言是一个持续存在的问题，监管部门迫使水处理公司和环境工程师通过降低废水中的色度来提高水质（Senthilkumaar et al., 2006）。染料从各种工业废水排放到各种水资源（海洋、河流、池塘、湖泊）中，会对周围环境和生态系统构成威胁，对水生生物产生毒性（Anirudhan et al., 2009）。它还会阻碍阳光透过，从而阻碍光合作用和溶解氧（DO）的产生（Bello et al., 2013; Hajati et al., 2014）。

染料会对人体和健康造成严重损害，例如肾脏、生产系统、肝脏、大脑、中枢神经系统的功能紊乱（Kadirvelu et al., 2003），含金属的酞菁染料也被认为是造成环境污染的罪魁祸首（Kluson et al., 2009），人为活动在水污染环境中也对人体造成不良影响（Ritter et al., 2002）。Malik和他的同事报告说，即使在1.0mg/L的浓度下，染料对饮用水也会导致明显的颜色污染，不适合人类饮用（Malik et al., 2007; Mittal and Gupta, 1996）。一些染料和中间体的毒性对应急反应的影响很大。同时，一些有毒染料，例如联苯胺和芳氨基染料具有致癌性（Özcan et al., 2004）。Hao等（2000）报道，经检测，阳离子染料的毒性比阴离子染料大（Hao et al., 2000）。

通过食物或水摄入染料，可能会影响或损害身体的软组织（肾脏、大脑、心脏、生殖系统）。过量的重金属离子直接影响人体的生长激素，导致身体功能紊乱和疾病（例如发育迟缓、肥胖、肢体性疼痛、亨特-罗素综合征和水俣病）（Teh et al.，2016）。污染物也可能导致许多物种的濒临灭绝（Smith，2010）。因此，在将含染料的工业废水排放到水体之前，必须将环境污染物去除到允许的限度。本章介绍了使用壳聚糖纳米复合材料吸附剂对工业污水进行处理，以去除和回收染料污染物。

16.2 染料废水处理技术的现状

有多种方法和技术已被用于废水处理，如吸附（Baeza et al.，2017）、渗透（Luo et al.，2017）、膜过滤（Dickhout et al.，2017）、有机树脂（Nabi et al.，2011a，b）、活性炭（Yu et al.，2016）、混合离子交换吸附剂（Nabi et al.，2011a，b）、生物质（Rahman et al.，2016）、黏土基吸附剂涂层（AbKadir et al.，2017；Azha et al.，2017）、纳米复合材料（Dong et al.，2015）、电化学氧化（Anglada et al.，2009）、焚烧（Lin and Wu，2006）、混凝/絮凝（Shahadat et al.，2017b）和可生物降解纳米复合材料（Shahadat et al.，2017a）。上述处理技术被归类为常规方法，由此产生的回收和去除方法见表16.2。在各种处理技术中，吸附法被视为工业废水处理的重要技术之一。为了去除和回收废水中的染料，已经使用了多种吸附剂（有机树脂、活性炭、锯末、壳聚糖、氧化石墨烯、碳纳米管、聚苯胺等）（Bayramoglu et al.，2009；Cazetta et al.，2018；Banerjee and Chattopadhyaya，2017；Huang et al.，2017；Qi et al.，2017；Kazak et al.，2017；Li et al.，2017）。

表16.2　处理废水中染料的现有和新兴工艺及技术

处理方法	技术	参考文献
常规处理法	混凝/絮凝	Fosso-Kankeu et al.（2017）
	沉淀/絮凝	Yang et al.（2016）
	活性炭吸附	Zbair et al.（2018）
	电絮凝/电浮选	Gonçalves et al.（2016）；Hooshmandfar et al.（2016）
	生物降解	He et al.（2018）
公认的去除法	氧化	Rosales et al.（2018）
	膜分离	Nayak et al.（2018）；Senusi et al.（2018）
	电化学处理	Sakthisharmila et al.（2018）
	焚烧	Labiadh et al.（2016）

续表

处理方法	技术	参考文献
新兴的回收法	高级氧化	Matafonova, Batoev (2018)
	选择性生物吸附	Tang et al. (2017)
	生物质	Zhou et al. (2018)

16.3 纳米材料控制水污染物

纳米材料，如纳米纤维吸附剂（CNT/纳米金属氧化物、纳米 Ag/TiO_2、富勒烯衍生物、纳米 Ag/TiO_2/沸石/磁铁矿和 CNT）已被用于去除环境污染物。表 16.3 列出了一些重要的常用纳米材料。虽然这些纳米材料已经表现出显著的染料去除能力、热稳定性和化学稳定性，但用过的废旧吸附剂（水处理后）是另一个环境问题，会产生二次污染物（大量的有毒生物质）。此外，纳米材料的高成本及其难生物降解性是废水处理的另一个关注点。为了克服碳基纳米材料的缺点，制备了壳聚糖负载的纳米复合材料。壳聚糖基纳米复合材料以其成本低、吸附效率高、生物相容性好、生态友好等优点而备受关注。此外，壳聚糖纳米复合材料还可以应用于人工皮肤、组织工程、传感器、包装材料、水的净化和消毒等领域，对环境无害。

表 16.3 水处理用纳米材料及其各自的机理

纳米材料	靶物质种类	机理	参考文献
赤铁矿基纳米晶体	As (V)、Cd (Ⅱ)、Cr (Ⅵ)	吸附	Zhao et al. (2012)
纳米/微米级 FeO 和 Fe_3O_4	2,4-二氯苯氧乙酸 (2,4-D)	还原转换	Si et al. (2010)
亚铜铁氧体（$CuFeO_2$）	重金属离子	光催化还原	Ghasemzadeh et al. (2014)
双金属 $Bi_{0.5}Na_{0.5}TiO_3$（BNT）	有机污染物	光降解	Yu et al. (2007)
双金属 Pd/Mg	多氯联苯	电化学还原	Agarwal (2007)
颗粒状活性炭/Fe/Pd	多氯联苯	吸附介导脱氯与电化学催化	Ghasemzadeh et al. (2014)
纳米 CeO_2 改性 CNT（CeO_2-CNT）	As (V)	吸附	Anon (n.d.)

续表

纳米材料	靶物质种类	机理	参考文献
Co_3O_4 复合材料	氯化物	脱氯分解	De Rivas et al. (2011)
$CuCrO_2$ 复合材料	Ni(Ⅱ)、Cu(Ⅱ)、Zn(Ⅱ)、Cd(Ⅱ)、Hg(Ⅱ)和Ag(Ⅰ)	光催化还原	Ketir et al. (2008)
ZnO 复合材料	氯酚	光催化降解	Pardeshi and Patil (2008)

由于预算成本高、效率低和染料去除能力低等原因，废水处理技术在工业上的应用仍然受到限制。一般而言，每种技术都有其优势和局限，还需要考虑其他的因素，如表16.2所述（Pang and Abdullah, 2013）。由于染料结构中存在苯环，因此必须使用不同技术的组合，使处理过程能够降解有机污染物（Pang and Abdullah, 2013）。

物理处理方法是指除用于处理废水的物理现象外，不发生化学或生物变化。膜过滤、离子交换和吸附等多种物理方法得到广泛应用（Wu et al., 2017; Abd et al., 2017）。过滤过程是使流体通过多孔介质去除悬浮物的过程。然而，由于膜的使用寿命有限，更换膜的成本也很高，膜过滤因而受到了很大的限制。除此之外，还需要较高的工作压力来推动流体通过滤膜，并且不能减少溶解固体的含量。离子交换器用于去除废水中的阴离子和阳离子污染物（Nabi et al., 2011a, b; Bushra and Ahmed, 2016）。吸附是一种使用合适的界面收集可溶性物质的技术。众所周知，吸附是平衡分离过程，是水净化的有效方法（Dąbrowski, 2001）。

化学处理是指能改善水质的化学反应（Chen et al., 2009; Annealing et al., 2011; Gupta et al., 2012）。这些技术通常需要高额的预算成本，即使去除了染料，浓缩污泥的积累也会造成处置问题（Yang et al., 2015; Anglada et al., 2009; Çınar et al., 2017; Oturan and Aaron, 2014）。如果在化学处理方法中过度使用化学品和试剂，可能会产生二次污染（Samolada and Zabaniotou, 2014）。不同的化学方法，如混凝、絮凝、沉淀、电凝、使用氧化剂（臭氧）的常规氧化法、辐照和电化学过程已被广泛应用（Papadopoulo-Bouraoui et al., 2002; Ali et al., 2012; Lu et al., 2011; Pang and Abdullah, 2013）。

在生物处理方法中，大多数生物（细菌）用于废水的生化分解，以稳定最终产品（Fatemeh et al., 2017），生成更多的微生物或污泥，并将一部分废水转化为二氧化碳、水和最终产物（Rupani et al., 2017）。生物处理方法可分为好氧法和厌氧法，根据溶解氧的可用性，使用固定或悬浮生长系统降解有机染料（Chan et al., 2009; Ozdemir et al., 2013）。与其他物理和化学技术相比，生物处理是最经济的选择。但是，由于含染料废水的生物降解性较低，需要进行预处理，因此这种方法对处理纺织废水无效（Rafatullah et al., 2010），现有的纺织工业废水处理技术概述见表16.4。在上述技术中，吸附法是处理工业废水最常用的技术，见表16.5。

表16.4　处理纺织品后整理废水的优势及其他应考虑的因素（Pang and Abdullah，2013）

处理方法		优势	需考虑的因素
物理方法	吸附	快速去除绝大多数类型的染料	吸附剂应进行再生或相应处置
	离子交换	再生过程中保留吸附剂	不是对所有类型的染料有效
	膜过滤	快速去除绝大多数类型的染料	产生污泥，成本高，限于大批量生产
生物方法	好氧工艺	快速去除偶氮染料，运行费用低，污泥可再处理	耗时长、占地大，对有毒有机染料影响远大
	厌氧工艺	运行费用较低，产生的沼气可作为燃料来源	需更长的停留时间来繁殖细胞，对有毒有机染料敏感，产生芳香胺
化学方法	化学混凝和絮凝	处理时间较短，非常快速去除各种类型的染料	化学试剂和pH调节昂贵，污泥产量高，处理程序及其管理困难
	化学氧化	能够在短时间内快速地去除各种类型的染料	化学试剂和pH调节昂贵，污泥产量高，处理程序及其管理困难
	Fenton氧化	游离污泥	不适用于分散染料，半衰期短，仅有约20min
	臭氧化	快速去除绝大多数类型的染料	新的处理方法
	光催化或超声催化氧化	完全矿化所需的时间较短，不产生污泥	产生副产物，但是，相对于超声波辐照，UV光在水介质中的穿透率通常较低

表16.5　壳聚糖负载生物聚合物纳米复合材料吸附剂用于染料的去除和回收

纳米复合材料	表征	靶染料	参考文献
钴-二氧化硅/壳聚糖	FESEM、EDS、XRD、FT-IR	甲基橙（去除率75%），吖啶橙（无吸附），靛红胭脂红（去除率73%），刚果红（去除率45%）	Khan et al.（2016）
氧化石墨烯/Fe_3O_4/壳聚糖	XRD、VSM、SEM	亚甲基蓝（q_{max}：30.10mg/g）	Tran et al.（2017）

续表

纳米复合材料	表征	靶染料	参考文献
磁性壳聚糖-氧化石墨烯	SEM、TEM、FTIR、XRD	甲基橙（q_{max}：398.08mg/g）	Jiang et al.（2016）
锆（Ⅳ）表面固定化交联壳聚糖/膨润土	XRD、FTIR、SEM	酰胺黑10B（q_{max}：418.4mg/g）	
乙二胺改性纳米纤维化纤维素/壳聚糖复合材料	FTIR	亚甲基蓝（q_{max}：0.067mmol/g），新胭脂红（q_{max}：0.17 mmol/g）	Liu et al.（2016）
氧化锌/壳聚糖包覆微纤维纤维素	XRD、SEM	甲基橙（q_{max}：42.8mg/g）	Kamal et al.（2015）
磁性β-环糊精-壳聚糖/氧化石墨烯	FTIR、SEM、TEM、XRD	亚甲基蓝（q_{max}：84.32mg/g）	Fan et al.（2013）
壳聚糖-辉绿石纳米管复合水凝胶微珠	SEM、TGA	亚甲基蓝（q_{max}：270mg/g）	
磁性壳聚糖/氧化石墨烯复合材料	SEM、FTIR、XRD	亚甲基蓝（q_{max}：180.83mg/g）	Fan et al.（2012）
生物二氧化硅/壳聚糖纳米复合材料	SEM、XRD、FTIR	酸性红88（q_{max}：25.84mg/g）	Darvishi Cheshmeh Soltani et al.（2013）
固定化TiO_2-壳聚糖	SEM、FTIR、BET	活性红4（q_{max}：172.41mg/g）	Nawi et al.（2010）
季铵化壳聚糖包覆膨润土	FTIR、XRD	酰胺黑10B（q_{max}：847.5mg/g）	Hu et al.（2016）
壳聚糖/MgO复合材料	FTIR、XRD、TEM、Zeta电位	甲基橙（去除率90.9%）	Haldorai and Shim（2014）
纳米ZnO/壳聚糖复合微珠	SEM、TEM、FTIR、TGA、XRD	活性黑5（q_{max}：189.44mg/g）	Çınar et al.（2017）

续表

纳米复合材料	表征	靶染料	参考文献
壳聚糖/聚乙烯醇/沸石复合材料	FTIR、XRD、TGA	甲基橙（去除率94%），刚果红	Habiba et al. (2016)
通过壳聚糖水热炭化的氨基功能化凹凸棒石黏土纳米颗粒	XRD、FTIR、SEM、Zeta电位	亚甲基蓝 (q_{max}：215.73mg/g)	Zhou et al. (2015)
纳米 TiO_2/聚（N-异丙基丙烯酰胺）复合水凝胶	FTIR、SEM	酸性品红（去除率64%）	Zhou et al. (2017)
TiO_2 壳聚糖涂层	XRD、SEM、EDX	百里酚紫（q_{max}：97.51mg/g）	Kamal et al. (2016)
壳聚糖氧化锌纳米颗粒	FTIR、XRD、SEM、WDX	直接蓝78（q_{max}：95.2mg/g），酸性黑26（q_{max}：94mg/g）	Salehi et al. (2010)

16.4 染料的吸附

相对于其他保守的方法，吸附法是公认的更适合去除废水中染料的处理方法之一（Aljeboree et al., 2014；Ghaedi et al., 2012）。因为吸附法初始投资低、运行成本低以及可从环境中获得低成本的吸附剂，所以在纺织废水处理中应用广泛。用于染料吸附的最好的吸附剂应包括以下特性：比表面积大（吸附容量高）、孔径大小合适、易得、经济、性能稳定、相容性好、再生能力强、生态友好、选择性高、处理工序少（Grégorio Crini, 2008；Vakili et al., 2014）。为了去除着色剂，使用了多种吸附剂，包括天然和改性黏土（Ahmadishoar et al., 2017）、活性炭（Tze et al., 2016）、农副产品（Azzaz, 2016）、树脂（Popescu and Suflet, 2016）、聚合物吸附剂（Popescu and Suflet, 2016）、工业副产品以及壳聚糖基吸附剂（Çınar et al., 2017）。

如图16.2所示，关于染料吸附处理废水的文章大约有46963篇。根据已发表的数据可知，利用吸附工艺去除染料受到世界范围内的极大关注。同时，使用多种类型的吸附剂（天然、改性或合成材料）吸附染料污染物的情况也在增加。最近,使用壳聚糖基吸附剂对染料的吸附引起了人们的注意,已有约1075篇报道(壳聚糖作为吸附剂用于去除染料,来源于Science Direct,见图16.3)。如图16.3所示的是壳聚糖经不同工艺,交联(环氧氯丙烷、戊二醛交联剂)、接枝(氨基和羧基接枝)、表面浸渍及壳聚糖复合材料(蒙脱石、聚氨酯、活性黏土、膨润土、油棕灰和高岭土等)改性的研究论文发表量柱状图数据。

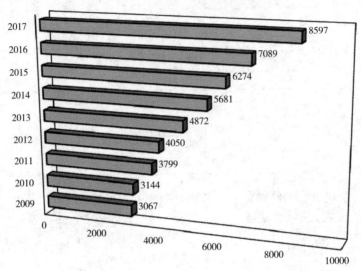

图16.2 由Science Direct给出的2009~2017年的染料吸附研究论文发表量

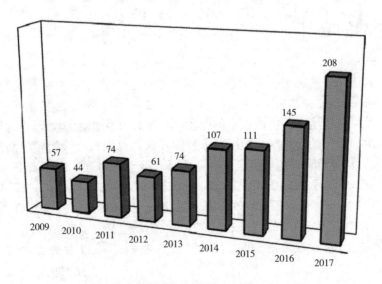

图16.3 用壳聚糖吸附染料的研究论文发表量

(资料来源:Science Direct 2009-17)

因此，对壳聚糖及其衍生物作为替代吸附剂去除废水中的染料进行了大量研究。

如图 16.4 所示，壳聚糖是生物聚合物甲壳素的脱乙酰化产物。它在众多领域（化妆品、造纸、纺织品和食品加工业、医药、农业、摄影、色谱分离、废水处理和固态电池）都有重要应用（Auta and Hameed, 2013）。壳聚糖在各个领域的多功能性，是由于其令人羡慕的特性，如生物可降解性、生物相容性、官能团、低毒性、可再生性、大分子量、粒径、密度、黏度等（Auta and Hameed, 2013）。

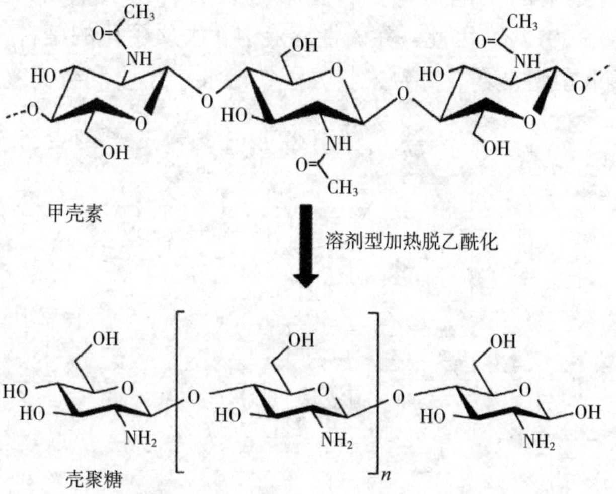

图 16.4 甲壳素和脱乙酰化后的壳聚糖的化学结构

许多研究人员对壳聚糖的现状进行了回顾，认为壳聚糖作为一种多糖，由于存在大量的 NH_2 和 OH 基团，在水的净化方面引起了更大的重视。由于氨基和羟基的存在，壳聚糖被认为是一种很有前途的吸附剂，可用于去除废水中的有毒污染物（重金属和染料）。

16.5　吸附—解吸机理

染料分子在壳聚糖表面上的吸附是通过多个步骤进行的。被吸附在底物（壳聚糖）表面的染料分子被称为吸附质，吸附染料分子的底物称为吸附剂。吸附机理涵盖了多个步骤：①分子相互作用，②染料分子通过边界层扩散，③通过单层或多层扩散进入吸附剂内部，④吸附在壳聚糖表面（Kismir and Aroguz, 2011; Zeinali et al., 2014）。此外，发现染料从表面进入吸附剂内部的扩散可以是单层的，也可以是多层的。阳离子染料在壳聚糖表面的吸附和解吸用下面的方程式来表示（Vakili et al., 2017）：

吸附：壳聚糖—NH_2+Dye^+Cl^-+H_2O ——→ 壳聚糖—NH_2—Dye^+Cl^-+H_2O

解吸：壳聚糖—NH_2—Dye^+Cl^-+NaOH ——→ 壳聚糖—NH_2+Dye^+Cl^-+H_2O

吸附剂的吸附和解吸特性取决于染料溶液的 pH（Tanthapanichakoon et al., 2005），阴离子染料在酸性介质中的吸附如图 16.5 所示。在酸性介质（pH<6）中，由于壳聚糖氨基的质子化和带负电荷的染料分子的静电相互作用，阴离子染料被吸附（Ngah et al., 2011）。在碱性介质（pH>6）中，由于 OH^- 过量，导致去质子化，壳聚糖氨基的正电荷减少，壳聚糖表面转为负电荷形式（Liu et al., 2012；Gao et al., 2012）。因此，在碱性溶液中，去质子化的染料分子与 OH^- 之间的静电相互作用和氢键变弱，导致染料分子在溶液中解吸和分离（Al-degs et al., 2008）。

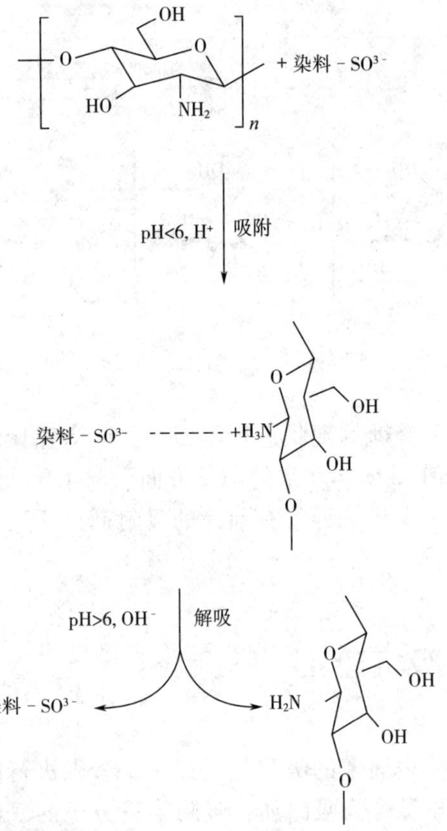

图 16.5 染料分子在壳聚糖表面上的吸附和解吸（Vakili et al., 2017）

吸附和解吸现象取决于各种因素：pH（Zhou et al., 2005；Hubicki and Barczak, 2005）、吸附质的浓度、吸附剂的用量、温度以及吸附剂（壳聚糖）表面上活性位点（官能团）的可用性，可以使用各种模型来阐释染料在壳聚糖表面的最佳吸附［单位质量污水吸附剂用量（q_e）和平衡时溶液中染料的残留浓度（C_e）］。一些著名的吸附模型，例如 Freundlichh 模型、Langmuir 模型、Dubinin-Radushkevich 模型、Temkin 模型、Harkins-Jura 模型、Redlich-Peterson 模型、Halsey 模型、BET 等温线模型、粒子内扩散模型和 Lagergren 模型等，已被广泛采用，以获取最多的染料吸附信息（Uzun, 2006; Ramesh et al., 2017; Ramnani and Sabharwal, 2006; Chatterjee et al., 2009）。除了动力学模型外，热力学参数、标准自由能变化（$\Delta G^{\ominus}$）、标准焓变（$\Delta H^{\ominus}$）和标准熵变（$\Delta S^{\ominus}$）也被用来观察温度对吸附剂表面的影响（Annadurai et al., 2008）。

16.6 壳聚糖负载的纳米复合材料

壳聚糖负载型纳米复合材料在废水处理中的应用，相较于其他纳米材料，具有成本低、易处理、易去除染料污染物等优点，是一种适合的方式。Khan 等合成了壳聚糖/钴硅石（壳聚糖/Co-MCM），用于分离废水中的合成染料（阳离子和阴离子）。在一个典型的过程中，采用溶胶—凝胶法，将硝酸钴和十六烷基三甲基溴化铵（CTAB）在 C_2H_5OH 和 H_2O 的混合物中以 300r/min 的速度混合，然后加入 NH_4OH 和 TEOS（正硅酸四乙酯）制备 Co-MCM。在加入壳聚糖前，将 Co-MCM 混合物在 50℃下加热过夜，以形成壳聚糖/Co-MCM 纳米颗粒的薄膜。

壳聚糖纳米复合材料对甲基橙、靛蓝胭脂红和刚果红有良好的吸附性能，但是，没有观察到对吖啶橙的去除。壳聚糖/Co-MCM 的 FESEM 图像显示其表面略有粗糙，说明 Co-MCM 已嵌入壳聚糖混合物中。通过对纳米复合材料的 EDS 分析，发现 C，Co，O 和 Si 元素峰的存在，这表明壳聚糖复合物中存在 C，Co，O 和 Si 元素。进一步测试了壳聚糖/Co-MCM 针对各种革兰氏阴性菌和阳性菌以及多药耐药菌的活性。结果表明，它们对革兰氏阳性菌、革兰氏阴性菌和多药耐药菌的活性很强（Khan et al., 2016），壳聚糖/Co-MCM 纳米复合材料的制备概要如图 16.6 所示。

成功地研究了氧化石墨烯（GO）对磁性可分离纳米复合材料吸附剂 CS-Fe_3O_4-GO 对 MB 的吸附效果。石墨是从在当地书店买来的商品铅笔中提取出来的，由 sp^2 键合原子单体构成的二维蜂窝状晶格，石墨烯铅笔的吸附能力得到了提高。此外，由于它的比表面积大、机械和化学性能优异，已成为一种极具吸引力的吸附剂。据报道，氧化石墨的酸性表面和氧官能团的存在对于增强其对阳离子染料的吸附能力起着重要作用。纳米复合材料的这种特性导致了石墨烯与染料分子之间的相互作用（染料的芳香部分之间的 π-π 堆积作用）以及石墨烯的定域 π

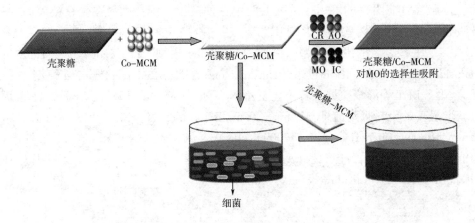

图 16.6 壳聚糖/Co-MCM-15 对甲基橙（MO）、靛蓝胭脂红（IC）、
刚果红（CR）、吖啶橙的吸附及其抗菌活性（Khan et al.，2016）

电子体系，该吸附材料的吸附性能优于裸 CS 或 CS/Fe_3O_4 纳米粒子。吸附等温线表明，吸附过程与 Langmuir 等温线模型拟合良好，含 10% GO 的样品的吸附量为 30.1mg/g（Tran et al.，2017）。使用壳聚糖/Fe_3O_4/氧化石墨烯纳米颗粒吸附和分离染料分子如图 16.7 所示。

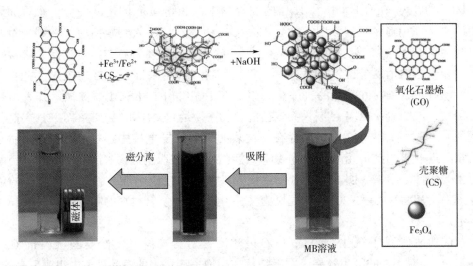

图 16.7 壳聚糖/Fe_3O_4/氧化石墨烯（CS/Fe_3O_4/GO）
用于 MB 的去除机理（Tran et al.，2017）

Jiang 等研究了利用磁性壳聚糖–氧化石墨（MCGO）复合材料考察多功能纳米材料的抗菌和染料去除能力。GO 片基面和边缘存在羟基、环氧基和羧基，在 GO 的羧基和壳聚糖的氨基之间形成化学键。在较低的 pH（1.0~4.0）下，MO 的吸

附显示去除能力有所提高，pH 为 4、等电点为 10 时吸附效率最高。吸附机理受阴离子染料（MO）与 MCGO 阳离子基团之间的静电相互作用的影响，使用壳聚糖-石墨烯复合材料吸附剂分离亚甲基蓝的情况如图 16.8 所示（Jiang et al.，2016）。

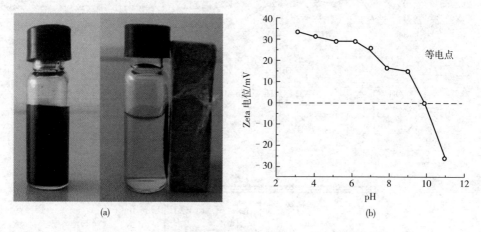

图 16.8　壳聚糖-氧化石墨烯复合物对 MB（a）和 Zeta
电位（b）在不同 pH 下的磁分离（Jiang et al.，2016）

如果不针对其缺点进行改性，壳聚糖的应用会受到一定程度的限制。壳聚糖的机械强度差，易溶于稀酸，易结块，因此，不同的研究者通过交联、接枝、季铵化以及与其他材料复合等方法对壳聚糖进行了改性。Zhang 等（2016）对交联的季铵化壳聚糖/膨润土复合材料去除水溶液中的酰胺黑 10B 进行了研究，采用膜浇铸法将膨润土溶解在季铵化壳聚糖基质中，然后进行交联反应。与未改性的膨润土相比，季铵化壳聚糖在膨润土中的相互作用相对提高了阴离子染料的去除效率。膨润土本身对阴离子染料的吸附能力较弱，主要是由于其具有较强的静电斥力。然而，酰胺黑 10B 在交联的季铵化壳聚糖/膨润土复合材料上的吸附是由于季铵基团和染料的阴离子官能团之间的静电吸引而发生的（Zhang et al.，2016），季铵化壳聚糖与膨润土相互作用的概况如图 16.9 所示。

Liu 等对与环氧氯丙烷（E）交联的纳米纤维化纤维素/壳聚糖（NFC/CF）复合材料进行了改性，用于吸附阴离子（新胭脂红，NC）和阳离子（亚甲基蓝，MB）染料。纳米纤维化纤维素（NFC）来自木浆，已被用作超级吸附剂。将壳聚糖涂覆在 NFC 表面，然后将 NFC/CS 分散到环氧氯丙烷溶液中，制备了 NFC/CF 复合材料（图 16.10）。随着吸附剂表面 NH_2 基团的增加，染料的吸附容量增大。根据 FTIR 的结果，E-NFC/CS 显示不含环氧氯丙烷（NFC/CS）的氨基，MB 的吸附容量（0.061 mmol/g）远低于 NC（0.16 mmol/g），这是由于 E-NFC/CS 与 NC 之间存在较强的离子相互作用。E-NFC/CS 对 NC 染料的吸附再生研究显示，因为即使在三个循环后，它仍能去除高达 98% 的染料（Liu et al.，2016）。

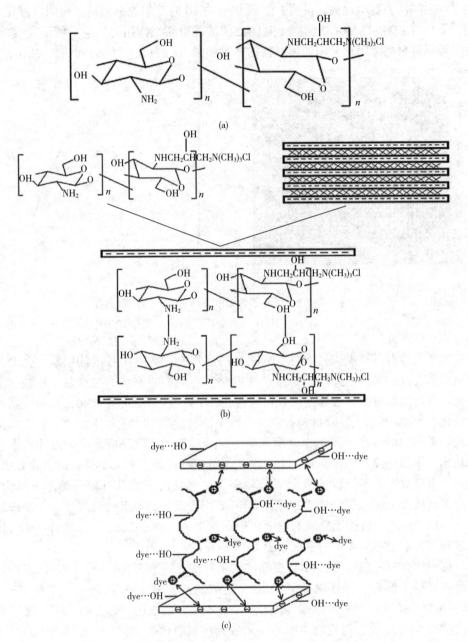

图 16.9 季铵化壳聚糖（a）、交联 QC/膨润土复合材料（b）、
交联 QC/膨润土对染料吸附的图解（c）（Zhang et al.，2017）

在另一项研究中，Tahseen 等进行了氧化锌纳米颗粒与纯壳聚糖组合吸附染料（偶氮和甲基橙）和光降解，以及对大肠杆菌的杀菌活性的实验工作。将氧化锌/

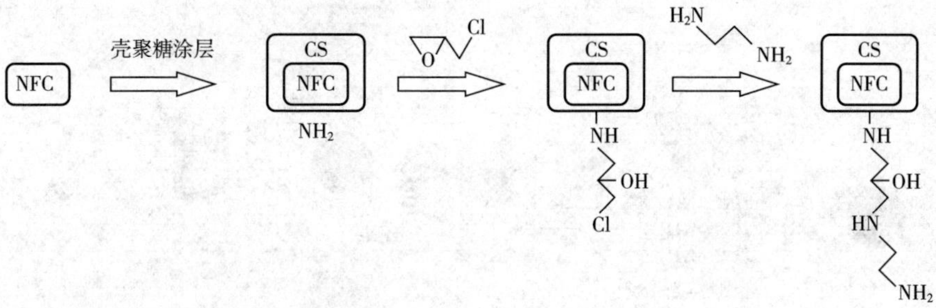

图 16.10　乙二胺改性纳米纤维化纤维素/壳聚糖复合材料（E-NFC/CS）的制备（Liu et al.，2016）

壳聚糖（ZnO/Chi）涂覆在微纤化纤维素（MCM）上，制备 ZnO/Chi-MCM 复合材料。在紫外光下，峰强度随时间持续下降，表明 ZnO/Chi-MMC 有效地吸附 MO 染料，在紫外光存在下最大吸附量为 42.8mg/g。

Lulu 和同事研究了氧化石墨烯的表面性质、β-环糊精的疏水性和 Fe_3O_4 的磁性，用于去除亚甲基蓝（MB）染料。磁性 β-环糊精-壳聚糖/氧化石墨烯（MC-CG）具有相对较好的多功能吸附特性，可以很容易且熟练地从水溶液中通过磁分离提取。因此，环糊精可以将各种有机物和无机物包覆到它们的空腔中，从而形成稳定的主体—客体复合物。β-环糊精的存在可以提高壳聚糖的稳定性，提高其吸附能力。另外，氧化石墨烯基纳米复合材料由于其优异的性能、机械和化学稳定性以及高比表面积等特点，其需求量也在增加。磁性 β-环糊精-壳聚糖的氨基与GO 的羧基发生化学反应生成 MCCG，从而使 GO 与壳聚糖形成化学键。用 Fe_3O_4 磁性纳米颗粒对 β-环糊精壳聚糖进行磁性改性，发现 MCCG 的 BET 比表面积和孔隙体积分别为 402.1m^2/g 和 0.4152cm^3/g，平均粒径为 240nm 的 MCCG 的比表面积很高。吸附剂的再生能力是提高其废水处理性能的重要指标之一，实验结果确定，经过 5 个循环后，吸附量从 84.32mg/g 下降到 30mg/g。环糊精-壳聚糖/氧化石墨烯的制备原理如图 16.11 所示。

目前技术的发展更多地集中在纳米材料的使用上。纳米颗粒具有比表面积大、能自组装、高特异性和吸附能力、高反应性和低温改变性能的特点，已使其成为水处理的候选材料之一。Seda 等制备了用于染料处理的纳米 ZnO-壳聚糖复合微珠［图 16.12（a）］，选择活性黑 5（RB5）为模型染料，考察了复合材料的吸附性能。SEM 图像显示纳米 ZnO 颗粒在壳聚糖基体中的分散性。TEM 图像显示，样品数量呈现在 50nm 范围内，晶粒尺寸在 20~40nm［图 16.12（b）］。此外，与未改性壳聚糖相比，在壳聚糖中添加 ZnO 纳米颗粒能提高其抗降解能力。更贴合 Langmuir 吸附等温线，最大吸附容量为 189.44mg/g。吸附过程为吸热的，为 32.7 kJ/mol（Çınar et al.，2017）。

掺有 TiO_2 纳米粒子的壳聚糖生物聚合物，已被用作吸附和光降解甲基橙的有

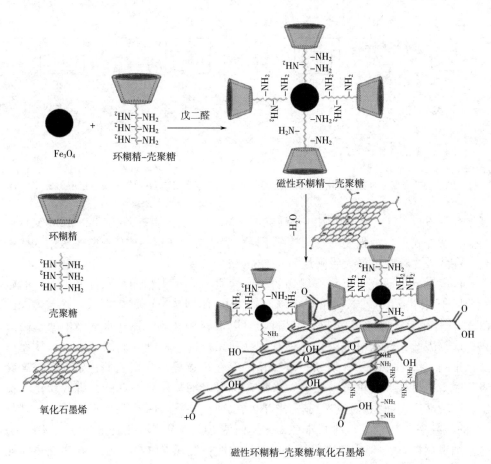

图 16.11 磁性环糊精-壳聚糖/氧化石墨烯制备示意图

效光催化剂（Kanmani et al.，2017）。另一种壳聚糖负载的壳聚糖-明矾石复合材料（CAC）呈现出显著的染料去除效率，已用于去除污染溶液中的阴离子染料（酸性红1和活性红2）（Akar et al.，2016）。然而，实际上很少有研究报道用于处理实际水样中的染料。除酸性染料外，发现壳聚糖基吸附剂（壳聚糖丙烯酸乙酯，Ch-g-Ea）还适用于处理碱性蓝41和碱性红18。壳聚糖改性后，由于壳聚糖主链上官能团（羧基）数量的增加（Anon，n.d.），染料去除能力提高。因此，壳聚糖基生物聚合物有可能消除GO在废水处理中的缺陷。虽然GO对各种污染物具有很高的吸附潜力，但由于吸附后需要离心，且该材料对环境有毒性作用，GO的使用受到限制（Chang et al.，2011a，b；Liao et al.，2011；Sage et al.，2013；Sreeprasad et al.，2011）。在这方面，壳聚糖可以替代GO负载的3D凝胶的改性和合成。这些凝胶由明确的相互连接的3D网络组成，具有在吸附剂表面扩散吸附质分子的潜力。此外，这些凝胶还可用于去除和回收废水中的染料（亚甲基蓝和亚甲

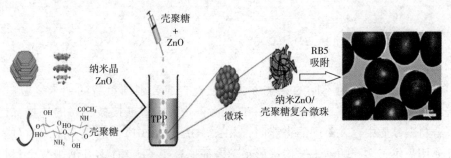

(a)纳米ZnO-CT复合珠的制备及从水溶液中去除RB5的机理

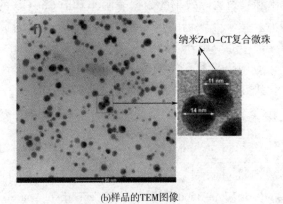

(b)样品的TEM图像

图 16.12　纳米 ZnO-壳聚糖复合微珠制备及吸附机理图解（Çınar et al., 2017）

基紫）和重金属离子（Sage et al., 2013）。由于纤维素的热稳定性和化学稳定性，以及结晶的保持性和可回收性，它对染料的吸附很有用（William et al., 2008）。

　　与原生壳聚糖相比，与磷酸氯乙酯结合的壳聚糖由于具有更高的热稳定性，因此被有效地用于去除亮绿（Carneiro et al., 2015）。还发现，未改性的壳聚糖是一种具有成本效益的绿色可生物降解的吸附剂，并已用于孔雀绿的处理（Vakili et al., 2014）。使用壳聚糖吸附剂，在吸附柱中未发现堵塞或黏滞现象，且吸附剂可使用有机溶剂（聚乙二醇-400）轻松地再生（Sekhar et al., 2009）。除了壳聚糖之外，由于在纤维素表面引入氨基，提高了吸附效率，纤维素基功能性生物聚合物已被开发用于去除工业染料（Karim et al., 2014）。通过将磁性氧化铁纳米粒子掺入聚合物基质中（Chang et al., 2011a, b），纤维素纳米颗粒的吸附能力得到了改善。磁性纳米微粒 Fe_3O_4 功能化生物聚合物吸附剂已用于处理阴离子染料（活性艳红 K-2BP、甲基橙和酸性红 18）（Song et al., 2016；Srinivasan and Viraraghavan, 2010；Cao et al., 2014；Gupta et al., 2016）（表 16.5）。

16.7 结论

本章报道了，采用不同的化学方法简便地合成壳聚糖负载的纳米复合材料，这些纳米复合材料已被成功用于去除有机污染物。壳聚糖接枝材料的选择，是基于复合材料基质中存在不同的官能团（NH_2，OH，COOH），这些官能团通过氢键相互作用提供了多孔的纳米结构。形态学表征证实了 Ch-GO 多孔纳米复合材料的形成。金属离子吸附和染料去除效率的数据表明，基于 Ch-GO 的纳米材料具有良好的去除污染的潜力。基于壳聚糖的重要发现，有望为壳聚糖负载纳米复合材料的合成及其在废水处理中的应用开辟新的途径。实现环境稳定的 Ch-GO 纳米复合材料的大规模工业化应用仍具有一定的挑战性，尽管如此，正在进行的纳米复合材料吸附能力的优化研究将能够在可预见的未来实现这一目标。

参考文献

[1] Ab Kadir, N. N., Shahadat, M., Ismail, S., 2017. Formulation study for softening of hard water using surfactant modified bentonite adsorbent coating. Appl. Clay Sci. 137, 168-175.

[2] Abd, S., Shahadat, M., Ismail, S., 2017. Development of cost effective bentonite adsorbent coating for the removal of organic pollutant. Appl. Clay Sci. 149, 79-86.

[3] Agarwal, S., 2007. Enhanced corrosion-based Pd/Mg bimetallic systems for dechlorination of PCBs. Environ. Sci. Technol. 41, 3722-3727.

[4] Ahmadishoar, J., Bahrami Hajir, S., Movassagh, B., Amirshahi, S. H., Arami, M., 2017. Removal of disperse blue 56 and disperse red 135 dyes from aqueous dispersions by modified. Chem. Ind. Chem. Eng. Q 23, 21-29.

[5] Akar, S. T., San, E., Akar, T., 2016. Chitosan—alunite composite：an effective dye remover with high sorption, regeneration and application potential. Carbohydr. Polym. 143, 318-326.

[6] Al-degs, Y. S., El-barghouthi, M. I., El-sheikh, A. H., Walker, G. M., 2008. Effect of solution pH, ionic strength, and temperature on adsorption behavior of reactive dyes on activated carbon. Dye Pigment 77, 16-23. https://doi.org/10.1016/j.dyepig.2007.03.001.

[7] Ali, M., Sreekrishnan, T. R. U., 2001. Aquatic toxicity from pulp and paper mill effluents：a review. Adv. Environ. Res. 5, 175-196.

[8] Ali, I., Asim, M., Khan, T. A., 2012. Low cost adsorbents for the removal of organic pollutants from wastewater. J. Environ. Manag. 113, 170-183. https://doi.org/10.1016/j.jenvman.2012.08.028.

[9] Aljeboree, A. M., Alshirifi, A. N., Alkaim, A. F., 2014. Kinetics and equilibrium study for the adsorption of textile dyes on coconut shell activated carbon. Arab. J. Chem. https://doi.org/10.1016/j.arabjc.2014.01.020.

[10] Anglada, Á., Urtiaga, A., Ortiz, I., 2009. Contributions of electrochemical oxidation to waste-water treatment: fundamentals and review of applications. J. Chem. Technol. Biotechnol. 84, 1747-1755. https://doi.org/10.1002/jctb.2214.

[11] Anirudhan, T. S., Suchithra, P. S., Radhakrishnan, P. G., 2009. Synthesis and characterization of humic acid immobilized-polymer/bentonite composites and their ability to adsorb basic dyes from aqueous solutions. Appl. Clay Sci. 43, 336-342. https://doi.org/10.1016/j.clay.2008.09.015.

[12] Annadurai, G., Ling, L. Y., Lee, J., 2008. Adsorption of reactive dye from an aqueous solution by chitosan: isotherm, kinetic and thermodynamic analysis. J. Hazard. Mater. 152, 337-346. https://doi.org/10.1016/j.jhazmat.2007.07.002.

[13] Annealing, T., Sio, W. T., Cheng, Z., Zhou, Q., Wang, C., Li, Q., Wang, C., Fang, Y., 2011. Toward intrinsic graphene surfaces: a systematic study on thermal annealing and wet-chemical treatment of SiO_2-supported graphene devices. Nano Lett. 11, 767-771.

[14] Anon (n.d.) chrome-extension_mhjfbmdgcfjbbpaeojofohoefgiehjai_index.pdf.

[15] Auta, M., Hameed, B. H., 2013. Coalesced chitosan activated carbon composite for batch and fixed-bed adsorption of cationic and anionic dyes. Colloids Surf. B Biointerf. 105, 199-206. https://doi.org/10.1016/j.colsurfb.2012.12.021.

[16] Azha, S. F., Shahadat, M., Ismail, S., 2017. Acrylic polymer emulsion supported bentoniteclay coating for the analysis of industrial dye. Dye Pigment. https://doi.org/10.1016/j.dyepig.2017.05.009.

[17] Azzaz, A. A., 2016. In: Optimization of a cationic dye adsorption onto a chemically modified agriculture by-product using response surface methodology. Renewable Energy Congress (IREC), 2016 7th International. 0-4.

[18] Baeza, A., Salas, A., Guillén, J., Muñoz-Serrano, A., Ontalba-Salamanca, M. Á., Jiménez-Ramos, M. C., 2017. Removal naturally occurring radionuclides from drinking water using a filter specifically designed for drinking water treatment plants. Chemosphere 167, 107-113. https://doi.org/10.1016/j.chemosphere.

2016.09.148.

[19] Banerjee, S., Chattopadhyaya, M.C., 2017. Adsorption characteristics for the removal of a toxic dye, tartrazine from aqueous solutions by a low cost agricultural by-product. Arab. J. Chem. 10, S1629-S1638.

[20] Bayramoglu, G., Altintas, B., Arica, M.Y., 2009. Adsorption kinetics and thermodynamic parameters of cationic dyes from aqueous solutions by using a new strong cation-exchange resin. Chem. Eng. J. 152, 339-346. https://doi.org/10.1016/j.cej.2009.04.051.

[21] Bello, O.S., Adegoke, K.A., Olaniyan, A.A., Abdulezeez, H., 2013. Dye adsorption using biomass wastes and natural adsorbents: overview and future prospects. Desalin. Water Treat. 1-24. https://doi.org/10.1080/19443994.2013.862028.

[22] Bushra, R., Ahmed, A., 2016. Mechanism of adsorption on nanomaterials. Nanomaterials 1, 90-111.

[23] Cao, J., Lin, J., Fang, F., Zhang, M., Hu, Z., 2014. A new absorbent by modifying walnut shell for the removal of anionic dye: kinetic and thermodynamic studies. Bioresour. Technol. 163, 199-205.

[24] Carneiro, R.T.A., Taketa, T.B., Gomes, R.J., Oliveira, J.L., Campos, V.R., De Moraes, M.A., Camila, M.G., Beppu, M.M., Fraceto, L.F., 2015. Removal of glyphosate herbicide from water using biopolymer membranes. J. Environ. Manag. 151, 353-360.

[25] Cazetta, L., Souza, P.S.C., Zhang, T., Asefa, T., Silva, T.L., 2018. Mesoporous activated carbon fibers synthesized from denim fabric waste: efficient adsorbents for removal of textile dye from aqueous solutions. J. Clean. Prod. 171, 482-490.

[26] Chan, Y.J., Chong, M.F., Law, C.L., Hassell, D.G., 2009. A review on anaerobic-aerobic treatment of industrial and municipal wastewater. Chem. Eng. J. 155, 1-18. https://doi.org/10.1016/j.cej.2009.06.041.

[27] Chang, P.R., Zheng, P., Liu, B., Anderson, D.P., Yu, J., Ma, X., 2011a. Characterization of magnetic soluble starch-functionalized carbon nanotubes and its application for the adsorption of the dyes. J. Hazard. Mater. 186, 2144-2150. https://doi.org/10.1016/j.jhazmat.2010.12.119.

[28] Chang, Y., Yang, S., Liu, J., Dong, E., Wang, Y., Cao, A., Liu, Y., Wang, H., 2011b. In vitro toxicity evaluation of graphene oxide on A549 cells. Toxicol. Lett. 200, 201-210. https://doi.org/10.1016/j.toxlet.2010.11.016.

[29] Chatterjee, S., Lee, D.S., Lee, M.W., Woo, S.H., 2009. Nitrate removal from

aqueous solutions by cross-linked chitosan beads conditioned with sodium bisulfate. J. Hazard. Mater. 166, 508–513. https://doi.org/10.1016/j.jhazmat.2008.11.045.

[30] Chen, L., Wu, H. X., Wang, T. J., Jin, Y., Zhang, Y., Dou, X. M., 2009. Granulation of Fe-Al-Ce nano-adsorbent for fluoride removal from drinking water by spray coating on sand in a fluidized bed. Powder Technol. 193, 59–64. https://doi.org/10.1016/j.powtec.2009.02.007.

[31] Çınar, S., Kaynar, Ü. H., Aydemir, T., Çam Kaynar, S., Ayvacıklı, M., 2017. An efficient removal of RB5 from aqueous solution by adsorption onto nano-ZnO/chitosan composite beads. Int. J. Biol. Macromol. 96, 459–465. https://doi.org/10.1016/j.ijbiomac.2016.12.021.

[32] Dąbrowski, A., 2001. Adsorption—from theory to practice. Adv. Colloid Interface Sci. 93, 135–224. 10.1016/S0001-8686(00)00082-8.

[33] Darvishi Cheshmeh Soltani, R., Khataee, A. R., Safari, M., Joo, S. W., 2013. Preparation of bio-silica/chitosan nanocomposite for adsorption of a textile dye in aqueous solutions. Int. Biodeterior. Biodegrad. 85, 383–391. https://doi.org/10.1016/j.ibiod.2013.09.004.

[34] De Rivas, B., López-fonseca, R., Jiménez-gonzález, C., Gutiérrez-ortiz, J. I., 2011. Synthesis, characterisation and catalytic performance of nanocrystalline Co_3O_4 for gas-phase chlorinated VOC abatement. J. Catal. 281, 88–97. https://doi.org/10.1016/j.jcat.2011.04.005.

[35] Dickhout, J. M., Moreno, J., Biesheuvel, P. M., Boels, L., Lammertink, R. G. H., De Vos, W. M., 2017. Produced water treatment by membranes: a review from a colloidal perspective. J. Colloid Interface Sci. 487, 523–534.

[36] Dong, S., Feng, J., Fan, M., Pi, Y., Hu, L., Han, X., Liu, M., Sun, J., Sun, J., 2015. Recent developments in heterogeneous photocatalytic water treatment using visible light-responsive photocatalysts: a review. RSC Adv. 5, 14610–14630. https://doi.org/10.1039/C4RA13734E.

[37] Fan, L., Luo, C., Sun, M., Li, X., Lu, F., Qiu, H., 2012. Preparation of novel magnetic chitosan/graphene oxide composite as effective adsorbents toward methylene blue. Bioresour. Technol. 114, 703–706. https://doi.org/10.1016/j.biortech.2012.02.067.

[38] Fan, L., Luo, C., Sun, M., Qiu, H., 2013. Synthesis of magnetic β-cyclodextrin-chitosan/graphene oxide as nanoadsorbent and its application in dye adsorption and removal. Colloids Surf. B Biointerfaces 103, 601–607. https://doi.org/10.

1016/J. COLSURFB. 2012. 11. 023.

[39] Fatemeh, P., Asha, R., Mahamd, E., Ibrahim, H., 2017. Bioremediation of palm industry wastes using vermicomposting technology: its environmental application as green fertilizer. Biotech 3-10. https://doi.org/10.1007/s13205-017-0770-1.

[40] Foo, K. Y., Hameed, B. H., 2009. Recent developments in the preparation and regeneration of activated carbons by microwaves. Adv. Colloid Interface Sci. 149, 19-27. https://doi.org/10.1016/J. CIS. 2008. 12. 005.

[41] Fosso-Kankeu, E., Webster, A., Ntwampe, I. O., Waanders, F. B., 2017. Coagulation/flocculation potential of polyaluminium chloride and bentonite clay tested in the removal of methyl red and crystal violet. Arab. J. Sci. Eng. 42, 1389-1397. https://doi.org/10.1007/ s13369-016-2244-x.

[42] Gao, Y., Li, Y., Zhang, L., Huang, H., Hu, J., Mazhar, S., Su, X., 2012. Adsorption and removal of tetracycline antibiotics from aqueous solution by graphene oxide. J. Colloid Interface Sci. 368, 540-546. https://doi.org/10.1016/j. jcis. 2011. 11. 015.

[43] Ghaedi, M., Sadeghian, B., Pebdani, A. A., Sahraei, R., Daneshfar, A., Duran, C., 2012. Kinetics, thermodynamics and equilibrium evaluation of direct yellow 12 removal by adsorption onto silver nanoparticles loaded activated carbon. Chem. Eng. J. 187, 133-141. https://doi.org/10.1016/j. cej. 2012. 01. 111.

[44] Ghasemzadeh, G., Momenpour, M., Omidi, F., 2014. Applications of nanomaterials in water treatment and environmental remediation. Front. Environ. Sci. Eng. 8, 471-482. https:// doi.org/10.1007/s11783-014-0654-0.

[45] Gonçalves, M. V. B., De Oliveira, S. C., Abreu, B. M. P. N., Guerra, E. M., Cestarolli, D. T., 2016. Electrocoagulation/electroflotation process applied to decolourization of a solution containing the dye yellow sirius K-CF. Int. J. Electrochem. Sci. 11, 7576-7583. https://doi.org/10.20964/2016. 09. 42.

[46] Grégorio Crini, P. -M. B., 2008. Application of chitosan, a natural aminopolysaccharide, fordye removal from aqueous solutions by adsorption processes using batch studies: a review of recent literature. Prog. Polym. Sci. 33, 399-447. https://doi.org/10.1016/J. PROGPOLYMSCI. 2007. 11. 001.

[47] Gupta, V. K., Ali, I., Saleh, T. A., Agarwal, S., 2012. RSC Adv. 6380-6388. https://doi.org/10.1039/c2ra20340e.

[48] Gupta, S. K., Nayunigari, M. K., Misra, R., Ansari, F. A., Dionysiou, D. D., Maity, A., Bux, F., 2016. Synthesis and performance evaluation of a new poly-

meric composite for the treatment of textile wastewater. Ind. Eng. Chem, Res. https://doi.org/10.1021/acs.iecr.5b03714.

[49] Habiba, U., Siddique, T. A., Joo, T. C., Salleh, A., Ang, B. C., Afifi, A. M., 2016. Synthesis of chitosan/polyvinyl alcohol/zeolite composite for removal of methyl orange, Congo red and chromium(VI) by flocculation/adsorption. Carbohydr. Polym. 157, 1568 – 1576. https://doi.org/10.1016/j.carbpol.2016.11.037.

[50] Hajati, S., Ghaedi, M., Karimi, F., Barazesh, B., Sahraei, R., Daneshfar, A., 2014. Competitive adsorption of direct yellow 12 and reactive Orange 12 on ZnS:Mn nanoparticles loaded on activated carbon as novel adsorbent. J. Ind. Eng. Chem. 20, 564-571. https://doi.org/10.1016/j.jiec.2013.05.015.

[51] Haldorai, Y., Shim, J.J., 2014. An efficient removal of methyl orange dye from aqueous solution by adsorption onto chitosan/MgO composite: a novel reusable adsorbent. Appl. Surf. Sci. 292, 447 – 453. https://doi.org/10.1016/j.apsusc.2013.11.158.

[52] Han, M. H., Yun, Y.-S., 2007. Mechanistic understanding and performance enhancement of biosorption of reactive dyestuffs by the waste biomass generated from amino acid fermentation process. Biochem. Eng. J. 36, 2-7. https://doi.org/10.1016/j.bej.2006.06.010.

[53] Hao, O. J., Kim, H., Chiang, P.-C., 2000. Decolorization of wastewater. Crit. Rev. Environ. Sci. Technol. 30, 449 – 505. https://doi.org/10.1080/10643380091184237.

[54] He, X., Song, C., Li, Y., Wang, N., Xu, L., Han, X., Wei, D., 2018. Efficient degradation of azo dyes by a newly isolated fungus Trichoderma tomentosum under non-sterile conditions. Ecotoxicol. Environ. Saf. 150, 232-239. https://doi.org/10.1016/J.ECOENV.2017.12.043.

[55] Hooshmandfar, A., Ayati, B., Khodadadi Darban, A., 2016. Optimization of material and energy consumption for removal of Acid Red 14 by simultaneous electrocoagulation and electro-flotation. Water Sci. Technol. 73, 192-202.

[56] Hu, P., Wang, J., Huang, R., 2016. Simultaneous removal of Cr(VI) and Amido black 10B (AB10B) from aqueous solutions using quaternized chitosan coated bentonite. Int. J. Biol. Macromol. 92, 694 – 701. https://doi.org/10.1016/j.ijbiomac.2016.07.085.

[57] Huang, P., Kazlauciunas, A., Menzel, R., Lin, L., 2017. Determining the mechanism and efficiency of industrial dye adsorption through facile structural con-

trol of organo-montmorillonite adsorbents. ACS Appl. Mater. Interfaces. https://doi.org/10.1021/acsami.7b08406.

[58] Hubicki, Z., Barczak, M., 2005. Adsorption of phenolic compounds by activated carbon: a critical review. Chemosphere 58, 1049-1070. https://doi.org/10.1016/j.chemosphere.2004.09.067.

[59] Ioannidou, O., Zabaniotou, A., 2007. Agricultural residues as precursors for activated carbon production: a review. Renew. Sust. Energ. Rev. 11, 1966-2005. https://doi.org/10.1016/j.rser.2006.03.013.

[60] Jiang, Y., Gong, J. L., Zeng, G. M., Ou, X. M., Chang, Y. N., Deng, C. H., Zhang, J., Liu, H. Y., Huang, S. Y., 2016. Magnetic chitosan-graphene oxide composite for antimicrobial and dye removal applications. Int. J. Biol. Macromol. 82, 702-710. https://doi.org/10.1016/j.ijbiomac.2015.11.021.

[61] Kadirvelu, K., Kavipriya, M., Karthika, C., Radhika, M., Vennilamani, N., Pattabhi, S., 2003. Utilization of various agricultural wastes for activated carbon preparation and application for the removal of dyes and metal ions from aqueous solutions. Bioresour. Technol. 87, 129-132. https://doi.org/10.1016/S0960-8524(02)00201-8.

[62] Kamal, T., Ul-Islam, M., Khan, S. B., Asiri, A. M., 2015. Adsorption and photocatalyst assisted dye removal and bactericidal performance of ZnO/chitosan coating layer. Int. J. Biol. Macromol. 81, 584-590. https://doi.org/10.1016/j.ijbiomac.2015.08.060.

[63] Kamal, T., Anwar, Y., Khan, S. B., Chani, M. T. S., Asiri, A. M., Zhang, L., Hu, P., Wang, J., Huang, R., 2016. Dye adsorption and bactericidal properties of TiO_2/chitosan coating layer. Appl. Surf. Sci. 369, 558-566. https://doi.org/10.1016/j.carbpol.2016.04.042.

[64] Kanmani, P., Aravind, J., Kamaraj, M., Sureshbabu, P., Karthikeyan, S., 2017. Environmental applications of chitosan and cellulosic biopolymers: a comprehensive outlook. Bioresour. Technol. 242, 295-303.

[65] Karim, Z., Mathew, A. P., Grahn, M., Mouzon, J., Oksman, K., 2014. Nanoporous membranes with cellulose nanocrystals as functional entity in chitosan: removal of dyes from water. Carbohydr. Polym. 112, 668-676.

[66] Kazak, O., Ramazan, Y., Akin, I., Bingol, H., Tor, A., 2017. A novel red mud @ sucrose based carbon composite: preparation, characterization and its adsorption performance toward methylene blue in aqueous solution. J. Environ. Chem. Eng. 5, 2639-2647.

[67] Ketir, W., Bouguelia, A., Trari, M., 2008. Photocatalytic removal of M^{2+} (= Ni^{2+}, Cu^{2+}, Zn^{2+}, Cd^{2+}, Hg^{2+} and Ag^+) over new catalyst $CuCrO_2$. J. Hazard. Mater. 158, 257–263. https://doi.org/10.1016/j.jhazmat.2008.01.074.

[68] Khan, S. A., Khan, S. B., Kamal, T., Yasir, M., Asiri, A. M., 2016. Antibacterial nanocomposites based on chitosan/Co-MCM as a selective and efficient adsorbent for organic dyes. Int. J. Biol. Macromol. 91, 744–751. https://doi.org/10.1016/j.ijbiomac.2016.06.018.

[69] Kismir, Y., Aroguz, A. Z., 2011. Adsorption characteristics of the hazardous dye Brilliant Green on Saklıkent mud. Chem. Eng. J. 172, 199–206. https://doi.org/10.1016/j.cej.2011.05.090.

[70] Kluson, P., Drobek, M., Zsigmond, A., Baranyi, J., Bata, P., Zarubova, S., Kalaji, A., 2009. Environmentally friendly phthalocyanine catalysts for water decontamination—non-photocatalytic systems. Appl. Catal. B Environ. 91, 605–609. https://doi.org/10.1016/j.apcatb.2009.06.033.

[71] Labiadh, L., Barbucci, A., Carpanese, M. P., Gadri, A., Ammar, S., Panizza, M., 2016. Comparative depollution of Methyl Orange aqueous solutions by electrochemical incineration using $TiRuSnO_2$, BDD and PbO_2 as high oxidation power anodes. J. Electroanal. Chem. 766, 94–99. https://doi.org/10.1016/J.JELECHEM.2016.01.036.

[72] Li, D., Yang, Y., Li, C., Liu, Y., 2017. A mechanistic study on decontamination of methyl orange dyes from aqueous phase by mesoporous pulp waste and polyaniline. Environ. Res. 154, 139–144.

[73] Liao, K., Lin, Y., Macosko, C. W., Haynes, C. L., 2011. Cytotoxicity of graphene oxide and graphene in human erythrocytes and skin fibroblasts. ACS Appl. Mater. Interfaces 3, 2607–2615.

[74] Lin, C., Wu, C., 2006. Recovery of municipal waste incineration bottom ash and water treatment sludge to water permeable pavement materials. Waste Manage. 26, 970–978. https://doi.org/10.1016/j.wasman.2005.09.014.

[75] Liu, M., Zhang, Y., Wu, C., Xiong, S., Zhou, C., 2012. Chitosan/halloysite nanotubes bionanocomposites: Structure, mechanical properties and biocompatibility. Int. J. Biol. Macromol. 51, 566–575.

[76] Liu, K., Chen, L., Huang, L., Lai, Y., 2016. Evaluation of ethylenediamine-modified nanofibrillated cellulose/chitosan composites on adsorption of cationic and anionic dyes from aqueous solution. Carbohydr. Polym. 151, 1115–1119. https://doi.org/10.1016/j.carbpol.2016.06.071.

[77] Lu, P.-J., Lin, H.-C., Yu, W.-T., Chern, J.-M., 2011. Chemical regeneration of activated carbon used for dye adsorption. J. Taiwan Inst. Chem. Eng. 42, 305–311. https://doi.org/10.1016/j.jtice.2010.06.001.

[78] Luo, W., Phan, H.V., Xie, M., Hai, F.I., Price, W.E., Elimelech, M., Nghiem, L.D., 2017. Osmotic versus conventional membrane bioreactors integrated with reverse osmosis for water reuse: biological stability, membrane fouling, and contaminant removal. Water Res. 109, 122–134.

[79] Malik, R., Ramteke, D.S., Wate, S.R., 2007. Adsorption of malachite green on groundnutshell waste based powdered activated carbon. Waste Manag. 27, 1129–1138. https://doi.org/10.1016/j.wasman.2006.06.009.

[80] Matafonova, G., Batoev, V., 2018. Recent advances in application of UV light-emitting diodes for degrading organic pollutants in water through advanced oxidation processes: a review. Water Res. 132, 177–189. https://doi.org/10.1016/J.WATRES.2017.12.079.

[81] Mittal, A.K., Gupta, S.K., 1996. Biosorption of cationic dyes by dead macro fungus Fomitopsis carnea: batch studies. Water Sci. Technol. 34, 81–87. https://doi.org/10.1016/S0273-1223(96)00700-7.

[82] Nabi, S.A., Shahadat, M., Bushra, R., Shalla, A.H., Ahmed, F., 2010. Development of composite ion-exchange adsorbent for pollutants removal from environmental wastes. Chem. Eng. J. 165, 405–412. https://doi.org/10.1016/j.cej.2010.08.068.

[83] Nabi, S.A., Shahadat, M., Bushra, R., Shalla, A.H., 2011a. Heavy-metals separation from industrial effluent, natural water as well as from synthetic mixture using synthesized novel composite adsorbent. Chem. Eng. J. 175, 8–16. https://doi.org/10.1016/j.cej.2011.01.022.

[84] Nabi, S.A., Shahadat, M., Shalla, A.H., Khan, A.M.T., 2011b. Removal of heavy metals from synthetic mixture as well as pharmaceutical sample via cation exchange resin modified with rhodamine B: Its thermodynamic and kinetic studies. CLEAN - Soil Air Water 39, 1120–1128. https://doi.org/10.1002/clen.201000314.

[85] Naushad, M., Abdullah ALOthman, Z., Rabiul Awual, M., Alfadul, S.M., Ahamad, T., 2016. Adsorption of rose Bengal dye from aqueous solution by amberlite Ira-938 resin: kinetics, isotherms, and thermodynamic studies. Desalin. Water Treat. 57, 13527–13533. https://doi.org/10.1080/19443994.2015.1060169.

[86] Nawi, M.A., Sabar, S., Jawad, A.H., Sheilatina, Ngah, W.S.W., 2010. Ad-

sorption of Reactive Red 4 by immobilized chitosan on glass plates: Towards the design of immobilized TiO_2-chitosan synergistic photocatalyst-adsorption bilayer system. Biochem. Eng. J. 49, 317-325. https://doi.org/10.1016/j.bej.2010.01.006.

[87] Nayak, M. C., Isloor, A. M., Moslehyani, A., Ismail, N., Ismail, A. F., 2018. Fabrication of novel PPSU/ZSM-5 ultrafiltration hollow fiber membranes for separation of proteins and hazardous reactive dyes. J. Taiwan Inst. Chem. Eng. 82, 342-350. https://doi.org/10.1016/J. JTICE. 2017.11.019.

[88] Ngah, W. S. W., Teong, L. C., Hanafiah, M. A. K. M., 2011. Adsorption of dyes and heavy metal ions by chitosan composites: a review. Carbohydr. Polym. 83, 1446-1456. https://doi.org/10.1016/j.carbpol.2010.11.004.

[89] Oturan, M. A., Aaron, J., 2014. Advanced oxidation processes in water/wastewater treatment: principles and applications. a review. Crit. Rev. Environ. Sci. Technol. 44, 2577-2641. https://doi.org/10.1080/10643389.2013.829765.

[90] Özcan, A. S., Erdem, B., Özcan, A., 2004. Adsorption of Acid Blue 193 from aqueous solutions onto Na-bentonite and DTMA-bentonite. J. Colloid Interface Sci. 280, 44-54. https://doi.org/10.1016/j.jcis.2004.07.035.

[91] Özcan, A., Ömeroğlu, Ç., Erdoğan, Y., Özcan, A. S., 2007. Modification of bentonite with a cationic surfactant: an adsorption study of textile dye Reactive Blue 19. J. Hazard. Mater. 140, 173-179. https://doi.org/10.1016/j.jhazmat.2006.06.138.

[92] Ozdemir, S., Cirik, K., Akman, D., Sahinkaya, E., Cinar, O., 2013. Treatment of azo dye-containing synthetic textile dye effluent using sulfidogenic anaerobic baffled reactor. Bioresour. Technol. 146, 135-143.

[93] Pang, Y. L., Abdullah, A. Z., 2013. Current status of textile industry wastewater management and research progress in Malaysia: a review. CLEAN-Soil Air Water 41, 751-764. https://doi.org/10.1002/clen.201000318.

[94] Papadopoulo-Bouraoui, A., Stroka, J., Anklam, E., 2002. Comparison of two post-column derivatization systems, ultraviolet irradiation and electrochemical determination, for the liquid chromatographic determination of aflatoxins in food. J. AOAC Int. 85, 411-416.

[95] Pardeshi, S. K., Patil, A. B., 2008. A simple route for photocatalytic degradation of phenol in aqueous zinc oxide suspension using solar energy. Solar Energy 82, 700-705. https://doi.org/10.1016/j.solener.2008.02.007.

[96] Pokhrel, D., Viraraghavan, T., 2004. Treatment of pulp and paper mill wastewater: a

review. Sci. Total Environ. 333, 37-58. https://doi.org/10.1016/j.scitotenv.2004.05.017.

[97] Popescu, I., Suflet, D. M., 2016. Poly(N-vinylcaprolactam-co-maleicacid) microparticles for cationic dye removal. Polym. Bull. 73, 1283-1301. https://doi.org/10.1007/s00289-015-1549-3.

[98] Qi, Y., Yang, M., Xu, W., He, S., Men, Y., 2017. Natural polysaccharides-modified graphene oxide for adsorption of organic dyes from aqueous solutions. J. Colloid Interface Sci. 486, 84-96.

[99] Rafatullah, M., Sulaiman, O., Hashim, R., Ahmad, A., 2010. Adsorption of methylene blue on low-cost adsorbents: a review. J. Hazard. Mater. 177, 70-80. https://doi.org/10.1016/j.jhazmat.2009.12.047.

[100] Rahman, N. N. N. A., Shahadat, M., Omar, F. M., Chew, A. W., Kadir, M. O. A., 2016. Dry trichoderma biomass: biosorption behavior for the treatment of toxic heavy metal ions. Desalin. Water Treat. 57, 13106-13112. https://doi.org/10.1080/19443994.2015.1057767.

[101] Ramesh, T. N., Kirana, D. V., Ashwini, A., Manasa, T. R., 2017. Calcium hydroxide as low cost adsorbent for the effective removal of indigo carmine dye in water. J. Saudi Chem. Soc. 21, 165-171.

[102] Ramnani, S. P., Sabharwal, S., 2006. Adsorption behavior of Cr(Ⅵ) onto radiation crosslinked chitosan and its possible application for the treatment of wastewater containing Cr(Ⅵ). React. Funct. Polym. 66, 902-909. https://doi.org/10.1016/j.reactfunctpolym.2005.11.017.

[103] Ritter, L., Solomon, K., Sibley, P., et al., 2002. Sources, pathways, and relative risks of contaminants in surface water and groundwater: a perspective prepared for the Walkerton inquiry. J. Toxicol. Environ. Heal. Part A 65, 1-142. https://doi.org/10.1080/152873902753338572.

[104] Robinson, T., Mcmullan, G., Marchant, R., Nigam, P., 2001. Remediation of dyes in textile effluent: a critical review on current treatment technologies with a proposed alternative. Bioresour. Technol. 77, 247-255.

[105] Rosales, E., Anasie, D., Pazos, M., Lazar, I., Sanromán, M. A., 2018. Kaolinite adsorption-regeneration system for dyestuff treatment by Fenton based processes. Sci. Total Environ. 622-623, 556-562. https://doi.org/10.1016/J.SCITOTENV.2017.11.301.

[106] Rupani, P. F., Embrandiri, A., Ibrahim, M. H., 2017. Recycling of palm oil industrial wastes using vermicomposting technology: its kinetics study and environ-

mental application. Environ. Sci. Pollut. Res. 24, 12982-12990. https://doi. org/10. 1007/s11356-017-8938-0.

[107] Sage, C., Deng, J., Lei, B., He, A., Zhang, X., Ma, L., Li, S., Zhao, C., 2013. Toward 3D graphene oxide gels based adsorbents for high-efficient water treatment via the promotion of biopolymers. J. Hazard. Mater. 263, 467-478.

[108] Sakthisharmila, P., Palanisamy, P. N., Manikandan, P., 2018. Removal of benzidine based textile dye using different metal hydroxides generated in situ electrochemical treatment: a comparative study. J. Clean. Prod. 172, 2206-2215. https://doi. org/10. 1016/J. JCLEPRO. 2017. 11. 192.

[109] Salehi, R., Arami, M., Mahmoodi, N. M., Bahrami, H., Khorramfar, S., 2010. Novel biocompatible composite (chitosan-zinc oxide nanoparticle): preparation, characterization and dye adsorption properties. Colloids Surf. B Biointerfaces 80, 86-93. https://doi. org/10. 1016/j. colsurfb. 2010. 05. 039.

[110] Samolada, M. C., Zabaniotou, A. A., 2014. Comparative assessment of municipal sewage sludge incineration, gasification and pyrolysis for a sustainable sludge-to-energy management in Greece. Waste Manage. 34, 411-420.

[111] Sekhar, C. P., Kalidhasan, S., Rajesh, V., Rajesh, N., 2009. Bio-polymer adsorbent for the removal of malachite green from aqueous solution. Chemosphere 77, 842-847. https://doi. org/10. 1016/j. chemosphere. 2009. 07. 068.

[112] Senthilkumaar, S., Kalaamani, P., Porkodi, K., Varadarajan, P. R., Subburaam, C. V., 2006. Adsorption of dissolved Reactive red dye from aqueous phase onto activated carbon prepared from agricultural waste. Bioresour. Technol. 97, 1618-1625. https://doi. org/10. 1016/j. biortech. 2005. 08. 001.

[113] Senusi, F., Shahadat, M., Ismail, S., Hamid, S. A., 2018. Recent advancement in membrane technology for water purification. In: Oves, M., Zain Khan, M., Ismail, M. I. (Eds.), Modern Age Environmental Problems and Their Remediation. Springer International Publishing, Cham, pp. 147-167. https://doi. org/10. 1007/978-3-319-64501-8_9.

[114] Shahadat, M., Khan, M. Z., Rupani, P. F., Embrandiri, A., Sultana, S., Ahammad, S. Z., Ali, S. W., Sreekrishnan, T. R., 2017a. A critical review on the prospect of polyaniline-grafted biode-gradable nanocomposite. Adv. Colloid Interf. Sci. https://doi. org/10. 1016/j. cis. 2017. 08. 006.

[115] Shahadat, M., Tow, T., Rafatullah, M., Shaikh, Z. A., Sreekrishnan, T. R., Ali, S. W., 2017b. Bacterial bioflocculants: a review of recent advances and perspectives. Chem. Eng. J. 328, 1139-1152.

[116] Si, Y. B., Fang, G. D., Zhou, J., Zhou, D. M., Si, Y. O. U. B., Fang, G. U. O. D., Zhou, J., Zhou, D. M.,2010. Reductive transformation of 2,4-dichlorophenoxyacetic acid by nanoscale and microscale Fe_3O_4 particles. J. Environ. Sci. Health Part B Pest. Food Contamin. Agric. Wastes 45, 233-241. https://doi.org/10.1080/03601231003613641.

[117] Smith, D. R., 2010. Feather lead concentrations and $^{207}Pb/^{206}Pb$ ratios reveal lead exposure history of California Condors (Gymnogyps californianus). 44, 2639-2647.

[118] Song, W., Gao, B., Xu, X., Xing, L., Han, S., Duan, P., Song, W., Jia, R., 2016. Adsorption-desorption behavior of magnetic amine/Fe_3O_4 functionalized biopolymer resin towards anionic dyes from wastewater. Bioresour. Technol. 210, 123-130.

[119] Sreeprasad, T. S., Maliyekkal, S. M., Lisha, K. P., Pradeep, T., 2011. Reduced graphene oxide-metal/metal oxide composites: facile synthesis and application in water purification. J. Hazard. Mater. 186, 921-931. https://doi.org/10.1016/j.jhazmat.2010.11.100.

[120] Srinivasan, A., Viraraghavan, T., 2010. Decolorization of dye wastewaters by biosorbents: a review. J. Environ. Manage. 91, https://doi.org/10.1016/j.jenvman.2010.05.003.

[121] Srinivasan, S. V., Rema, T., Chitra, K., Sri Balakameswari, K., Suthanthararajan, R., Rajamani, S., Srinivasan, S. V., Rema, T., 2007. Decolourisation of leather dye by ozonation. Desalination 235, 88-92. https://doi.org/10.1016/J.DESAL.2007.07.032.

[122] Suhas, Carrott, P. J. M., Carrott, M. M. L. R., 2007. Lignin-from natural adsorbent to activated carbon: a review. Bioresour. Technol. 98, 2301-2312. https://doi.org/10.1016/j.biortech.2006.08.008.

[123] Tang, Y., Zhou, Q., Zeng, Y., Peng, Y., 2017. Bio-adsorption of dyes from aqueous solution by powdered excess sludge (PES): kinetic, isotherm, and thermodynamic study. J. Dispers. Sci. Technol. 38, 347-354. https://doi.org/10.1080/01932691.2016.1166967.

[124] Tanthapanichakoon, W., Ariyadejwanich, P., Japthong, P., Nakagawa, K., Mukai, S. R., Tamon, H., 2005. Adsorption-desorption characteristics of phenol and reactive dyes from aqueous solution on mesoporous activated carbon prepared from waste tires. Water Res. 39, 1347-1353. https://doi.org/10.1016/j.watres.2004.12.044.

[125] Teh, T., Abdul, N., Nik, R., Shahadat, M., Wong, Y., Kadir, A., Omar, M., 2016. Risk assessment of metal contamination in soil and groundwater in Asia: a review of recent trends as well as existing environmental laws and regulations. Pedosphere 26, 431-450. https://doi.org/10.1016/S1002-0160(15)60055-8.

[126] Tran, H. V., Bui, L. T., Dinh, T. T., Le, D. H., Huynh, C. D., Trinh, A. X., 2017. Graphene oxide/Fe_3O_4/chitosan nanocomposite: a recoverable and recyclable adsorbent for organic dyes removal. Application to methylene blue. Mater. Res. Express 4, 35701. https://doi.org/10.1088/2053-1591/aa6096.

[127] Tze, M. W., Aroua, M. K., Sziachta, M., 2016. Palm shell-based activated carbon for removing reactive Black 5 dye: equilibrium and kinetics studies. BioResources 11.

[128] Uzun, I., 2006. Kinetics of the adsorption of reactive dyes by chitosan. Dye Pigment 70, 76-83. https://doi.org/10.1016/j.dyepig.2005.04.016.

[129] Vakili, M., Rafatullah, M., Salamatinia, B., Abdullah, A. Z., Ibrahim, M. H., Tan, K. B., Gholami, Z., Amouzgar, P., 2014. Application of chitosan and its derivatives as adsorbents for dye removal from water and wastewater: a review. Carbohydr. Polym. 113, 115-130. https://doi.org/10.1016/j.carbpol.2014.07.007.

[130] Vakili, M., Deng, S., Shen, L., Shan, D., Liu, D., Vakili, M., Deng, S., Shen, L., Shan, D., Liu, D., Yu, G., 2017. Regeneration of chitosan-based adsorbents for eliminating dyes from aqueous solutions regeneration of chitosan-based adsorbents for eliminating dyes from aqueous solutions. Separ. Purif. Rev. 2119. https://doi.org/10.1080/15422119.2017.1406860.

[131] William, D., Connell, O., Birkinshaw, C., Francis, T., Dwyer, O., 2008. Heavy metal adsorbents prepared from the modification of cellulose: a review. Bioresour Technol. 99, 6709-6724. https://doi.org/10.1016/j.biortech.2008.01.036.

[132] Wu, B., Christen, T., Sin, H., Hochstrasser, F., Raditya, S., Liu, X., Haur, T., Burkhardt, M., Pronk, W., Fane, A. G., 2017. Improved performance of gravity-driven membrane filtration for seawater pretreatment: implications of membrane module con fi guration. Water Res. 114, 59-68.

[133] Yang, G., Zhang, G., Wang, H., 2015. Current state of sludge production, management, treatment and disposal in China. Water Res. 78, 60-73.

[134] Yang, Z., Li, M., Yu, M., Huang, J., Xu, H., Zhou, Y., Song, P., Xu,

R., 2016. A novel approach for methylene blue removal by calcium dodecyl sulfate enhanced precipitation and microbial flocculant GA1 flocculation. Chem. Eng. J. 303, 1–13. https://doi.org/10.1016/J.CEJ.2016.05.101.

[135] Yu, T., Kwok, K. W., Chan, H. L. W., 2007. The synthesis of lead-free ferroelectric $Bi_{0.5}Na_{0.5}TiO_3$–$Bi_{0.5}K_{0.5}TiO_3$ thin films by sol-gel method. Mater. Lett. 61, 2117–2120. https://doi.org/10.1016/j.matlet.2006.08.023.

[136] Yu, J., Yang, F., Hung, W., Liu, C., Yang, M., Lin, T., 2016. Prediction of powdered activated carbon doses for 2-MIB removal in drinking water treatment using a simplified HSDM approach. Chemosphere 156, 374–382.

[137] Zbair, M., Anfar, Z., Ait Ahsaine, H., El Alem, N., Ezahri, M., 2018. Acridine orange adsorption by zinc oxide/almond shell activated carbon composite: operational factors, mechanism and performance optimization using central composite design and surface modeling. J. Environ. Manag. 206, 383–397. https://doi.org/10.1016/J.JENVMAN.2017.10.058.

[138] Zeinali, N., Ghaedi, M., Shafie, G., 2014. Competitive adsorption of methylene blue and brilliant green onto graphite oxide nano particle following: derivative spectrophotometric and principal component-artificial neural network model methods for their simultaneous determination. J. Ind. Eng. Chem. 20, 3550–3558.

[139] Zhang, L., Hu, P., Wang, J., Huang, R., 2016. Crosslinked quaternized chitosan/bentonite composite for the removal of Amino black 10B from aqueous solutions. Appl. Surf. Sci. 369, 558–566. https://doi.org/10.1016/j.apsusc.2016.01.217.

[140] Zhao, J., Lin, W., Chang, Q., Li, W., Lai, Y., 2012. Adsorptive characteristics of akaganeite and its environmental applications: a review. Environ. Technol. Rev. 114–126. https://doi.org/10.1080/09593330.2012.701239.

[141] Zhou, A., Tang, H., Wang, D., 2005. Phosphorus adsorption on natural sediments: modeling and effects of pH and sediment composition. Water Res. 39, 1245–1254. https://doi.org/10.1016/j.watres.2005.01.026.

[142] Zhou, Q., Gao, Q., Luo, W., Yan, C., Ji, Z., Duan, P., 2015. One-step synthesis of amino-functionalized attapulgite clay nanoparticles adsorbent by hydrothermal carbonization of chitosan for removal of methylene blue from wastewater. Colloids Surf. A Physicochem. Eng. Asp. 470, 248–257. https://doi.org/10.1016/j.colsurfa.2015.01.092.

[143] Zhou, J., Hao, B., Wang, L., Ma, J., Cheng, W., 2017. Preparation and characterization of nano-TiO_2/chitosan/poly(N-isopropylacrylamide) composite

hydrogel and its application for removal of ionic dyes. Sep. Purif. Technol. 176, 193-199. https://doi.org/10.1016/j.seppur.2016.11.069.

[144] Zhou, H., Yan, B., Lai, J., Liu, H., Ma, A., Chen, W., Jin, X., Zhao, W., Zhang, G., 2018. Renewable biomass derived hierarchically porous carbonaceous sponges and their magnetic nanocomposites for removal of organic molecules from water. J. Ind. Eng. Chem. 58, 334-342. https://doi.org/10.1016/J.JIEC.2017.09.046.